TRAITÉ

DES

PLANTES FOURRAGÈRES,

TRAITÉ

DES

PLANTES FOURRAGÈRES,

OU

FLORE

DES

PRAIRIES NATURELLES ET ARTIFICIELLES
DE LA FRANCE;

OUVRAGE CONTENANT

LA DESCRIPTION, LES USAGES ET QUALITÉS
DE TOUTES LES PLANTES HERBACÉES OU LIGNEUSES
QUI PEUVENT SERVIR A LA NOURRITURE DES ANIMAUX, ET LES DÉTAILS
RELATIFS A LEUR CULTURE, A LA CRÉATION ET A L'ENTRETIEN
DES PRAIRIES PERMANENTES ET TEMPORAIRES, ETC. ;

PAR H. LECOQ,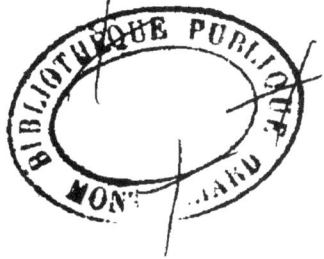

Vice-président de la Société centrale d'agriculture du Puy-de-Dôme,
professeur d'histoire naturelle,
directeur du jardin de botanique de Clermont-Ferrand, etc.

PARIS,

II. COUSIN, LIBRAIRE-ÉDITEUR, RUE JACOB, 21,

1844.

AUX MEMBRES

COMICES AGRICOLES

DE LA FRANCE.

Je dédie cet ouvrage aux Comices agricoles, non dans un but d'intérêt personnel, mais dans l'espoir qu'en agréant cet hommage, ils me permettront de leur soumettre aussi mon travail. Les Comices renferment tout ce que la France possède d'agriculteurs instruits, zélés et en même temps praticiens. C'est donc à eux que s'adresse mon livre, puisque je recommande l'essai d'une foule de plantes qui n'ont pas encore été introduites dans la culture, et dont l'expérience seule peut déterminer la valeur. En appelant l'attention des vrais agriculteurs sur un point aussi important que l'étude de l'alimentation des bestiaux, et sur les ressources immenses que la France recèle dans ses diverses parties, en leur mettant sous les yeux les associations végétales dont quelques essais, bien imparfaits sans doute, m'ont fait entrevoir l'utilité, je viens leur demander de continuer mes recherches, d'apprécier mes propres observations, et surtout d'y joindre les leurs. Personne ne sait mieux que moi que l'on ne peut presque rien généraliser en agriculture; tout est soumis au climat, aux saisons, aux localités, aux convenances particulières; je recevrai donc avec reconnaissance tous les détails que l'on voudra bien m'adresser sur les plantes fourragères, et j'accueillerai avec empressement les critiques qui auront pour but de relever mes erreurs, d'améliorer mon travail et de concourir sincèrement à l'avancement des sciences agricoles.

Clermont-Ferrand , le 30 janvier 1844.

H. LECOQ.

TABLE DES MATIÈRES

CONTENUES DANS

LE TRAITÉ DES PLANTES FOURRAGÈRES.

— • —

PREMIÈRE PARTIE.

FLORE PROPREMENT DITE.

———

TABLE ALPHABÉTIQUE

DES NOMS DES PLANTES DÉCRITES DANS LE COURS DE L'OUVRAGE.

Pour ne pas grossir inutilement ce volume , nous avons seulement indiqué le nom des genres et des familles. Ces dernières sont en petites capitales , les noms français des genres en caractères ordinaires, les noms latins en *italique*.

SECONDE PARTIE.

Fin de la Table.

INTRODUCTION.

———❦———

Pour peu que l'on réfléchisse à l'état actuel de l'agriculture en France, on restera bientôt convaincu que toutes les améliorations qui ont été introduites depuis un demi-siècle, sont dues à l'emploi de plus en plus fréquent des plantes fourragères, qui ont amené la suppression presque totale des jachères, et ont permis d'obtenir des masses énormes de nourriture pour le bétail. Les prairies qui couvrent le sol le rendent donc productif, et tout ce que l'on a écrit sur les rapports qui doivent exister dans une ferme entre l'étendue des prairies et celle des terres arables, se réduit à ceci : *Augmentez successivement l'étendue de vos prairies jusqu'à ce que leur produit puisse nourrir un assez grand nombre d'animaux pour fumer convenablement les terres à labourer,* ou bien : *Ne livrez jamais une terre à la charrue sans être certain que vous pouvez la fumer convenablement.* Cet axiome peut s'appliquer à toutes les contrées et à toutes les circonstances ; il doit être suivi partout. Mais il ne suffit pas à un agriculteur d'établir ou de conserver une étendue quelconque couverte de plantes fourragères, il faut au moins qu'il puisse distinguer ces plantes les unes des autres ; qu'il connaisse leurs qualités ; qu'il puisse apprécier leurs avantages et leurs défauts ; qu'il sache celles qui conviennent plus spécialement à telle espèce de sol, celles qui peuvent prospérer sous le climat qu'il habite ; qu'il puisse séparer au besoin celles qu'appète le plus volontiers chaque espèce de bétail : il faut enfin, s'il veut former une prairie, ou temporaire ou permanente, qu'il soit à même de choisir ses espèces et de les mélanger dans certaines proportions, en les appropriant aux exigences de son exploitation.

Quand on jette les yeux sur une belle prairie, à l'époque où toutes les plantes qui la composent sont en pleine végétation, on est frappé de la multitude d'espèces qui s'y développent et du mélange de fleurs et de feuillages qui semblent se disputer à l'envi le sol qu'elles sont forcées de partager. Pour celui qui cultive lui-même, c'est une des plus grandes jouissances, que de voir fleurir ses prés et d'admirer la vigueur de toutes ces plantes, qui se pressent et s'allongent pour élever au-dessus du sol leurs tiges fleuries et leurs rameaux feuillés. Il y a, en effet, un très-grand nombre de végétaux différents dans les prés, et quoique certaines espèces se rencontrent dans la majeure partie des prairies de la France, il en est d'autres qui habitent spécialement telle ou telle partie de cette contrée ; d'autres qui, indifférentes au climat, choisissent la nature du sol, le degré d'humidité, l'exposition, l'ombre ou le grand air. La plupart des agriculteurs ne connaissent qu'un très-petit nombre des plantes de leurs prairies, et l'on peut dire même que bon nombre de botanistes seraient très-embarrassés s'il fallait nommer, à première vue, les nombreuses graminées qui forment la base de la plupart des prés. C'est donc une science bien arriérée encore - que celle dans laquelle j'essaie aujourd'hui de frayer une route. C'est cependant par une étude suivie de quelques-unes des plantes qui les composent que l'on a trouvé ces espèces si éminemment productives qui ont été séparées du mélange, et qui, convenablement cultivées, ont donné des résultats si avantageux. Le *trèfle*, le *sainfoin*, la *luzerne*, les diverses *ivraies* ou *ray-grass*, le *thimoty* ou *phleum pratense*, le *trèfle blanc*, la *chicorée*, et tant d'autres plantes, ont été retirées des prairies pour entrer dans nos assolements; et maintenant que l'on connaît leur culture et leur durée, que l'on a pu apprécier leurs qualités, elles occupent le sol presque exclusivement, comme plantes essentiellement fourragères.

Il ne faut pas croire cependant que l'on ait introduit dans la culture toutes les plantes fourragères qui existent, même sur le sol de la France. Il s'en faut de beaucoup, et peut-être ne connaissons-nous pas les meilleures. La plupart des espèces sauvages, transportées dans de bon terrain, fumées, cultivées avec soin, se développent au point de devenir méconnaissables, et pour en citer un seul exemple, je rappellerai la *chicorée sauvage*, qui, sur les coteaux calcaires, étale à peine une rosette de feuilles desséchées, et montre immédiatement une tige dure, branchue et demi-ligneuse. La même plante, cultivée dans un sol frais et fumé, produit quatre coupes de larges feuilles succulentes, et repousse avec promptitude. Si, en signalant dans cet ouvrage la richesse de la France en plantes fourragères, je pouvais seulement déterminer par la suite la culture de quelque plante sauvage, j'aurais déjà fait une chose utile.

L'inspection des plantes qui croissent naturellement sur un terrain, donne presque toujours des indices sur sa nature. En observant attentivement les plantes que les bestiaux broutent avec le plus de plaisir, on a une première donnée pour essayer une culture; et quoique souvent, dans les lieux où la nature les a placées, elles ne donnent qu'une très-petite quantité de foin, il arrive souvent, comme nous venons de le dire, qu'étant cultivées, elles se développent d'une manière extraordinaire et produisent beaucoup.

Je ne me suis pas dissimulé que, dans un ouvrage de la nature de celui-ci, il fallait considérer les plantes fourragères sous divers points de vue; qu'il fallait non seulement une description botanique du genre et de l'espèce, mais qu'il était nécessaire d'envisager aussi le sol qui convenait le mieux à la plante, sa précocité, son produit, ses qualités relativement aux diverses espèces de bétail, sa durée, les espèces que l'on pouvait le plus utilement lui associer, etc.

Pour résumer un si grand nombre de faits, et rassembler de si nombreuses considérations, il fallait adopter un ordre méthodique qui évitât, autant que possible, les répétitions et qui favorisât les recherches. Un seul pouvait s'appliquer à mon travail. C'était de m'occuper d'abord de chaque plante fourragère en particulier, et ensuite d'étudier l'ensemble, de grouper les faits et d'en tirer des conséquences. J'ai donc partagé mon livre en deux parties. La première est une flore proprement dite, dans laquelle sont décrites toutes les plantes que mangent les diverses espèces d'animaux, ainsi que celles qui, étant vénéneuses pour eux, croissent naturellement dans les prairies.

La seconde contient la généralité des notions sur les prairies, leur composition ou leur analyse sur divers points de la France; des remarques sur l'alternance des plantes qui les composent et sur les assolements naturels que l'on doit imiter; des indications sur les semis de fourrages, sur les mélanges de graines le plus convenables selon les sols, selon les animaux auxquels ils sont destinés, et l'indication des plantes le plus propres pour former des prés à faucher ou des pelouses à pâturer; enfin des détails sur l'entretien des prairies, les irrigations, le sarclage, l'action des engrais, la fauchaison, le fanage, les clôtures de haies vives, etc.

L'ordre à suivre dans la succession des matières de cette seconde partie n'offrait aucune difficulté, et ne présentait, d'ailleurs, aucune importance ; mais il n'en était pas de même pour la première partie : il fallait nécessairement classer les nombreux végétaux qui s'y trouvent décrits.

L'ordre alphabétique, qui paraît d'abord le plus simple, est tout à fait impraticable, en ce qu'il suppose que l'on sait d'avance le nom de l'objet que l'on cherche, ce qui n'arrive pas toujours pour les plantes d'une prairie.

Ranger les plantes par catégories, selon qu'elles conviennent spécialement à telle espèce de bétail ou qu'elles croissent de préférence sur tel ou tel sol, ou bien encore par séries diverses, selon leurs produits, leur précocité, leur durée, etc., serait encore un moyen très-incommode et très-inexact. On s'apercevra facilement que je n'ai pas voulu faire un livre de botanique, et cependant j'ai été contraint d'employer une classification qui appartient tout entière à cette science. Suivre l'ordre des familles naturelles des plantes, m'a paru le plus instructif, le plus commode et le mieux approprié à mon travail. En effet, cette classification a l'avantage de réunir dans le même groupe des plantes qui se ressemblent beaucoup et dont les caractères généraux, étant les mêmes, ne doivent être énoncés qu'une seule fois en tête de la famille. Souvent ces plantes jouissent des mêmes qualités, ou présentent les mêmes défauts, et quelquefois aussi leur organisation étant la même, leur culture est analogue ou présente seulement quelque légère différence. C'est ainsi qu'en parcourant la *Flore* on verra que, parmi une centaine de familles dans lesquelles les plantes fourragères sont distribuées, il n'y en a réellement que cinq qui ont une grande importance, les *Graminées*, les *Légumineuses*, les *Ombellifères*, les *Composées* ou *Synanthérées* et les *Crucifères* ; et, chose remarquable, c'est que ce sont les mêmes groupes de plantes qui fournissent à l'homme presque tous ses aliments.

Toutes ces considérations m'ont déterminé à suivre cet ordre méthodique ; et d'ailleurs, la plupart des agronomes ont, en botanique, des notions suffisantes pour reconnaître souvent à quel groupe de plantes une espèce qu'ils rencontrent peut appartenir; et s'ils éprouvaient quelque embarras, il y a maintenant partout, ou du moins dans toutes les villes, des personnes qui s'occupent de botanique et qui sont, en général, d'autant plus complaisantes qu'elles sont plus instruites, et près desquelles on peut lever ses doutes. C'est, à mon avis, le seul moyen d'avoir des déterminations sûres. On m'objectera peut-être que des figures bien faites obvieraient à ces inconvénients ; mais je répondrai qu'il est très-difficile d'avoir de bonnes figures, et que celles qui représenteraient, par exemple, les espèces des Graminées ne pourraient être utiles qu'à des botanistes exercés, encore atteindraient-elles rarement une perfection suffisante pour qu'on puisse s'en servír. Leur prix est, d'ailleurs, un obstacle que l'on ne pourra jamais surmonter, puisque, dans un ouvrage comme celui-ci, le nombre des planches devrait s'élever à plusieurs centaines. Il n'y aurait qu'un seul moyen de mettre à la portée de tout le monde les déterminations des Graminées et autres plantes des prairies, ce serait de composer exprès, à l'usage des agriculteurs seulement, et non des botanistes, des herbiers de plantes desséchées, où l'on trouverait, à côté de l'échantillon même de la plante, son *nom latin botanique*, le seul qui ne varie nulle part, et ses noms vulgaires à côté. Je suis convaincu qu'une publication de ce genre aurait un grand succès et contribuerait puissamment à répandre la connaissance des plantes utiles à l'agriculture. Un de mes élèves a commencé déjà à recueillir de nombreux matériaux pour une publication de ce genre; je désire qu'il puisse bientôt mettre son projet à exécution.

On a publié sur les plantes fourragères de la France, de l'Allemagne, de l'Angleterre et de l'Italie, un assez grand nombre de mémoires partiels et plusieurs ouvrages généraux, et il est remarquable que ces travaux se contredisent sur un grand nombre de points. En France, un seul ouvrage spécialement destiné aux plantes fourragères a été publié, c'est le *Traité des prairies* de M. Boitard, ouvrage bien fait, mais trop succinct, et ne renfermant qu'un petit nombre d'espèces. M. Vogeli a fait aussi une flore des prairies; mais, comme il le dit lui-même, il ne s'occupe des fourrages que comme consommateur et non comme agronome. Il ne parle pas des plantes qui ne peuvent se faucher, et le cheval est le seul animal dont il soit question. Il ne donne, du reste, aucun renseignement sur les espèces. Il n'indique pas leur durée, et des genres importants, tels que les *Agrostis*, sont à peine mentionnés. Un de mes honorables collègues, M. Nicklès, pharmacien à Benfeld, a adressé, en 1839, à la Société d'agriculture du Bas-Rhin, un mémoire sur les prairies naturelles, qui a été couronné; mais malheureusement ce travail consciencieux est restreint à l'Alsace. Les mémoires et les traités publiés par Gilbert, Rozier, Yvart, Bosc, Matthieu de Dombasle, Arthur Young, Marshal, Springell, Schwerz, Thaër, sont remplis de faits exacts et de bonnes observations, qu'il faut chercher dans des recueils périodiques ou dans des ouvrages volumineux.

Bien que, pendant une longue série d'années, j'aie observé les animaux qui sont libres dans les pâturages, et qu'ayant fait moi-même plusieurs essais, j'aie pu recueillir un très-grand nombre de faits de mes propres observations, il arrivera sans doute souvent que ces faits auront déjà été observés par d'autres, mais je n'en réclame en aucune manière la priorité. Je n'ai d'autre but, en publiant cette flore des prairies, que de placer sous les yeux des agriculteurs l'ensemble des richesses fourragères que présente le sol de la France, et de les mettre à même d'essayer et de vérifier ce que plus de vingt années

d'observations consciencieuses m'ont permis de remarquer. Mon but sera complétement atteint, si je
puis contribuer pour ma faible part à la prospérité
agricole de mon pays.

PREMIÈRE PARTIE

FLORE ,

ou

DESCRIPTION, USAGES ET QUALITÉS

DES PLANTES FOURRAGÈRES DE FRANCE,

RANGÉES SELON L'ORDRE DES FAMILLES NATURELLES.

FAMILLE DES ALGUES ou HYDROPHYTES.

HYDROPHYTES (de ὕδωρ, eau, et de φυτὸν, plante). On désigne ainsi, d'une manière très-générale, les plantes qui croissent dans l'eau. Dans ce sens, les *Hydrophytes* forment un groupe qui correspond à celui des *Algues*, et dont les caractères sont : organisation simple, consistant en frondes tantôt capillaires, simples ou rameuses, tantôt planes, minces, entières ou lobées, et quelquefois tubuleuses, dont la substance paraît homogène dans tous les points, ou simplement traversée par des filaments vasculaires. Les fructifications, quand elles existent, sont renfermées, soit dans l'intérieur même de la plante, soit dans des espèces de conceptacles particuliers, en forme de tubercules plus ou moins allongés.—Ces plantes vivent sur la terre humide, et principalement dans les eaux douces et salées. De là deux grandes divisions : les *Nayophytes*, ou celles qui croissent dans les eaux douces, et les *Thalassiophytes*, ou celles qui habitent l'eau salée.—Ces deux sections peuvent être regardées comme deux divisions assez naturelles pour le groupe des *Hydrophytes*. Cependant, comme leur classification est basée sur leur organisation, et non sur leur habitation, ce dernier caractère, quoique très-bon, présente quelques exceptions, qui du reste n'empêchent pas de regarder ces deux groupes comme les deux coupes principales.

Obs. Ainsi que l'on vient de le voir, et comme leur nom l'indique, les Algues habitent les eaux où les animaux ne peuvent aller les chercher, malgré le goût prononcé, que la plupart ont pour certaines espèces. Les Algues d'eau douce, réduites à ces filaments verts que nous voyons naître à la surface des eaux, ne peuvent offrir aucun genre de nourriture à des animaux d'un certain volume, mais il n'en est pas de même des Hydrophytes marines; plusieurs d'entre elles, désignées sous les noms de *Fucus, Varecs, Goëmon,* atteignent de grandes dimensions, et se multiplient à l'infini sur les rivages qui leur offrent réunies les circonstances favorables à leur développement. Presque tous les animaux aiment ces plantes, qui, végétant habituellement dans l'eau salée, conservent toujours un peu de la saveur du milieu dans lequel elles croissent.

Plusieurs espèces du genre *Ulva* servent de fourrage dans le nord de l'Europe, où elles abondent, bien qu'il ne faille pas rapporter à ces plantes ce que les anciens ont écrit sur l'*Ulva* ; car, comme M. Thiébaud de Berneaud l'a très-bien prouvé, ils donnaient ce nom au *Festuca fluitans*, plante de la famille des Graminées qui donne réellement une excellente nourriture pour toute espèce de bétail.

Le Varec palmé, *Fucus palmatus*, L., que les pauvres habitants de l'Ecosse et de l'Irlande mangent quelquefois, est souvent employé comme fourrage dans ces mêmes contrées. Il est connu sur toutes les côtes de l'Océan, et parfois les flots le rejettent en abondance sur le rivage.

Le Varec vésiculeux, *Fucus vesiculosus*, L., est aussi mangé par les bestiaux ; il communique sa saveur salée au foin avec lequel on le mélange.

D'autres *Fucus* servent aux mêmes usages, surtout dans les contrées du Nord où les fourrages sont rares. Ce n'est toutefois qu'à l'état frais que l'on peut employer ces végétaux. Dès qu'ils commencent à se décomposer, l'odeur désagréable qu'ils exhalent, les fait immédiatement rejeter des animaux. On ne peut du reste employer cette nourriture que pour les bestiaux à l'engrais. Les vaches laitières, les chèvres et les brebis, l'acceptent sans répugnance, mais elle communique à leur lait une saveur de marée assez désagréable.

FAMILLE DES CHAMPIGNONS.

Famille de plantes cryptogames, renfermant une immense quantité de végétaux dont les caractères sont extrêmement variables. — Les *Champignons* étant formés de tissu cellulaire, croissent en tout sens, prennent les formes les plus bizarres, et présentent seulement pour organes reproducteurs de petits corps que l'on désigne sous les noms de *sporules*, *spores*, *gongyles*, etc., qui sont nus ou enfermés dans des *conceptacles*, *thèques*, *sporidies*, etc. Ces sporules et conceptacles sont épars sur toute la surface du *Champignon*, ou réunis en un seul point; tantôt ils sont portés sur une *membrane fructifère (hymenium)*, tantôt placés dans l'intérieur de la plante, et alors enveloppés par une ou plusieurs membranes que l'on nomme *peridium*. — Il est facile de voir que les *Champignons* forment plutôt une classe à part qu'une seule famille; aussi ont-ils été divisés et subdivisés à plusieurs reprises différentes par un grand nombre de botanistes.

Obs. Les plantes de cette famille abondent dans les prairies, lorsqu'à des pluies tièdes et continues succèdent quelques jours de chaleur interrompus de nouveau par des pluies d'orage. Les pelouses surtout où l'herbe est courte et peu serrée, fourmillent d'une multitude d'espèces plus singulières et plus abondantes les unes que les autres. Quelquefois les animaux les dédaignent; il y a cependant plusieurs espèces, notamment celles qui sont comestibles pour l'homme, que les bêtes à cornes mangent avec plaisir. Il est probable aussi que souvent les animaux prennent avec l'herbe plusieurs des espèces qui s'y trouvent abritées; mais je ne connais aucun accident que l'on puisse réellement attribuer à l'ingestion des espèces vénéneuses chez les herbivores.

La rouille, le charbon, la carie, qui attaquent non seulement les céréales, mais quelquefois les graminées fourragères, ne sont autre chose que de petits Champignons parasites qui se développent comme les moisissures, avec une très-grande rapidité, et qui, par leur excessif développement sur les feuilles et sur les tiges des plantes, peuvent produire sur les animaux des indispositions que l'on attribue parfois à des causes tout à fait différentes. Du reste, personne, à ma connaissance, ne s'est occupé des Champignons sous le rapport agricole, ou du moins en les considérant comme nourriture des animaux; et si je cite ici cette curieuse famille du règne végétal, c'est pour la signaler à l'attention des agriculteurs. Les Champignons sont si abondants à certaines époques de l'année, et dans certaines contrées, que l'on pourrait peut-être distinguer dans les mille formes diverses qu'ils revêtent quelques espèces qui pourraient convenir à la nourriture du bétail. Ce qu'il y a de certain, c'est qu'un grand nombre de Champignons sont recherchés par les bêtes à laine, les bêtes à cornes, et surtout par les cochons. Les plus communs d'entre eux sont les *Agarics champêtre, chanterelle, bouclier, délicieux, laiteux, moucheté, mamelonné; Bolets jaune, gluant; Clavaire coralloïde; Hydre goudronnée; Morille comestible*, et en général, comme nous venons de le dire, ceux que l'homme peut manger impunément, et qui sont très-nombreux.

FAMILLE DES LICHENS.

Famille de plantes appartenant à l'*Acotylédonie* de M. de Jussieu, et aux *Cellulaires aphylles* de M. de Candolle. Les plantes qui composent cette famille, l'une des plus nombreuses que nous offre la Cryptogamie, se présentent sous des formes ou ne peut plus variées : tantôt ce sont des croûtes imperceptibles, des lignes fugaces; tantôt des folioles élégamment disposées, des expansions arborescentes, ou des filaments d'une dimension considérable. Leur consistance est coriace, membraneuse, crustacée ou grenue, ordinairement sèche, très-rarement gélatineuse; leur couleur, assez rarement d'un vert décidé, tend toujours au vert quand on les humecte; elles portent des réceptacles *(apothécions)* en forme de tubercules, ou le plus souvent en forme d'écussons, de consistance membraneuse ou charnue, d'une couleur assez variée, et qui renferment les graines sans les expulser au dehors; quelques-unes offrent en outre des paquets pulvérulents, que certains auteurs ont regardés comme les organes mâles, et d'autres comme de simples efflorescences dues à la rupture des cellules extérieures.—Les *Lichens* vivent sur la terre, sur les rochers ou sur l'écorce des arbres. Ils sont avides d'humidité. Privés de véritables racines, et ne tirant leur nourriture que de l'air, ils n'adhèrent aux corps voisins, arbres, etc., que pour y chercher un support. On ne doit donc pas les considérer comme de véritables parasites. Quand on les expose sous l'eau aux rayons solaires, presque tous donnent du gaz oxygène; desséchés, ils reprennent l'apparence de la vie, quand on les humecte, et le liquide pénètre la plante entière, même lorsqu'elle n'y est plongée qu'à moitié. Enfin, d'après Ramond, si l'on frotte un *Lichen* de manière à déchirer ses cellules, la substance interne, de blanche qu'elle était, devient verte. Ce botaniste attribue ce phénomène à l'extravasion d'un suc propre, contenu dans des cellules particulières. De tous les caractères exposés cidessus, un seul est absolu, c'est la présence d'un thalle; si quelques espèces en sont privées, et ce fait est très-rare, on doit le regarder comme un véritable avortement, ou bien penser, d'après M. Fée, qu'il est d'une telle ténuité, que nos yeux ne peuvent le voir.—Linné considérait les *Lichens* comme un seul genre. Il n'avait décrit que les espèces les plus saillantes, et les avait divisées en un certain nombre de groupes assez naturels. M. de Jussieu ensuite avait placé ce genre parmi les *Algues;* mais depuis ce temps l'étude de l'organisation de ces plantes ayant été le sujet des travaux de botanistes très-distingués, on a trouvé des caractères suffisants pour partager le genre *Lichen* de Linné en un grand nombre de genres, qui constituent la famille des *Lichens* telle que nous la connaissons aujourd'hui. C'est surtout aux travaux d'Acharius, de MM. Fries, Eschweiller et Fée, qui tous ont donné des ouvrages spéciaux sur cette partie de la botanique, que la science est redevable des progrès qu'a faits cette partie de la cryptogamie.

Obs. Les Lichens abondent dans certaines contrées, et présentent les formes les plus variées et les stations les plus différentes. Un petit nombre d'entre eux peut servir d'aliment aux hommes et aux animaux ; ce sont surtout ceux qui croissent sur le sol, et qui sont principalement formés par l'union d'un principe gélatineux très-abondant à un principe amer. Quant aux autres, qui habitent les troncs d'arbres, et surtout ceux qui végètent sur les rochers, ils contiennent très-souvent une assez forte proportion d'oxalate de chaux, sel parfaitement insoluble.

LICHEN D'ISLANDE, *Lichen islandicus*, L. — Il forme des gazons très-serrés, composés d'une multitude d'expansions foliacées, cartilagineuses, dures, rameuses, élargies ; elles se terminent en lobes obtus, irréguliers, bruns ou olivâtres, tandis que la tige ou les rameaux inférieurs sont blanchâtres, et parfois un peu rougeâtres. Les scutelles sont brunes, grandes et très-rares. Toute la plante porte çà et là quelques cils raides. Quand le *temps* est humide, ce lichen, comme tous les autres, perd sa consistance sèche et cartilagineuse ; il verdit, se ramollit et végète avec rapidité.

Obs. On le trouve en abondance dans tout le nord de l'Europe, en Islande, en Irlande, en Allemagne, en France, dans toutes les régions montueuses, les Alpes, les Pyrénées, l'Auvergne, les Cévennes ; il descend même jusque dans les plaines du Bourbonnais. Au Mont-Dore, il couvre de vastes espaces sur les flancs des pics les plus élevés.

Les bestiaux ne touchent pas au Lichen tant qu'ils trouvent à côté une herbe verte et plus savoureuse ; mais, dans les années de disette, lorsque l'absence des fourrages oblige à envoyer de bonne heure les animaux dans les montagnes, le Lichen d'Islande est la première nourriture qui se présente sous la neige qui fond et diminue tous les jours. Alors il est brouté, et c'est un très-bon fourrage. Dans la Carniole, on en engraisse les cochons, et l'on a même une si bonne opinion de cette plante, qu'on la fait brouter aux bœufs et aux chevaux épuisés de fatigue pour leur rendre leur vigueur.

LICHEN DES RENNES, *Lichen rangiferinus*, L. — Joli gazon épais et touffu, formé par la réunion d'une multitude de petites tiges creuses, très-branchues, à rameaux nombreux, pointus, un peu bruns au sommet et tous courbés du même côté ; aisselle des rameaux percée ; fructification composée de petits tubercules bruns, placés au sommet des rameaux non inclinés.

Obs. Ce Lichen est extrêmement commun dans le Nord, dans les prairies, sur les pelouses, dans les bois montagneux. Il disparaît dans le midi de la France, mais il se retrouve sur toutes les montagnes élevées et toujours très-abondant. Ses larges gazons secs et fragiles deviennent mous et flexibles au moindre brouillard. Cette plante se retrouve au-delà du cercle polaire. Elle végète très-bien sous la neige, qui paraît même une des conditions essentielles de son existence. Les cerfs s'en nourrissent l'hiver ; les rennes, dans toute l'Europe septentrionale, n'ont pas d'autre nourriture pendant leurs longs hivers ; et j'ai vu plusieurs fois, en 1815, les chevaux des Cosaques et des Baskirs, gratter la neige du pied et retrouver, dans le nord de la France, la sobre nourriture de leurs climats glacés.

Les daims et les chevreuils s'en accommodent très-bien. Les habitants de la Suède et de la Carniole engraissent leurs troupeaux avec ce Lichen. Dans quelques cantons de la France on le donne habituellement aux cochons, et l'on pourrait étendre beaucoup son usage dans tous les pays où il est commun. On a remarqué que cette plante nuisait aux moutons, qui la broutaient en automne, et qu'elle leur était utile, au contraire, en hiver et au printemps.

On peut réunir au Lichen des rennes, le *Lichen subulatus*, L., le *Lichen sylvaticus*, All., le *Lichen uncialis*, L., le *Lichen c eranoides*, All., le *Lichen spinosus*, Huds., le *Lichen vermicularis*, L., le *Lichen tauricus*, Jacquin, le *Lichen paschalis*, L., espèces assez distinctes de la précédente par leurs caractères botaniques, mais qui, sous le rapport économique et agricole, sont continuellement confondues.

FAMILLE DES MOUSSES.

Famille de plantes qui faisait partie, sous ce nom, de la *Cryptogamie* de Linné, qui fut placée par M. de Jussieu dans l'*Acotylédonie*, et par M. de Candolle dans les *végétaux cellulaires munis de feuilles*. Les *Mousses* présentent des tiges simples ou rameuses, chargées de feuilles ordinairement nombreuses et imbriquées; elles sont dioïques, monoïques ou hermaphrodites; leurs fleurs sont très-petites, tantôt latérales, tantôt terminales, sous forme de bourgeons, de disques ou de têtes, sessiles ou pédonculées, composées de folioles qui jouent le rôle de calice, et qui portent à leur aisselle les organes fécondateurs. Les organes mâles sont des utricules pédicellés, remplis d'une poussière très-fine, et entremêlés de filaments stériles et articulés, qu'on regarde comme des nectaires; les fleurs femelles offrent ces mêmes nectaires entremêlés de plusieurs corpuscules cylindriques, qui sont des pistils; un seul d'entre eux est ordinairement fécondé : alors le pédicelle imperceptible qui soulevait l'ovaire s'allonge, pousse le jeune fruit hors du calice (qu'on appelle ici *perichœtium*), et enlève avec lui une *coiffe* qui le recouvrait, et qui jouait le rôle de corolle pendant la floraison. Le fruit est une *urne* ou capsule pédicellée, à une loge, traversée de la base au sommet par un axe nommé *columelle;* l'orifice de cette capsule, nommé *péristome*, est horizontal, orbiculaire, souvent entouré d'un anneau élastique, toujours recouvert d'un couvercle (nommé *opercule*) qui tombe à la maturité, tantôt nu, tantôt bordé d'une ou de deux rangées de cils ou dents diversement conformées; les graines, qui sont nombreuses et fines comme de la poussière, remplissent la capsule.

Hedwig, auquel on doit la connaissance des organes sexuels des *Mousses*, a prouvé que ces graines, mises en terre, reproduisent de nouvelles plantes. Les *Mousses* se reproduisent encore par drageons; la plupart d'entre elles sont vivaces, et les nouveaux rameaux sortent souvent des places où étaient les fleurs l'année précédente. Ces plantes reverdissent lorsqu'on les met dans l'eau; elles végètent bien dans les lieux et pendant les saisons les plus humides de l'année; dans la plupart, le fruit est mûr en automne ou au printemps, et les fleurs naissent ordinairement à l'époque de la maturité des fruits de l'année précédente; les cils du péristome servent à protéger les graines; ils s'étalent par la sécheresse, et se replient sur l'ouverture lorsqu'on les humecte; dans quelques genres, ces cils sont réunis au sommet par une membrane transversale nommée *épiphragme*. (*Flore française*, tome II, page 438.)

Obs. Les Mousses constituent une des familles les plus nombreuses du règne végétal, et peut-être une des plus importantes par le rôle qu'elles sont appelées à remplir dans l'ensemble de la végétation. Ces plantes, qui se développent pour ainsi dire partout, appartiennent plus spécialement aux régions polaires et aux zones tempérées. Elles préparent les terrains arides et ceux qui sont trop marécageux à recevoir une végétation plus brillante, et sous ce rapport les Mousses, comme les Lichens, doivent fixer l'attention de l'agriculteur. Un peu d'humidité leur suffit pour vivre ; le sable le plus fin, le rocher le plus dur, l'écorce humectée d'un arbre, un mur battu par le vent et la pluie, sont autant de corps sur lesquels la Mousse germe et s'étale. Elle les couvre de ces magnifiques tapis veloutés qui presque partout précèdent l'apparition des graminées fourragères.

Il n'entre pas dans le cadre de cet ouvrage de décrire les formes gracieuses et la curieuse structure de quatre à cinq cents espèces de Mousses. Nous ne pouvons non plus les étudier sous le rapport économique : il nous suffira de rappeler que les terrains que l'on abandonne à eux-mêmes pour qu'ils se transforment en prairies, commencent presque toujours par se couvrir de Mousses. Tantôt ce sont de petites touffes isolées qui bientôt se réunissent en gazons étendus, et sont formés d'une multitude de petites plantes excessivement rapprochées ; tantôt ce sont des Mousses rampantes dont les tiges enlacées tracent et s'entre-croisent, gagnant chaque jour de nouveaux terrains, et formant ces larges coussins si mous et si délicats qui abritent la terre et les arbres pendant les hivers des contrées septentrionales.

Que la terre soit calcaire ou argileuse, qu'elle recouvre un sol granitique ou un terrain volcanique, qu'elle ait subi l'écobuage ou des labours, qu'elle soit sèche ou inondée, la nature a des Mousses pour toutes les localités, pour toutes les espèces de sol.

Il ne paraît pas que ces plantes, qui végètent pendant l'hiver, puissent nuire aux prairies sur le sol desquelles elles sont cependant quelquefois très-abondantes. Elles semblent, dans certaines circonstances, faire partie des espèces dominantes d'une pelouse ou d'un pacage ; mais cela n'est qu'apparent, parce qu'elles végètent à une époque où les autres végétaux sont complétement engourdis, et les Mousses seules paraissent alors. C'est surtout dans les pays de montagne et dans les lieux bas et tourbeux que les Mousses prennent le plus de développement, et là elles sont souvent accompagnées de

Joncs et de Cypéracées, plantes plus ou moins nuisibles aux prairies.

Aucune espèce de Mousse n'est mangée par les bestiaux, à moins d'une disette extrême ; aussi ces plantes ne peuvent figurer dans une flore des prairies que comme plantes nuisibles ou au moins inutiles. Du reste, les moyens de destruction, qui sont impossibles sur de très-grandes étendues de terrain, sont assez faciles dans les petites propriétés. Les Mousses craignent également les acides, les sels et les alcalis. Les cendres répandues à la volée, même celles de tourbe et de houille, qui sont les moins actives, l'acide sulfurique très-étendu d'eau, les sulfates de fer en dissolution faible, les cendres noires ou lignites pyriteux, le plâtre, etc., secondés par une atmosphère humide, détruisent promptement les Mousses, surtout celles qui ont des rameaux rampants et enlacés, telles que les *Hypnum, Leskea*, etc. Quant aux autres à tiges simples, telles que *Bryum, Phascum, Tortula*, elles n'ont pas d'importance.

FAMILLE DES LYCOPODIACÉES.

Famille de plantes établie par Swartz, adoptée depuis par tous les botanistes : elle appartient à la première classe, *Acotylédonie* de M. de Jussieu, et aux *Endogènes* ou *Monocotylédones cryptogames* de M. de Candolle. Les Lycopodiacées diffèrent de toutes les familles qui appartiennent à la même classe, par leurs fructifications, qui sont placées à l'aisselle des feuilles. Leur port varie beaucoup, et leur structure est encore peu connue ; leur tige est tantôt allongée et rameuse, tantôt simple, tantôt réduite à un bourrelet radical ; leurs feuilles sont entières ou légèrement dentelées lorsqu'elles servent de bractées, disposées en spirale ou déjetées sur deux rangs, ou en faisceau presque radical ; leurs fructifications sont placées à l'aisselle des feuilles qui, quelquefois, deviennent alors courtes et serrées, en sorte que les fruits semblent disposés en épi. Ces fructifications se présentent sous diverses formes; le plus souvent elles offrent une *coque* sphérique à deux valves, remplie de poussière ; quelquefois une coque à trois ou quatre valves qui renferme des globules sphériques, chagrinés, et marqués au-dessous de trois côtes rayonnantes ; quelquefois, enfin, ces coques ne s'ouvrent point d'elles-mêmes. Ces deux classes d'organes de la reproduction se trouvent séparées dans quelques espèces, et réunies dans d'autres ; en sorte que, d'après M. de Candolle, il est probable que l'un est l'organe mâle, et l'autre l'organe femelle ; mais l'observation n'a pas encore levé tous les doutes sur ce point. La germination dicotylédone, observée, il est vrai, sur une seule espèce, est un des faits les plus curieux que présente cette famille, sur la place de laquelle les botanistes ne sont pas encore bien fixés :

car si quelques caractères les rapprochent des *Fougères*, d'autres, et surtout ce dernier, les en éloignent, et semblent les rapprocher des *Conifères*.

Obs. Ces plantes méritent à peine une place dans notre *Flore*, car elles sont peu répandues et habitent principalement les pelouses des pays de montagne. Cependant les *Lycopodium clavatum* et *Selago*, L., se rencontrent çà et là dans l'herbe. Le premier couvre quelquefois de grands espaces dans les lieux secs et arides, mais exposés à des pluies fréquentes. Aucun animal ne recherche ces végétaux, et ce que nous avons dit des Mousses peut également leur être appliqué.

FAMILLE DES ÉQUISÉTACÉES.

Famille de plantes appartenant à la première classe, *Acotylédonie* de M. de Jussieu, et aux *Monocotylédones cryptogames* de M. de Candolle, présentant pour caractères : une tige simple ou divisée en rameaux verticillés, composés ainsi que les branches d'articles allongés, munis à leur point de jonction d'une gaîne dentée ou crénelée, qui paraît être le rudiment des feuilles. La fructification est un épi terminal, conique, serré, composé de corpuscules pédicellés, surmontés d'un plateau, et semblables à des têtes de clous ; en dessous de ce plateau, sont des cornets membraneux, qui s'ouvrent sur leur face interne par une fente longitudinale ; ces cornets renferment des globules verdâtres, sphériques, qui paraissent être les ovaires ; chacun d'eux est surmonté par quatre lames brillantes, fortement hygrométriques, roulées et appliquées autour des globules, quand elles sont humides ; étalées et ouvertes en croix, lorsqu'elles sont sèches. Hedwig regarde ces lames comme les organes mâles. — Cette famille est composée du seul genre *Equisetum*.

Obs. Le port très-original des ces végétaux désignés vulgairement sous le nom de *Prêles*, *Queues de cheval*, les fait de suite distinguer dans les prairies humides, où elles abondent quelquefois. Ce sont des plantes très-élégantes, qui souvent s'élèvent au-dessus des autres herbes, et que la disposition étagée de leurs rameaux et les articulations de leurs tiges, empêchent de confondre avec d'autres espèces.

Les Prêles offrent un assez grand nombre d'espèces qui, presque toutes, sont des plantes nuisibles dans les prairies, et qui plus est, très-difficiles à détruire. Leurs racines longues et traçantes descendent et s'enlacent dans l'intérieur du sol, et profitent de toutes les circonstances pour émettre des rameaux dont la végétation est rapide, tandis que leurs semences sont très-nombreuses. La pioche et le défonçage sont souvent impuissants et presque toujours impraticables. Si le sol n'est pas trop humide, une culture appropriée, telle que la luzerne, le trèfle et même des céréales, selon la nature des terrains, est le seul moyen de s'opposer à leur multiplication; mais il est encore difficile de les détruire entièrement par ce procédé.

Deux espèces de Prêles, celle des fleuves, *Equisetum fluviatile*, L., et celle des limons, *Equisetum limosum*, L., peuvent être considérées comme fourragères. On mange même, en guise d'asperges, leurs jeunes pousses dans quelques cantons de l'Italie. Les bestiaux aiment beaucoup ces plantes, qui sont communes dans les prairies humides et surtout dans celles qui sont inondées en hiver, sur le bord des fleuves, des rivières et des étangs. Ce fourrage devient tout à fait insipide à l'état sec. Les cochons le recherchent beaucoup. Elles sont aussi mangées par les vaches, qui, pendant les chaleurs de l'été, trouvent dans ces plantes un aliment rafraîchissant et très-aqueux, qui augmente la quantité de leur lait. On assure cependant que le beurre produit par ce lait, lui-même insipide, prend immédiatement une teinte plombée fort désagréable. Au reste, les bêtes à cornes paissent ces plantes sans les rechercher, et l'on prétend que si elles en mangeaient de grandes quantités, elles leur deviendraient très-nuisibles. Les chevaux et les bêtes à laine les mangent impunément, et recherchent non seulement les deux espèces que nous venons de citer, mais encore toutes celles qui constituent ce genre assez nombreux.

FAMILLE DES FOUGÈRES.

Famille de plantes monocotylédones, appartenant à la *Cryptogamie* de Linné, aux *Monocotylédones cryptogames* de M. de Jussieu, et aux *Cryptogames foliées* de M. de Candolle. Ses caractères sont: fructifications portées soit sur des frondes parfaitement développées, soit sur des frondes avortées, et transformées en une panicule plus ou moins rameuse, mais qui conserve le même mode de division que les véritables frondes. Ces fructifications, que l'on nomme généralement *capsules*, et qu'Hedwig a nommées *sporanges*, sont de très-petits follicules, ordinairement uniloculaires, et qui, se rompant presque toujours transversalement en deux valves, sont dans beaucoup de genres entourés d'un anneau élastique. Les capsules sont remplies par une grande quantité de *spores* ou *séminules* d'une grande ténuité, et sont disposées en grappes ou en panicules, qui terminent des frondes particulières ; le plus généralement, elles forment des paquets ou *sores*, nus, ou munis d'*indusies*, qui les recouvrent et les protégent dans leur jeunesse, et qui se rompent ensuite de différentes manières. Ces paquets sont placés sur le dos de la fronde ; ils sont tantôt arrondis, allongés, linéaires : tantôt ils se confondent, et en couvrent toute la surface ; ils sont toujours en communication avec un des faisceaux de fibres qui partent de la racine. — Tiges herbacées ou ligneuses, quelquefois souterraines ; frondes roulées en crosse dans leur jeunesse, et environnées d'un grand nombre d'écailles roussâtres ; organisation semblable à celle des Monocotylédones.

Obs. Peu de plantes offrent un feuillage aussi élégant que celui des Fougères, dont les formes excessivement variées se présentent toujours avec un air de légèreté que l'on ne rencontre plus dans les autres végétaux. Elles habitent plutôt les bois que les prairies, et cherchent souvent l'ombre, en se réfugiant dans les taillis épais, dans les grottes, les vieux puits ou les fentes des rochers humides. Néanmoins, plusieurs d'entre elles végètent en plein soleil, se développent sur les pelouses, ou cachent dans de grands herbages leur feuillage léger et découpé. Telles sont, par exemple, l'Ophioglosse vulgaire, *Ophioglossum vulgatum*, L., que l'on rencontre dans les prés humides, et l'Osmonde lunaire, *Botrychium lunaria*, qui croît sur les pelouses des montagnes, s'abritant, comme une foule d'autres petites plantes, sous les larges feuilles des espèces montagnardes qui l'avoisinent. Ces deux petites Fougères sont mangées par les bestiaux, mais on ne doit leur attribuer aucune importance comme espèces fourragères. Je les cite seulement parce qu'elles se montrent assez souvent dans l'herbe.

D'autres Fougères, beaucoup plus grandes et très-abondantes dans les bois, méritent de fixer un instant notre attention. Ce sont les *Polypodes* de Linné, genre que les botanistes ont démembré pour en faire leurs *Athyrium*, *Aspidium*, *Polystichum*, etc. Ce sont ces plantes que l'on connaît généralement sous la dénomination générale de *Fougères*.

A moins d'être affamés, les bestiaux ne touchent pas à leurs feuilles, quand elles sont sur pied. Coupées et à l'étable ou à demi-fanées, elles développent une odeur qui leur plaît : les chevaux et les bœufs les appètent assez ; mélangées avec de la paille et sèches à demi ou tout à fait, elles donnent une nourriture que les animaux recherchent, et qu'il est facile de leur procurer dans bon nombre de localités où les Fougères sont extrêmement communes.

La *Pteris* ou Fougère femelle, *Pteris aquilina*, L., plante qui abonde surtout dans les terrains granitiques et dans ceux qui sont ameublis par des débris volcaniques, peut être employée aux mêmes usages que les précédentes, quoique pourtant elle soit moins du goût des bestiaux. Aussi doit-elle être considérée comme plante nuisible et non comme espèce fourragère. Elle abonde dans les bois et les pâturages dont le sol lui convient, et on la rencontre aussi bien sur les côtes de l'Afrique méditerranéenne que sur les rivages de l'Amérique septentrionale et dans les plaines de l'Europe. Ses racines, que les cochons aiment beaucoup, sont longues et traçantes, et s'enfoncent à une si grande profondeur, qu'il est difficile de les atteindre. On a proposé divers moyens de s'en débarrasser, comme de les faucher avec une faux sur laquelle on passe souvent une dissolution de sulfate de fer ou couperose verte, d'abattre pendant deux années de suite les feuilles avec un bâton qui déchire leurs tiges et fait périr leurs racines, ou de semer sur le terrain même les cendres riches en potasse qui proviennent de l'incinération des frondes demi-desséchées que l'on vient de faucher. Ce dernier moyen, qu'il est du reste facile de combiner à ceux qui le précèdent, réussit assez bien, non pas que ces cendres tuent la fougère, mais elles favorisent le développement d'autres végétaux qui parviennent à l'étouffer ou du moins à lui nuire ; et ceci nous conduit tout naturellement à rappeler le procédé le meilleur à suivre pour débarrasser un terrain d'une plante nuisible : c'est, si la chose est possible, de changer pendant quelques années la destination du terrain, de l'ensemencer en récoltes qui doivent être sarclées, ou bien avec des plantes dont les feuilles vigoureuses et serrées puissent lutter avec avantage contre celles que l'on veut détruire, lui disputer ce terrain pied à pied, et vaincre seules ou aidées du secours de l'homme, qui est d'un grand poids dans la balance.

FAMILLE DES ALISMACÉES.

Famille de plantes, formée par Richard père, appartenant à la *Monopérigynie* de M. de Jussieu, et aux *Endogènes phanérogames* de M. de Candolle. Ses caractères sont: calice à six divisions plus ou moins étalées, dont trois intérieures colorées, pétaloïdes et caduques; étamines, le plus souvent au nombre de six, quelquefois en plus grand nombre, insérées à la base des divisions calicinales; carpelles nombreux; ovaire uniloculaire, contenant un ou deux ovules; style et stigmate simples. Les fruits sont des capsules ordinairement monospermes, indéhiscentes. L'embryon, dépourvu de périsperme, est recourbé en forme de fer à cheval.

Obs. Cette famille peu nombreuse ne contient guère que des plantes aquatiques ou marécageuses, qui parfois deviennent très-abondantes dans les prés humides et tourbeux, dans les queues d'étangs et les marais nouvellement desséchés. Toutes, sans exception, donnent en sec un très-mauvais fourrage; mais à l'état frais quelques-unes sont du goût des bestiaux, surtout dans leur jeunesse.

· Genre Fluteau, *Alisma*, L.

Périgone à 6 divisions profondes, dont 3 extérieures persistantes, représentant un calice, et 3 intérieures en forme de pétales; 6 étamines; ovaires de 6-25, caducs, indéhiscents.

Fluteau-Plantain, *Alisma plantago*, L. (Plantain d'eau, Pain de grenouilles, Pain de crapauds, Plantain aquatique). — Tige droite, de 6 à 12 décimètres; feuilles larges, ovales, cordiformes, pointues, nervées; fleurs blanches ou lilacées, disposées en 4 à 8 verticilles paniculés; capsules à 3 angles obtus. — Vivace.

Obs. Cette plante, très-commune dans les lieux inondés et dans les foins des prairies marécageuses, croît dans presque toute la France. Les chèvres la broutent ainsi que les chevaux, mais c'est plutôt une plante à détruire qu'à conserver. Heureusement elle reste presque toujours confinée dans les ruisseaux et les fossés, sans se mélanger aux herbes des prairies.

Le Fluteau étoilé, *Alisma damazonium*, L., le Fluteau rampant, *Alisma repens*, Lamarck, et le Fluteau fausse renoncule, *Alisma ranunculoides*, L., se comportent exactement de la même manière sous le rapport économique.

Genre Sagittaire, *Sagittaria*, L.

Fleurs monoïques, les mâles en panicule; périgone à 6 divisions très-profondes, 3 extérieures en forme de calice, et 3 intérieures en forme de pétales; environ 24 étamines; ovaires nombreux; capsules comprimées.

SAGITTAIRE EN FLÈCHE, *Sagittaria sagittata*, L. (Sagette, Flèche d'eau, Queue d'arondelle.) — Tige de 3 à 6 décimètres; feuilles larges en fer de flèche, longuement pétiolées; fleurs blanches, avec 3 taches rouges, en panicule verticillée; verticilles souvent à 3 fleurs; les supérieures mâles, plus nombreuses. — Vivace.

Obs. Cette belle plante croît dans les fossés, sur le bord des rivières, dans les lieux inondés. Elle acquiert quelquefois un très-grand développement. Ses feuilles ont un peu d'âcreté, mais elle est adoucie par la moelle abondante et savoureuse qu'elles contiennent. Les chèvres, les chevaux et les cochons la recherchent avec avidité; ses tiges souterraines peuvent même offrir un aliment à l'homme.

FAMILLE DES JUNCAGINÉES.

Famille de plantes monocotylédones, établie aux dépens des *Joncs* de M. de Jussieu, appartenant par conséquent à la *Péristaminie* et aux *Endogènes* de M. de Candolle. Ses caractères sont : fleurs hermaphrodites ou unisexuées, nues ou munies d'un périgone; les hermaphrodites offrant six étamines à filets courts, à anthères cordiformes; trois à six pistils soudés par leur côté interne; ovaire libre, uniloculaire, contenant un ou deux ovules dressés; stigmate souvent sessile; fleurs mâles composées d'une seule étamine accompagnée d'une écaille; fleurs femelles n'offrant qu'un pistil nu. Le fruit est un akène ou une capsule renflée et déhiscente, contenant une ou deux graines dressées; embryon dressé, à radicule tournée vers le hile. — Tiges herbacées; plantes marécageuses.

Genre Triglochin, *Triglochin*, L.

Périgone de 6 folioles, dont 3 intérieures en forme de pétales; 6 étamines très-courtes; 3 à 6 ovaires connivents, à stigmates sessiles; 5 à 6 capsules dressées.

TRIGLOCHIN DES MARAIS, *Triglochin palustre*, L. (Faux Jonc, Troscart des marais).—Tige grêle de 1 à 2 décimètres; feuilles radicales, planes, capillaires, plus courtes que la tige; fleurs petites, herbacées; capsules libres, linéaires, sillonnées, triloculaires.—Vivace.

Obs. Cette plante croît dans les marais, où elle donne

très-peu de foin, car elle se développe peu ; mais l'herbe qu'elle fournit est très-fine, et tous les bestiaux l'aiment beaucoup.

TRIGLOCHIN MARITIME, *Triglochin maritimum*, L. (Herbe Sœlting.) —Tige de 2 à 3 décimètres, feuilles allongées, presque cylindriques; épi allongé ; capsules arrondies, ovales, à 6 loges.—Vivace.

Obs. Cette espèce est assez commune sur les bords de la mer, dans les prés qui reçoivent la vapeur des eaux salées ou qui sont arrosés par des eaux saumâtres. On la trouve également dans l'intérieur des terres autour des salines de la Lorraine, et en Auvergne, sur le bord des sources salées, notamment à Saint-Nectaire, où elle fait partie dominante de plusieurs prairies enserrées dans une petite vallée qui laisse de tout côté suinter des eaux minérales. Elle se développe très-vite, repousse du pied en grande abondance, et produit à l'état frais une herbe que les bestiaux recherchent beaucoup. C'est donc une plante à conserver dans le petit nombre de localités où elle se rencontre. On prétend que les bœufs et les moutons qui paissent cette plante, acquièrent une chair plus savoureuse. Bosc demande si ce ne serait pas à sa présence que serait due la saveur délicate de la chair des moutons de Pré-Salé. Une chose certaine, c'est qu'à Saint-Nectaire, en Auvergne, où cette plante abonde, la chair des moutons ne le cède en rien, pour le fumet, à celle des moutons de Pré-Salé.

FAMILLE DES TYPHINÉES.

Famille de plantes monocotylédones, appartenant à la *Monohypogynie* de M. de Jussieu, et aux *Endogènes* de M. de Candolle. Ses caractères sont: fleurs monoïques ; fleurs mâles agglomérées, triandres; périgone triphylle ; fleurs femelles également agglomérées, à périanthe triphylle; ovaire libre ; style unique ; un ou deux stigmates; fruit monosperme; embryon droit dans le centre d'un périsperme charnu ou farineux. — Feuilles alternes engaînantes.

Genre Massette, *Typha*, L.

Chatons cylindriques; fruits pédicellés, entourés à leur base par de longs poils en manière d'aigrettes.

Obs. Les Typhas sont de grandes plantes qui habitent les eaux, les queues d'étangs et les lieux inondés. Elles se multiplient beaucoup, et offrent plusieurs espèces principalement distinguées par la largeur de leurs feuilles, qui toutes donnent un fourrage de mauvaise qualité, que les chevaux cependant mangent au printemps, quand les jeunes feuilles commencent à pousser. Les cochons aiment beaucoup les racines, qui sont pleines d'une fécule très-abondante et analogue au sagou.

Genre Rubanier, *Sparganium.*

Chatons arrondis; fruits sessiles, turbinés et dépourvus de poils et d'aigrettes.

Obs. Comme les Massettes, ce sont des plantes vivaces, qui vivent et se développent dans les mêmes localités et dans les mêmes circonstances. On en distingue aussi plusieurs espèces. Les chevaux et quelquefois les vaches mangent les feuilles, quand elles sont jeunes. Les cochons recherchent leurs racines; les chèvres refusent ces plantes.

FAMILLE DES CYPÉRACÉES.

Famille de plantes monocotylédones appartenant à la *Monohypogynie* de M. de Jussieu, et dont les caractères sont : fleurs hermaphrodites, ou unisexuées; glume univalve, pas de glumelle; ovaire simple, libre, surmonté d'un style terminé par deux ou trois stigmates, enveloppé tantôt par un urcéole ou vessie membraneuse, percée au sommet pour laisser passer le style, et tantôt par des poils issus de sa base; le fruit est un cariopse; embryon petit; situé à la base d'un périsperme farineux. — Plantes vivaces et herbacées, ressemblant aux *Graminées*, mais n'ayant pas les tiges noueuses; feuilles alternes, entières, les supérieures sessiles, les inférieures engaînantes; gaîne non fendue; fleurs disposées en épi ou en faisceau.

Obs. Ce groupe contient un très-grand nombre d'espèces à feuilles cylindriques ou planes et souvent coupantes; à racines vivaces, longues et traçantes, et très-propres à fixer les terres mobiles sur les terrains en pente, et les sables des dunes sur les bords de la mer. Mais, quoique très-abondantes dans certaines prairies, surtout dans celles qui sont humides, elles donnent

toutes, sans exception, un très-mauvais foin ; quelques-
unes seulement peuvent être broutées à l'état frais.

Genre Laiche, *Carex*, L.

*Fleurs monoïques et rarement dioïques; épis tantôt androgynes,
tantôt unisexuels; 2 à 3 stigmates; graines renfermées dans un
urcéole perforé en forme de capsule.*

Obs. Ce genre est très-nombreux, et renferme des espèces à feuilles planes, souvent coupantes sur leurs
bords et sur le milieu de la feuille pliée en gouttière. Ces
plantes, quelquefois isolées çà et là, sont plus souvent
réunies en gazons serrés, qui se mêlent aux autres végétaux des prairies, empiètent sur leur terrain, et quelquefois les chassent, ou du moins leur nuisent beaucoup.
Ce sont donc des plantes à détruire, ce qui est difficile
à cause de leurs longues racines traçantes; la pioche,
la charrue et les engrais salins sont les seuls moyens
d'arrêter leurs progrès. Il faut cependant user d'un certain discernement dans leur destruction, quand les terrains sont fortement inclinés, car il n'existe aucune
plante dont les racines retiennent mieux les terres que
celles qui nous occupent, et souvent malgré ces longues racines, leurs tiges et leurs feuilles sont si peu
de chose qu'elles sont insignifiantes dans les prairies;
et comme leur développement vernal n'empêche pas les
bonnes espèces fourragères de prendre ensuite tout leur
accroissement, il ne faut attaquer que celles dont les
feuilles dures peuvent couper la langue des bestiaux,
ou les espèces trop gazonnantes qui envahiraient le sol
entièrement. Les espèces suivantes peuvent dans tous
les cas être conservées dans les prairies.

Laiche dioïque, *Carex dioica*, L. — Racine rampante; tige de 18
à 24 centimètres, triangulaire, glabre; feuilles dentelées au sommet;
fleurs dioïques; les mâles en épi grêle, les femelles en épi oblong;
capsules renflées à la base, denticulées sur les bords. — Vivace.

Laiche en gazon.—*Carex cæspitosa*, L.—Racine rampante et tortillée; tiges à 3 angles très-aigus; feuilles molles, longues; 1 à ?
épillets mâles, dépourvus de bractées; 2 à 3 épillets femelles, sessiles, rapprochés; bractées foliacées; écailles noires, obtuses; capsules imbriquées, hémisphériques, nervées, percées d'un petit trou
au sommet.—Vivace. Lieux ombragés, prairies.

Laiche précoce, *Carex præcox* , L. — Racine rampante, stolonifère ; tige faible, nue, à 3 angles, haute de 9 à 20 centimètres ; feuilles grêles, gazonnantes, recourbées ; un seul épi mâle terminal ; 3 à 4 épis femelles rapprochés, oblongs, presque sessiles ; bractées munies d'une gaîne dilatée ; capsules agglomérées en forme de poire. —Vivace. Lieux secs et sablonneux.

Laiche panicée, *Carex panicea*, L.—Racine rampante ; tige nue, à 3 angles, lisse ; feuilles glauques et carénées ; épi mâle pédonculé ; 2 à 3 épis femelles, un peu éloignés, dont le supérieur engaîné ; capsules alternes, renflées, ovales, obtuses, percées d'un petit trou au sommet ; écailles plus courtes que les capsules.—Vivace. Prés humides.

Obs. Ces différentes espèces plaisent aux vaches et aux bœufs. Ces animaux recherchent surtout le *cœspitosa*, le *panicea* et le *præcox*. Ce dernier paraît à une époque où l'herbe n'a pas encore poussé et présente même quelques ressources printanières à ces animaux. Le *præcox* est à peu près le seul que mangent les moutons, ils négligent les autres. Les chevaux les refusent tous. Les *Carex hirta, hordeistichos, tomentosa, ericetorum* et quelques autres, peuvent être assimilés à ceux-ci, mais tous donnent un foin dur et peu savoureux.

Genre Linaigrette, *Eriophorum*, L.

Fleurs en tête imbriquées, à une seule écaille ; graine triangulaire, entourée de longs poils blancs, soyeux, abondants.

Obs. Ce genre ne renferme qu'un petit nombre d'espèces vivaces qui habitent principalement les marais et les prés humides des montagnes. Ces plantes se font remarquer à la longue laine qui entoure leurs graines, et qui est presque toujours dirigée d'un seul côté.

La Linaigrette à plusieurs épis, *Eriophorum polystachion* (Lin des marais, Chenuelle, Chevelu des pauvres), est la plus commune. Ces plantes plaisent peu au bétail ; les vaches, les chèvres et les moutons les mangent lorsqu'elles sont jeunes et fraîches. Les chevaux les refusent toujours, malgré leur précocité et leur abondance dans les prés humides et marécageux des montagnes.

Genre Scirpe, *Scirpus*, L.

Fleurs à une seule écaille plane, imbriquées sur les côtés ; une se le graine dépourvue ou entourée de soies à la base ; toutes les écailles fertiles.

Obs. Les Scirpes sont encore des plantes plus nuisibles qu'utiles dans les prairies. Ils habitent les lieux tourbeux, humides et même inondés, les lacs, les étangs, les marais. Les bestiaux ne les recherchent guère; il y a cependant quelques exceptions à l'état frais. Plusieurs Scirpes sont tellement petits et forment des gazons si délicats qu'ils sont tout à fait insignifiants; il n'en est pas de même des suivants.

Scirpe des marais, *Scirpus palustris*, L. (Jonc à chaise, Jonc d'étang, Jonquine).— Racines rampantes; tiges rondes, hautes de 2 à 3 décimètres, munies d'une gaîne tronquée; fleurs en épi nu, terminal, ovoïde, pointu; graines comprimées.—Vivace.

Obs. « Ce Scirpe, dit Poiret(1), pourrait devenir l'objet d'une grande culture dans certaines localités abandonnées à cause de leur stérilité, et qu'on voudrait ou rendre plus utiles ou convertir en un sol plus avantageux; on pourrait surtout chercher à le multiplier pour fixer les terrains sujets aux inondations, pour utiliser le fond des fossés où il ne coule que peu d'eau. Une seule touffe de 3 centimètres carrés peut, selon Bosc, acquérir, dans le cours d'une année, si le terrain lui convient, 3 décimètres carrés, tant ce Scirpe trace rapidement. On peut aussi le semer sur un labour en automne. Les chevaux et les chèvres mangent cette plante; les vaches ne la dédaignent pas; les moutons y touchent à peine; les cochons sont très-avides de ses racines. En Suède, on les fait sécher pour servir, pendant l'hiver, de pâture à ces animaux. »

Scirpe des lacs, *Scirpus lacustris*, L. — Tiges rondes, grosses, très-simples, hautes de 1 à 3 mètres; feuilles remplacées par des gaines; fleurs disposées en une espèce d'ombelle terminale, composée d'un grand nombre d'épillets. — Vivace.

Obs. Ce Scirpe abonde dans les étangs, dans les fossés des prairies. Ses grosses tiges remplies de moelle et ses longues racines plaisent aux cochons; les chèvres et les vaches mangent aussi les jeunes pousses, que les autres animaux refusent obstinément.

Scirpe des bois, *Scirpus sylvaticus*, L. — Tige feuillée, à trois

(1) *Histoire philosophique des plantes*, t. 1, p. 237.

angles, haute de 2 à 4 décimètres ; feuilles larges, pliées en gouttière, rudes dans leur vieillesse et engaînantes; fleurs vertes ou noirâtres en panicules décomposées, formées d'un grand nombre d'épillets.—Vivace.

Obs. Assez commun dans les prés bas et humides, ce Scirpe donne toujours un mauvais foin ; mais ses jeunes pousses plaisent à la plupart des bestiaux, et les chevaux surtout les recherchent beaucoup.

Scirpe gazonnant, *Scirpus cæspitosus*, L. — Tiges glauques, grêles, nombreuses, de 6 à 12 centimètres, munies de 4 à 6 écailles et d'une foliole; épi pauciflore, ovale, oblong, enfermé dans une spathe caduque ; graines comprimées.—Vivace.

Obs. Cette plante forme de larges touffes gazonnantes dans les marais et prairies marécageuses des montagnes ; on la rencontre surtout dans le centre de la France, au Mont-Dore, dans les prairies du Cantal. Les bestiaux, et surtout les vaches, la mangent très-bien, tant qu'elle est fraîche, et la négligent dès qu'elle commence à se dessécher. Elle fournit quelquefois presque seule un pâturage abondant.

Genre Souchet, *Cyperus*, L.

Fleurs hermaphrodites, à une seule écaille creusée en carène, imbriquées sur deux rangs et disposées en épi distique; une seule graine dépourvue de soies et d'urcéole.

Obs. Les espèces de ce genre, toutes assez rares, sont recherchées par les bestiaux : ce sont donc des plantes à conserver partout où elles croissent, mais leur rareté et leur peu de développement diminuent de beaucoup leur importance.

Souchet long, *Cyperus longus*. L. — Racines odorantes, longues, traçantes; tige à trois angles, haute de 6 à 9 décimètres; feuilles longues, rudes en vieillissant, pliées en gouttière; fleurs roussâtres, réunies en une sorte d'ombelle, portant un involucre de 3 à 4 folioles. — Vivace.

Obs. Ce souchet, ainsi que le *rond, Cyperus rotundus*, L., croît cà et là dans les prairies montagneuses des provinces méridionales; il fleurit l'été. Tous les bestiaux recherchent ses feuilles, et les cochons mangent ses racines avec avidité.

Souchet brun, *Cyperus fuscus*, L. — Tiges triangulaires, nombreuses, hautes de 12 à 24 centimètres; feuilles triangulaires aussi longues que la tige; fleurs noirâtres en panicule, formées d'un grand nombre d'épillets linéaires; graines à trois angles saillants.

Souchet jaunâtre, *Cyperus flavescens*, L. — Tiges nues, de 6 à 12 centimètres; feuilles triangulaires, pointues recourbées; fleurs jaunâtres, réunies en tête, formées d'un petit nombre d'épillets ovales, linéaires; graines ovoïdes, comprimées.

Obs. Ces deux plantes, qui sont annuelles, se rencontrent dans les prairies humides, le long des rivières, dans les terrains plutôt sablonneux que tourbeux. Elles forment des touffes souvent très-grosses, que les bestiaux recherchent beaucoup et que tous mangent avec le plus grand plaisir. Le *fuscus* pourrait peut-être être cultivé avec quelque succès sur le bord des rivières, dans les terrains sableux ou caillouteux, qui ne produisent rien.

Genre Choin, *Schœnus*, L.

Fleurs à une seule écaille, imbriquées de tous côtés et ramassées en tête arrondie pauciflore; graine ronde, dépourvue ou munie de soies à sa base.

Obs. Ce que nous avons dit des Scirpes peut s'appliquer à ce genre, dont nous ne décrirons qu'une seule espèce.

Choin marisque, *Schœnus mariscus*, L. — Tiges feuillées, de 1 à 2 mètres; feuilles dentées, les inférieures presque planes, les supérieures triangulaires; fleurs roussâtres en panicule rameuse. — Vivace.

Obs. Cette plante est très-abondante dans les marais d'une partie de l'Europe et dans les prés humides; les chèvres la mangent, les chevaux et les bœufs aussi, mais seulement quand la plante est fraîche et jeune.

FAMILLE DES GRAMINÉES.

Famile de plantes monocotylédones, appartenant à la *Monohypogynie* de M. de Jussieu, et aux *Endogènes phanérogames* de M. de Candolle. Ses caractères sont: fleurs hermaphrodites ou monoïques par avortement; périgone de nature particulière, et dont les diverses pièces ont reçu des noms particuliers, et sur lesquels les botanistes ne s'accordent pas. Généralement on nomme *lépicène* un involucre renfermant une ou plusieurs fleurs , composé de deux pièces inégales, et situées de manière que l'une est toujours insérée au-dessous de l'autre ; Linné les nommait *calice*; on nomme *épillet* l'ensemble des fleurs renfermées dans la *lépicène* ; l'enveloppe propre de chaque fleur est nommée *balle* ou *glume* (*corolle* de Linné); elle est de même nature que la glume, c'est-à-dire, d'un tissu membraneux , sec et coriace ; on nomme *spathelles* , et improprement *valves*, chacune des pièces dont sont composées la glume et la glumelle ; Richard les nomme *paillettes:* ce sont les enveloppes propres des fleurs souvent surmontées d'une pointe filiforme , terminale, un peu raide , qui paraît être la continuation d'une nervure, et que l'on nomme *barbe* ou *arête*; étamines hypogynes, presque toujours au nombre de trois, rarement plus ou moins; anthères oblongues à la base et fourchues au sommet; ovaire simple , libre ; style souvent entouré à sa base par une espèce de nectaire (*glumellule* de Desvaux , *lodicule* de Palisot de Beauvois , *glumelle* de Richard), composé de petites écailles charnues; stigmate double. Le fruit est un cariopse ; embryon petit , monocotylédoné , situé à la base d'un périsperme farineux ; le cotylédon donne lieu , lors de la germination , à une petite gaîne qui enveloppe la base de la plumule , et que l'on nomme *coléophylle* , et à un autre prolongement qui enveloppe la base de la radicule, et que l'on a nommé pour cela *coléorhise*. Comme le blastème est enveloppé dans le cotylédon, il arrive , lorsqu'il se développe , que ce cotylédon se trouve partagé en deux portions inégales et alternes , dont la plus petite a reçu le nom de *lobule*. — Racines fibreuses , capillaires ; tige nommée *chaume*, herbacée, marquée de distance en distance de nœuds desquels les feuilles prennent naissance; feuilles alternes, simples, rectinerves, engaînantes; gaîne fendue jusqu'au nœud, et couronnée par un petit appendice membraneux (*ligule*); fleurs agglomérées , disposées en épis ou en panicules, cachées avant leur développement dans la feuille supérieure , renflée, réduite à sa gaîne , et portant le nom de *spathe*.

Obs. Dans ce groupe se trouvent réunies une longue série d'espèces toutes remarquables par l'air de famille qui les rapproche et par les services qu'elles rendent journellement à l'homme et aux animaux. Aucune tribu ne contient un plus grand nombre d'espèces utiles, répandues avec une plus grande profusion sur toutes les parties de la terre. Quels que soient la latitude et le climat, quelque grande que soit l'élévation au-dessus du niveau de la mer, pourvu que la vie y soit possible , les Graminées se présentent.

Ce sont aussi les plantes les plus rustiques, celles qui résistent le mieux à l'inclémence des saisons et à la voracité des animaux, qui les coupent cent fois dans une année sans pouvoir les détruire.

La nature semble avoir donné aux plantes les plus utiles des moyens plus actifs de multiplication, et sous ce rapport les Graminées tiennent encore le premier rang. Leurs graines nombreuses lèvent avec la plus grande facilité, et presque toujours avec promptitude, souvent même elles germent avant d'être détachées de leur panicule, et forment ainsi des plantes qui ne perdent pas un instant pour se développer. D'autres émettent de leurs racines de longs rejets qui s'enracinent de suite, ou bien leurs chaumes, couchés, produisent à chaque nœud des marcottes naturelles qui centuplent bientôt les individus. Il y a du reste, au collet de la racine, dans chacune de ces plantes, une foule de germes qui n'attendent que des circonstances favorables pour se développer, et si la faux ou la dent des animaux vient à couper les tiges, on les voit bientôt renaître par la force que la sève refoulée vient imprimer à ces germes cachés, qui poussent avec vigueur.

La famille des Graminées donne les meilleurs fourrages, et leurs racines mêmes, surtout celles qui sont traçantes, comme le Chiendent, peuvent fournir un excellent aliment aux animaux, pourvu qu'on les débarrasse soigneusement de la terre qu'elles contiennent.

La connaissance de ces plantes est de la plus grande importance pour l'agriculteur. Elles forment la base de toutes les prairies et le fond de leur végétation. C'est de leur culture bien entendue, et surtout du choix des espèces, que dépendent, en grande partie, sa prospérité et son aisance. Malheureusement la routine a long-temps repoussé toute amélioration, et l'on doit dire aussi que la très-grande partie des agriculteurs ignorent si complétement les noms mêmes des Graminées qui composent leurs prairies, que jusqu'ici il leur a été impossible, faute de cette connaissance, de connaître ce que l'on avait écrit et les expériences qui ont été faites sur plusieurs de ces plantes destinées à la nourriture des bestiaux. Il faut donc apprendre à distinguer les bonnes des mauvaises espèces, à reconnaître aussi celles qui sont inutiles ou indifférentes, à choisir celles qui conviennent le mieux à telle ou telle espèce de bétail, étudier leur position dans les lieux où elles croissent naturellement, examiner celles qui leur plaisent le plus, approprier les espèces à la nature de son sol; et l'on verra alors qu'il y a réellement beaucoup de science *dans une botte de foin.*

Genre Flouve , *Anthoxanthum* , L.

Glume uniflore, bivalve ; balle à 2 valves aiguës, pourvues d'une petite arête sur le dos; 2 étamines; fleurs en panicule resserrée en épi.

Flouve odorante , *Anthoxanthum odoratum* , L. (Foin dur, *Avena diantha,* Haller).—Chaume de 1 à 2 décimètres, épis ovales, très-allongés, d'un jaune verdâtre.

Obs. Cette plante vivace est très-commune dans les prés et les bois. Elle y croît par touffes, et principalement dans ceux qui sont secs et sablonneux, bien qu'elle ne soit pas exclue des autres. Elle fleurit de très-bonne heure au printemps, et pousse encore pendant une partie de l'été, au point même, comme l'a constaté M. Beck, qu'elle peut être coupée vers le milieu de juin, et ensuite deux fois pendant l'été. On ne peut disconvenir cependant qu'elle ne convienne mieux pour le pâturage que pour la fenaison. Elle perd en séchant près des trois quarts de son poids. L'odeur de la flouve est des plus agréables, et ne devient très-sensible que par la dessiccation. C'est elle principalement qui parfume le foin, et répand cette odeur si douce que laisse échapper l'herbe des prairies quand elle commence à se dessécher. Cette Graminée, mêlée à de la paille ou à de mauvais foin, rend ces substances appétissantes pour tous les animaux. C'est le foin par excellence. Il est à regretter que cette espèce produise peu de feuilles comparativement à beaucoup d'autres, car tous les herbivores la recherchent avec avidité, fraîche ou desséchée. Elle semble exciter leur appetit. Semée seule ou en mélange avec quelques autres espèces, elle conviendrait plus particulièrement comme pacage pour les moutons. On assure même que la chair de ces animaux acquiert, quand ils se nourrissent de cette plante, une saveur et un parfum particuliers qui distinguent si bien le mouton des Ardennes et celui de Vassivière en Auvergne. La Flouve est en effet très-commune dans ces deux localités.

Quel que soit, du reste, le semis de prairie que l'on opère, pour pacage ou pour en recueillir le foin ; quelle que soit la nature du sol sur lequel on sème, une certaine proportion de flouve produira le meilleur effet, et sa graine devra faire partie de tous les mélanges.

Elle produit peu de graines; 30 kilog. sont nécessaires à l'ensemencement d'un hectare.

Genre Fléole, *Phleum*, L.

Glume uniflore, à 2 valves linéaires, tronquées au sommet, munies de 2 pointes; balle à 2 valves plus petites que la glume et sans arêtes, fleurs en panicule réunie en épi.

Obs. Toutes les plantes de ce genre donnent d'excellent fourrage, en vert ou en sec.

Fléole des prés, *Phleum pratense*, L. (Thimothy, Thimothée, Marsette, Marsette des prés, Mannette, grosse Massète.) — Racine un peu noueuse, chaume feuillé, haut de 8 à 15 décimètres, rameux à la base; feuilles planes; épi cylindrique, allongé; valve de la glume ciliée à la base.

Obs. Plante vivace très-commune dans les bonnes prairies. Elle est désignée en Angleterre sous le nom de *Thimoty-Grass*. Elle donne un excellent fourrage vert ou sec, qui plaît à tous les animaux, mais surtout aux chevaux, qui préfèrent cette plante à toutes les autres. Elle fleurit à la fin du printemps, et donne facilement trois coupes assez abondantes, quand on peut l'arroser. Si les irrigations ne peuvent avoir lieu, elle fournit peu, sa feuille se développe beaucoup moins et son chaume ne s'élève guère; mais elle n'en reste pas moins une plante dont toutes les parties, et le chaume lui-même, sont très-nutritives, car presque mûre, et sur le point de répandre ses graines, c'est encore une paille fine très-recherchée des animaux.

Les terrains gras, bas, humides, argileux, et même un peu marécageux, pourvu qu'ils soient riches et profonds, sont ceux qui conviennent le mieux à cette plante; les débordements même ne lui nuisent pas. Quand on possède de semblables terrains, on peut risquer de semer seul le Thimothy. Il réussit très-bien et peut donner jusqu'à 7 à 8,000 kilog. de foin sec par hectare; mais comme il est rare que le terrain soit tel qu'elle réussisse parfaitement, et que, d'ailleurs, le phénomène d'alternance se fait observer presque partout, il vaut mieux faire entrer la Fléole dans les mélanges, en se rappelant que 8 à 9 kilog. de graine par hectare suffisent ordinairement, si on la sème seule. Les terrains de défrichements

de bois, de landes ou de friches, lui conviennent parfaitement. Aussi, en Amérique, où les défrichements se
sont étendus sur une très-grande échelle, le Thimothy
a offert de très-grandes ressources aux agriculteurs.
Dès la première année, après le semis, elle a donné déjà
un très-beau résultat, et elle dure trois ans. Tels sont
du moins les résultats que l'on obtient aux Etats-Unis,
où cette plante a été cultivée en premier lieu, et d'où
sa culture a été importée en Angleterre. Mais sous notre
climat, où elle pousse avec moins de vigueur, ses racines longues et très-vivaces font durer cette plante très-
long-temps, et une prairie qui en serait ensemencée
n'aurait pas besoin d'être renouvelée avant la dixième
année. Il faut la faucher de bonne heure, quand on
aperçoit ses longs épis sortir de la dernière feuille; elle
repousse immédiatement avec vigueur.

Toute prairie dans laquelle la Fléole croit spontanément peut être considérée comme de très-bonne qualité.
C'est un indice qui n'est pas à négliger dans l'achat d'une
propriété.

On considère à tort la Fléole camme tardive, parce
qu'elle fleurit tard; mais dès le printemps elle produit
une grande quantité de feuilles qui se succèdent sans
interruption jusqu'à la floraison. Elle perd en séchant les
cinq huitièmes de son poids. Sa graine, très-fine et
glissante, se mélange difficilement à celle des autres
Graminées, aussi vaut-il mieux, dans les mélanges, la
répandre à part.

Les lièvres recherchent beaucoup cette Graminée

FLÉOLE NOUEUSE, *Phleum nodosum*, L. — Racines noueuses et
comme bulbeuses; tiges en partie couchées et enracinées par des
nœuds; valves calicinales plus petites que dans l'espèce précédente,
et ciliées sur leurs bords. — Vivace.

Obs. Cette espèce se trouve en abondance dans les lieux
marécageux, sur le bord des étangs vaseux, où elle se
multiplie à l'infini par ses tiges géniculées et stolonifères. Tous les bestiaux l'aiment beaucoup, comme la
précédente; mais elle convient seulement pour être
mangée en vert, car la faux n'atteint que ses épis redressés et quelques unes de ses feuilles. Les autres restent serrées si près de la terre, que la dent des animaux,

et surtout des moutons, peut seule les aller couper, quoique produisant une excellente nourriture. C'est donc
une plante qu'il ne faut pas songer à cultiver, mais dont
les graines mélangées à celles qui sont destinées à des terrains bas et marécageux, ne peuvent qu'augmenter la
qualité du mélange.

FLÉOLE DES ALPES, *Phleum alpinum*, L. — Chaume feuillé, haut
de 3 à 6 décimètres; fleurs en épi violet, cylindrique, hérissé;
glumes ciliées sur le dos, et prolongées en arêtes courtes.—Vivace.

Obs. Cette Fléole remplace dans les montagnes les
deux espèces précédentes, qui deviennent plus rares.
Elle fait partie de ces espèces nombreuses qui forment
les pelouses des Alpes, et qui de là descendent, sur les
terrains sablonneux, jusque sur les bords de la mer.
Elle donne encore un bon fourrage; mais elle peut seulement être broutée par les animaux. Il en est de même
des espèces suivantes, qui se rapprochent beaucoup de
de celle-ci par leurs caractères botaniques et leurs propriétés économiques; nous ne ferons que les citer:
Fléole rude *Phleum asperum*, Vill., de l'Alsace, du
Lyonnais et du Dauphiné; Fléole changée, *Phleum com-
mutatum*, Gaud., très-voisines de l'*alpinum*, et répandues sur les pelouses des Pyrénées et des Alpes du Piémont, et la Fléole de Gérard, *Phleum Gerardi*, All., des
pelouses des Pyrénées et des Alpes. Toutes ces petites
espèces sont très-recherchées des moutons.

Genre Vulpin, *Alopecurus*, L.

*Glume uniflore, bivalve; balle univalve, portant une arête à sa
base; fleurs en panicule très-resserrée et prenant la forme d'un épi;
ovaire libre, ainsi que la graine.*

Obs. Tous les Vulpins donnent une excellente nourriture pour tous les bestiaux. Ce sont des plantes à conserver et à multiplier dans les prairies, dont elles indiquent du reste la bonne qualité.

VULPIN DES PRÉS, *Alopecurus pratensis*, L. — Racine fibreuse;
chaume haut de 6 à 12 décimètres; feuilles un peu rudes, les inférieures très-longues; épi allongé, cylindrique; valves de la glume
velues, saillantes; balle glabre, plus courte que la glume.—Vivace.

Obs. Plante très-commune dans les prés humides et

bas, quelle que soit du reste la nature du terrain, bien
qu'elle préfère un sol un peu argileux sans être trop
fort. Linné recommandait déjà cette plante comme un
excellent fourrage, qui réunit en effet la précocité à
une excellente qualité, et qui donne en abondance, dans
les sols frais et humides, et notamment dans les terrains
aquatiques desséchés, car elle craint la sécheresse, et
ne s'accommode pas non plus d'un terrain submergé
ou trop aquatique.

Tous les bestiaux recherchent cette excellente Graminée, cependant les chevaux et les moutons sont plus
avides de cette plante que les bœufs. Elle entre comme
espèce dominante dans les prairies humides, où l'on récolte en Angleterre le foin de Priestley, qui a une si
grande réputation. Elle occupe toujours dans cette localité la partie élevée des ados, et s'étend à environ deux
mètres des deux côtés des rigoles ; l'espace au-dessous
est garni de *Dactylis glomerata*, L, *Poa trivialis*, *Festuca pratensis*, *Festuca duriuscula*, *Agrostis stolonifera*,
Agrostis palustris, *Anthoxanthum odoratum*, etc. C'est
une de ces plantes fondamentales et essentielles aux
prairies. Elle atteint de grandes dimensions, foisonne
beaucoup du pied, pousse de très-bonne heure ses feuilles
molles, larges et savoureuses, et ses longues tiges sucrées. Ses épis fleurissent dès le mois de mai.

C'est un des fourrages à la fois les plus précoces et les
plus abondants. Il peut donner trois bonnes coupes,
pourvu que la première soit faite de bonne heure, quand
les épis commencent à sortir de la dernière feuille ; de
nouveaux paraissent encore pour indiquer l'époque de la
fauchaison de la seconde coupe. La plante se fane très-
bien, perd en séchant un peu plus des deux tiers de son
poids, mais jamais jusqu'à trois quarts, et le foin conserve une très-bonne odeur. On peut le stratifier avec
de la paille pour rendre celle-ci plus agréable aux bestiaux. Elle est cultivée en grand en Suède, en Angleterre et dans le nord de l'Europe. Les pays et les terrains
les plus froids lui plaisent, pourvu qu'ils soient bas et
souvent arrosés. La graine du Vulpin mûrit ordinairement fin de juillet. On peut la semer seule à la volée,
à raison de 20 kilogrammes par hectare, aux mois de
septembre, octobre, ou mieux au printemps, mais de

bonne heure, dès que les froids qui peuvent soulever la terre humide sont passés. Une fois développée, elle résiste aux plus fortes gelées. Elle dure long-temps, et par conséquent se développe lentement pendant qu'elle est jeune. Ce n'est guère que la troisième année qu'elle atteint toute sa vigueur, aussi convient-elle moins pour être semée seule. De toutes les Graminées, c'est peut-être celle qui donne le plus de regain.

Vulpin genouillé, *Alopecurus geniculatus*, L. —Chaumes nombreux, coudés à la base, et violacés vers le haut; feuilles radicales plus ou moins allongées, selon le lieu où il croît, les supérieures peu nombreuses; épi cylindrique, serré; glumes velues au sommet, quelques-unes sans arête; étamines orangées.—Vivace.

Obs. Il se plaît dans les marais tourbeux, dans les prés inondés, les queues d'étang, les fossés et les mares. Quand il est inondé, ses tiges s'allongent, et l'on voit souvent ses feuilles flotter à la surface de l'eau, quand celle-ci est peu profonde. Il fleurit au commencement de l'été. Les bestiaux aiment beaucoup cette plante, plus encore peut-être que la précédente, ils s'exposent même quelquefois à s'enfoncer dans la vase pour aller la chercher. On doit tâcher de la multiplier dans tous les prés assez humides pour permettre son développement. Elle se dessèche bien, mais ne pourrait seule former des prés à faucher.

Vulpin bulbeux, *Alopecurus bulbosus*, L.—Chaume grêle, haut de 2 à 4 décimètres; feuilles glabres, pointues; épi grêle, cylindrique; valves de la glume velues, non réunies à la base; racine bulbeuse. —Vivace.

Obs. Cette espèce, plus rare que la précédente, en diffère peu par ses caractères, et n'en est peut-être qu'une variété. On la rencontre dans les prés bas des parties moyennes et méridionales de l'Europe, et surtout dans les prés salés, sur les bords de la Méditerranée. Elle est aussi bonne et aussi recherchée que la précédente. Les cochons bouleversent le sol pour rechercher ses racines.

Vulpin des champs, *Alopecurus agrestis*, L. — Chaumes rameux à la base, un peu coudés; épi grêle, allongé, cylindrique, purpurin ou verdâtre; valves de la glume glabres, munies de longues arêtes tortillées.—Vivace.

Obs. Espèce très-commune dans les lieux cultivés, où

elle se développe d'elle-même, dans les vignes, dans les champs, pourvu que le terrain soit sec et sablonneux. Il supporte donc très-bien des terrains médiocres, et c'est là un de ses grands avantages. Comme les autres Vulpins, c'est une très-bonne nourriture pour tous les animaux, et l'on assure qu'il augmente et bonifie le lait des vaches, qui ont du reste une prédilection toute particulière pour cette plante. Il en est de même des moutons et des agneaux. C'est encore un fourrage précoce, que l'on pourrait semer avec avantage pour pacage dans les terres que l'on abandonne comme jachères, et que l'on veut faire reposer. En l'associant à quelques autres espèces printanières, mais surtout à quelques Légumineuses qui ne craignent pas les sols secs et sablonneux, on obtiendrait un excellent mélange, dont la durée ne pourrait être déterminée que par l'expérience, mais qui probablement pourrait occuper le sol très-utilement pendant trois ou quatre ans. Il perd en séchant les cinq huitièmes de son poids.

Genre Calamagrostis, *Calamagrostis*, Kœl.

Glume bivalve, uniflore; balle à 2 valves, garnies à leur base, ou même sur toute leur surface, de poils longs et soyeux; fleurs en panicule serrée ou étalée.

Obs. Les plantes de ce genre donnent presque toutes un fourrage dur et peu savoureux, même en vert; aussi sont-elles généralement rejetées par les bestiaux. Elles croissent surtout dans les lieux secs et sablonneux, dans les bois, à l'exception de l'espèce suivante, que l'on peut considérer comme plante fourragère.

Calamagrostis, colorée *Calamagrostis colorata*, Sibth. (*Phalaris arundinacea*, L.; *Arundo colorata* Wild.; *Typhoides arundinacea*, Mœnch.; Roseau, Herbier, Fromenteau.) — Chaume de 10 à 15 décimètres; feuilles glabres, les inférieures un peu roulées; panicules violettes ou rougeâtres, à épillets presque sessiles; valves des glumes égales; balles luisantes, dépourvues d'arêtes, munies de deux houppes soyeuses.—Vivace.

Obs. Commune sur le bord des ruisseaux, dans les prairies marécageuses. On cultive cette plante dans quelques endroits, et elle produit un bon fourrage, que les bestiaux recherchent, les bœufs et les vaches surtout.

Elle peut donner trois coupes par an, quand le sol est gras et toujours humide ; il faut, du reste, la faucher de bonne heure, dès que l'on aperçoit la panicule sortir de la dernière feuille, car sans cette précaution le foin serait trop dur et les animaux le refuseraient. Elle perd un peu plus de la moitié de son poids en séchant et produit beaucoup. C'est une des espèces dominantes dans les meilleurs prés arrosés de la Lombardie.

Non seulement cette plante végète dans les sols humides, qu'elle préfère, mais elle peut se développer aussi dans des circonstances toutes différentes ; on peut en juger par la note suivante, insérée par M. Vilmorin, dans le *Bon Jardinier* de 1842.

« Un cultivateur très-recommandable et éclairé, M. Jacquemet-Bonnefond, d'Annonay, m'a cité une plantation de Phalaris roseau par lui faite, avec un succès complet, sur un terrain granitique fort sec et en pente, que l'on n'avait pu jusque-là couvrir de verdure. Il y est parvenu, avec cette plante, qui non seulement a végété dans cette situation, mais y a donné 2 ou 3 petites coupes que les vaches ont fort bien mangées. Cet essai a eu lieu sur la variété à feuille rubanée, cultivée dans quelques jardins comme plante d'agrément, sous le nom de *petit Roseau panaché*. Il a été répété avec succès sur l'espèce ordinaire à feuille verte par M. Descolombiers, de Moulins, dont l'exploitation est toujours ouverte aux expériences utiles ; enfin, j'ai eu moi-même un semis de Phalaris qui a réussi passablement sur un terrain calcaire très-maigre, où il a résisté à la sécheresse de 1832. L'observation de M. Jacquemet pourra donc donner lieu à des résultats intéressants. »

CALAMAGROSTIS ARGENTÉE, *Calamagrostis argentea*, DC. (*Agrostis calamagrostis*, L. ; *Agrostis stipata* Kœl. ; *Arundo speciosa*, Schrader ; *Stipa calamagrostis*, Whalemb. ; *Achnatherum argenteum*, P. de Beauvois ; *Calamagrostis speciosa*, Host.) — Chaumes rameux à la base, hauts de 10 à 15 décimètres ; feuilles longues, rudes sur les bords ; fleurs en panicules épaisses, allongées ; glumes argentées ; valve extérieure de la balle velue et munie d'une arête. —Vivace.

Obs. On rencontre cette grande espèce dans les Alpes, en Provence, en Suisse, dans le Piémont. Villars dit que ses feuilles et ses tiges sont si dures et si peu succulentes, que les moutons les rejettent presque toujours ; la chèvre la plus vorace les mange au premier printemps, car c'est une des plantes les plus précoces de cette époque. Quoique les bœufs atteignent rarement les coteaux rapides où cette plante abonde, elle ne fournit pas moins une ressource pour les nourrir. Les paysans du Dauphiné la connaissent sous le nom de *Bauche* ; ils la ramassent en quantité avec leurs faucilles, en automne, pour nourrir leurs bestiaux durant les longs hivers de leurs vallées : la faux ne peut servir à cette opération, la plante étant toujours isolée, sur le bord des torrents, des précipices, et jamais dans les prairies des Alpes.

Genre Phalaris, *Phalaris*, L.

Glume uniflore à 2 valves carénées, égales ; balle à 2 valves concaves, inégales, pointues, plus petites que la glume ; fleurs en panicule en forme d'épi.

Obs. Les Phalaris habitent les prés, le bord des bois, et quelquefois les lieux arides des montagnes. Ce sont en général des plantes assez recherchées des bestiaux, et qui, vertes ou sèches, peuvent leur fournir une très-bonne nourriture.

PHALARIS DES CANARIES, *Phalaris canariensis*, L. (Blé des Canaries, Millet long, Cunère, Lime, Graine de Canarie, Graine de canaris, Graine d'oiseau, Graine d'aspic, Escayol). — Chaumes droits, feuillés, articulés, hauts de 6 à 10 décimètres ; feuilles larges ; épi ovale, panaché de blanc et de vert ; glumes entières, prolongées en ailes sur le dos ; balles glabres sans arête. — Annuel.

Obs. Cette plante, assez commune dans le midi de la France, est considérée comme céréale ; on la cultive quelquefois aussi comme fourrage. Il lui faut beaucoup de fumier. Sa paille est préférée par les animaux à celle des autres céréales. Les *P. bulbosa*, L., et *utriculata*, L., qui sont aussi originaires des provinces méridionales, sont aussi recherchés des bestiaux, et peuvent, comme fourrage, être substitués au précédent.

PHALARIS FLÉOLE, *P. phleoides*, L. — Chaume presque nu, haut de 1 mètre, glabre ; feuilles radicales courtes, les caulinaires presque nulles, à gaines longues ; panicule en forme d'épi long et grêle ; valves de la glume ciliées sur le dos. — Vivace.

Obs. Cette espèce habite les bois et le bord des chemins. Elle fournit une nourriture fine et agréable à tous les bestiaux, et surtout aux bêtes à laine, qui la recherchent lorsqu'elle est jeune.

On trouve encore dans les Alpes le *P. alpina*, Willd.; et dans le département du Var le *P. cylindrica*, DC., et le *paradoxa*, L., que les bestiaux mangent aussi volontiers.

Genre Panic, *Panicum*, L.

Glume uniflore à 2 valves, offrant à sa base une troisième valve; balle à 2 valves persistantes.

Obs. Les Panics donnent de très-bon fourrage, qui pousse dès le premier printemps, et que tous les bestiaux mangent volontiers.

Panic vert, *Panicum viride*, L. (*Panicum bicolor*, Mœnch; *Panicum cynosuroides*, Scop.; *P. lævigatum*, Lam.; *Pennisetum viride*, R. Brown; *Setaria viridis*, Rœm; Mierge, Panis lisse, Panis sauvage, Penessie.) — Chaumes rameux à la base; feuilles à gaines glabres; fleurs en grappes verticillées deux par deux, et entourées à la base de poils nombreux; semences à stries transversales nombreuses. — Annuel.

Panic glauque, *Panicum glaucum*, L. — Feuilles glauques, fleurs entourées de poils roux. — Annuel.

Panic verticillé, *Panicum verticillatum*, L. — Ressemble aux précédents; fleurs en grappes verticillées par quatre, un peu écartées, chaque fleur munie d'une involucelle à deux arêtes scabres, accrochantes. — Annuel.

Obs. Ces trois espèces, qui ont les plus grands rapports entre elles, croissent naturellement dans les champs, les vignes, les jardins et tous les lieux cultivés. On peut les considérer comme les plantes les plus incommodes par leur facile multiplication. On doit les arracher partout. On peut, du reste, les donner aux bestiaux, qui les aiment beaucoup; mais on ne doit pas essayer de les semer seules ni de les faire entrer dans aucun mélange pour prairies. Leur peu de durée s'y oppose également.

Panic d'Italie, *P. italicum*, L. (*P. glomeratum*, Mœnch; *Setaria italica*, Rœm; *Pennisetum italicum*; Mil à épis ou Millet des oiseaux, Millet d'Italie, Panouil, Panouque, Penille, petit Mil.) — Tiges de 1 à 2 mètres, droites et rameuses, garnies de feuilles larges et ondulées, à gaine velue; épi très-gros, penché, composé d'une multitude de petits épillets en forme de grappe. Chaque fleur est garnie de petites soies; l'axe de l'épi est velu; graines *lisses*, luisantes, jaunâtres ou violettes. — Annuel.

Obs. Cette belle Graminée est originaire de l'Inde. Elle produit une fane abondante que tous les bestiaux mangent avec plaisir. On la cultive cependant plus souvent pour sa graine que pour son fourrage. Dans ce dernier cas, il faut la semer épais sur un sol très-meuble et bien fumé, à une bonne exposition, car elle craint l'humidité et ne redoute pas la sécheresse. Elle convient principalement aux départements méridionaux. On peut, du reste, la semer pour fourrage dans tous les pays, dès que les gelées ne sont plus à craindre. Elle produit beaucoup.

Le *P. miliacum,* L., annuel et aussi originaire de l'Inde, diffère du précédent par ses fleurs disposées en grandes panicules. Ses qualités et sa culture sont exactement les mêmes.

La paille de ces deux plantes est très-estimée comme fourrage, pouvu qu'elle n'ait subi aucune fermentation et qu'elle n'ait pas été mouillée.

On trouve encore, sous le nom d'*Herbe de Guinée* le *Panicum altissimum*, dont les graines ont été apportées de la Caroline. Il donne une énorme quantité de fourrage, que les chevaux et les bêtes à cornes mangent avec plaisir. On le propage par œilletons ou par graines dans un sol meuble et fertile. Il dure long-temps, résiste à nos hivers, mais convient plus spécialement aux départements méridionaux de la France.

PANIC PIED DE COQ, *Panicum crus galli*, L. (*Echinochloa crus galli*, Rœm; *Millium crus galli*, Mœnch.; Pied de coq, Crète de coq, Ergot de coq, Millard, Panis des marais, Patte de poule.) — Chaume feuillé, rameux dès la base; feuilles larges, glabres; panicules en forme d'épi, décomposées; épillets alternes, les inférieurs plus longs, écartés, les supérieurs plus courts, rapprochés; glumes hispides et barbues. — Annuel.

Obs. On rencontre cette espèce dans tous les terrains cultivés, sur le bord des chemins, dans les sables, le long des rivières, sur les coteaux sablonneux, aussi bien que dans les terrains gras et humides. Elle talle et se développe très-vite. Elle est du goût des bestiaux, quand elle est jeune ; aussi, comme le pense M. Bosc, pourrait-il être avantageux de la semer comme fourrage temporaire, que l'on pourrait faucher tous les quinze jours, ou du moins à des époques très-rapprochées.

Genre Paspale, *Paspalum*, DC.

Glume uniflore, à 2 valves membraneuses ; balle à 2 valves persistantes, sous forme d'enveloppe crustacée ; fleurs en épis linéaires, ordinairement digités.

Obs. Les bestiaux mangent les diverses, espèces de paspales.

Paspale sanguin, *Paspalum sanguinale*, Lam. (*Digitaria sanguinalis*, Willd.; *Dactylon sanguinale*, Vill. ; *Panicum sanguineum* Desm.; *Phalaris velutina*, Forsk. ; *Synterisma vulgare*, Schrad. ; Panis, Manne, Sanguinelle, Panis sanguin.)—Chaume couché à la base, garni de feuilles pubescentes, à gaîne chargée de petits tubercules pilifères ; épis au nombre de 5 à 10 ; valves de la glume purpurines, terminées en pointes. —Annuel.

Obs. On trouve cette plante dans les terrains sablonneux et cultivés, sur les berges des chemins et dans les sables des rivières. Tous les bestiaux aiment et recherchent ce fourrage, qui étant annuel ne peut être soumis à aucune espèce de culture.

Paspale pied de poule, *Paspalum dactylum*. DC. (*Cynodon dactylon*, Vill.; *Digitaria dactylon*, Scop. ; *Digitaria stolonifera*, Sch. ; *Fibichia umbellata*, Kœl.; *Paspalum præcox*, Walh.; Chiendent pied de poule, gros Chiendent.) — Chaumes radicaux, nombreux, diffus, chargés de nœuds produisant des drageons, munis de feuilles courtes, glauques, distiques ; quatre à cinq épis insérés sur la même base. —Vivace.

Obs. Assez commune dans les lieux sablonneux, sa racine est employée en médecine, sous le nom de *gros Chiendent*. Les bestiaux, et surtout les moutons, mangent ses feuilles, mais c'est encore une de ces plantes dont il ne faut pas tenter la culture. Il serait plus utile de connaître de bons moyens pour la détruire dans les terres cultivées, où elle devient quelquefois si abondante qu'elle s'empare du sol à l'exclusion des autres végétaux. On pourrait cependant utiliser cette plante dans les sables souvent inondés, où ses racines traçantes et d'une excessive multiplication, retiendraient le terrain meuble, que les eaux entraînent trop souvent, tandis que ses feuilles donneraient, en vert, un fourrage abondant pour cette sorte de sol.

Genre Agrostis, *Agrostis*, L.

Glume uniflore à 2 valves ; balle à 2 valves glabres, plus grandes ou plus petites que la glume, l'une d'elles portant quelquefois une arête sur le dos ; fleurs assez petites, en panicule lâche ou serrée.

Obs. Ce genre très-nombreux renferme des plantes très-communes dans les prairies, et faisant essentiellement partie de l'herbe et du foin. Ce sont des Graminées à feuilles très-menues, très-nombreuses, qui donnent un foin fin, serré, délicat, et qui, dans les prairies, est aux autres herbes, ce que, dans une forêt, le taillis est à la haute futaie. Tous les bestiaux recherchent les Agrostis. Devant être conservées et multipliées partout, leurs espèces cependant produisent plutôt une herbe à paître qu'à faucher.

AGROSTIS COMMUN, *Agrostis vulgaris*, Hoffm.'—Plante très-variable ; chaume presque droit, coudé à la base ; panicule étalée ; pédicelles très-déliés, capillaires ; valves de la glume égales, un peu rudes, sans arête, terminées en pointe acérée ; valves de la balle inégales ; tronquées au sommet. —Vivace.

Obs. Cette plante est très-commune dans les prés, sur le bord des chemins, sur les berges des grandes routes et des canaux. Elle croît facilement dans un terrain sec et sablonneux ; mais si un sol de cette nature vient à être arrosé par la pluie ou par des irrigations artificielles, les Agrostis n'en végètent que mieux, à moins que le séjour de l'eau sur le gazon ne soit trop prolongé.

Cette espèce offre un assez grand nombre de variétés, qui sont considérées comme espèces dans plusieurs ouvrages de botanique, et qui devraient être regardées comme telles par les agriculteurs. Nous allons les passer en revue.

A. *Agrostis pumila*, L.—Très-petite plante recherchée par les animaux, mais tellement petite que les moutons seuls peuvent la brouter. On la rencontre çà et là au milieu du gazon avec d'autres Agrostis.

B. *Agrostis alba*, L. (Fiorin, Foin blanc), qui a la fleur blanche, et la panicule plus resserrée.

C. *Agrostis stolonifera*. L. (Eternue drageonnée, Foin rampant, Tremme, Traimasse), dont les tiges noueuses et couchées jettent des racines à tous leurs nœuds.

Obs. Ces deux variétés ont le plus grand rapport, et sont connues en Angleterre, où on les cultive beaucoup, notamment l'*alba*, suivant M. Vilmorin, sous le nom de *Fiorin*. Ses longues tiges traçantes s'enracinent avec une telle facilité, que souvent elle chasse les autres Graminées, et s'empare seule du sol. Le terrain sablonneux et humide, dans lequel ses nœuds peuvent facilement s'enraciner, est celui qu'elle préfère, mais elle s'y développe rarement assez pour qu'on puisse la faucher, ce qui est fâcheux, puisqu'elle ne perd en séchant que la moitié de son poids. Aussi, en Angleterre, on la ré-colte en grattant la terre avec un rateau de fer, car, comme l'a très-bien remarqué Arthur Young, non seulement on ne peut la faucher, mais les bœufs et les chevaux peuvent à peine la pâturer. Cette Agrostis constitue un des fourrages les plus tardifs; elle végète encore en novembre et décembre, et elle donnerait pendant tout l'hiver une herbe excellente, si les grands froids ne venaient suspendre sa végétation. C'est aussi une des plantes les plus nourrissantes, à cause de la matière su-crée et gommeuse qui s'accumule dans ses nœuds et dans ses tiges, presque souterraines aussi. Si l'on se conten-tait de la faucher, on n'obtiendrait que des panicules et les pointes de quelques feuilles. Ses graines, comme celles des autres espèces du même genre, sont extrêmement fines, et doivent être semées à raison de cinq kilogram-mes par hectare.

Les chevaux, les moutons et les bœufs la mangent avec avidité sèche ou verte; sous ce dernier état, c'est une des plantes qu'ils préfèrent. Le sol et le climat de l'An-gleterre paraissent convenir très-bien à cette plante. On la sème souvent seule, et elle produit beaucoup. Lady Hardwicke rapporte qu'elle a nourri pendant quinze jours vingt-trois vaches, un poulain et plusieurs co-chons, avec ce qu'elle a récolté sur un seul acre. Cette plante est bien loin d'avoir obtenu en France le même succès. Elle est peu recherchée des bestiaux dans les terrains ordinaires. Elle devient plus appétissante pour eux dans les terrains humides, plus ou moins long-temps submergés. Elle ne convient en aucune manière aux terrains secs. Comme elle n'aime pas le voisinage des autres plantes, surtout des Graminées, il convient de la semer seule, et de ne pas l'ajouter aux mélanges de graines que l'on destine aux prairies.

D. *Agrostis verticillata*, Villars.—Fleurs d'un jaune verdâtre; panicule verticillée. Plante commune en Dauphiné, dans les lieux secs et sablonneux, et très-recherchée des bestiaux.

E. *Agrostis divaricata*, Thuillier.—Panicule violette, très-divariquée, commune dans les prés et le long des chemins, dans la majeure partie de la France.

F. *Agrostis capillaris*, L.—Panicules étalées; fleur d'un jaune roux; feuilles longues très-déliées. Plante du nord de l'Europe, où elle donne une excellente herbe pour tous les bestiaux.

G. *Agrostis dubia*, Leers.—Panicule lâche, étalée, pauciflore. Croît çà et là aux environs de Paris, et possède les mêmes qualités que les précédentes.

H. *Agrostis vinealis*, Schr. — Panicule violette, étalée; arêtes longues, manquant quelquefois. Dans les prés et sur les coteaux. Quelques auteurs considèrent ces deux dernières variétés comme annuelles, ce qui tendrait à en faire des espèces distinctes.

Agrostis paradoxal, *Agrostis paradoxa*, DC. — Chaumes glabres, hauts de 6 à 12 décimètres, garnis de feuilles; fleurs en panicule très-lâche, à rameaux étagés; glumes lisses, plus longues que les balles; graines noires, luisantes. — Vivace.

Obs. On trouve cette espèce dans les bois, sur le bord des taillis et sur la lisière ombragée des prairies. C'est une plante qui aime l'ombre, un sol léger et frais, et qui sous ce rapport réussirait assez bien sous les arbres d'une haute futaie. Les chevaux aiment beaucoup son fourrage, qui devient dur en vieillissant, mais que l'on pourrait couper de bonne heure pour éviter cet inconvénient. M. Boitard indique 5 à 6 kilog. de graine pour ensemencer un hectare.

Agrostis épi du vent, *Agrostis spica venti*, L. — Chaumes droits et feuillés, hauts de 6 à 12 décimètres, inclinés au sommet; fleurs en panicules très-longues, étalées; pédoncules disposés en demi-verticilles, dont les inférieurs plus courts et plus écartés; fleurs très-petites et très-nombreuses; arêtes capillaires très-longues. — Annuelle.

4

AGROSTIS INTERROMPUE, *Agrostis interrupta.* L.—Verticilles interrompus. — Annuelle.

Obs. Ces deux plantes, qui ne sont, au moins sous le rapport agricole, que deux variétés, sont assez communes dans les champs sablonneux, au milieu des moissons. Les vaches et les chevaux les recherchent, mais les moutons n'y touchent pas. Etant annuelles, elles offrent peu d'intérêt aux cultivateurs.

AGROSTIS DES CHIENS, *Agrostis canina.* L. — Chaumes rameux, genouillés, ascendants; fleurs violettes en panicule resserrée; arêtes recourbées, plus longues que les épillets. — Vivace.

Obs. On rencontre cette jolie plante dans les prairies, sur les pelouses et les berges des chemins. Elle préfère les lieux humides et sablonneux. C'est là qu'elle se développe le mieux, et fournit alors un excellent pâturage aux bêtes à cornes. Elle croît également dans les montagnes et sur les terrains secs, où elle donne une herbe très-fine et très-savoureuse, que les moutons recherchent beaucoup. Elle pourrait seule former des prairies, qu'il conviendrait de semer au printemps, en employant cinq kilogrammes de graine par hectare.

AGROSTIS ROUGE, *Agrostis rubra.* L. — Chaumes droits, garnis de feuilles un peu rudes sur les bords, munies d'une membrane déchirée à l'ouverture de la gaine; panicule resserée avant la floraison, étalée alors, puis encore resserrée; arêtes tordues, recourbées; fleurs rougeâtres. — Annuelle.

Obs. Cette petite plante est commune dans les prés, le long des chemins, où elle forme des gazons serrés et extrêmement fins, que tous les bestiaux recherchent, mais que les moutons surtout mangent et cueillent plus facilement que les autres à cause de leur finesse. Il est à regretter que cette plante soit annuelle; mais elle se ressème avec une grande facilité, et il arrive même quelquefois que plusieurs pieds drageonnent, et que quelques drageons échappent à l'hiver pour se reproduire au printemps. On peut ajouter à la suite de l'*Agrostis rubra*, comme espèces ou comme variétés; le joli *Agrostis festucoïdes* de Villars, des montagnes des Alpes et de l'Auvergne; l'*Agrostis rupestris* d'Allioni, répandu dans les Alpes du Piémont; l'*Agrostis setacea* de Curtis, plante d'Angleterre, que l'on retrouve également dans les landes maritimes de Bretagne, où elle semble remplacer les espèces précédentes ; l'*Agrostis glaucina* de Bastard, qui croît dans les landes de l'Anjou, et peut-être encore l'*Agrostis filiformis*, que Villars indique aux environs de Briançon.

Toutes ces plantes paraissent des modifications de formes de l'*Agrostis rubra*, et la remplacent dans les montagnes ou dans les sables maritimes. Toutes conviennent spécialement aux moutons.

Agrostis étalée, *Agrostis effusa*, Lam. (*Milium effusum* L.)— Chaume droit, haut de 8 à 15 décimètres ; feuilles larges, à bords rudes ; panicule lâche ; pédicelles à demi-verticillés, inégaux divergents ; valves des glumes inégales, l'extérieure plus grande, glabre et presque obtuse. — Vivace.

Obs. Cette espèce est assez commune dans les bois, sous la haute futaie, où elle prospère à l'ombre, et dans les terrains riches en humus. Les bestiaux mangent cette plante quand elle est jeune, et la dédaignent ensuite. Ils préfèrent sa variété, le *Milium confertum* de Linné, dont les feuilles plus larges et plus molles les appètent beaucoup plus. On pourrait semer cette plante sous les futaies, dans les sols tellement ombragés qu'ils ne peuvent rien produire. Dans quelques contrées, cette espèce, c'est-à-dire la première variété, *Agrostis effusa* de Lamarck, est assez commune pour qu'on la coupe pour litière destinée aux brebis.

On cultive encore aux Etats-Unis, sous le nom de Herd-grass et de Red-top-grass, une espèce d'Agrostis américaine, appelée par Michaux *Agrostis dispar*. Je n'ai jamais eu occasion de voir cette plante, et je rapporte textuellement la note insérée par M. Vilmorin, dans le *Bon Jardinier* de 1842 : « Elle est principalement employée sur les terrains humides et tourbeux, où elle produit en abondance un fourrage un peu gros, mais de bonne qualité. Dans les cultures que j'en ai faites pour la propager en France, elle m'a fort bien réussi sur des terrains d'autre nature, savoir, dans de bons sables profonds, où son produit a été extraordinaire, et sur une terre calcaire un peu fraîche, mais non pas humide. Le Herd-grass talle beaucoup, et une fois établi il devient très-vigoureux et de longue durée, ce qui le rend fort propre à entrer dans la composition des prairies permanentes. Malheureusement l'extrême finesse de la graine, et la lenteur du premier accroissement de la plante, rendent difficile le succès complet des semis; souvent le jeune plant est étouffé par les mauvaises herbes, et il m'est arrivé en plusieurs occasions de trouver préférable, par cette raison, la *plantation* au semis sur place, me servant pour cela, soit de plant élevé à dessein sur un petit espace bien soigné, soit de celui que je faisais arracher dans une pièce déjà en rapport. Je ne propose point ici l'adoption de cette méthode; ne pouvant entrer dans les développements nécessaires pour justifier la préférence que je lui donne dans certains cas, je traiterai ce sujet ailleurs plus au long. Je recommanderai seulement, quant au semis en place, l'observation la plus stricte possible des précautions nécessaires pour le succès de semences très-fines. Quatre et demi à cinq kilogammes de graine par hectare; semis en mars ou en septembre. »

Genre Canche, *Aira*, L.

Glume biflore, à 2 valves; balle également à 2 valves, dont l'extrémité est munie d'une arête coudée, partant de sa base; fleurs toutes hermaphrodites, très-petites, en panicule.

Obs. Presque toutes ces plantes sont très-petites, et ne présentent par conséquent que peu d'intérêt comme fourrage à faucher. Elles donnent, du reste, de très-bons pacages et préfèrent les terrains secs ou un peu sablonneux et boisés aux terres grasses et humides, où d'autres Graminées se développent avec tant de vigueur. Tous les animaux les broutent avec plaisir.

CANCHE GAZONNANTE, *Aira cæspitosa*, L. (Canche élevée, Canche des gazons.) — Chaumes feuillés, hauts de 6 à 12 décimètres, feuilles rudes, pliées en gouttière, dont la gaîne est terminée par une membrane en forme de languette; panicule étalée à pédicelles verticillés; valves de la balle munies d'arêtes de même longueur qu'elles. — Vivace.

Obs. On rencontre cette plante dans des lieux plus humides que les autres espèces. Elle habite les prés et les bois où elle se développe en larges touffes. C'est la

plus grande espèce du genre. Elle fleurit en juin.
Cette plante épaissit beaucoup du pied, et souvent assez
pour s'élever au-dessus du sol et former des sortes de
mottes où les fourmis trouvent un abri commode et très-
recherché par elles. Tous les bestiaux aiment ses feuilles
quand elles sont jeunes, mais ils les laissent en automne,
ou dès qu'elles ont acquis un peu de dureté. Aussi cette
espèce est plutôt destinée à être broutée que fauchée.
Elle pousse vite, donne beaucoup de jeunes pousses, et
produit ainsi une herbe excellente, tandis que, fauchée,
quand sa panicule commence à sortir, et pire encore
quand elle est développée, elle ne donne qu'un foin dur
que les bestiaux mangent seulement par nécessité.

CANCHE FLEXUEUSE, *Aira flexuosa.* L. (*Aira setacea* Huds. ;
Avena montana, Web.) — Chaume grêle et rougeâtre, presque nu ;
feuilles sétacées, à gaînes dont l'orifice est membraneux ; la membrane en forme de languette bifide ; panicule lâche et peu chargée ;
pédoncule flexueux ; arêtes plus longues que la fleur. — Vivace.

Obs. Cette espèce, commune dans toute l'Europe, se
rencontre en abondance dans les terrains secs et montagneux, dans les taillis des grandes forêts, où souvent
elle est une des premières Graminées qui paraissent après
la coupe des bois. Elle donne un bon foin, qui perd à
peine les deux tiers de son poids par la dessiccation.
Elle est trop courte pour être fauchée, car la faux n'atteindrait que ses panicules, mais tous les bestiaux, et
les moutons surtout, la broutent avec plaisir. Elle convient peu, malgré cela, pour former des pacages, quoique naturellement elle y paraisse souvent comme espèce
dominante. Comme la précédente, elle forme des touffes qui s'isolent après avoir acquis un certain volume,
et se refusent tout-à-fait à cette disposition en tapis
uniforme que l'on recherche avec raison dans toutes
les prairies.

CANCHE AQUATIQUE, *Aira aquatica*, L. — Racines rampantes ;
chaumes glabres, dressés ; feuilles planes, lisses, glabres, munies
d'une membrane à l'ouverture de la gaîne ; panicule lâche, étalée ;
épillets à deux fleurs ; balles tordues, tronquées, sillonnées, plus
longues que la glume. — Vivace.

Obs. Cette espèce est commune dans la majeure partiede l'Europe, où elle habite les ruisseaux, les marais, le bord des étangs. Elle pousse également bien quand sa base est tout-à-fait inondée. Ses jeunes pousses paraissent de très-bonne heure, et plaisent beaucoup à tous les bestiaux. On pourrait la semer dans tous les sols tourbeux sujets aux inondations. Quand elle est broutée, elle repousse très-vite, et conviendrait, sous ce rapport, comme plante de pacage dans les sols très-humides. A l'état sec, les bestiaux ne la recherchent plus. Elle perd, par la dessiccation, les trois quarts de son poids.

Nous ne ferons que mentionner les *Aira præcox*, *canescens*, *cariophyllea* de Linné, et le *media* de Gouan, petites plantes annuelles auxquelles on pourrait joindre l'*Aira articulata* de Desfontaines. Elles forment çà et là des touffes dans les sables que charrient les rivières et sur les coteaux sablonneux. Elles donnent toutes un foin très-fin et très-délicat, très-recherché des moutons et très-propre à la nourriture des agneaux, mais en si petite quantité, que l'on peut à peine considérer ces plantes comme des espèces fourragères.

Genre Mélique, *Melica*, L.

Glume à 2 à 3 fleurs, à 2 valves scarieuses; 1 à 2 fleurs hermaphrodites, la terminale avortée; balle renflée, à 2 valves.

Obs. Le genre Mélique n'est pas nombreux et renferme des plantes qui se mélangent peu à l'herbe des prairies. Elles restent par touffes isolées et par petits groupes dans les bois ou sur les coteaux.

MÉLIQUE CILIÉE, *Melica ciliata*, L. — Chaumes droits, feuillés, rameux; feuilles glauques, rudes, roulées sur les bords, garnies d'une membrane auriculée à l'entrée de la gaine; panicule allongée en forme d'épi; valves de la balle pubescentes. — Vivace.

Obs. On rencontre cette plante sur les coteaux secs de la France centrale et méridionale. Elle croît toujours par touffes qui s'isolent, et ne se prêterait probablement pas à une culture régulière. La précocité est un des grands avantages de ce fourrage, qui est recherché des bestiaux, mais que l'on rencontre rarement en grandes quantités.

Mélique penchée, *Melica nutans*, L. — Chaume dressé et feuillé ; feuilles glabres, planes, dépourvues de la languette opposée qui caractérise le *Melica uniflora* de Retz ; panicule unilatérale penchée ; épillets à deux fleurs hermaphrodites. — Vivace.

Obs. Cette jolie Graminée est assez commune dans les bois montagneux et dans les grandes forêts du nord de l'Europe. Elle croît parfaitement à l'ombre, se mélange peu aux autres espèces et ne fait partie de quelques prairies que sur la lisière des forêts.

Il serait à désirer que l'on fasse quelques expériences sur une plante que l'on pourrait si facilement propager à l'ombre des bois, sur des terrains complétement inoccupés et cachés pendant une longue suite d'années sous l'ombre d'arbres séculaires. Des semis bien entendus pourraient utiliser des terrains qui restent tout-à-fait improductifs, malgré leur richesse en humus. Ses tiges, à la vérité, sont peu garnies de feuilles, mais Bosc assure que tous les bestiaux la mangent avec plaisir et que les bœufs et les chevaux en sont très-friands. Il ajoute que dans certains pays elle est, pendant les chaleurs de l'été, la base de la nourriture des bêtes à cornes, qu'on mène à cette époque paître dans les bois. Cette assertion du savant agriculteur ne s'accorde nullement avec celle de M. Boitard, qui assure, que d'après des expériences réitérées, la plupart des animaux la refusent, et que si les chevaux la mangent quelquefois, c'est toujours avec un dégoût très-marqué.

Mélique élevée, *Melica altissima*, L. — Tiges droites, de 6 à 9 décimètres ; panicule droite, serrée ; très-rameuse, fleurs sans barbe. — Vivace.

Obs. Cette grande espèce est originaire de la Sibérie et du nord de l'Europe. C'est une plante traçante dont les graines, mûres en octobre, peuvent être semées immédiatement sur les coteaux exposés au nord. M. Yvart affirme pourtant qu'elle peut croître sur toute espèce de terrains, et qu'elle fournit un fourrage abondant et précoce d'une excellente qualité. Il faut éviter cependant de le laisser mûrir : il durcit, et les bestiaux le recherchent peu ; il conviendrait plutôt comme pacage, au moins après la première coupe.

MÉLIQUE BLEUE, *Melica Cœrulea* L. (*Festuca cærulea* DC.; *Molinia cœrulea*, Beauv.; *Molinia varia*, Schrank.; *Aira atrovirens* Thuil. ; *Enodium cœruleum*, Gaud. ; *Poa cærulea*, Mérat; Jonchée, Canche bleue.) — Chaumes de 9 à 12 décimètres, à une ou deux articulations au plus; panicule étroite, resserrée ; épillets à deux ou trois fleurs cylindriques ; glume très-petite. — Vivace.

Obs. Cette espèce, assez rare dans quelques contrées, se trouve communément dans les prés marécageux des montagnes, les landes inondées l'hiver, dans les bois taillis. Elle fleurit en juillet et août. Elle fait partie des prairies marécageuses des montagnes du Mont-Dore et des landes de Bordeaux et de la Sologne. Les bestiaux aiment tous ses jeunes pousses, et dédaignent ses tiges quand elles commencent à fleurir. C'est une plante qui a peu d'importance, et dont les graines ne doivent entrer dans aucun mélange de prairies. Elle perd par la dessiccation les cinq huitièmes de son poids. Les pigeons recherchent beaucoup ses graines, qui communiquent à leur chair un excellent fumet.

Genre Brize, *Briza*, L.

Glumes multiflores, à 2 valves; balle à 2 valves très-ventrues, cordiformes, obtuses, dont l'intérieure plus petite ; panicule divergente, à gros épillets pendants.

BRIZE COMMUNE, *Briza media*, L.(*Briza tremula*, DC.; Tremblette, Amourette, Crolette, Grolette, Tamisaille, Pain d'oiseau, Gramen tremblant.) — Chaume presque nu, haut de 1 à 3 décimètres ; feuilles glabres, planes ; panicule très-lâche ; pédicelles filiformes, ondulés, bifurqués ; épillets violets, ou panachés de vert, à 5 à 7 fleurs comprimées. — Vivace.

Obs. Cette jolie plante fait partie des prairies découvertes et aérées dans presque toute l'Europe. Elle craint l'ombre, mais s'accommode de toutes espèces de terrains, quoique préférant les sols graveleux et exposés au vent. Tous les bestiaux aiment cette Graminée, dont les feuilles sont malheureusement très-courtes, en sorte que la faux coupe les panicules sans attaquer le feuillage, ce qui rend cette plante inutile dans les prés à faucher: comme pacage, elle donne quelque produit. Les moutons, plus que les autres animaux, la recherchent et la broutent. Elle devrait faire partie de mélanges de graines destinées à des terrains secs et pierreux. Elle perd en séchant les deux tiers de son poids.

Il existe encore deux autres espèces de Brizes qui partagent les propriétés de la précédente : le *Briza minor*, L., qui n'est qu'une variété du *media*, dont les feuilles sont plus larges, et la panicule plus verte, et le *Briza maxima*, L., à gros épillets et annuel. Cette dernière espèce est méridionale.

Genre Houque, *Holcus*, L.

Glume bivalve, striée, à 2 ou 3 fleurs, dont une ne contient que des étamines sans pistil; corolle à 2 valves pointues, dont l'extérieure porte sur le dos une arête droite ou torse.

Houque laineuse, *Holcus lanatus*, L. (*Avena lanata* Kœler, Houlque aristée, Blanchard velouté.)—Chaume de 6 à 12 décimètres, velu vers le haut; feuilles molles, pubescentes, à gaînes larges, lanugineuses; panicule resserrée; glume biflore, très-velue.—Vivace.

Obs. Cette espèce est très-commune dans les prairies, où elle est souvent partie dominante des plantes fourragères. On la rencontre dans tous les terrains, secs ou humides, sablonneux ou substantiels, mais elle se développe beaucoup plus dans ces derniers. Tous les bestiaux aiment cette plante, qui est assez précoce, et donne une grande quantité de feuilles, qui, fauchées ou broutées, repoussent avec facilité. Les moutons recherchent avec avidité ce fourrage printanier. La Houque laineuse fleurit à la fin de juin, et mûrit ses graines en août, et quelquefois en septembre. Quelques auteurs ont conseillé d'en former des prairies, en la semant seule au mois de septembre ou au printemps, et en employant, selon le terrain, 20 à 25 kilog. de graines par hectare; mais elle a un très-grand inconvénient, c'est de se rassembler en touffes, comme l'*Aira cæspitosa* et plusieurs autres Graminées, et de former ainsi des élévations qui arrêtent la faux d'abord, puis qui se dégarnissent tout autour, de manière à présenter une surface très-inégale, et qui cesse de produire au bout de quelques années. Bosc assure, d'après des expériences, qu'il faut la renouveler tous les trois ou quatre ans. Il conseille de la semer très-clair à la fin de l'automne, sur un simple binage ou ratissage de la partie des pâturages qui sont le plus dégarnis d'herbe. On peut aussi s'en servir utilement pour remplir les places vides des sainfoins et des luzernes qui commencent à se détériorer. M. Lequinio, qui l'a cultivée seule, en a formé de très-bonnes prairies dans les landes du département du Morbihan, et il a reconnu que sur les terres qui conservent de la fraîcheur, et qui ont été bien défoncées et préparées, elle peut s'élever jusqu'à un mètre environ, et y fournir un foin très-abondant et de bonne qualité. Le meilleur emploi de cette Graminée consiste à en mélanger la graine, en petite quantité, avec bon nombre d'autres pour former des prairies, et surtout avec le trèfle rouge et le trèfle blanc. Ainsi disséminée, ses racines s'enchevêtrent avec celles des autres Graminées, et elle ne peut se réunir en touffes, comme lorsqu'elle est isolée. Elle produit alors beaucoup et très-uniformément, et elle se ressème d'elle-même.

Ses graines sont abondantes. Elle perd en séchant les deux tiers de son poids. Les chevaux ne recherchent pas beaucoup cette espèce, sur la qualité de laquelle les avis sont partagés. Quelques personnes la regardent comme mauvais fourrage, léger et cotonneux, négligé par les bestiaux. Je crois que, dans cette dernière circonstance, on a confondu cette espèce avec la suivante, qui lui ressemble beaucoup, qui produit moins, et que les animaux négligent quand ils trouvent en abondance des *Festuca*, des *Poa* ou Légumineuses, qu'ils préfèrent à toutes les espèces de *Holcus*.

Houque molle, *Holcus mollis*, L. — Racine rampante ; chaume à articulations velues ; feuilles glabres, un peu rudes, à gaînes un peu velues ; panicule resserrée ; glume légèrement ciliée sur les bords et sur la carène. — Vivace.

Obs. On rencontre assez communément cette espèce, qui diffère peu de la précédente, dans les prés et dans les bois. Elle s'accommode aussi de terrains très-divers, et croît plus facilement dans ceux qui sont secs et sablonneux. Elle fleurit à la même époque que l'autre ; elle est moins recherchée des bestiaux ; elle perd, en séchant, les cinq huitièmes de son poids.

Genre Roseau, *Arundo*, L.

Glume multiflore, à 2 valves; balle très-velue en dehors, à 2 valves; fleurs paniculées.

Roseau a balais, *Arundo phragmites*, L. (Roseau aquatique, Roseau des marais, Rouzeau, Canette, petit Roseau.) — Racines longues et rampantes; chaumes de 1 à 3 mètres, simples; feuilles glabres, larges, très-longues, aiguës; panicule très-ample, lâche, composée de fleurs nombreuses; pédicelles longs, les inférieurs verticillés; épillets de 3 à 5 fleurs; valves des glumes inégales. — Vivace.

Obs. Ce roseau est très-commun dans tout le nord de l'Europe, le long des fossés, des marais et des étangs. Il donne un fourrage très-abondant que les bestiaux appètent peu quand il est sec et qu'ils refusent même en vert quand il est vieux; mais avant la sortie de la panicule, cette plante est du goût des animaux, et surtout de l'espèce bovine. On va souvent couper ses jeunes pousses pour les vaches, qui, quelquefois, s'exposent elles-mêmes à s'enfoncer dans la vase des fondrières pour les aller chercher. On attribue à ce fourrage, qui, du reste, est naturellement sucré, la propriété d'augmenter le lait des vaches, et de donner au beurre et au fromage qui en proviennent une qualité supérieure. C'est un fourrage qui doit être consommé en vert, et qui produit abondamment, car la plante, fauchée, repousse immédiatement.

Roseau cultivé, *Arundo Donax*, L. (Roseau à quenouille, Canne de Provence, grand Roseau.) — Tiges simples, très-grosses, hautes de 2 à 5 mètres, ligneuses, à articulations nombreuses; feuilles larges; fleurs en grande panicule purpurine. — Vivace.

Obs. Cette belle Graminée est très-commune dans le midi de la France et de l'Europe, où elle remplace l'espèce précédente et croît dans les mêmes situations. Les vaches et les chevaux mangent ses feuilles, quand elle est jeune; mais elle est loin d'être l'équivalent de l'espèce précédente.

Genre Nard, *Nardus*, L.

Glume uniflore, à 2 valves très-pointues, renfermant une fleur à stigmate unique; fleurs nichées dans le rachis.

Nard raide, *Nardus stricta*, L. — Chaumes nus, de 9 à 20 centimètres et rassemblés en faisceaux étagés le long d'une souche souterraine et

couchée; feuilles grisâtres, raides, capillaires; épi simple; **fleurs**
unilatérales, rapprochées; glumes aristées. — Vivace.

Obs. Cette plante abonde dans toutes les prairies des
montagnes du centre de la France, et notamment au
Cantal et au Mont-Dore. Elle passe pour un fourrage
très-estimé que les vaches recherchent beaucoup, surtout au printemps, quand ses feuilles sont jeunes. Vers
la fin de l'été, les feuilles extérieures se dessèchent
pendant que la plante fleurit, et souvent alors les bestiaux, qui cherchent à atteindre les feuilles encore
vertes qui sont au milieu, arrachent de grands fragments de souche souterraine qui restent sur le sol. Les
terrains volcaniques sont ceux qu'elle préfère. On la
connaît, en Auvergne, sous le nom de *Poil de bouc*, ailleurs, *Poil de loup*. C'est une plante seulement utile
aux pâturages, car la faux atteint à peine ses feuilles,
et quand cela a lieu, elle amortit le coup et détruit
bientôt le fil de l'instrument, ce qui la rend très-incommode aux faucheurs.

Genre Dactyle, *Dactylis*, L.

Glume multiflore, à 2 valves aigues, inégales, carénées; balle à 2
valves carénées, dont l'une porte au sommet une arête très-courte.

Dactyle aggloméré, *Dactylis glomerata*, L.—Chaume articulé,
feuillé, haut de 6 à 12 décimètres; feuilles un peu rudes sur les
bords; fleurs en panicule agglomérée, toutes tournées du même côté.
—Vivace.

Obs. Cette Graminée est très-commune dans les prés,
où ses hautes tiges soutiennent les foins et forment la
couche supérieure des plantes fourragères. Tous les
terrains lui sont bons, mais elle croît pourtant de
préférence dans ceux qui sont frais, substantiels et
même ombragés. Les expositions froides lui conviennent également. Elle pousse avec rapidité, et peut donner jusqu'à trois récoltes. C'est d'ailleurs une espèce
qu'il faut couper souvent, car ses feuilles et ses tiges acquièrent bientôt assez de dureté pour déplaire aux bestiaux. Elle perd en séchant les cinq huitièmes de son
poids. Comme les *Holcus*, le *Dactylis*, semé seul, se
rassemble en touffes assez volumineuses, mais qui durent beaucoup plus long-temps. On évite en partie cet

inconvénient en fauchant très-près de terre. Ses graines mûrissent en août, et peuvent se semer au printemps, de bonne heure, en employant 30 à 40 kilog. par hectare. Il est préférable de mélanger le *Dactylis* à d'autres Graminées, au lieu de l'employer seul, bien qu'il ait l'inconvénient, par sa précocité, de donner déjà du foin dur quand les autres Graminées peuvent être fauchées. Les bœufs, les chevaux et les moutons mangent cette herbe avec avidité. Les premiers la mangent jusqu'à l'époque de la mâturité des grains. Elle est, du reste, bien préférable pour pâturage et fourrage vert que pour faire du foin. Broutée ou fauchée de bonne heure, elle se renouvelle très-promptement, et l'emporte par sa vigueur sur les Graminées plus faibles, qu'elle fait disparaître assez souvent. Sa rusticité la fait ordinairement végéter, même en hiver. On assure que les chiens préfèrent cette plante aux autres pour se faire vomir.

Genre Paturin, *Poa*, L.

Glume multiflore, à 2 valves, à épillets ovales et toujours sans arête; balles à 2 valves souvent scarieuses sur les bords; fleurs paniculées.

Obs. Ce genre contient un grand nombre d'espèces très-répandues en Europe, et faisant partie d'un grand nombre de prairies et de pacages. Ces espèces sont disséminées sur toute espèce de terrain et plaisent aux bestiaux, qui les recherchent avec beaucoup d'avidité. Celles qui sont annuelles offrent peu d'intérêt, mais les autres constituent une des principales bases des prairies naturelles. Nous allons passer en revue presque toutes les espèces de ce genre, car il n'en est, pour ainsi dire, aucune qui ne mérite d'être connue des agriculteurs.

PATURIN AQUATIQUE, *Poa aquatica*, L. — Chaume épais, haut de 1 à 2 mètres, feuilles larges, longues et piquantes; panicule ample, diffuse et resserrée dans certaines variétés; épillets à 6 à 8 fleurs linéaires; balles pubescentes, striées. — Vivace.

Obs. Cette belle et grande espèce est commune dans le centre et le nord de la France, et se rencontre aussi dans tout le nord de l'Europe. Elle abonde dans les fossés, dans les étangs, et partout où elle peut végéter, en conservant toute l'année de l'eau sur ses racines. Comme toutes les grandes espèces, ses feuilles deviennent trop dures quand la panicule est sortie; mais avant cette époque les chevaux et les bêtes à corne, l'aiment beaucoup, surtout en vert. Arthur Young dit qu'on en forme des prairies dans plusieurs cantons de l'Angleterre, et notamment dans l'île d'Ely. Elle remplace les plantes marécageuses inutiles dans des terres trop humides pour que d'autres Graminées puissent les occuper. Elle se montre de très-bonne heure et l'on peut en faire deux coupes comme fourrage au printemps, et une troisième pour litière, à la fin de l'été. Elle se multiplie facilement de graines, que l'on peut recueillir en septembre et octobre. Cette plante doit être récoltée avec soin, dans les marais tourbeux et les fossés, où elle abonde ordinairement. Ses tiges et ses feuilles contiennent beaucoup de suc. Son foin est tendre et succulent. C'est une des plantes qui produisent le plus. Elle perd un peu plus de moitié de son poids par la dessiccation.

PATURIN DES MARAIS, *Poa palustris*, Hoffmau. — Ressemble beaucoup au *trivialis*, et s'en distingue par son chaume et ses gaînes lisses et glabres, par ses épillets glabres à leur base et par les valves externes de ses balles quinquénervées. — Vivace.

Obs. On trouve ce Paturin dans les prés humides, et même marécageux, dans des sols où l'eau reste stagnante pendant une partie de l'année. Il n'est pas rare en France, mais n'arrive pas jusque dans le nord de l'Europe. Les bestiaux recherchent son fourrage en vert et en sec. Il a l'avantage de croître dans des terrains très-humides, où le *Poa pratensis* ne peut pas toujours végéter. Il semble, du reste, sous le rapport agricole, remplacer ce dernier, et doit entrer dans les mélanges de graines destinées aux terrains inondés pendant une partie de l'année.

PATURIN A FEUILLES ÉTROITES, *Poa angustifolia*, L. — Chaumes droits, lisses, feuillés; feuilles radicales roulées sur elles-mêmes, les caulinaires courtes, un peu larges; panicule diffuse; épillets à quatre fleurs; valves de la glume inégales; valves de la balle légèrement pubescentes. — Vivace.

Obs. On trouve communément cette plante dans les bois, les prés et les champs. Elle fait assez souvent partie des bonnes prairies, quand le sol est humide et frais. Tous les animaux recherchent ce fourrage, qui est extrêmement précoce, et qui a été considéré comme le plus nutritif. Malheureusement il n'est pas très-productif, et ne mérite pas d'être cultivé seul ; mais c'est une excellente plante à faire entrer dans les mélanges de graines destinées à des terrains frais et un peu couverts.

PATURIN COMMUN, *Poa trivialis*, L. — Chaumes nombreux, droits, un peu rudes ; feuilles planes, à languette lancéolée, un peu déchiquetée ; panicule diffuse ; épillets à 3 à 4 fleurs ovales ; valves de la balle pubescentes à la base. — Vivace.

Obs. Cette espèce (à laquelle on pourrait ajouter, comme variété, le *Poa Kœleri* de de Candolle, assez commun en Allemagne), croît abondamment dans les prés, les haies, les fossés humides et quelquefois même dans des terrains secs et arides, où son développement est bientôt arrêté, tandis que les terrains frais, substantiels et abrités, sont ceux qui conviennent le mieux à une plante qui craint les grands froids et qui redoute également les sécheresses de l'été. On la confond souvent avec le *Poa pratensis*, mais elle diffère de ce dernier par la languette allongée et comme déchiquetée qui se trouve à la base externe des feuilles, par la forme plus aiguë de celles-ci, la rudesse de leur gaîne et par sa racine fibreuse et non traçante. Elle forme souvent la base du foin dans les bonnes prairies. On la rencontre aussi dans les bois. Tous les bestiaux l'aiment beaucoup ; c'est un excellent fourrage et une des Graminées qui donnent le meilleur foin sec. Elle perd, en séchant, les deux tiers de son poids. C'est l'herbe dominante de la fameuse prairie de Salisbury et de plusieurs prés du comté de Willshire en Angleterre, prairie dont le rapport est supérieur dans les années humides à quelque autre terre que ce soit de cette île. On a mesuré des tiges qui avaient 22 pieds anglais de long, et ordinairement elles en ont 5 à 6. Il paraît, du reste, que cette fertilité extraordinaire tient à ce que ce pré reçoit les eaux d'un grand égout. Elle abonde aussi dans les meilleures prairies de la Lombardie ; mais là, comme en France, elle atteint rarement un mètre de hauteur. La précocité de cette plante exige qu'elle soit fauchée de bonne heure, et aussitôt qu'elle fleurit, car elle jaunit et se dessèche bientôt après. Vingt kilogrammes suffisent pour un hectare, si on la sème seule ; mais il vaut mieux l'associer à quelques espèces également hâtives. Malgré sa précocité, elle retarde de quinze jours sur le Paturin des prés ; elle lui est préférable, et c'est sans contredit un des meilleurs fourrages, des plus fins et des plus délicats.

PATURIN DES PRÉS, *Poa pratensis*, L. — Chaumes rameux à la base, munis de feuilles planes, larges, à bords rudes, à gaîne terminée par une languette courte, tronquée ; panicule diffuse ; épillets à quatre fleurs glabres. — Vivace.

Obs. Plante très-commune dans les champs, le long des chemins, et surtout dans les pâturages, où on la rencontre souvent comme partie essentielle. Elle fleurit au milieu du printemps. Il est assez facile de la confondre avec le *Poa trivialis.* Elle en diffère en ce que sa tige est douce au toucher ; celle du *Poa trivialis* est rude, ce qui est dû à de petites pointes que l'on rencontre sous les doigts lorsque la tige est dépouillée de la feuille roulée qui la recouvre. C'est encore une des meilleures espèces de Graminées pour fourrage vert ou sec. Le foin qui en contient beaucoup est fin et délicat, recherché par tous les bestiaux. La plupart des terrains lui conviennent, mais ceux qui sont gras et humides lui permettent de se développer beaucoup plus, et alors il donne un produit considérable. Quinze kilogrammes de graines suffisent pour un hectare, mais on fera mieux de l'associer à d'autres Graminées ou à quelques Légumineuses précoces. Si on le sème seul, il faut choisir un bon terrain qui reçoive, autant que possible, des eaux de lavage des chemins ou des fossés voisins, car la plante est épuisante, ses racines sont longues, traçantes, et s'entrelacent avec celles des autres plantes, qu'elles finissent quelquefois par faire disparaître, à l'exception des espèces robustes. C'est, du reste, un envahissement dont il ne faut pas se plaindre, car il est peu de Graminées qui équivalent à celle-ci.

Nous devons, toutefois, après avoir détaillé ses avantages, citer aussi quelques-uns des reproches qui lui sont adressés avec raison. Ses longues racines épuisent le sol, et ont le grave inconvénient, dans des assolements à court terme, de le salir et de le laisser très-difficile à nettoyer. Sa précocité est telle, qu'elle devance, dans sa floraison, la plupart des autres Graminées, à l'exception cependant de l'*Anthoxanthum* et du Vulpin des prés, qu'on peut très-bien lui associer; mais partout où j'ai pu observer cette plante croissant naturellement dans les prairies, il m'a paru que, malgré sa grande facilité à sécher, son développement rapide et le peu de perte (trois cinquièmes) qu'elle éprouve en séchant, elle était inférieure à la précédente pour les mélanges de graines de prairies fauchables, mais supérieure comme plante à pâturer, durant plus long-temps, repoussant plus vite, traçant davantage, et craignant moins la sécheresse et les sols non arrosés.

Cette plante est une de celles que les lièvres broutent avec le plus de plaisir.

PATURIN ANNUEL, *Poa annua*, L. — Chaume petit, oblique, comprimé, feuillé; feuilles à bords ondulés; panicule verdâtre, étalée, à angles droits; épillets obtus à quatre fleurs. — Annuel.

Obs. Cette Graminée est peut-être la plus commune de toutes, car on la rencontre partout, dans les terrains incultes ou cultivés, le long des chemins, dans les cours, les rues peu fréquentées, les allées des jardins, le long des murs des villages, etc. Elle suit l'homme partout, comme l'Ortie et les *Chenopodium*. Il est extrêmement difficile de la détruire, et quoique broutée, piétinée, elle repousse sans cesse. Elle ne craint ni le froid ni le chaud, végète toujours, se reproduisant à la fois par ses rejetons et par ses graines. Ses touffes s'étendent dans toutes les saisons, et quelquefois elle fructifie au milieu de l'hiver, quand la gelée cesse pendant quelques jours. Elle résiste aux sécheresses et se ranime aux moindres pluies. Tous les terrains lui conviennent, bien qu'elle préfère, comme les autres Paturins, ceux qui sont frais, sablonneux et humides, car on la voit souvent se développer sur le sable qui existe entre les pavés des rues. Il est fâcheux que cette plante soit annuelle et que ses tiges s'élèvent si peu. J'en ai vu cependant dans les montagnes du Cantal, autour des burons, situés à 1,000 à 1,200 mètres d'élévation, des touffes énormes, dont

5

les tiges atteignaient jusqu'à 5 décimètres de longueur. Il est vrai qu'elles étaient arrosées par les eaux de fumier de la vacherie. Il devient aussi très-grand et donne un excellent foin dans les prairies arrosées. Il croît naturellement mélangé au *trivialis*, dans les excellentes prairies de la Lombardie. Quoique annuelle, cette plante se ressème avec une si grande facilité, que très-souvent on n'aperçoit pas d'interruption dans les lieux où elle a l'habitude de croître; et le long des chemins, où elle est continuellement broutée par les moutons, il échappe toujours quelques panicules dont les graines mûries ressèment la plante, qui reparaît la première dans le même endroit. On profite de cette facilité de développement pour faire disparaître de suite les vides qui se forment quelquefois dans les gazons des jardins paysagers.

Le *Poa annua* peut aussi croître à l'ombre, car je l'ai souvent rencontré dans les bois, où il se développe plus en longueur qu'en touffes. Les bestiaux aiment tous cette plante, dont les tiges et les feuilles, trop courtes, ne peuvent être fauchées, mais broutées; elles repoussent très-facilement, ce qui, joint à sa précocité, rend sa culture assez avantageuse pour qu'elle entre dans les assolements du comté de Suffolk, en Angleterre, et elle en a même pris le nom, car on la nomme en anglais *Suffolk-Grass*. On la fait toujours pâturer en place, et elle ne reste que six mois sur terre.

Paturin des bois, *Poa sylvatica*, Poll. (*Poa trinervata*, Ehrhart.)— Chaume de 10 à 13 décimètres, à articulations rouges; feuilles larges, planes, glauques; panicule diffuse; épillets à 4 à 6 fleurs aiguës; balle à valve externe trinervée, et à valve interne binervée. — Vivace.

Paturin de Suède, *Poa sudetica*, Schreber (*Poa rubens*, DC.) — Chaume dressé, comprimé; feuilles planes; panicule violâtre étalée; épillets à 4 à 5 fleurs aiguës; balle à valve externe marquée de cinq nervures proéminentes. — Vivace.

Obs. Ces deux espèces ont de grands rapports; la première se trouve principalement en Allemagne, bien qu'elle ne soit pas étrangère à la France. La seconde se rencontre dans presque tous les bois des montagnes, dans les Alpes, l'Auvergne, les Vosges, les Ardennes. Elles font partie des fourrages délicats que les bestiaux rencontrent dans les forêts. Sans craindre l'ombre, elles préfèrent les clairières des bois, et implantent leurs racines traçantes dans l'humus qui provient tous les ans de la décomposition des feuilles.

PATURIN DES BOIS, *Poa nemoralis*, L. — Chaume grêle, faible, garni de feuilles planes, tombantes ; panicule amincie au sommet ; épillets à 2 à 3 fleurs pâles, petites ; pedicelles un peu hispides et disposés en demi-verticilles ; valves des glumes et des balles terminées en pointe. — Vivace.

Obs. Quelques autres espèces peuvent être considérées comme variétés de ce Paturin ; ce sont le *Poa fertilis*, Hosten ; *coarctata*, Schl. ; *glauca*, Flore danoise ; *debilis*, Encyclopédie, qui croissent dans les bois et se font remarquer par la faiblesse de leurs tiges, qui semblent toujours étiolées. Il n'en est pas moins un excellent fourrage, qui par la culture gagne en quantité et réussit très-bien dans les terrains frais et riches en humus, où il dure ordinairement 3 à 4 ans ; du reste, presque tous les terrains lui conviennent. C'est une Graminée très-rustique, qui croît également à l'ombre et sur les sols découverts, et que son extrême précocité rend très-recommandable ; elle végète même avant le *Poa pratensis*, et donne, dès le mois de mars, une herbe fine et d'autant plus longue que le sol lui convient mieux. Comme elle ne garnit pas le terrain à sa base on peut lui associer quelques autres plantes gazonnantes et éviter de la mettre en mélange avec des plantes *arrosables*, car elle craint l'eau et ne croît jamais naturellement dans les prés soumis à l'irrigation. Vingt kilogrammes de graine suffisent pour un hectare.

M. Vilmorin considère comme variété ou espèce très-voisine de cette espèce le *Bishop-Grass* ou *Herbe de la baie d'Hudson*, introduite en 1836 en Angleterre, et dont l'origine est américaine. Des essais comparés, faits par ce consciencieux agronome, lui ont fait apercevoir une différence entre les deux plantes. Celle d'Amérique a plus de tendance à fournir du regain ; elle se conserve verte plus long-temps et se garnit davantage. Elle craint plus la sécheresse, mais ne redoute pas l'eau, comme la plante indigène ; elle pourrait donc entrer avec avantage dans les mélanges de graines destinées aux sols que l'eau peut arroser.

PATURIN BULBEUX, *Poa bulbosa*, L. (Paturin échalotte.) — Chaumes presque nus, hauts de 20 à 40 centimètres, renflés à leur base, en forme de bulbe allongée ; panicule presque étalée, unilatérale ; épillets à 4 fleurs ovales ; valves s'allongeant souvent en manière de feuilles et faisant paraître la panicule comme feuillée. — Vivace.

Obs. Cette plante est commune dans les lieux sablonneux, arides, sur les vieux murs, sur les graviers charriés par les rivières et les torrents. Tous les animaux mangent ses feuilles ; mais comme elles sont très-courtes, c'est principalement aux moutons qu'elles conviennent. La faculté qu'a cette Graminée de pousser facilement dans des terrains très-secs et sablonneux, la rend propre à des semis destinés aux moutons. Elle se propage seule assez facilement, mais toujours en touffes isolées et jamais en pelouses uniformes.

PATURIN DU MONT-CENIS, *Poa cenisia*, All. — Chaume comprimé, ascendant, couché à la base ; feuilles planes, à languette lancéolée, pointue ; panicule un peu diffuse ; épillets à 6 à 7 fleurs ovales ; valves de la balle pubescentes. — Vivace.

Obs. Cette Graminée fait partie des pelouses qui couvrent les montagnes des Alpes et du Dauphiné. Les moutons la recherchent, et ses feuilles broutées repoussent très-promptement. Il faut joindre à cette espèce, comme habitant les mêmes lieux et offrant les mêmes propriétés agricoles, les *Poa distycha*, Jacq. ; *Molinerii*, Balbis ; *elegans*, Schl. ; et *concinna*, Gaud.

PATURIN DES ALPES, *Poa alpina*, L. — Chaume simple, souvent violet à sa partie supérieure ; feuilles planes, courtes ; fleurs en panicule diffuse ; épillets panachés de vert, jaune et violet, ovoïdes, comprimés, à 5 à 6 fleurs pubescentes. — Vivace.

Obs. Cette espèce abonde sur quelques pelouses des Alpes et de l'Auvergne. C'est un excellent fourrage auquel on attribue le bon goût du lait des vaches qui le broutent. Il serait peut-être difficile de le cultiver, à cause de l'élévation des lieux où il se développe. Il se reproduit avec une grande facilité, non seulement de graines, mais au moyen de ses ovaires, qui deviennent vivipares, germent entre les valves, poussent des feuilles, tombent, et reçus dans le sein de la terre, s'y enracinent et produisent de nouvelles plantes. Il semblerait, dit Poiret, une précaution prise par la nature pour assurer la multiplication de cette espèce dans des localités où des froids précoces, comme ceux des Alpes, peuvent empêcher la maturité des semences.

PATURIN AMOURETTE, *Poa eragrostis*, L. —Chaumes rameux, longs de 12 à 18 centimètres, feuilles larges, munies de quelques poils rares, à gaîne velue, glabre à l'ouverture; panicule allongée; épillets à 10 à 11 fleurs à pédicelles rudes; balle un peu ciliée sur les bords. — Vivace.

Obs. Il faut placer près de cette espèce le *Poa pilosa*, L. Toutes deux croissent dans les lieux sablonneux du centre de la France, qu'elles ne dépassent guère du côté du nord, et s'étendent au midi jusque dans l'Afrique. Les bestiaux les broutent avec plaisir, mais elles ne donnent que peu de fourrage.

PATURIN COMPRIMÉ, *Poa compressa*, L. — Chaumes courbés à la base, noueux applatis, redressés; feuilles courtes, planes, un peu roulées, à gaîne terminée par une languette courte; panicule unilatérale, comprimée, resserrée; épillets à 4 à 9 fleurs anguleuses liées à la base par des poils. — Vivace.

Obs. Cette espèce, voisine de la précédente, est assez commune dans le centre de la France et s'étend ensuite du côté du nord, occupant toujours des terrains secs et sablonneux, ou de vieux murs et des décombres. C'est un fourrage un peu dur, peu abondant, mais que cependant les animaux recherchent avec assez d'empressement. J'ai vu quelquefois cette plante végéter dans des sables arrosés, et y prendre un grand développement. Cependant, quoique très-supérieur en stature aux individus qui croissent sur les murs et dans les lieux secs, je ne pense pas que ce Paturin puisse être comparé, pour la qualité, aux *Poa pratensis, trivialis, nemoralis* et *annua*, qui entrent dans la composition d'un si grand nombre d'excellentes prairies. Elle est précoce, et perd en séchant les deux tiers de son poids.

PATURIN A CRÊTE, *Poa cristata*, Wild. (*Kœleria cristata*, Persoon; *Aira cristata*, L.) — Chaumes rameux, hauts de 3 à 6 décimètres; feuilles courtes, sétacées, pubescentes; chaume portant une à deux gaînes; panicule spiciforme; épillets luisants, à glume pubescente; balle à valves ciliées sur la carène. — Vivace.

Obs. Plante commune dans les lieux secs et sablonneux, sur les sols volcaniques. Elle est broutée des bestiaux, repousse facilement, dure long-temps, et fait partie des pelouses sèches dans la majeure partie de la France. Elle finit par former de grosses touffes qui font saillie, et qui donnent un foin dur que les bestiaux ne mangent qu'au printemps. Elle ne perd en séchant que la moitié de son poids.

Les *Poa dura*, L., et *rigida*, L., tous deux annuels, croissent, dans le centre et le midi de la France, dans les sables et sur les vieux murs. Etant jeunes, ils sont broutés, mais non recherchés des bestiaux, et n'ont aucune importance agricole. Le *Poa procumbens* de Smith, également annuel, habite les côtes de l'Angleterre et de la Manche, et fait partie de quelques pelouses maritimes que les troupeaux ne dédaignent pas.

Paturin maritime, *Poa maritima*, Hudson. — Chaumes coudés, ascendants, longs de 3 à 6 décimètres, feuilles planes, un peu roulées; panicule resserrée ou étalée, presque unilatérale; épillets à 15 à 20 fleurs cylindriques, obtuses, un peu écartées. — Vivace.

Obs. Cette Graminée et le *Poa distans*, L., qui n'en est qu'une variété, croissent abondamment sur les bords de l'Océan et de la Méditerranée, et dans l'intérieur autour des salines et des sources minérales. Elles tracent beaucoup, et donnent une grande quantité de feuilles glauques, un peu raides menues, que les bestiaux aiment beaucoup. Ce sont des plantes très-productives, et dont la culture, dans certaines localités, pourrait donner de bons résultats. Une variété à feuilles plus fines, et à panicule plus courte, porte à la Rochelle le nom de *Misotte*, et forme d'assez bons pâturages. Il perd en séchant les deux tiers de son poids.

Paturin des rivages, *Poa littoralis*, Gouan. — Chaumes couchés; feuilles glauques, glabres, distiques; panicule serrée, spiciforme, unilatérale; épillets à 8 à 10 fleurs cylindriques, presque sessiles. — Vivace.

Obs. Cette Graminée, qui habite les sables maritimes

de la Provence et du Languedoc, offre les mêmes ressources agricoles que la précédente.

Genre Fétuque, *Festuca*, L.

Epillets multiflores, à fleurs lancéolées ou subulées, à dos arrondi, avec ou sans nervure saillante ; spathelles inégales, aiguës ; spathellule extérieure aiguë ou aristée, l'intérieure plus petite, souvent dentée, très-finement ciliée ; 1 à 2 étamines ; ovaire glabre ; stigmate velu ; fleurs en panicule peu étalée ou rarement en épis.

Obs. Les Fétuques se rapprochent beaucoup des Paturins, et n'en diffèrent, à la première vue, que par la présence d'un arête terminale, des valves très-aiguës, et des épillets moins comprimés. Elles sont plus nombreuses encore en espèces que le genre précédent, et se reconnaissent facilement à leurs feuilles radicales, presque toujours fines et ramassées en gazon. On rencontre principalement ces plantes parmi les pelouses, sur le sol rocailleux des coteaux, dans les paturages ou les bois des montagnes, où de nombreux troupeaux vont chaque année chercher leur nourriture. Toutes donnent un fourrage sain et nourrissant, mais les bestiaux ne les recherchent pas également. Rarement les Fétuques forment, comme les Paturins, la base des prairies, surtout des prés arrosés ; une ou deux espèces seulement se mélangent avec les autres Graminées dans ces sortes de prairies.

Fétuque ovine, *Festuca ovina*, L. (Coquiole, petit Foin, Poil-de-Loup). — Chaumes anguleux, courts ; feuilles nombreuses, gazonnantes, serrées, roulées, un peu raides ; panicule grêle, presque unilatérale, étalée pendant la floraison ; épillets à 3 à 8 fleurs très-glabres, à arêtes très-courtes. — Vivace.

Obs. Cette plante varie beaucoup, et a donné lieu à la création d'un très-grand nombre d'espèces, qui doivent toutes rentrer, comme variétés, sous le titre des *Festuca ovina*. Les principales sont *Festuca paludosa*, Gaud. ; *alpina*, Gaud. ; *violacea*, Gaud. ; *valesiaca*, Schleick ; *duriuscula*, Hosten ; *glauca*, Lamarck ; *lœvigata*, Clairville ; *amethystina*, Hosten ; *vaginata*, Wild. ; *pannonica*, Hosten.

La Fétuque ovine et ses nombreuses variétés sont extrèmement répandues en France, en Allemagne et dans tout le nord de l'Europe, et partout elles occupent des lieux secs et sablonneux, des coteaux pierreux, où elles se développent en touffes denses et isolées, qui s'arrondissent, et s'étalent successivement. On la rencontre aussi sur les murs et sur les toits. Plus on avance vers le nord, plus elle devient abondante ; c'est presque la seule espèce que l'on rencontre en Suède dans les terrains stériles. Poiret dit qu'on trouve souvent, dans les Alpes de la Laponie, une variété vivipare. On la retrouve également dans les Alpes du Valais, et dans presque tous les pays de montagne, où plusieurs Graminées jouissent du même avantage pour se multiplier. C'est la plante que les moutons aiment le plus ; son fourrage est dur mais succulent, et les engraisse promptement. Bosc dit que si on la sème dans un bon terrain, elle pousse d'abord avec vigueur, et qu'elle est ensuite étouffée par les autres plantes. Elle est généralement trop courte pour être fauchée avec avantage, aussi est-ce en place qu'il faut l'abandonner aux moutons.

Quand, au moyen des parcs ou d'un parcours bien entendu, on sait la ménager, elle fournit pendant toute l'année, même au milieu de l'hiver, un pâturage précieux. Il est à regretter qu'on ne la sème nulle part, surtout sur les montagnes, si fréquentes en France, où après avoir fait une récolte de seigle ou d'avoine, on laisse reposer la terre plusieurs années. Il faudrait la semer avec l'avoine au printemps, à raison de trente kilog. de graine par hectare. Elle fournirait un pâturage dès l'année suivante, qui pourrait durer huit à dix ans sans aucun soin. Les moutons, qui recherchent beaucoup ses feuilles, laissent ses tiges, en sorte qu'elle se multiplie facilement. M. Vilmorin, qui a essayé la culture de cette plante, a remarqué que les troupeaux ne la pâturaient bien qu'en hiver, et qu'en été ils ne mangeaient guère que les pieds isolés. « Je l'emploie souvent en mélange, dit-il, mais j'en fais aussi des pièces séparées, à raison des ressources qu'elle offre pour l'hiver, et de l'avantage qu'elle possède éminemment de s'établir avec vigueur sur les terres arides, soit siliceuses, soit calcaires, et de les couvrir d'un gazon épais et durable. » Elle végète mal dans les sols argileux, et ne s'y maintient pas long-temps.

Le *Festuca ovina* fleurit en juin, et mûrit, sous notre climat, ses graines fin juillet. Elle plaît à tous les animaux; mais ils ne peuvent, comme les moutons, la brouter jusqu'à la racine, et choisir, au centre des touffes, les jeunes feuilles, qui sont toujours entourées de feuilles flétries ou jaunies par le temps. Cette dernière circonstance, jointe à la faculté que possède cette plante de se réunir en touffes serrées, a empêché de l'employer pour les pelouses des jardins paysagers.

Le *Festuca tenuifolia* de Sibthorp a été pris pendant long-temps pour le véritable *ovina* de Linné. Il en diffère en ce qu'il *n'a pas d'arête*. Il croît, comme l'*ovina*, sur les sables et les sols crayeux les plus arides. Il plaît beaucoup moins aux moutons, qui le mangent cependant pendant l'hiver. Les vaches s'en accommodent très-volontiers.

FÉTUQUE HÉTÉROPHYLLÉE, *Festuca heterophylla*, Lamarck (*Festuca nemorum*, Hoffm. ; Durette, Fougerolle).—Chaumes dressés, feuilles radicales sétacées, les caulinaires planes et plus larges; panicule lâche, unilatérale; épillets à 5 à 6 fleurs très-glabres. — Vivace.

Obs. Cette espèce, plus grande que l'*ovina*, préfère l'ombre et l'humidité des forêts aux coteaux secs et aérés, où prospère la précédente ; elle cherche cependant le bord et les clairières des bois, mais elle ne craint pas l'ombre. Les chevaux l'aiment beaucoup ; les autres animaux la recherchent également, et on la rencontre quelquefois assez abondante dans quelques forêts, pour qu'on puisse la considérer comme une excellente plante fourragère.

FÉTUQUE ROUGE, *Festuca rubra*, L. — Racine rampante et donnant çà et là quelques tiges solitaires; feuilles radicales, courtes, sétacées, un peu comprimées, velues en dessus; panicule un peu lâche ; pédicelles inférieurs géminés, dont un plus court; épillets de 4 à 5 fleurs aristées. — Vivace.

Obs. Cette espèce, que l'on rencontre dans les lieux secs et pierreux, et quelquefois aussi dans les clairières des forêts dont le sol est sablonneux, a les plus grands rapports avec le *F. ovina*, mais elle est plus grande dans toutes ses parties. On peut lui appliquer tout ce que nous avons dit du *F. ovina*, qui cependant

doit lui être préféré. Dans les prés humides, cette plante
se développe et peut être fauchée, mais elle ne donne jamais, sous ce point de vue, un bien grand produit. Son
principal mérite est de pouvoir former de bons pâturages sur les terrains secs et arides, et de vivre longtemps à cause de ses racines traçantes. Un hectare exige
trente-cinq kilog. de graines. Le *F. rubra* s'avance
très-loin dans le nord de l'Europe, où il offre quelques
variétés qui ont été décrites comme espèces, sous les
noms de *Festuca dumetorum*, L.; *barbata*, Sckhrank;
cinerea DC., *Fl. fr.; arenaria*, Osbeck.

La variété *cinerea* est extrêmement précoce, et dans
les Alpes du Dauphiné, où elle est assez commune, elle
a déjà des feuilles nouvelles dans le courant du mois
de mars, et les moutons la broutent aussitôt que la
neige disparaît.

Fétuque dure, *Festuca duriuscula*, L. — Chaumes nombreux;
feuilles radicales courtes, sétacées, celles du chaume planes; panicule resserrée, unilatérale; épillets de 5 à 8 fleurs très-glabres,
aristées. — Vivace.

Obs. Cette Fétuque se contente encore des plus mauvais terrains, et produit un très-bon fourrage pour les
moutons et les bêtes à cornes. Les lièvres la recherchent
et la broutent jusqu'à la racine; et tant qu'elle n'est consommée, ils ne touchent pas aux *Festuca ovina*, *rubra*.
Elle fleurit en juin, et donne souvent des graines mûres
à la fin de juillet. On pourrait la semer en mélange ou
seule, en employant quarante kilog. de graines par hectare. Dans un bon terrain, cette plante peut prendre
assez de développement pour donner deux coupes,
dont le produit est à peu près le même pour chacune.
Elle perd en séchant un peu plus de la moitié de son
poids. Dans quelques localités, cette plante compose à
elle seule les excellents pâturages du Cantal.

Fétuque naine, *Festuca pumila*, Villars.—Chaume glabre; feuilles
glauques, très-fines, sétacées, moins longues que le chaume; panicule
grêle, serrée, épillets panachés à 4 fleurs cylindriques très-glabres.
—Vivace.

Obs. Il faut réunir à cette Fétuque, comme variétés,
le *F. varia*, de Haenk., le *F. acuminata*, Gaud.;
F. flavescens, Billard; *F. alpina*, Hosten, *F. eskia*,

Ramond et DC., et comme espèces voisines, le *F. pilosa*, Haller, ou *F. poœformis*, Host. ; *Poa violacea.*, Billard, et le *F. laxa*, Host.

Toutes ces plantes complètent la série de ces petites Fétuques à feuilles fines et gazonnantes, qui couvrent les pentes élevées des hautes montagnes des Pyrénées, de l'Auvergne, des Alpes, de la Suisse, du Valais, du Tyrol ou du Dauphiné, et qui s'étendent ensuite jusque dans les régions les plus froides de l'Europe, en changeant un peu d'aspect, et présentent cette multitude de formes qui indiquent des espèces mal caractérisées, et un genre qui nécessite probablement plus de réunions d'espèces que de nouvelles séparations. Les moutons recherchent toutes ces plantes, qui souvent, dans ces montagnes, forment la base des pelouses sèches et glissantes qui en tapissent les flancs.

FÉTUQUE QUEUE DE RAT, *Festuca myuros*, L. — Chaumes de 3 à 6 décimètres, coudés à la base; feuilles glabres, roulées, les caulinaires larges ; panicule longue, penchée; épillets sétacés, à 4 à 6 fleurs presque glabres ; arêtes rudes. — Annuelle.

Obs. Il faut réunir à cette plante, comme variété, le *F. bromoides*, L., et comme espèces voisines, le *F. uniglumis*, Solander; *F. pseudo-myuros*, Soyer-Willemet; *F. ciliata*, DC., et *F. sciuroides*, de Roth. Toutes ces plantes, différant des véritables Fétuques par leurs racines annuelles et par la présence d'une seule étamine dans la fleur, ont été réunies par Gmelin en un genre, auquel il a donné le nom de *Vulpia*.

Ce sont des plantes qui se multiplient avec une excessive rapidité, et sur des terrains très-secs et pierreux, dans les jachères, sur le bord des chemins. La longue arête dont leurs fleurs sont pourvues, la rigidité de leurs tiges et leur existence annuelle sont autant de causes qui doivent les placer au dernier rang, sous le rapport agricole, dans un genre où presque toutes les espèces présentent un haut degré d'utilité. Les bestiaux cependant recherchent leur fourrage quand il est jeune; mais ces plantes ont le défaut de ne durer qu'un instant : elles jaunissent et se dessèchent pour ainsi dire avant d'avoir fleuri, et deviennent ainsi complétement inutiles. Elles sont aussi presque toutes très-sujettes à la rouille et produisent très-peu.

Fétuque dorée, *Festuca spadicea*, L. (*Festuca aurea*, Fl. fr.; *Anthoxanthum paniculatum*, L.) — Chaumes feuillés, hauts de 6 décimètres; feuilles longues, très-glabres, à gaîne lâche et striée; panicule longue, peu étalée, d'un jaune brun ou roussâtre; épillets à 1 à 5 fleurs ovales, d'un jaune luisant. — Vivace.

Obs. Cette grande espèce se trouve dans les prés élevés des montagnes des Alpes et surtout de l'Auvergne. Elle croît presque toujours sur des pentes assez rapides et produit de larges touffes dont la base est abritée du froid par une multitude de tuniques superposées qui ne sont autre chose que les restes fibreux des anciennes feuilles desséchées. Les bestiaux, et surtout les vaches, mangent très-bien cette plante quand elle est jeune, et la négligent dès que ses panicules commencent à sortir des feuilles.

Fétuque tombante, *Festuca decumbens*, L. (*Dantonia decumbens*, DC.) — Chaumes rameux, dressés ou inclinés, hauts de 3 à 6 décimètres; feuilles un peu roulées, à gaînes un peu velues; panicule en épi, à fleurs grosses, violettes, peu nombreuses; arête presque nulle. — Vivace.

Obs. On rencontre très-communément cette plante, dans le Nord, sur les toits, dans les prés secs, dans les pacages stériles et sablonneux, et les landes de presque toute l'Europe. C'est un excellent fourrage, mais qui, malheureusement, fournit très-peu, car ses feuilles sont courtes et peu nombreuses, en sorte que ce sont plutôt les tiges que les bestiaux broutent habituellement. Bosc ajoute que cette plante qui, par le port, ressemble assez à une Mélique, a aussi la propriété de croître sous les arbres, dans les grands bois sablonneux, et par conséquent de rendre pâturables des lieux qui ne le seraient pas sans elle; mais seule elle ne pourra jamais former une prairie. 40 k. de graines suffisent pour un hectare.

Fétuque des bois, *Festuca sylvatica*, Villars (*Festuca calamaria*, Smith.) — Chaumes de 3 à 7 décimètres, munis de gaînes à leurs bases; feuilles lancéolées, linéaires, glauques en dessus, et d'un vert gris en dessous; rudes sur leurs bords; panicule oblongue, droite; épillets à 3 à 5 fleurs. — Vivace.

Obs. On rencontre cette Fétuque dans les bois élevés du Dauphiné, où elle se développe quelquefois sur une grande étendue. Ses jeunes pousses sont presque charnues, succulentes et très-recherchées des bestiaux ; mais malgré sa station ombragée elle durcit très-vite, et ils ne la recherchent plus autant, puis ils finissent par la négliger tout à fait.

Une espèce voisine, le *F. drymeia*, Martens et Koch, croît en Allemagne, dans les mêmes localités, et partage ses propriétés économiques.

FÉTUQUE ROSEAU, *Festuca arundinacea*, Schreber. — Chaume gros, haut de cinq à huit décimètres ; feuilles larges, panicule diffuse et penchée, à rameaux rudes, géminés, portant 5 à 15 épillets ovales, lancéolés, à 4 à 5 fleurs. — Vivace.

Obs. Dans les prés, sur les bords des ruisseaux, au milieu des buissons. Cette grande Graminée fait assez souvent partie des prairies grasses et humides, et contribue à la qualité de l'herbe. Elle fournit beaucoup de feuilles, et pourvu qu'on la fauche de bonne heure, elle donne abondamment du foin d'une excellente qualité. Elle ne conviendrait cependant pas seule pour former une prairie,

FÉTUQUE DES PRÉS, *Festuca pratensis*, L. (*Festuca elatior*, Lamarck ; *Festuca loliacea* DC.) — Chaumes de 6 à 12 décimètres ; feuilles planes, glabres, portant une membrane à l'ouverture de la gaîne ; panicule simple, droite ; pédicelles alternes et rudes ; épillets à 7 à 11 fleurs distiques, presques sessiles ; glumes à valves striées et pointues. — Vivace.

Obs. On rencontre assez souvent cette plante dans les prairies, dont elle forme quelquefois la base. C'est une excellente Graminée, qui aime un terrain gras, frais, mais pas trop humide. Elle donne en abondance de longues feuilles que les bestiaux broutent avec le plus grand plaisir ; et coupées, ces mêmes feuilles donnent un très-bon foin facile à sécher et se conservant très-bien. La plante pousse long-temps, peut donner deux bonnes coupes, et repoussse jusqu'aux gelées sans interruption. On peut la semer seule dans les terrains qui lui conviennent bien et employer alors 50 kilog. de graines par hectare ; mais il est préférable de lui associer d'autres espèces un peu tardives comme elle, le *Phleum pratense*, par exemple, et quelques Légumineuses, pour former une seconde couche fourragère sous leurs tiges élevées. Sa graine, qui est grosse, germe promptement, mais la plante croît lentement, comme toutes celles dont la durée est longue, et ce n'est qu'à la troisième année qu'elle est en plein rapport. Son foin est plus fin et moins abondant que celui du *Festuca elatior;* elle exige moins d'humidité pour se développer, se contente par conséquent de terrains plus secs, ne perd que la moitié de son poids en séchant, et produit beaucoup de regain. C'est sans contredit une des plantes les plus utiles dans les prairies. A Bitche (Bas-Rhin), cette plante, très-commune dans les prés, y atteint souvent la hauteur d'un homme.

Fétuque élevée, *Festuca elatior,* L. (*Festuca pratensis,* Huds ; *Festuca arundinacea,* Will.; *Festuca loliacea,* Lamarck; *Festuca gigantea* des agronomes allemands.) — Chaumes feuillés, hauts de 9 à 12 décimètres; feuilles planes, linéaires, à ligule très-courte; panicule étalée pendant la floraison, à rameaux rudes et géminés, souvent unilatéraux; épillets à 7 à 9 fleurs cylindriques, un peu obtuses; ovaire glabre. — Vivace.

Obs. Cette espèce, qui a les plus grands rapports avec la précédente, est plus grande dans toutes ses parties, et possède les mêmes qualités. Elle s'accommode de terrains trop humides pour pouvoir convenir à l'espèce ou à la variété précédente. Elle végète plus tard encore, et peut fournir de l'herbe même pendant l'hiver, quand la neige et de fortes gelées n'interrompent pas trop tôt sa végétation. C'est un des meilleurs et des plus tardifs fourrages que nous ayons. 50 kilog. de graines suffisent également pour un hectare. Elle exige un sol fertile, et donne alors un énorme produit en foin un peu dur, mais de bonne qualité et recherché des bestiaux. Elle perd en séchant les cinq huitièmes de son poids, et donne du regain en abondance. C'est encore une des meilleures plantes à faucher que l'on rencontre dans les prairies.

Fétuque flottante, *Festuca fluitans,* L. (*Poa fluitans,* Mérat; *Glyceria fluitans,* Rob. Brown; *Hydrochloa fluitans,* Hartm.; Brouille, Fétuque penchée, Paturin, Manne de Pologne, Herbe à la manne, Manne de Prusse Banoue, Manne aquatique, Manne de Hongrie, Chiendent flottant, Chiendent aquatique, Chiendent de la manne). — Chaumes couchés, coudés et rampants, garnis de feuilles planes, longues, souvent flottantes; panicule rameuse, à rameaux droits; épillets de 7 à 12 fleurs linéaires, un peu comprimées; valves de la glume très-obtuses. — Vivace.

Obs. Plante très-commune le long des ruisseaux, des mares, des fossés, à la queue des étangs, sur les bords des lacs et dans tous les terrains marécageux. Elle varie selon le degré d'humidité du terrain, à feuilles plus ou moins larges, à tiges flottantes ou dressées, vertes ou violacées. Ses feuilles écartées et flexibles flottent facilement à la surface de l'eau, se rapprochent et se touchent parfois de telle manière qu'elles en cachent toute l'étendue. Ses racines sont traçantes, et rejettent çà et là de nouvelles tiges qui bientôt viennent relever leurs panicules au-dessus de ces eaux. Si ces dernières se retirent, les feuilles se redressent, et la plante donne alors une herbe abondante au-dessus de la vase. Ses tiges sont extrêmement sucrées, toujours très-tendres, et laissent quelquefois transsuder à leur partie supérieure et dans les panicules une espèce de mucilage sucré, de couleur brune, que l'on ne rencontre, du reste, que dans les jours les plus chauds. De là le nom de *Manne de Prusse* donné à cette plante. M. Thiébaud de Bernaud la considère comme la véritable *Ulva* des anciens, que les agriculteurs latins désignaient comme un des meilleurs fourrages que l'on puisse offrir aux troupeaux. Il n'est peut-être pas en effet une seule plante que les animaux préfèrent à celle-ci. Les chevaux, cependant, en sont encore plus friands que les vaches et les moutons. Ses tiges feuillées, longues souvent de plus d'un mètre, donnent un fourrage abondant que, dans beaucoup de pays, on coupe pour donner en vert aux troupeaux ; on fait même quelquefois une première récolte sous l'eau. Les graines, qui ressemblent au millet, et dont on fait un gruau très-délicat, se récoltent à la fin de l'été, en frappant avec des baguettes les épillets au-dessus de tamis. On répète cette opération toutes les semaines jusqu'à la fin de la récolte. Pour la multiplier, il faut la jeter dans les fossés et mares où l'on veut l'introduire. Comme elle donne un grand nombre de rejets stolonifères qui partent de ses longues tiges, un seul pied peut, dans le courant d'un été, couvrir un très-grand espace. Il faut donc la semer très-clair. Elle vit long-temps, et perd en séchant les trois quarts de son poids. Les oies, les canards, les poissons et tous les oiseaux aquatiques recherchent beaucoup cette graine.

Genre **Brôme**, *Bromus*, L.

Glume multiflore à 2 valves égales; balle à 2 valves, dont l'extérieure concave, plus grande, et portant une arête, qui part un peu au-dessous du sommet; l'intérieure plus petite et munie de deux rangs de cils.

Obs. Les Brômes, très-voisins des Fétuques, sont loin de les égaler comme plantes fourragères. Leur foin, beaucoup plus dûr, se dessèche plus tôt, et un grand nombre, étant annuels, ne présentent que peu de ressource comme espèces cultivables. Beaucoup d'entre eux se contentent d'un sol sec et graveleux. Ces plantes extrêmement rustiques sont en général nuisibles aux prairies, où elles se développent parfois au point d'expulser un assez grand nombre de bonnes espèces. Elles envahissent aussi les prairies artificielles et surtout les sainfoins et les luzernes. Leurs longues barbes et leurs valves acérées sont très-nuisibles aux bestiaux, qui ne mangent ces plantes que dans leur jeunesse, et qui les négligent dès l'époque de leur floraison.

BRÔME SEIGLIN, *Bromus secalinus*, L. — Chaume droit, garni de feuilles dont les inférieures sont plus courtes que les supérieures, plus larges et un peu plus velues en dessus; gaîne glabre; panicule étalée, penchée; épillets glabres, ovales, comprimés, à fleurs distiques. — Annuel.

Obs. Cette espèce, assez commune dans les champs et les moissons, ne se rencontre que très-rarement dans les prés. Les bestiaux la mangent quand elle est jeune, et la refusent quand elle commence à durcir. Elle pousse quelquefois en assez grande quantité dans les trèfles, et les luzernes et ne nuit pas à leur produit. C'est du reste une bonne nourriture pour les chevaux et les bêtes à cornes.

BRÔME MOU, *Bromus mollis*, L. — Il diffère peu du précédent; sa panicule est moins étalée; il est plus petit; ses gaines et ses épillets sont couverts d'un duvet blanchâtre qui le rend doux au toucher. — Bisannuel.

Obs. On le rencontre dans les lieux secs, au bord des chemins, sur les pelouses des coteaux, au milieu des champs et des trèfles, parmi les sainfoins clairsemés. Tous les bestiaux le broutent volontiers, mais les moutous surtout le recherchent quand il est très-jeune. Le *B. arvensis*, L., très-voisin des deux précédents, occupe la même place parmi les plantes fourragères ; il est aussi bisannuel et peu productif. Il en est de même des *B. squarrosus*, L., et *divaricatus*, L.

Brôme des prés, *Bromus pratensis*, Kœler (*Bromus perennis*, Villars ; *Bromus erectus*, Schrad.)—Chaumes droits; feuilles planes, velues ; gaîne des inférieures couverte d'un duvet mou ; panicule dressée; pédicelles scabres, simples ou rameux ; épillets ovales, lancéolés, comprimés ; arêtes plus longues que les fleurs. — Vivace.

Obs. On rencontre ce Brôme dans les champs, et plus souvent dans les prés, dont il fait quelquefois partie dominante. C'est une excellente plante fourragère en vert et en sec. Elle foisonne beaucoup, garnit bien le sol, et si on a la précaution de la faucher avant que ses nombreuses panicules ne soient défleuries, on obtient un foin tendre, fin et de première qualité. C'est, sans contredit, l'espèce la plus utile du genre, car elle donne son produit sur des terres médiocres, pourvu cependant qu'elles aient un peu de fraîcheur. Dans les fonds sablonneux, frais et amendés, ce Brôme prend un accroissement extraordinaire, et peut, à lui seul, former des prairies que l'on fauche deux fois, et qui donnent encore un pâturage abondant et de longue durée pour les troupeaux. Cinquante kilog. de graines sont nécessaires pour ensemencer un hectare. Le semis doit se faire en mars sur une terre ameublie, et, comme l'Ivraie ou Ray-Grass, ce Brôme produit la première année et dure quatre à cinq ans. Si on le sème sur un sol maigre, calcaire et sablonneux, où il végète aussi sans prendre un aussi grand développement, il peut durer plus de quinze ans, car il ne faut pas perdre de vue qu'une plante qui se développe rapidement et donne de grands produits, s'épuise toujours plus vite que si elle végétait lentement dans un terrain médiocre. C'est une des meilleures espèces à introduire dans les mélanges de graines pour établir des prairies permanentes. Il se ressème de lui-même et dure indéfiniment. On peut surtout le mélanger avec avantage aux Légumineuses telles que trèfle, luzerne et sainfoin. Il apparaît souvent dans les clairières que laissent ces plantes ; et quand, par la loi d'alternance, ces plantes semblent prendre quelque repos, cette Graminée alors se développe et les remplace en partie. C'est surtout dans les terrains frais que cette plante convient en mélange. Son foin n'y domine pas, et la plante ne peut s'y rassembler en touffes isolées, comme cela a lieu souvent dans les terrains secs, où elle croît aussi naturellement. Le *B. inermis*, L., très-voisin de de celui-ci, présente à peu près les mêmes caractères et les mêmes avantages économiques.

Brôme rude, *Bromus asper*, L. (*Bromus dumetorum*, Lamarck; *Bromus nemorosus*, Villars; *Bromus ramosus*, Murray; *Bromus nemoralis*, Hudson; *Bromus montanus*, Polich.; *Bromus hirsutus*, Curtis). —Chaumes droits, feuilles glabres ou à peine pubescentes; gaînes très-velues, à poils penchés vers sa base; panicule rameuse, penchée; épillets linéaires, oblongs. — Vivace.

Obs. Habite les bois et les buissons, où il forme des touffes à larges feuilles que les bêtes à cornes et même les chevaux mangent seulement quand elles sont jeunes.

Brôme élevé, *Bromus giganteus*, L. — Chaume de 6 à 12 décimètres, lisse, gros, à articulations colorées; feuilles larges, rudes sur les bords, à gaîne rude; panicule lâche; épillets penchés à quatre fleurs; arêtes plus longues que les fleurs. — Vivace.

Obs. Ce Brôme, comme le précédent, a l'avantage de croître à l'ombre, et l'on pourrait l'utiliser dans les grandes forêts, où la futaie ne laisse pas développer le taillis. Semé sous les arbres, il se développerait facilement et n'exigerait d'autre précaution que d'être coupé avant la sortie de ses panicules et même avant l'apparition de ses grands chaumes fistuleux.

Brôme stérile, *Bromus sterilis*, L.— Chaumes noueux, penchés au sommet; feuilles presque glabres, striées; panicule étalée, pendante; épillets glabres, lancéolés; fleurs sillonnées; arête longue. — Annuel.

Obs. Le *Bromus tectorum*, qui est très-voisin de celui-ci, en diffère par sa taille moins élevée et par la pubescence de la partie supérieure de son chaume. Il est également annuel.

Ces deux espèces sont très-communes dans les champs, sur le bord des chemins, sur les toits et sur les murailles, dans les lieux secs et arides. Tous les animaux les mangent quand ils sont jeunes, et avant le développement de leurs longues panicules dures et piquantes. Ce sont des plantes très-précoces, et dont la végétation est tellement active, qu'elles produisent quelquefois deux générations dans un an. Elles fleurissent en mai, et déjà leurs graines sont mûres en juin. Les plus mauvais terrains leur conviennent, et il est à regretter que ces plantes soient annuelles et durent si peu. Elles se rencontrent assez souvent dans les prairies, où elles indiquent toujours une mauvaise nature de terrain ; mais c'est surtout dans les prairies artificielles déjà usées qu'on les voit se développer d'une manière extraordinaire. Quand cela arrive, il faut hâter la première coupe de luzerne, pour profiter des feuilles de ces Graminées, et pour empêcher les graines de se semer peu de temps après la floraison. Ces deux plantes sont tellement sèches, qu'elles perdent à peine moitié par la dessiccation.

BRÔME DE MADRID, *Bromus madritensis,* L.—Chaumes de 4 à 6 décimètres; feuilles presque glabres, ainsi que les gaînes, qui sont striées et munies à l'entrée d'une membrane très-découpée; panicule droite, serrée, un peu rameuse, à pédicelles géminés, pubescents, renflés au sommet; épillets linéaires, rudes; fleurs à deux étamines. — Annuel.

Obs. Cette plante, qui est assez commune dans le midi de la France et de l'Europe, semble y remplacer les deux espèces précédentes, et présente absolument les mêmes caractères agricoles. Elle croît également en touffes. Il faut lui rapporter comme variétés le *B. maximus* de Desfontaines, plante tout-à-fait méridionale; le *B. rubens*, L., qui en diffère à peine et qui croît aussi dans le Midi, et le *B. rigidus* de Roth, qui est plus petit, qui habite l'Allemagne et qui pourrait peut-être constituer une espèce distincte par ses chaumes pubescents au sommet, ce qui le rapprocherait évidemment du *B. tectorum.*

BRÔME CORNICULÉ, *Bromus pinnatus*, L. (*Bromus fragilis*, Lam.; *Triticum bromoides*, Wibel; Jaucon, Pimouche, Palène, Paulène).— Chaume de 6 à 8 décimètres; articulations velues; feuilles rudes, pointues, glauques; épillets disposés sur deux rangs, presque sessiles, très-longs, verdâtres, d'abord très-droits, étalés pendant la floraison, puis courbés en forme de corne; fleurs nombreuses à chaque épillet, glabres ou un peu pubescentes; valves roulées en cylindre à l'époque de la maturité. — Vivace.

Obs. On rencontre cette espèce dans toute la zône tempérée de l'Europe, dans les bois, les montagnes sèches, les plaines arides et les buissons. Elle se fait remarquer par ses feuilles longues et d'un beau vert, par ses pousses vigoureuses et ses larges touffes verdoyantes et compactes. Ses feuilles deviennent bientôt coupantes; aussi les bestiaux n'y touchent qu'au printemps, époque à laquelle cette plante sort de terre, car c'est une des Graminées les plus tardives. Les moutons s'en accommodent très-bien, mais ils l'abandonnent aussitôt qu'elle durcit. Le *B. sylvaticus*, Lamark, semble n'être qu'une variété plus grande des précédents, dont les feuilles plus longues seraient molles et velues. Il se trouve communément dans les bois, au milieu des buissons, supporte très-bien l'ombre, et n'est ni plus utile ni plus précoce que le *B. pinnatus*.

Genre Cretelle, *Cynosurus*, L.

Glume multiflore à deux valves; balle à deux valves, l'une entière, l'autre bifide; deux stigmates; une bractée foliacée à la base de chaque fleur.

Cretelle hérissée, *Cynosurus cristatus*, L. (Cretelle, Cretelle huppée, Cretelle des prés). — Chaumes glabres, feuillés, hauts de 3 à 5 décimètres; feuilles pliées en gouttière; épi long à épillets comprimés; bractées pinnatifides. — Vivace.

Obs. Cette élégante Graminée, que l'on rencontre dans la majeure partie de l'Europe, habite les prés et les clairières des bois. Tous les terrains lui conviennent quand ils sont privés d'humidité stagnante, et elle plaît à tous les bestiaux, qui la recherchent surtout quand elle est jeune. Elle produit peu, parce qu'elle ne trace pas, et ne pourrait, par conséquent, être cultivée seule, mais c'est une des meilleures espèces à introduire dans les mélanges. Elle laisse échapper ses épis à travers les autres plantes sans les gêner, et donne un foin fin et délicat, dans lequel sa présence, facile à distinguer, indique toujours des prés très-favorables à la nourriture et à l'état sanitaire du bétail. On remarque quelquefois que le *Cynosurus*, très-abondant dans un pré, disparaît tout-à-coup, puis reparaît quelques années après. C'est un phénomène d'alternance aussi commun parmi les Graminées d'une prairie que parmi les arbres d'une forêt. Les *Cynosurus cristatus*, *Holcus lanatus*, *Anthoxanthum odoratum*, *Plantago lanceolata*, contribuent à faire d'excellents fromages , car ces cinq espèces constituent les neuf dixièmes des herbes des prés de Sickingthon et de Stafford, en Angleterre.

Dans la vallée de Berkeley, on cultive un mélange de *Cynosurus cristatus*, *Ray-Grass*, *Poa pratensis*, *Trifosium repens*. En automne , la surface des terres les plus riches et les meilleures est entièrement couverte d'un tapis composé de ces excellentes herbes. On attribue aux bonnes qualités de cet herbage la supériorité du fromage de Berkeley, bien que Marshal prétende au contraire que cette qualité est due plutôt à des plantes de qualité inférieure, telles que les *Cineraria palustris*, *Scabiosa succisa*, qui croissent spontanément sur des terres froides et négligées. Elle se trouve aussi en abondance dans les meilleures prairies de la Lombardie, fleurit en juin, et mûrit à la fin de ce mois ; il perd en séchant les deux tiers de son poids. Les daims aiment beaucoup cette plante.

La C. hérissée, *C. echinatus*, L., assez commune dans les provinces méridionales, ne vaut pas l'espèce précédente , quoiqu'elle soit également recherchée des bestiaux dans sa jeunesse.

Genre Seslérie , *Sesleria*, Scopoli.

Glume biflore, à deux valves acérées ; balle à deux valves, dont l'une surmontée d'une soie, l'autre bidentée ; style à deux stigmates longs ; fleurs en épi serré.

Seslérie bleue, *Sesleria cærulea*, Arduin. — Chaumes de 2 à 3 décimètres, rameux et presque nus ; feuilles obtuses, rudes sur les bords ; épi ovoïde , bleuâtre. — Vivace.

Obs. Cette plante, essentiellement vernale, est commune au printemps dans les lieux montagneux. Elle y prospère dans des terrains maigres et rocailleux, pourvu qu'elle y trouve un peu d'humidité. Elle fleurit presque immédiatement après la fonte des neiges. Les bestiaux et surtout les moutons la recherchent beaucoup ; mais elle ne peut former de foin ; il faut qu'elle soit broutée sur place. Dans les Alpes et les Pyrénées, elle forme des gazons touffus que les moutons dévorent dès qu'ils y arrivent; c'est toujours la première plante qu'ils attaquent.

Le *Sesleria pumila*, Poiret, qui croît également dans les Alpes, y forme des gazons encore plus serrés, composés de feuilles courbées et qui s'élèvent seulement à quelques centimètres. Ce n'est probablement qu'une variété de la précédente. On trouve encore çà et là, par petites touffes, dans les Hautes-Alpes, le *S. microcephala* de de Candole et le *S. leucocephala* du même auteur, plantes trop rares pour qu'on puisse les considérer comme fourragères, quoiqu'elles en possèdent, à un haut degré, les caractères.

Genre Ivraie, *Lolium*, L.

Epillets isolés sur chaque dent du rachis, présentant un de leurs côtés à ce rachis; glume bivalve multiflore; balle à 2 valves, dont l'interne est à 2 dents.

Ivraie vivace, *Lolium perenne*, L. (Fromental d'Angleterre, fausse Ivraie, Bonne-Herbe, Gazon anglais, Leu, Lolie, Jaucou, Ivraie de rat, Margau, Patisse, Pain-Vin, Pimouche, Ray-Grass d'Angleterre).—Chaumes grêles de 2 à 8 décimètres; feuilles étroites et longues, d'un vert foncé; épi long à épillets glabres, alternes, comprimés, contenant 6 à 10 fleurs.—Vivace.

Obs. Cette espèce, beaucoup plus connue sous le nom de *Ray-Grass*, se rencontre très-communément dans les prés, le long des chemins, sur le bord des champs et des fossés. Excepté les terrains très-secs ou marécageux, elle s'accommode de tous les sols, en s'y développant toutefois d'une manière très-inégale.

Quand le sol est gras, humide, ou plutôt frais et un peu argileux, le Ray-Grass végète avec une grande vigueur, et atteint jusqu'à un mètre de haut. Il peut alors donner jusqu'à trois coupes, et repousser jusqu'aux gelées, de manière à fournir une pâture abondante. Plus cette plante est broutée, plus elle talle du pied, plus elle s'étend et se ramifie à sa base; plus elle est piétinée, plus elle verdit et pousse de jeunes feuilles. Si le terrain est léger, quoique fumé, s'il est frais ou un peu ombragé, l'Ivraie poussera encore avec une grande vigueur. Ainsi, un terrain argileux, plutôt compacte que léger, susceptible d'être arrosé ou naturellement humecté, un ciel brumeux et humide, sont les conditions qui lui conviennent le mieux, car une constante humidité est nécessaire à son développement, comme plante fourragère, surtout si l'on veut la faucher pour en faire du foin. Mais dans des terrains secs, légers et non fumés, c'est à peine si cette plante pousse quelques tiges faibles et isolées. La différence dans la nature du sol explique donc ces opinions contradictoires si souvent émises sur la quantité de production de cette espèce fourragère. C'est, du reste, une excellente plante, qui, malgré sa prédilection pour l'humidité, résiste aux sécheresses en jaunissant, et reverdit aussitôt qu'elle est mouillée. Toutefois, la végétation s'arrête pendant les chaleurs, dans les terrains non arrosés, ou si elle prend encore du développement, c'est pour monter en graine. Aussi, si cette plante, comme fourrage précoce, l'emporte incontestablement sur beaucoup d'autres, d'un autre côté, pendant les mois de sécheresse, elle ne produit plus rien; et si on la sème seule, on perd une partie du produit que l'on obtiendrait en lui associant des plantes qui puissent fournir pendant l'été. C'est pour cela qu'en Angleterre, où elle est généralement cultivée, on la mélange presque toujours aux Trèfles blanc et rouge.

Tous les animaux aiment son fourrage, principalement destiné aux chevaux et aux bêtes à cornes. Sec ou vert, il les engraisse facilement et leur procure toujours un excellent aliment. On considère, en Angleterre, comme la nourriture la plus capable d'engraisser promptement le bétail, le foin du Ray-Grass et l'Orge. Sa précocité le rend très utile comme nourriture verte pour les moutons, surtout pour les agneaux et les brebis nourrices. Ces animaux la préfèrent à toute autre dans les premiers temps de sa pousse; mais aussitôt que les graines mûrissent, ils ne la mangent plus, tandis que les chevaux et les bêtes à cornes l'aiment et la recherchent dans toutes les saisons. M. Vilmorin rapporte même sur ce point une observation très-curieuse de M. Pean de Saint-Gilles, agriculteur distingué des environs de Chatillon-sur-Loing: «C'est que les pailles *battues*, provenant d'une récolte à graines, paraissent être un fourrage beaucoup meilleur que le foin de la même plante fait en vert. M. de Saint-Gilles a fait consommer à ses chevaux plusieurs milliers de bottes de cette paille, et les en a nourris exclusivement pendant plusieurs mois ; ils la mangeaient aussi volontiers que le meilleur foin, et se sont maintenus dans un excellent état. » *(Bon Jardinier, 1842, page 341.)*

L'Ivraie a besoin d'être fauchée souvent, et la première fois de bonne heure, car ses longues feuilles sont sujettes à jaunir. Il ne faut donc pas attendre que la plante soit très-avancée ; les premières fleurs sont un indice très-sûr pour la couper, car si l'on attend, non seulement les tiges durcissent, mais les graines pointues qui se détachent de l'épi, nuisent aux bestiaux en se piquant dans leur palais et en s'introduisant entre leurs dents. Elle devient du reste, comme les autres Graminées, une culture épuisante, quand on laisse mûrir ses graines. C'est une des meilleures plantes pour les regains, et l'arrosage par submersion complète est celui qui lui convient le mieux.

Ses chaumes, qui sont très-lisses et inclinés, durcissent très-vite, si on les laisse pousser. Ils fleurissent en juin, et donnent des graines en août. Ces graines peuvent être semées en toute saison, mais mieux en automne, et mieux encore au printemps, en mars ou en avril. La quantité à employer est de 50 kilog. par hectare. On peut la semer seule ; elle donne un bon produit, et les prairies durent dix ans. C'est, du reste, une Graminée qui doit entrer dans la plupart des associations destinées à former des prairies permanentes, car c'est une des meilleures, et une de celles qui réussissent dans le plus grand nombre de terrains. Il faut cependant, autant que possible, l'associer à des plantes précoces et aimant l'humidité, si l'on destine le mélange à être fauché, car, en France, même dans le Nord, l'Ivraie vivace est plutôt une plante de pâturage qu'une espèce à faucher, à moins qu'elle ne se trouve dans les conditions de terrain dont nous avons parlé au commencement de cet article. Elle perd en séchant les deux tiers de son poids.

C'est avec le Ray-Grass que l'on fait ces jolis tapis de verdure qui décorent si agréablement les jardins paysagers. C'est au printemps qu'il faut les établir, au

moyen de 100 kilog. de graine par hectare. On peut
émailler cette verdure par l'addition d'une très-petite
quantité de *Trifolium repens* et de *Lotus corniculatus*,
dont les fleurs jaunes, tachées de rouge, se détachent
sur le fond du tapis. On peut y disséminer quelques
touffes de ces jolies Paquerettes, dont les fleurs pleines
et pourprées se succèdent si long-temps sans interruption, et si la pelouse est étendue, un arbre vert çà et
là, puis quelques touffes de Pivoine, au printemps des
Crocus. à l'automne des Colchiques avec l'Amaryllis
jaune, et un groupe de ces Groseillers sanguins dont les
belles grappes inclinées manquaient autrefois à nos parterres. La conservation des gazons d'agrément exige
qu'on ne les laisse pas fleurir, afin de ne pas les épuiser,
de les forcer à taller du pied et de les faire durer plus
long-temps.

L'*Ivraie vivace* offre plusieurs variétés que l'on rencontre sauvages dans la nature, et que l'on a multipliées
par la culture, et qui sont peut-être autant d'espèces.
Les principales sont l'Ivraie menue, *Lolium tenue*, L.,
espèce plus petite que l'autre, plus grêle dans toutes ses
parties. C'est probablement la culture de cette espèce
qui a donné la variété de Ray-Grass que l'on emploie
pour former les pelouses d'agrément, et qui diffère par
sa finesse de celle que l'on cultive comme fourrage.

L'Ivraie vivipare, *Lolium viviparum*, variété alpine,
dont les graines germent dans les balles avant leur maturité.

L'Ivraie élargie, *Lolium cristatum*, Scheuchzer, dont
l'épi applati et très-large, se rencontre çà et là au milieu
des prés.

C'est une de ces variétés qui probablement est le
type de l'Ivraie d'Italie, si préconisée dans ces derniers
temps, et qui en effet offre sur les autres des avantages
marqués.

L'Ivraie multiflore, *Lolium multiflorum*, Lamark
(*Lolium compositum*, Thuilier), dont les épillets sont
composés de 15 à 20 fleurs pourvues d'arêtes.

Cette espèce se rencontre çà et là au milieu des prairies, et annonce une végétation plus vigoureuse que
celle du Ray-Grass ordinaire. Elle paraît, du reste, s'en
distinguer par des conditions de culture toutes spécia-

les, et les essais assez récents de M. Rieffel, directeur de l'établissement agricole de Grand-Jouan (Loire-Inférieure), un de ces hommes de jugement qui observent d'abord, et essaient ensuite, viennent de démontrer encore qu'une plante sauvage et négligée peut devenir d'une grande utilité, et se développer sous des conditions de sol ou de climat que d'autres espèces analogues ne peuvent supporter. C'est un de ces faits qui vient à l'appui d'une assertion que j'ai souvent reproduite, qu'il importe aux agriculteurs de chercher à connaître toutes les ressources que le sol de la France leur offre en plantes fourragères. L'Ivraie multiflore, assez commune dans les récoltes de la Bretagne, où elle est connue sous le nom de *Pill*, a été transportée par M. Rieffel dans des terres de bruyère humides, maigres, où le trèfle ni aucun des bons fourrages ordinaires n'avaient pu réussir, et cette plante a donné en abondance un foin qui paraît grossier, mais que les animaux mangent volontiers. Trente kilog. de graines semées en septembre ou octobre, suffisent pour un hectare.

IVRAIE MULTIFLORE, Bailly.—Variété de l'espèce précédente distinguée par l'absence d'arêtes.

J'ai reçu, il y a quelques années, de M. Bardonnet, agriculteur très-distingué du département du Loiret, qui m'a toujours fortement engagé à publier le travail que j'offre aujourd'hui aux agriculteurs, un échantillon d'Ivraie dans lequel je crus reconnaître une variété du *multiflore*, ou plutôt une race distincte dans cette espèce, et quelques détails sur la culture de cette plante, dont M. Bailly, comme M. Rieffel pour la précédente, vient de doter notre agriculture, et avec les mêmes avantages. Ce n'est plus sur les terres de bruyère que cette variété prospère, c'est sur des sables argileux, rudes, et cailloux, très-secs en été, très-humides en hiver, sols qui couvrent de si grandes surfaces dans le centre de la France, des deux côtés des bords de la Loire. M. Bailly n'avait obtenu ni trèfle ni Ray-Grass d'Italie, sur un terrain où ces plantes, habituées à une meilleure terre, ne pouvaient végéter. en homme intelligent et instruit, que les agriculteurs devraient bien souvent imiter dans cette circonstance, il remarqua une plante qui, naturellement, sans aucune culture, croissait vigoureusement dans des champs de même nature. Il en recueillit la graine, et obtint bientôt la certitude de l'acquisition nouvelle d'une bonne plante fourragère. « Depuis 1836, dit M. Vilmorin, il en a eu annuellement dix hectares en coupe, qui lui ont donné cinq à six mille kilog. de fourrage à l'hectare. Ses tiges sont plus fines et moins élevées que celles du Ray-Grass Rieffel; ses feuilles, plus étroites, moins longues, et d'un vert plus foncé. Le fourrage en est très-bon. M. Bailly le donne habituellement à ses bœufs d'engrais, qui le mangent parfaitement, et engraissent aussi bien que ceux nourris à la luzerne. Vingt à vingt-cinq kilog. de graines suffisent pour un hectare, cette semence étant plus fine que celle de l'autre variété. »

IVRAIE D'ITALIE, *Lolium italicum*. — Racines fibreuses; tiges élevées, dressées et non gazonnantes; feuilles larges, d'un vert pâle; fleurs toujours munies d'arêtes. — Vivace.

Obs. Originaire de la Suisse ou de l'Italie, cette plante est peut-être une espèce distincte, peut-être une simple variété du Ray-Grass ordinaire ; mais, cette question purement botanique a peu d'importance en agriculture, et sous ce dernier point de vue, il y a une énorme différence entre ces deux plantes. Tout ce que nous avons dit de la culture et des usages du Ray-Grass ordinaire peut s'appliquer à cette espèce; mais il y a dans la quantité des produits, une telle différence, que l'on doit à juste titre considérer l'espèce ou la variété qui nous occupe comme la Graminée la plus fourragère, la meilleure sous le rapport de la quantité et de la qualité. Comme les autres *Lolium*, elle aime l'humidité, un sol frais, argileux, bien amendé, croissant toutefois aussi dans un terrain léger., pourvu qu'il soit riche et humide, craignant surtout les sols secs. Cette plante a cependant un défaut, que nous devons signaler de suite en nous occupant du sol, c'est que quelquefois, sur un terrain qui semble lui convenir parfaitement, elle manque sans qu'on puisse en deviner la raison, et on la voit même tout d'un coup cesser de produire sur un sol qu'elle semblait affectionner. C'est ainsi que M. de Dombasle, qui a suivi avec beaucoup de soin la

culture de cette plante, l'a préconisée dans les *Annales
Roville*, comme espèce fourragère par excellence ; puis,
après une étude de plusieurs années, il a donné dans
la dernière livraison de ce recueil un résumé qui pourra
parfaitement fixer l'opinion des agriculteurs sur cette
espèce.

« Depuis plusieurs années, j'ai parlé dans chaque
volume de ces *Annales* de la culture du Ray-Grass
d'Italie, que j'avais introduite à Roville. Dès les premières années, je me suis exprimé sur cette plante,
de manière a faire partager à mes lecteurs toutes les
espérances qu'elle m'inspirait, et j'ai cru pendant
quelque-temps avoir introduit dans notre agriculture
une des plus précieuses Graminées pour fourrage. Il
était difficile de ne pas se laisser entraîner à cette
opinion, en observant la rapidité de la végétation
de cette plante, et les récoltes hautes et touffues que
j'en ai obtenues dans des terrains de médiocre qualité.
Cependant, j'ai signalé l'année dernière le mécompte
que j'en avais éprouvé, en continuant de semer la
graine que je récoltais ; ma récolte de 1831 avait été
en effet si différente de celle des années précédentes,
qu'il était presque impossible d'y reconnaître la même
plante. Dès ce moment je soupçonnai une dégénération
successive de la plante. J'ai semé, l'automne dernier,
dans un terrain consistant et de bonne qualité, quoique de la nature des terres blanches, une petite partie de la semence que j'avais récoltée, et j'ai eu pour
résultat cette année une récolte encore plus chétive
que celle de l'an dernier : les plantes sont basses,
grêles, jaunes, et semblent attaquées de la rouille,
tandis qu'elles se distinguaient dans les premières années par une verdure éclatante, par une hauteur de
quatre pieds, par le nombre et l'ampleur des feuilles,
même dans les sols graveleux et assez maigres, et dans
d'autres de même nature que celui où elle se trouve
aujourd'hui. La plante n'a pas néanmoins perdu le caractère qui la distingue à la première vue du Ray-Grass
anglais ou Ivraie vivace ordinaire. Le port est différent,
et les balles de la graine conservent à leur extrémité
cette barbe courte en alêne qui en forme le caractère
distinctif. C'est donc bien réellement une espèce diffé-

rente ; mais il est clair aussi que pour se conserver avec toutes ses propriétés, du moins sous notre climat, il lui faut des circonstances et des conditions que je n'avais pas encore suffisamment étudiées.

« En effet, en même temps que j'observais la chétive récolte dont je viens de parler, j'avais sous les yeux une luzerne que j'ai semée l'année dernière dans un sol extrêmement riche, composé d'une argile calcaire, par conséquent entièrement différent de celui dont je viens de parler. Là il se trouva par hasard dans la semence de luzerne une petite quantité de graine de Ray-Grass d'Italie, récoltée en 1830, et semblable à celle qui m'avait donné de si mauvais résultats dans un terrain d'une autre nature. Après la première coupe, lorsque la luzerne n'avait encore acquis que six pouces de hauteur, les touffes de Ray-Grass se montraient çà et là épaisses, d'un vert noir, de la végétation la plus brillante, et d'une hauteur de huit à dix pouces ; je reconnaissais là en un mot tous les caractères que cette plante avait montrés dans les premiers temps de son introduction. D'un autre côté, plusieurs personnes qui avaient eu la graine récoltée à Roville en 1829 et 1830, et qui l'ont semée dans des terrains très-riches, ont été très-satisfaits des résultats, et en ont obtenu de magnifiques récoltes.

« Afin de fixer mes idées au milieu de résultats si divers, j'ai demandé des informations à plusieurs agriculteurs éclairés de la Suisse, où la culture du Ray-Grass est assez répandue ; et j'ai reconnu que les avis sont aussi partagés sur ce point dans ce pays que s'ils eussent été dictés par l'observation des résultats si divers obtenus à Roville. Plusieurs cultivateurs font peu de cas de cette plante comme durant peu, et ne donnant qu'un chétif produit, à moins qu'on ne l'arrose fréquemment de purin. D'autres au contraire sont enthousiasmés des résultats qu'ils en obtiennent. Un cultivateur bernois, en particulier, assure avoir obtenu dans une année huit bonnes coupes d'une pièce de Ray-Grass d'Italie, en l'arrosant avec du purin à chaque coupe.

« On peut, je pense, d'après toutes ces circonstances, se former une idée assez nette des résultats que l'on peut espérer de la culture de cette plante : il semble démontré, d'abord, que c'est seulement dans des sols de haute fécondité, et probablement dans des argiles calcaires, situées dans une position fraîche, que l'on peut espérer que cette plante se soutienne avec tout son luxe de végétation, et je dois regarder comme des exceptions mes récoltes de 1829 et 1830. Il est probable que la beauté de ces récoltes, sur des terres blanches et graveleuses, a été due à ce que la semence avait été récoltée sur des terrains qui conviennent mieux à la nature de ces plantes; mais la semence produite dans des sols médiocres n'a plus donné de beaux produits que lorsqu'on l'a reportée dans des sols plus riches et d'une autre nature. Enfin, l'unanimité des observations faites en Suisse, démontre que le purin ou engrais liquide convient d'une manière spéciale au Ray-Grass d'Italie; et l'on ne connaît aucune plante qui jouisse à un plus haut degré que celle-ci de la propriété de s'assimiler avec promptitude les principes nutritifs administrés sous cette forme, et de convertir en un très-court espace de temps, en nourriture pour le bétail, les urines des animaux et leurs excréments délayés sous forme de purin. »

Voici maintenant une des notes que M. de Dombasle insérait avant celle que l'on vient de lire dans une des livraisons précédentes des *Annales de Roville* :

« La deuxième année d'expérience, j'en ai semé environ deux hectares d'un sol médiocre, consistant, dans quelques parties, en gravier très-infertile. La semaille a été faite à la fin d'août 1828 sur un seul labour, après une récolte de Colza fumé. La terre, après le labour, a reçu un hersage énergique; on a semé dessus à raison de 40 kilog. de semence par hectare, et l'on a recouvert par un nouveau trait de herse. Dès le mois d'octobre, on aurait pu faucher les pièces, où le Ray-Grass très-touffu, à feuilles larges et succulentes, avait en général une hauteur de 12 à 18 pouces; mais je n'ai pas voulu le faire, pour lui assurer plus de force au printemps suivant, dans l'intention où j'étais de les récolter en graine. Quoique l'hiver ait été très-rude, la plante n'a pas paru en souffrir; la végétation s'est manifestée avec vigueur dès les premiers jours du printemps, et le 3 mai elle avait une hauteur de 30 à 36 pouces, tandis que les plus belles luzernes n'en avaient que 20 à 24. Dans le petit carré que je fis faucher, le produit en foin sec fut dans la proportion de 5000 kilog. par hectare. Dans les premiers jours de juillet, le Ray-Grass fut coupé, il avait alors 3 à 4 pieds de hauteur. La graine était fort abondante, mais j'en ai perdu une partie par l'effet des pluies continuelles. Il est certain que s'il eût été fauché pour vert ou pour foin, au commencement de mai, on en aurait obtenu, au mois de juillet, une coupe aussi abondante, et probablement encore une troisième à l'automne, à moins d'une chaleur excessive. Je ne connais aucune plante dont on puisse espérer une récolte aussi abondante, et je persiste à croire que, dans un terrain fertile et frais, on pourrait compter sur quatre bonnes coupes de cette plante. »

Ces résultats, si consciencieusement exprimés de la part d'un homme que les agriculteurs français placent avec raison au premier rang, sont loin d'ôter à l'Ivraie d'Italie la place qu'elle doit occuper parmi nos meilleures plantes fourragères, mais elles prouvent qu'en agriculture on ne peut rien généraliser. Les conditions du sol, du climat, les différences annuelles, sont quelquefois si grandes, qu'aucune induction générale ne peut être tirée des cultures spéciales. Les résultats vrais et souvent contradictoires que l'on obtient, doivent être appréciés autant que possible, et l'application et la pratique doivent guider dans chaque localité.

Les quantités de graines nécessaires pour un hectare sont d'environ 40 kilogrammes, si l'on sème en automne, et 45 si l'on sème au printemps. Le semis, au printemps et au mois d'avril, demande un temps humide ; mais la racine n'ayant pas le temps de prendre autant de force que si elle était semée avant l'hiver, il faut alors semer un peu plus épais, pour que la coupe de la saison soit toujours abondante et dans toute sa force à la deuxième récolte. L'automne est peut-être préférable ; toutefois, la plante, semée en mai, peut encore donner deux bonnes coupes avant l'hiver.

M. Nivières, à la ferme-école de la Saussaie, cultive de préférence cette Ivraie, comme plante fourragère. Elle paraît convenir merveilleusement au sol imperméable de la Dombes. On la sème à volonté, quand la terre est libre, au printemps ou à l'automne. La première coupe d'un Ray-Grass semé en mai a donné 75 quintaux par hectare; la seconde, au mois de septembre, avait déjà trois décimètres de haut.

La terre doit être bien hersée; on sème à la volée, en choisissant un temps humide ou qui se dispose à l'humidité. On ne recouvre pas à la herse, on passe dessus un fort rouleau. Cette opération a l'avantage de presser la semence et d'égaliser le terrain.

Ces prairies se traitent comme les autres; on y met du fumier tous les trois ans, et la première fois seulement on laboure le fumier avec la terre. L'arrosement des prairies est, comme nous l'avons vu, préférable au fumier.

Cette plante a une tendance remarquable à produire de nouveaux épis et à donner un regain très-abondant. C'est la plus productive des Graminées. Son fourrage est excellent, et M. Vilmorin cite M. Desjardins, des environs de Laval, comme obtenant, depuis six ans, sur les mêmes pièces d'Ivraie d'Italie, des récoltes d'environ 15 milliers de fourrage sec par hectare, sans qu'aucune diminution sensible se fît encore remarquer dans cet énorme produit. On lit aussi dans le *Bon Cultivateur de Nanci*, journal justement apprécié :

« Cette plante est vivace; au bout de sept à huit ans, les prés sont aussi forts que la première année; mais si, après cette époque, on s'aperçoit que l'herbe devienne claire, on laisse alors mûrir la graine jusqu'à ce que la tige retombe sur elle-même et se sème naturellement. L'on renouvelle ainsi le pré, si l'on ne veut pas ensemencer de nouveau. »

Tout en admettant ces faits, je les regarde comme exceptionnels : il est difficile de croire qu'une plante assez vigoureuse et assez productive pour donner trois coupes abondantes dès la première année, comme cela arrive assez souvent pour cette espèce, puisse rester *fauchable* pendant 7 à 8 ans. On s'accorde en général à lui donner deux années de bon produit, quelquefois trois, rarement quatre. On peut la semer après la récolte du blé ou de pommes de terre, sur un labour peu profond; la plante réussit toujours très-bien. Après des trèfles ou de la luzerne, il faut un labour plus profond avant de semer; mais dans les vieilles prairies, il est convenable, la première année, de planter des pommes de terre, et, après cette récolte, de semer l'Ivraie à l'automne, afin d'éviter la culture immédiate de plantes fourragères de la même famille.

L'excessive vigueur de l'Ivraie d'Italie s'oppose à ce qu'elle entre en mélange avec d'autres Graminées; mais il convient très-bien de l'associer aux différentes espèces de Trèfles, et je pense que sous ce rapport le mélange si cultivé en Angleterre de Trèfles rouge et blanc avec le Ray-Grass ordinaire, serait singulièrement amélioré par la substitution de l'Ivraie d'Italie à l'espèce ordinaire.

Genre Elyme, *Elymus.*

Rachis denté, portant 2 à 3 épillets sur chaque dent; glume à deux valves, quelquefois étalées, renfermant 2 à 4 fleurs, dont les supérieures quelquefois mâles; balles bivalves.

ELYME D'EUROPE, *Elymus europeus*, L.—Chaume de 3 à 6 décimètres; feuilles planes, très-légèrement pubescentes; épi long, à épillets ternés sur les dents du rachis; glumes rudes, sétacées; balles munies d'arêtes. — Vivace.

Obs. On rencontre cette plante, dans le midi de la France, sur le bord des routes, dans les bois et les prés, aux lieux ombragés des montagnes. Elle ressemble à une orge, et les troupeaux la broutent quand elle est jeune.

ELYME DES SABLES, *Elymus arenarius*, L. — Chaume articulé, de 6 à 12 décimètres; feuilles glauques, très-longues; épi très-allongé, blanchâtre, velu, à épillets géminés et dépourvus d'arêtes. — Vivace.

Obs. Cette espèce est assez commune sur le bord de la mer, dans les dunes, où ses racines longues et traçantes contribuent à fixer les sables mobiles. Les bêtes à cornes la broutent quelquefois, quand elle est jeune; mais quoique ses tiges contiennent une assez grande quantité de matière sucrée, la dureté qu'elles acquièrent promptement en éloigne bientôt les bestiaux.

Genre Orge, *Hordeum*, L.

Epillets ternés sur chaque dent de l'axe, les latéraux pédicellés, mâles ou stériles, celui du milieu sessile, hermaphrodite et fertile;

7

glume uniflore, ou offrant le rudiment d'une seconde fleur en forme d'arête ; spathelles lancéolées, subulées, parallèles ; spathellule inférieure longuement aristée, la supérieure ciliée.

Obs. Presque toutes les espèces de ce genre sont cultivées pour leur graine comme céréales ; quelques-unes cependant peuvent être considérées comme fourragères, soit parce qu'elles font partie des prairies, soit parce qu'on peut les faucher en vert avant leur maturité.

ORGE QUEUE DE RAT, *Hordeum murinum*, L. — Chaumes couchés, géniculés et gazonnants, garnis de feuilles molles ; épi long ; fleurs latérales mâles ; valves de la glume ciliées, lancéolées. — Annuelle.

Obs. Presque tous les terrains conviennent à cette espèce, qui, quoique annuelle, est très-difficile à détruire. Elle préfère cependant les lieux fréquentés, la lisière des murailles, et suit l'homme partout pour s'emparer de ses cultures. On voit souvent des champs de luzerne et de sainfoin, plus rarement de trèfle, qui en sont garnis dans leurs nombreuses clairières. Tous les animaux mangent cette espèce quand elle est jeune, mais n'y touchent plus quand ses fleurs offrent leurs longs épis aristés et piquants.

ORGE DES PRÉS, *Hordeum pratense*, Huds. (*H. secalinum*, Schreb.)— Chaume grêle, atteignant jusqu'à huit décimètres ; feuilles inférieures velues ; épi comprimé ; fleurs latérales mâles ; valves de la glume hispides, munies de longues arêtes ; valves de la balle hispides, constamment aristées. — Annuelle.

Obs. Cette espèce est très-commune dans les prés, sans paraître abondante dans aucune localité. Elle occupe peu de place et donne peu de produit. C'est, du reste, un bon fourrage, qui plaît aux bestiaux. Il perd, par la dessiccation, un peu moins des deux tiers de son poids. Cette plante craint la sécheresse et végète très-bien sur des sols soumis aux débordements des rivières. Il est essentiel de la faucher de bonne heure, à cause de ses épis, qui ressemblent un peu à ceux de l'*Hordeum murinum*, et dont les barbes, quoique moins longues, sont aussi munies de petits crochets qui s'arrêtent au palais et sous la langue des bestiaux, et les font beaucoup souffrir.

Orge escourgeon, *Hordeum hexasticum*, L. — Épis formés par six rangs de graines et terminés par une grande barbe. — Annuelle.

Obs. On désigne aussi cette plante sous les noms de *Sucrion*, *Orge d'hiver*, *Orge prime*, *Soucrion*, *Orge anguleuse*, *Orge d'Achille*, *Orge carrée*. Elle exige une terre meuble et très-fertile. On la sème avant l'hiver, et son développement est assez rapide pour qu'on puisse, au printemps, en obtenir une récolte en vert comme fourrage, et de plus une récolte en graine. Ordinairement pourtant, quand on sème l'Escourgeon pour sa fane, on n'en récolte pas la graine. C'est en vert une plante très-succulente, que les chevaux et les bêtes à laine aiment beaucoup. Les vaches la recherchent aussi, et c'est un de ces fourrages très-sucrés qui augmentent tout à la fois la qualité et la quantité du lait. Elle convient très-bien aux chevaux échauffés par le travail et aux jeunes poulains. Aux environs de Paris, on apprécie si bien sa valeur, comme plante propre à augmenter le lait des animaux, qu'on en nourrit les ânesses dont le lait est destiné aux malades. Olivier de Serres connaissait très-bien toutes ses propriétés avant nos cultivateurs, car il résume dans les lignes suivantes tout ce que l'on sait sur la culture et les avantages de l'Escourgeon :

« *Avec le seul orge chevalin ou d'hiver, faict-on aussi de bon farrage. On sème cet orge, quand et en semblable temps que l'autre farrage, et de même le bestail le paist en campagne durant l'hiver. Si de ce l'on se veut abstenir, gardé jusques au printemps, cet orge est fauché ou moissonné en herbe, mais petit à petit, pour de jour à autre le faire manger aux chevaux, dont profitablement ils se purgent, de là prenant le commencement de leur graisse. Tout autre bétail, gros et menu, s'en porte aussi très-bien, si on le paist modérément de cette herbe; car de leur en donner à discrétion serait en danger de s'en trouver mal, par trop de replection, tant abondante est-elle en substance. Couppé à la fois, cest orge, en herbe, seché et serré au grenier, comme l'autre foin, est aussi bonne viande* (nourriture) *pour tout bestail en hiver; et avenant que la couppe en soit tost faicte, comme sur la fin d'avril ou commencement de maix, le reject de ses*

*racines , conservé, produira gaillardement nouvelle herbe
et de grain avec , le temps n'estant extraordinairement
chaud.* »

On emploie aussi à la nourriture des animaux la paille
d'Orge , soit qu'elle provienne de l'Escourgeon ou des
autres espèces ou variétés d'Orge. C'est, du reste, une
nourriture peu succulente et de peu valeur. Cependant,
lorsque cette paille a végété sous un climat méridional,
le bétail la mange avec beaucoup de plaisir, parce qu'elle
est douce et tendre; mais dans le Nord elle est, avec
raison , considérée comme inférieure à la paille d'avoine
sous le rapport nutritif. En Flandre , on évalue le produit d'un hectare à 1,725 kilog. de paille.

Genre Avoine , *Avena* , L.

*Glume contenant deux ou un plus grand nombre de fleurs à deux
valves; toutes les fleurs hermaphrodites et quelquefois mâles par
avortement; balle à deux valves, dont l'extérieure porte une arête
dorsale et coudée.*

Obs. Les Avoines, très-voisines des Brômes, des *Holcus* et des Fétuques, contiennent un grand nombre d'espèces, qui sont de très-bonnes plantes fourragères , et
qui sont vivaces. D'autres espèces annuelles donnent
des graines que les herbivores , et surtout les chevaux ,
préfèrent à toutes les autres céréales, à cause d'un
principe aromatique et savoureux qui reside dans l'é-
corce des graines. Les espèces vivaces font souvent partie des prairies.

Avoine cultivée , *Avena sativa* , L. — Racines fibreuses, très-divisées; chaumes feuillés, de hauteur variable ; feuilles larges, glabres,
un peu rudes; fleurs en panicule plus ou moins lâche, suivant les
variétés; glume à deux graines lisses. — Annuelle.

Obs. L'Avoine verte peut, comme le blé et le seigle ,
donner un fourrage très-abondant et du goût de tous
les bestiaux. Il y a peu de Graminées dont les feuilles
et les jeunes pousses soient aussi sucrées et donnent autant de lait aux femelles nourrices. Il est rare cependant
que cette plante soit destinée à cet usage, parce que,
semée seule, les frais de culture sont trop considérables ; mais très-souvent on l'ajoute à quelques Légumineuses, telles que pois , vesces , fèves , ou gesses , et on

les fauche en même temps. Comme on ne la laisse pas
amener ses graines à maturité, elle épuise peu le terrain
et sert de point d'appui aux Légumineuses, dont les tiges
débiles seraient bientôt couchées sur la terre. Ce mélange
de Graminées et de Légumineuses donne un excellent
produit comme aliment, et reste peu de temps sur le sol.
Les animaux aiment beaucoup la paille d'Avoine, qui
est surtout recherchée par les bêtes à cornes et les moutons; cela tient probablement à ce qu'elle conserve
mieux ses feuilles que la paille de froment. Elle est d'autant meilleure qu'elle a été fauchée plus tôt, car alors la
graine étant moins mûre sa tige est moins épuisée. Il
est essentiel aussi que, sous le prétexte de laisser nourrir l'Avoine, elle ne soit pas restée trop long-temps sur
le sol, au point d'y noircir ou au moins de s'y moisir,
comme cela arrive souvent, quand la saison est pluvieuse. Cette paille doit être donnée aux bestiaux sans
être hâchée.

Il paraîtrait que le lait et le beurre des vaches qui
mangent beaucoup de paille d'Avoine ont un goût amer,
et qu'il en serait de même des pailles d'orge et de seigle,
mais à un moindre degré. En Flandre, on évalue le produit d'un hectare d'Avoine à 3,450 kilogrammes de paille.

AVOINE FOLLE, *Avena fatua*, L. (Avron, Boufe, Boufle, Averon,
Pied de mouche, folle Avoine, Coquiole). — Chaumes très-élevés;
feuilles larges et striées; panicule étalée, à pédicelles hispides, grêles, étalés; glumes contenant 3 à 5 fleurs très-pointues à leur base;
poils roux, très-abondants, couvrant la moitié inférieure des balles
florales; arêtes fort longues et hygrométriques. — Annuelle.

Obs. Commune dans les moissons, et quelquefois au
milieu des prairies artificielles. Les bestiaux mangent
volontiers cette espèce, qu'on leur donne quand on
l'arrache en sarclant les champs. On ne la cultive nulle
part; il serait à désirer qu'on pût la détruire partout.
L'*Avena sterilis*, L., est une variété plus grande, à
épillets entourés de soie blanche, et plus méridionale
que celle-ci, dont elle partage les bonnes et les mauvaises qualités. Les graines de ces plantes se conservent
très-long-temps en terre. Pour la détruire, il faut cultiver des plantes étouffantes vivaces, telles que le trèfle,
la luzerne, ou des espèces qui exigent des binages de

printemps, comme les pommes de terre, les haricots, les fèves, etc.

AVOINE ÉLEVÉE, *Avena elatior*, L. (*Arrhenantherum avenaceum*, P. de Beauv.; *Holcus avenaceus*, Smith; *Hordeum avenaceum*, Wigg.; Fromental, faux Froment, faux Seigle, Avenat, Fenasse, Pain-Vin, Ray-Grass de France). — Racines rampantes, dont les nœuds inférieurs quelquefois renflés et rapprochés, constituent la variété connue sous le nom d'*Avena præcatoria*, Thuilier, ou *Avena bulbosa*, Wild.; chaumes de 9 à 16 décimètres; feuilles planes, douces au toucher; panicule étalée, composée de pédicelles déliés, la plupart rameux, disposés en demi-verticille; épillets biflores; fleurs mâles à arêtes saillantes; fleurs hermaphrodites presque mutiques. — Vivace.

Obs. Cette espèce est très-commune dans un grand nombre de prairies, où elle est quelquefois dominante, et sa présence indique souvent abondance de fourrage. C'est une plante très-productive. Les terrains frais et substantiels, non sujets à la submersion ni à la stagnation des eaux, sont ceux qu'elle préfère, car elle craint l'humidité. Les coteaux qui ne sont pas trop chauds peuvent lui être spécialement destinés. Le semis doit avoir lieu sur le sol convenablement préparé, à raison de 100 kilog. par hectare. Une moindre quantité de graine pourrait suffire; mais comme cette espèce a l'inconvénient de donner des tiges très-fortes, il est indispensable de la semer assez épais pour éviter ce défaut. Elle croît lentement; son produit est nul la première année; aussi la sème-t-on souvent avec de l'Avoine ordinaire, qui fournit une récolte et abrite les jeunes plantes contre les ardeurs du soleil. La seconde année, elle commence à produire, et atteint son plus grand développement trois ans après son semis. On peut alors en obtenir trois coupes par an et pendant long-temps, si tous les deux ou trois ans elle est convenablement fumée. Sans cette condition elle produit peu. Le Fromental est précoce et peut déjà être fauché à la fin d'avril. Il est essentiel de la faucher dès qu'elle entre en fleur, afin de ne pas épuiser les racines, qui donnent bientôt de nouvelles pousses, et pour éviter l'endurcissement de ses tiges. Elle perd, par la dessiccation, un peu plus de moitié de son poids. La dernière coupe contient presque autant de tiges que la première. Elle est sujette à la rouille, mais cette maladie ne l'attaque qu'après la floraison, et sauf à perdre par la dessiccation un peu plus de poids, il vaut mieux obtenir un foin tendre et succulent, que les bestiaux mangent volontiers, tandis qu'ils la recherchent peu, les chevaux surtout, si les chaumes sont endurcis ou desséchés, chose qui arrive fréquemment à cette espèce. L'adjonction de Légumineuses, et surtout de tréfle et de quelques *Vicia*, à cette Graminée, augmente à la fois la qualité et la quantité de son foin. En résumé, c'est une plante qui produit beaucoup, qui nourrit peu, qui épuise le sol, et qui est loin d'être au premier rang parmi les Graminées fourragères.

La variété que nous avons désignée sous le nom d'*Avena præcatoria*, Avoine à chapelets, abonde dans quelques récoltes, auxquelles elle nuit beaucoup. C'est une plante très-envahissante, difficile à détruire, et qu'il faut se garder de propager, tout en profitant de celle qui croît naturellement dans les champs, car je ne l'ai jamais rencontrée dans les prairies. Les cochons et les moutons aiment beaucoup ses tubercules, qui souvent attirent les mulots et les campagnols, et favorisent leur établissement dans des lieux où ils rencontrent abondance de nourriture.

AVOINE TOUJOURS VERTE, *Avena sempervirens*, Villars, — Chaumes serrés, touffus, gazonnants; feuilles radicales, glauques, longues, rigides, roulées en-dessus, striées en dedans; panicule un peu étalée; glumes luisantes, renfermant trois fleurs laineuses, dont une stérile et dépourvue d'arête. — Vivace.

Obs. On rencontre cette Avoine sur les revers des montagnes exposées au soleil, dans les Alpes et les Pyrénées, où elle forme de jolis gazons d'un beau vert et très-serrés, qui offrent aux moutons une ressource précieuse pendant l'hiver et au commencement du printemps, car, outre qu'elle pousse de très-bonne heure, ses feuilles persistent toute l'année, passent l'hiver sans se flétrir, luttent contre la neige et les frimats des lieux déserts des montagnes. Elle est succulente et savoureuse, mais pourtant les moutons l'abandonnent à cause de sa dureté, quand les autres plantes ont poussé et viennent leur présenter leurs feuilles et leurs jeunes pousses à demi-développées.

L'*Avena sedenensis*, DC., très-voisine de la précédente,

dont elle diffère à peine et dont elle partage les bonnes propriétés, croît aussi dans les Alpes de Provence, les montagnes du Cantal et les Pyrénées.

Avoine pubescente, *Avena pubescens*, L. (Averone). — Chaume de 6 à 11 décimètres; feuilles courtes, molles, planes, velues; panicule un peu resserrée, à pédicelles inférieurs réunis deux à deux et demi-verticillés; glumes à 2 à 3 fleurs; pédicelles de chaque balle très-velus. — Vivace.

Obs. Les prés montagneux de la majeure partie de la France nous offrent cette espèce, qui s'accommode de terrains assez divers, pourvu qu'ils ne soient pas humides. On la rencontre aussi dans les bois; elle habite la partie moyenne de l'Europe, sans trop s'étendre au midi ni au nord. Elle est commune en France, où elle fait quelquefois partie des prairies. Le foin qu'elle donne plaît beaucoup aux chevaux et aux bêtes à cornes, mais il est un peu dur. Cette espèce dure long-temps, s'accommode de terrains non soumis à l'irrigation, mais elle donne peu de produit si le terrain n'est pas fumé. Le sol sur lequel on la sème doit être bien ameubli, fumé, et l'on doit y répandre au printemps 50 kilog. de graine par hectare. Elle perd à peine les deux tiers de son poids en séchant. C'est une des Graminées les plus sèches. Cotonneuse dans les sols maigres, où elle croît naturellement, elle perd, par la culture dans un bon terrain, le duvet de sa feuille. Elle est vivace et printanière, et produit plus que la plupart des plantes qui croissent dans la même exposition. Fauchée ou broutée, elle repousse très-rapidement.

Quoique cette plante puisse donner seule un assez bon, produit il est préférable de l'associer à quelques autres Graminées et Légumineuses. L'*Avena amethystina*, DC., est une jolie variété panachée de l'*A. pubescens*. On la rencontre dans les pâturages des Alpes, où les bestiaux la recherchent beaucoup.

Avoine des prés, *Avena pratensis*, L. (Avenette). — Chaumes de 3 à 6 décimètres; feuilles roulées, glabres; glumes à 5 à 8 fleurs. — Vivace.

Obs. On rencontre aussi cette espèce dans les prés secs et un peu montagneux, mais elle n'acquiert tout

son développement que dans les terrains un peu substantiels ou fumés. Elle donne un bon fourrage, qui dure
très-long-temps et que les bestiaux aiment beaucoup.
Elle perd en séchant les trois quarts de son poids. Dans le
Nord, et surtout en Suède, Linné dit qu'elle prend
un tel développement, qu'elle étouffe les genévriers et
autres arbrisseaux parmi lesquels elle croît. Il faut, autant que possible, choisir un terrain léger et bien ameubli pour établir le semis, à raison de 40 kilog. par hectare. Elle ne peut guère donner qu'une seule coupe en
juillet, mais elle produit beaucoup de regain, que l'on
peut faire paître ensuite pendant long-temps, car elle
végète très-tard. Il vaut mieux, du reste, la semer en
mélange. On peut rapporter à cette espèce l'*Avena bromoides* de L., qui est probablement une espèce distincte
quoique très-rapprochée, et que l'on rencontre dans le
midi de la France, où elle remplace le *pratensis*.

Avoine jaunâtre, *Avena flavescens*, L. (Avoine blonde, Avenette
blonde, petit Froment).—Chaumes droits, de 3 à 6 décimètres de
hauteur; feuilles étroites, planes, pubescentes en dessus, à gaînes
longues, glabres; panicule un peu lâche, jaunâtre; glume contenant
2 à 5 fleurs; valves externes des balles terminées par deux petites
soies, et portant une arête dorsale pliée et recourbée. — Vivace.

Obs. Cette plante fait souvent partie des prés secs et
substantiels situés sur des pentes peu inclinées et où
l'humidité ne peut séjourner. Elle croît en touffes assez
élargies, et se fait remarquer facilement par ses élégantes
panicules jaunâtres. C'est une des meilleures Graminées
des prés. On la désigne, aux environs de Paris, sous le
nom de *Foin fin*. Les bestiaux la recherchent à toutes
les époques de sa croissance. Elle pourrait seule donner
d'excellent foin, mais il est préférable de l'associer et
de la semer au printemps. Elle perd, par la dessiccation,
les deux tiers de son poids. Elle plaît surtout aux moutons et aux bœufs. On la rencontre souvent mélangée
dans les terres sèches au *Cynosurus cristatus, Anthoxanthum odoratum.* Un engrais calcaire en double le produit.

Quelques botanistes considèrent l'Avoine argentée,
Avena sesquitertia, L., comme une variété de l'espèce
précédente, dont la panicule est plus serrée, d'un blanc
argenté et souvent bigarrée de violet foncé.

AVOINE VERSICOLORE, *Avena versicolor*, Villars (*Avena Scheuchzerii*, All.)— Chaumes de 2 à 4 décimètres ; feuilles planes, pliées en gouttière ; panicule droite, allongée, panachée de brun, violet, jaune et blanc; épillets à 5 fleurs ; arête partant près du sommet dans les fleurs supérieures. — Vivace.

Obs. Villars, le premier, a découvert cette plante dans les Alpes du Dauphiné. Depuis, on l'a retrouvée près du Mont-Blanc, dans les montagnes du Forez et du Cantal, sur les pelouses du Mont-Dore et du Puy-de-Dôme. Elle recherche les pentes des montagnes et la terre de bruyère. Les bestiaux aiment beaucoup ses feuilles, et négligent un peu ses panicules aristées.

AVOINE SÉTACÉE, *Avena setacea*, Villars (*Avena ovata*, Allion.; *Avena subulata*, Lam.) — Chaumes grêles; feuilles gazonnantes, roulées, sétacées, aussi longues que le chaume, à gaînes velues; panicule resserrée. — Vivace.

Obs. Cette Avoine s'étend en larges gazons sur les pentes des montagnes du Dauphiné et des Alpes du Piémont. Elle plaît beaucoup aux moutons, et par sa précocité, et par la finesse de son fourrage.

AVOINE A DEUX RANGS, *Avena distichophylla*, Villars. — Chaumes couchés et traçants à la surface du sol; feuilles étalées sur deux rangs opposés; panicule moyenne et brillante, mélangée de blanc et violet; épillets à 2 à 3 fleurs velues à leur base. — Vivace.

Obs. On trouve cette Avoine dans les Alpes, sur les collines et sur le bord des torrents, qu'elle tapisse çà et là de ses touffes vertes et gazonnantes. Les moutons la recherchent comme la précédente, dont elle partage les propriétés, quoiqu'elle soit moins précoce.

AVOINE FRAGILE, *Avena fragilis*, L.—Chaumes rameux, géniculés à leur base; feuilles molles, velues; fleurs en épi fragile, articulé, à épillets sessiles et alternes à 4 à 6 fleurs; valve externe de la balle entière au sommet. — Annuelle.

Obs. Cette espèce méridionale se rencontre dans le midi de la France, l'Espagne, l'Italie. Elle forme çà et là de petites touffes que les moutons broutent très-volontiers au printemps, mais qu'ils abandonnent quand les épis paraissent. C'est, d'ailleurs une plante qui produit peu et qui n'offre qu'un bien faible intérêt agricole.

Genre Seigle, *Secale.*

Rachis denté, portant un seul épillet sur chaque dent; glume à 2 ou 3 fleurs; balle à 2 valves, dont l'extérieure porte une arête au sommet; épillets paraissant imbriqués,

Seigle cultivé, *Secale cereale*, L. — Ses caractères sont ceux du genre. Il offre plusieurs variétés. — Annuel.

Obs. C'est ordinairement comme céréale, c'est-à-dire pour sa graine que l'on cultive le Seigle; mais quand on remarque, dès les premiers jours du printemps, la précocité des feuilles de cette Graminée, qui vient de traverser sans se flétrir un hiver quelquefois très-rigoureux, on se demande si, dans les terres sèches et meubles, où cette plante se développe si facilement, on ne pourrait pas la cultiver uniquement pour son fourrage. Tous les bestiaux l'aiment beaucoup, et dans plusieurs pays on laisse les animaux épointer le Seigle, long-temps avant que les épis puissent être formés au milieu de ses feuilles roulées. Mais il y a une variété de Seigle, dite de *la Saint-Jean,* ou *Seigle de Russie,* que l'on peut semer dès le mois de juin, et qui déjà donne une première coupe en septembre, une seconde dans les premiers jours d'octobre, quelquefois une troisième à la fin de ce mois, et des graines l'année suivante. Elle diffère du Seigle cultivé en Flandre par ses feuilles d'une couleur plus foncée, par sa haute taille, par ses longs épis et par son grain plus petit; elle est aussi un peu plus tardive. Quand on veut cumuler et le produit de la fane, comme fourrage, et la récolte du grain, il est nécessaire d'employer cette utile variété; mais si l'on veut se contenter d'une seule de ces deux récoltes, le Seigle ordinaire suffit, et l'on est sûr d'avoir de bonne heure une herbe abondante et succulente, qui peut être substituée aux racines, qui s'épuisent ordinairement à la fin de l'hiver. Selon M. Poyferé de la Cère, le Seigle en vert est le seul fourrage dont l'usage soit généralement adopté dans les Landes pour les troupeaux en hiver. On l'y sème en septembre et en octobre, on le fait pacager par les brebis et agneaux, et il y est d'une ressource infinie. M. Yvart, que l'on peut à juste titre considérer comme un de nos plus consciencieux agriculteurs, recommande beaucoup aussi le Seigle comme fourrage, et indique le procédé

suivant comme le plus économique pour l'obtenir.
« Immédiatement après la récolte de tous nos champs dis-
ponibles, nous y semions environ un hectolitre par
hectare de criblures de Seigle, que nous enfouissions très-
expéditivement avec une forte herse en fer. La terre ne
tardait pas à se couvrir de la verdure des semences
qu'on lui avait confiées et d'une grande partie de celles
qu'elle recélait dans son sein, ce qui est de la plus haute
importance pour son nettoiement. Cet ensemencement
expéditif et peu coûteux fournissait aux troupeaux, pendant l'hiver et le printemps, une excellente nourriture
verte avec le Topinambour et quelques pièces de sainfoin. Afin de prolonger cette précieuse ressource, dit
M. Yvart, nous semions silmutanément sur les mêmes
champs, par planches séparées, d'autres criblures d'Escourgeon, de Froment et d'Avoine d'hiver, qui croissant
à des époques différentes, fournissaient alternativement
des pâtures nouvelles dont les dernières laissaient aux
premières employées le temps de repousser. Quelques
planches admettaient aussi parfois un mélange de navets,
qui, lorsqu'ils résistaient à l'hiver, fournissaient au printemps une nouvelle variété de nourriture aux troupeaux,
avec celles de nos prairies naturelles et artificielles,
mais qui ameublissaient et fertilisaient encore, par leurs
débris et par les déjections animales, ceux de nos champs
qui y étaient soumis et qui n'en devenaient que plus propres à donner, la même année, une nouvelle récolte
en Sarrazin, en Navets, en Maïz fourrage, ou tout autre
produit qui ne préjudiciait en aucune manière à la récolte en graines de l'année suivante.»

Presque tous les propriétaires prétendent que le Seigle
n'est pas aussi nourrissant que l'Orge. Les expériences
qu'a faites M. Cazalis-Allut lui ont prouvé que ce fourrage est aussi nourrissant que beaucoup d'autres très-
vantés ; il a nourri pendant long-temps deux mules avec
cette espèce de fourrage, et elles se sont toujours main-
tenues en bon état. « Trente-sept ares complantés en Mû-
riers et en Amandiers, où a été semé un hectolitre de
Seigle, ont produit 3,350 kilog. de fourrage. Ce produit a
plus que doublé celui du Sainfoin avec la Luzerne. La
précocité du Seigle doit le faire semer de préférence
complanté d'arbres, puisque pouvant le faucher quinze

ou vingt jours plus tôt, on n'a pas besoin de retarder les
labours si nécessaires pour favoriser l'accroissement des
arbres lorsqu'ils commencent à végéter. Il faut le semer
de bonne heure, dans le mois d'août, si l'état du sol le
permet. Alors on aura l'avantage de le faire pâturer par
les moutons jusqu'à la fin de décembre, dans les bonnes
terres qui ne craignent pas la sècheresse, et un mois de
moins dans les sols de qualité médiocre. »

Les bestiaux mangent aussi la paille de Seigle ; mais
elle est siliceuse et moins nourrissante pour eux que
celle des autres Graminées. Comme son prix est ordinairement plus élevé que celui de la paille de blé ou d'a-
voine, à cause de ses nombreux usages, on s'en sert
peu pour la nourriture des animaux. En Flandre, on
évalue qu'un hectare de Seigle produit, terme moyen,
4,600 kilogrammes de paille.

Genre Froment, *Triticum.*

*Rachis denté ; épillets sessiles dans chaque dent du rachis ; glume
bivalve, multiflore ; balle bivalve.*

Obs. Les diverses espèces de Froment n'offrent aux
animaux qu'un fourrage sec et dur, qu'ils refusent ordinairement, à moins que les plantes ne soient jeunes,
ou que pressés par la faim ils ne trouvent pas d'herbes
plus succulentes. Il faut en excepter toutefois le Chiendent et le Blé, qui tous deux peuvent fournir aux animaux une excellente nourriture.

FROMENT CHIENDENT, *Triticum repens*, L. —Racines nombreuses, traçantes, très-longues, articulées; chaume de 1 mètre environ ; épi
simple, raide ; épillets renfermant 3 à 8 fleurs aiguës, dépourvues
d'arête. — Vivace.

· *Obs.* Tout le monde connaît le Chiendent. Il est peu
de plantes aussi communes et aussi envahissantes. Je
ne conseillerais à personne de la cultiver, même en mélange pour prairies; mais il est des lieux où elle est si
commune qu'on peut la récolter pour la faire manger
aux animaux, qui la recherchent quand elle est jeune, et
qui presque tous mangent avec plaisir ses racines fraîches, pourvu qu'on ait le soin de les débarrasser, par
lavage, de la terre qui leur est adhérente. Il entre comme
espèce essentielle dans les prairies de la Prévalais. Il

convient dans les terrains humides, sur le bord des rivières. Il ne craint pas la submersion, même prolongée. Il donne un très-bon pâturage en vert, et repousse avec une grande facilité.

FROMENT CULTIVÉ, *Triticum sativum*, Lam. — Cette plante offre une multitude de variétés. Elle est annuelle comme les autres céréales, et sa patrie est inconnue.

Obs. Ce que nous avons dit du Seigle cultivé comme fourrage peut également s'appliquer au Froment, dont la fane succulente et sucrée est du goût de tous les bestiaux. On cite bien quelques exemples fort curieux de blés fauchés et pâturés, qui pour cet effet avaient été semés beaucoup plus tôt, et qui cependant ont donné de très-belles récoltes en grains ; mais il faut pour cela des sols fertiles, frais et parfaitement fumés. Le seul moyen économique de cultiver le blé comme fourrage est d'employer le procédé indiqué par Yvart, qui consiste à recueillir le menu blé séparé par le crible pour en faire des prairies momentanées, comme nous venons de l'indiquer pour le Seigle. La valeur vénale de ces petits grains et leur valeur réelle pour la consommation étant généralement très-faibles, il y a grand avantage à les semer même très en grand, comme le faisait Yvart, qui dit que la consommation de ce froment vert, faite alternativement au printemps, avec celle du Seigle, de l'Escourgeon et de l'Avoine d'hiver, était une ressource pour ses brebis nourrices et ses agneaux, sans nuire aux ensemencements subséquents.

Le Blé procure souvent un excellent fourrage vert à la fin de mai et au commencement d'avril en le faisant déprimer par les moutons ; mais cela ne peut avoir lieu que dans des sols riches, où le Froment, prenant un grand développement de bonne heure, menace de verser en devenant trop fort.

Il est des contrées où le Froment est considéré comme plante fourragère, et où il n'est même pas possible, dans certaines conditions, d'en obtenir des graines. C'est ainsi que M. de Humboldt rapporte qu'au Mexique, et surtout aux environs de Xalappa, cette céréale gazonne et se cultive comme fourrage, l'humidité et la température élevée de ce climat favorisant le développement des feuilles aux dépens des graines.

Si on emploie rarement le Froment vert comme plante fourragère, on utilise à chaque instant sa paille (1) comme substance alimentaire. On la regarde comme la plus nourrissante. Elle est souvent améliorée par diverses plantes fourragères qui croissent naturellement dans les blés, et notamment par des Légumineuses grimpantes qui foisonnent quelquefois dans les champs, et que l'on récolte avec leurs gousses, souvent à demi-mûres : le Trèfle, le Mélilot et quelques Graminées peuvent aussi en faire partie.

Elle peut aussi être fortement désappréciée par la présence d'autres plantes, telles que les diverses espèces de chardon, plusieurs Centaurées, parmi lesquelles se trouvent surtout le Bleuet et le *Centaurea scabiosa*, par l'Hièble, le *Lychnis segetum*, etc. Celle qui joint à ces désavantages d'être rouillée ou d'avoir été versée doit être entièrement rejetée.

La paille doit avoir une belle couleur dorée, une odeur agréable, et quand on en mâche un morceau, elle doit laisser dans la bouche une saveur sucrée. Les variétés de Froment dont la paille est presque pleine, et que l'on rencontre souvent dans le Midi, donnent une paille bien supérieure à celles à chaume creux, que l'on cultive dans le Nord. Aussi, y a-t-il une grande différence entre les pailles du Midi et les pailles du Nord, soit à cause des variétés, soit à cause du climat. Les bestiaux préfèrent aussi la paille des céréales d'automne à celle des blés de mars. Quand la paille a été stratifiée avec du foin conservant encore un peu d'humidité, et surtout avec du fourrage contenant la Flouve odorante, qui lui communique son odeur, elle devient bien plus agréable aux bestiaux.

La paille ne convient pas aux animaux qui travaillent, ni à ceux que l'on engraisse. C'est à peine si seule elle suffirait pour entretenir pendant quelque temps des bêtes à cornes ou des moutons. J'ai vu pourtant des vaches

(1) On donne le nom de paille à une sorte de foin très-mûr, qui n'est autre chose que la tige et la feuille naturellement desséchées des plantes diverses dont les graines ont été recueillies. La paille est encore alimentaire, quoiqu'elle le soit moins que le foin, et souvent on la donne aux bestiaux avec d'autre nourriture qu'elle remplace en partie.

tellement affamées, à la fin des longs hivers des montagnes, qu'elles mangeaient, quand elles le pouvaient, les vieux toits de chaume de leurs étables.

On hâche fréquemment la paille de Froment pour la donner aux chevaux en la mêlant avec le grain. On donne aussi aux bêtes à cornes d'engrais ou de travail, la paille hâchée mêlée à d'autres aliments, et en particulier aux pommes de terre. En Flandre, on évalue qu'un hectare de blé produit environ 3,450 kilog. de paille.

Genre Maïz, *Zea*, L.

Fleurs monoïques ; fleurs mâles en panicule terminale, à glumes biflores ; fleurs femelles en gros épis axillaires, recouverts de gaines foliacées ; styles très-longs, garnis sur toute leur longueur de papilles stigmataires ; graines arrondies, lisses, disposées par séries.

Blé de Turquie, *Maïz.*—Ses caractères sont ceux du genre.

Obs. Cette espèce annuelle renferme un grand nombre de variétés, qui, presque toutes, sont cultivées pour leurs graines comme céréales. Il en est une qui est préférée comme plante fourragère, c'est le Maïz jaune. Un terrain meuble et frais, profond et substantiel, c'est-à-dire un très-bon terrain, est celui qui lui convient le mieux. Tous les bestiaux le mangent avec plaisir, et c'est un des meilleurs aliments qu'on puisse leur donner. Un champ ensemencé dru pour fourrage vert, dit Yvart, fauché au moment où la panicule paraît, présente la prairie la plus élevée, la plus abondante et la plus nourrissante qu'il soit possible de voir, et devient, pendant une grande partie de l'été, une des principales nourritures des chevaux de labour ; mais pour qu'ils la mangent bien, les vieux principalement, qui en sont avides, ainsi que les autres bestiaux, il faut nécessairement qu'elle soit semée très-dru, et que l'herbe en soit fauchée de bonne heure, ou broyée un peu lorsque les tiges en sont durcies. On pourrait aussi la convertir en fourrage sec pour l'hiver ; mais l'épaisseur des tiges en rend le fanage long et très-difficile, et il est toujours plus avantageux de le consommer vert.

Dans un mémoire très-développé intitulé : *Histoire agricole du Maïz*, M. Bonafous détaille de nouveau tous les avantages de cette plante, et recommande aux culti-

vateurs son emploi pour former des prairies temporaires, non seulement dans les pays méridionaux, mais
dans les contrées où le climat ne permet pas au Maïz de
fructifier. Aucune céréale n'offre au bétail un aliment
plus savoureux. Fauché avant la floraison, il épuise
moins le sol que quand on le laisse fleurir ; durant toute
sa croissance, il maintient la terre fraîche en l'ombra-
geant de ses feuilles, et ses racines mucilagineuses, rom-
pues à la charrue ou à la bêche, contribuent encore à
bonifier le sol. Pour former ces prairies, on ensemence
des portions de terre après les récoltes printanières ou
après la récolte des seigles ou des blés : cette seconde
pratique est la plus répandue. Le semis se fait en raies espacées de 7 centimètres environ, ou à la volée, en employant, dans ce dernier cas, une quantité de graines
suffisante pour que les plantes qui en proviennent soient
écartées au moins de deux pouces ; après quoi on enterre
la graine par un coup de herse ou de rateau, et l'on abandonne ensuite les plantes aux soins de la nature pendant
la durée de leur croissance. Ce n'est que lorsqu'on a semé
le Maïz en lignes, qu'on lui donne, si la main-d'œuvre le
permet, un léger buttage à la houe. Pour peu que la
saison soit propice, le cultivateur pourra faire plusieurs
coupes successives, selon la nature du sol et les circonstances atmosphériques. La chaleur et l'eau influent
plus sur cette Graminée que sur beaucoup d'autres, et
elle est, d'ailleurs, si sensible au froid, qu'il faut se hâter
de faucher la prairie aussitôt que les gelées menacent la
plante, sans attendre que le besoin détermine la coupe.
Quelques agriculteurs, au lieu de faucher le Maïz à
l'arrière saison, le retournent à la charrue ou à la bêche,
afin de préparer le sol à une nouvelle culture. Il résulte
des calculs de M. Bonafous qu'une prairie de Maïz de
l'étendue d'un demi-hectare peut donner en moyenne
30,000 kilog. de fourrage vert, et que cette quantité,
quand elle est desséchée, se trouve réduite à 7,500 kilog.
Les cultivateurs de Savoie estiment qu'une surface de
seize ares leur donne en fourrage vert un produit équivalent à 2,000 kilog. de Luzerne sèche. Lorsque la grêle
a frappé le Maïz, il faut se presser de faucher la prairie :
les plantes repoussent du pied et donnent encore un
produit satisfaisant.

La paille de Maïs, quoique dure, est très-recherchée des animaux, et si on pouvait évaluer ses qualités nutritives par les quantités de matière soluble qu'elle renferme, ce serait certainement une des meilleures pailles qu'on puisse leur offrir.

FAMILLE DES JONCÉES.

Famille de plantes monocotylédones, établie par M. de Candolle aux dépens des *Joncs* de M. de Jussieu. Ses caractères sont, d'après le savant professeur de Genève : fleurs ordinairement hermaphrodites; périgone à six divisions profondes, semblables à des glumes; étamines presque toujours au nombre de six, placées devant les divisions du périgone ; ovaire libre, surmonté d'un style qui porte trois stigmates. Le fruit est une capsule à trois valves qui s'écartent par le sommet à la maturité; valves portant souvent une cloison longitudinale sur leur face interne, et divisant ainsi la capsule en trois loges; quelquefois ces cloisons manquent, et alors la capsule est uniloculaire; dans le premier cas, les graines sont nombreuses, et adhérentes au côté interne de la cloison; dans le deuxième, on ne trouve qu'une seule graine adhérente au bas de chaque valve; embryon placé à la base d'un périsperme charnu.—Tiges herbacées; feuilles engaînantes; fleurs disposées en épi, en panicule ou en corymbe, et accompagnées de bractées sèches.

Obs. Comme toutes les autres Glumacées, les Joncs abondent dans la plupart des prairies, surtout dans celles qui sont humides, tourbeuses ou marécageuses. Comme ce sont presque toutes des plantes vivaces, et qui se reproduisent plus encore par leurs drageons que par leurs graines, elles se multiplient avec une grande facilité, et parviennent quelquefois à envahir le sol sur une très-grande étendue, se substituant ainsi aux espèces utiles, dont elles sont loin de partager les bonnes qualités. Il est très-difficile de les détruire ; les engrais salins et notamment les cendres riches en potasse, ou mieux encore le sulfate de fer et même l'acide sulfurique étendus leur nuisent singulièrement ; et à moins que le sol ne soit extrêmement humide, on parvient à l'en débarrasser. Quand cet obstacle se présente, des tranchées remplies de cailloux et servant ainsi d'égoût aux eaux stagnantes, amènent souvent de bons résultats. Beaucoup d'espèces réunies en un très-petit nombre de genres constituent la famille des Joncs.

Genre Jonc, *Juncus*, L.

Périgonne à six divisions profondes ; six étamines ; capsules tri-loculaires ; trivalves ; feuilles cylindriques.

Obs. Les Joncs proprement dits forment un ensemble d'environ vingt-cinq espèces françaises, qui, pour la majeure partie, croissent le long des fossés, à la queue des étangs, dans les marécages et au milieu de l'herbe des prairies. Leurs feuilles et leurs tiges sont remplies d'une moelle presque inodore et insipide, très-légère, gonflée d'air et à peine nourrissante. L'étui qui enveloppe cette moelle est dur, lisse, difficile à déchirer et ordinairement terminé en pointe aiguë. Cette structure rend les Joncs peu propres à la nourriture des troupeaux ; aussi ils les recherchent peu, et les mangent quand ils sont jeunes et non piquants, mais sans avidité et comme plantes insignifiantes pour eux. Ils les négligent quand ils durcissent, et il y a même quelques espèces qu'ils ne touchent jamais.

A l'état sec, les Joncs plaisent encore moins aux animaux, qui sont forcés de les manger parce qu'ils se trouvent en mélange dans le foin ; mais ils indiquent toujours une mauvaise nature de prairie, et le foin qui en renferme une quantité notable doit être rejeté, au moins pour les chevaux.

Jonc aigu, *Juncus acutus*, Lam. — Fleurs en panicule terminale, munies d'une spathe bivalve ; capsules très-grosses, moitié plus longues que le périgone. — Vivace.

Obs. Le *Juncus maritimus*, L., est une espèce très-voisine. Toutes deux croissent dans les marais et les pâturages des bords de la mer, et sont complétement négligées par les bestiaux.

Jonc aggloméré, *Juncus conglomeratus*, L. —Tiges longues, de 6 à 10 décimètres, remplies de moelle ; fleurs petites, d'un brun roussâtre, disposées latéralement en peloton serré, presque sessiles ; capsules courtes et obtuses. — Vivace.

Obs. Il croît très-communément dans les marais et les prés tourbeux, sur le bord des mares et des fossés, surtout dans les régions septentrionales. Les vaches le mangent quand il est jeune.

Jonc étalé, *Juncus effusus*, L. — Il est plus grêle que le précédent ; sa panicule est plus étalée, ses fleurs plus petites, souvent d'un blanc cendré et un peu aiguës.—Vivace.

Obs. Le *J. glaucus* de Sibthorp en est très-voisin. Tous deux sont communs dans les prés humides, le long des fossés, et complétement négligés des bestiaux ; il est même très-rare que les vaches, qui mangent quelquefois les Joncs, y touchent en passant.

Jonc filiforme, *Juncus filiformis*. — Hampe grêle, filiforme, penchée ; feuilles molles, filiformes ; fleurs réunies en un petit bouquet latéral, sessile ; une bractée filiforme ; capsules arrondies. — Vivace.

Obs. On rencontre cette plante dans les marais tourbeux, où, malgré son exiguité, elle devient quelquefois dominante. Elle est insignifiante ; les troupeaux la broutent dédaigneusement, mais elle donne un très-mauvais foin. Il en est de même du *J. trifidus*, L., commun dans les marais des montagnes ; du *J. Jacquini*, L., qui croît dans les Alpes du Dauphiné et du Piémont, et du *J. triglumis*, L., que l'on rencontre aussi dans les mêmes localités.

Jonc rude, *Juncus squarrosus*, L. — Tiges raides, un peu comprimées et anguleuses, hautes de 2 à 3 décimètres ; feuilles touffues, raides, sétacées à leur sommet ; panicule terminale, peu garnie ; fleurs portées deux à trois sur des pédoncules sortant d'une spathe membraneuse ; capsules obtuses, globuleuses. — Vivace.

Obs. Ce Jonc, qui habite les prairies et autres lieux humides, est complétement négligé des bestiaux.

Jonc bulbeux, *Juncus bulbosus*, L. — Souche épaisse et horizontale ; tiges feuillées, comprimées à la base ; feuilles molles, canaliculées ; fleurs verdâtres en panicule étalée ; capsules arrondies. — Vivace.

Obs. Cette plante est très-commune le long des fossés et dans les prairies marécageuses élevées. Elle abonde surtout dans le centre de la France. Elle forme des touffes épaisses que les bestiaux mangent avec plaisir, à l'exception des moutons, qui n'y touchent guère. Le foin qu'elle donne est mauvais. Le *J. Gerardi* de Loiseleur, ne diffère de celui-ci que par ses dimensions plus grandes et ses feuilles dépassant ses fleurs. Mêmes localités et mêmes qualités agricoles.

JONC ARTICULÉ, *Juncus articulatus*, L. — Tige de 2 à 5 décimètres, cylindrique; feuilles noueuses, articulées, pointues; fleurs jaunâtres, en petits paquets sessiles ou pédonculés, et disposées en une sorte d'ombelle; segments du périgone obtus et presque égaux. — Vivace.

Obs. Très-commun dans les prés tourbeux, ce Jonc indique toujours un mauvais sol et une mauvaise qualité de fourrage. Il est quelquefois si abondant, qu'il fait à lui seul plus de la moitié de l'herbe de quelques prairies. Les bestiaux le broutent alors, mais faute de mieux, car ils le négligent partout. Le foin qu'il donne, quoique peu nourrissant, est mangé par les animaux. On ne peut du reste détruire cette plante que par les saignées du sol et par l'emploi des cendres et des sulfates. Le *J. sylvaticus,* Wild., paraît n'en être qu'une variété qui habite les bois très-humides, et le *J. acutiflorus* d'Errhart en est aussi très-voisin. Ces deux dernières variétés, refusées en vert par les bestiaux, sont assez recherchées par eux à l'état sec.

JONC DE CRAPAUD, *Juncus bufonius*, L. — Tiges menues, très-rameuses, diffuses; fleurs herbacées, solitaires ou géminées dans les bifurcations des tiges ou à leurs extrémités; capsules brunes, luisantes, allongées, presque trigones et obtuses. — Annuel.

Obs. Très-commun partout, le long des chemins, dans les prés humides inondés pendant l'hiver, dans les endroits piétinés, où il forme des gazons épais qui s'élèvent en touffes depuis trois centimètres jusqu'à neuf décimètres, et qui plaisent à tous les bestiaux, ce Jonc et le *bulbosus* sont à peu près les seuls qui soient du goût des animaux. Comme il est annuel et très-petit, il offre peu d'intérêt.

Quelques autres espèces sont si petites et si insignifiantes, que, malgré leur présence tout accidentelle dans les prés, nous ne ferons que les mentionner. Tels sont les *J. tenageya*, L.; *ericetorum*, Pollich.; *pygmeus*, Thuil.; *supinus*, Roth; *alpinus*, Wild.

Le Jonc de Bothnie, *Juncus bothnicus*, est recherché avec avidité des moutons, des vaches et des chevaux, qui s'en trouvent parfaitement bien. Il forme le gazon le plus fourré que l'on puisse voir; mais il ne se plaît

que dans les terres riches en sel commun. La grande
quantité de sel que contient cette plante est probablement ce qui la fait rechercher des animaux.

Genre Luzule, *Luzula*, L.

*Périgonne à six divisions scarieuses, dont trois extérieures ; 6
étamines; capsules uniloculaires à trois graines; styles trifides,
feuilles planes.*

Obs. Les Luzules, faciles à distinguer des Joncs à leurs
feuilles non cylindriques, mais planes et allongées comme celles des Cypéracées, croissent, comme ces dernières
plantes, sur les pelouses des montagnes, sur les versants
exposés au nord et à l'humidité, dans les bois et rarement sur le bord des eaux. Elles plaisent en général
aux animaux.

Luzule a grandes feuilles, *Luzula maxima*, Wild.—Tiges grosses,
de 3 à 6 décimètres, noueuses; feuilles très-larges, garnies sur leurs
bords de longs poils soyeux; fleurs en corymbe décomposé; pédoncules
à 2 à 3 fleurs; périgone à segments égaux, aristés, de la longueur
de la capsule. — Vivace.

Obs. On rencontre cette plante dans les bois et sur les
pelouses des montagnes. Ses longues feuilles, très-tendres dans leur jeunesse, se réunissent en larges gazons,
que les bestiaux, les vaches surtout, mangent avec plaisir. Sèche, elle leur plaît beaucoup moins.

La *L. vernalis*, C., assez commune dans les bois, ne
diffère de celle-ci qu'en ce qu'elle est moins grande.
Elle donne aussi un fourrage précoce qui plaît aux animaux.

La *L. Forsteri*, Engl. Botany, et la *L. spadicea*, All.,
sont aussi deux espèces tout-à-fait voisines du *maxima*,
et en partagent les propriétés.

Luzule champêtre, *Luzula campestris.*— Souche rampante; tiges
de 5 centimètres à 2 décimètres, presque nues; feuilles radicales, un
peu étalées, munies de longs poils sur leurs gaînes et sur leurs bords;
fleurs brunes, en épis terminaux et arrondis; pédoncules penchés;
périgone à segments aigus, plus longs que la capsule. — Vivace.

Obs. Très-commune sur les pelouses et dans les prairies sèches, où elle est quelquefois très-abondante, elle
fleurit dans les premiers jours du printemps. Les bestiaux

et surtout les chevaux l'aiment beaucoup. Elle pousse
sous la neige, et fleurit dès qu'elle fond, en sorte qu'elle
peut être mangée à une époque où il n'y a pas d'herbe
nouvelle. Peu de temps après sa floraison, elle disparaît
sous l'herbe et ne nuit en rien à la végétation. C'est
donc une plante à conserver et même à ajouter en petite
proportion dans les mélanges destinés à former des prés
secs. La *Luzula multiflora*, Lejeune, beaucoup plus
grande, en est très-voisine. La *L. congesta*, Thuil., n'est
probablement que le *campestris*, qui croît dans les terrains humides. Les bestiaux mangent également ces
deux espèces ou variétés.

Luzule blanche, *Luzula nivea*, DC. — Tiges de 3 à 5 décimètres;
feuilles velues, planes ; fleurs d'un beau blanc, en corymbe serré ;
segments du périgone aigus, les intérieurs moitié plus longs. — Vivace.

Obs. Près de cette espèce viennent se grouper les *Luzula albida*, Hoffm.; *lutea*, All.; *flavescens*, Gaud ;
glabrata et *parviflora*, Desv., espèces plus ou moins
répandues dans les bois et les prairies des montagnes.
Tous les animaux les mangent sans les rechercher.

Luzule en épis, *Luzula spicata*, DC. — Tiges grêles, hautes de 1 à
2 décimètres ; feuilles carénées, très-étroites, glabres, velues vers leur
gaîne ; fleurs brunes, en grappes cylindriques, terminales et pendantes ; capsule obtuse.— Vivace.

Obs. Les *L. sudetica*, Wild., et *pediformis*, Villars,
croissent comme celle-ci, dont elles se rapprochent beaucoup, sur les pelouses des montagnes des Alpes et de
l'Auvergne. Elles font partie des herbes que les bestiaux
broutent sans prédilection, et ne sont pas assez communes pour que leur présence puisse avoir une influence
marquée sur le foin.

Genre Abama, *Abama*, L.

*Périgone à six divisions profondes ; six étamines à filets barbus ;
ovaire pyramidal, surmonté par un style court ; capsule polysperme, triloculaire, trivalve.*

Abama des marais, *Abama ossifraga*, DC. — Tige presque nue,
haute de deux à trois décimètres ; feuilles ensiformes, graminées,
engaînantes ; fleurs jaunes en épi terminal. — Vivace.

Obs. Cette plante se rencontre dans les lieux humides

et pierreux des climats tempérés et des régions froides de l'Europe. En France c'est seulement dans l'ouest qu'elle s'avance.

Il est très-probable que cette espèce, d'une odeur vireuse, est nuisible aux bestiaux qui la broutent. On prétend qu'elle les affaiblit à un tel point, qu'ils ne peuvent se tenir sur les jambes, ce qui a fait dire à Simon Paulli qu'elle ramollissait leurs os. Au reste, cette plante, très-commune en Suède, dans la province de Smolande, est bien connue des habitants. Ils pensent tous que les brebis qui s'en nourrissent deviennent très-grasses en peu de temps, et que l'année suivante leur foie est attaqué par une quantité de petits vers blancs qui leur donnent la mort, et que l'on nomme *Ilar*, d'où vient le nom d'*Ilar-Grass*, que porte cette plante chez les habitants du Nord (1).

Genre Acore, *Acorus*, L.

Fleurs en chaton cylindrique, latéral, offrant chacune un périgone de six pièces ; six étamines; un ovaire qui se transforme en une capsule triloculaire.

ACORE ODORANT, *Acorus calamus*, L. (Acore vrai, Roseau odorant, Roseau aromatique, Galanga des marais). — Feuilles longues, engaînantes ; un chaton latéral. — Vivace.

Obs. Cette espèce, nuisible aux bestiaux, qui en sont éloignés par l'odeur forte et pénétrante qui lui a fait donner le nom de *Calamus aromaticus*, est extrêmement abondante dans quelques prairies du nord de la France, de la Belgique et de l'Allemagne. Elle occupe toujours des lieux humides et marécageux, comme la queue des étangs et les prés limoneux. Il est presque impossible de la détruire, et seule avec le *Comarum palustre*, elle couvre des espaces très-étendus. Elle pousse d'assez bonne heure, et si quelques plantes fourragères se développent dans ses interstices, on n'a d'autre parti à prendre que de faucher, pour que les Graminées puissent ensuite prendre le dessus et végéter.

(1) POIRET, *Histoire des plantes d'Europe*, t. III, p. 154.

FAMILLE DES ASPARAGINÉES.

Famille de plantes monocotylédones, appartenant à la *Monopérigynie* de M. de Jussieu et aux *Monocotylédones phanérogames* de M. de Candolle. Ses caractères sont : fleurs hermaphrodites ou diclines ; périgone pétaloïde, libre ou adhérent à l'ovaire, profondément divisé en six parties, quelquefois en quatre, d'autres fois en huit ; étamines en nombre égal aux divisions du périgone et adhérentes à sa base ; un ovaire simple, ordinairement supère, surmonté d'un style simple ou trifide, ou de trois stigmates distincts. Le fruit est une baie à trois ou quatre loges, contenant une, deux ou plusieurs graines ; embryon souvent éloigné du hile et placé à la base d'un périsperme corné. — Le port des plantes de cette famille est très-varié ; leur tige est quelquefois cylindrique, et couronnée d'un faisceau de feuilles comme celle des Palmiers : le plus ordinairement elle est sarmenteuse et grimpante. Les feuilles sont toujours simples, pétiolées ou sessiles, opposées, alternes, rarement verticillées.

Obs. Les Asparaginées ont à peine quelques représentants dans les prairies. Ce sont en général des plantes némorales que presque tous les bestiaux rejettent. Nous citerons seulement deux genres, que quelques animaux mangent sans les rechercher, encore ne les rencontre-t-on que rarement dans les prés.

Genre Parisette, *Paris*, L.

Périgone à huit divisions profondes et très-ouvertes, les quatre intérieures très-étroites ; huit étamines à filets saillants au-dessus des anthères ; baie à quatre loges.

Parisette a quatre feuilles, *Paris quadrifolia*, L. (Herbe à Paris, Etrangle-loup, Raisin de renard, Morelle à quatre feuilles). — Tiges simples de 1 à 3 décimètres ; quatre feuilles, quelquefois trois ou cinq, ovales, glabres, verticillées au sommet de la tige ; fleurs solitaires, terminales, verdâtres ; baie violette. — Vivace.

Obs. Cette espèce, assez commune dans tous les bois du nord de la France et de l'Europe, est dédaignée des bestiaux, excepté des chèvres et des moutons, qui s'en accommodent.

Genre Muguet, *Convallaria*, L.

Périgone globuleux ou cylindrique, à six divisions peu profondes ; six étamines ; baie globulaire à trois loges monospermes.

Muguet de mai, *Convallaria maialis*, L. (Lis de mai, Lis des vallées, Muguet des Parisiens). — Tige grêle, de 12 à 15 centimètres ;

deux ou trois feuilles radicales, ovales, lancéolées; fleurs blanches très-odorantes. — Vivace.

Obs. Cette jolie plante s'échappe quelquefois des forêts pour pénétrer dans les prés qui sont sur la lisière. Elle a peu d'importance ; les vaches n'y touchent pas, mais les autres animaux la broutent volontiers.

Muguet anguleux , *Convallaria polygonatum* , L. (Genouillet, Sceau de Salomon, Herbe de la rupture, Signet, Muguet anguleux).—Tige fléchie, anguleuse ; feuilles alternes, sessiles ; valves oblongues ; fleurs d'un blanc verdâtre; pédoncules axillaires, grêles , portant une ou deux fleurs.—Vivace.

Obs. Cette plante est commune dans les forêts, les haies et quelques pâturages couverts situés près de la lisière des bois. Tous les bestiaux en mangent les feuilles, et les chevaux la recherchent avec avidité. Les cochons mangent aussi très-bien ses racines. Les *C. multiflora*, L., et *latifolia*, Jaq., partagent ses propriétés, ainsi que le *C. verticillata*, qui croît sur les pentes herbeuses des montagnes.

FAMILLE DES COLCHICACÉES.

Famille de plantes monocotylédones appartenant à la *Monopérigynie* de M. de Jussieu, et aux *Endogènes* de M. de Candolle, établie d'abord par M. Mirbel, sous le nom de *Mérendérées*, puis par M. de Candolle sous celui de *Colchicacées*, puis par M. Robert Brown sous celui de *Mélanthiacées*. Ses caractères sont : périgone simple, libre, pétaloïde , à six divisions profondes; étamines au nombre de six, attachées à la base ou au milieu de chacune de ces divisions ; ovaire simple , surmonté de trois styles, ou d'un style à trois stigmates ; le fruit est une capsule à trois valves, dont les bords se replient vers l'intérieur et forment autant de loges qui s'ouvrent vers le sommet du côté intérieur; semences nombreuses, attachées sur deux séries au bord rentrant des valves ; embryon environné d'un périsperme charnu.—Tiges herbacées; racines fibreuses ou tubérifères ; feuilles alternes, engaînantes.

Obs. Les plantes de cette famille qui croissent dans les prés sont heureusement peu nombreuses, car elles sont toutes nuisibles et vénéneuses. Les plus communes appartiennent aux genres suivants.

Genre Colchique, *Colchicum*, L.

Périgone à tube très-long , partant du bulbe, à limbe en cloche, à six divisions profondes, dont trois intérieures; capsule renflée, à trois lobes profonds réunis à la base; trois styles très-longs.

Colchique d'automne, *Colchicum autumnale*, L. (Chenarde, Cultout-nu, Dame-nue, Lis vert, Mort-au-chiens, Tue-chiens, Narcisse d'automne, Safran bâtard, Safran d'automne, Safran des prés, Safran sauvage, Veilleuse, Veillotte).—Fleurs solitaires ou géminées, périgone à divisions lancéolées, obtuses; feuilles larges, lancéolées, planes, engainantes, portant une ou deux grosses capsules renflées, triangulaires, et paraissant sessiles entre les feuilles. — Vivace.

Obs. Le Colchique est cette jolie fleur rosée, blanche ou lilas, qui, dès la fin d'août, commence à paraître au milieu des prairies grasses et humides dont l'herbe fauchée tend déjà à reverdir. Elle annonce l'hiver. Complétement insignifiante sous le rapport agricole, cette fleur se flétrit et disparaît en deux jours. Au printemps seulement paraissent ses larges feuilles, qui occupent beaucoup de place dans les prés où le Colchique abonde. Tous les bestiaux repoussent cette plante quand elle est fraîche. Son âcreté la rend très-nuisible, et elle pourrait occasionner de graves accidents. Sèche, son principe vénéneux disparaît en partie comme celui des Renoncules, et quoique sa présence dans le foin soit loin d'annoncer une bonne qualité, on peut la tolérer en petite quantité; car souvent les prés qui contiennent des Colchiques renferment en même temps d'excellentes Graminées. C'est à l'état frais qu'elle doit être considérée comme plante très-nuisible et très-difficile à détruire, car le seul moyen connu est d'arracher ses bulbes, qui ressemblent à de gros oignons de Tulipe enveloppés de plusieurs grosses tuniques brunes. Deux autres espèces de Colchique remplacent quelquefois celle-ci, qui est la plus commune, et partagent ses propriétés malfaisantes. Ce sont le *C. alpinum,* DC., qui croît dans les prairies des Alpes, du Dauphiné, et le *C. montanum,* L., espèce très-rare en France, mais qui se trouve quelquefois dans les Alpes du Piémont et en Corse.

Genre Mérendère, *Merendera*, Ramond.

Périgone à six divisions très-profondes, rétrécies en onglet; étamines insérées sur les onglets; anthères dressées, sagittées; trois styles longs; capsules non renflées, à trois lobes droits.

Mérendère bulbocode, *Merendera bulbocodium*, Ramond.—Fleurs violettes, naissant d'un bulbe ovoïde; feuilles étalées, linéaires, paraissant peu de temps après la fleur. — Vivace.

Obs. Cette jolie plante vit sur les pelouses des montagnes des Pyrénées, où elle est quelquefois très-commune. Elle partage les mauvaises qualités des Colchiques ; mais comme elle est beaucoup plus petite, et que ses feuilles sont étroites et linéaires, elle est loin d'être aussi nuisible.

Genre Bulbocode, *Bulbocodium*, L.

Périgone à six divisions très-profondes, rétrécies en onglet très-profond ; six étamines insérées sur le sommet des onglets ; ovaire surmonté d'un style à trois stigmates.

Bulbocode printanier, *Bulbocodium vernum*, L. — Bulbe à deux à deux à trois fleurs blanches, un peu lilacées, paraissant en même temps que les feuilles, lancéolées, étroites. — Vivace.

Obs. Ce que nous venons de dire du Mérendère bulbocode, s'applique parfaitement à cette espèce, qui fleurit de très-bonne heure sur les pelouses des Alpes et des Pyrénées.

Genre Varaire, *Veratrum*.

Périgone à six divisions très-profondes, étoilées ; six étamines ; presque toujours trois ovaires distincts ; trois styles courts ; capsules oblongues, bivalves et polyspermes.

Varaire blanc, *Veratrum album*, L. (Varaire, Vrairo, Hellébore blanc).—Tige de 6 à 15 décimètres, ferme et rameuse; rameaux dressés ; feuilles grandes, ovales, lancéolées, à nervures parallèles ; fleurs nombreuses, d'un blanc verdâtre. — Vivace.

Obs. Cette belle plante est très-commune dans les prairies des hautes montagnes, surtout dans les Alpes, au Mont-Dore, au Cantal. Les bestiaux n'y touchent guère. Elle empoisonne les chèvres et les brebis qui en mangent par mégarde : elles vomissent d'abord et meurent peu de temps après, si elles en ont pris une certaine quantité. Elle ne produit pas des accidents aussi graves sur les bêtes à cornes. Les chevaux épointent quelquefois ses jeunes feuilles, et Haller dit avoir vu des mulets s'en nourrir sans en être incommodés. Les feuilles, les graines et les racines font périr les poules et tous les oiseaux domestiques. Le Varaire noir, *V. nigrum*, L., qui est très-rare en France, partage toutes les propriétés de celui-ci, et se trouve aussi dans les hautes prairies.

FAMILLE DES LILIACÉES.

Famille de plantes appartenant aux monocotylédones à étamines périgynes, *Monopérigynie* de M. de Jussieu, aux *Monocotylédones phanérogames* de M. de Candolle, et présentant pour caractères des fleurs hermaphrodites; un périgone simple, pétaloïde, libre, à six divisions; six étamines opposées aux divisions du périgone, et souvent soudées avec elles; ovaire entièrement libre, à trois loges, contenant chacune un nombre variable d'ovules; style simple, surmonté d'un stigmate trilobé; ce dernier est quelquefois sessile; pour fruit une capsule à trois loges, s'ouvrant en trois valves; chaque loge contient un grand nombre de graines qui sont fixées à son angle interne; l'embryon est renfermé dans un périsperme charnu ou cartilagineux: sa radicule correspond au hile; cet embryon est quelquefois contourné sur lui-même, ainsi qu'on l'observe dans les *Aulx*.—Les Liliacées sont des plantes à racines bulbeuses, ou fibreuses, à feuilles radicales, quelquefois caulinaires, sessiles ou engaînantes, à nervures simples et parallèles; les fleurs sont nues ou munies de spathe, et varient beaucoup dans leur disposition.

Obs. Les végétaux élégants qui composent cette brillante famille habitent rarement les prairies; les bois, les champs et les coteaux sont leur demeure habituelle; et si elle occupe les premières places dans nos parterres, il n'en est pas de même dans la série des plantes fourragères : c'est à peine si quelques espèces sont dédaigneusement broutées par les animaux. Nous passerons donc rapidement sur cette belle tribu du règne végétal.

Genre Lis, *Lilium*, L.

Périgone campanulé à six divisions droites et réfléchies, et munies d'un sillon sur le dos.

Lis martagon, *Lilium martagon* (Turban), L.—Tige de 6 à 9 décimètres; feuilles verticillées, ovales, lancéolées; fleurs rougeâtres, tachées de brun, pendantes, à segments roulés en dehors. — Vivace.

Obs. Presque toujours abritée sous l'ombrage des forêts, cette belle plante s'en échappe cependant pour se mêler à l'herbe des prairies élevées. C'est ainsi qu'on la voit quelquefois descendre sur les pentes des Alpes, du Mont-Dore, et surtout du Cantal. Presque tous les animaux la mangent assez volontiers, les vaches semblent même la rechercher.

Genre Fritillaire, *Fritillaria*, L.

Périgone en cloche, à six divisions très-profondes, portant chacune à l'intérieur une fossette nectarifère; six étamines.

FRITILLAIRE PINTADE, *Fritillaria meleagris*, L. (Clochette, Cocane, Coccigrole, Damier, Gorgone, Pique, Tulipe des prés).— Tige droite, inclinée au sommet, haute de 2 à 3 décimètres; feuilles longues, peu nombreuses, alternes, linéaires; fleurs grandes, terminales, offrant des couleurs diverses disposées en carreaux. — Vivace.

Obs. Cette jolie plante envahit quelquefois des prairies tout entières, et passe pour nuisible, ou du moins tout aussi inutile que les Narcisses, qui, comme elle, abondent dans certains prés humides.

Genre Ail, *Allium*, L.

Périgone à six divisions ouvertes; six étamines; style persistant; capsule trivalve, trigone, triloculaire; fleurs nombreuses en tête ou ombelle simple. — Plantes bulbifères.

Obs. Ces plantes, qui envahissent quelquefois les prairies sèches, communiquent au laitage et au beurre un goût très-désagréable, et doivent, sous ce rapport, être considérées comme des plantes nuisibles. Le seul moyen de les détruire est d'arracher leurs bulbes.

AIL ANGULEUX, *Allium angulosum*, L. (Ail des mulots).— Racine horizontale, sous-ligneuse; tige nue, remarquable par deux angles opposés, plus ou moins tranchants; fleurs rougeâtres, en ombelle hémisphérique. — Vivace.

Obs. Cette espèce fait partie des pâturages qui s'étendent sur le flanc des Alpes du Dauphiné. Les bestiaux n'y touchent guère, cependant les vaches broutent quelquefois ses feuilles. L'*A. senescens*, L., est une variété de celui-ci, qui habite les mêmes lieux et partage ses propriétés.

AIL VICTORIAL, *Allium victoriale*, L. (Ail serpentin, faux Nard, faux Spinacard).—Tige cylindrique, haute de 2 à 5 décimètres, et entourée à sa base d'un tissu fibreux très-épais; feuilles larges, planes, ovales, oblongues; fleurs d'un blanc verdâtre, en ombelle arrondie; étamines saillantes hors du périgone. — Vivace.

Obs. Cet Ail est assez commun dans les prairies élevées du centre de la France. Les bestiaux le négligent; on

en trouve cependant quelques pieds dont les feuilles ont
été coupées par la dent des animaux.

Ail des vignes, *Allium vineale*, L. — Tiges de 3 à 6 décimètres;
feuilles peu nombreuses, fistuleuses; fleurs roses, souvent remplacées
par des bulbilles qui poussent immédiatement de jeunes feuilles. —
Vivace.

Obs. Très-commun dans les champs, dans les vignes
et dans les prés secs, sur les pelouses, où les animaux
le mangent assez volontiers.

FAMILLE DES NARCISSÉES.

Famille de plantes établie par M. Brown, et dans laquelle il a
réuni tous les genres de la famille des *Narcissées* de Jussieu qui ont
l'ovaire infère. Ses caratères sont : fleurs ordinairement enveloppées
avant leur épanouissement dans des spathes membraneuses, sèches
et monophylles.—Périgone coloré, pétaloïde, monosépale, souvent
tubuleux inférieurement, et soudé par sa base avec l'ovaire, qui
est infère. La gorge du périgone est quelquefois garnie d'un nectaire pétaloïde concave ; six étamines à filaments distincts, rarement adhérents entre eux, insérées sur le tube du périgone, quelquefois au réceptacle ; l'ovaire infère a trois loges pluriovulées,
surmontées d'un style et d'un stigmate quelquefois trilobé ; le fruit
est une capsule à trois valves, à trois loges polyspermes ; plus rarement une baie à trois loges et à trois graines. L'embryon est re-
clus dans un périsperme corné ou charnu ; la radicule est adverse.
—Port analogue à celui des Liliacées.

Obs. Ce que nous avons dit des Liliacées s'applique
entièrement aux Narcissées, dont quelques espèces seulement croissent dans les prés, où, malgré leur beauté,
elles doivent être considérées comme plantes nuisibles
par leur excessive multiplication.

Genre Narcisse, *Narcissus*, L.

*Périgone à six divisions égales; tube muni à l'entrée d'une cou-
ronne d'une seule pièce ; six étamines insérées sur le tube.*

Narcisse faux narcisse, *Narcissus pseudo-narcissus*, L.(Aiault, Chau-
don, Chaudron, Clochette des bois, Coquelourde, Fleur de coucou;
Jeannette, Marteau, Narcisse jaune, Narcisse des prés, Narcisse sauvage, Porion, Porillon). — Hampe uniflore, comprimée, feuilles
obtuses, glauques, plus courtes que la hampe ; couronne d'un jaune
foncé, crispée, et aussi longue que les segments du périgone. — Vivace.

Obs. Cette espèce fleurit de très-bonne heure dans les
bois et les pâturages. Elle est extrêmement commune

dans le nord de la France, où elle infeste quelquefois les prairies. Les bestiaux n'y touchent pas. C'est une plante inutile et très-difficile à détruire. Dans le centre de la France, on ne la retrouve plus que dans les prairies des montagnes, au Mont-Dore, au Cantal, et toujours à une grande élévation. Le *N. minor*, L., le *N. major*, Lois., ne paraissent être que des variétés locales de celui-ci.

NARCISSE DES POÈTES, *Narcissus poeticus*, L. (*Narcissus patellaris*, Salisb. ; *Narcissus uniflorus*, Haller; Genette, Jeannette, Cou de chameau, Narcisse des jardins). — Hampe uniflore, comprimée ; euilles aussi longues que la hampe; fleurs blanches; spathe à deux obes ; couronne très-courte, bordée de rouge orangé. — Vivace.

Obs. Ce Narcisse abonde dans les prairies du centre de la France, et descend jusque dans la Provence, où il est remplacé sur les bords de la mer par le *tazetta*. Aucun animal ne touche à ses feuilles. Il est quelquefois si abondant, qu'on est obligé de le faucher de bonne heure, pour que les autres herbes, qu'il étouffait, puissent se développer et donner du foin.

NARCISSE TAZETTE, *Narcissus tazetta*, L. (Narcisse à bouquets, Narcisse de Constantinople). — Hampe arrondie, comprimée en bas et en haut; feuilles planes, glauques; fleurs réunies de deux à vingt dans une spathe commune; couronne orangée, moitié moins longue que le périgone. — Vivace.

Obs. Dans les prés maritimes de toute la Provence et de l'Italie, où il remplace le *poeticus* avec tous ses désavantages pour les prairies. Le *N. polyanthos*, Lois., s'en rapproche beaucoup et se comporte de même.

NARCISSE BULBOCODE, *Narcissus bulbocodium*, L.—Hampe uniflore ; feuilles plus longues que la hampe ; fleurs très-grandes, jaunes ; couronne évasée au sommet, plus longue que les segments du périgone. —Vivace.

Obs. Dans les Pyrénées et dans plusieurs prairies de l'Espagne et du Portugal, ce Narcisse remplace le *pseudo-narcissus*, et comme tous les autres, il est négligé des bestiaux.

Genre Nivéole, *Leucoium*, L.

Périgone à tube court, à limbe campanulé, à six divisions profondes, égales entre elles, épaissies au sommet; six étamines ; stigmate simple.

Nivéole printanière, *Leucoium vernum*, L. (Grelot blanc). — Hampes nues, hautes de 1 à 2 décimètres; feuilles radicales, planes, étroites; fleurs banches, solitaires, pendantes, sortant d'une spathe. — Vivace.

Obs. Cette plante, comme les Narcisses, habite souvent les bois, mais en sort également pour se disséminer dans les prés qui les avoisinent. On la rencontre dans les Alpes, aux environs de Grenoble. Les bestiaux refusent ses feuilles. Il en est de même du *L. œstivum*, L., qui croît dans le Midi, et de l'*autumnale*, L., qui est encore plus méridional.

Genre Galanthine, *Galanthus*, L.

Périgone à six divisions, trois extérieures, blanches et concaves, trois intérieures, échancrées, striées de vert et moitié plus courtes; six étamines rapprochées par les anthères.

Galanthine perce-neige, *Galanthus nivalis*, L. (Baguenaudier de printemps et d'hiver, Campane blanche, Galant d'hiver, Galanthine, Nivéole, Pucelle, Violette de février, Violette de la Chandeleur, Violier bulbeux, Violier d'hiver).—Feuilles radicales, planes, fleurs pendantes, solitaires. — Vivace.

Obs. Cette jolie plante, qui fleurit en février et mars, est quelquefois très-abondante dans les prairies fraîches et un peu ombragées. Malgré sa précocité, elle est complétement négligée des bestiaux. La plupart du temps sa présence est tout-à-fait insignifiante.

FAMILLE DES IRIDÉES.

Famille de plantes monocotylédones, appartenant à la *Péristaminie* de M. de Jussieu, et aux *Endogènes* de M. de Candolle. Ses caractères sont : périgone tubuleux à sa base, à limbe divisé en six parties, souvent inégales, dont trois extérieures plus petites, et trois intérieures plus grandes: trois étamines périgynes et opposées aux divisions alternes du limbe du périgone; filets distincts, ou rarement soudés en un tube traversé par le style; anthères extrorses; ovaire infère, à style unique, à trois stigmates; capsule triloculaire, trivalve et polysperme; semences souvent arrondies, disposées ordinairement sur deux rangs dans chaque loge, et attachées au bord central des cloisons; périsperme charnu ou cartilagineux; embryon droit.—Racine tubéreuse; tige quelquefois nulle, presque toujours herbacée; feuilles alternes, engaînantes, souvent ensiformes; fleurs solitaires au sommet des tiges, ou disposées en épi et en corymbe terminal, enfermées en naissant dans des spathes membraneuses, souvent bivalves.

9

Obs. Cette famille peu nombreuse ne nous donne que des végétaux tout-à-fait inutiles à l'agriculture. Malgré la beauté de leurs fleurs, les Iridées ne nous offriront qu'un bien faible intérêt, et si elles figurent dans notre Flore c'est que deux ou trois espèces se rencontrent dans les prairies, dont nous devons décrire tous les habitants.

Genre Iris, *Iris*, L.

Périgone à six divisions, dont trois externes, plus grandes et ouvertes; trois intérieures, plus petites, dressées; trois étamines; un style court et se divisant en trois stigmates pétaloïdes.

Iris glayeul, *Iris pseudo-acorus*, L. (Faux Acore, fausse Flambe, Flambe d'eau, Flambe bâtarde, Gauche, Glayeul des marais, Iris des marais, Iris jaune, Liaverd, Pavé). — Tige de 1 à 2 mètres, multiflore; feuilles longues, ensiformes, engaînées et parfois plus longues que la tige; fleurs jaunes, rayées de noir. — Vivace.

Obs. Espèce commune le long des ruisseaux, dans les prés humides et ombragés de toute l'Europe. Les bestiaux ne mangent pas ses feuilles, qui donnent un très-mauvais fourrage.

Iris de Sibérie, *Iris sibirica*, L. (*Iris pratensis*, Lam.)—Tiges presque nues, hautes de 10 à 12 décimètres, grêles; feuilles linéaires, moins longues que la tige; fleurs bleues, panachées de jaune et de blanc; spathes scarieuses; ovaire à trois angles. — Vivace.

Obs. Cette espèce, assez commune dans les prés humides de l'Alsace, des Vosges et du Dauphiné, occupe, dans ces prairies, la place de végétaux utiles; elle est tout-à-fait négligée des troupeaux.

Genre Safran, *Crocus*, L.

Périgone à tube grêle, double du limbe, qui est à six divisions régulières, droites; stigmate épais.—Plante bulbifère.

Safran printanier, *Crocus vernus*, L. — Feuilles planes, étroites, linéaires; fleurs violettes ou blanches; hampe plus courte que les feuilles; stigmate droit, trifide, plus long que le tube. — Vivace.

Obs. Cette petite plante, extrêmement commune dans les prés des montagnes des Alpes, des Pyrénées et de l'Auvergne, est tout-à-fait insignifiante. Elle est trop petite pour être nuisible dans les prairies.

Genre Ixie, *Ixia*, L.

Périgone à tube plus ou moins allongé, à limbe ouvert, à six divisions égales ; trois étamines ; stigmate à trois divisions longues, filiformes.

Ixie bulbocode, *Ixia bulbocodium*, L.—Plante bulbeuse ; feuilles planes, linéaires, courbées en gouttière, beaucoup plus longues que la hampe ; fleurs solitaires, de grandeur et de couleurs variables ; stigmate trilobé, à lobes bifides. — Vivace.

Obs. Très-commune sur toutes les pelouses sèches du Languedoc et de la Provence, cette plante est tout-à-fait insignifiante par ses petites dimensions.

FAMILLE DES ORCHIDÉES.

Famile de plantes dicotylédones appartenant à la *Monoépigynie* de M. de Jussieu, et aux *Endogènes* de M. de Candolle. Le célèbre auteur du *Genera plantarum* assigne à cette famille les caractères suivants : périgone monosépale adhérent à l'ovaire, ordinairement coloré, à limbe divisé en six lobes, trois extérieurs et trois intérieurs ; un des trois premiers est supérieur, et porte le nom de *casque* ; les deux autres sont latéraux, inférieurs ; deux des intérieurs sont latéraux supérieurs ; le troisième inférieur, nommé *labelle*, a souvent une forme différente de celle des autres, et une dimension plus considérable ; sa base est tantôt nue, et tantôt prolongée en un éperon ou corne creuse ; ovaire simple, adhérent au périgone, surmonté d'un style qui s'élève de son côté, répondant au lobe supérieur du périgone ; stigmate simple, terminant la surface intérieure du style ; trois filets d'étamines insérés sur l'ovaire, entre le style et les trois lobes supérieurs du périgone ; les deux filets latéraux ordinairement stériles, tantôt apparents, plus ou moins allongés, tantôt très-courts et presque nuls ; le troisième intermédiaire, placé derrière le style, s'applique contre son dos dans presque toute sa longueur, et la réunion de ces deux organes a été nommée *gynostème* par le professeur Richard. Ce filet supporte une anthère partagée en deux loges uniloculaires, qui sont tantôt rapprochées au sommet du filet, ou un peu plus éloignées par ses deux côtés, tantôt plus rapprochées de sa base ; chaque loge s'ouvre en deux valves, et laisse apercevoir des poussières fécondantes, nombreuses et très-menues, liées ensemble en une ou plusieurs masses, par une substance élastique que l'on peut distendre, et qui se rétracte ensuite d'elle-même. La base rétrécie de ce lien tient à la loge par un petit épanouissement visqueux, par lequel la masse, lancée au dehors à l'époque de la fécondation, s'attache à quelques parties intérieures de la fleur. L'ovaire devient en mûrissant une capsule uniloculaire, à trois angles plus ou moins saillants, lesquels, unis à la base et au sommet, présentent la forme d'un châssis à trois montants, auxquels sont appliquées, sur les trois faces, trois valves qui s'en détachent à la maturité du fruit, et jettent au dehors des graines nombreuses et menues comme de la sciure de bois, portées sur la face intérieure de ses valves. Ces graines, couvertes d'un tégument oblong, fusiforme, sont globuleuses, remplies par un périsperme au sommet duquel est un embryon extrêmement petit.—Racines fibreuses ou tubéreuses, tiges herbacées, quelquefois grimpantes et parasites; feuilles radicales ou caulinaires, alternes; fleurs terminales, solitaires, ou en épis. (JUSSIEU, *Dict. des sciences naturelles*.)

Obs. La nombreuse et singulière famille des Orchidées est répandue dans toutes les contrées chaudes et tempérées de l'Europe, et va s'éteindre avant le cercle polaire. Les plantes qui la composent habitent presque toutes les prairies, les pelouses, les pâturages, et quoique d'une culture très-difficile végètent admirablement au milieu des autres espèces de végétaux. Ce sont peut-être les fleurs les plus élégantes des prairies. On les voit çà et là élever leurs grappes rouges, blanches, vertes ou panachées, au-dessus des Graminées, qui ne sont pas encore bien développées. Malgré leur beauté et leur multiplicité dans quelques parties des prairies, les Orchidées ne sont pas moins des plantes insignifiantes, et pour cette raison nous ne grossirons pas ce volume de la description d'une centaine d'espèces, qui diffèrent par leurs caractères botaniques, mais qui, sous le point de vue de l'économie rurale, n'offrent que peu d'intérêt. Tous les bestiaux, mais surtout les chevaux, mangent les Orchidées avec plaisir, sans trop les rechercher. Leurs tiges, assez courtes, sont rarement coupées par la faux, et d'ailleurs leur précocité les garantit presque toujours de cette atteinte.

FAMILLE DES ÉLÆAGNÉES.

Famille de plantes qui, telle qu'elle a été présentée par M. de Jussieu dans son *Genera*, renfermait un assez grand nombre de genres, dont plusieurs ont servi de types aux nouvelles familles des *Santalacées* et des *Combrétacées*, établies par M. Robert Brown. Telle qu'elle existe maintenant, cette famille appartient aux dicotylédones apétales, à étamines périgynes, *Péristaminie* de M. de Jussieu, et aux *Monochlamydées* de M. de Candolle. Elle présente les caractères suivants: fleurs unisexuées et dioïques, hermaphrodites dans le seul genre *Elæagnus*. Dans les hermaphrodites, le calice est infundibuliforme; son limbe est campanulé, à quatre ou cinq loges. Dans les fleurs mâles, le calice se compose de trois à quatre écailles se recouvrant latéralement; le nombre des étamines varie de trois à huit; elles sont presque sessiles, introrses, s'ouvrant par un sillon longitudinal. Les fleurs femelles ont un calice monosépale, persistant, tubuleux à la base : son limbe est régulier, à quatre ou cinq divisions ; l'ovaire est libre, à une seule loge, contenant un ovule pédicellé et ascendant ; le style est court, terminé par un stigmate simple, allongé, épais et glanduleux. Le fruit se compose du tube du calice qui s'est épaissi et est devenu charnu, et qui recouvre un akène ovoïde, oblong ; son péricarpe est mince, indéhiscent, renfermant une seule graine ascendante, qui se compose d'un tégument propre, membraneux ou crustacé, d'un endosperme charnu, mince, et renfermant un embryon dressé dont la radicule est conique, et les cotylédons planes et charnus.—Les Elæaguées sont de petits arbres ou des arbrisseaux à rameaux souvent épineux dans les individus sauvages, portant des feuilles simples, alternes ou opposées, entières ou dentées, recouvertes de petites écailles blanchâtres ; les fleurs sont petites, solitaires ou diversement réunies à l'aisselle des feuilles.

Obs. On ne trouve dans cette famille que peu d'espèces appartenant à la flore française, et moins encore à celle des prairies. Le seul genre *Thesium* y est représenté.

Genre Thésium, *Thesium*, L.

Périgone à quatre à cinq divisions ; quatre à cinq étamines ; fruit capsulaire, infère, indéhiscent, couronné par les dents du calice et monosperme.

Thésium à feuilles de lin, *Thesium linophyllum*. L. — Tige rameuse, couchée, demi-ligneuse, anguleuse ; feuilles glabres, alternes, linéaires ; fleurs herbacées, longuement pédonculées ; deux bractées aiguës, inégales à la base des pédoncules. — Vivace.

Obs. Cette plante croît sur les collines, dans les prés secs, montagneux, calcaires ou volcaniques des contrées tempérées de l'Europe. Elle fleurit en mai. Elle s'étend quelquefois beaucoup, mais s'élève trop peu pour que la faux puisse l'atteindre. Elle est broutée par les bestiaux, surtout par les moutons. Une espèce très-voisine, le *Th. alpinum*, L., se distingue par ses fleurs non paniculées et presque sessiles. Elle remplace la précédente dans les prés élevés des Alpes, des Pyrénées et de l'Auvergne.

FAMILLE DES POLYGONÉES.

Famille très-naturelle de plantes dicotylédones apétales, à étamines périgynes, appartenant à la sixième classe, *Péristaminie* de M. de Jussieu, et aux *Exogènes monochlamydées* de M. de Candolle. Dans cette famille, le périgone est simple, monosépale, partagé en trois, cinq ou six divisions, qui, avant l'épanouissement, se recouvrent mutuellement par un de leurs côtés, et qui souvent sont persistantes; les étamines, en nombre variable mais défini, rarement au-delà de quinze, sont insérées au fond du calice; leurs filets sont distincts; leurs anthères, biloculaires, arrondies, s'ouvrent par une fente longitudinale. L'ovaire est simple, libre, à une seule loge, contenant un seul ovule inséré au bas de la loge; il est terminé par deux ou trois stigmates simples ou divisés, quelquefois sessiles, d'autres fois portés sur autant de styles. Le fruit est très-petit, triangulaire, formé d'une seule graine couverte d'un tégument extérieur ferme (*cariopse*, Jussieu; *akène*, Richard) et indéhiscent, tenant lieu de capsule, et revêtu par le calice qui, quelquefois, devient charnu. Cette graine contient dans son intérieur un périsperme farineux, sur le côté duquel est appliqué, plus ou moins profondément, un embyron dicotylédon, à radicule dirigée supérieurement. —Les plantes de cette famille ont ordinairement la tige herbacée, rarement ligneuse; leurs feuilles sont alternes, roulées en dessous des bords latéraux à la côte moyenne, avant leur developpement, engaînantes à la base; ces gaînes sont minces et membraneuses; leurs fleurs, souvent petites et verdàtres, sont axillaires ou terminales.

Obs. Le groupe dont nous allons parler contient des espèces qui offrent en général peu d'éclat, et dont les tiges herbacées et les larges feuilles se présentent souvent au milieu de nos prés.

Nous allons passer en revue le petit nombre de genres dont les espèces habitent les prairies ou peuvent servir de plantes fourragères.

Genre Renouée, *Polygonum*, L.

Périgone divisé en cinq à six parties persistantes; cinq à neuf étamines et plus souvent huit; deux à trois ovaires, surmontés de deux à trois styles; fruit sec, indéhiscent, monosperme, ovale ou triangulaire.

Obs. Les espèces de ce genre sont nombreuses, et plusieurs d'entre elles peuvent servir à la nourriture des bestiaux.

Renouée bistorte, *Polygonum bistorta*, L. (Feuillotte, Serpentaire femelle, Serpentaire mâle). — Racine grosse, tortueuse, brune en dehors, rose en dedans; tige simple, grêle, haute de trois à six décimètres; feuilles radicales grandes, glauques en dessous, et décurrentes sur leurs longs pétioles; les caulinaires sessiles, ovales, ondulées; fleurs roses en épi nu, oblong et terminal. — Vivace.

Obs. La Bistorte, que l'on désigne aussi sous le nom de *Langue de bœuf*, existe en abondance dans les prairies de l'Europe tempérée, mais surtout dans les contrées montagneuses. Quelques pacages des Alpes du

Dauphiné, de l'Auvergne surtout, en sont couverts. Eile s'étend très-loin dans le Nord, mais elle y devient rare. Elle fleurit en juin et juillet. Tous les bestiaux, excepté le cheval, mangent ses feuilles, qui donnent une assez grande valeur à certaines prairies. En Auvergne, on estime d'autant plus un pacage]de montagne, qu'il renferme une plus grande quantité de *Langues de bœuf.* Il est vrai que cette plante, qui donne un mauvais foin, est pour les bêtes à cornes, et surtout pour celles qui sont à l'engrais, une excellente nourriture. On la cultive pour fourrage en Suisse et dans quelques parties du Jura.

RENOUÉE VIVIPARE, *Polygonum viviparum*, L.—Se raproche de la précédente, mais elle est plus petite dans toutes ses parties, et sa racine est une espèce de petit bulbe ; son épi est grêle, allongé, composé de fleurs blanches.— Vivace.

Obs. Cette plante fleurit en juillet et août ; elle n'habite que les pays froids, tels que les pâturages des Alpes, des Pyrénées, du Mont-Dore. Elle s'étend jusque dans la Laponie. Comme le froid ne lui permet pas toujours de mûrir ses graines, elle a la faculté de produire ordinairement, au bas de l'épi, des tubercules munis de jeunes feuilles, qui donnent naissance à de nouveaux individus. Ce *Polygonum* se mélange à l'herbe des hautes prairies, et partage toutes les propriétés du précédent.

M. Bonafous le cite comme une des bonnes plantes fourragères du pays de Gruyères,

RENOUÉE AMPHIBIE, *Polygonum amphybium*, L. — Tiges glabres, flexueuses, nageantes ou dressées ; feuilles ovales, lancéolées, glabres, denticulées, quelquefois nageantes et longuement pétiolées ; stipules courtes, entières ; fleurs roses en épi. — Vivace.

Obs. Tantôt cette espèce croît tout-à-fait dans l'eau et vient fleurir à sa surface, tantôt elle habite la vase, se dresse et vient se mêler à l'herbe des prairies marécageuses. Sèche, c'est un mauvais foin, mais fraîche, tous les bestiaux la recherchent, excepté les vaches, qui n'y touchent pas. Les chevaux en sont très-friands, mais on assure que c'est pour eux une mauvaise nourriture.

RENOUÉE POIVRE D'EAU, *Polygonum hydropiper*, L. (Curage, Persicaire âcre, Persicaire brûlante, Piment aquatique, Piment d'eau,

Piment brûlant).—Tiges lisses, articulées; feuilles lancéolées ; pétioles courts; fleurs blanchâtres, un peu rosées. — Annuelle.

Obs. Cette espèce habite les fossés et les lieux humides. Elle pénètre rarement dans l'intérieur des prairies, mais souvent on la trouve sur les bords. Elle a une saveur âcre très-forte, qui la fait repousser de tous les animaux, auxquels elle serait sans doute très-nuisible.

Renouée persicaire, *Polygonum persicaria*, L. (Curage, Fer à cheval, Persicaire douce, Pied-rouge, Pilingre).—Tige rameuse, couchée à la base, articulée; feuilles entières, lancéolées, finissant en pétioles, souvent tachées de noir dans le centre; stipules ciliées; fleurs rouges ou blanches en épis terminaux, ovales, oblongs. — Annuelle.

Obs. La Persicaire est commune dans les lieux humides, sur le bord des fossés. Comme les précédentes, elle ne s'étend guère vers le Midi, tandis qu'au nord de l'Europe elle atteint la Suède et la Norwège. Les bêtes à cornes et les cochons ne mangent point cette plante, qui plaît assez aux chevaux et aux moutons, mais qui, d'ailleurs, est un mauvais fourrage. Plusieurs plantes qui partagent toutes les propriétés de la Persicaire, ont été considérées, par les botanistes, comme des espèces distinctes. Telles sont les *P. minus*, All., ou *pusillum*, Lam.; *incanum*, Wild.; *lapathifolium*, L.; *pulchellum*, Lois.; *arenarium*, Wald.

Renouée centinode, *Polygonum aviculare*, L. (Achée, Corrigiole, Crépinette, fausse Senille, Herbe à cochons, Herbe aux panaris; Herbe de saint Innocent, Herniole, Langue de passereau, Lie-glane; Renouée, Renue, Rouille, Sanguinaire, Tirasse, Tire-goret, Traînasse). — Tiges articulées très-rameuses, couchées; feuilles vertes, lancéolées; fleurs petites, blanches ou roses, ramassées par paquets de quatre dans les aisselles ; stipules elliptiques, membraneuses, un peu lacérées au sommet. — Annuelle.

Obs. La Centinode est commune dans toute l'Europe, et croît indistinctement partout, et presque dans tous les terrains. Foulée aux pieds, couverte alternativement de poussière et de boue, exposée aux rayons ardents du soleil ou noyée sous des eaux stagnantes, elle ne périt pas, repousse continuellement du pied, verdit sous la neige, et n'est suspendue dans sa végétation que par la gélée, qui semble ne lui porter aucune atteinte. Suivant la nature du sol où elle croît, elle se développe, s'étend ou se resserre dans de différentes limites. Tantôt ses tiges sont longues et traçantes, tantôt rabougries et rameuses, couchées ou dressées. Elle se mêle rarement à l'herbe des prairies, quoique cependant on la trouve dans les meilleurs prés de la Lombardie ; mais elle dispute leurs sentiers aux piétons, et couvre le sol partout où l'herbe vient à manquer. Elle croît également au milieu des céréales, et y reste presque inaperçue jusqu'à la récolte ; alors, seulement, elle se développe, s'étend, et c'est souvent elle seule qui nourrit les moutons que l'on mène paître dans les champs dont les moissons viennent d'être enlevées. On dit cependant, et très-probablement sans fondement, qu'elle nuit à ces animaux. Tous les bestiaux la mangent. Les cochons et les oies la recherchent avec avidité. Elle fleurit à la fin de l'été ; c'est un fourrage très-tardif et presque d'hiver. Dans quelques pays, on la ramasse soigneusement, au moyen de rateaux de fer, et on en nourrit les vaches, les cochons, les lapins, les poules, etc.

Le *Polygonum Bellardi*, All., n'en est qu'une variété plus grande, moins savoureuse pour les bestiaux. Elle habite la Provence. Le *Polyg. maritimum*, L., commun sur les bords de la mer, en diffère par des caractères tranchés et par ses tiges presque ligneuses, qui le rendent trop dur pour être agréable aux bestiaux, qui mangent cependant ses jeunes pousses.

RENOUÉE DES ALPES, *Polygonum alpinum*, All. — Tige rameuse, haute de six à neuf décimètres ; feuilles ovales, lancéolées, glabres, ciliées sur les bords ; stipules membraneuses, hérissées ; fleurs d'un blanc rosé et disposées en grappes paniculées. — Vivace.

Obs. Cette belle espèce croît çà et là par petits groupes dans les prairies des Alpes. Les bestiaux la mangent comme la Bistorte ; mais sèche, elle produit un mauvais foin.

RENOUÉE LISERONNE, *Polygonum convolvulus*, L. (Vreille, Vrillée bâtarde, Vrillée sauvage).—Tige grimpante, glabre, anguleuse ; feuilles en cœur, pétiolées, entières ; stipules à peine apparentes ; fleurs blanches, ternées et formant une sorte de panicule étagée ; périgone à cinq segments, dont deux petits, caducs. — Annuelle.

Obs. Très-commune dans les moissons, cette espèce, qui acquiert souvent une teinte rougeâtre, est, avec la

Centinode, la principale nourriture des moutons qui vont paître dans les champs après la récolte des céréales. Les vaches l'aiment beaucoup; les autres bestiaux la mangent aussi. Elle pénètre rarement dans les prairies, et se sème d'elle-même dans les champs, où elle fleurit tard et dure jusqu'au-delà des gelées.

Renouée des buissons, *Polygonum dumetorum*, L. (Grande Vrillée bâtarde).—Tige grimpante, striée, anguleuse; feuilles glabres, pétiolées, sagittées; fleurs blanches ou rosées, en petits bouquets axillaires et terminaux; graines triangulaires, recouvertes par trois folioles persistantes du calice, et munies d'ailes membraneuses et saillantes. — Annuelle.

Obs. Cette plante, qui fleurit vers la fin de l'été, croît dans les bois, les haies, les buissons, les lieux couverts, et partage les propriétés économiques de la précédente.

Le Sarrazin, ou Blé noir, *Polygonum fagopyrum*, ordinairement cultivé comme céréale, l'est aussi, quoique plus rarement, pour fourrage. Cette plante, à l'état frais, est nuisible à la plupart des bestiaux; elle se dessèche très-mal et donne un foin grossier, qui s'échauffe très-facilement, s'il n'est pas parfaitement sec. Nous ne la citons ici que pour engager les cultivateurs à ne pas la considérer comme plante fourragère.

Genre Rumex, *Rumex*, L.

Périgone à six divisions profondes, dont trois intérieures, pétaloïdes, et trois extérieures, plus petites, réfléchies; six étamines; deux à trois styles; fruit monosperme, indéhiscent, triangulaire.

Obs. Les Rumex sont très-communs dans les prés, où ils étalent leurs larges feuilles coriaces, qui nuisent beaucoup au développement des Graminées. Ce sont des plantes nuisibles, très-vigoureuses et très-difficiles à détruire. On ne peut y parvenir qu'en les coupant entre deux terres avant la maturité de leurs graines.

Rumex crépu, *Rumex crispus*, L. (Parelle sauvage, Parèle, Parène, Patience sauvage, Reguette).—Tige rameuse, sillonnée, haute de six à neuf décimètres; feuilles lancéolées, linéaires, crépues, ondulées, les inférieures pétiolées; fleurs verdâtres en épi rameux.—Vivace.

Obs. Très-commune dans les prés, cette espèce s'y développe avec une grande vigueur, et dénote un terrain gras, frais et fertile. Elle nuit par ses grosses tiges dures et ses feuilles nombreuses, que les chevaux seulement veulent manger. Sèche, elle donne un très-mauvais foin. Quelques Rumex, qui ressemblent beaucoup à celui-ci, en partagent les propriétés. Tels sont les *R. patientia*, L., qui habite les pâturages humides des Alpes ; *R. nemolapathum*, L., qui croît dans les bois herbus ; *R. acutus*, L., et *obtusifolius*, L., mélangés dans les prairies au *R. crispus*, dont ils ne sont pour ainsi dire que des variétés.

RUMEX DIVARIQUÉ, *Rumex divaricatus*, L. — Tige flexueuse, striée, diffuse et dichotome ; feuilles radicales cordiformes, sinuées sur les bords ; les caulinaires crénelées, sessiles ; fleurs herbacées ; valvules presque triangulaires, dentées, épineuses sur les bords.—Bisannuel.

Obs. Cette espèce, très-voisine du *R. aquaticus* de L., que selon toute apparence nous n'avons pas en France, croît au bord des chemins, le long des haies. Les chevaux la mangent, et les autres bestiaux la négligent, ainsi que les *R. maritimus*, L., *R. palustris*, Smith, espèces également bisannuelles et plus rares que les précédentes dans les prés.

RUMEX DES ALPES, *Rumex alpinus*, L. (Patience des Alpes, Rhapontic, faux Rhapontic, Rhapontic des moines, Rhubarbe de montagne, Rhubarbe des Alpes, Rhubarbe des moines).—Racine très-grosse, jaunâtre à l'intérieur ; tige épaisse, striée, rameuse, de six à douze décimètres ; feuilles radicales, grandes, ovales, arrondies, ondulées, ridées, pétiolées ; fleurs herbacées, polygames ; deux des valves du périgone à tubercules granifères.—Vivace.

Obs. Cette grande espèce, très-commune dans les Alpes et plus encore en Auvergne, au Mont-Dore surtout, suit pour ainsi dire l'homme dans toutes ses stations. Elle aime les lieux frais et gras; elle s'y développe excessivement, envahit le terrain, et disparaît peu à peu, quand elle a consommé tous les engrais du sol. Les chevaux en mangent quelquefois les feuilles; mais les autres animaux laissent la plante parfaitement intacte.

RUMEX OSEILLE, *Rumex acetosa*, L. (Oseille des prés, Aigrette, Oseille longue, Surelle, Surette, Vinette). — Tige dressée, striée, fistuleuse ; feuilles inférieures pétiolées ; les caulinaires sessiles, ovales, oblongues, sagittées à la base ; fleurs herbacées, paniculées, dioïques. — Vivace.

Obs. Cette plante, que l'on cultive sous le nom d'*Oseille,* est commune dans la plupart des prairies. Comme la Patience, elle indique un bon fonds gras et un peu argileux. Elle fleurit à la fin du printemps, et donne un très-mauvais foin très-difficile à dessécher et très-dur, quand ses tiges ont déjà monté à l'époque de la fauchaison. A l'état frais tous les bestiaux la mangent sans la rechercher ; elle est peu nourrissante.

Rumex surelle, *Rumex acetosella*, L. (Oseille dé brebis, Oseille de Pâques, Oseillette, petite Oseille, petite Vinette, Sarcille, Sarcillette, Vinette sauvage).—Tige petite, très-grêle ; feuilles toutes pétiolées, lancéolées, hastées, à oreillettes divergentes, horizontales ; fleurs herbacées, souvent rougeâtres et paniculées.—Vivace.

Obs. On trouve cette espèce partout, dans les terrains arides un peu sablonneux, sur les pelouses, dans les prés secs, dans les bois, aux lieux où l'on a fabriqué du charbon, et dans les champs, qu'elle couvre quelquefois complétement après l'écobuage. Tous les bestiaux la mangent au printemps ; les brebis la recherchent, et Bosc dit qu'elle s'oppose chez elles à la pourriture, d'où lui vient le nom d'*Oseille de brebis*. Cependant tous les troupeaux préfèrent l'espèce précédente.

Rumex a écusson, *Rumex scutatus*, L. (Oseille ronde, petite Oseille). —Tiges couchées à la base ; feuilles glauques, sagittées ou hastées et même cordiformes ; fleurs hermaphrodites en épi grêle, peu fourni ; valvules entières.—Vivace.

Obs. Cette Oseille, qui rarement fait partie des prairies, s'empare des lieux pierreux, des murailles et des coteaux, dans le centre et le midi de la France. C'est un mauvais fourrage, que les moutons seuls broutent sans le rechercher.

Rumex a feuilles d'arum, *Rumex arifolius*, All. — Tige sillonnée, haute de six à dix décimètres ; feuilles toutes pétiolées, oblongues, hastées ; fleurs dioïques.—Vivace.

Obs. Cette espèce vit dans les bois et dans les pâturages élevés des montagnes, dans les Alpes et surtout au Mont-Dore, où elle est assez commune. Les bestiaux la mangent, mais en petite quantité. Les chevaux l'aiment plus que les autres. A l'état sec, elle est, comme tous les Rumex, un très-mauvais fourrage.

FAMILLE DES CHÉNOPODIÉES.

Famille de plantes dicotylédones que M. de Jussieu a nommées *Atriplicées*, et qu'il a placées dans la *Péristaminie*; elle appartient aux *Monochlamydées* de M. de Candolle, et offre pour caractères des fleurs petites, verdâtres, communément hermaphrodites, et diversement placées sur la plante; périgone simple, monosépale, profondément divisé; étamines en nombre ordinairement égal à celui des divisions du périgone, toujours insérées à sa base; ovaire libre, simple, chargé d'un ou plusieurs styles, terminés chacun par un stigmate; le fruit est quelquefois une baie à plusieurs loges et à plusieurs graines, quelquefois une fausse baie, produite par le périgone persistant et devenu succulent; le plus souvent c'est un cariopse monosperme nu ou recouvert par le calice; périsperme farineux, central, entouré par un embryon circulaire ou roulé en spirale, à radicule inférieure. — Tiges presque toujours herbacées rameuses; feuilles simples, entières ou incisées, sans stipule ni gaîne à leur base.

Obs. Les Chénopodiées forment un groupe assez nombreux, dont les espèces, comme celles de la famille précédente, sont loin d'offrir des fleurs éclatantes, mais dont plusieurs sont très-utiles à l'homme et aux animaux.

Genre Bette, *Beta*, L.

Périgone à cinq divisions, serré, adhérent à l'ovaire; cinq étamines; deux styles; graines réniformes, enveloppées à la base par le calice, qui forme une espèce de capsule.

BETTE MARITIME, *Beta maritima*, L. —Tige un peu couchée à la base, glabre, branchue, feuilles décurrentes, ovales, pointues; fleurs herbacées, solitaires ou géminées. — Bisannuelle.

Obs. On rencontre cette plante çà et là sur les bords de l'Océan et de la Méditerranée. Les bestiaux la mangent quand elle est jeune, mais elle durcit promptement.

BETTE COMMUNE, *Beta cycla*, L. (Racine de disette, Betterave champêtre, Racine d'abondance, Réparée, Poirée, Blette, Navet de Bourgogne).—Tige, anguleuse cannelée; feuilles grandes, ovales, en cœur, tendres et succulentes, nervures saillantes, jaunes ou rouges, portées sur un pétiole large et épais; fleurs petites, sessiles, réunies trois à quatre dans les aisselles des feuilles supérieures, et formant ainsi de longs épis grêles et peu serrés. — Bisannuelle.

Obs. Cette espèce, dont plusieurs variétés sont cultivées sous les noms de *Betterave* et de *Poirée*, ne se rencontre nulle part en France à l'état sauvage. Elle offre une variété à feuilles plus longues et plus étroites que l'on désigne sous le nom de *Bette élevée*. Elle est cultivée en plein champ pour les bestiaux, par les nourrisseurs des environs de Paris. Comme toutes les plantes très-aqueuses, elle fait donner beaucoup de lait aux vaches, sans que sa qualité soit augmentée dans les mêmes proportions; mais près des grandes villes, où il importe de produire beaucoup pour augmenter ses bénéfices, l'agriculteur trouvera de grandes ressources dans une plante aussi vigoureuse. On la sème au printemps, à la volée; on fauche deux fois et quelquefois trois avant que la plante n'ait acquis tout son développement, et l'on nourrit au vert à l'étable. On laboure en automne, et tous les produits de cette plante sont obtenus en quatre mois.

La Betterave ordinaire donne aussi, par ses feuilles, un fourrage vert extrêmement abondant; mais comme on la cultive généralement pour obtenir du sucre, il faut arracher les feuilles çà et là, avec quelque ménagement, pour ne pas nuire à la vigueur de la plante, qui se nourrit en partie par ces organes.

On peut les récolter successivement; mais il faut attendre que de verticales elles deviennent un peu horizontales, et par conséquent qu'elles aient atteint leur entier développement et qu'elles soient mûres, sur le point de se flétrir, sans pourtant attendre ce moment. Ces feuilles ont d'ailleurs une propriété purgative qui ne permet pas de les donner seules aux bestiaux.

Le produit principal des Betteraves, même comme plante fourragère, est certainement la racine, que tous les animaux mangent volontiers, et qui, à poids égal, est plus nourrissante que ses feuilles et moins que le foin, puisque l'on regarde généralement 260 kilogrammes de racines comme équivalant, sous ce rapport, à 100 kilogrammes de foin.

Elle convient mieux à l'engrais des porcs et à l'entretien des vaches laitières qu'à l'alimentation du cheval et du bœuf travailleurs. Les chevaux qui en mangent s'engraissent et deviennent mous, et de crainte de l'obésité cachectique, on en donne peu aux moutons.

Aux Etat-Unis, on la cultive pour l'engraissement

des porcs, et en Angleterre, comme aux environs de Paris, pour les vaches laitières. Seule, cette racine suffit pour donner à ces animaux d'excellent lait en grande quantité, et même pour les engraisser, inconvénient auquel on remédie en leur donnant en même-temps de la paille pour nourriture. Il faut donner ces racines cuites ou hâchées.

La Betterave produit beaucoup, jusqu'à 60,000 kilog. par hectare; mais elle est très-sensible à la gelée et ne doit être semée que lorsqu'elle n'est plus à craindre. La *Betterave champêtre* est celle que l'on cultive le plus ordinairement pour la nourriture des bestiaux, et la *blanche pure* pour l'extraction du sucre. Cette dernière convient aussi très-bien comme racine fourragère, et l'on pourrait probablement encore cultiver pour cet usage la *blanche à collet rose*, la *jaune blanche*, la *jaune ordinaire*, la *jaune d'Allemagne*, qui toutes ne sont que des variétés de la Betterave champêtre, pour lesquelles la préférence doit être dirigée par la pratique même. Leur culture est la même. On les sème à la volée, à raison de quatre à cinq kilog.; on les sème en ligne en employant trois kilog., ou bien enfin on fait une pépinière de plantes à repiquer à raison de vingt-cinq à trente kilog. par hectare. La graine de dix ans est encore bonne. Le sol doit être bien ameubli, profond et un peu fort, fumé avant l'hiver. On doit faire macérer les graines dans l'eau et les semer immédiatement. Si on les repique, il faut attendre que la racine ait au moins la grosseur du petit doigt, et l'on peut sans inconvénient lui couper l'extrémité du pivot, pour éviter qu'elle ne puisse se plier en la plantant. Elle résiste alors facilement aux sécheresses. La distance des lignes semées ou repiquées doit être de huit décimètres. Il faut ensuite éclaircir si l'on a semé, biner, sarcler, et maintenir la terre bien ameublie à la surface.

Genre Arroche, *Atriplex*, L.

Fleurs de deux sortes, les unes hermaphrodites à cinq divisions, à cinq étamines et un ovaire souvent avorté, les autres femelles; périgone à deux divisions appliquées l'une contre l'autre; ovaire chargé d'un style bifide; graines enveloppées par les deux folioles du calice.

ARROCHE DES RIVAGES, *Atriplex littoralis*, L. — Tige rameuse,
dressée, herbacée ; feuilles linéaires, les unes entières, les autres diversement dentées ; fleurs jaunâtres, herbacées, en épi terminal,
cylindrique. — Annuelle.

Obs. On rencontre cette espèce sur les bords de l'O-
céan, ainsi que les *A. erecta*, Smith; *angustifolia*, Smith,
et *oppositifolia*, DC. Elles croissent çà et là dans les
sables, et sont broutées par les animaux, qui les recherchent même dans leur jeunesse.

ARROCHE ÉTALÉE, *Atriplex patula*, L. — Tige couchée, branchue,
étalée ; feuilles pétiolées, les inférieures sinuées, dentées, deltoïdes ;
les supérieures hastées ou lancéolées, ovales; fleurs herbacées en grappes longues ; valves fructifères denticulées, rhomboïdales et rugueuses. — Annuelle.

Obs. Cette espèce est assez commune dans les sables,
sur les bords de la mer, et dans l'intérieur des terres, le
long des fossés et des chemins. Elle s'étale beaucoup,
et dresse seulement la pointe de ses rameaux. Tous
les bestiaux la recherchent assez et la broutent avec
plaisir. Les chevaux cependant l'aiment moins que les
autres. Les *A. hastata*, L. ; *laciniata*, L. ; *prostrata*,
Boucher, se rapprochent de cette espèce, et plaisent
beaucoup aux animaux. Elles se mélangent quelquefois
aux pelouses, sur les bords de la mer.

ARROCHE ROSE, *Atriplex rosea*, L. — Tige rameuse, étalée ; feuilles
glauques, ovales, lancéolées, rhomboïdales, inégalement dentées ;
fleurs axillaires ; fruits rhomboïdaux, disposés en étoiles. — Annuelle.

Obs. On trouve cette Arroche sur les bords de la Méditerranée et de l'Océan, et dans l'intérieur des terres,
principalement en Auvergne, le long des fossés, et sur
les pelouses près desquelles sortent des eaux minérales
salées. Les bestiaux et surtout les moutons aiment tellement cette plante, qu'ils la broutent souvent jusqu'à
la racine. Elle repousse jusqu'aux gelées.

Genre Anserine, *Chenopodium*, L.

*Périgone persistant à cinq divisions profondes et non accrescentes;
cinq étamines ; un style bifide; deux à trois stigmates ; graine nue,
arrondie.*

Obs. Ce genre, nombreux en espèces, n'en renferme
qu'un très-petit nombre qui habitent les prairies. Celles-

là seules nous occuperont, ainsi que quelques espèces qui, sans faire partie des prés, offrent cependant aux animaux un fourrage qu'ils mangent avec plaisir.

Ansérine bon-henri, *Chenopodiun bonus Henricus*, L. (Epinard sauvage, Patte d'oie triangulaire, Sarron, Serron). — Tige glabre, grosse et rameuse; feuilles grandes, triangulaires, sagittées à la base, pétiolées, un peu ondulées; fleurs herbacées en grappe s'allongeant en forme d'épi. — Vivace.

Obs. Quoique plus commune sur le bord des champs et des chemins, cette espèce s'introduit dans les prairies, et monte même quelquefois jusque dans les prés des montagnes. C'est une plante à couper pour la détruire, car les chèvres et les moutons sont les seuls animaux qui la mangent sans la rechercher.

Ansérine glauque, *Chenopodium glaucum*, L. — Tiges diffuses, couchées, étalées, jaunâtres; feuilles ovales, obtuses, sinuées, glauques en dessous, souvent rougeâtres en dessus; fleurs petites, en grappes rameuses, axillaires et terminales. — Annuelle.

Obs. Cette plante fleurit en juillet, le long des chemins, des lieux cultivés, des granges des villages. Les chevaux et les bêtes à cornes la broutent quelquefois.

Ansérine polysperme, *Chenopodium polyspermum*, L. — Tiges souvent couchées et étalées; feuilles ovales, entières, petites, vertes ou rougeâtres sur leurs bords; fleurs en grappes petites, grêles, nombreuses et rapprochées. — Annuelle.

Obs. Ce *Chenopodium*, ainsi que l'*album* et le *viride* de L., ou *leiospermum*, DC., croît en très-grande quantité dans les champs, les jardins, les sables des bords des rivières. Il fleurit presque toute l'année, surtout en été et en automne, et donne une multitude de graines, qui germent et produisent de nouvelles plantes jusqu'aux gelées. Dans les contrées où l'on sarcle les champs, on conserve ces plantes pour en manger en guise d'épinards; on les donne aux vaches ou aux moutons, qui les accueillent volontiers, tandis que les chevaux les refusent presque toujours.

Genre Soude, *Salsola*, L.

Périgone persistant à cinq divisions profondes, muni après la floraison d'appendices scarieux et membraneux; cinq étamines; deux à trois stigmates; graines solitaires.

Soude commune, *Salsola soda*, L. (Boncar, Herbe au verre, Marie épineuse, Marie vulgaire, Salicor, Salicote, Salsovie.) — Tiges lisses, branchues, ascendantes, très-glabres; feuilles étroites, charnues, linéaires; fleurs herbacées, axillaires, solitaires.—Annuelle.

Obs. La Soude commune croît çà et là sur les bords de la Méditerranée et de l'Océan, où l'on trouve également les *S. prostrata*, L.; *S. Kali*, L.; *S. tragus*, L., qui quelquefois se développent en très-grande quantité, et viennent même se mêler à l'herbe des prairies voisines des côtes. Les Soudes remontent cependant le cours des rivières, elles arrivent jusqu'auprès de Lyon. On trouve en Alsace le *S. arenaria* de Kœler, et dans l'intérieur des terres, la présence des sources salées attire également ces plantes. Les bestiaux, et surtout les moutons, aiment beaucoup les Soudes. Selon de Candolle, on donne, dans les environs de Narbonne, des graines de Soude en guise d'avoine aux bœufs de labour. Ils les aiment beaucoup; elles leur conservent les forces et l'embonpoint.

Genre Salicorne, *Salicornia*, L.

Périgone ventru à quatre dents; une à deux étamines; un style bifide à deux stigmates; graine recouverte par le périgone accrescent.

Salicorne herbacée, *Salicornia herbacea*, L.—Tige herbacée à articulations comprimées, allongées et terminées par une petite gaîne urcéolée, échancrée de chaque côté; fleurs disposées trois par trois sur un épi serré.—Annuelle.

Obs. Cette plante tardive ne fleurit qu'en août et septembre, et se rencontre sur toutes les côtes de la Méditerranée et de l'Océan, dans les marais salés de la Lorraine, et elle croît également sur les côtes de la Suède et sur les rivages d'Alger. Tous les bestiaux l'aiment beaucoup, et la broutent quand ils la rencontrent. Le *S. fruticosa*, L., diffère de la précédente par sa tige frutescente, et ses articulations plus courtes. Les bestiaux la mangent également, ainsi que le *S.*, *macrostachya*, Mar., qui habite la Corse et s'avance, comme le *fruticosa*, bien plus au midi qu'au nord.

FAMILLE DES URTICÉES.

Famille de plantes dicotylédones appartenant à la *Diclinie* de de Jussieu, peut-être à la *Péristaminie*, et aux *Monochlamydées* de

M. de Candolle. Ses caractères sont : fleurs petites, monoïques ou dioïques, rarement hermaphrodites, quelquefois renfermées dans un involucre charnu, solitaires ou disposées en épi; calice monosépale, divisé vers son limbe; corolle nulle; fleurs mâles offrant des étamines en nombre défini, insérées au fond du calice, placées devant ses divisions, élastiques, et souvent infléchies avant la déhiscence des anthères; fleurs femelles ayant l'ovaire supère, simple, à style tantôt nul, tantôt simple ou bifurqué, souvent latéral; ordinairement deux stigmates. Le fruit se compose d'une seule graine renfermée dans une enveloppe testacée et fragile, nue ou recouverte par le calice accru et devenu bacciforme; périsperme nul.—Tiges herbacées ou ligneuses; feuilles alternes ou opposées, ordinairement stipulées.

Obs. La famille des Urticées ne contient qu'un petit nombre de plantes recherchées des bestiaux, et encore ce n'est qu'à l'état frais qu'ils s'en nourrissent. Elle renferme aussi quelques espèces qui leur répugnent beaucoup, et auxquelles ils ne touchent jamais, comme la Pariétaire, le Chanvre, etc.

Genre Ortie, *Urtica*, L.

Fleurs monoïques ou dioïques, les mâles offrant un périgone à quatre divisions profondes; quatre étamines à filaments courbés et élastiques; les femelles, un périgone à deux parties, un ovaire surmonté d'un stigmate velu; semence recouverte par le calice.

Ortie brulante, *Urtica urens*, L. (Ortie grièche, petite Ortie, Ortuge folle).—Tige rameuse, haute de deux à cinq décimètres; feuilles opposées, arrondies, dentées en scie; fleurs herbacées, monoïques, en grappes axillaires, plus courtes que le pétiole; semence cordiforme.—Annuelle.

Obs. Cette espèce, qui croît çà et là le long des murs et dans les haies, s'avance quelquefois dans les prairies. Les bestiaux la repoussent et n'y touchent pas; les dindons la mangent très-volontiers.

Ortie dioïque, *Urtica dioica*, L. (Grande Ortie, Ortuge). — Tige simple, droite, quadrangulaire, haute de six à quinze décimètres; feuilles opposées, cordiformes, lancéolées, dentées en scie; fleurs herbacées en grappes axillaires, pendantes et plus longues que les pétioles.—Vivace.

Obs. Très-commune le long des haies, des murailles et des chemins, dans les buissons et même au milieu des prairies, surtout quand il y a existé quelque construction, c'est une plante qui suit l'homme partout.

Presque tous les animaux aiment l'Ortie, non quand

elle est sèche, ni quand elle est trop fraîche, mais à demi-fanée, quand les poils piquants et tubulés qui en recouvrent toutes les parties, sont amortis et ne peuvent plus verser, dans la petite plaie qu'ils forment, le liquide excessivement caustique qu'ils contiennent en petite quantité. Les vaches surtout sont très-friandes de cette nourriture, qui augmente à la fois la quantité et la qualité de leur lait. L'Ortie réussit très-bien dans des terrains très-pierreux, pourvu qu'il y ait un peu d'engrais. C'est peut-être, à l'exception de quelques Graminées, le plus précoce des fourrages : il précède d'un mois la Luzerne, et ses jeunes pousses, extrêmement tendres et non encore piquantes, produisent une nourriture très-saine, et presque la seule qui existe fraîche dans la saison.

L'Ortie est usuellement cultivée en Suède, et l'on peut dire que c'est une des plantes les moins délicates sur le choix des terrains. Elle croît facilement au milieu des pierres, dans les lieux les plus sauvages, et où beaucoup d'autres plantes ne pourraient certainement végéter. On peut la multiplier par semis, mais ordinairement on préfère planter ses racines à trois décimètres de distance, et on se contente pour cela des pieds que l'on arrache çà et là dans les lieux incultes. L'année qui suit cette plantation donne déjà deux coupes, et rarement il faut aller au-delà de trois, car vers la fin de l'été la tige durcit, et la plante acquiert une saveur amère et une odeur forte. La récolte de l'Ortie est une des plus sûres. Cette plantation dure très-long-temps, et le produit devient énorme, si l'on peut lui sacrifier tous les deux ou trois ans une petite quantité de fumier, ou seulement de terre fraîchement remuée. On regarde cette plante comme légèrement purgative ; cependant, dans une grande partie de la France, la nourriture des vaches, pendant tout le printemps, est presque entièrement composée des Orties que les femmes et les enfants vont couper sur les bords des chemins et des fossés. La meilleure manière de faire consommer cette plante est de la stratifier à demi séchée avec du foin ou de la paille, dans le rapport d'un quart à un sixième. Ce mélange se conserve très-bien, et peut former pendant toute l'année une très-bonne nourriture, surtout pour les vaches, la paille et le foin s'imprégnant de l'odeur et d'une portion de la saveur de l'Ortie. Il y a toutefois des plantes qui conviennent mieux que l'ortie pour cet usage. Si l'on veut multiplier l'Ortie par semis, rien n'est plus facile que de se procurer de la graine. Il suffit, lorsque celle-ci est presque mûre, de couper les pieds femelles, et de les laisser sécher. La graine tombe bientôt après, pour peu qu'on les secoue ou qu'on les batte. Le semis a lieu sur un simple labour, ou, si le sol est trop-pierreux pour labourer, en jetant çà et là quelques pincées de semences sur le sol préalablement divisé par un ou deux coups de pioche. Ce semis doit avoir lieu avant l'hiver, et la graine lève au printemps. L'année suivante seulement, elle peut donner deux coupes, et les autres années trois, et rarement quatre, pendant un temps très-long. Malgré les grands avantages que cette plante peut présenter, on ne la cultive pas en France, où plusieurs agriculteurs la considèrent même comme un mauvais fourrage qui répugne aux bestiaux. Ce fait n'est vrai, toutefois, que pour l'Ortie qui est vieille et dure, ou qui a végété dans un terrain trop gras. Elle a, par exemple, l'inconvénient de tracer beaucoup et d'être très-difficile à détruire, et il y a certainement beaucoup d'autres plantes fourragères moins incommodes qui lui sont préférables.

L'Ortie dioïque habite toute l'Europe, et une espèce voisine, l'*Urtica membranacea*, Desf., qui partage ses propriétés, se tient dans le midi de la France et dans l'Europe méridionale.

Genre Houblon, *Humulus*, L.

Fleurs dioïques ; mâles à périgone à cinq divisions ; cinq étamines ; femelles en cônes imbriqués de larges écailles persistantes, portant chacun une fleur axillaire, à ovaire surmonté de deux styles.

Houblon grimpant, *Humulus lupulus*, L. (Salspareille nationale, Vigne du Nord). — Tiges longues, anguleuses, grimpantes, velues, très-longues, feuilles rudes, pétiolées, échancrées à la base, palmées, entières ou trilobées, opposées; stipules soudées; fleurs mâles en grappes axillaires; fleurs femelles en cône. — Vivace.

Obs. On trouve le Houblon dans les haies et les buissons; il est commun dans le centre de la France, en Auvergne; on le cultive en abondance dans le Nord. Les bestiaux aiment beaucoup ses feuilles, ses jeunes pousses, et même ses cônes, malgré leur amertume. Les vaches surtout les recherchent, et s'approchent très-volontiers des houblonnières pour en attraper quelques grappes.

Genre Lampourde, *Xanthium*, L.

Fleurs monoïques, les mâles réunies sur un réceptacle garni de paillettes et entouré d'un involucre à plusieurs folioles ; chacune composées d'un périgone à cinq divisions ; cinq étamines à anthères rapprochées ; les femelles offrant un involucre d'une seule pièce et biflore, qui remplace le périgone ; ovaire surmonté de deux styles ; fruits hérissés.

Lampourde gloutéron, *Xanthium strumarium*, L. (Grappilles, Glaiteron, Gletteron, Herbe aux écrouelles, Lambourde, petite Bardanne, petit Glouteron). — Tige rameuse, pubescente ; feuilles alternes, pétiolées, cordiformes, sinuées, à lobes obtus ; fleurs verdâtres; fruits hérissés de petits crochets et terminés par deux becs droits. — Annuelle.

Obs. Cette espèce est très-commune dans toute l'Europe, le long des haies, sur le bord des chemins, dans les sables des rivières. Elle fleurit en juillet. Les vaches et les chèvres la mangent, tandis que les autres bestiaux la rejettent.

FAMILLE DES PLANTAGINÉES.

Famille de plantes dicotylédones apétales, placée d'abord dans la septième classe, *Hypostaminie* de M. de Jussieu ; mais depuis, ce même botaniste a cru devoir la placer à la fin de la classe précédente, ou *Péristaminie*. M. de Candolle l'a rangée parmi ses *Exogènes monochlamydées*. Les botanistes sont peu d'accord sur le nombre et la nature des enveloppes florales des plantes de cette famille. Aussi la trouve-t-on décrite, tantôt comme étant munie d'un calice et d'une corolle, tantôt comme n'ayant qu'un calice ; cette dernière opinion étant celle des botanistes qui font autorité dans la science, et particulièrement celle de M. de Jussieu, c'est elle que nous allons adopter dans l'exposition des caractères de cette famille; ces caractères sont les suivants : un calice tubulé, marcescent, divisé ordinairement à son sommet en quatre petits lobes, entouré à sa base par quatre petites bractées disposées en croix; quatre étamines, dont les filets sont très-longs, insérées au fond du calice, qu'ils débordent beaucoup, et alternes avec ses divisions ; d'après M. Brown, ces filets supportent des anthères ovoïdes et biloculaires, qui s'ouvrent dans leur longueur ; un ovaire simple et libre, biloculaire, contenant dans chaque loge un ou plusieurs ovules, et surmonté d'un long style, terminé ordinairement par un seul stigmate;

le fruit est une capsule qui s'ouvre circulairement en deux valves, dont la supérieure présente la forme d'une coiffe libre ; cette capsule est séparée par un trophosperme ou placentaire longitudinal, à deux ou quatre faces, ou deux ou quatre loges, qui renferment des graines solitaires ou nombreuses, attachées sur les faces de ce même trophosperme. Ces graines sont formées d'un périsperme charnu, qui renferme dans son centre un embryon cylindrique, droit, muni de deux cotylédons courts, et d'une radicule plus longue, dirigée inférieurement.—Les *Plantaginées* sont toutes des plantes herbacées, à tige simple ou rameuse, quelquefois nulle ; leurs fleurs, souvent hermaphrodites, quelquefois *dioïques* *(Littorella)*, sont réunies en tête, ou en épis pédonculés et axillaires.

Obs. Ce groupe ne renferme qu'un seul genre, dont les caractères sont suffisamment décrits par l'énoncé de ceux de la famille.

Genre Plantain, *Plantago*, L.

Obs. Ce genre assez nombreux a répandu ses espèces dans toute l'Europe, dans les terrains secs et sablonneux, aussi bien que dans les prés gras et humides et sur les pelouses des coteaux. Ce sont presque toutes des plantes que les bestiaux mangent, mais dont plusieurs, par leurs larges feuilles, occupent la place de végétaux plus utiles.

Plantain majeur, *Plantago major*, L. (Grand Plantain). — Racine épaisse, fibreuse ; feuilles grandes, ovales, pétiolées, nerveuses ; fleurs verdâtres en épi grêle très-long ; bractées et sépales ovales. — Vivace.

Obs. Ce Plantain, très-commun dans les terrains gras et humides, est très-abondant le long des chemins et des fossés, le long des sentiers des prairies. Il semble rechercher les lieux piétinés. Ses larges feuilles, quoique dures, sont mangées par les moutons, les chèvres et les cochons, plus rarement par les vaches, et négligées par les chevaux. Les oiseaux aiment beaucoup ses graines. Il donne passablement de nourriture verte, mais de médiocre qualité en sec. Il fane difficilement, est plus propre aux pâturages qu'aux prairies, mais se multiplie trop, et devient une plante plus nuisible qu'utile dans les prés, où il résiste, du reste, aux plus grandes

sécheresses. Il fleurit à la fin de mai et végète très-long-
temps.

PLANTAIN MOYEN, *Plantago media*, L. (Langue d'agneau, Plantain
blanc). — Feuilles ovales, lancéolées, pubescentes, à cinq ou sept
nervures longitudinales, étalées en rosette; fleurs blanches ou lilacées,
odorantes, en épi allongé; pédoncule cylindrique, très-long; bractées et sépales ovales. — Vivace.

Obs. Ce joli Plantain abonde dans les prairies un peu
sèches, sur les pelouses qui tapissent les coteaux calcaires. Les moutons mangent très-volontiers ses feuilles,
qui, étalées en rosette, ne sont jamais atteintes par la
faux, et occupent beaucoup de place, qui serait mieux
employée par des Graminées ou des Légumineuses. Il est
assez difficile à détruire, quand il est abondant. Il faut
le couper, et au besoin labourer et semer des céréales.

PLANTAIN LANCÉOLÉ, *Plantago lanceolata*, L. (Bonnes femmes, Herbe
à cinq coutures, Herbe à cinq côtes, Herbe au charpentier, Lancelée,
Lancéole, Oreille de lièvre, petit Plantain, Plantain étroit, Plantain rond,
Tête-noire). — Feuilles longues, lancéolées, à cinq nervures, rétrécies à leur base; fleurs brunes ou jaunâtres, en épi ovale et allongé;
pédoncule double des feuilles; bractées ovales, scarieuses; capsules
à deux semences. — Vivace.

Obs. Ce Plantain se trouve dans la majeure partie des
prairies qui existent en France, depuis les bords de la
Méditerranée jusque dans la Belgique, et bien au-delà
dans le Nord. Il monte aussi très-haut dans toutes les
montagnes, avec des feuilles courtes et des épis qui s'é-
lèvent à peine au-dessus d'elles, tandis que dans les
prairies basses, grasses et humides, ses feuilles atteignent jusqu'à trois décimètres et ses tiges plus de cinq.
Il fleurit de très-bonne heure, quelquefois en mars et
toujours en avril. Les bestiaux le mangent très-volontiers. Haller dit même que c'est à ce Plantain que le laitage des Alpes doit sa supériorité. Il est commun dans
les meilleures prairies de la France, de la Lombardie,
de l'Angleterre et de l'Allemagne.

Dans le comté d'York, on le cultive comme herbe d'été.
Il sert au pâturage des bœufs et des moutons, mais il
convient peu aux chevaux, et comme plante à sécher,
il est plutôt nuisible qu'utile, car il conserve long-
temps son eau de végétation, et lorsqu'il est bien sec,

il n'en reste presque rien, ou bien il se brise par morceaux et reste sur le pré. Sa graine se conserve long-temps ; elle est extrêmement fine, aussi faut-il en employer très-peu. Il n'est profitable que dans les prairies fraîches et substantielles, et quoiqu'il résiste facilement à la sécheresse, il ne produit rien dans les terrains secs.

Cette espèce est souvent abondante dans le foin, qu'elle n'améliore pas.

Les *Plantago lagopus*, L.; *montana* et *argentea*, Lam., également vivaces, remplacent dans le Midi le *lanceolata ;* mais les bestiaux donnent la préférence à l'espèce que nous venons de décrire.

PLANTAIN BLANCHATRE, *Plantago albicans*, L. — Racine ligneuse ; feuilles linéaires, lancéolées, pubescentes, argentées; pédoncules cylindriques, un peu laineux; fleurs en épi interrompu.— Vivace.

Obs. Ce Plantain croît dans les lieux stériles, sur les collines sablonneuses des contrées méridionales de l'Europe, jusqu'en Afrique. On le rencontre en Dauphiné, en Provence, en Languedoc, et surtout dans les montagnes de la Navarre, où il est connu sous le nom de *Yerva blanca*, à cause du pâturage qu'il fournit aux troupeaux, pendant plusieurs mois de l'année, dans des pays stériles et offrant à peine quelques végétaux. Les moutons qui s'en nourrissent y sont d'une excellente qualité. Les bêtes à laine d'Espagne s'accommodent si bien de ces sortes de pacages, qui abondent dans la patrie des mérinos, qu'elles dépérissent quand on les transporte dans des contrées trop fertiles, où les pâturages produisent une herbe fraîche et succulente.

On peut rapporter, sous le rapport agricole, et presque sous le rapport botanique, à cette espèce qui sert de type, le *P. holostenia*, Encyclop.; le *P. Bellardi*, All., également méridional; le *P. pilosa*, Poiret, et le *P. villosa*, Lam.

PLANTAIN MARITIME, *Plantago maritima*, L. — Racine ligneuse; feuilles linéaires, charnues, demi-cylindriques, entières ou dentées, glabres; fleurs en épi serré, cylindrique; pédoncules plus longs que les feuilles; bractées obtuses, concaves. — Vivace.

Obs. Cette plante est commune dans toute l'Europe, le long des côtes de l'Océan et de la Méditerranée. On la rencontre aussi dans l'intérieur des terres, et surtout en Auvergne, dans les prairies arrosées par des sources minérales. Elle fait partie dominante de l'herbe, ou bien se développe en larges touffes très-vigoureuses, qui poussent pendant tout l'été et donnent une infinité de jeunes feuilles pour remplacer celles que les bestiaux recherchent et mangent avec avidité. Les moutons, les chevaux et les bêtes à cornes préfèrent cette plante à la plupart de celles qui composent les prairies. Il en existe en Auvergne, sur les bords de l'Allier et à Saint-Nectaire, des variétés à larges feuilles qui, cultivées, donneraient un excellent fourrage, et qui croîtraient facilement dans toute espèce de sol.' On voit, dans quelques parties de la Limagne d'Auvergne, des espaces de plusieurs lieues carrées entièrement couverts d'une variété de ce Plantain, le *P. graminifolia* de Lam. Ces lieux très-bas, autrefois couverts d'eaux minérales, ne présentent guère que cette seule plante, dont les racines noires et ramifiées au sommet descendent assez profondément dans le sol. Les moutons que l'on mène paître dans ces localités n'y trouvent que cette nourriture, et leur chair devient extrêmement délicate. Quand, à la suite de longues sécheresses, assez fréquentes dans la Limagne, le sol se partage en polygones irréguliers, ce Plantain conserve encore de la verdure et repousse vigoureusement à la première pluie.

Le *Plantago serpentina*, Lam., est une autre variété du *maritima*, dont l'épi est courbé et diffère à peine du précédent, ainsi que le *P. sessiliflora* de Lap., et le *capillata* de DC. Celui qui a été décrit par Linné, sous le nom d'*alpina*, est aussi une variété alpine du *maritima*. Il habite les Alpes, les pics du Mont-Dore et du Cantal, et forme de jolies touffes gazonnantes sur les pelouses élevées de ces montagnes. Il fleurit en juin et juillet, et les bestiaux le recherchent presque autant que le type du *maritima*. Yvart pense que c'est à cette espèce, et non au *lanceolata*, qu'il faut rapporter ce que dit Haller de l'influence du plantain sur la qualité du laitage des Alpes. Il est en effet très-commun sur les pelouses de ces contrées, et M. Bonafous le cite aussi comme une des bonnes plantes fourragères communes du canton de Gruyères.

Enfin, le *P. subulata*, L., ne doit encore être considéré que comme une variété à feuilles très-étroites , qui habite les lieux secs , les pelouses arides , où la dent des moutons peut à peine la saisir, malgré leur bonne volonté de la cueillir.

PLANTAIN CORNE DE CERF, *Plantago coronopus*, L. (Corne de cerf, Pied de corbeau, Pied de corneille). — Feuilles pinnatifides , velues ; fleurs en épi grêle et cylindrique; pédoncules ascendants , plus longs que les feuilles ; bractées de la longueur du calice. — Vivace.

Obs. Cette espèce varie beaucoup dans la grandeur des individus et dans la longueur des feuilles. Elle croît sur les pelouses, dans les terrains secs ou peu humides. Les moutons recherchent ses feuilles et les broutent avec plaisir.

PLANTAIN ŒIL DE CHIEN, *Plantago cynops*, L. — Tige rameuse, tortueuse, frutescente; feuilles subulées, connées, un peu pubescentes ; fleurs en épi arrondi ; pédoncule plus long que les fleurs ; bractées larges, concaves, scarieuses, les inférieures un peu foliacées au sommet. — Vivace.

Obs. Il habite les lieux stériles du Midi, où les moutons broutent ses jeunes pousses, sans trop les rechercher. Les *Plantago psyllium* , L. ; *afra* , L.; *genevensis* , DC., s'en rapprochent beaucoup. Le *P. arenaria,* Poiret, Encyclop. , en diffère par sa tige herbacée et annuelle. Les bestiaux le mangent assez volontiers. Il croît dans les sables délaissés par les rivières, dans les lieux stériles et sablonneux.

FAMILLE DES PLUMBAGINÉES.

Famille de plantes dicotylédones rangées par M. de Jussieu, parmi les apétales, dans la septième classe , *Hypostaminie* de sa Méthode, et par M. de Candolle , parmi ses *Exogènes monochlamydées*. M. de Jussieu lui assigne les caractères suivants : un calice d'une seule pièce, tubulé : une corole hypogyne, monopétale , tubulée, à cinq lobes, ou divisée profondément en cinq pétales distincts; cinq étamines insérées sous l'ovaire, quand la corolle est monopétale , ou portée sur les onglets des pétales, quand elle est polypétale ; un ovaire libre, uniloculaire , et contenant un seul ovule, surmonté d'un style terminé par cinq stigmates, ou de cinq styles et d'autant de stigmates; le fruit est une capsule monosperme, se détachant par sa base en plusieurs valves en forme de coiffe, et qui reste entière à son sommet. Les graines sont droites, attachées par le haut à un filet ou cordon ferme, qui part du fond de la loge et s'élève sur le côté jusqu'à leur pointe; leur embryon est droit et oblong , à deux cotylédons planes et à radicule montante, recouvert d'un périsperme farineux.—Les *Plumbaginées* sont des plantes à tige herbacée ou ligneuse, simple ou plus ordinairement rameuse; leurs feuilles sont simples, tantôt radicales, et de leur milieu s'élèvent alors une ou plusieurs hampes qui portent des fleurs terminales; tantôt, et cette disposition est la plus ordinaire, elles sont alternes sur les tiges et les rameaux qui portent des fleurs diversement disposées.

Obs. Cette famille ne contient que deux genres, dont un seul offre quelques espèces qui croissent dans les prairies.

Genre Statice, *Statice*, L.

Périgone extérieur scarieux, entier; l'intérieur coloré, en forme de corolle à cinq divisions persistantes; cinq étamines; cinq styles; capsule indéhiscente, enveloppée dans le périgone.

STATICE ARMERIA, *Statice armeria*, L. (Gazon d'Olympe, Gazon d'Espagne, Gazon de montagne, Herbe à sept têtes, Herbe à sept tiges, Mousse grecque, OEillet de Paris, OEillet marin).— Racine dure, brune, épaisse et pivotante; feuilles linéaires, lancéolées, obtuses et quelquefois aiguës; hampes cylindriques, fermes, élevées, terminées par une tête de fleur d'un rouge pâle, et entourée d'un involucre écailleux, prolongé à sa base en une gaîne roussâtre. — Vivace.

Obs. Cette jolie plante fleurit en juillet, et forme çà et là des groupes sur les pelouses sèches et les collines arides, où elle est quelquefois remplacée par le *S. plantaginea*, DC., qui se distingue par ses feuilles plus larges, à trois ou cinq nervures. Ces deux espèces sont broutées par les chevaux, les chèvres et les moutons, qui cependant ne les recherchent pas. Il en est de même d'une petite espèce, le *S. cæspitosa*, Poiret, que l'on considère comme une variété de l'*armeria*, et que l'on connaît dans les jardins sous le nom de Gazon d'Olympe ou Gazon d'Espagne. Elle sert à faire des bordures. Cette jolie variété, qui habite les Alpes et les Pyrénées, est broutée comme le type auquel elle appartient. Quant aux autres Statices, qui sont nombreux, et qui presque tous vivent dans les sables, sur les bords de la Méditerranée, en Europe et en Afrique, leurs tiges dures et demi-ligneuses les rendent impropres à la nourriture des animaux.

FAMILLE DES PRIMULACÉES.

Nom donné par Ventenat à une famille que M. de Jussieu a désignée sous le nom de *Lysimachies*. Elle appartient à l'*Hypocorollie* de M. de Jussieu et aux *Corolliflores* de M. de Candolle. Ses caractères sont : fleurs portées tantôt sur des pédicelles axillaires, tantôt disposées en ombelle sur un pédoncule radical ; calice persistant, d'une seule pièce, divisé en quatre ou cinq lobes plus ou moins profonds ; corolle monopétale, presque toujours régulière, infundibulée, et dont le limbe est divisé en autant de lobes que le calice, et alternes avec ceux de ce dernier ; étamines en nombre égal aux divisions de la corolle, et placées devant chacune d'elles : ovaire simple, libre, surmonté d'un style et d'un stigmate simple, ce dernier rarement bifide ; fruit capsulaire, uniloculaire, polysperme, s'ouvrant par le sommet en plusieurs valves, quelquefois en travers, comme une boîte à savonnette ; graines attachées autour d'un trophosperme libre et central : embryon droit, placé au milieu d'un périsperme charnu ; radicule inférieure.—Plantes herbacées, vivaces par leurs racines, à feuilles ordinairement opposées, quelquefois verticillées ou alternes ; leur tige est quelquefois si courte, que les feuilles paraissent toutes radicales.

Obs. Ces jolies plantes herbacées habitent, en partie, les prairies, les bords des ruisseaux et les pelouses des montagnes. Elles ont bien peu d'importance sous le rapport agricole.

Genre Lysimaque, *Lysimachia*, L.

Calice à cinq sépales soudés ; corolle en roue à cinq divisions ; cinq étamines ; capsule globuleuse à dix valves s'ouvrant par le sommet.

Obs. Ces plantes nuisent au fourrage et passent pour donner la pourriture aux bêtes à laine, sans doute, comme le dit Yvart, parce qu'elles sont communes dans les prairies aquatiques, dont le pâturage est très-propre à communiquer cette maladie.

LYSIMAQUE COMMUNE, *Lysimachia vulgaris*, L. (Casse-bosse, Chasse-bosse, Corneille, Herbe aux corneilles, Lys des teinturiers, Lysimaque grande, Pécher des prés, Perce-bosse, Souci d'eau). — Tige droite et rameuse de six à dix décimètres ; feuilles grandes, opposées ou ternées, ovales, lancéolées, aiguës, à peine pétiolées ; fleurs en grappes terminales. — Vivace.

Obs. Cette belle plante est commune dans les prairies humides, le long des ruisseaux et des fossés. C'est plutôt une plante du Nord qu'une espèce méridionale. Les bestiaux mangent ses feuilles quand elles sont jeunes, et les dédaignent ensuite, malgré sa beauté. C'est une plante nuisible dans les prairies.

LYSIMAQUE NUMMULAIRE, *Lysimachia, nummularia*, L. (Herbe aux écus, Monnoyère, Herbe aux cent maux, Herbe aux cent maladies).

—Tige rameuse, couchée et rampante; feuilles opposées, pétiolées, presque rondes; fleurs jaunes, assez grandes, axillaires et pédonculées; divisions du calice ovales et pointues. — Vivace.

Obs. Elle croît sur le sol des prés humides, le long des fossés, à l'ombre des arbres. Les bestiaux la mangent volontiers; mais elle a peu d'importance; la faux ne peut l'atteindre. Elle vit sous les autres herbes de la prairie.

LYSIMAQUE DES BOIS, *Lysimachia nemorum*, L.—Tiges couchées à la base, rameuses; feuilles très-glabres, opposées, ovales, pointues, presque sessiles; fleurs jaunes portées sur des pédoncules faibles et allongés; capsule comprimée, bivalve. — Vivace.

Obs. Ce que nous venons de dire de l'espèce précédente s'applique parfaitement à celle-ci.

Genre Primevère, *Primula*, L.

Calice à cinq divisions; corolle en coupe à tube cylindrique, à cinq divisions; gorge dépourvue de glandes; cinq étamines non saillantes; capsule polysperme à plusieurs valves.

PRIMEVÈRE OFFICINALE, *Primula veris*, L. (Brairelle, Coucou, Fleur de coucou, Fleur de printemps, Herbe à la paralysie, Herbe de saint Paul, Herbe de saint Pierre, Primerole, Printanière). — Feuilles ovales, ridées, toutes radicales; hampe droite, cylindrique; fleurs en ombelle simple; calice à cinq dents obtuses. — Vivace.

Obs. Les Primevères se rencontrent quelquefois en abondance dans les prairies, quand leur sol est humide et frais. Elles se développent de bonne heure, et sont à peu près insignifiantes dans les pâturages, à moins qu'elles ne s'y mélangent en trop grande quantité, ce qui arrive quand les prairies sont épuisées. Les bestiaux négligent les Primevères; les chèvres et les moutons sont les seuls animaux qui les broutent.

Le *P. elatior*, Willd. (Pain de coucou, Brayes de coucou), croît dans les mêmes localités et possède les mêmes propriétés. Linné le considérait comme une simple variété du précédent.

Le *P. acaulis*, L., ou *grandiflora*, Lam., remplace les précédents dans quelques prairies de la France, notamment dans le Forez, à Lyon, Grenoble, etc., et possède exactement les mêmes propriétés.

Le *Primula farinosa*, L., et quelques autres espèces

voisines, telles que les *P. auricula*, L.; *crenata*, Lam.; *viscosa*, Vill.; *longiflora*, All.; *hirsuta*, Vill.; *integrifolia*, L., croissent çà et là sur les pelouses, dans les prairies et sur les rochers des Alpes, des Pyrénées, des Cévennes, où les chèvres seules peuvent les atteindre.

Genre Samole, *Samolus*, L.

Calice persistant, inséré sur le milieu de l'ovaire; corolle en coupe à cinq divisions, à tube muni de cinq écailles; cinq étamines; un style; un stigmate; capsule polysperme, uniloculaire, à cinq valves.

Samole de Valerand, *Samolus Valerandi*, L. — Tige de quinze à trente centimètres; feuilles glabres, les inférieures spatulées, les supérieures ovales; fleurs blanches en grappes. — Bisannuelle.

Obs. Cette espèce habite les prés très-humides et marécageux, souvent même elle croît dans l'eau, et s'y développe beaucoup. Les vaches, les chèvres et les moutons la mangent sans la rechercher. Les chevaux l'aiment assez.

FAMILLE DES GLOBULARIÉES.

Famille de plantes dicotylédones, établie par M. de Candolle aux dépens des *Primulacées* de M. de Jussieu, pour y placer le seul genre *Globulaire;* elle diffère des *Primulacées*, par la disposition de ses fleurs constamment réunies en capitule; par ses étamines alternes avec les lobes de la corolle; par l'ovaire, qui ne contient qu'un seul ovule pendant au sommet de la loge; par l'indéhiscence de son fruit, et par la position de l'embryon, dont la direction est la même que celle de la graine.

Genre Globulaire, *Globularia*, L.

Obs. Ses caractères sont ceux de la famille.

Globulaire commune, *Globularia vulgaris*, L. (Marguerite bleue). — Hampe de douze à vingt centimètres; feuilles radicales munies de trois dents, les caulinaires lancéolées, un peu crénelées; fleurs d'un bleu pâle. — Vivace.

Obs. Cette plante croît dans les lieux secs et arides, sur les pelouses et les pâturages des montagnes, dans presque toute la France. C'est une plante nuisible, très-amère, que les bestiaux ne mangent pas, et qui partage ses propriétés avec les *G. nudicaulis*, L.; *cordifolia*, L.; *nana*, Lam.; *alypum*, L.

FAMILLE DES LENTIBULARIÉES.

Famille de plantes établie par Richard, adoptée et décrite par M. Robert Brown, sous le nom d'*Utriculinées*, appartenant aux dicotylédones monopétales hypogynes, *Hypocorollie* de M. de Jussieu, et aux *Corolliflores* de M. de Candolle ; et elle est caractérisée de la manière suivante : calice monosépale à deux ou trois divisions, persistant ; corolle monopétale irrégulière, bilabiée et éperonnée ; étamines au nombre de deux, insérées à la base de la corolle, et incluses ; leurs anthères sont terminales et uniloculaires ; l'ovaire, uniloculaire, contient un grand nombre d'ovules ; style simple, très-court, surmonté d'un stigmate membraneux, composé de deux lamelles inégales. Le fruit est une capsule uniloculaire, polysperme, ayant un placenta central très-grand, s'ouvrant soit par son sommet, au moyen d'une fente longitudinale, soit comme une boîte à savonnette, c'est-à-dire, au moyen d'un opercule. Les graines sont petites, dépourvues de périsperme, et renferment un embryon indivis et comme monocotylédoné.

Genre Grassette, *Pinguicula*, L.

Calice en cloche à cinq divisions ; corolle éperonnée, partagée en deux lèvres, la supérieure plus grande, trilobée, l'inférieure plus petite, bilobée ; stigmate à deux lames ; capsule indéhiscente, uniloculaire, polysperme.

GRASSETTE COMMUNE, *Pinguicula vulgaris*, L. (Grassette, Herbe grasse, Langue d'oie, Tue-brebis). — Feuilles radicales, étalées en rosette, ovales, oblongues, grasses au toucher, d'un vert jaunâtre ; hampes grêles, longues de six à douze centimètres ; fleurs solitaires d'un bleu violet ; lèvre supérieure à deux lobes aigus. — Vivace.

Obs. On trouve la Grassette dans les prés marécageux, surtout dans ceux des montagnes, où elle devient parfois très-abondante. Elle pousse souvent avec les *Drosera*, sur des touffes épaisses de *Sphagnum*. Elle passe pour purgative et pour nuire aux bestiaux qui la broutent. Les Anglais l'appellent *Why-Troot* (Tue-brebis). Il est donc bon de la détruire ; mais on ne peut guère le faire qu'en desséchant et labourant les lieux où elle se trouve. Linné dit que les femmes laponnes en mettent dans le lait de leurs rennes pour le rendre plus agréable et le faire cailler plus promptement.

J'ai trouvé plusieurs fois, au Mont-Dore, dans les marais des montagnes, cette plante broutée par les bestiaux. Je présume que ce sont les vaches qui la mangent indistinctement avec d'autres plantes. Les *Pinguicula villosa*, L. ; *grandiflora*, Lam. ; *alpina*, L.; *lusitanica*, L., remplacent le *P. vulgaris* dans diverses localités, et partagent ses propriétés.

FAMILLE DES POLYGALÉES.

Famille de plantes dicotylédones, polypétales, à étamines hypogynes, établie par M. de Jussieu, et appartenant à la treizième classe, *Hypopétalie* de ce botaniste, et à la deuxième cohorte des *Exogènes thalamiflores* de M. de Candolle ; elle offre pour caractères un calice à cinq sépales, à estivation imbricative ; de ces sépales deux sont plus grands, plus internes, souvent pétaloïdes, les trois autres sont plus petits et verts ; une corolle composée de trois à quatre pétales hypogynes plus ou moins soudés entre eux, et rarement distincts ; les étamines, au nombre de trois ou cinq, ou plus ordinairement de huit, séparées en deux paquets égaux, sont fixées aux pétales par leurs filets ; leurs anthères, le plus souvent uniloculaires, sont fixées par leur base, et s'ouvrent par un pore terminal : l'ovaire est simple, libre, ordinairement biloculaire, rarement uni, ou triloculaire ; il contient un à trois ovules attachés au sommet de chaque loge ; cet ovaire est surmonté d'un style recourbé, que termine un stigmate infundibuliforme ou bilobé. Le fruit est un drupe ou une capsule ; le drupe recouvre un noyau uni ou biloculaire, à loges monospermes : la capsule est biloculaire, à loges également monospermes, et s'ouvre en deux valves, dans un sens contraire à la cloison qui sépare les loges. Les graines, munies le plus souvent à leur ombilic d'un arille poileux ou chevelu, sont renversées comme les ovules, et pendantes au sommet des loges ; leur embryon est droit, plane, à radicule montante, et renfermé tantôt dans un périsperme charnu, tantôt, mais plus rarement, privé de périsperme, mais enveloppé alors d'un endoplèvre beaucoup plus épais.—Les *Polygalées* sont des herbes ou des sous-arbrisseaux pour la plupart à feuilles alternes, entières, dépourvues de stipules, et articulées sur la tige ; leurs fleurs sont ordinairement disposées en grappes ou en épis plus ou moins serrés, et accompagnées chacune d'une petite bractée.

Genre Polygale, *Polygala*, L.

Obs. Les caractères sont ceux de la famille.

POLYGALE COMMUN, *Polygala vulgaris*, L. (Fleur ambrévale, Herbe au lait, Laitier commun, Polygalon).—Rameaux grêles, étalés, couchés à la base et naissant d'une souche ligneuse ; feuilles linéaires, lancéolées, glabres, pointues ; fleurs en grappe terminale, bleues, roses ou blanches. — Vivace.

Obs. Les jolies et nombreuses variétés de cette plante décorent, en juillet et août, les pelouses sèches et les pâturages élevés des montagnes, où elles se mêlent à l'herbe assez rare de ces localités. Les bestiaux les recherchent malgré l'amertume de toutes leurs parties ; les chevaux et les vaches surtout aiment beaucoup cette plante, et l'on suppose qu'elle augmente leur lait ; de là les noms de *Polygala*, Laitier, Herbe à lait. Quoiqu'elle pousse tard, si l'on pouvait recueillir facilement de la graine du *Polygala vulgaris*, ce serait une plante à mélanger à celles qui peuvent utiliser les mauvais terrains des coteaux calcaires ou volcaniques.

Les *P. amara*, L.; *exilis*, DC.; *monspeliaca*, L., et même le *chamæbuxus*, L., partagent les propriétés du *vulgaris*.

FAMILLE DES SCROPHULARIÉES.

M. R. Brown réunit sous ce nom les *Personnées* et les *Pédiculaires* ou *Rhinanthacées* de M. de Jussieu ; ces deux familles n'offrent de caractères distinctifs que la position des valves du fruit, caractère sujet à varier dans le même genre. Les *Scrophulariées* présentent un calice persistant, divisé plus ou moins profondément ; une corolle monopétale, hypogyne, le plus souvent irrégulière, imbriquée pendant l'estivation ; étamines au nombre de deux, mais plus souvent de quatre, rarement égales entre elles, ordinairement didynames ; un ovaire polysperme, biloculaire surmonté d'un style que termine un stigmate presque toujours bilobé. Le fruit, quelquefois bacciforme, est le plus souvent une capsule biloculaire, s'ouvrant en deux ou quatre valves, quelquefois bipartites ; cloisons tantôt parallèles, tantôt opposées aux valves ; placentas adnés au milieu de chaque côté des cloisons ; semences nombreuses, périspermées ; embryon droit, inclus, à radicule dirigée vers l'ombilic. —Tiges herbacées, quelquefois frutescentes ; feuilles souvent opposées ; inflorescence variée.

Obs. Cette famille fournit aux prairies un grand nombre de plantes, dont les unes sont très-recherchées des bestiaux, tandis que d'autres sont tout-à-fait dédaignées. Leurs fleurs, presque toutes fort jolies, émaillent les gazons, où quelques espèces se multiplient à profusion. D'autres, assez nombreuses, dont la réunion constitue le groupe des *Antirrhinées*, entrent rarement dans la composition des prairies, et ne s'y trouvent d'ailleurs que comme plantes purement accidentelles.

Les genres *Linaria*, *Antirrhinum*, *Scrophularia*, *Digitalis* et *Gratiola* donnent tous des espèces que les animaux négligent, et qu'ils ne mangeraient pas impunément, car presque toutes sont vénéneuses pour eux. Nous nous abstiendrons de les décrire, puisqu'elles ne font pas habituellement partie des prés.

Genre Véronique, *Veronica*, L.

Calice à quatre et quelquefois cinq divisions; corolle en roue à quatre divisions inégales; deux 'étamines; capsule bivalve, polysperme, comprimée, globuleuse, obcordée ou ovale.

Obs. Ce genre est très-nombreux, et ses espèces, presque toutes européennes, sont distribuées dans la plupart des prairies. Les unes paraissent destinées aux terrains les plus arides, les autres aux lieux marécageux ou inondés, tandis que quelques-unes d'entre elles végètent parfaitement à l'ombre des grandes forêts.

Véronique a épis, *Veronica spicata*, L. — Tige presque simple, haute de deux à trois décimètres; feuilles opposées, obtuses, molles, velues, crénelées, très-entières au sommet; fleurs d'un beau bleu en longs épis terminaux. — Vivace.

Obs. Assez commune dans les lieux montueux et sablonneux, dans les prés secs des coteaux, où elle se fait remarquer par l'éclat de ses jolies fleurs qui s'épanouissent en juin et juillet. Les moutons l'aiment beaucoup, mais les autres bestiaux n'y touchent pas.

Le *V. longifolia*, L., qui lui ressemble beaucoup, partage ses propriétés, ainsi que le *V. Ponæ*, Gouan, élégante espèce que l'on rencontre sur les pelouses des Pyrénées.

Véronique fruticuleuse, *Veronica fruticulosa*, L. — Souche ligneuse, divisée en plusieurs rameaux grêles, longs de vingt à vingt-cinq centimètres; feuilles ovales, lancéolées, glabres, presque sessiles; fleurs assez grandes, carnées, disposées en un épi court et lâche.— Vivace.

Obs. Elle habite les lieux élevés des Alpes et des Pyrénées, où l'on trouve également le *V. saxatilis*, L. Toutes deux sont broutées par les bestiaux, et surtout par les moutons et les chèvres.

Véronique des Alpes, *Veronica alpina*, L. — Tige simple, couchée à la base, velue, haute de six à dix décimètres; feuilles un peu velues, oblongues, lancéolées, pointues, denticulées ou entières; fleurs petites, bleuâtres, en petites grappes terminales; calices très-velus.— Vivace.

Obs. Cette petite plante se trouve disséminée au milieu des gazons fleuris des Alpes, des Pyrénées, de l'Auvergne. Tous les bestiaux la mangent avec plaisir; mais sa petitesse la rend presque insignifiante. Il en est de même des *Veronica nummularia*, Gouan, *bellidioides*; L., et *tenella*, All., toutes plantes des pelouses des hautes montagnes.

Véronique serpollet, *Veronica serpillifolia*, L. — Tige couchée, glabre, un peu rampante; feuilles glabres, les inférieures ovales, obtuses, opposées, crénelées, les supérieures alternes; fleurs blanchâtres ou bleuâtres en épi terminal. — Vivace.

Obs. On trouve cette Véronique dans la plupart des prairies un peu humides. Elle y forme çà et là de petits groupes que les bestiaux recherchent beaucoup. C'est une excellente petite plante qui repousse très-vite, qui plaît surtout aux moutons, et qui s'accommode de terrains, de climats et de hauteurs très-différents.

Véronique beccabunga, *Veronica beccabunga*, L. — (Beccabunga, Cresson de chien, grand Beccabunga, Laitue de chouette, Salade de chouette). — Tiges rameuses, glabres; feuilles ovales, un peu arrondies, denticulées, presque sessiles; fleurs bleues en grappes simples, axillaires; capsules à peine échancrées, un peu renflées. — Vivace.

Obs. Les tiges tendres et succulentes du Beccabunga sont recherchées par tous les bestiaux et surtout par les chevaux. Cette plante abonde dans les ruisseaux, le long des fossés, dans les prés arrosés par des sources. Le *V. anagallis*, très-voisin de celui-ci, croît dans l'eau, et donne également aux bestiaux une nourriture rafraîchissante et agréable. Les cochons refusent ces deux Véroniques, qui, du reste, ne se dessèchent pas et ne sont bonnes qu'en vert. Elles fleurissent depuis mai jusqu'en septembre. Le *V. scutellata*, L., qui croît dans les prés humides et marécageux, près des étangs et des fossés, est une plante insignifiante que les bestiaux mangent sans la rechercher.

Véronique officinale, *Veronica officinalis*, L. (Herbe aux ladres, Thé d'Europe, Thé du Nord, Véronique mâle). — Tiges dures, couchées à leur base, velues; feuilles opposées, un peu pétiolées, fermes, ovales, velues, dentées, un peu obtuses; fleurs d'un bleu pâle, disposées en grappes latérales, pubescentes; capsules ovales, comprimées, échancrées en cœur, légèrement ciliées sur leurs bords. — Vivace.

Obs. Cette plante croît dans les bois montueux, les prés secs des montagnes, les collines rocailleuses du centre et du nord de l'Europe. On la désigne sous les noms de Véronique mâle, Thé d'Europe. Tous les bestiaux la mangent; les moutons et les chevaux la recherchent. Comme elle croît sur les plus mauvais sols, il serait à désirer que l'on pût la cultiver comme fourrage qui est également bon et recherché à l'état sec. Cette plante acquiert même, par la dessiccation, une odeur suave qu'elle n'a pas à l'état frais. Le *V. Allionii*, Vill., croît dans les Alpes du Piémont et du Dauphiné, et n'est qu'une variété de l'*officinalis*, de même que le *V. Tournefortii* de Villars.

VÉRONIQUE PETIT CHÊNE, *Veronica chamædris*, L. (Fausse Germandrée, Pichot-chaîne, Véronique chênette, Véronique des bois, Véronique des haies, Véronique germandrée).—Tiges rameuses, couchées à la base, opposés; feuilles cordiformes, ovales, sessiles, rugueuses, dentées; fleurs d'un beau bleu, en grappe lâche. — Vivace.

Obs. Cette charmante espèce abonde dans les haies et les prairies, où elle étale, dès le mois de mai, ses belles fleurs azurées. Tous les bestiaux la recherchent, surtout les chevaux et les moutons. Elle donne également un bon fourrage sec qui se conserve facilement. Près de cette espèce, qui croît pour ainsi dire dans toute l'Europe et dans tous les terrains, viennent se grouper les suivantes, que les bestiaux mangent également : *V. urticæfolia*, L.; *V. latifolia*, L.; *V. teucrium*, L., et *V. prostrata.*, L.

VÉRONIQUE DES MONTAGNES, *Veronica montana*, L.—Tiges couchées, presque rampantes et velues; feuilles pétiolées, ovales, obtuses ou un peu aiguës, velues et souvent rougeâtres en dessous, dentées et de grandeur variable; fleurs d'un bleu pâle en grappe lâche. — Vivace.

Obs. Cette plante croît dans les lieux ombragés et montueux des forêts, dans les contrées tempérées et méridionales de l'Europe. Elle fleurit en juin et juillet. Tous les bestiaux la mangent; elle est très-recherchée des vaches que l'on mène paître dans les hautes forêts de sapins du Cantal. Elle croît parfaitement à l'ombre et cherche l'humidité.

VÉRONIQUE DES CHAMPS, *Veronica arvensis*, L.—Tiges velues, dressées, feuilles sessiles, les inférieures en cœur, opposées et crénelées, les supérieures alternes, lancéolées, plus longues que les fleurs qui sont d'un bleu pâle, solitaires, formant une sorte d'épi lâche par leur réunion. — Annuelle.

Obs. On trouve cette espèce dans les champs et dans les prairies. Je l'ai rencontrée quelquefois en si grande abondance dans quelques prairies des bords de l'Allier, dans le département du Puy-de-Dôme, qu'elle était l'espèce dominante du pré. Forcée de s'élever au milieu des *Cynosurus*, des *Lolium* et des *Avena*, elle atteignait jusqu'à six décimètres de hauteur, et formait un excellent fourrage que tous les bestiaux mangeaient avec plaisir. Il est à regretter que cette plante, comme les suivantes, soit annuelle.

Un grand nombre de petites espèces, qui possèdent les mêmes propriétés, viennent se grouper près de celle-ci. Leur peu d'importance comme herbes fourragères nous empêche de les décrire; nous les citerons seulement comme plantes très-recherchées des moutons dans les champs et sur les coteaux où on les mène paître; ce sont les *Veronica polyanthos*, Thuillier; *acinifolia*, L.; *præcox*, Allioni; *peregrina*, L.; *verna*, L.; *digitata*, Valh.; *agrestis*, L.; *pulchella*, Bastard; *triphyllos*, L., *Buxbaumii*, Ten.

VÉRONIQUE A FEUILLES DE LIERRE, *Veronica hederæfolia*, L. —Tiges couchées, diffuses, munies de quelques poils; feuilles inférieures, cordiformes, dentées, les supérieures partagées en trois à cinq lobes profonds, obtus, plus courts que le pédoncule; fleurs bleues ou blanches; capsules globuleuses; graines grosses. — Annuelle.

Obs. Très-commune dans les champs cultivés, cette plante est très-bonne comme fourrage. Elle croît seule en abondance au milieu des champs. Aux environs de Clermont (Puy-de-Dôme), on l'arrache comme mauvaise herbe, et pendant une quinzaine environ, du 25 avril au 10 mai, elle sert de nourriture aux vaches. Il serait utile de faire quelques essais sur sa culture et sur le meilleur moyen de récolter sa graine. Les bestiaux l'aiment beaucoup, et c'est un des fourrages les plus précoces. On pourrait en obtenir très-promptement une récolte, et employer ensuite le terrain à une autre culture, qui aurait tout le temps nécessaire pour se développer. Le *V. cymbalaria*, Lois., remplace en Provence et en Italie l'*hederæfolia*, et pourrait servir aux mêmes usages. Sa capsule est velue.

Genre Euphraise, *Euphrasia*, L.

Calice à quatre divisions ; corolle tubuleuse à deux lèvres, la su-
périeure échancrée, l'inférieure à trois lobes égaux ; quatre éta-
mines dont deux plus courtes ; capsule ovale, comprimée.

Obs. Ce genre contient beaucoup d'espèces, dont plusieurs ne sont que des variétés du type principal. Elles
croissent du reste presque toutes dans les pâturages.

EUPHRAISE OFFICINALE, *Ephrasia officinalis*, L. (Casse-lunettes
Brise-lunettes, Herbe à l'ophtalmie, Langeole, Luminet).—Tiges
simples ou rameuses ; feuilles petites, sessiles, opposées, ovales,
dentées ; fleurs solitaires, axillaires, presque sessiles, blanches et
presque toujours nuancées de jaune et de violet. — Annuelle.

Obs. Cette élégante espèce se montre sous une infinité de formes particulières, et ses fleurs présentent une
foule de variétés de couleurs plus jolies les unes que les
autres. Elles croissent dans les prés, sur les pelouses,
sur le bord des chemins et des bois, où on les voit fleurir
dès le mois de juin, et continuent deux ou trois mois de
suite. Ordinairement la petitesse de cette plante la rend
insignifiante ; mais dans quelques prairies elle devient
dominante, ce qui n'indique pas une très-bonne qualité
de sol. Malgré son amertume, les bestiaux mangent
l'*Euphraise* sans avoir pour elle une prédilection marquée.

L'*E. alpina* de Lamark, qui n'est probablement
qu'une variété de la précédente, la remplace dans les
pâturages du Piémont et des Alpes du Dauphiné. L'*Eu-*
phrasia minima de Schleicher, à fleurs jaunes, touchant de très-près à l'*officinalis*, s'associe à l'*alpina*,
ou la remplace dans les prairies des Alpes, des Pyrénées, et surtout sur les pelouses du Mont-Dore et du Puy-
de-Dôme.

EUPHRAISE A LARGES FEUILLES, *Euphrasia latifolia*, L. — Tige pubescente, simple ; feuilles velues, découpées à dentelures profondes ;
fleurs purpurines, axillaires, rapprochées en un épi serré. — Annuelle.

Obs. Cette espèce, tout-à-fait méridionale, croît en
abondance sur les pelouses de la Provence, surtout dans
le département du Var. A Cannes et à Antibes, elle
forme, mélangée au *Bellis annua*, des pelouses très-

étendues et d'un coup-d'œil admirable, que les moutons broutent avec d'autant plus de plaisir qu'elle fleurit en avril et se dessèche bientôt après. Les autres Euphraises, toutes annuelles, sont presque dédaignées par les bestiaux.

Genre Rhinanthe, *Rhinanthus*, L.

Calice renflé à quatre divisions; corolle comprimée à deux lèvres, la supérieure en casque, l'inférieure plane, trilobée; capsule comprimée, obtuse, à deux loges polyspermes.

RHINANTHE CRÊTE DE COQ, *Rhinanthus crista galli*, L. (Tartarelle).— Tige quadrangulaire, simple ou rameuse, haute de trois à six décimètres; feuilles glabres, sessiles, opposées, lancéolées, profondément dentées; fleurs jaunes en épi terminal, muni de larges bractées incisées; calice ventru. — Annuel.

Obs. Cette plante, excessivement commune dans presque tous les terrains, abonde dans un grand nombre de prairies de la France et de l'Allemagne. Les bêtes à cornes la mangent jusqu'à l'époque de sa floraison, et l'abandonnent ensuite. C'est une des plantes les plus nuisibles qui existent dans les prés. Dès le mois de mai, elle offre en abondance ses jolies fleurs jaunes, auxquelles succèdent peu de temps après des capsules sèches coriaces, remplies de graines amères, qui mûrissent pendant que la tige durcit. A l'époque de la fenaison, les Rhinanthes donnent un foin sec et dur, que tous les animaux repoussent. Non seulement cette plante envahit les prés humides, mais les pelouses des montagnes, les champs cultivés, les trèfles et même les sainfoins. On en distingue plusieurs variétés dont on a fait autant d'espèces. Le seul moyen de la détruire, c'est de la faucher, ou de la faire brouter de bonne heure, avant qu'elle puisse répandre ses graines. Souvent encore elle repousse du pied, et mûrit ses graines, qui du reste se conservent long-temps dans le sol, et couvrent tout à coup les prés ou les champs de cette herbe indestructible. J'ai vu même, sur les pelouses les plus élevées du Mont-Dore, où les bestiaux errent librement tout l'été, et broutent continuellement, cette plante se développer en abondance.

Genre Bartsie, *Bartsia*, L.

Calice à quatre divisions colorées ; corolle labiée, lèvre supérieure concave, l'inférieure trilobée ; anthères cotonneuses ; capsule ovoïde, comprimée.

Bartsie des Alpes, *Bartsia alpina*, L. — Tige simple, très-velue, haute de un à trois décimètres ; feuilles opposées, ovales, cordiformes, à dents obtuses ; fleurs violettes en épi feuillé. — Vivace.

Obs. On trouve cette plante dans les prairies des montagnes, quand le sol est humide, ou arrosé, ou exposé aux nuages et aux brouillards. Les bêtes à cornes la mangent quand elle est jeune, mais ne la recherchent pas. Les *B. viscosa*, L. ; *maxima*, DC., et *trixago*, L., croissent aussi, quoique rarement, dans les prés des provinces méridionales. Toutes sont annuelles, et partagent les propriétés de l'espèce précédente.

Genre Pédiculaire, *Pedicularis*, L.

Calice ventru à cinq divisions plus ou moins profondes ; corolle tubuleuse, à deux lèvres rapprochées ou très-ouvertes, la supérieure comprimée, souvent échancrée en forme de casque, obtuse ou prolongée en un bec droit ou crochu ; la lèvre inférieure plane, étalée, à trois lobes ; capsule comprimée, arrondie, aiguë, souvent oblique au sommet.

Obs. Les Pédiculaires forment un genre nombreux et élégant, qui appartient entièrement à la flore des prairies. Ces plantes y produisent un très-bel effet par leurs beaux épis de fleurs jaunes ou purpurines, mais ce sont des espèces nuisibles que les bestiaux rejettent constamment, ou qu'ils ne mangent que par inadvertance, quand elles sont mélangées à l'herbe des pacages.

Pédiculaire des forêts, *Pedicularis sylvatica*, L. — Tige couchée très-rameuse ; feuilles ailées, à folioles ovales, à dents aiguës ; fleurs rouges, rarement blanches, axillaires ; calice enflé, rugueux, à cinq divisions ; lèvre supérieure de la corolle grêle, trois fois plus longue que le calice. — Vivace.

Obs. Commune dans les prés humides et tourbeux, cette espèce est la seule que les bestiaux broutent quelquefois, et seulement quand elle est très-jeune.

Pédiculaire des marais, *Pedicularis palustris*, L. (Herbe aux poux, la Tartarie). — Tige dressée, rameuse, haute de trois à six décimètres ; feuilles pinnées, à folioles pinnatifides, dentées ; fleurs rouges, axillaires; calice renflé, rugueux, divisé en deux, et lacinié en forme de crête; lèvre supérieure de la corolle obtuse. — Vivace.

Obs. Comme l'indique son nom, cette espèce habite les marais et les lieux tourbeux, où elle se développe en grande abondance. C'est une très-mauvaise espèce, que tous les bestiaux rejettent, et que l'on ne peut détruire qu'en donnant, si l'on peut, au sol qui la nourrit une destination tout-à-fait différente de celle d'une prairie humide et permanente.

On la regarde comme très-nuisible aux bêtes à laine, sans doute parce qu'elle croît dans des pâturages qui ne leur conviennent pas.

·PÉDICULAIRE VERTICILLÉE, *Pedicularis verticillata*, L. — Tiges simples, dressées, hautes de six à vingt centimètres; feuilles pinnatifides, quaternées, à folioles oblongues, obtuses, dentées; fleurs rouges, en épi terminal; calice hérissé à cinq divisions courtes; lèvre supérieure de la corolle très-obtuse; capsule dépassant le calice. — Vivace.

Obs. On trouve cette espèce en petites touffes, dans les pâturages élevés des Alpes, du Dauphiné, du Cantal, des Pyrénées, des Vosges et de la Savoie. Les bestiaux n'y touchent pas. Il en est de même des *P. recutita*, L.; *incarnata*, Jacq.; *rostrata*, L.; *giroflexa*, Willd.; *rosea*, Jacq., et *fasciculata*, Willd, espèces à fleurs rouges, qui, comme le *verticillata*, habitent les prairies hautes des montagnes des Alpes et des Pyrénées.

PÉDICULAIRE FEUILLÉE, *Pedicularis foliosa*, L. — Tige grosse, droite, haute de trois à six décimètres; feuilles grandes, pinnatifides, à folioles lancéolées, acuminées, pinnatifides et dentées; fleurs jaunes en épi garni de feuilles; lèvre supérieure velue en dessus. — Vivace.

Obs. Cette plante est dispersée dans les prairies un peu humides des montagnes des Alpes, des Vosges et de l'Auvergne. Les vaches mangent ses feuilles quand elles sont jeunes. Deux espèces très-voisines, *P. comosa*, L., et *tuberosa*, L., habitent les mêmes lieux et présentent les mêmes propriétés.

Genre Mélampyre, *Mélampyrum*, L.

Calice tubulé, à quatre découpures aiguës, allongées; corolle comprimée; lèvre supérieure en casque, à bords repliés; l'inférieure plane, à trois lobes égaux.

Obs. Moins nombreux que les Pédiculaires, les Mélampyres, qui s'en rapprochent par leurs caractères botaniques, s'en éloignent par leurs qualités économiques, car ils fournissent tous un excellent fourrage vert.

Mélampyre des champs, *Melampyrum arvense*, L. (Bédouin, Blé de bœuf, Blé de vache, Blé de renard, Blé rouge, Cornette, Froment de vache, Herbe rouge, Langeôle, Mahon, Millet jaune, Millet sauvage, Morelle, Pied de bouc, Queue de loup, Queue de renard, Rougeotte, Rougette, Sarelle, Sarriette des bois). — Tige quadrangulaire; feuilles presque sessiles, linéaires, lancéolées; bractées nombreuses, rouges, munies à leur partie inférieure de lanières étroites, subulées; corolle rouge, à gorge jaune. — Annuel.

Obs. Cette espèce fleurit en été, et croît en abondance dans les champs cultivés, et plus rarement dans les prairies. Les bestiaux l'aiment beaucoup; les vaches en sont si friandes qu'elles la préfèrent à toute autre plante. On assure qu'elle donne au lait et au beurre une saveur très-agréable, et ce serait peut-être un fourrage avantageux à cultiver, si, comme l'a démontré Tessier par expérience, elle pouvait seule fournir en abondance; mais elle a besoin de croître au milieu des moissons, et quoique annuelle, ses graines sont rarement bonnes, ce qui nuirait beaucoup à sa propagation.

Mélampyre des prés, *Melampyrum pratense*, L. — Tige grêle, tétragone, haute de trois à six décimètres, rameuse; feuilles opposées, sessiles, lisses, lancéolées, entières, les supérieures souvent dentées à la base; fleurs blanches, tachées de jaune, à limbe presque fermé. — Annuel.

Obs. On rencontre communément cette plante dans les bois taillis et dans les prairies des montagnes, ou dans celles du nord de l'Europe, où cette espèce est bien plus commune que dans le Midi. Les bestiaux, et surtout les vaches, la recherchent encore plus que la précédente; elle communique à leur lait et à leur beurre de très-bonnes qualités. Elle a le défaut d'être annuelle et de donner, comme l'*arvense*, un fourrage qui noircit, et perd toutes ses bonnes qualités par la dessiccation. Elle a, comme fourrage vert, un grand avantage : c'est de croître seule et sans culture, à l'ombre, dans les forêts. On la voit se développer en grande abondance, quand on coupe les bois dans certaines localités. Elle paraît tout-à-coup, et procure pendant long-temps une bonne nourriture aux bestiaux que l'on y mène paître.

Les *M. sylvaticum* et *nemorosum*, L., que l'on trouve dans les contrées montagneuses, et dans le nord de l'Europe, participent aux mêmes avantages.

Le *M. cristatum*, assez commun sur les pelouses des montagnes, sur le bord des bois et dans les buissons, est aussi recherché par les bestiaux, mais cependant moins que les précédents.

FAMILLE DES LABIÉES.

Famille de plantes appartenant aux Dicotylédones monopétales hypogynes, *Hypocorollie* de M. de Jussieu, aux *Corolliflores* de M. de Candolle, et présentant pour caractères : un calice monosépale, tubuleux, à cinq ou dix divisions égales ou inégales, quelquefois disposées en deux lèvres ; une corolle monopétale, irrégulière, souvent bilabiée, rarement à une seule lèvre ; étamines au nombre de quatre, didynames, ordinairement rapprochées par paires, et placées sous la lèvre supérieure ; dans quelques genres les deux étamines les plus courtes avortent, ou sont réduites à l'état rudimentaire ; les anthères sont à deux loges distinctes, ou même quelquefois écartées par un connectif plus ou moins long ; l'ovaire est partagé en quatre lobes, qui sont autant de loges contenant un ovule dressé ; le style naît du centre commun de l'ovaire ; il est long grêle, simple, terminé par un stigmate à deux divisions allongées et inégales. Le fruit se compose de quatre coques monospermes ou akènes, réunies et enveloppées par le calice ; quelquefois un ou plusieurs de ces akènes avortent ; chaque akène renferme une graine dressée, dont le tégument propre recouvre un embryon à radicule courte, et tourné vers la base de la graine, ordinairement privé de périsperme, et dont les cotylédons sont planes.— Les *Labiées* sont des herbes ou des sous-arbrisseaux : leur tige est quadrangulaire, rameuse, à rameaux opposés ; leurs feuilles sont simples, également opposées ; les fleurs sont généralement placées à l'aisselle des feuilles supérieures, et forment par leur réunion des épis, des grappes, des panicules, ou des capitules accompagnés de bractées qui manquent quelquefois. — Les *Labiées* composent une famille tellement naturelle, que leurs genres ont été établis sur des caractères de peu d'importance, de sorte que leur formation est tout-à-fait artificielle.

Obs. Avec des caractères botaniques si naturels, les plantes nombreuses du groupe des Labiées, offrent également des propriétés analogues. Toniques, stimulantes, elles excitent l'appétit ; elles ont une saveur forte et amère, une odeur aromatique. La majeure partie de ces plantes appartient à l'Europe. Elles sont répandues partout, mais principalement dans les terrains secs et pierreux des provinces méridionales. Plusieurs de ces espèces plaisent aux bestiaux, seules ou mélangées

avec d'autres herbes qu'elles aromatisent, mais en général, comme les plantes de la famille précédente, elles
sont refusées par le gros bétail, tandis que les moutons
en broutent un grand nombre

Genre Bugle, *Ajuga*, L.

*Calice court, à cinq lobes presque égaux ; tube de la corolle plus
long que le calice ; lèvre supérieure très-petite, à deux dents courtes ;
l'inférieure à trois lobes, celui du milieu grand, échancré en
cœur ; semences réticulées par des rides saillantes.*

BUGLE RAMPANTE, *Ajuga reptans*, L. (Consoude moyenne, Consyre
moyenne, Herbe de saint Laurent). — Racine produisant de longs
rejets rampants ; tige dressée, haute de un à deux décimètres, glabre ;
feuilles ovales, glabres, légèrement crénelées, finissant en pétiole,
les radicales plus grandes ; fleurs bleues en épi terminal ; bractées
vertes. — Vivace.

Obs. Cette jolie plante est très-commune dans les prairies un peu humides, où ses beaux épis bleus ajoutent à l'agrément des prés. Tous les bestiaux la mangent ; c'est un fourrage précoce qui est surtout préféré par les vaches et les moutons. D'autres espèces de
Bugle tiennent la place de celle-ci dans les prés et sur
les pelouses des montagnes. Telle est l'*A. alpina*, L.,
variété sans les rejets rampants de la précédente ; l'*A. pyramidalis*, L., offre souvent des bractées roses ou bleues ;
l'*A. genevensis*, L., est une variété velue qui, comme
les autres, partage les propriétés de l'*Ajuga reptans*.

Genre Germandrée, *Teucrium*, L.

*Calice tubuleux à cinq divisions ; lèvre supérieure de la corolle
à peine visible, bifide, l'inférieure étalée, grande, trilobée ; étamines sortant entre la fente de la petite lèvre ; fruits lisses.*

Obs. Quoique ce genre soit nombreux, il n'y a qu'un
petit nombre de ses espèces qui croissent dans les prés ;
ce sont les quatre suivantes.

GERMANDRÉE PETIT CHÊNE, *Teucrium chamædris*, L. (Calamendrier,
Chêneau, Chênette, Germandrée officinale, Herbe des fièvres, Sauge
amère, Thériaque d'Angleterre). — Tiges rameuses, dressées ou couchées, velues ; feuilles ovales, crénelées ou presque inclinées à la
base ; fleurs rouges. — Vivace.

Obs. On la trouve sur les coteaux secs, parmi les pelouses, dans les bois montagneux. Elle fleurit en juillet. Les bestiaux n'y touchent pas.

GERMANDRÉE SAUGE DES BOIS, *Teucrium scorodonia*, L. (Baume sauvage, fausse Sauge des bois, faux Chamarras, faux Scordium, Germandrée sauvage, Sauge des montagnes, Sauge sauvage). — Tige simple, droite, velue, haute de trois à quatre décimètres; feuilles pétiolées, grandes, cordiformes, crénelées, ridées, pubescentes; fleurs d'un blanc jaunâtre, sale, en longues grappes unilatérales, simples. — Vivace.

Obs. On rencontre cette Germandrée, dans les prés secs, sur le bord des bois, sur les berges des chemins; elle est très-commune. Son odeur est absolument celle du Houblon; mais les bestiaux la négligent, et si, à défaut d'autres herbes, les vaches la broutent quelquefois, elle communique à leur lait une odeur forte et désagréable, un peu alliacée.

GERMANDRÉE SCORDIUM, *Teucrium scordium*, L. (Chamarras, Germandrée aquatique, Germandrée d'eau). — Tige droite, couchée à la base, velue, un peu rameuse; feuilles ovales, molles, pubescentes, dentées en scie; fleurs rouges ou blanches, axillaires, solitaires ou géminées. — Vivace.

Obs. Les lieux humides, les prés marécageux nourrissent cette Germandrée, qui, comme la plupart des espèces de ce genre, est rejetée par tous les bestiaux. Si la faim oblige les vaches à la brouter, leur lait acquiert immédiatement une odeur d'ail très-désagréable.

GERMANDRÉE CHAMOEPITIS, *Teucrium chamœpitis*, L. (Ivette, petite Ivette). — Tige velue, rameuse, haute de douze à vingt-cinq centimètres; feuilles velues, les inférieures quelquefois ovales, entières, souvent à trois lobes, les supérieures étroites, partagées en trois, chaque segment entier; fleurs jaunes, solitaires et axillaires. — Annuelle.

Obs. On trouve cette plante dans les champs secs, après les moissons, sur les pelouses des coteaux. Les moutons la mangent, et l'on assure qu'elle prévient chez eux la pourriture.

Genre Thym, *Thymus*.

Calice à cinq dents, dont trois supérieures et deux inférieures formant deux lèvres; orifice fermé par des poils: lèvre supérieure de la corolle plane, échancrée, l'inférieure à trois lobes; graines lisses.

Thym commun, *Thymus vulgaris*, L. (Farigoule, Frigoule, Mignotise des Génevois, Pote, Pouilleux, Tin). — Tiges dressées, ligneuses, diffuses; feuilles petites, étroites, blanchâtres en dessous; fleurs purpurines ou rosées en épis verticillés. — Vivace.

Obs. Ce sous-arbrisseau, très-commun sur les pelouses et les coteaux de la Provence, est brouté par les chèvres et négligé des autres animaux.

Thym serpollet, *Thymus serpillum*, L. (Pillolet, Pouilleux, Thym sauvage). — Tiges ligneuses, grêles, couchées, pubescentes; feuilles petites, entières, ovales obtuses, glauques; fleurs purpurines, en tête; corolle un peu plus longue que le calice.

Obs. On voit le Serpollet sur tous les coteaux arides, sur les pelouses sèches et exposées au grand soleil. Il y forme de jolis gazons étalés, dont les abeilles aiment beaucoup les fleurs. Les animaux refusent le Serpollet, à l'exception des moutons, des chèvres et des lapins, encore les moutons ne le recherchent pas, et le mangent parce qu'ils ne trouvent rien de mieux sur les mauvais sols où le serpollet croît naturellement.

Le *T. ascinos*, L., répandu çà et là dans les champs et sur les pelouses sèches, est encore plus négligé par les animaux domestiques.

Genre Mélisse, *Melissa*, L.

Calice tubuleux, strié, ouvert au sommet, à deux lèvres, dont la supérieure trifide et l'inférieure bifide; gorge poilue; corolle à deux lèvres; la supérieure en voûte à deux divisions, l'inférieure à trois lobes, dont l'intermédiaire plus grand, échancré, cordiforme.

Mélisse calament, *Melissa calamintha*, L. (Baume sauvage, Calament des montagnes, Millespèle). — Tige tétragone, rameuse, velue; feuilles pétiolées, ovales, dentées, pubescentes, odorantes; fleurs rouges, portées sur des pédoncules axillaires; calice à dents inégales, velues. — Vivace.

Obs. Le Calament vient ordinairement dans les bois, ou sur le bord des chemins, mais on le trouve quelquefois en abondance dans quelques prairies sèches du centre et du midi de la France. Il répugne à tous les bestiaux, à tel point que Bosc assure que les animaux ne mangent pas même l'herbe qui en est proche, et qui peut l'avoir touché.

Genre Origan, *Origanum*, L.

Calice à cinq dents; corolle à deux lèvres, la supérieure échan-
crée, l'inférieure à trois lobes; tube de la corolle comprimé; fleurs
entourées de bractées colorées.

Origan commun, *Origanum vulgare*, L. (Grande Marjolaine bâtarde, Marjolaine d'Angleterre, Pied de lit). — Tiges velues, hautes
de trois à quatre décimètres, rameuses au sommet; feuilles pétiolées,
ovales; fleurs purpurines en corymbe serré; bractées d'un rouge
violet. — Vivace.

Obs. Cette jolie Labiée est très-commune sur les bords
des chemins et des bois, sur toutes les pelouses sèches
des montagnes. Elle fleurit au milieu de l'été. Malgré sa
forte odeur aromatique, les bestiaux, excepté les vaches,
la mangent verte ou sèche, sans trop la rechercher.

Genre Menthe, *Mentha*, L.

Corolle un peu plus longue que le calice, à quatre lobes presque
égaux, le supérieur plus large, souvent échancré; étamines dis-
tantes.

Obs. On rencontre les Menthes dans toutes les contrées, quoiqu'elles préfèrent cependant celles qui sont
tempérées. Elles recherchent un sol très-humide, et
croissent fréquemment dans l'eau; les deux espèces suivantes sont assez communes dans les prairies.

Menthe aquatique, *Mentha aquatica*, L. (Baume d'eau, Baume de
rivière, Bonhomme de rivière, Menthe à grenouilles, Menthe rouge,
Riolet). — Feuilles ovales, pétiolées, glabres ou velues, selon les
variétés, dentées en scie; fleurs rougeâtres, en verticilles très-rap-
prochés; étamines saillantes; pédicelles très-velus. — Vivace.

Obs. Cette plante recherche les lieux aquatiques, les
fossés des prairies; son odeur est très-forte. Près d'elle,
viennent se grouper des espèces qui s'en rapprochent
beaucoup, telles que les *Mentha hirsuta*, L.; *crispa*,
L.; *rotundifolia*, *viridis*, *sylvestris*, L.

Menthe pouillot, *Mentha pulegium*, L. (Alvalon, Dictame de Vir-
ginie, Fénérotet, Fretillet, Herbe aux puces, Herbe de saint Laurent,
Peliot, Pouillot royal). — Feuilles petites, ovales, à peine pétiolées,
entières ou un peu crénelées, presque glabres, obtuses; fleurs purpurines, nombreuses, en longs épis verticillés. — Vivace.

Obs. On trouve cette Menthe dans les prés moins hu-

mides que ceux où l'on rencontre les précédentes, le
long des chemins et des fossés. Elle y forme de petites
touffes très-élégantes. Les *M. gentilis* et *arvensis*, L., se
rapprochent plus de celle-ci que des autres.

Toutes les Menthes sont de mauvaises plantes fourragères, quelquefois beaucoup trop communes dans les
prés. Les bestiaux ne les recherchent pas, mais ils mangent cependant toutes les espèces, en très-petite quantité, et presque toujours mélangées à d'autres plantes.
A l'état sec, les Menthes leur répugnent moins, les chevaux surtout les broutent assez volontiers, quand elles
sont mêlées à d'autres herbes non aromatiques. Les
vaches les mangent aussi, mais on assure que celles
qui en consomment une certaine quantité, surtout à
l'état frais, et peu importe l'espèce, donnent du lait qui
se caille avec beaucoup de difficulté. Ce fait aurait,
je pense, besoin de confirmation.

Genre Glécome, *Glecoma*, L.

*Calice strié à cinq divisions; corolle une fois plus longue que
le calice et labiée; lèvre supérieure bifide, l'inférieure trilobée, le
lobe intermédiaire échancré, plus grand; anthères conniventes,
deux à deux en forme de croix.*

Glécome lierre terrestre, *Glecoma hederacea*, L. (Couronne de
terre, Herbe de saint Jean, Courroie de saint Jean, Rondelette,
Roudotte, Terrète). — Tiges couchées, rameuses, rampantes et s'allongeant beaucoup après la floraison; feuilles glabres, réniformes,
crénelées; fleurs bleues, axillaires. — Vivace.

Obs. Très-commun dans les haies et les buissons, le
Lierre terrestre s'étend aussi dans les bois et les prairies. Il croît dans tous les sols, fleurit de très-bonne
heure, et étale ensuite ses longues tiges rampantes.
Comme la plupart des Labiées, les bestiaux le négligent, cependant ils en mangent quelquefois, et les chèvres et les moutons, qui le broutent assez volontiers dans
les buissons où ils le rencontrent, trouvent dans cette
nourriture une notable augmentation de leur lait.

Genre Lamier, *Lamium*, L.

*Calice à cinq dents aiguës; lèvre supérieure de la corolle grande
et voûtée, souvent entière, l'inférieure à deux lobes, orifice du*

tube dilaté, muni de deux petites dents latérales; anthères ve-
lues.

Lamier blanc, *Lamium album*, L. (Archangélique, Galeopsis, Ma-
rachemin, Ortie blanche, Ortie morte, Pied de poule).—Tige dressée,
haute de trois à cinq décimètres; feuilles pétiolées, cordiformes, dentées en scie, pointues; fleurs blanches, verticillées, huit à seize ensemble. — Vivace.

Obs. L'Ortie blanche est extrêmement commune dans
tout le nord de l'Europe; mais elle ne dépasse pas le
centre de la France. Elle croît dans les haies, les buissons, les prairies, et partout où elle trouve une terre légère et substantielle. Elle fleurit de bonne heure, et
donne aux abeilles une ample récolte de miel, à une
époque où les fleurs à nectaires sont encore très-rares. Les
bestiaux ne la recherchent pas, mais ils la mangent sans
répugnance.

Les *Lamium lævigatum*, L., et *maculatum*, L., qui
se distinguent de l'*album* par leurs fleurs purpurines,
jouissent des mêmes propriétés, et croissent dans le centre et le midi de la France.

Lamier pourpre, *Lamium purpureum*, L. (Ortie morte, Ortie rouge,
Pain de poulet). — Tige glabre, rameuse, couchée à la base; feuilles
pubescentes, pétiolées, cordiformes, crénelées; fleurs pourpres, verticillées au sommet des tiges. — Annuel.

Obs. Ce Lamier, très-commun dans les champs, les
prairies, les jardins, fleurit pendant l'hiver. Malgré son
odeur forte et pénétrante, les bestiaux le mangent, probablement parce que la verdure est encore très-rare à
l'époque où il paraît.

Les *L. incisum*, Vill., et *amplexicaule*, L., diffèrent
du précédent par leurs feuilles incisées. Ils sont aussi
annuels, croissent dans les mêmes lieux, et partagent ses
propriétés.

Genre Galéope, *Galeopsis*, L.

Calice presque campanulé, à cinq dents épineuses; tube de la corolle
court; orifice renflé, muni de deux dents; lèvre supérieure en
voûte un peu crénelée, l'inférieure à trois lobes inégaux.

Galéope ladanum, *Galeopsis ladanum*, L. (Chambreule, Chanvre
folle, Cherbe sauvage, Crapaudine des champs, Ortie rouge, Sarriette sauvage). — Tige pubescente, très-rameuse, étalée; feuilles linéaires, lancéolées, à peine dentées; fleurs réunies en verticilles

·distants, peu épais; calice un peu soyeux; fleurs rouges, tachées de jaune à leur orifice ou tout-à-fait jaunes. — Annuelle.

Obs. Cette plante croît dans tous les terrains, mais principalement dans ceux qui sont secs et rocailleux. Les chevaux la refusent; les autres animaux la mangent sans la rechercher.

Le *Galeopsis angustifolia*, Hoffm., et le *G. intermedia*, Villars, ne sont que des variétés de cette espèce, dont elles possèdent les propriétés.

Galéope tétrahit, *Galeopsis tetrahit* (Herbe de Hongrie, Ortie chanvre, Ortie épineuse, Ortie royale). — Tiges de cinq à huit décimètres; feuilles ovales, oblongues, aiguës, dentées; fleurs purpurines tachées de blanc à la lèvre inférieure, et disposées en verticilles épais, le supérieur très-rapproché. — Annuelle.

Obs. Ce *Galeopsis* croît en abondance dans les champs, les bois, les prés, le long des chemins. Il cherche un sol gras et fumé; aussi, comme l'Ortie et quelques Chénopodées, il suit l'homme dans ses diverses migrations. Au Mont-Dore, il abonde autour des burons, qui y remplacent les chalets. Comme ses tiges deviennent très-dures, et que ses calices sont garnis de pointes épineuses, les bestiaux le dédaignent, mais ils l'épointent dans sa jeunesse.

Genre Bétoine, *Betonica*, L.

Calice à cinq dents; tube de la corolle un peu courbé, cylindrique, plus long que le calice, lèvre supérieure dressée, presque plane; l'inférieure à trois lobes étalés, dont l'intermédiaire plus grand, échancré.

Bétoine officinale, *Betonica officinalis*, L. — Tige droite, simple, raide; feuilles très-distantes, celles du bas portées sur de longs pétioles, oblongues, en cœur, crénelées, obtuses; fleurs en verticilles rapprochés et quelquefois interrompus, formant un épi terminal accompagné de bractées.

Obs. La Bétoine est une très-jolie plante, qui, pendant tout l'été, orne nos prairies de ses beaux épis purpurins. Elle aime les terrains secs et aérés, cependant elle croît aussi dans les bois, en choisissant les clairières. C'est une plante inutile dans les prés; les animaux la mangent quand elle est sèche, mais à l'état fais, les brebis seules s'en accommodent.

Genre Épiaire, *Stachys*, L.

Calice à cinq dents aiguës ; tube de la corolle court ; lèvre supérieure concave, échancrée ; l'inférieure à trois lobes, les deux latéraux rabattus en dehors ; les deux étamines plus courtes, déjetées sur le côté après la fécondation.

Obs. Les *Stachys* habitent rarement les prairies, mais les bois, les coteaux pierreux, le bord des chemins ou les champs. Les bestiaux refusent toutes les espèces ; les suivantes sont les seules que l'on rencontre au milieu des fourrages.

Épiaire des marais, *Stachys palustris*, L. (Pécher). — Racines traçantes ; tige de cinq à dix décimètres, pubescente ; feuilles demi-embrassantes, linéaires, lancéolées, dentées, crénelées ; fleurs purpurines, tachées de jaune, par verticilles de six. — Vivace.

Obs. Assez commune dans les prés humides, le long des fossés. Les vaches l'épointent quelquefois, et la mangent sans difficulté, quand elle est sèche. Les cochons aiment beaucoup ses racines.

Épiaire droite, *Stachys recta*, L. — Tige velue, rameuse, haute de deux à trois décimètres ; feuilles inférieures pétiolées, ovales, crénelées, les supérieures sessiles, dentées en scie, pubescentes ; fleurs d'un blanc jaunâtre, marquées de petites lignes noires, par verticilles de six. — Vivace.

Obs. Très-commune dans les lieux secs et pierreux, sur les pelouses et les coteaux. Elle est rejetée de tous les bestiaux.

Genre Agripaume, *Leonurus*, L.

Calice cylindrique à cinq dents aiguës, épineuses ; corolle à deux lèvres, la supérieure entière, velue, creusée en voûte, l'inférieure réfléchie, à trois divisions presque égales ; anthères parsemées de points brillants.

Agripaume cardiaque, *Leonurus, cardiaca*, L. (Agripaume, Cardiaire, Cheneuse, Creneuse, Mélisse sauvage). — Tige glabre, rameuse, haute de six à dix décimètres ; feuilles pétiolées, d'un vert foncé en dessus, les inférieures grandes, presque palmées, les supérieures aiguës, incisées ou dentées ; fleurs petites, purpurines ou blanchâtres, divisées en trois lobes principaux, disposées en verticilles axillaires ; calice à divisions aiguës. — Vivace.

Obs. On la rencontre le long des haies, sur les sables déposés par les rivières, sur les décombres. etc. C'est une des plantes que les abeilles aiment le plus. Presque tous les bestiaux la mangent, sans la rechercher ; les moutons et les chèvres la broutent avec plaisir.

Genre Clinopode, *Clinopodium*, L.

Calice strié, à cinq dents sétacées ; corolle à deux lèvres, la supérieure droite, échancrée, l'inférieure à trois lobes, dont celui du milieu plus grand, échancré.

Clinopode commun, *Clinopodium vulgare*, L. (Acinos, grand Basilic sauvage, Pied de lit).— Tige carrée, velue, haute de trois à six décimètres ; feuilles pétiolées, ovales, velues en dessus, à dents écartées ; fleurs rouges, terminales, en tête ; bractées hispides et sétacées. — Vivace.

Obs. On le rencontre dans les lieux secs, sur les pelouses, dans les buissons, le long des chemins. Les moutons et les chèvres le broutent volontiers. Les vaches le mangent sans le rechercher, et les chevaux le refusent.

Genre Toque, *Scutellaria*, L.

Calice court, à deux lèvres entières, la supérieure munie d'une large écaille concave, tube de la corolle courbé à sa base, comprimé au sommet ; la lèvre supérieure voûtée ; deux dents à sa base ; lèvre supérieure plus large, échancrée.

Toque casside, *Scutellaria galericulata*, L. (Centaurée bleue, grande Toque, Herbe judaïque, Lysimachie bleue, Tertianaire). — Feuilles pétiolées, lancéolées, dentées, d'un beau vert ; fleurs axillaires d'un beau bleu et tournées deux à deux du même côté.

Obs. Cette jolie Labiée aime les pays froids et s'avance très-loin dans le nord de l'Europe. Elle fleurit en été, le long des eaux, sur le bord des fossés et au milieu des prairies humides dont le fond est sablonneux ou alluvial. Elle forme quelquefois des gazons assez serrés, parce que ses tiges sont très-rameuses. Comme elle est peu odorante, les bestiaux l'aiment et la recherchent dans les prés ; les chevaux cependant n'y touchent guère.

Deux espèces voisines partagent ses propriétés économiques : ce sont le *S. minor*, L., qui croît dans les mêmes lieux que la précédente, et le *S. alpina*, L., plus méridionale, et habitant les pelouses sèches et les rochers des montagnes.

Genre Brunelle, *Prunella*, L.

Calice à deux lèvres, la supérieure grande, tronquée, l'inférieure bilobée ; corolle à deux lèvres, la supérieure concave, entière, l'inférieure à trois lobes, dont le moyen plus grand, échancré ; filaments des étamines bifurqués.

Obs. Les Brunelles sont de jolies petites plantes qui habitent exclusivement les pelouses et les prairies. Elles varient à l'infini, et les espèces semblent même passer les unes aux autres avec la plus grande facilité. Quoiqu'il y ait un grand nombre d'intermédiaires, on peut toutes les rapporter aux types suivants.

BRUNELLE COMMUNE, *Prunella vulgaris*, L. (Brunette, Bounette, Charbonnière, petite Consoude, petite Consyre, Prunelle). — Feuilles ovales, pétiolées, entières ou dentées, à trois lobes ou laciniées ; fleurs bleues, purpurines, blanches ou carnées ; lèvre supérieure du calice tronquée, à trois dents à peine sensibles. — Vivace.

Obs. Très-commune dans tous les terrains et dans toutes les prairies, cette plante varie à l'infini par la couleur de ses fleurs, les découpures de ses feuilles et la longueur de ses tiges. Si elle croît dans un pré gras et humide, la tige s'allonge et devient ascendante. Si c'est une pelouse sèche ou un coteau, elle rampe et élève seulement ses épis au-dessus du sol. Tous les bestiaux, à l'exception des chevaux, la mangent volontiers à l'état frais. Séchée dans le foin, les chevaux ne la refusent pas, surtout si elle a été fauchée à l'époque de la floraison, et par conséquent avant la maturité des graines, époque à laquelle elle durcit beaucoup.

BRUNELLE A GRANDES FLEURS, *Prunella grandiflora*, Jacquin. — Tige longue de un à quatre décimètres, couchée à la base, velue, cylindrique ; feuilles ovales, quelquefois dentées à la base, pubescentes, à longs pétioles ; fleurs grandes, d'un violet velouté, plus rarement blanches, en épis rapprochés ; corolle enflée, triple du calice.— Vivace.

Obs. On trouve principalement cette espèce sur les coteaux calcaires et volcaniques. C'est sur les pelouses de ces derniers terrains, notamment dans le Cantal, qu'elle acquiert son plus beau développement. Elle varie beaucoup, et n'est peut-être, comme le pensait Linné, qu'une variété de l'espèce précédente, dont elle partage toutes les propriétés.

Brunelle laciniée, *Prunella laciniata*, L. — Tige de un à deux décimètres, couchée à la base, velue, cylindrique ; feuilles inférieures entières, ovales, oblongues ; les supérieures pinnatifides, pubescentes ; fleurs jaunâtres, ochroleuques ou violettes, grandes, en épi terminal ; lèvre supérieure du calice à trois arêtes. — Vivace.

Obs. Cette espèce croît dans les mêmes lieux que le *vulgaris*, dont elle se rapproche beaucoup aussi. Les bestiaux la mangent quand elle est jeune, et la laissent quand ses graines mûrissent, à cause de sa dureté.

Le *P. hyssopifolia*, L., habite les pelouses des contrées méridionales, et se rapporte au *laciniata* pour tous ses caractères agricoles.

Genre Lycope, *Lycopus*,

Calice à cinq dents sétacées ; corolle tubulée, à quatre lobes presque égaux, le supérieur échancré ; deux étamines écartées.

Lycope d'Europe, *Lycopus europeus*, L. (Chanvre d'eau, Crumène, Lance du Christ, Marrube aquatique, Marrube d'eau, Patte de loup, Pied de loup). — Tiges hautes de trois à dix décimètres, droites, à rameaux étalés ; feuilles longues, lancéolées, presque glabres, ridées, dentées ou incisées, ponctuées en dessous ; fleurs axillaires, blanches, avec des points rouges, en verticilles serrés, accompagnées de très-petites bractées. — Vivace.

Obs. Cette espèce, qui varie beaucoup, selon les terrains où elle croît, est commune dans tous les prés humides et marécageux. Elle pousse très-bien dans l'eau, au milieu des fossés, à la queue des étangs, et se trouve souvent mélangée au foin de ces localités. Ses tiges dures et carrées déplaisent aux bestiaux, qui, même à l'état frais, refusent le Lycope. Il est cependant épointé par les chèvres et les moutons.

Genre Sauge, *Salvia*, L.

Calice à cinq dents, presque à deux lèvres ; lèvre supérieure de la corolle concave, courbée en faucille ou presque droite ; deux étamines à deux loges séparées par un long connectif.

Obs. Les Sauges forment un genre nombreux, dont toutes les espèces sont douées d'une saveur amère et d'une odeur forte, quelquefois agréable et souvent repoussante. Parmi le petit nombre d'espèces que nous avons en Europe, deux ou trois seulement croissent dans les prairies, où elles sont considérées comme espèces nuisibles. Leur odeur forte en éloigne les bestiaux.

Sauge des prés, *Salvia pratensis*, L. — Tige velue, haute de un à dix décimètres ; feuilles radicales grandes, nombreuses, pétiolées, ridées, en cœur allongé, les caulinaires amplexicaules; fleurs bleues, grandes; lèvre supérieure comprimée, glutineuse. — Vivace.

Obs. Cette plante est une des plus belles que l'on puisse rencontrer dans les prairies. Toute espèce de sol lui convient, mais elle préfère les prés un peu secs ou graveleux, les coteaux calcaires, sans être exclue des prairies grasses et humides. Dans ces dernières, elle lutte contre les Graminées et les Légumineuses et finit par s'élever avec elles en partie étiolée. Elle nuit peu alors ; mais dans les sols qui lui conviennent mieux, et où les autres plantes ne peuvent l'étouffer, elle étale sur la terre ses larges rosettes de feuilles, et tue, à son tour, toutes les Graminées qui l'environnent. Elle devient souvent espèce dominante dans un pré, et détruit, par son envahissement, presque toutes les autres plantes. Les chevaux et les bêtes à cornes laissent la Sauge des prés et ses nombreuses variétés parfaitement intactes. Les chèvres et les moutons la mangent avec plaisir.

Le *Salvia glutinosa*, L., remplace quelquefois l'espèce précédente dans les pâturages montagneux et dans les bois. Ses fleurs sont grandes et jaunâtres. Elle partage les bonnes et les mauvaises qualités de la précédente et de la suivante.

Sauge verveine, *Salvia verbenacea*, L. (Prud'homme). — Tige grêle, peu rameuse, velue, haute de deux à six décimètres; feuilles pétiolées, sinueuses, crénelées, presque glabres, les supérieures sessiles ; verticilles de quatre à six fleurs bleues ou roses. — Vivace.

Obs. Cette espèce et le *Salvia clandestina*, L., qui en est voisin, se trouvent en abondance dans les prés des provinces méridionales, où l'on rencontre aussi parfois le *S. pratensis*.

Ces plantes ont fourni une multitude d'hybrides, que l'on ne sait à quelle espèce rapporter. Elles deviennent aussi très-nuisibles par leur abondance dans certaines localités. Les bestiaux les refusent, à l'exception des chèvres et des moutons.

FAMILLE DES SOLANÉES.

Famille de plantes dicotylédones appartenant à l'*Hypocorollie* de M. de Jussieu, et aux *Corolliflores* de M. de Candolle. Ses caractères sont : calice presque toujours persistant et à cinq divisions ; corolle le plus souvent régulière et à cinq lobes ; cinq étamines insérées ordinairement à la base de la corolle ; ovaire supérieur à style unique, à stigmate simple, ou rarement formé de deux lames, quelquefois creusé de deux sillons. Le fruit est tantôt une capsule biloculaire, bivalve, à cloison parallèle aux valves ; tantôt une baie biloculaire ou multiloculaire par l'écartement des placentas, et par leur saillie dans les loges ; graines à périsperme charnu, à embryon courbé en demi-cercle, ou annulaire, ou roulé en spirale, rarement droit, à cotylédons demi-cylindriques.—Tige herbacée ou frutescente, quelquefois grimpante, munie, dans un petit nombre d'espèces, d'épines axillaires ou terminales ; feuilles sortant de boutons coniques dépourvus d'écailles et toujours alternes ; inflorescence variable, mais le plus souvent extra-axillaire.ᵣ

Obs. Les plantes de cette famille, quoique nombreuses et presque toutes très-grandes, n'ont, pour ainsi dire, aucune importance aux yeux de l'agriculteur. Les bestiaux les repoussent à peu près toutes, ou ne les mangent qu'avec répugnance, les unes parce qu'elles sont sèches, velues et coriaces, comme les Bouillons blancs ou *Verbascum*; les autres, parce qu'elles sont vénéneuses et narcotiques. Si nous nous y arrêtons un instant, c'est plutôt pour faire connaître leurs mauvaises qualités que pour indiquer le peu de ressource qu'elles peuvent offrir à l'économie rurale.

Genre Molène, *Verbascum*, L.

Calice à cinq divisions ; corolle un peu irrégulière à cinq lobes ; cinq étamines inégales, à filaments plus ou moins barbus ; anthères réniformes ; capsule globuleuse, bivalve, biloculaire.

Obs. Les Molènes, dont la tige et les feuilles sont velues et cotonneuses, ne sont jamais broutées par les bestiaux, qui les laissent intactes dans les terrains secs et stériles, où elles se développent avec tant de vigueur. On considère leurs racines pilées comme propres à engraisser promptement la volaille, en les mélangeant avec quelque substance qui les rende appétissantes pour elle.

Molène noire, *Verbascum nigrum*, L. — Tige de trois à dix décimètres, velue ; feuilles ovales, crénelées, d'un vert obscur en dessus, blanchâtres et cotonneuses en dessous; fleurs en long épi terminal ; étamines hérissées de poils pourpres.

Obs. Assez commune le long des chemins, sur les pelouses sèches, près des buissons. Les cochons l'aiment beaucoup. Les abeilles recherchent ses fleurs, et les moutons broutent ses jeunes feuilles.

Genre Jusquiame, *Hyosciamus*, L.

Calice tubuleux à cinq divisions; corolle en entonnoir, à limbe ouvert, divisé en cinq lobes inégaux et obliques; étamines inclinées; capsule biloculaire, polysperme, fermée par un opercule.

JUSQUIAME NOIRE, *Hyosciamus niger*, L. (Hannebane, Herbe aux engelures, Herbe à la teigne, Careillade, Mort aux poules, Porcelet, Potelée).—Tige épaisse, rameuse, cotonneuse, haute de trois à dix décimètres; feuilles sessiles, alternes, sinuées, anguleuses, pubescentes; fleurs jaunâtres, veinées de violet, disposées en longs épis latéraux. — Annuelle.

Obs. Cette plante a une odeur repoussante qui déplaît aux animaux, mais il paraîtrait cependant que les cochons et les chèvres peuvent la manger sans inconvénient. Haller assure même que tous les bestiaux peuvent en brouter impunément. Elle empoisonne les oies et tous les oiseaux de basse-cour. La Jusquiame noire est commune le long des chemins, près des lieux habités. Elle est remplacée, dans les provinces méridionales, par le *H. albus*, L., et le *H. aureus*, L., qui partagent ses propriétés vénéneuses,

Les semences de la Jusquiame s'emploient, comme celles du *Datura stramonium* pour engraisser les chevaux et les cochons. Il paraît qu'elles agissent en invitant l'animal au repos, et en excitant en même temps ses organes digestifs.

Genre Morelle, *Solanum*, L.

Calice persistant à cinq divisions; corolle à tube très-court, à limbe étalé, plissé, à cinq lobes plus ou moins profonds: anthères rapprochées, s'ouvrant au sommet par deux pores; un style; une baie succulente à deux ou plusieurs loges polyspermes.

Obs. Le genre *Solanum*, qui a donné son nom à la famille, contient un très-grand nombre d'espèces, qui presque toutes sont étrangères à l'Europe, et qui, en général, paraissent moins vénéneuses que celles des autres genres de Solanées. Les bestiaux, qui refusent presque toutes les plantes de cette famille, acceptent quelques Morelles, mais sans les rechercher.

MORELLE NOIRE, *Solanum nigrum*, L. (Crève-chiens, Herbe des Magiciens, Morette, Mourette, Raisin de loup). — Tige herbacée, anguleuse; feuilles ovales, entières ou dentées, d'un vert sombre; fleurs blanches, disposées en petits corymbes latéraux et pendants; fruits rouges, noirs ou jaunes selon les variétés. — Vivace.

Obs. Cette espèce, qui fleurit en été, est très-commune sur les bords des chemins, le long des haies, et s'avance quelquefois jusque dans les prairies voisines des habitations et dont le sol est gras et substantiel. Quoique l'on mange ses feuilles dans plusieurs pays, les bestiaux les refusent constamment.

MORELLE TUBÉREUSE, *Solanum tuberosum*, L. (Pomme de terre, Parmentière, Patate, Truffe, Truffle, Truffelle, Tartaufle, Tartufle, Topinanbour). — Tige herbacée, fistuleuse; feuilles presque ailées; baie arrondie, verte ou jaune, odorante à sa maturité. — Vivace.

Obs. Tout le monde sait que cette plante fut introduite en Europe vers le milieu du quinzième siècle, et personne ne sait le nom de celui qui en dota l'Europe, bien qu'il ait mieux mérité du genre humain que César et Alexandre, dont les noms ne s'oublieront peut-être jamais. Elle fut considérée d'abord comme une plante suspecte, puis offerte aux cochons, qui l'acceptèrent. Plus tard, elle devint pour nous un aliment que nous ne reçûmes qu'avec une sorte de défiance; mais, grâce à Parmentier, elle a maintenant pénétré partout, chassant devant elle la disette et ses suites désastreuses.

Elle entre pour un sixième environ dans l'alimentation générale. Elle réussit, pour ainsi dire, dans tous les sols et produit toujours quelque chose. Tous les climats lui conviennent également; elle ne craint que la gelée, exige peu de fumier, quoiqu'elle soit généralement productive, et tout en nettoyant le sol comme culture sarclée, elle le dispose à recevoir d'autres plantes.

La Pomme de terre crûe est mangée par la plupart des animaux; mais c'est une assez mauvaise nourriture, qui souvent répugne d'abord aux bestiaux, surtout aux chevaux, et qui presque toujours provoque une diarrhée passagère.

Ces inconvénients disparaissent, si l'on fait cuire les tubercules ; alors ils acquièrent une propriété éminemment engraissante pour tous les animaux, et ils conviennent aux bœufs, aux moutons, aux porcs et à la volaille ; les vaches les mangent volontiers, mais ce régime leur convient peu, parce qu'il les engraisse plutôt qu'il ne provoque la sécrétion du lait. Elle est, sous ce rapport, plus lactifère à l'état frais, et cet aliment augmente la quantité du lait et celle du beurre sans lui donner le moindre mauvais goût. Quand on en donne aux porcs, il est bon d'y ajouter un peu de grain, et de n'en pas faire leur nourriture exclusive.

Ses feuilles et ses tiges sont nuisibles aux animaux, comme les autres Solanées. Elles leur donnent de fortes diarrhées. Le rendement de la Pomme de terre varie à l'infini, selon la nature du sol, la quantité de fumier, le degré de sécheresse et d'humidité de l'année, et surtout selon les variétés de tubercules, qui sont en grand nombre et plus ou moins nutritives, à cause des quantités variables d'eau et de fécule qu'elles contiennent. On peut consulter, sous ce rapport, le travail remarquable et consciencieux que viennent de publier MM. Girardin et Dubreuil, professeurs à l'école d'agriculture de Rouen. Sa culture varie beaucoup, suivant les climats.

Morelle douce-amère, *Solanum dulcamara*, L. (Bronde, Courge, Crève-chiens, Herbe à la carte, Herbe à la fièvre, Herbe de Judée, Toque, Morelle grimpante, Vigne de Judée, Vigne vierge, Vigne sauvage). — Tiges ligneuses, sarmenteuses, longues de deux à six mètres et plus ; feuilles glabres, ovales, souvent découpées en plusieurs lobes à leur base ; fleurs en bouquets terminaux ; baies ovales, lisses, rouges et pendantes. — Vivace.

Obs. La Douce-amère est commune dans les haies et dans les buissons. Les moutons et les chèvres la mangent ; les autres bestiaux n'y touchent pas.

FAMILLE DES BORRAGINÉES.

Famille de plantes appartenant aux *Dicotylédones monopétales hypogynes*, *Hypocorollie* de M. de Jussieu, et aux *Corolliflores* de M. de Candolle. Ses caractères sont : calice quinquépartite ou quinquéfide ; corolle presque toujours régulière, à gorge nue ou appendiculée ; étamines au nombre de cinq, attachées un peu au-dessus de la base du tube, à anthères marquées de quatre sillons latéraux, s'ouvrant en deux loges, ovaire quadrilobé, à style simple persistant, et dont le stigmate est simple ou bifide Le fruit est formé de quatre noix uniloculaires, monospermes, appliquées latéralement contre la base du style. (C'est le *Microbase* de M. de Candolle.) Les graines sont attachées aux parois ou à la base des loges par un placenta filiforme ou capillaire ; elles sont dépourvues de périsperme ; leur embryon est droit, les cotylédons foliacés, et la radicule supérieure.—Les Borraginées sont en général herbacées et vivaces par leurs racines. Leur tige, munie de rameaux alternes, porte des feuilles, simples, sessiles, rarement opposées, communément couvertes d'aspérités, qui les rendent rudes au toucher. L'inflorescence en est très-variée.

Obs. La plupart des espèces qui font partie de ce groupe sont des plantes printanières à fleurs d'un beau bleu, dont les tiges et les feuilles sont souvent couvertes d'aspérités. Sans ce dernier caractère, presque toutes les Borraginées seraient recherchées des bestiaux, car ce sont des plantes mucilagineuses et rafraîchissantes, qu'ils trouvent avec plaisir au premier printemps, après la nourriture sèche de l'hiver. Plusieurs d'entre elles font partie des prairies, et se mêlent aux autres végétaux qui les composent.

Genre Myosote, *Myosotis*, L.

Calice à cinq divisions persistantes; corolle en soucoupe; tube très-court; limbe à cinq lobes échancrés au sommet; cinq écailles convexes et rapprochées à l'orifice du tube; graines lisses ou hérissées sur leurs angles.

Myosote vivace, *Myosotis perennis*, Mœnch (Scorpionne, Oreille de souris, Ne m'oubliez pas, Aimez-moi, Souvenez-vous de moi, Plus je vous vois, plus je vous aime). — Racine dure, presque ligneuse; feuilles sessiles, oblongues, lancéolées, obtuses, glabres ou un peu velues; fleurs assez grandes, d'un beau bleu, jaunes à l'orifice du tube et disposées en grappes roulées en crosse avant leur épanouissement. — Vivace.

Obs. Cette charmante petite plante habite tout le Nord et la partie tempérée de l'Europe. Elle croît à l'ombre, le long des ruisseaux, dans les prés humides ou arrosés, dans les bois sur le terreau des feuilles, dans les creux des vieux saules et sur les pelouses élevées des montagnes. Tantôt elle forme de petites touffes gazonnantes, tantôt elle se dissémine dans l'herbe et s'élève avec elle, pour amener à l'air et à la lumière ses jolies grappes de fleurs. Tous les bestiaux mangent les

Myosotis avec l'herbe des prés. Les moutons les aiment beaucoup, et recherchent surtout la variété qui croît dans les montagnes.

Cette plante, broutée, repousse immédiatement et donne un fourrage abondant et très-rafraîchissant. A l'état sec, elle est insignifiante et disparaît dans le foin. Le *M. nana*, Villars, n'est peut-être qu'une variété du précédent, que l'on rencontre sur les pelouses et les rochers des hautes montagnes.

Myosotis annuel, *Myosotis annua*, Mœnch. — Racine fibreuse ; feuilles radicales un peu pétiolées, les caulinaires embrassantes, toutes velues, lancéolées ; fruits lisses. — Annuel.

Obs. Cette petite plante est quelquefois si commune sur les coteaux secs et graveleux, au milieu des champs, sur le bord des chemins, que le sol paraît coloré en bleu. Tous les bestiaux la mangent comme la précédente ; mais les moutons surtout en sont très-friands, et y trouvent de bonne heure une nourriture saine quoique peu abondante.

Ces deux espèces de Myosotis paraissent produire un certain nombre d'hybrides, et peut-être aussi peut-on y joindre réellement des espèces particulières, telles que les *M. strigulosa*, Reich. ; *cæspitosa*, Schultz ; *sylvatica*, Hoffm. ; *intermedia*, Link ; *versicolor*, Persoon ; *stricta*, Link, espèces ou variétés que l'on rencontre çà et là au milieu des gazons, dans les lieux humides et marécageux ou sur les pelouses des montagnes.

Genre Consoude, *Symphytum*, L.

Calice à cinq divisions persistantes; corolle campanulée, droite et enflée; limbe droit, un peu ventru, à cinq lobes dressés, très-courts, presque fermés; orifice du tube muni de cinq écailles en alène, rapprochées en cône, alternes avec les étamines qu'elles recouvrent.

Consoude officinale, *Symphytum officinale*, L. (Confée, Consyre, grande Consyre, Herbe à la coupure, Langue de vache, Oreille d'âne, Pecton). — Racine épaisse, noire en dehors ; tige anguleuse, velue, rameuse, feuilles grandes, ovales, lancéolées, décurrentes, rudes et entières ; fleurs jaunâtres, quelquefois blanches ou purpurines, disposées en épi lâche un peu courbé en crosse. — Vivace.

Obs. La Consoude fleurit au printemps, sur le bord de l'eau, dans les prés humides, un peu argileux, dont le sol est gras, fertile et ombragé. Elle est commune dans le nord de l'Europe et dans la majeure partie de la France. Elle devient quelquefois très-abondante dans quelques prairies dont le sol lui convient. Elle se développe au point de nuire à la production des autres herbes, et comme ses feuilles sont très-grandes, elles occupent un grand espace; sous ce rapport elle est nuisible. Les chevaux et les bêtes à cornes la mangent volontiers quand elle est jeune; mais quand elle vieillit, elle devient rude et appète peu ces animaux. Comme toutes les Borraginées, elle se dessèche mal, noircit et donne un mauvais foin. Comme plante destinée à être broutée sur pied, elle a l'avantage de pousser très-vite, de sortir de bonne heure, et d'être d'autant meilleure qu'elle est coupée plus souvent.

Les prairies du Midi contiennent fréquemment le *Symphytum tuberosum*, L., qui se rapproche beaucoup de l'*officinale*, mais qui lui est inférieur en qualité, en ce qu'il pousse moins vite et moins vigoureusement.

On a essayé avec succès, en Ecosse et en Angleterre, la culture en grand de la Consoude à feuilles rudes, *Symphytum asperrimum*. Elle végète avec activité dans tous les sols et toutes les situations; on peut la planter sur le bord des fossés, dans les terrains sans valeur, les jardins, les vergers, sur les sols contenant des décombres, des débris, des démolitions. Les plantes atteignent une hauteur de deux mètres en avril, époque à laquelle on peut commencer la récolte des feuilles. Telle est la force végétative de la Consoude, que, peu de temps après cette récolte, on peut recommencer un nouvel enlèvement. M. Grant, qui en a surtout propagé la culture, assure en avoir récolté seize tonneaux, plus de 1,500 kilog. pesant par acre (400 kilogrammes par are, ou 40,000 kilogrammes par hectare). Les chevaux mangent ses feuilles avec avidité; les vaches d'abord n'en paraissent pas friandes, mais elles ne tardent pas à s'en montrer aussi avides : elles dévorent avec empressement les racines, qui sont douces et mucilagineuses. Les moutons et les agneaux d'un mois en mangent volontiers, ainsi que les porcs et les oies. Il vaut mieux arracher les feuilles en trois ou quatre fois que de couper la plante, quoique celle-ci repousse avec vigueur, et qu'elle fournisse encore d'excellent fourrage après avoir été pendant vingt années de suite traitée de cette dernière manière. Quant aux travaux de culture, ils se bornent, après la première récolte des feuilles, à labourer les espaces entre chaque tige, qui doivent être au moins d'un mètre, et à les tenir bien propres en hiver. Vers le milieu ou la fin de février, par un temps sec et favorable, on remue de nouveau le sol et on butte très-légèrement les plantes. Pendant tout le temps de la végétation, le sol doit être débarrassé avec beaucoup de soin des plantes parasites. Si, par le foulage des pieds des individus qui entrent dans le terrain, la terre devenait dure et battue, une nouvelle façon sera fort avantageuse ; mais elle ne doit pas être aussi énergique que la première, et il faut avoir attention de ne pas attaquer les racines.

L'opinion de M. de Dombasle est très-favorable à cette plante bien remarquable par son grand développement. « Elle a, dit-il, excité vivement l'attention, il y a quelques années, en Allemagne et en Angleterre. Quelques personnes ont cru y trouver un fourrage supérieur à la Luzerne par l'abondance et la précocité de ses produits ; il y a du vrai dans cette assertion : car, lorsqu'on place cette Consoude dans un sol riche et profond, ses feuilles succulentes et touffues ont déjà atteint plus d'un pied de hauteur, lorsque la Luzerne commence à pousser ; elles repoussent très-promptement lorsqu'on les a coupées, et l'on peut les faucher quatre ou cinq fois dans notre climat, et chaque coupe donne un produit très-abondant. Elle est vivace et dure long-temps ; tous les bestiaux la mangent avec avidité, mais il me semble que c'est surtout au bétail à cornes et aux porcs qu'elle convient particulièrement. On ne peut guère songer à la faire sécher.

« Le principal inconvénient de cette plante se trouve dans la difficulté de la propager par graine. Ses semences peu nombreuses mûrissent successivement, en sorte qu'il est très-difficile de les récolter. Si on les sème à l'automne suivant, une partie ne lèvera qu'au printemps. C'est donc par les éclats de ses racines qu'il convient de multiplier cette plante, ce qui ne présente pas de difficulté, mais ce qui l'exclura vraisemblablement des grandes cultures ; toutefois un terrain de peu d'étendue, situé dans le voisinage de l'exploitation, pourra fournir une ressource fort importante pour la nourriture du bétail, dès le premier printemps et pendant tout l'été.

« Le moyen le plus simple de multiplication consiste, je pense, à arracher entièrement de vieux pieds, à les diviser en autant d'éclats que l'état des racines peut le permettre, et à replanter ces éclats à douze ou dix-huit pouces sur le terrain qu'on veut garnir. Cette opération peut être faite dès le mois de novembre, ou retardée jusqu'en février. » On assure que cinquante pieds de Consoude sont suffisants, au moyen des éclats, pour peupler une grande surface de terrain en moins de six mois.

Genre Lycopsis, *Lycopsis*, L.

Calice à cinq divisions persistantes; corolle régulière, tubuleuse, à cinq divisions, à tube coudé; cinq étamines insérées près de la base du tube; anthères biloculaires, sillonnées.

Lycopsis des champs, *Lycopsis arvensis*, L. (Face de loup, Grippe des champs, petite Buglosse).— Tige hispide de trois à six décimètres; feuilles hérissées, très-rudes, étroites, allongées, oblongues, ondulées; fleurs bleues, petites, en épi terminal souvent bifurqué; écailles velues; anthères noirâtres. — Vivace.

Obs. Le Lycopsis est commun dans toute l'Europe, sur le bord des chemins, dans les champs secs et pierreux. « Tous les bestiaux le mangent et les moutons le recherchent. C'est pour eux une nourriture très-rafraîchissante au printemps, époque où il commence à entrer en fleur, et où ils quittent leur nourriture d'hiver. Il mériterait d'être cultivé sous ce rapport et sous un autre, car il croît dans les plus mauvais sols, dans les sables arides et les craies les plus infertiles. Ses tiges et ses feuilles sont épaisses, et après l'avoir fait brouter au printemps par les moutons, on pourrait le laisser repousser et l'enterrer en été avec la charrue, pour servir à favoriser la germination des raves, etc. Il serait peut-être très-difficile d'en ramasser la graine. » (Bosc.)

Genre Rapette, *Asperugo*, L.

Calice à cinq divisions inégales, une petite dent entre chaque division; corolle à tube court, à limbe à cinq lobes; écailles de la gorge convexes, conniventes; fruits recouverts par le calice, qui se ferme par deux lames appliquées l'une contre l'autre.

Rapette couchée, *Asperugo procumbens*, L. (Portefeuille). — Tiges longues, couchées, diffuses, rameuses, garnies d'aiguillons crochus; feuilles ovales, lancéolées, sessiles, hérissées, les supérieures opposées; fleurs petites, bleues. — Annuelle.

Obs. La Rapette habite ordinairement les décombres, le bord des chemins, les lieux pierreux et cultivés. Elle se glisse souvent dans les prairies, rampe entre les autres plantes, au milieu desquelles on la voit dresser ses rameaux. Tous les bestiaux la mangent assez volontiers.

Genre Pulmonaire, *Pulmonaria*, L.

Calice à cinq angles, à cinq découpures peu profondes; corolle en entonnoir, dépourvue d'écailles à l'orifice de son tube; limbe divisé en cinq lobes peu étalés; stigmate échancré.

Pulmonaire officinale, *Pulmonaria officinalis*, L. (Grande Pulmonaire, Herbe au lait de Notre-Dame, Herbe aux poumons, Herbe de cœur, Pulmonaire d'Italie, Sauge de Bethléem, Sauge de Jérusalem). — Tige velue; feuilles inférieures rudes, ovales, oblongues, les supérieures sessiles; fleurs roses ou bleues, en grappe unilatérale. — Vivace.

Obs. Cette plante est commune dans toute l'Europe septentrionale, et devient rare même dans le midi de la France. Elle croît dans les bois et dans les prairies qui en sont voisines. Elle fleurit dès le mois de mars, mais ses feuilles ne se développent bien qu'en mai et juin. Les moutons et les chèvres la mangent, et les vaches la broutent quelquefois. C'est une plante presque insignifiante dans les prairies. On y rencontre plus souvent le *P. angustifolia*, L., qui forme des touffes plus larges, et qui croît principalement sur les pelouses des montagnes. Il possède les mêmes propriétés que l'*officinalis*.

Genre Vipérine, *Echium*, L.

Calice à cinq divisions; corolle à tube court, à limbe renflé en forme de cloche, divisé en cinq lobes inégaux, tronqués obliquement au sommet.

Vipérine commune, *Echium vulgare*, L. (Herbe aux vipères, Langue d'oie). — Tige dressée, rameuse à sa base, haute de trois à dix décimètres, et couverte d'une multitude de petits poils implantés sur un tubercule noir; feuilles linéaires, lancéolées, hérissées de poils

iongs; fleurs bleues, quelquefois roses, blanches ou carnées, disposées en un long épi. — Bisannuelle.

Obs. Cette belle plante est commune sur les vieux
murs, sur les rochers et sur les pelouses sèches et rocailleuses de toute l'Europe méridionale et tempérée.
Elle s'avance aussi très-loin dans le Nord. Elle plairait
aux bestiaux sans ses nombreuses aspérités. Les vaches
et les moutons la broutent quand elle est jeune, et les
abeilles recherchent ses fleurs. Elle devient quelquefois
très-nuisible aux prairies artificielles, qu'elle envahit par
une excessive multiplication.

Genre Gremil, *Lithospermum*, L.

Calice persistant à cinq divisions profondes; corolle en enton-
noir, nue, un peu resserrée à son orifice; limbe à cinq lobes; stig-
mate bifide.

GREMIL OFFICINAL, *Lithospermum officinale*, L. (Blé d'amour,
Graine d'amour, Graine perlée, Herbe aux perles, Larmille, Millet
d'amour, Millet de soleil, Millet gris, Millet perlé, Perlière). — Tige
droite, de trois à six décimètres, velue; feuilles longues, linéaires,
à nervures très-marquées, pointues; fleurs d'un blanc verdâtre, terminales, petites; corolle de la longueur du calice; graines luisantes,
arrondies. — Vivace.

Obs. Ce Gremil croît çà et là sur les pelouses, près des
buissons, le long des haies. Les chèvres et les cochons
le mangent sans trop le rechercher; les autres animaux
le refusent.

FAMILLE DES CONVOLVULACÉES.

Famille de plantes dicotylédones, appartenant à l'*Hypocorollie*
de M. de Jussieu et aux *Corolliflores* de M. de Candolle, et dont
les caractères sont : fleurs généralement assez grandes, hermaphrodites; calice monosépale, persistant, à cinq divisions plus ou moins
profondes; corolle monopétale, régulière, assez fugace, à cinq divisions égales; cinq étamines libres, attachées à la partie inférieure
de la corolle; ovaire simple, libre, entouré vers sa base d'un disque
glanduleux, à deux ou quatre loges; deux styles, ou un seul terminé par plusieurs stigmates. Le fruit est une capsule offrant de une
à quatre loges, contenant ordinairement une ou deux semences attachées à la base des cloisons; cette capsule est tantôt déhiscente,
tantôt indéhiscente; embryon roulé sur lui-même, et placé au milieu d'un périsperme peu épais, mou et un peu mucilagineux; cotylédons planes, repliés plusieurs fois sur eux-mêmes.—Tiges herbacées ou sous-frutescentes, souvent grimpantes; feuilles alternes,
sans stipules.

Obs. Un assez grand nombre de plantes appartiennent à cette famille, mais la plupart sont exotiques et possèdent des propriétés purgatives très-énergiques. Quoique les Convolvulacées européennes ne les partagent pas, elles offrent peu de ressources à l'agriculture, et nuisent bien plus qu'elles ne profitent.

Genre Liseron, *Convolvulus*, L.

Calice persistant à cinq divisions; corolle en cloche plissée sur ses cinq angles; cinq étamines; un ovaire supérieur; un style; deux stigmates à deux, trois ou quatre loges mono ou dispermes.

Liseron des haies, *Convolvulus sepium*, L. (Boyaux du diable, grand Liseron, grande Vrillée, grosse Vrillée, Manchettes de la Vierge). — Tige volubile; feuilles grandes, ovales, sagittées, alternes, pétiolées, tronquées à la base; fleurs grandes, blanches; pédoncules axillaires tétragones, plus courts que les feuilles; calice accompagné de deux grandes bractées en cœur. — Vivace.

Obs. Cette plante est très-commune dans les haies et les buissons de la majeure partie de l'Europe. Elle fleurit pendant tout l'été et l'automne. Les bêtes à cornes la dédaignent, mais les chevaux l'aiment beaucoup. Les chèvres et les moutons la mangent également, et ses racines, quoique légèrement purgatives, plaisent aux cochons, qui les recherchent aussi.

Liseron des champs, *Convolvulus arvensis*, L. (Bedille, Clochette des blés, Liseret, Liset, Lisette, petite Vrillée, petit Liseron, Vrillée, Vreille, Vreillée, Vrillée, Vroncelle). — Tige volubile; feuilles sagittées, cordiformes; fleurs solitaires, axillaires, pédonculées, munies près du calice de deux petites bractées subulées; fleurs blanches ou roses, odorantes. — Vivace.

Obs. Ce Liseron est extrêmement commun dans les champs et tous les lieux cultivés, où ses longues racines sinueuses, profondes et vivaces, font le désespoir du cultivateur, qui peut à peine en débarrasser ses champs. Ses tiges rampent ou s'entortillent autour de la paille ou des autres corps voisins. Tous les bestiaux le mangent avec plaisir; les chevaux et les bêtes à cornes l'aiment beaucoup. Dans la Limague d'Auvergne, où cette plante est très-commune, on la récolte en mai et juin dans les champs, pour la donner aux vaches comme fourrage.

Le *Convolvulus cantabrica*, L., assez voisin de celui-ci, et qui habite le centre de la France et les provinces méridionales, croît en touffes sur les pelouses et les rochers. Tous les bestiaux le mangent également ; mais ils le recherchent moins que le *C. arvensis.*

Genre Cuscute, *Cuscuta,* L.

Calice et corolle à quatre à cinq divisions ; fruit capsulaire à deux loges dispermes.

Cuscute d'Europe, *Cuscuta europea,* L. (Agoure, Angoure, Angure de lin, Barbe de moine, Bourreau du lin, Cheveux de Vénus, Cheveux du diable, Crémaillère, Epithyme, Goutte du lin, Lin de lièvre, Lin maudit, Rache, Rasche, Royne, Raisin barbu, Rogne, Ruble, Teigne). — Tiges rougeâtres, filiformes, sans feuilles, portant de petits paquets latéraux de fleurs blanches ou rosées, à peine pédonculées ; corolle presque globuleuse, à quatre à cinq lobes ; ovaire à deux styles.—Annuelle.

Obs. La Cuscute est extrêmement commune dans certaines localités. C'est une plante parasite qui attaque un très-grand nombre de végétaux, et qui, au moyen des suçoirs dont ses tiges sont pourvues, s'approprie leur sève, vit à leurs dépens, et finit ordinairement par les détruire. Elle s'empare souvent des prairies, des luzernes ; elle forme d'abord de petites touffes entrelacées, qui bientôt après s'étendent et gagnent parfois une très-grande étendue. Elle ressemble à des masses de fil rougeâtre ou blanc, que l'on aurait répandues sur le sol. Il est difficile de détruire cette plante éminemment nuisible. Les labours et les semis de céréales sont les meilleurs moyens. Dans les prés que l'on ne veut pas labourer, les lignites pyriteux, l'acide sulfurique étendu d'eau, ou la dissolution de sulfate de fer, sont des moyens qui réussissent assez bien, tout en activant la végétation des autres plantes.

Une autre espèce, la *C. epithymum,* L., est plus grande et plus grimpante. Elle croît moins souvent dans les prairies, et attaque presque toujours des Urticées, et quelquefois des Chardons.

FAMILLE DES JASMINÉES.

Famille de plantes dicotylédones, appartenant à l'*Hypocorollie* de M. de Jussieu, et aux *Corolliflores* de M. de Candolle. Ses caractères sont : calice monosépale à quatre, cinq ou huit divisions plus ou moins profondes ; corolle monopétale régulière, à quatre,

cinq ou huit lobes plus ou moins profonds, quelquefois formée
de quatre à cinq pétales distincts, quelquefois nulle; ordinairement
deux étamines; ovaire simple, à style unique, à stigmate bilobé;
deux ovules suspendus dans chacune des deux loges de l'ovaire.
Le fruit est tantôt capsulaire, déhiscent ou indéhiscent, à une seule
ou à deux loges contenant une ou deux graines, tantôt bacciforme,
à une ou deux loges quelquefois osseuses; semences quelquefois
arillées; périsperme oléagineux, charnu ou cartilagineux, rarement
nul; embryon droit; cotylédons foliacés; radicule souvent supérieure.—Tiges frutescentes ou arborescentes; feuilles simples ou
ailées; fleurs hermaphrodites ou unisexuées, disposées en panicule
terminale ou axillaire.

Genre Olivier, *Olea*, L.

*Calice à quatre divisions peu profondes; corolle à tube court,
deux étamines; fruit drupacé, à péricarpe huileux et à deux loges
monospermes.*

OLIVIER D'EUROPE, *Olea europea*, L. — Arbre qui peut atteindre
une grande élévation, à branches nombreuses, à feuilles opposées,
ovales, lancéolées, entières, blanches en dessous; fleurs petites, en
grappes axillaires; fruit ovale, d'un brun noir à sa maturité. — Ligneux.

Obs. L'Olivier se rencontre rarement à l'état sauvage dans quelques bois de la Provence, mais il est
cultivé partout pour son fruit huileux. On le taille tous
les deux ans, et il fournit ainsi, dans le Midi de la
France, par ses feuilles, une nourriture succulente aux
moutons, dans un temps où les pâturages sont peu abondants, et dans l'automne les bergers ont le plus grand
soin de conduire furtivement leurs troupeaux sous les
Oliviers, pour leur faire dévorer les olives tombées à
terre. Ce serait un demi-mal s'ils ne secouaient pas les
branches de l'arbre.

Genre Troène, *Ligustrum*, L.

*Calice petit à quatre dents; corolle à tube court, à quatre di-
visions; deux étamines; fruit arrondi, uniloculaire.*

TROÈNE COMMUN, *Ligustrum vulgare*, L. (Frézillon, Puine blanche,
Sauvillot, Trougne, Truflier, Verzelle). — Arbrisseau à rameaux
nombreux et flexibles, à feuilles très-entières, ovales, lancéolées;
fleurs blanches, odorantes, en thyrses; fruits noirs. — Ligneux.

Obs. Le Troène est commun dans les haies et les buissons, où il montre ses feuilles de bonne heure. Tous les
terrains et toutes les expositions lui conviennent. Les

vaches et les moutons mangent assez volontiers ses feuilles et ses jeunes pousses.

Genre Frêne, *Fraxinus*, L.

Calice nul à trois ou quatre divisions : corolle nulle ou à quatre divisions ; deux étamines ; fruit formé par une samare ailée.

Frêne commun, *Fraxinus excelsior*, L.—Grand arbre à écorce verte et lisse, à feuilles ailées impaires, à folioles lancéolées ; fleurs privées de calice et de corolle.—Ligneux.

Obs. Le Frêne se trouve dans les bois et les haies. On le plante partout, le long des chemins, sur le bord des champs, etc. Les feuilles du Frêne sont mangées avec plaisir par tous les animaux, et même par les chevaux. Dans le royaume de Naples, on plante souvent le Frêne exprès pour en recueillir les feuilles, qui servent, pendant l'hiver, à la nourriture des bestiaux, quelquefois même on en engraisse des bœufs. Dans quelques pays, et notamment dans le département de Maine-et-Loire, on l'effeuille en automne, sans l'ébrancher, pour nourrir les vaches. On suit la même méthode dans plusieurs vallées de la Savoie. Ces feuilles sont assez tendres pour être données aux veaux et aux moutons. On prétend que leur amertume passerait au lait des vaches qui en seraient exclusivement nourries.

M. Francoz, en s'occupant de diverses recherches sur les semis et la culture de cet arbre, a reconnu que cet aliment influe singulièrement sur les qualités du lait. En effet, une commission nommée pour vérifier les résultats qu'il avait obtenus, a constaté comme lui :

1° Que le lait des vaches auxquelles on donne des feuilles de Frêne, est plus abondant et aussi blanc qu'à l'ordinaire ;

2° Que le beurre, plus consistant et d'un plus beau jaune doré, acquiert une saveur fort agréable, analogue au goût de noisette ;

3° Que lorsque la nourriture avec la feuille de Frêne est exclusive, cette saveur, en se développant davantage, tend à un goût fort, qui toutefois ne se maintient point après la cuisson. Du reste, l'expérience a confirmé un fait connu, savoir, que les produits provenant de la nourriture avec des feuilles de Frêne, mêlées d'autres fourrages, sont d'une qualité supérieure à ceux de la nourriture avec du foin seul.

Il est une chose à laquelle il faut faire une grande attention, quand on donne les feuilles de Frêne aux animaux, c'est qu'il n'y ait pas de cantharides dessus, car cet insecte, qui, dans le Midi et dans quelques parties du centre de la France, est extrêmement commun, peut occasionner des accidents très-graves aux animaux, qui seraient même affectés par le feuillage sur lequel l'insecte aurait séjourné, et l'on sait que le Frêne est l'arbre de prédilection pour les cantharides ou mouches vésicatoires.

FAMILLE DES APOCYNÉES.

Famille de plantes dicotylédones, appartenant à l'*Hypocorollie* de M. de Jussieu, et aux *Corolliflores* de M. de Candolle. Les plantes de cette famille sont des herbes ou des arbustes ordinairement lactescents, dont les feuilles sont opposées. Leurs fleurs sont tantôt terminales ou axillaires, tantôt solitaires ou en corymbe. Chacune d'elles présente pour caractères un calice monosépale à cinq divisions profondes et persistantes ; une corolle hypogyne, monopétale, régulière, à cinq lobes ; elle donne attache à cinq étamines courtes, interpositives, dont les filets sont tantôt libres, tantôt monadelphes; dans le premier cas, leur pollen est pulvérulent ; dans le second, au contraire, il est aggloméré en masses solides. L'ovaire est double, le style unique, le stigmate dilaté et discoïde Le fruit est tantôt un follicule simple ou géminé, tantôt une capsule, plus rarement un drupe ou une baie. Les graines sont assez nombreuses, renversées et comme imbriquées : assez souvent elles sont couronnées par une aigrette soyeuse ; l'embryon est droit, renfermé dans un périsperme très-mince.—La plupart des plantes de cette famille, quoique d'un port élégant et d'un aspect agréable, sont très-âcres et très-vénéneuses.

Obs. Si nous donnons ici les caractères de cette famille, c'est pour avoir occasion de dire que les végétaux qu'elle renferme sont presque tous vénéneux. Nous ne décrirons aucune de ces plantes, car elles n'habitent pas, à proprement parler, les prairies. Le Laurier rose ou *Nerium oleander*, L., vient en jolis buissons dans les provinces méridionales, l'*Asclepias vincetoxicum*, L., en touffes sur les coteaux, parmi les pierres, dans les lieux secs, et les Pervenches, *Vinca major* et *minor*, L., dans les bois et le long des haies. Aucun animal ne touche à ces plantes, qui sont à peu près les seules de cette famille que nous rencontrions ordinairement sous nos pas.

FAMILLE DES ÉRICINÉES.

Famille de plantes désignées quelquefois sous le nom de *Bruyères*, appartenant aux dicotylédones monopétales, à étamines périgynes, *Péricorollie* de M. de Jussieu, et aux *Caliciflores* de M. de Candolle, et présentant les caractères suivants : calice monosépale, persistant, ordinairement libre, et profondément divisé ; corolle monopétale, quelquefois profondément divisée, rarement insérée au sommet du calice, plus souvent attachée à sa base, communément marcescente et persistante; étamines en nombre double des divisions de la corolle, et dont les filets sont libres, rarement réunis par la base, ayant la même insertion que la corolle, quelquefois, mais très-rarement, attachées à sa partie inférieure ; leurs anthères sont introrses, à deux loges, souvent terminées à la base ou au sommet par un appendice en forme de corne, et s'ouvrant soit par un trou, soit par une fente ; l'ovaire est libre ou adhérent en partie ou en totalité avec le calice ; il offre de quatre à cinq loges contenant un assez grand nombre d'ovules; son style est simple, terminé par un stigmate qui offre autant de lobes, généralement fort petits, qu'il y a de loges à l'ovaire ; le fruit est une capsule ou une baie : dans le premier cas, il est multivalve, à valves septifères sur leur milieu, et attachées par leur base à l'axe ou placenta central ; les semences sont, en général, très-petites, leur périsperme est charnu, l'embryon droit, les cotylédons semi-cylindriques, quelquefois presque foliacés, à radicule ordinairement inférieure.—Cette famille se compose d'arbrisseaux et d'arbustes dont le port est généralement élégant, les feuilles alternes, rarement opposées ou verticillées, persistantes, simples, dépourvues de stipules; l'inflorescence est des plus variées, et présente presque tous les modes possibles.

Obs. Dans cette famille très-nombreuse, viennent se placer toutes ces charmantes Bruyères, et ces élégants *Epacris*, que l'on cultive dans nos serres, et qui sont originaires du cap de Bonne-Espérance. Nos Bruyères d'Europe se réduisent à un petit nombre d'espèces, qui, à la vérité, couvrent d'immenses terrains, et qui, sous ce rapport, méritent de fixer un instant notre attention.

Genre Bruyère, *Erica*, L.

Calice à quatre folioles, persistant; corolle marcescente, à quatre divisions ; huit étamines ; un style ; un stigmate ; anthères bifides ; capsules à quatre loges et à quatre valves.

BRUYÈRE COMMUNE, *Erica vulgaris*, L. (Bucane, Pétrole, grosse Bruyère). — Sous-arbrisseau à tige tortueuse, rameuse, à rameaux dressés; feuilles glabres à trois faces, petites, et imbriquées sur quatre rangs, dressées et serrées; fleurs petites, purpurines ou blanches, en épi terminal. — Vivace.

Obs. La Bruyère commune couvre de vastes plaines en Europe, depuis le centre de la France jusqu'en Laponie. Elle monte à plus de 1200 mètres d'élévation, et produit par sa décomposition une terre brune, trop chargée d'humus, que l'on désigne sous le nom de terre de bruyère. Un terrain dégarni de Bruyères, en offre de nouvelles trois à quatre ans après, soit qu'en l'arrachant on y ait laissé quelques rejetons, soit que les graines qui se répandent annuellement en aient suffisamment garni le sol. Cette plante est très-importante comme fourrage, non par sa qualité, mais par sa quantité. Tous les bestiaux mangent ses jeunes pousses, et comme elle est espèce dominante sur le quart au moins des pelouses dont la France est encore parsemée, il en résulte qu'elle produit beaucoup de nourriture, quelquefois la seule dans les années de sécheresse, où presque toutes les autres plantes sont détruites. Elle végète long-temps et tard. Elle fleurit en automne, et sert pendant deux mois de pâturage aux abeilles, qui en retirent un miel coloré et de qualité inférieure. Dans les pauvres cantons de l'Ecosse, et quelquefois pendant les longs hivers des montagnes d'Auvergne, on donne aux bestiaux de la Bruyère sèche, qu'ils mangent parce qu'ils n'ont pas autre chose. En Ecosse, on la brûle avec une certaine précaution, pour augmenter le nombre de ses rejets, que les bestiaux mangent assez volontiers, et l'on répète cette opération à plusieurs reprises, pour avoir successivement de jeunes pousses à faire pâturer.

Plusieurs autres espèces de Bruyère la remplacent, dans l'ouest de la France principalement, ou s'y associent presque partout. Ce sont les *E.*, *cinerea*, L.; *tetralix*, L.; *ciliaris*, L.; *scoparia*, L.; *vagans*, L.; et *multiflora*, Thuil. Elles sont loin cependant d'être aussi communes que l'*E. vulgaris*, mais elles sont aussi broutées par les bestiaux; il en est même une espèce, l'*E. scoparia*, que les chevaux, les mulets et les bœufs recherchent beaucoup, surtout quand elle jeune.

Genre **Pyrole**, *Pyrola*, L.

Calice très-petit, à cinq divisions; corolle de cinq pétales souvent soudés; dix étamines; stigmate capité à cinq lobes; capsules à cinq loges.

PYROLE A FEUILLES RONDES, *Pyrola rotundifolia*, L. (Verdure de mer, Verdure d'hiver). — Tige simple, droite, nue, haute de un à deux décimètres; feuilles radicales, arrondies, pétiolées, lisses, luisantes, coriaces; fleurs blanches, en jolie grappe terminale; style, saillant, très-long, recourbé en trompe. — Vivace.

Obs. Cette Pyrole habite les bois et les pâturages des montagnes. Elle fleurit en juin. Les chèvres, les moutons, et plus rarement les vaches, la mangent avec les autres plantes, mais ne la recherchent pas.

C'est une plante insignifiante, en ce qu'elle s'élève peu, et ne devient presque jamais commune. Les *Pyrola minor*, L.; *umbellata*, L., et *secunda*, L., croissent dans les mêmes localités, et ont les mêmes propriétés.

Genre **Airelle**, *Vaccinium*, L.

Calice entier, adhérent; corolle en cloche à quatre divisions; huit étamines insérées sur le réceptacle; baie globuleuse.

AIRELLE MYRTILLE, *Vaccinium myrtillus*, L. (Lucet, Airès, Airelle, Aradech, Brimballier, Brimbelles, Bleuet, Maceret, Mourellier, Morets, Raisin de bois, Raisin de bruyère, Gueule noire). — Sous-arbrisseau rameux, anguleux, glabre; feuilles alternes, presque sessiles, caduques, ovales, dentées en scie; fleurs pendantes, rougeâtres, à pédoncules axillaires; baie bleue, rarement blanche. — Vivace.

Obs. Le Myrtille abonde dans la plupart des bois des montagnes, et sur les pelouses qui les avoisinent. Il vit toujours en société, excluant la plupart des autres plantes, excepté les Mousses et les Lichens, qu'il laisse croître en toute liberté sous ses tiges. Les prairies voisines des bois, où il se montre encore après le défrichement, ont toujours besoin d'être fumées; les engrais animaux le font disparaître promptement. Considéré comme plante fourragère, le Myrtille occupe à peine une des dernières places. Les chèvres et les moutons sont les seuls animaux qui l'épointent quelquefois. Ses fruits servent à plusieurs usages économiques, et notamment à colorer les vins. Quelques autres *Vaccinium*, tels que l'*uliginosum*, L.; *vitis idœa*, L., et *oxicoccos*, croissent également en France, au milieu des pelouses des montagnes, et sont aussi dédaignés des bestiaux.

FAMILLE DES CAMPANULACÉES.

Famille de plantes dicotylédones, appartenant à la *Péricorollie* de M. de Jussieu, et offrant pour caractères : des fleurs hermaphrodites composées d'un calice monosépale, à plusieurs divisions, persistantes et couronnant le fruit, adhérant à l'ovaire infère ou semi-infère ; une corolle régulière ; cinq étamines, rarement plus ou moins, distinctes les unes des autres ; style simple, stigmate diversement lobé. Le fruit est une capsule à deux loges polyspermes, s'ouvrant dans leur partie supérieure par des trous ou des valves incomplètes, qui portent une partie des cloisons sur le milieu de leur face interne.—Tiges herbacées, souvent lactescentes ; feuilles alternes.

Obs. La majeure partie des plantes de cette famille appartiennent aux prairies, et principalement aux pelouses des montagnes. Ce sont, en général, de jolis végétaux à fleurs bleues, répandus avec profusion au milieu des Graminées, et fleurissant depuis le mois de mai jusqu'au milieu de l'automne. Toutes ces espèces, très-différentes sous le rapport botanique, présentent à l'agriculteur des propriétés analogues. Les bestiaux les mangent assez volontiers, mais plusieurs d'entre elles sont tellement petites, qu'elles deviennent tout-à-fait insignifiantes au milieu des prairies.

Genre Campanule, *Campanula*, L.

Calice persistant à cinq divisions, formant corps avec l'ovaire ; corolle en cloche à cinq lobes ; cinq étamines ; filaments étagés à leur base ; ovaire surmonté de deux à cinq stigmates ; capsule polysperme à trois ou cinq loges, s'ouvrant sur les côtés par un nombre de pores proportionné à celui des loges.

Obs. Les Campanules forment un genre très-nombreux, dont les espèces, répandues dans toute l'Europe, sont dispersées çà et là dans les bois, les buissons, les champs et les prairies. Tous les terrains leur conviennent, mais elles recherchent l'air vif et léger des montagnes et les pelouses des coteaux, où le vent peut librement agiter les jolies clochettes bleues que nous offrent leurs fleurs.

CAMPANULE BARBUE, *Campanula barbata*, L. — Tige velue, presque nue, haute de deux à trois décimètres, feuilles ovales, oblongues, velues ; fleurs grandes, réunies huit à dix en panicule. — Vivace.

Obs. On rencontre cette Campanule dans les prés des Alpes, où elle est assez commune. Tous les bestiaux la mangent, mais elle donne peu de nourriture, à cause de son peu de développement. On trouve aussi, dans les prés des hautes montagnes, les *C. Allioni*, Villars; *C. speciosa*, Pourr.; *C. spicata*, L., que les bestiaux mangent également.

CAMPANULE AGGLOMÉRÉE, *Campanula glomerata*, L. — Tige simple, anguleuse, presque glabre, haute de deux à cinq décimètres; feuilles radicales pétiolées, ovales, lancéolées, dentées, les caulinaires sessiles, entières; fleurs bleues ou violettes, en tête terminale, munies à leur base de bractées un peu cordiformes. — Vivace.

Obs. Très-commune sur la plupart des coteaux calcaires et volcaniques, au milieu des pelouses bien aérées. les bestiaux la mangent sans la rechercher. A l'état sec, elle devient très-dure et insipide. Ses tiges prennent de la force, et ressemblent à de petits morceaux de bois qui restent dans le foin et nuisent à ses qualités. On peut lui assimiler, sous le rapport des qualités économiques, les *C. petræa*, DC.; *C. thyrsoidea*, L.; *C. cervicaria*, L.

CAMPANULE GANTELÉE, *Campanula trachelium*, L. (Gantelée, Gantelet, Gantillier, Gant de Notre-Dame, Herbe aux trachées, Herbe de Notre-Dame, Ortie bleue). — Tige de deux à dix décimètres; feuilles pétiolées, les radicales cordiformes, les caulinaires ovales, lancéolées, toutes dentées en scie; fleurs axillaires; calices ciliés. — Vivace.

Obs. Cette belle plante habite les bois, les buissons et quelquefois les prairies un peu ombragées. Elle fleurit en juillet. Les bêtes à cornes la mangent assez volontiers à l'état frais, mais sèche, ses tiges extrêmement dures en font un foin de très-mauvaise qualité. Il est assez rare cependant qu'elle soit dominante dans une prairie. Les *C. media*, L.; *urticæfolia*, Willd.; *rapunculoides*, L.; *latifolia*, L., et *rapunculus*, L., partagent ses propriétés et ses inconvénients.

CAMPANULE A FEUILLES DE PÉCHER, *Campanula persicæfolia*, L. — Tige glabre, haute de trois à cinq décimètres; feuilles radicales obovées, rétrécies en un long pétiole, les caulinaires sessiles, un peu denticulées en scie; fleurs grandes, bleues, lilas ou blanchâtres. — Vivace.

Obs. Cette Campanule habite principalement les bois taillis, mais elle s'en échappe souvent pour paraître dans les prairies , au milieu des Graminées, qu'elle domine par ses fleurs. Les bestiaux la mangent assez volontiers, mais comme elle donne très-peu de feuilles, c'est une plante presque inutile et insignifiante, malgré la beauté de ses fleurs. Parmi les espèces qui partagent les propriétés de celle-ci , on peut citer le *C. rhomboidalis*, L., qui est commun dans les prairies des Alpes , et le *C. patula*, L., assez abondant dans le centre et le midi de la France.

CAMPANULE A FEUILLES DE LIN, *Campanula linifolia*, Lam.—Tige ferme, glabre, feuillée, haute de deux à cinq décimètres; feuilles linéaires, lancéolées, étroites, glabres; fleurs en épi multi ou pauciflore. — Vivace.

Obs. Cette plante devient quelquefois très-commune dans les prairies des Alpes et des Pyrénées , et surtout dans celles du Cantal. Les bestiaux la recherchent peu, et la mangent cependant. Ils la préfèrent à l'état sec, ou du moins mangent avec plaisir le foin où elle est quelquefois très-abondante. Les espèces suivantes offrent les mêmes caractères , et se rapprochent de celle-ci. Elles sont également vivaces. Ce sont les *C. valdensis*, All. ; *C. rotundifolia*, L. , plus communes sur les rochers que dans les prairies, et le *C. cæspitosa*, Lam., qui croît également dans les escarpements et dans les prés.

CAMPANULE A FEUILLES DE LIERRE, *Campanula hederacea*, L. — Tige couchée, rameuse, filiforme; feuilles glabres , pétiolées, cordiformes, à cinq lobes; fleurs petites, bleuâtres. — Annuelle.

Obs. Cette miniature croît sur les mousses et parmi les petites plantes des prairies humides de diverses parties de la France, mais principalement dans les départements de la Creuse et de la Corrèze. Les moutons seuls peuvent l'atteindre, à cause de ses petites dimensions. Elle est tout-à-fait insignifiante, et si nous la citons, c'est pour ne point omettre une plante quelquefois très-commune dans les prés. Quelques petites Campanules annuelles n'ont guère plus d'importance; ce sont les *C. cenisia*, L. ; *C. elatines* et *C. erinus*, L.

Genre Prismatocarpe, *Prismatocarpus*, L'Hérit.

Calice à cinq divisions; corolle en roue , à cinq lobes; cinq étamines; un style à stigmate trilobé; capsule allongée, prismatique, à deux ou trois loges s'ouvrant au sommet.

PRISMATOCARPE MIROIR DE VÉNUS, *Prismatocarpus speculum*, L'Hérit. — Tige rameuse au sommet ; feuilles sessiles, oblongues, ondulées ou crénelées ; fleurs violettes, terminales, dressées, pédonculées ; divisions calicinales étalées. — Annuel.

Obs. Cette espèce, très-commune dans tous les champs cultivés, avant et après la moisson, est mangée par les bestiaux, et surtout par les moutons. Il en est de même des *P. hybridum*, L'Herit., qui est beaucoup plus rare et qui croît sur les pelouses des coteaux et dans les champs.

Genre Phyteuma, *Phyteuma*, L.

Calice à cinq divisions ; corolle à tube court, divisé en cinq lanières étroites, cinq étamines ; stigmate divisé en trois ; capsule à trois loges, couronnées par le calice, et s'ouvrant latéralement par un pore ; semences petites et nombreuses.

Obs. Les *Phyteuma*, dispersés sur les pelouses et dans les gazons des montagnes, fleurissent dans le courant de l'été, et sont quelquefois très-communs au milieu des Graminées. Les bestiaux les mangent avec plaisir. Les botanistes ont peut-être fait trop d'espèces dans ce genre. Il est probable que plusieurs d'entre elles ne sont que des variétés des trois espèces que nous allons décrire.

PHYTEUMA A ÉPIS, *Phyteuma spicata*, L. — (Raiponce sauvage, Raiponce tubéreuse, Rave sauvage). — Racine charnue ; tige simple ; feuilles distantes, pétiolées, ovales, oblongues, dentées, les inférieures échancrées en cœur, les supérieures étroites, lancéolées, glabres ou pubescentes ; fleurs entourées de bractées et disposées en long épi bleu ou blanchâtre. — Vivace.

Obs. Cette espèce est la plus commune dans les bois et les prairies des montagnes et du nord de la France. A l'état frais, les bestiaux la mangent volontiers ; mais sèche, ils la refusent, à cause de ses épis durcis pendant la maturité des graines. Si cependant elle ne se trouve pas en trop grande quantité dans le foin, ils la mangent indistinctement et avec indifférence.

Les *P. betonicæfolia*, Vill., et *Halleri*, All., se rapportent probablement à cette espèce, et habitent tous les pelouses des hautes montagnes des Alpes, des Pyrénées et du Cantal.

PHYTEUMA ORBICULAIRE, *Phyteuma orbicularis*, L. — Feuilles inférieures lancéolées, dentées, un peu échancrées en cœur, portées sur

de longs pétioles; les supérieures étroites, presque sessiles; epis globuleux, un peu ovales. — Vivace.

Obs. Ce *Phyteuma*, très-commun dans les prairies des
montagnes, est brouté par tous les bestiaux, qui, vert
ou sec, le mangent avec plaisir. On peut lui rapporter,
comme variétés ou comme espèces voisines, les *P. Char-
melii*, Vill.; *lanceolata*, Vill.; *elliptica*, Vill.; *Scheuc-
zeri*, All.; *Michelii*, All.; *scorzoneræfolia*, Vill.; *serrata*,
Viv., qui tous croissent aussi sur les pelouses des
montagnes.

PHYTEUMA HÉMISPHÉRIQUE, *Phyteuma hemispherica*, L. —Feuilles
très-étroites; fleurs bleuâtres, réunies en tête un peu comprimée
au sommet; bractées un peu ciliées, plus courtes que les fleurs. —
Vivace.

Obs. Assez commun sur les pelouses et dans les fentes des
rochers des montagnes élevées, ce *Phyteuma* est assez recherché des moutons. Les autres bestiaux le mangent
également, mais comme il ne s'élève pas, on doit le considérer comme une espèce tout-à-fait insignifiante. Il en
est de même des *P. pauciflora*, L., et *globulariæfolia*,
Sternb.

Genre Jasione, *Jasione*, L.

*Fleurs réunies dans un involucre à plusieurs folioles; chaque fleur
offre un calice à cinq dents; corolle à cinq divisions profondes;
tube court; cinq anthères rapprochées en tube; ovaire inférieur;
un style; stigmate à deux lobes; capsule pentagone, couronnée par
les dents du calice.*

JASIONE DE MONTAGNE, *Jasione montana*, (Fausse Scabieuse, Herbe
à midi). — Racine un peu charnue; tiges presque simples, hérissées,
ainsi que les feuilles, de poils blanchâtres, et terminées par une petite tête de fleurs bleues; feuilles petites, sessiles, linéaires, dentées
ou ondulées. — Annuelle.

Obs. Les terrains les plus secs et les plus arides sont
ceux qui conviennent à cette plante, que l'on rencontre
dans le Nord et dans le Midi, et qui est extrêmement commune dans toute la France. Elle habite les pelouses sèches, les escarpements, les fentes des rochers. Les bestiaux la mangent sans la rechercher.

JASIONE VIVACE, *Jasione perennis*, Lam. — Feuilles linéaires non
ondulées, presque glabres; têtes des fleurs très-grosses. — Vivace.

Obs. Cette belle espèce est très-abondante dans le centre de la France, au Mont-Dore, au Puy-de-Dôme, au Cantal. Elle forme çà et là des touffes, dont quelques-unes se reproduisent par des rejets rampants. Elle préfère le sol volcanique à tout autre, et ne se développe bien que sur les pouzzolanes ou les détritus des volcans. Les bestiaux la mangent avec plaisir. Elle fleurit tard, en août et septembre. Elle produit un effet magnifique sur les pelouses des montagnes.

Le *J. humilis*, Persoon, qui habite les Pyrénées, est bien moins recherché des troupeaux.

FAMILLE DES SYNANTHÉRÉES.

On réunit sous le nom de *Synanthérées*, proposé par Richard, la classe des *Composées*, dont M. de Jussieu a formé trois familles distinctes : les *Cynarocéphales*, les *Corymbifères*, et les *Chicoracées*. Les caractères distinctifs de ces trois groupes n'étant pas assez saillants pour permettre la formation de ces trois familles, les botanistes modernes les ont réunies en une seule, dans laquelle ils ont formé trois tribus qui correspondent aux trois ordres de M. de Jussieu.—M. H. Cassini, à qui l'on est redevable de si beaux travaux sur les *Synanthérées*, ne pense pas que la distribution des genres en trois groupes permette un arrangement bien méthodique, et il propose leur arrangement en vingt tribus naturelles. Nous allons d'abord exposer d'une manière générale les caractères de cette grande famille, et nous donnerons ensuite ceux des trois principales tribus.

Caractères généraux. — Fleurs petites et réunies en tête (*calathide*), portées sur une espèce de plateau charnu ou réceptacle (*clinanthe*), dans la substance duquel elles sont quelquefois nichées dans autant de petites fossettes nommées *alvéoles*; elles sont entourées à l'extérieur par une ou plusieurs rangées d'*écailles* quelquefois épineuses, qui constituent un véritable *involucre*, nommé autrefois *calice commun*. Chaque fleur se compose d'un ovaire infère à une seule loge, contenant un seul ovule dressé; d'une corolle monopétale, tantôt régulière, tubuleuse et infundibuliforme (chaque fleur est alors désignée sous le nom de *fleuron*) tantôt irrégulière et déjetée en languette d'un seul côté (*demi-fleuron*); de cinq étamines synanthères, c'est-à-dire réunies et soudées en tube par leurs anthères, les cinq filets restant distincts. L'ovaire est surmonté d'un style qui traverse le tube des anthères, et se termine par un stigmate bifide. Le fruit est un akène (*cypsèle*, Mirbel) de forme très-variée, tantôt nu à son sommet, d'autres fois couronné par une *aigrette* formée d'écailles ou de poils simples ou plumeux. — Fleurs tantôt hermaphrodites, unisexuées ou neutres: tiges presque toujours herbacées; feuilles souvent alternes, rarement entières. — Cette famille se distingue des *Rubiacées* par ses étamines soudées et son fruit uniloculaire et monosperme; des *Dipsacées* par ses étamines et son fruit, dont la graine est dressée au lieu d'être renversée.

1. CHICORACÉES *(Semi-flosculeuses*, Tournefort). Calathides entièrement formées de demi-fleurons. Plantes ordinairement lactescentes.

2. CARDUACÉES *(Cynarocéphales*, Jussieu; *Flosculeuses*, Tournefort). Toutes les fleurs flosculeuses, c'est-à-dire composées de fleurons tantôt hermaphrodites, tantôt unisexués ou neutres; réceptacle garni de soies très-nombreuses (plusieurs pour chaque fleur), ou d'alvéoles dans lesquelles sont implantés les fleurons; style garni d'un bouquet circulaire de poils au-dessous de la bifurcation du stigmate.

3. CORYMBIFÈRES *(Radiées*, Tournefort). Fleurs tantôt toutes flosculeuses, hermaphrodites ou unisexuées, le plus souvent radiées, c'est-à-dire, que le centre des calathides est formé de fleurons, et qu'à la circonférence sont des demi-fleurons ordinairement femelles ou neutres; le réceptacle est nu, ou garni de soies ou paillettes en nombre égal à celui des fleurs; style dépourvu à son sommet du bouquet de poils que l'on observe dans les plantes de la tribu précédente.

Obs. Cette famille est la plus nombreuse du règne végétal. Ses espèces sont répandues dans toutes les parties du monde; l'Europe, et la France surtout, en nourrissent une grande quantité. Plusieurs d'entre elles vivent dans les prairies, et servent de nourriture aux animaux. C'est un groupe tellement important, que nous sommes forcés de nous arrêter quelque temps sur ses principales divisions et sur les principaux genres qu'elles renferment; mais ces plantes sont trop nombreuses pour que nous puissions leur appliquer aucune généralité.

PREMIÈRE TRIBU.

CHICORACÉES OU SEMI-FLOSCULEUSES.

Genre Salsifis, *Tragopogon*, L.

Involucre simple de huit à douze folioles soudées : réceptacle nu; graines striées longitudinalement; aigrettes plumeuses, verticillées.

SALSIFIS DES PRÉS, *Tragopogon pratense*, L. (Barbe de bouc, Bombarde, Cersifix sauvage, Cochet, Ratabout, Sersifix, Thalibeu, Thalibot).—Tige droite, haute de trois à dix décimètres, simple ou rameuse, glabre; feuilles glabres, élargies, embrassantes, longues, linéaires; fleurs jaunes, grandes; pédoncules cylindriques. — Bisannuel.

Obs. Cette belle espèce est commune dans les contrées tempérées et septentrionales de l'Europe, au milieu des prés, où elle fleurit en mai et en juin. Elle forme quelquefois des touffes assez épaisses que les bestiaux recher-

chent beaucoup, surtout les chevaux et les bêtes à cornes.
Les moutons l'aiment moins; les chèvres la refusent. Le
Salsifis serait une excellente plante dans les prairies, si
sa dessiccation était plus facile, mais il sèche lentement
et difficilement : souvent il est encore vert quand le reste
du foin est entièrement sec. Les bestiaux l'aiment beaucoup moins à l'état sec. C'est donc, malgré tout, une
plante nuisible dans les prairies destinées à être fauchées.
C'est pourtant de préférence dans celles-ci qu'il se développe. Les prés bas, humides, gras, et dont le sol
est profond, sont ceux qu'il préfère, et sa présence est
presque toujours l'indice d'un bon sol.

Quelques autres espèces remplacent, dans les prairies,
surtout dans le midi de la France, le Salsifis des prés.
Ce sont les *T. majus*, Jacq., peu différent du *pratense*,
et le *T. crocifolium* de Linné. Ce dernier a les fleurs violettes. Tous partagent les propriétés du Salsifis des
prés.

Salsifis commun, *Trogopogon porrifolium*, L. (Salsifis blanc, Bar-
belon, Salsifis des jardins).—Tige rameuse, droite, haute de sept à
quinze décimètres; feuilles linéaires, élargies à leur base, glabres;
fleurs violettes; involucre à trois folioles. — Bisannuel.

Obs. Cette plante, originaire du midi de la France,
où elle très-commune dans les prés et sur le bord des
chemins, a été transportée dans nos jardins, où sa racine est devenue comestible. On la connaît sous le nom
de *Salsifis*, qu'il ne faut pas confondre avec la Scorsonère. Celle-ci a la fleur jaune; celle du Salsifis est violette. On a recommandé ses racines comme très-propres
à remplacer la Carotte, le Panais, etc., pour la nourriture des bêtes à laine, mais elle est évidemment moins
productive. Il est vrai que, d'un autre côté, ses feuilles
peuvent aussi être considérées comme un très-bon fourrage vert.

Genre Scorsonère, *Scorzonera*, L.

*Involucre imbriqué; réceptacle nu; graines sessiles; aigrettes
plumeuses, très-légèrement pédicellées.*

Scorsonère basse, *Scorzonera humilis*, L. (Scorsonère d'Allemagne, Scorsonère de Bohême). — Tige simple, droite, uniflore, velue à la base; feuilles longues, linéaires, lancéolées, entières, nervées; fleurs jaunes, grandes; pédoncule renflé, écailleux.—Vivace.

Obs. Elle croît dans les prés de la majeure partie de la France. On la rencontre en touffes quelquefois très-épaisses. Elle fleurit en mai. Tous les bestiaux l'aiment beaucoup et la mangent avec avidité. Elle pousse vite, donne beaucoup de feuilles, contient un suc propre, épais et sucré, surtout dans les pédoncules de ses fleurs, qui sont la partie la plus recherchée de la plante. Malheureusement elle se dessèche mal, et souvent aussi ses fleurs avortent, et il se développe, dans le réceptacle, une poussière abondante, d'un beau violet, que l'on a considérée comme un champignon, auquel on a donné le nom d'*Uredo receptaculorum*. Dans cet état, les bestiaux la négligent, et la plante souffre assez long-temps. Il arrive que toutes les Scorsonères d'une prairie sont attaquées par ce cryptogame. Les cochons aiment beaucoup ses racines, et bouleversent les prés pour les trouver. On assure que le lait des vaches et des brebis est augmenté par cette plante.

Le *Scorzonera hispanica*, L., est originaire du Midi et partage entièrement les propriétés de l'*humilis*. C'est elle dont on mange presque toujours les racines sous le nom de Salsifis.

Genre Pissenlit, *Taraxacum*, L.

Involucre double, l'extérieur souvent déjeté en dehors; réceptacle nu, ponctué; aigrette pédicellée; hampe uniflore.

Pissenlit commun, *Taraxacum dens leonis*, Lam. (Chopine, Cochet, Couronne de moine, Dent de lion, Laitue de chien, Liondent, Salade de taupe.) — Feuilles glabres, profondément dentées ou roncinées; fleurs jaunes, grandes, solitaires; involucre extérieur réfléchi. — Vivace.

Obs. Il est peu de plantes plus communes que le Pissenlit, et qui s'accommodent de terrains plus divers. Il abonde dans la plupart des prairies; il croît aussi bien dans le Nord que dans le Midi, aussi facilement sur le bord de la mer que sur le sommet des hautes montagnes. Il paraît immédiatement sur les éboulements, sur les sols nouveaux, sur les prés que l'on veut créer, au milieu des prairies artificielles. Il développe, sur la terre amoncelée par les taupes, ses feuilles étiolées et jaunies, que l'on mange en salade; et dès le premier printemps, comme au dernier jour de l'automne, il fleurit, et trouve le moyen d'étaler bientôt après son élégante tête de graines, que le vent disperse et entraîne au loin. Quoique souvent cette plante occupe beaucoup de place dans les prairies, et que malgré sa rusticité, elle préfère celles qui sont grasses et humides, c'est une excellente espèce, recherchée par tous les bestiaux, et principalement par les vaches, dont elle augmente le lait. Sa précocité doit engager à la faire entrer dans les mélanges destinés aux pacages, car peu d'herbes poussent aussi vite et végètent aussi long-temps. Comme foin sec, le Pissenlit est une plante nuisible ; il est en graines quand les autres mûrissent ; ses feuilles se dessèchent mal, et perdent ce suc laiteux un peu amer qui plaît tant aux bestiaux. On observe souvent dans les luzernes, avant leur première coupe, et surtout en Auvergne, le mélange d'une grande quantité de Pissenlits qui fleurissent abondamment en avril et mai. C'est une des meilleures associations que l'on puisse offrir aux animaux ; mais il faut le faucher quand il fleurit, et le leur donner en vert.

« Le Pissenlit, dit Springel, possède tant de qualités précieuses, qu'on a lieu de s'étonner que depuis long-temps cette plante ne soit pas cultivée. Ses qualités principales sont : 1° Toute espèce de bétail, surtout le bétail à cornes, le mange avec plaisir ; les bœufs s'en engraissent promptement, parce qu'il contient non seulement des parties nutritives, mais encore beaucoup de sel ; les vaches donnent du lait en quantité et d'un goût exquis, quand elles en ont été nourries pendant quelque temps ; elle forme une excellente nourriture pour les moutons, à cause de la quantité de sel et de suc laiteux amer qu'elle contient. 2° Excepté les endroits marécageux et les sables arides, le Pissenlit croît dans toute espèce de terrain, même entre les pavés et sur les murailles, où sa racine fusiforme a la propriété de pénétrer dans toutes les cavités et fissures, pour y absorber les principes nutritifs. 3° Il appartient aux plantes qui paraissent des premières au printemps ; et lorsqu'il est pâturé ou fauché, il continue de végéter pendant tout l'été et l'automne, chose extrêmement importante. 4° Lorsqu'il se trouve parmi le Trèfle, le Sainfoin, la Luzerne, il n'est pas rare de voir ses tiges et ses feuilles atteindre la hauteur d'un pied et demi à deux pieds :

d'un autre côté , quand il croît dans les pâturages, ses feuilles s'étalent , de sorte qu'il est aussi bon à être pâturé que fauché ; néanmoins la conversion en foin est difficile : la grande quantité d'eau qu'il contient fait qu'il ne sèche que lentement. Cependant comme on a acquis, dans plusieurs contrées, l'expérience qu'il procure aux vaches un lait plus abondant et plus riche que le meilleur foin de Trèfle, ou cherche autant que possible à le propager dans les prairies. 5° Le Pissenlit est vivace, et les froids les plus vifs ne peuvent le détruire : il en est de même de l'humidité et de la sécheresse, qui n'influent que peu sur sa végétation à cause de sa racine, qui pénètre jusqu'à deux pieds de profondeur. 6° Cette longueur de la racine est également cause que le Pissenlit vient non seulement bien dans les sols extrêmement maigres, mais encore qu'il les bonifie tellement, que lorsqu'il les a occupés pendant quelque temps, on y voit croître des Graminées et autres plantes traçantes qui exigent un sol fertile. L'analyse nous fait voir, du reste, qu'il préfère un sol riche en sel commun , en gypse, en phosphate de chaux et en sels alcalins ; ces substances sont par conséquent un bon engrais pour lui. 7° Sa culture n'offre aucune difficulté, sa semence, qui est assez grosse, levant facilement et pouvant être recueillie sans peine par des enfants, aussitôt qu'elle est devenue brune. On étend alors les têtes sur un grenier bien aéré ; on les remue avec des rateaux pendant une quinzaine de jours et on les bat au fléau. La graine qu'on en retire peut être semée par-dessus des céréales d'hiver, avec du Trèfle, des Graminées et autres plantes fourragères. En peu de jours, elle lève, lorsque la température est assez élevée et que le sol contient assez d'humidité. Ainsi semée avec d'autres plantes, comme cela doit toujours se faire, on doit employer quatre à cinq kilog. par hectare; de cette manière on fait un pâturage excellent, soit pour les moutons, soit pour le gros bétail ou pour les chevaux. »

Les *T. obovatum*, DC.; *lœvigatum*, DC., et *palustre*, DC., qui sont à peine des espèces distinctes, jouissent des mêmes qualités, mais à un moindre degré.

Genre Léontodon, *Leontodon*, L.

Involucre imbriqué; réceptacle ponctué; aigrettes sessiles, celles de la circonférence quelquefois avortées.

Léontodon Hérissé, *Leontodon hirtum*, L.—Hampes uniflores, glabres ou légèrement velues; feuilles lancéolées, sinuées, dentées, chargées de poils simples ou bifurqués; fleurs jaunes; involucres glabres. — Vivace.

Obs. On trouve cette plante le long des chemins et dans les prairies, sur les pelouses. Elle croît, pour ainsi dire, sur tous les sols. Les bestiaux la mangent avec grand plaisir, et elle se trouve assez souvent dans le foin. Elle se dessèche mieux que la plupart des Semi-Flosculeuses. Elle fait partie des meilleurs fourrages des prairies de la Lombardie. Elle fleurit à la fin de mai, et mûrit ses graines un mois après sa floraison. Les vaches la recherchent beaucoup, et elle augmente leur lait, comme la plupart des Chicoracées.

On peut regarder comme jouissant des mêmes propriétés les *L. hispidum*, L.; *tuberosum*, L., et *autumnale*, L.

Léontodon Écailleux, *Leontodon squammosum*, Lam. — Hampe uniflore, haute de un à deux décimètres, chargée de petites écailles foliacées, velue au sommet; feuilles oblongues, entières ou dentées, glabres; fleurs d'un beau jaune orangé. — Vivace.

Obs. Cette espèce est très-répandue dans les prairies des montagnes, où elle étale ses fleurs d'une couleur très-vive. Elle fleurit pendant tout l'été et une partie de l'automne. Tous les bestiaux la mangent. Elle se dessèche assez bien et entre dans la composition de ces foins fins que l'on fauche sur les hautes montagnes. Elle est commune dans les Alpes, dans les Vosges, au Mont-Dore, au Cantal.

Plusieurs autres espèces du même genre habitent également les pelouses des montagnes, et font partie de leur foin. Ce sont les *Leontodon hastile*, L.; *Villarsii*, DC.; *crispum*, Vill.; *montanum*, DC.; *incanum*, L. Ils plaisent aussi aux bestiaux.

Genre Laitron, *Sonchus*, L.

Involucre oblong, renflé à sa base, imbriqué; réceptacle nu; graines striées longitudinalement; aigrette simple, sessile.

Laitron commun, *Sonchus oleraceus*, L. (Luceron, Laisseron, Lait
d'âne, Laitue de lièvre, Laitue de muraille, Liarge, Palais de lièvre).
— Tige fistuleuse de deux à dix décimètres, tendre et laiteuse, ainsi
que les feuilles, qui varient beaucoup dans leurs formes, sessiles, allongées, découpées en lyre, les unes planes et larges, les autres plus
étroites, crépues ou épineuses sur leurs bords; fleurs d'un jaune pâle;
semences petites, comprimées; aigrettes très-blanches. — Annuel.

Obs. Il est peu de plantes aussi communes et aussi
variables que le Laitron ou Laitison. On le rencontre
aussi souvent que le Pissenlit; mais comme plante
fourragère, il rapporte bien davantage par son grand
développement. Sa végétation est bien plus forte; il croît
partout très-rapidement, surtout dans les sols un peu
humides et profonds. Tous les animaux recherchent
un fourrage si tendre et si savoureux pour eux. C'est
une des meilleures nourritures que l'on puisse leur donner comme rafraîchissante et en même temps restau-
rante. Elle convient parfaitement aux vaches laitières.
Tout le monde sait que le Laitison est la plante fourragère des lapins, celle qu'ils préfèrent avec l'*Heracleum
sphondylium*. Si les semences n'étaient pas si difficiles à
récolter, et si on pouvait le semer également, ce serait
certainement une plante avantageuse à cultiver malgré
sa courte durée.

Quelques autres *Sonchus*, tels que les *maritimus*, L.;
tenerrimus, L., partagent les propriétés de l'*oleraceus*,
et comme lui sont annuels.

Laitron des champs, *Sonchus arvensis*, L. — Tige creuse, légèrement velue, haute de cinq à quinze décimètres; feuilles roncinées,
échancrées en cœur, dentées, ciliées; fleurs jaunes; pédoncules hispides. — Vivace.

Obs. Cette plante est quelquefois très-commune sur
le bord des champs et des fossés; elle pénètre aussi dans
les prés, et fleurit en juin et juillet. Tous les bestiaux l'aiment beaucoup aussi, quoiqu'ils préfèrent la
Laitue commune. On peut, sous le rapport agricole,
assimiler à cette espèce le *S. palustris*, L., et le *S. pec-
tinatus*, DC., qui sont également vivaces.

Laitron de Plumier, *Sonchus Plumie.i*, L. — Tiges de huit à
quinze décimètres; feuilles larges, divisées en découpures profondes;
le lobe terminal plus grand, presque triangulaire; fleurs bleues,
disposées en une ample panicule à pédoncules glabres.—Vivace.

Obs. Les bois des montagnes nourrissent cette belle espèce de *Sonchus,* que les bestiaux et surtout les bêtes à cornes mangent avec plaisir. Il en est de même du *S. alpinus,* L., plus commun peut-être que le *Plumieri,* croissant dans les mêmes lieux et vivace comme lui. Il est à remarquer cependant que les divers Laitrons à fleurs jaunes plaisent plus à ces animaux que ces deux belles espèces à fleurs bleues. Celles-ci ont cependant un grand avantage, c'est de croître très-facilement à l'ombre, pourvu qu'il y ait en même temps un peu d'humidité et un peu d'humus provenant de la décomposition des feuilles des forêts.

Genre Laitue, *Lactuca,* L.

Involucre cylindrique, imbriqué de folioles membraneuses sur leurs bords; graines comprimées, elliptiques, pubescentes au sommet; aigrettes simples, pédicellées.

Laitue cultivée, *Lactuca sativa,* L. — Tige droite de quatre à dix décimètres; feuilles ovales, arrondies ou allongées, glabres, ondulées, les supérieures sessiles, cordiformes; fleurs petites, d'un jaune pâle. — Annuelle :

Obs. La Laitue est une de ces plantes que l'homme s'est appropriées et dont il ignore la patrie. Selon Poiret, il paraît qu'elle aurait pour type le *Lactuca quercina,* L., découverte dans la mer Baltique, sur l'île Caroline. Notre espèce cultivée fournit, d'après le même auteur, près de deux cents variétés, que l'on rapporte à trois races principales :

1° *Laitue pommée* dont les feuilles sont arrondies et concaves, réunies en tête comme un chou;
2° *Laitue frisée,* à feuilles découpées, dentées et crépues;
3° *Laitue romaine,* à feuilles allongées, rétrécies à la base, d'une saveur plus douce que la précédente.

Tous les bestiaux, mais surtout les vaches et les cochons, aiment beaucoup la Laitue; mais c'est une plante qui ne peut en aucune manière se dessécher. C'est une nourriture très-rafraîchissante, aussi saine pour les animaux que pour l'homme.

On a essayé avec succès, en Angleterre, de semer des Laitues que l'on repiquait ensuite dans les champs entre les lignes de Pommes de terre. On obtenait ainsi une première récolte assez abondante et très-utile, surtout pour le sevrage des jeunes cochons.

M. de Dombasle recommande aussi cette plante pour la nourriture de ces animaux. « Dans les exploitations rurales où on en élève beaucoup, dit cet agronome, il est d'un grand avantage de semer, en diverses fois, en mars, avril et mai, quelques ares de Laitue, que ces animaux aiment excessivement, et qui contribue beaucoup à les entretenir en bonne santé pendant l'été. Un sol très-riche, meuble, fortement amendé, et situé près des bâtiments de l'exploitation, est ce qui convient pour cela. On sèmera soit à la volée, à raison de 750 gram. pour dix ares, soit en lignes de 3 à 4 décimètres de distance, à raison de 500 gram. pour dix ares; dans tous les cas, on enterrera très-peu la semence. On sarclera et binera soigneusement, car sans ces soins la Laitue profite peu.»

Laitue vireuse, *Lactuca virosa*, L. (Laitue sauvage, Laitue papavéracée). — Tige droite, rameuse, glabre, épineuse à la base; feuilles roncinées, pinnatifides, glabres, denticulées, horizontales, embrassantes et sagittées à la base, obtuses au sommet; nervures épineuses; fleurs jaunes, paniculées. — Bisannuelle.

Obs. On trouve cette plante le long des chemins, dans les buissons, sur le bord des prés, dans le gazon. Les bestiaux n'y touchent pas; elle leur serait nuisible.

Il en est de même du *L. scariola*, L., et du *L. saligna*, L., qui croissent dans les mêmes lieux, et du *L. perennis*, L., qui diffère des précédents par ses grandes fleurs violettes.

Genre Chicorée, *Chicorium*, L.

Involucre caliculé; l'intérieur de huit folioles réunies à la base; l'extérieur de cinq plus courtes; réceptacle nu ou paléacé; aigrettes courtes, sessiles, écailleuses.

Chicorée sauvage, *Chicorium intybus*, L. (Cheveux de paysan, Ecoubette). — Tige droite, rameuse, haute de six à dix décimètres; feuilles roncinées à lobes distants; fleurs grandes, sessiles, solitaires ou géminées, d'un beau bleu, rarement blanches ou carnées. — Vivace.

Obs. Cette plante croît partout, le long des chemins, sur le bord des champs, sur les pelouses des coteaux. Son feuillage est rare, court et d'une telle amertume, qu'assez souvent les bestiaux le refusent ; mais par la culture elle a été fortement modifiée, et elle est devenue un de nos meilleurs fourrages verts.

Le simple changement du sol a beaucoup contribué à ces résultats. En effet, au lieu de semer la Chicorée dans les lieux secs et arides, comme ceux qu'elle choisit naturellement, il faut, si l'on veut obtenir des produits abondants, la mettre dans un terrain frais, ombragé, argileux et profond, sur lequel, au moyen de ses racines pivotantes et fusiformes, elle brave la plus longue sécheresse et ne craint pas le froid des hivers rigoureux. Presque tous les bestiaux mangent avec plaisir les feuilles de cette Chicorée cultivée. Cependant ceux qui n'y sont pas habitués, y répugnent d'abord et s'y habituent ensuite très-facilement. C'est pour eux une nourriture saine et rafraîchissante, qui, comme la plupart des Chicoracées ou Semi-Flosculeuses, augmente la sécrétion du lait. Il paraît très-positif que les vaches nourries avec la Chicorée donnent un lait crémeux et abondant, et nullement amer, comme quelques personnes l'ont avancé. Les porcs sont avides de son feuillage et de ses racines. Autant que possible, il faut donner cette plante jeune aux bestiaux ; quand les feuilles ont vieilli, ils la mangent avec indifférence, et la refusent quand les tiges ont paru.

Dans un sol qui lui plaît, la Chicorée donne plus de 50 mille kilog. par hectare ; mais il faut l'employer en vert, car elle se dessèche mal, noircit en séchant ; et lors même qu'elle ne noircirait pas, elle donne un très-mauvais foin.

Elle pousse de très-bonne heure et finit très-tard, si on a le soin de la faucher souvent, car alors elle produit une énorme quantité de jeunes feuilles, et les tiges n'ont pas le temps de se développer. On peut la couper jusqu'à cinq fois dans la même année. Il est vrai que cette excessive production de jeunes feuilles épuise les racines, et dans ce cas on ne doit conserver le champ que trois ans, quoiqu'il puisse en durer six. Ses racines, qui, dans le Nord, sont cultivées comme succédanée du café, peuvent rester dans le sol, qu'elles fertilisent par leur décomposition.

La quantité de graines nécessaire pour un hectare est

d'environ 12 kilog. On peut la semer en septembre ; mais la meilleure méthode est de la répandre au printemps, avec de l'Orge ou mieux de l'Avoine, sur deux labours. Il n'est pas nécessaire, comme pour la Chicorée café, que le sol soit très-riche, mais il faut peu enterrer la graine. On peut ordinairement la couper deux fois la première année, à moins que la sécheresse ne se soit opposée à son accroissement. En Angleterre, on la sème en lignes espacées de trois décimètres.

Quand une fois on a laissé grainer la Chicorée, il faut l'arracher : la plante est épuisée et ne donne qu'un mince produit ; elle devient aussi très-épuisante pour le sol. C'est à la seconde ou troisième année qu'il faut en recueillir la graine.

Cette plante fait partie d'un certain nombre de prairies, et notamment des prés les plus renommés de la Lombardie.

Cretté de Palluel a associé la Chicorée au Trèfle, au Sainfoin et à la Pimprenelle, et il dit avoir parfaitement réussi : les bestiaux en ont consommé les produits avec avidité ; mais la Chicorée n'a pas tardé à dominer les autres plantes, et la Pimprenelle a été la première à lui céder le terrain. J'ai moi-même essayé un mélange de ce genre, mais plus compliqué, qui m'a donné un magnifique résultat. La Pimprenelle est partie aussi avant la Chicorée, et celle-ci a lutté long-temps contre de la Luzerne, que j'avais introduite en petite quantité dans le mélange, et qui est restée seule maîtresse du terrain. Semée par parties égales avec le Trèfle rouge et le *Bromus pratensis*, elle donne un des meilleurs fourrages que l'on puisse obtenir.

M. Jacquin a présenté, il y a quelques années, aux sociétés d'agriculture et d'horticulture de Paris, une variété de Chicorée à larges feuilles et à cœur plein ou pommé, comme celui d'une Scarole. Cette variété pourrait peut-être présenter de grands avantages dans la culture comme plante fourragère.

Genre Lampsane, *Lapsana*, L.

Involucre simple, avec des écailles à sa base qui simulent un calicule ; réceptacle nu ; graines lisses, sans aigrette.

LAMPSANE COMMUNE, *Lapsana vulgaris*, L. (Grageline, Herbe aux mamelles, Gras de mouton, Poule grasse, Saune blanche). — Tige striée, rameuse, haute de six à huit décimètres ; feuilles inférieures en lyre, terminées par un grand lobe ovale, un peu denté, les autres presque entières, glabres et plus petites ; fleurs jaunes, petites, terminales. — Vivace.

Obs. On trouve communément la Lampsane le long des chemins, dans les haies, sur la bordure des prés. Les bestiaux la mangent, mais ne la recherchent pas ; les chèvres n'y touchent pas. Le *Lapsana minima*, Lam., ou *Hyoseris minima*, L., ainsi que le *L. stellata*, L., ne sont pas non plus des plantes que les animaux recherchent beaucoup.

Genre Prenanthe, *Prenanthes*, L.

Involucre double, cylindrique ; réceptacle nu ; graines lisses ; aigrettes simples et sessiles.

PRENANTHE DES MURS, *Prenanthes muralis*, L. — Tige rougeâtre, droite, rameuse, glabre ; feuilles grandes, en lyre, glauques en dessous, d'un vert foncé en dessus ; fleurs petites, d'un jaune pâle, en panicule très-ample, diffuse. — Annuelle.

Obs. Cette plante est commune non seulement sur les vieux murs et dans les lieux secs, mais dans les bois. Elle croît facilement à l'ombre, s'y développe beaucoup mieux qu'au soleil, et dans le centre de la France, notamment en Auvergne, où elle est assez commune, les bestiaux qui paissent dans les bois la recherchent beaucoup, et les vaches la préfèrent à plusieurs Graminées qui habitent les mêmes lieux.

PRENANTHE POURPRE, *Prenanthes purpurea*, L. — Tiges rameuses, hautes de un à deux mètres ; feuilles oblongues, lancéolées, cordiformes, dentées, embrassantes, glauques en dessous ; fleurs purpurines, pendantes, en panicule élégante et souvent unilatérale. — Annuelle.

Obs. Cette espèce croît dans les bois, à l'ombre des taillis. Les bestiaux la recherchent moins cependant que la précédente. Le *P. tenuifolia*, L., qui croît dans les bois du Dauphiné, partage ses propriétés.

Genre Épervière, *Hieracium*, L.

Involucre ovale, imbriqué d'écailles très-serrées, souvent couvertes de poils noirâtres ; réceptacle alvéolé à bords membraneux, quelquefois soyeux; semences couronnées d'une aigrette sessile, peu épaisse, à poils simples ou à peine dentés.

Obs. Les Épervières composent un genre très-nombreux, dont cinquante espèces environ sont disséminées sur le sol de la France. Presque toutes appartiennent aux prairies; aussi les voit-on, surtout dans les montagnes, se mêler à toutes les pelouses, et étaler sur la verdure leurs larges fleurs dorées. Tantôt elles se plaisent sur les gazons des points les plus élevés, tantôt elles descendent le long des pentes; ailleurs, elles s'attachent en larges touffes aux fissures des rochers, ou bien elles arrivent jusqu'au milieu des pâturages des vallées, et s'enfoncent même sous l'ombre des forêts. Il est très-difficile de distinguer les espèces entre elles; les botanistes les plus habiles ont beaucoup de peine à les déterminer; aussi nous n'essaierons pas de décrire ces plantes, mais nous en citerons quelques-unes, celles qui se rencontrent le plus souvent sous nos pas. Les bestiaux recherchent presque toutes ces espèces, et les mangent toutes quand elles sont mélangées aux autres plantes de la prairie. Les poils un peu rudes dont les feuilles de plusieurs espèces sont couvertes, sont peut-être la cause de quelques dédains particuliers; et comme les Épervières fleurissent tard, quand il existe un très-grand nombre d'herbes à leur disposition, l'embarras du choix fait que les Épervières ne sont pas toujours l'objet d'une prédilection particulière. Il faut donc les regarder en partie comme plantes insignifiantes, et en partie comme espèces utiles.

Épervière dorée, *Hieracium aureum*, Vill. — Tige grêle, un peu velue au sommet, haute de un à deux décimètres, portant une ou deux feuilles très-étroites; feuilles glabres, lancéolées, spatulées, roncinées, dentées; fleurs d'un jaune rougeâtre. — Vivace.

Obs. Cette plante est très-commune dans presque toutes les prairies des montagnes. Tous les bestiaux la mangent volontiers. M. Bonafous l'indique comme une des bonnes plantes du pays de Gruyères.

Épervière orangée, *Hieracium aurantiacum*, L. — Tige de trois à six décimètres, hispide; feuilles oblongues, un peu pointues, velues, hispides; fleurs d'une belle couleur orangée, réunies en petits bouquets de cinq à six au sommet des tiges. — Vivace.

Obs. Cette jolie espèce, que les jardins ont accueillie, croît sur les pentes herbeuses des montagnes des Alpes, des Vosges, du Mont-Dore, des Pyrénées. Les bestiaux la mangent volontiers.

Les *H. præmorsum*, L.; *alpinum*, L.; *glabratum*, DC.; *Halleri*, Vill., et *pumilum*, Willd., habitent les mêmes lieux, et sont également broutés des bestiaux et recherchés des chevaux.

ÉPERVIÈRE PILOSELLE, *Hieracium pilosella*, L. (Oreille de souris, Oreille de rat, Veluette). — Hampe nue, dressée, pubescente, uniflore; jets rampants et feuillés partant de la racine; feuilles ovales, entières, cotonneuses en dessous, à bords velus; fleurs d'un jaune vif, souvent rougeâtres en dessous, et solitaires sur de longs pédoncules. — Vivace.

Obs. Cette jolie petite plante est commune sur les pelouses, dans les lieux secs, où elle fleurit en mai. Les bêtes à cornes la mangent, et les chevaux l'aiment beaucoup.

Elle végète dans les sols les plus stériles; elle résiste aux plus fortes gelées, et aux plus grandes sécheresses, et pousse de très-bonne heure au printemps. Elle est recherchée des moutons, auxquels, selon quelques agriculteurs, elle peut devenir très-nuisible. Je crois, du reste, cette assertion sans fondement, car j'ai vu souvent les troupeaux manger la Piloselle en abondance, dans quelques parties de l'Auvergne, et surtout aux environs de Pontgibaud, où l'on dit que l'on doit laisser sortir les bestiaux quand la tige de la Piloselle, qu'ils nomment *Barbidzère*, peut faire deux fois le tour du doigt. Elle dure long-temps, et ses racines pénètrent à trois à quatre décimètres dans le sol.

ÉPERVIÈRE AURICULE, *Hieracium auricula*, L. (Grande Oreille de rat). — Tige simple, haute de deux à quatre décimètres, avec une seule feuille au milieu; feuilles radicales oblongues, très-entières, glabres en dessous, hérissées de quelques poils en dessus; fleurs jaunes, terminales, rapprochées. — Vivace.

Obs. On trouve cette espèce dans les prés un peu humides et sablonneux. Elle se développe quelquefois au point de les couvrir sur une grande étendue. Elle fleurit en mai, comme la Piloselle, avec laquelle elle a beaucoup de rapport. Les bestiaux la mangent, et les chevaux la recherchent. Les espèces suivantes habitent presque toutes les prairies des hautes montagnes, et seraient broutées par les animaux, si quelques-unes d'entre elles n'étaient couvertes de poils longs, cotonneux ou piquants, qui, en général, n'en éloignent ni les chevaux ni les bœufs, mais souvent les moutons, quelquefois même les chèvres. Nous citerons les *H. Schraderi*, Schl.; *villosum*, L.; *elongatum*, Lap.; *flexuosum*, Willd.; *eriophorum*, St-Am.; *prostratum*, L.; *lanatum* Willars; *andryaloides*, Lam.; *saxatile*, Vill.; *angustifolium* Willd.; *breviscapum*, DC.; *cymosum*, L.; *collinum*, DC.; *præaltum*, Willd.; *piloselloides*, Willd.; *fallax*, Willd.; *hybridum*, Willd.; *staticæfolium*, Willd.; *porrifolium*, L.; *glaucum*, All.; *rupestre*, All., ainsi que le *H. dubium*, L., qui n'est qu'une variété de l'*auricula*, et qui est très-recherché des animaux, et procure, aux moutons surtout, un fourrage très-sain et précoce.

Epervière en ombelle, *Hieracium umbellatum*, L. — Tige droite, simple, rougeâtre, velue inférieurement; feuilles lancéolées, les radicales presque pinnatifides, les supérieures sessiles, étroites, dentées, presque glabres; fleurs jaunes en espèce d'ombelle. — Vivace.

Obs. Cette plante est commune partout, et surtout dans les bois, les buissons et sur les pentes herbeuses des montagnes. Elle varie beaucoup. Tous les bestiaux la mangent assez volontiers. C'est une des espèces que les chevaux préfèrent. Elle appartient à la série des grandes Épervières à tiges feuillées, que les bestiaux broutent ordinairement avant que les tiges en soient durcies. Telles sont, dans cette section, les *H. amplexicaule*, L.; *sabaudum*, L.; *sylvaticum*, Gouan; *cerinthoides*, L.; *prenanthoides*, Vill.; *compositum*, Lap.; *lapsanoides*, Gouan; *succisæfolium*, All.; *montanum*, Jacq.; *murinum*, L.; *albidum*, Vill.; *tubulosum*, Lam.; *blattarioides*, L.; *paludosum*, L.; *prunellæfolium*, Gouan; *Jacquini*, Vill., et le *grandiflorum*, All., commun dans les prairies des Alpes et du Mont-Dore, où les bestiaux le recherchent peu, malgré sa beauté.

Genre Crépide, *Crepis*, L.

Involucre double, l'extérieur à folioles lâches, écartées; récep-
tacle nu; graines cannelées, lisses ou tuberculeuses; aigrette sim-
ple, sessile ou pédicellée.

CRÉPIDE DES TOITS *Crepis tectorum*, L. — Tige droite, grisâtre, à
rameaux divergents; feuilles glabres, les inférieures sinuées, pinnatifides, les supérieures presque entières; fleurs jaunes, grosses, paniculées; involucre conique. — Annuelle ou bisannuelle.

Obs. Cette plante, quelquefois très-commune dans les
prés, dans les sainfoins ou autres prairies artificielles,
cherche principalement un sol sablonneux ou calcaire,
mais sec, et laissant facilement filtrer l'eau. Les bestiaux
l'aiment beaucoup, mais en vieillissant, ses tiges deviennent dures. Quoique se desséchant assez bien, c'est
une mauvaise espèce dans le foin sec. Les *C. Dioscoridis,*
L.; *virens*, L., et *ambigua*, Balbis, partagent ses propriétés.

CRÉPIDE BISANNUELLE, *Crepis biennis*, L. (Chicorée d'hiver, Fuse-
lée biennale). — Tige grosse dressée, sillonnée, hispide, haute de
dix à douze décimètres; feuilles dentées à dents éloignées, les supérieures étroites; fleurs jaunes, grandes, paniculées. — Bisannuelle.

Obs. On rencontre abondamment cette plante dans
les prés frais et substantiels, où elle devient quelquefois espèce dominante. Tous les bestiaux l'aiment beaucoup; les cochons la mangent avec avidité, feuilles et
racines. On pourrait la semer dans les mêmes sols que
ceux qui conviennent à la Chicorée, aussitôt après la maturité de la graine, en juillet ou en août. Elle fournirait,
suivant Bosc, un pâturage d'hiver pour les moutons, attendu qu'elle se conserve verte pendant cette saison;
ensuite elle pourrait être coupée deux ou trois fois dans
le courant de l'année suivante; et comme alors elle ne
porterait pas de graine, elle se conserverait pour servir
encore de pâturage pendant l'hiver, après quoi on l'a-
bandonnerait aux cochons. Bosc prétend encore que
ses fleurs fournissent aux abeilles une grande quantité
de *propolis*. La Chicorée a beaucoup d'analogie, quant à
ses propriétés, avec le *C. biennis*.

15

DEUXIÈME TRIBU.

CARDUACÉES OU FLOSCULEUSES.

Genre Chardon, *Carduus*, L.

Involucre imbriqué à folioles épineuses; toutes les fleurs partielles hermaphrodites; réceptacle à paillettes soyeuses; aigrettes caduques, pointues; feuilles épineuses et décurrentes.

Obs. Les Chardons forment un genre nombreux en espèces très-remarquables par leurs grandes dimensions, leurs épines et la facilité avec laquelle la plupart d'entre elles se propagent. Ils n'appartiennent pas spécialement aux prairies, cependant plusieurs croissent sur les pelouses, sur le bord des chemins, et quelquefois même au milieu de l'herbe des prés. Ils préfèrent un sol profond ; mais malgré cela, on les voit végéter avec force sur des terrains secs, pour peu que leurs racines puissent profiter de quelques fissures pour pénétrer dans l'intérieur du sol. Tous les bestiaux mangeraient la plupart des Chardons, si leurs longues épines, la dureté de leurs tiges et les pointes dures et acérées de leurs involucres ne s'y opposaient pas. Malgré cela, plusieurs espèces sont très-recherchées des animaux. Tout le monde sait qu'on les considère comme un des fourrages les plus appétissants · pour les ânes, qui pourtant en refusent quelques-uns. Le meilleur moyen de tirer parti des Chardons, est de les couper et de les battre, quand ils commencent à se faner, afin d'amortir leurs épines, et d'attendrir leurs tiges. La cuisson à l'eau ou à la vapeur pourrait, dans bien des cas, amener le même résultat.

CHARDON MARIE, *Carduus marianus*, L. (Artichaut sauvage, Chardon argenté, Chardon Notre-Dame, Epine blanche, Lait de Notre-Dame, Lait de sainte Marie). — Tige rameuse, haute de cinq à dix décimètres, glabre; feuilles sessiles, embrassantes, oblongues, sinuées, épineuses, souvent tachées de blanc; fleurs purpurines, grandes, solitaires, terminales; involucre à folioles ciliées, terminées par une longue épine. — Annuel ou bisannuel.

Obs. Commun le long des chemins, dans le centre et le midi de la France. Les bestiaux mangent cette plante, quand le fléau a meurtri ses épines, qui, à l'état frais, s'opposent à ce qu'ils puissent la brouter.

Il en est de même de la plupart des Chardons très-épineux, tels que le *C. acanthoides*, L.; *leucographus*, L.; *tenuiflorus*, Smith.

CHARDON PENCHÉ, *Carduus nutans*, L. — Tige haute de six à dix décimètres, velue; feuilles décurrentes, lancéolées, pinnatifides, à dents épineuses; fleurs purpurines, grosses, penchées, solitaires; pédoncules blanchâtres, non épineux. — Bisannuel.

Obs. Ce Chardon est certainement un des plus communs sur les pelouses, le long des chemins, sur le bord des champs, dans la majeure partie de l'Europe. Il semble préférer les terrains secs, sans pour cela être complétement exclu des autres. Les chevaux et les ânes l'aiment beaucoup, et le mangent jusqu'à l'époque de sa floraison. Dans certains pays, les vaches en sont presque entièrement nourries à l'étable. Les moutons le refusent. Les *C. nigrescens*, Vill.; *crispus*, L.; *carlinœfolius*, Lam., et *defloratus*, L., partagent ses propriétés.

CHARDON FAUSSE BARDANE, *Carduus personata*, L. — Tige haute de six à dix décimètres; feuilles blanchâtres en dessous, les radicales pinnatifides à leur base, les supérieures semi-décurrentes, oblongues, dentées, épineuses; fleurs purpurines, ramassées plusieurs ensemble; folioles de l'involucre recourbées. — Bisannuel.

Obs. Cette plante est quelquefois très-abondante au milieu des grandes prairies des Alpes du Dauphiné. Les chevaux et les bêtes à cornes la mangent jusqu'à l'époque de sa floraison. Ses tiges durcies et ses têtes de fleurs produisent un très-mauvais effet dans le foin qui provient de ces localités.

Genre Cirse, *Cirsium*, Tournefort.

Involucre imbriqué, à folioles subulées, acérées ou épineuses au sommet; toutes les fleurs hermaphrodites, paléacées; aigrette plumeuse.

Obs. Les Cirses diffèrent peu des Chardons, auxquels plusieurs auteurs les ont réunis. Le port est à peu près le même, mais en général ils sont moins épineux. Les bestiaux les mangent presque tous, et plusieurs d'entre eux sont très-communs dans les prairies humides et un peu argileuses. On peut leur appliquer ce que nous avons dit des Chardons.

CIRSE DES MARAIS, *Cirsium palustre*, Scop. — Tige simple, droite, haute de un à deux mètres; feuilles lancéolées, dentées, épineuses sur les bords ; fleurs purpurines en tête, agglomérées ; folioles de l'involucre lancéolées, mucronées, serrées. — Vivace.

Obs. Cette espèce est commune dans les prés humides. Les bestiaux la mangent quand elle est très-jeune ; mais long-temps encore avant sa floraison, ils la refusent, parce qu'elle est trop épineuse. Ils préfèrent le *Cirsium pratense*, DC., moins épineux, mais beaucoup plus rare, et qui remplace le *palustre* dans plusieurs prairies du midi de la France. On trouve aussi dans les prés du Midi, le *Cirsium monspessulanum*, All., que les bestiaux mangent assez volontiers.

CIRSE POTAGER, *Cirsium oleraceum*, All. — Tige haute de un à deux mètres, presque simple, blanchâtre ; feuilles grandes, pinnatifides, garnies de cils épineux ; fleurs terminales, jaunâtres, agglomérées, sessiles, entourées de bractées jaunâtres, ciliées. — Vivace.

Obs. On trouve cette plante dans les prés marécageux et dans les bois. Les chevaux mangent très-volontiers les larges feuilles de cette espèce, que les vaches négligent.
On peut en rapprocher, comme variétés ou comme espèces véritables, le *C.*, *rufescens*, DC. ; *ochroleucum*, All. ; *tataricum*, All. ; *glutinosum*, Lam. ; *erucagineum*, Lam., qui tous croissent aussi dans les prés montagneux, et sont recherchés des chevaux avant leur floraison.
Enfin, les *C. palustre*, Scop. et *oleraceum*, L., semblent avoir donné naissance au *C. hybridum*, DC., qui est assez rare dans les mêmes localités, et qui plaît aux mêmes animaux.

CIRSE A TROIS TÊTES, *Cirsium tricephaloïdes*, Lam. — Tige cannelée, pubescente, de un à deux mètres ; feuilles pinnatifides, munies de cils épineux et à segments munis d'une seule nervure ; fleurs purpurines. — Vivace.

Obs. On rencontre ce Cirse dans les prairies humides des montagnes. Les bestiaux le mangent assez volontiers, ainsi que les *C. ambiguum*, All. ; *heterophyllum*, DC. ; *bulbosum*, Lam., et *anglicum*, DC., qui croissent dans les mêmes lieux.

CIRSE SANS TIGE, *Cirsium acaule*, All. — Feuilles toutes radicales, étalées en rosette, pinnatifides, dentées, ciliées, épineuses ; pédon-

cules radicaux, uniflores ; fleurs purpurines ou rosées assez grandes.
— Vivace.

Obs. Cette espèce indique des terrains argileux et secs.
Elle est quelquefois très-commune sur les pelouses. Les
moutons et les chèvres la mangent assez volontiers,
tandis que les autres bestiaux la négligent complètement. Elle est rarement atteinte par la faux, et devient
insignifiante relativement aux foins. C'est cependant
une plante qu'il est essentiel de détruire, car elle s'é-
tend facilement, gagne du terrain et empêche de meilleures plantes de se développer. Le seul moyen de s'en
débarrasser, est de transformer la prairie en un champ
cultivé.

CIRSE LANCÉOLÉ, *Cirsium lanceolatum*, Scop. — Tige grosse, rameuse, haute de huit à douze décimètres, ailée ; feuilles grandes,
découpées profondément en lobes étroits, lancéolées, finissant en
une longue épine ; fleurs grosses, rougeâtres ; involucres un peu velus. — Bisannuel.

Obs. Très-commun le long des chemins et sur le bord
des champs, ce *Cirsium* partage souvent le terrain
avec le *Carduus nutans.* Comme ce dernier, il est recherché des ânes, des chevaux et des vaches, au moins
pendant sa jeunesse. Les moutons le refusent. Cette
plante a besoin d'être un peu battue avant d'être présentée aux bestiaux, quand elle atteint sa floraison.

CIRSE DES CHAMPS, *Cirsium arvense*, Lam. — Tige droite, simple
ou rameuse, haute de cinq à dix décimètres ; feuilles sessiles, pinnatifides, crépues, très-épineuses, velues en dessous ; fleurs purpurines,
pâles, allongées et agglomérées. — Vivace.

Obs. Ce Chardon, qui est le *Serratula arvensis* de
Linné, et auquel on donne vulgairement le nom de
Chardon hémorrhoïdal, est extrêmement commun dans
les champs, sur le bord des chemins, mais particulièrement au milieu des avoines. Il fournit aux bestiaux
un fourrage précoce et très-salubre, surtout mêlé avec
de la paille. Les bœufs, les chevaux, les porcs le mangent avec la même avidité que les ânes, dont le goût
pour ces plantes est connu depuis long-temps. Enfin, les
jeunes tiges et les feuilles, hâchées menu et mélangées
avec du son de froment, sont peut-être la meilleure

nourriture qu'on puisse donner aux oies et aux canards, dans la première époque de leur élève.

On rencontre très-rarement cette espèce dans les prés. Il semble même qu'elle ait une certaine répulsion pour l'herbe des prairies, car, pour en débarrasser un champ, il faut le convertir en prairie pendant quelques années. Ses racines descendent à deux ou trois mètres.

CIRSE LANUGINEUX, *Cirsium eriophorum*, Scop. — Tige rameuse, de huit à douze décimètres, velue ; feuilles embrassantes, laineuses sur leur face inférieure, à découpures bifides, épineuses, divergentes, les radicales très-grandes, étalées ; fleurs très-grosses; involucre globuleux, arachnoïde, à folioles linéaires, mucronées, réfléchies au sommet. — Bisannuel.

Obs. Cette espèce, très-commune dans la France centrale et méridionale, devient plus rare dans le Nord. On la rencontre dans les terrains secs, surtout quand ils ont été fumés. Les chevaux, les ânes et les vaches aiment beaucoup cette plante.

Genre Sarrète, *Serratula*, L.

Involucre imbriqué à folioles non épineuses ; toutes les fleurs partielles hermaphrodites; réceptacle à paillettes simples ; aigrettes poilues, raides et persistantes.

SARRÈTE DES TEINTURIERS, *Serratula tinctoria.* L. — Tige rameuse, dressée, haute de six à dix décimètres ; feuilles glabres, à dents aiguës, un peu pinnatifides à leur base, quelquefois presque entières; fleurs purpurines en corymbe terminal; involucre glabre. — Vivace.

Obs. Cette espèce, qui offre un grand nombre de variétés, croît abondamment dans les prés élevés des montagnes et sur les pentes herbeuses des vallées. Elle se dessèche bien, mais elle donne un foin dur, que les bestiaux mangent quand il est mêlé aux autres plantes. A l'état frais, elle est assez recherchée des animaux, excepté des bêtes à cornes, qui la refusent.

Genre Carline, *Carlina*, L.

Involucre imbriqué, à folioles extérieures lâches, incisées, épineuses, les extérieures scarieuses, plus colorées ; réceptacle paléacé; aigrette sessile, plumeuse.

Obs. Les Carlines sont des plantes qui appartiennent

essentiellement aux prairies, ou plutôt aux pelouses des terrains secs. Leurs feuilles, très-dures et très-épineuses, plaisent aux bestiaux, mais ils ne peuvent les manger que dans leur jeunesse ; dès que le bouton à fleur paraît, la plante est trop dure.

CARLINE ACAULE, *Carlina acaulis*, L. (Caméléon noir, Carline noire, Chardonnerette, Chardousse, Ciardousse, Pigneuleu). — Tige nulle, presque nulle ou atteignant un ou deux décimètres ; feuilles glabres, pinnatifides, à découpures incisées, dentées, épineuses ; fleurs grandes, purpurines. — Vivace.

Obs. On trouve communément cette espèce en Dauphiné, sur les pelouses, dans les prairies sèches, où elle devient assez commune pour être considérée comme plante nuisible par l'espace qu'elle occupe. Les *C. acanthifolia* et *cynara*, Pourr., habitent également les pelouses, et partagent ses propriétés.

CARLINE VULGAIRE, *Carlina vulgaris*, L. — Tige de un à trois décimètres, glabre, et rameuse au sommet ; feuilles lancéolées, embrassantes ; fleurs blanchâtres ; involucre à folioles roussâtres. — Bisannuelle.

Obs. Cette plante, commune sur le bord des chemins et sur les pelouses sèches, n'est mangée par les bestiaux que dans sa première jeunesse. Il en est de même des *C. lanata* et *corymbosa*, L., qui sont toutes deux du midi de la France.

Genre Centaurée, *Centaurea*, L.

Involucre imbriqué de folioles épineuses, ciliées ; fleurs de la circonférence plus grandes et stériles ; réceptacle hérissé de paillettes laciniées ; aigrettes à poils raides.

Obs. Les espèces très-nombreuses du genre Centaurée sont dispersées dans des pays très-divers, mais l'Europe en nourrit une bonne partie, surtout dans ses contrées méridionales. Plusieurs d'entre elles, à feuilles très-cotonneuses et involucre très-épineux, sont complétement négligées des bestiaux. Leurs tiges, presque toujours très-dures, et leurs feuilles, sèches et généralement amères, font de ces végétaux des herbes nuisibles plutôt qu'utiles. Quelques-unes, cependant, sont mangées par les animaux. A part quelques espèces, que nous allons décrire, les Centaurées n'habitent guère les prairies ; on les rencontre plutôt sur le bord des champs, dans les lieux arides, le long des chemins, sur les rochers, etc. Quelques-unes méritent cependant de nous occuper un instant.

CENTAURÉE JACÉE, *Centaurea jacea*, L. (Jacée des prés, Tête de moineau, Rhapontic vulgaire). — Tige dressée, haute de cinq à six décimètres, velue, blanchâtre, simple ou rameuse, selon les variétés; feuilles lancéolées, entières, ou bordées de quelques dents ou lanières étroites; fleurs purpurines, solitaires, terminales; bractées de l'involucre ovoïdes, roussâtres, un peu frangées sur les bords; fleurs de la circonférence stériles et plus grandes. — Vivace.

Obs. Cette Centaurée se développe dans toute espèce de sols, excepté dans les marais et les sables très-arides. Tous les autres terrains lui conviennent. Elle fleurit long-temps au milieu des prairies et des pelouses, qu'elle habite de préférence. Tous les bestiaux la mangent sans la rechercher beaucoup, et les chevaux la refusent, quand elle commence à fleurir. Elle devient quelquefois très-commune dans les pâturages, où elle doit être considérée comme une plante nuisible, au moins dans les prés à faucher, car, quoiqu'elle se dessèche assez bien, elle laisse dans le foin ses tiges durcies et peu feuillées, et ses grosses têtes de fleurs enveloppées d'écailles sèches et scarieuses. Son abondance indique une prairie fatiguée, qu'il est temps de labourer et d'ensemencer de céréales pendant un ou deux ans. C'est cependant une assez bonne espèce, comme plante de pâture, car elle repousse très-vite, et peut, au moyen de ses longues racines, résister aux sécheresses, se contenter d'un sol très-médiocre, et fournir ainsi, pendant les chaleurs, un fourrage assez abondant, et que les moutons mangent assez volontiers. Cretté de Palluel nommait cette plante le Trésor des prés, où elle est en effet une bonne espèce de mélange avec les Graminées, pourvu qu'elle soit fauchée avant sa floraison. Huit à dix kilogrammes de graines suffisent pour un hectare. Plusieurs espèces, très-voisines de celle-ci, partagent ses avantages et ses inconvénients. Ce sont les *C. nigrescens*, Willd.; *nigra*, L.; *mutabilis*, Saint-Am.; *flosculosa*, Willd.; *uniflora*, L.; *phrygia*, L., toutes vivaces et plus ou moins communes dans les prairies des montagnes.

Centaurée des montagnes, *Centaurea montana*, L. (Grand Bleuet de montagne).—Tige de deux à trois décimètres, uniflore; feuilles molles, lancéolées, décurrentes; bractées de l'involucre bordées de noir et de cils courts. — Vivace.

Obs. Cette belle plante est commune sur les pelouses élevées, dans les Alpes, l'Auvergne et tout le centre de la France. Elle se développe surtout dans les sols volcaniques et sur les pentes herbeuses des montagnes exposées aux brouillards. Les bestiaux la mangent avec plaisir. Elle se dessèche facilement et donne également un bon fourrage. Elle fleurit en juin, juillet et août.

Centaurée bleuet, *Centaura cyanus*, L. (Aubifoin, Aubiton, Aubitou, Barbeau, Barbot, Bavéole, Blavelle, Blaverolle, Blavet, Blavetta, Bluvette, Boufa, Carconille, Casse-lunettes, Chevalot, Perole, Fleur de Zacharie). — Tiges rameuses, hautes de six à dix décimètres; feuilles cotonneuses, sessiles, linéaires, entières, les inférieures découpées à la base; fleurs bleues, rarement roses ou blanches. — Annuelle.

Obs. Le Bleuet semble un diminutif de l'espèce précédente. Il est, comme tout le monde le sait, très-commun dans les moissons, et souvent aussi dans les prés secs, dans les sainfoins et les luzernes. Sa fréquence dans les blés le fait entrer forcément dans la composition de la paille alimentaire, où ses tiges sont presque toujours dures et desséchées. Sous ces divers rapports, c'est une plante nuisible, quoique les bêtes à cornes et les moutons l'acceptent assez volontiers. Les chevaux la refusent toujours.

Centaurée tachée, *Centaurea maculata*, Lam. — Tige de deux à quatre décimètres; feuilles inférieures bipinnatifides, pubescentes, les supérieures simplement pinnatifides; fleurs purpurines; involucre globuleux, à folioles obtuses, ciliées et marquées d'une tache noire. — Vivace.

Obs. Cette plante est assez commune sur toutes les pelouses sèches du Midi et de l'Auvergne. Les bestiaux n'y touchent que quand ils sont pressés par la faim. Les chevaux la repoussent toujours.

Genre Bardane, *Arctium*, L.

Involucre sphérique, imbriqué, à folioles courbées en manière de hameçon ; toutes les fleurs hermaphrodites ; réceptacle paléacé ; aigrettes courtes, persistantes.

BARDANE COMMUNE, *Arctium lappa*, L. (Bouillon noir, Glouteron, Grateau, Grippon, Herbe aux teigneux, Lappe, Napolier, Oreilles de géant, Peignerole, Poire de vallée). — Tige dressée, rameuse, velue ; feuilles grandes, pétiolées, cordiformes, entières ; fleurs purpurines. — Bisannuelle.

Obs. La Bardane est commune le long des chemins et dans les prairies dont le sol est gras, frais et profond. Les bœufs, les vaches, les moutons et les chèvres la mangent volontiers quand elle est jeune, mais la refusent ensuite. C'est une plante nuisible, surtout par sa voracité et par le grand espace qu'elle occupe. Virgile, dans ses Géorgiques, conseillait déjà de la détruire, et l'on n'est pas revenu sur son arrêt. Elle offre plusieurs variétés.

Genre Tanaisie, *Tanacetum*, L.

Involucre hémisphérique, composé de très-petites folioles aiguës et serrées ; réceptacle nu ; semences couronnées par un rebord entier, membraneux.

TANAISIE COMMUNE, *Tanacetum vulgare*, L. (Barbotine, Herbe amère, Herbe aux vers, Larmise, Remise, Tanacée). — Tige de quatre à six décimètres ; feuilles pinnatifides, odorantes, à lobes dentés ; fleurs en corymbe d'un jaune d'or. — Vivace.

Obs. Cette plante croît le long des chemins, sur les pelouses, dans les prés secs, où elle devient quelquefois très-commune. La plupart des animaux, et peut-être tous, ne touchent pas à la Tanaisie. Linné assure cependant que tous les bestiaux la mangent.

Yvart a peut-être expliqué cette contradiction apparente, en observant que les moutons étaient très-avides des feuilles sèches de cette plante, et que cette nourriture était un préservatif contre la pourriture, à laquelle ils sont si sujets pendant l'hiver. Son odeur, extrêmement pénétrante à l'état frais, est peut-être la cause de sa répulsion ; elle la perd en partie par la dessiccation. Voici, du reste, comment il s'explique à cet égard :

« Fortement aromatique et amère, elle croît naturellement dans les terrains meubles et frais, et se propage facilement par ses racines traçantes et par ses nombreuses semences. Elle est agréable, en vert, aux vaches, aux bêtes à laine et aux chevaux, lorsque la chaleur n'a pas développé trop fortement son arome ; mais ce qui la rend plus précieuse à nos yeux, c'est que les bêtes à laine sont avides de son fourrage sec, en hiver, et qu'il nous paraît être un excellent préservatif contre la pourriture, si commune dans les pays humides, qui conviennent surtout à cette plante. Nous en avons plusieurs fois nourri nos troupeaux, dans les saisons pluvieuses, et nous avons toujours remarqué que cette nourriture fortifiante, vermifuge, carminative et stomachique, produisait le meilleur effet sur le tempérament naturellement très-relâché des bêtes à laine. Il serait possible qu'elle fût aussi un préservatif contre la terrible maladie du *tournis*, occasionnée par le tœnia hydatigène. »

Genre Armoise, *Artemisia*, L.

Involucre imbriqué à folioles conniventes; réceptacle nu ou hérissé; fleurs tubuleuses, femelles à la circonférence; aigrette nulle.

Obs. Des espèces assez nombreuses dans plusieurs localités, et connues sous le nom d'*Absinthe*, composent ce genre, dispersé dans toutes les parties de l'Europe, et dont quelques espèces vivent près des glaciers des plus hautes montagnes, tandis que d'autres végètent dans les sables que les flots de la mer accumulent sur les rivages. Toutes ces plantes sont très-amères ; mais malgré cela presque tous les bestiaux les mangent fraîches ou desséchées.

ARMOISE ABSINTHE, *Artemisia absinthium*, L. (Aluine, Armoise amère, Alvine, Absinthe grande, Absinthe suisse).—Tige de six à douze décimètres, rameuse, ferme, feuillée ; feuilles pétiolées, blanchâtres ailées ou pinnatifides ; fleurs jaunâtres, petites, très-nombreuses, en grappes terminales. — Vivace.

Obs. L'Absinthe est commune dans tous les lieux pierreux et montueux du centre et du midi de la France. Les bestiaux la mangent malgré son amertume, et l'on assure que sa saveur se communique au lait des vaches et à la chair des moutons. On peut réunir à cette plante, pour ses propriétés, les *A. maritima*, L.; *A. palmata*, Lam.; *A. gallica*, Willd.

ARMOISE COMMUNE, *Artemisia communis*, L. (Ceinture de la Saint-Jean, Couronne de saint Jean, fleur de saint Jean, Remise, Herbe de saint Jean.) — Tige rougeàtre, striée, haute de un à deux mètres; feuilles pinnatifides, incisées, d'un vert foncé en dessus, d'un bleu pur en dessous; fleurs jaunâtres en grappe allongée; involucre cotonneux. — Vivace.

Obs. L'Armoise aime les lieux frais et gras, surtout quand leur sol est sablonneux. Elle s'aventure rarement jusque dans l'herbe des prairies. Les bestiaux la mangent quelquefois à l'état frais, mais ils la préfèrent sèche, sans jamais la rechercher.

ARMOISE CHAMPÊTRE, *Artemisia campestris*, L. (Auronne des champs, Auronne sauvage, Armoise bâtarde). — Tiges souvent couchées, ascendantes, pubescentes, effilées; feuilles radicales pinnées, à folioles trifides, blanchâtres, les caulinaires pinnées; fleurs pédonculées, jaunâtres, en grappes simples. — Vivace.

Obs. Très-commune sur les pelouses sèches du centre et du midi de la France, sur les sables arides, dans les fentes des vieux murs, et partout où elle peut implanter ses profondes racines ligneuses, cette espèce est très-recherchée des moutons et des chèvres, quand ses jeunes pousses paraissent. Bientôt après, elle devient dure, et les moutons eux-mêmes se contentent de l'épointer jusqu'à sa floraison. On peut rapporter à cette espèce l'*A. critmifolia*, L., qui habite l'Ouest.

ARMOISE MUTELLINE, *Artemisia mutellina*, Vill. (Genepi blanc). — Plante soyeuse, blanchâtre; souche demi-ligneuse; tiges demi-ligneuses, rameuses, ascendantes; feuilles palmées, multifides; fleurs axillaires, les inférieures pédiculées, ovoïdes. — Vivace.

Obs. On trouve cette Armoise sur les pelouses et les rochers des Hautes-Alpes, où les chèvres et les moutons la broutent avec plaisir. Les *A. glacialis*, L.; *spicata*, L.; *Bocconi*, All.; *tanacetifolia*, L., croissent dans les mêmes lieux que l'*A. mutellina*, Vill., partagent ses propriétés, et sont connues dans les Alpes du Dauphiné sous les noms de *Genepi blanc* et *noir*, et presque respectées des habitants pour les importantes propriétés médicinales qu'ils leur attribuent.

Genre Gnaphale, *Gnaphalium*, L.

Involucre presque simple à folioles intérieures scarieuses; réceptacle nu, plane; tous les fleurons tubuleux; aigrette simple, sessile.

Obs. Les *Gnaphalium* ou *Filago* sont de petites plantes aux feuilles blanches et cotonneuses, qui choisissent les terrains secs et les pelouses aérées pour se développer. Elles ont fort peu d'importance comme plantes fourragères; la faux ne peut guère les atteindre, et c'est à peine si la dent des animaux peut les saisir. Les moutons cependant mangent leurs feuilles radicales; mais une fois que la plante fructifie elle est complétement abandonnée.

Gnaphale dioïque, *Gnaphalium dioicum*, L. (Pied de chat, petite Piloselle, Herbe blanche, Œil de chien). — Tige très-simple, haute de sept à quinze décimètres, à rejets rampants; feuilles écartées, linéaires, pointues, entières et blanches en dessous, les radicales spatulées; fleurs dioïques, les femelles souvent roses et les mâles souvent blanches. — Vivace.

Obs. Croît partout, au milieu des bruyères, en petites touffes serrées. Il est brouté seulement par les moutons.

Gnaphale des bois, *Gnaphalium sylvaticum*, DC. — Tige simple, dressée, haute de un à cinq décimètres, velue, blanchâtre; feuilles entières, linéaires, lancéolées, cotonneuses en dessous; fleurs roussâtres, en long épi terminal. — Vivace.

Obs. Cette espèce est commune dans les bois du nord de la France et dans les montagnes du centre. Elle offre plusieurs variétés qui croissent ordinairement sur les pentes herbeuses des vallées, et que les animaux rejettent constamment. A l'état sec, ce *Gnaphalium* est mangé par tous les bestiaux.

Gnaphale des champs, *Gnaphalium arvense*. L. — Tige dressée, blanche, cotonneuse, paniculée; feuilles embrassantes, serrées, lancéolées, cotonneuses; fleurs petites, blanchâtres, en têtes rapprochée, axillaires et terminales. — Annuel.

Obs. Ce *Gnaphalium* est commun sur les pelouses, dans les lieux secs. Les bestiaux le refusent, et les moutons seuls broutent ses feuilles radicales avant la floraison. Les espèces suivantes possèdent les mêmes propriétés, et peuvent également être considérées comme plantes nuisibles dans les prairies : *G. uliginosum*, L.; *montanum*, Lam.; *mininum*, Smith.; *germanicum*, Lam.; *pyramidatum*, Willd.; *alpinum*, L.; *leontopodium*, Jacq.

Genre Tussilage, *Tussilago*, L.

Involucre à plusieurs folioles disposées sur un seul rang ; fleurs flosculeuses ou radiées ; réceptacle nu ; semences couronnées d'aigrettes simples et sessiles.

Tussillage pétasite, *Tussilago petasites*, L. (Chapelière, Herbe à la peste, Contre-peste, Herbe à la teigne et aux teigneux). — Racine grosse et charnue ; feuilles grandes, larges, réniformes, blanches et pubescentes en dessous ; fleurs paraissant avant les feuilles en un thyrse élégant, blanc ou purpurin. — Vivace.

Obs. Cette belle plante croît dans la majeure partie de la France, le long des ruisseaux, dans les prés gras dont le sol est profond. Elle fleurit en février et mars, et les abeilles butinent volontiers sur ses fleurs. Les animaux ne recherchent guère ses feuilles, qu'ils mangent cependant. Dans quelques parties du centre de la France, où cette plante est commune, on la fauche pour la donner aux vaches, mais c'est plus souvent le *T. alba*, L., ou l'*hybrida*, qui ont les mêmes propriétés.

Genre Cacalie, *Cacalia*, L.

Involucre simple, oblong, écailleux à sa base ; toutes les fleurs tubuleuses, hermaphrodites ; réceptacle nu ; aigrettes poilues.

Cacalie pétasite, *Cacalia petasites*, L.. — Tige de trois à dix décimètres, un peu velue ; feuilles grandes, pétiolées, cordiformes, dentées, blanchâtres en dessous ; fleurs purpurines en corymbe irrégulier ; involucre contenant trois à cinq fleurs. — Vivace.

Obs. Cette belle espèce est très-commune sur les pentes herbeuses des montagnes des Alpes, des Pyrénées, et surtout du Mont-Dore et du Cantal. Les vaches et les chèvres la mangent sans la rechercher. Il en est de même du *C. alpina*, L.

Genre Eupatoire, *Eupatorium*, L.

Involucre cylindrique, imbriqué, presque simple, réceptacle nu ; fleurs partielles, peu nombreuses, toutes hermaphrodites, tubuleuses ; aigrettes à poils simples.

Eupatoire d'Avicenne, *Eupatorium cannabinum*, L. (Eupatoire chanvrin, Herbe sainte Cunégonde, Origan des marais, Pantagruélion sauvage).—Tiges de un à deux mètres, rougeâtres ; feuilles grandes, sessiles, opposées, composées de folioles lancéolées, dentées ; style très-long. — Vivace.

Obs. L'Eupatoire orne le bord des ruisseaux dans les prés humides et marécageux. C'est une fort belle plante, qui fleurit en juillet et août, et qui, dédaignée des bestiaux, est seulement broutée par les chèvres. Elle gâte le foin par ses longues tiges dures comme des baguettes. Celui qui en contient beaucoup ne peut être employé que comme litière. Si cependant on a eu le soin de la faucher avant que ses tiges ne durcissent, elle forme un bon fourrage, recherché surtout des moutons.

TROISIÈME TRIBU.

CORYMBIFÈRES OU RADIÉES.

Genre Paquerette, *Bellis*, L.

Involucre hémisphérique, simple, de plusieurs folioles ; réceptacle nu, conoïde ; graine sans aigrette.

PAQUERETTE COMMUNE, *Bellis perrenis*, L. (Petite Consyre, petite Consoude, petite Paquerette).— Hampe velue, nue, uniflore; feuilles radicales, spatulées, entières ou à peine dentées; fleurs blanches ou rosées. — Vivace.

Obs. Cette jolie plante, désignée aussi sous le nom de petite Marguerite, est commune dans presque toutes les prairies, où elle essaie de fleurir dans les douze mois de l'année. Elle s'étend quelquefois beaucoup, et disparaît ensuite sous les autres plantes, qui l'étouffent pendant quelques mois, pour la laisser reparaître ensuite. Cette petite plante est broutée par les moutons, qui la recherchent d'autant plus qu'elle paraît une des premières. Elle repousse avec facilité, mais elle ne peut offrir d'autre avantage que sa précocité, à cause du peu de développement de ses feuilles. M. Springel dit, il est vrai, « que ses feuilles atteignent ordinairement la longueur de six à huit pouces, que cette qualité la rend très-propre à être fauchée, d'autant plus que la fenaison en est très-facile; » mais je doute qu'aucun cultivateur songe à en faire du foin, et même à la semer pour pâturage, car partout où elle peut croître des plantes plus utiles qu'elle peuvent la remplacer.

La *B. annua*, L. , est beaucoup plus petite dans toutes ses parties, et se trouve en abondance sur les pelouses qui sont voisines de la Méditerranée. Elle partage les propriétés de la précédente.

Genre Chrysanthème, *Chrisantemum*, L.

Involucre hémisphérique, imbriqué, à folioles scarieuses au sommet; réceptacle plane; fleurs radiées; graines dépourvues d'aigrette et de rebord membraneux.

Chrysanthème leucanthème , *Chrisantemum leucanthemum*, L. (Grande Marguerite, grande Paquerette, grand OEil de bœuf, Herbe aux abeilles, Marguerite des champs, Paquette). — Tige simple ou peu rameuse, un peu velue à sa base; feuilles inférieures spatulées, glabres, dentées, crénelées, les supérieures étroites, embrassantes, grandes, terminales, à disque jaune. — Vivace.

Obs. On doit peut-être considérer cette espèce comme la plante la plus commune et la plus abondante dans les foins. Elle devient souvent espèce dominante, surtout quand des terres cultivées se transforment naturellement en prairies. Elle croît sur tous les sols, et principalement dans ceux qui sont secs. Il n'est pas rare cependant de lui voir envahir des marais, et j'ai vu, près de Clermont-Ferrand, des espaces de terrains très-marécageux et de plusieurs lieues d'étendue, blanchis par le Chrysantème, comme s'ils eussent été couverts de neige; de loin l'illusion était complète. Cette espèce varie beaucoup par ses feuilles, ses dimensions et les ramifications de sa tige. C'est une plante nuisible, en ce qu'elle donne un mauvais foin, sec et dur, et qu'elle en donne fort peu. A l'état frais, tous les bestiaux mangent cette espèce; les chevaux l'aiment beaucoup. Elle fleurit dès le printemps, et continue tout l'été. Elle apparaît aussi dans les prairies artificielles, quelquefois en très-grande quantité, et annonce la fin de leur production.

Plusieurs espèces voisines partagent les propriétés de ce Chrysantème, ce sont les *C. grandiflorum*, Lapeyr.; *montanum*, L.; *monspeliense*, L.; *graminifolium*, L.; *ceratophylloides*, All.

Genre Souci, *Calendula*, L.

Involucre à un seul rang de folioles égales ; fleurons du centre mâles, ceux du disque hermaphrodites ; les demi-fleurons femelles et fertiles ; semences irrégulières sans aigrette ; réceptacle nu.

Souci des champs, *Calendula arvensis*, L. (Fleur de tous les mois, Gauchefer, petit Souci, Souci des vignes). — Tige étalée, rameuse, un peu velue, haute de un à six décimètres ; feuilles ovales, lancéolées, entières, un peu denticulées ; involucre glabre. — Annuel.

Obs. Ce Souci croît dans les champs et dans les vignes. Il fleurit toute l'année, et commence à s'épanouir très-peu de temps après sa germination. Tous les bestiaux le mangent, et il donne aux vaches un lait d'une saveur agréable ; aussi, dans plusieurs contrées, on le ramasse soigneusement pour les animaux. Il végète pendant tout l'hiver. Bosc conseille de le semer pour fourrage de premier printemps. Dans les pays où l'on cultive la vigne, cette plante pourrait être d'une grande ressource. Semée en automne, dans les vignes, elle donnerait, dans le mois de mars, une nourriture saine et abondante, dont la production ne nuirait en rien à celle du raisin. Elle préfère surtout les vignes qui viennent d'être fumées.

Genre Arnica, *Arnica*, L.

Involucre composé de folioles égales, placées sur un ou deux rangs ; réceptacle nu, semences munies d'aigrettes.

Arnica officinal, *Arnica montana*, L. (Bétoine des montagnes, Bétoine des Vosges, Doronic d'Allemagne, Panacée des chutes, Plantain des Alpes, Plantain des Vosges, Pulmonaire de montagne, Tabac des Vosges, Tabac de montagne, Tabac des Savoyards).—Tige de deux à trois décimètres, simple ou divisée en trois branches au sommet, un peu velue, garnie de deux à quatre feuilles opposées, ovales, lancéolées, entières, rétrécies en pétioles ; fleurs grandes d'un beau jaune. — Vivace.

Obs. Cette belle plante n'habite que les pays de montagne. Elle se multiplie quelquefois à l'infini sur les pelouses, où tous les bestiaux, à l'exception des chèvres, la laissent parfaitement intacte. Dans le foin, elle devient insignifiante, car la faux ne peut atteindre ses larges feuilles, disposées en rosette à la surface du sol.

16

Genre Aulnée, *Inula*, L.

Involucre composé de folioles lâches au sommet; deux filets libres terminant la base de chaque anthère; réceptacle nu; semences aigrettées.

Obs. Les *Inula* sont en général de très-belles plantes, que l'on trouve le long des ruisseaux et des rivières, sur les coteaux et les lieux secs des montagnes, dans les prés gras et fertiles de la plaine. Ce genre semble avoir des espèces pour tous les terrains. Comme les bestiaux ne les mangent pas, ce sont des plantes nuisibles qui, du reste, sont presque insignifiantes dans les prairies, à l'exception de l'espèce que nous allons décrire.

AULNÉE COMMUNE, *Inula helenium*, L. (Aillaune, Aromate germanique, *Enula campana*, Laser de Chiron, OEil de cheval, Panacée de Chiron). — Racine grosse, charnue; tige cannelée, velue, forte, haute de huit à quinze décimètres; feuilles grandes, ovales, lancéolées, dentées, blanches et cotonneuses en dessous, les inférieures pétiolées, les supérieures sessiles; fleurs belles, grandes, solitaires, d'un jaune doré. — Vivace.

Obs. C'est en juillet et août que l'on voit fleurir cette Aulnée dans les prairies grasses et ombragées de la France et du nord de l'Europe. C'est peut-être la plante qui indique le meilleur sol, le plus gras, le plus fertile et le plus profond. C'est pourtant une espèce qu'il faut tâcher de détruire quand elle vient à se multiplier dans les prés. Les bestiaux la refusent, comme toutes les autres espèces du même genre.

Genre Verge d'or, *Solidago*, L.

Involucre imbriqué à folioles rapprochées; fleurs jaunes, radiées, à rayons peu nombreux; graines pubescentes; aigrettes simples.

VERGE D'OR COMMUNE, *Solidago virga aurea*, L. (Grande Verge dorée, Herbe des Juifs.) — Tiges de trois à six décimètres, rougeâtres, presque glabres; feuilles lancéolées, entières ou dentées; fleurs en épi allongé. — Vivace.

Obs. La Verge d'or est assez commune dans les bois et les prés secs, sur les pentes herbeuses des montagnes. On la trouve dans tout le nord de l'Europe. Elle fleurit en juillet et août. Tous les bestiaux la mangent quand elle est jeune.

Genre Séneçon, *Senecio*, L.

Involucre caliculé, cylindroïde, à folioles sphacelées au sommet ;
réceptacle nu ; graines cannelées ; fleurs radiées ; aigrette simple.

Obs. Le genre Séneçon contient un assez grand nombre d'espèces, qui sont dispersées dans les bois, dans les prés et sur le bord des chemins. Ce sont plutôt des plantes nuisibles qu'utiles, car les bestiaux, qui cependant les mangent ordinairement, ne les recherchent jamais.

Séneçon commun, *Senecio vulgaris*, L. (Herbe aux charpentiers, Toute-venue). — Tiges fistuleuses ; feuilles alternes, sessiles, très-molles, presque ailées, un peu sinuées ou dentées à leur contour ; fleurs jaunes, cylindriques, penchées et toutes flosculeuses. — Annuel.

Obs. Tout le monde connaît le Séneçon, qui végète pendant toute l'année dans les jardins, les champs et les prairies. Il compose, avec le Mouron et le Plantain, la flore fourragère de nos serins et de nos chardonnerets. Les lièvres et les lapins l'aiment beaucoup. Les cochons le mangent avec avidité ; les autres animaux le dédaignent ; les vaches cependant le mangent volontiers, surtout en hiver.

Séneçon jacobée, *Senecio jacobea*, L. (Fleur de saint Jacques, Herbe de Jacob, Herbe dorée, Jonc à mouches). — Tige droite, de trois à six décimètres, rameuse ; feuilles pinnatifides, à lobes dentés ; fleurs assez grandes, disposées en corymbe, munies à leur circonférence de demi-fleurons tridentés, roulés en dessous ; semences hérissées de poils épars. — Vivace.

Obs. Cette espèce est commune dans les prés, où elle fleurit en juin et juillet. Les moutons la mangent quand elle est jeune ; les autres bestiaux n'y touchent que lorsqu'ils ont faim, et qu'ils ont mangé les autres plantes fourragères. C'est une plante nuisible, qui laisse dans le foin de longues tiges très-dures. Il en est de même des *S. erucæfolius*, Huds. ; *aquaticus*, Huds.

Séneçon a feuilles d'adonis, *Senecio adonidifolius*, L. — Tige dressée, rameuse, haute de trois à cinq décimètres, glabre ; feuilles tripinnées, à segments ovales. — Vivace.

Obs. Plusieurs départements de la France centrale sont littéralement couverts de ce Séneçon dans toutes les parties sèches et rocailleuses. Les pelouses disparaissent sous les larges touffes de cette espèce envahissante. Il est regrettable que les animaux refusent cette plante, qui croît dans les plus mauvais terrains granitiques ou schisteux et qui pourrait les utiliser. Les bestiaux s'habitueraient peut-être à cette nourriture, qu'ils attaquent quelquefois, quand les jeunes pousses commencent à paraître. Les belles fleurs dorées de ce Séneçon couvrent des collines tout entières.

Le *S. abrotanifolius*, L., en diffère peu, et quoique plus rare en France, partage ses propriétés.

SÉNEÇON CACALIE, *Senecio cacaliaster*, Lam.—Tige simple, glabre, haute de cinq à huit décimètres; feuilles glabres, sessiles, oblongues, lancéolées, dentées, les inférieures entières, décurrentes; fleurs d'un jaune pâle, en corymbe terminal.—Vivace.

Obs. Ce Séneçon abonde sur les hauts plateaux du Mont-Dore et du Cantal. Il s'élève en touffes sur les pelouses, au milieu des rochers volcaniques et paraît aussi dans tous les bois de ces montagnes. Les bêtes à cornes le mangent assez volontiers dans sa jeunesse.

Le *S. sarracenicus*, L., qui croît aussi dans les bois du Cantal et dans le département du Nord, partage ses propriétés.

Genre Achillée, *Achillea*, L.

Involucre imbriqué de folioles inégales et serrées; demi-fleurons courts, peu nombreux; réceptacle étroit, garni de paillettes; semences nues au sommet.

ACHILLÉE MILLE-FEUILLES, *Achillea millefolium*, L. (Herbe à la coupure, Herbe aux charpentiers, Herbe aux voituriers, Herbe de saint Jean, Herbe militaire, Saigne-nez, Sourcils de Vénus). — Tiges dures, un peu velues; feuilles étroites, allongées, deux fois pinnatifides; découpures nombreuses, courtes, très-menues; fleurs blanches, purpurines ou lilacées, réunies en un corymbe serré et terminal.

Obs. La Mille-feuilles est très-commune dans les prés, et surtout dans ceux dont le sol est argileux. C'est une plante précoce, qui pousse vite et qui dure long-temps. Elle réussit dans les terrains les plus secs et végète malgré la sécheresse et la chaleur. Elle abonde dans certaines prairies, et quand le sol est humide et argileux, elle pousse des feuilles vigoureuses que la faux coupe avec les autres plantes, qui se dessèchent facilement et produisent un excellent foin, mais toujours en petite quantité. Tous les bestiaux aiment cette plante, qui pourtant convient plus spécialement aux vaches et aux moutons. C'est une des meilleures espèces à propager pour faire paître sur place, car elle repousse aussitôt qu'elle est broutée; ses jeunes feuilles augmentent le lait des animaux et ajoutent à sa qualité. On peut semer cette plante seule, à raison de six kilogrammes par hectare, et se servir de terrains secs et argileux, où ses racines vivaces persistent pendant sept à huit ans. Le mieux est de la semer au printemps, seule ou avec de l'Avoine. Cette espèce doit entrer dans tous les mélanges destinés à être broutés. A. Young la qualifie de *plante admirable*, et on la trouve en effet dans toutes les prairies qui ont une réputation méritée. Elle semble pourtant éviter les sols crayeux. Une fois montée en fleurs, elle donne un mauvais foin, très-dur et désagréable pour les animaux. En Allemagne, on nourrit aussi les bestiaux avec la racine de cette plante, qui a le goût de la Carotte, et en Auvergne on ramasse soigneusement la Mille-feuilles dans les bois taillis, pour en nourrir les vaches à l'étable.

Les *A. nana*, L.; *compacta*, Lam.; *setacea*, Willd; *odorata*, L.; *nobilis*, L., sont encore des plantes fourragères analogues à la Mille-feuilles, mais beaucoup plus rares et inférieures en qualité.

ACHILLÉE STERNUTATOIRE, *Achillea ptarmica*, L. (Bouton d'argent, Herbe à éternuer, Herbe sarrazine, Lin sauvage, Ptarmique).— Tige simple, un peu pubescente au sommet; feuilles linéaires, pointues finement dentées en scie, à dentelures égales, glabres; fleurs blanches, assez grandes, en corymbes terminaux; involucres velus. — Vivace.

Obs. Cette espèce croît dans les prés humides où elle se multiplie quelquefois d'une manière excessive. Les bestiaux ne la mangent pas; c'est une plante nuisible dont le grand développement altère souvent la qualité du foin.

Genre Bident, *Bidens*, L.

Involucre formé de deux rangées de folioles inégales; les extérieures plus longues en forme d'involucre; réceptacle garni de paillettes.

Bident trifolié, *Bidens trifoliata*, L. (Chanvre aquatique, Eupatoire bâtarde, Corunet, Herbe aux malingres, Langue de chat. Tête cornue). — Tige de six à quinze décimètres, rameuse ; feuilles amples, pétiolées, divisées en trois ou cinq folioles oblongues, aiguës et dentées ; fleurs toutes flosculeuses, à quatre ou cinq bractées. — Vivace.

Obs. Cette plante fleurit en été, dans les prés marécageux, le long des étangs et des fossés. Quand elle est jeune, les moutons et les bêtes à cornes la mangent sans la rechercher. Le *Bidens cernua*, L., présente les mêmes propriétés économiques.

Genre Camomille, *Anthemis*, L.

Involucre hémisphérique ; folioles imbriquées, presque égales ; fleurs radiées ; réceptacle convexe, garni de paillettes ; graines tétragones, dépourvues de rebords membraneux.

Obs. Les diverses espèces d'*Anthemis* croissent plutôt dans les champs et les moissons que dans les prairies. Ce sont des plantes que le bétail néglige assez généralement, et dont plusieurs espèces sont complétement insignifiantes. Les deux espèces suivantes sont mangées par les animaux.

Camomille des champs, *Anthemis arvensis*, L. (Œil de vache). — Tige étalée, rameuse, striée ; feuilles deux fois découpées, à folioles trifides, linéaires, lancéolées, pubescentes ; fleurs blanches, à disque jaune, terminales et pubescentes ; involucres velus ; réceptacle conique ; paillettes lancéolées ; graines lisses. — Annuelle.

Obs. On trouve très-communément cette plante dans les champs et les moissons. Elle a peu d'odeur, et les bestiaux la broutent assez volontiers ; les cochons seuls la refusent.

Camomille des teinturiers, *Anthemis tinctoria*, L. (Camomille jaune, Œil de bœuf). — Tige ferme, dressée, pubescente, haute de cinq à six décimètres ; feuilles décomposées, velues, blanchâtres en dessous ; fleurs jaunes. — Vivace.

Obs. Quoique l'on rencontre cette plante dans quelques parties de l'Allemagne et du nord de la France, c'est essentiellement une espèce méridionale. Elle est recherchée des chevaux, et mangée en sec par les chèvres et les moutons.

Genre Hélianthe *Helianthus*, L.

Involucre composé d'écailles foliacées imbriquées, ouvertes; réceptacle garni de paillettes; graines couronnées par deux paillettes aiguës et tombant à la maturité.

Obs. Ce genre contient un assez grand nombre d'espèces toutes exotiques, dont deux seulement peuvent nous intéresser par la nourriture qu'elles peuvent fournir aux animaux. Ce sont le grand Soleil des jardins et le Topinambour.

Hélianthe a grandes fleurs, *Helianthus annuus*, L. (Girasol, grand Soleil, Couronne du soleil).— Tige de deux à trois mètres, cannelée et spongieuse dans l'intérieur; feuilles amples, pétiolées; fleurs réunies en une large calathide à rayons jaunes étalés. — Annuel.

Obs. Le Soleil, connu de tout le monde, croît dans toute espèce de terrains, bien qu'il préfère une terre franche et bien fumée, convenablement ameublie, où on le repique à un mètre environ de distance, dès que les gelées ne sont plus à craindre. Ses feuilles, soit fraîches, soit sèches, sont fort du goût des vaches, des moutons et même des chevaux; et leur grandeur, ainsi que leur abondance, permet d'en enlever au moins la moitié en automne, sans faire sensiblement tort à la production de la graine. Ces graines sont une excellente nourriture pour la volaille, et l'engraissent même trop, lorsqu'on ne les mélange pas. Il est à remarquer toutefois que quelques oiseaux les refusent constamment, tandis que d'autres s'y habituent très-bien. Selon Cretté de Palluel, elles sont non seulement très-bonnes pour nourrir la volaille, mais elles conviennent aussi aux moutons et aux autres bestiaux.

Hélianthe tubéreux, *Helianthus tuberosus*, L. (Artichaut du Canada, Artichaut de Jérusalem, Artichaut de terre, Crompire, Poire de terre, Soleil vivace, Tertifle, Topinambour, Topinamboux). — Racines tubéreuses; tiges de un à deux mètres, droites et presque simples; feuilles ovales, cordiformes ou allongées, tuberculeuses en dessus; fleurs jaunes, terminales; graines terminées par de petites lames scarieuses. — Vivace.

Obs. Le savant agronome Yvart est le premier qui ait cultivé cette plante en grand pour la nourriture des bestiaux. Il a mis un soin tout particulier à cette culture et à son étude, et nous ne pouvons mieux faire que de résumer ici ce qu'il a publié sur cette plante si remarquable par ses usages économiques et sa rusticité. En effet, elle résiste aux plus grandes sécheresses et aux plus grands froids, et donne autant de tubercules que la variété de Pomme de terre la plus productive, et ces tubercules conviennent parfaitement à la nourriture des bestiaux.

Des terrains peu fertiles peuvent produire des Topinambours, bien qu'ils réussissent beaucoup mieux ou du moins qu'ils produisent davantage dans ceux qui sont de meilleure qualité. L'ombre n'est pas un obstacle à leur végétation. Le sol doit être labouré le plus profondément possible, fumé convenablement. Comme la plante ne craint pas la gelée, on peut planter immédiatement après l'hiver, en employant les tubercules comme ceux de la Pomme de terre, dont la culture s'applique ensuite parfaitement à la plante qui nous occupe.

Quant à la récolte, elle diffère de celle de la Pomme de terre en ce qu'on peut attendre plus long-temps avant de l'opérer. Non seulement les tubercules du Topinambour supportent impunément, en terre comme hors de terre, les plus grands froids de nos hivers, lorsqu'on n'y touche pas au moment de la congélation, mais, ce qui est bien remarquable et ce dont Yvart s'est assuré très-positivement, c'est que les tubercules augmentent réellement encore de volume en terre dans les automnes humides, lorsque la partie extérieure de la tige cesse de donner aucun signe apparent de végétation. Il y a donc de l'avantage pour le produit à les laisser en place à cette époque. On pourrait, du reste, les laisser ainsi jusqu'au jour même de la consommation, si les gelées et surtout les pluies ne se présentaient pas en hiver comme des obstacles à leur récolte. Les tubercules craignent aussi l'humidité.

Tous les animaux mangent volontiers le Topinambour, bien que plusieurs le refusent la première fois qu'on leur en présente; il convient spécialement aux moutons et aux porcs. On peut aussi en nourrir la volaille; mais en général il faut alterner dans la même journée ces tubercules avec d'autre nourriture, et notamment des aliments secs, et veiller surtout à ce que les Topinambours ne soient pas trop altérés, soit par un trop long séjour dans l'eau, soit par l'action de l'humidité, ce qui les rend très-dangereux.

Comme cette espèce peut croître à l'ombre, il y aurait sans doute grand avantage à la planter dans les taillis des grandes forêts, où elle produirait assez de tubercules pour engraisser un grand nombre de porcs, qui en feraient eux-mêmes la récolte et en laisseraient certainement assez dans le sol pour qu'elle pût s'y maintenir et y multiplier.

Les tiges vertes, que l'on peut couper quand les tubercules sont mûrs, sont mangées avec plaisir par les vaches et les moutons. On plante le plus souvent en mars, et comme les Pommes de terre, les feuilles sont sensibles à la gelée.

Le plus grand inconvénient du Topinambour est d'infester le sol dans lequel on le cultive, au point de ne pouvoir l'en débarrasser complétement.

FAMILLE DES DIPSACÉES.

Famille de plantes dicotylédones, monopétales, inférovariées, à étamines non soudées, appartenant à l'*Epicorollie corisanthérie* de M. de Jussieu, et au *Caliciflores* de M. de Candolle. Les caractères de cette famille sont d'avoir un calice simple ou double ; une corolle tubuleuse, à limbe divisé, régulier ou irrégulier ; des étamines en nombre déterminé, à anthères creusées de quatre sillons, et biloculaires ; un style unique, à stigmate simple ou divisé. Le fruit est un akène couronné par le limbe du calice qui souvent prend beaucoup d'accroissement ; la graine est pendante dans l'intérieur du péricarpe qui est mince ; elle se compose d'un tégument propre, sous lequel on trouve un périsperme charnu, à embryon droit, à cotylédons oblongs, comprimés, à radicule supérieure. — Les plantes de cette famille sont en général herbacées, annuelles ou bisannuelles ; leur racine est rameuse et quelquefois tronquée ; leurs tiges sont cylindriques, ordinairement creuses et garnies de rameaux opposés ; leurs feuilles simples ou pinnatifides, opposées ou rarement verticillées, sortent de boutons coniques et dépourvus d'écailles ; leurs fleurs, presque toujours hermaphrodites et terminales, sont quelquefois distinctes, plus souvent agrégées, c'est-à-dire renfermées dans un calice commun polyphylle, et portées sur un réceptacle ordinairement garni de poils ou de paillettes.

Obs. Ce groupe ne renferme qu'un petit nombre de végétaux, et un seul genre va nous occuper.

Genre Scabieuse, *Scabiosa*, L.

Involucre à plusieurs folioles, chaque fleur munie d'un calice double, l'extérieur membraneux, l'intérieur souvent terminé par un évasement d'où sortent cinq arètes; corolle tubulée à quatre à cinq lobes; quatre à cinq étamines libres; ovaire surmonté d'un seul style et se transformant en une semence entourée par les deux calices; réceptacle garni de paillettes ou de soies.

Obs. Les Scabieuses forment un genre nombreux dont les espèces sont disséminées dans les prés, dans les bois, le long des chemins et sur les coteaux. La plupart de ces plantes plaisent aux bestiaux au moins jusqu'à leur floraison. Nous allons examiner les principales espèces fourragères.

SCABIEUSE DES CHAMPS, *Scabiosa arvensis*, L. (Langue de vache, Mirliton, Oreilles d'âne, Pluet'. — Tige rameuse, velue; feuilles grandes, lancéolées, profondément pinnatifides, un peu velues; fleurs assez grandes, bleuâtres ou lilacées. — Vivace.

Obs. Cette espèce fleurit presque toute l'année, et se rencontre partout, dans les prés, dans les champs et le long des bois. Elle végète dans tous les sols, quoiqu'elle préfère celui qui est léger, un peu frais et fumé. Tous les bestiaux la mangent volontiers quand elle est jeune; les cochons sont les seuls animaux qui la dédaignent. On assure que les vaches qui en mangent beaucoup donnent un lait d'une teinte bleuâtre, sans que cette couleur altère sa qualité. Bosc dit qu'on cultive cette Scabieuse comme fourrage dans plusieurs parties des Cévennes. On répand 12 à 15 kilog. de graines par hectare. Semée trop tôt, elle fleurit la première année, ce qui l'affaiblit pour toujours; en la semant tard, mai ou juin, elle donne ordinairement une coupe la première année, mais la suivante on peut la couper jusqu'à trois fois. Son usage engraisse et rafraîchit les bestiaux, surtout les moutons, qui l'aiment beaucoup. Elle se dessèche assez bien et donne un foin passable.

SCABIEUSE DES BOIS, *Scabiosa sylvatica*, L. Tige simple ou rameuse, feuillée, velue, haute de six à douze décimètres; feuilles grandes, ovales, dentées; fleurs grandes, d'un bleu rougeâtre. — Vivace.

Obs. On trouve abondamment cette belle Scabieuse dans les prés des montagnes; mais c'est surtout dans les sols.

volcaniques, légers et arrosés, du centre de la France
et principalement de l'Auvergne, que cette espèce acquiert son plus grand développement. Tous les bestiaux
la mangent jusqu'à l'époque de sa floraison. Elle donne
une grande quantité de feuilles, et, cultivée comme le
S. *arvensis*, mais sur des sols plus humides et susceptibles d'irrigation, elle serait certainement une des plantes fourragères les plus productives et l'une de celles
qui conviendraient le mieux à l'engraissement. Elle est,
sous ces divers rapports, bien préférable à la précédente.
Elle se multiplie quelquefois tellement dans les prés des
montagnes volcaniques, que la plupart des autres végétaux disparaissent. La quantité de foin que donnent ces
prés est énorme, et à peine les tiges de la Scabieuse
sont elles fauchées, que le pied repousse aussitôt de jeunes feuilles que les bestiaux broutent avec empressement. Le foin sec produit par ces prés est d'une assez
bonne qualité, quoique très-inférieur à celui que donnent
les Graminées. On devrait avancer la fauchaison de 15
jours pour les prés où cette Scabieuse domine ; le foin
serait meilleur et plus tendre, et les jeunes pousses, partant de racines non épuisées par une multitude de fleurs
et souvent même par des graines, seraient bien plus
vigoureuses, plus précoces et plus abondantes.

Le S. *longifolia*, Pl. rar. Hung., que l'on trouve en
Hongrie et dans les prés du Jura, n'est qu'une variété
de la précédente.

SCABIEUSE SUCCISE, *Scabiosa succisa*, L. (Mors ou Morsure du diable, Remors du diable, Herbe à diable). — Racine tronquée
à son extrémité ; feuilles ovales, lancéolées, rétrécies en pétiole, entières, incisées ou dentées ; têtes de fleurs convexes ; corolles uniformes. — Vivace.

Obs. Cette plante est commune dans tout le nord de l'Europe, où elle habite les bois et les prés secs. Elle fleurit
tard, en juillet et août, et quoique broutée des bestiaux
quand elle est jeune, elle est bien inférieure en qualité
aux deux espèces précédentes. On la désigne sous le
nom de Mors ou Morsure du Diable.

SCABIEUSE COLOMBAIRE, *Scabiosa columbaria*, L. — Tiges simples ou
rameuses, glabres ou légèrement velues ; feuilles pinnatifides, à découpures profondes, étroites, linéaires, les radicales simples, ovales,
crénelées ou dentées, rétrécies à leur base ; fleurs en tête, solitaires,

à l'extrémité d'un long pédoncule; corolles bleuâtres ou violettes, de formes diverses, selon les variétés. — Vivace.

Obs. La Colombaire semble rechercher les sols les plus arides, les coteaux calcaires, les sables granitiques, les grandes prairies crayeuses. On la rencontre aussi sur les sols volcaniques, où elle se développe mieux et acquiert de plus grandes dimensions. Les prés secs et les pelouses la nourrissent quelquefois en très-grande quantité. Les bestiaux, les moutons surtout, la mangent avec plaisir jusqu'à l'époque de sa floraison, qui n'arrive guère avant juillet et août, mais qui se prolonge jusqu'en décembre. La faculté que possède cette plante de végéter très-tard et de croître sur des sols calcaires tellement arides que les autres végétaux n'osent s'y hasarder, devrait faire tenter quelques essais dans ces sortes de terrains, où les moutons la brouteraient toujours avec plaisir. La culture de cette espèce amènerait bientôt de nouvelles variétés, qui seraient sans doute préférables aux types, car il semble que la nature elle-même ait essayé d'en produire dans les *S. lucida*, Vill.; *gramuntia*, L.; *pyrenaica*, All.; *mollissima*, DC.; *suaveolens*, Desf.; *holosericea*, Bertol; *ochroleuca*, L., qui sont peut-être des espèces distinctes, mais bien rapprochées du *columbaria*, et offrent les mêmes caractères agricoles.

FAMILLE DES VALÉRIANÉES.

Famille de plantes dicotylédones, appartenant à l'*Epicorollie corisanthérie* de M. de Jussieu, et aux *Caliciflores* de M. de Candolle. Ses caractères sont : fleurs disposées en panicule ou en corymbe irrégulier; calice adhérent à l'ovaire, denté, quelquefois roulé en dedans, et formant un bourrelet circulaire jusqu'à la maturité des graines ; corolle monopétale, placée sur le sommet de l'ovaire, tubuleuse, à cinq lobes souvent inégaux ; étamines en nombre défini, de une à cinq, insérées sur le tube de la corolle ; ovaire uniloculaire, adhérent au calice, surmonté d'un style simple et d'un stigmate le plus souvent tripartite. Le fruit est un akène couronné par les dents du calice ou par une aigrette plumeuse, formée par le déroulement du limbe du calice ; l'embryon est droit, à radicule supérieure, et privé de périsperme. — Plantes herbacées ; feuilles opposées, souvent pinnatifides.

Obs. Ce groupe ne renferme aussi qu'un très-petit nombre de plantes, groupées dans les deux genres que

nous allons examiner, et dont les espèces sont très-recherchées des bestiaux.

Genre Valériane, *Valeriana*, L.

*Calice à cinq dents roulées, et se déroulant en aigrettes après
la fructification; corolle infundibuliforme, à cinq divisions un
peu inégales: une à trois étamines; capsule uniloculaire.*

Valériane rouge, *Valeriana rubra*, L. (Barbe de Jupiter, Behen
rouge, Cornaccia, Lilas de terre). — Tige lisse, rameuse, haute de
six à dix décimètres; feuilles glauques, très-glabres, larges, ovales,
lancéolées; fleurs rouges en panicule ou en corymbe terminal. —
Vivace.

Obs. Cette Valériane n'avance que très-peu dans les
climats du Nord, et ne dépasse guère les environs de
Paris. Elle est commune dans le Midi. Elle fleurit de bonne heure, dure très-long-temps, repousse du pied avec une
grande facilité. Tous les bestiaux la recherchent et la
broutent avidement; les chevaux surtout l'aiment beaucoup. Si l'on joint à ces avantages celui de croître dans
les plus mauvais terrains et de rester verte toute l'année, on sera surpris que dans le Midi, où les fourrages
sont si rares, et même sous nos climats tempérés, où
cette plante résiste facilement à nos hivers, on n'en
ait pas même tenté la culture.

Une variété à feuilles plus étroites, dont de Candolle
a fait une espèce distincte sous le nom de *Centranthus
angustifolius*, quoique également recherchée des animaux, est inférieure à celle-ci, parce qu'elle produit
moins.

Valériane officinale, *Valeriana officinalis*, L. (Herbe au chat).
— Tige fistuleuse, presque simple, haute de un à deux mètres;
feuilles ailées, distantes, opposées; folioles lancéolées à dents inégales; fleurs blanches ou rougeâtres, odorantes, en grappe serrée. —
Vivace.

Obs. Cette espèce est abondamment répandue dans le
centre et le nord de l'Europe, où elle habite principalement les bois, les buissons et plus rarement les prairies
ombragées voisines des forêts. Les bestiaux aiment beaucoup cette plante, et la recherchent à toutes les époques
de sa végétation; on prétend cependant qu'elle les purge

quand ils en mangent une certaine quantité. Elle fleurit en juillet.

Les *V. Phu*, L., et *pyrenaica*, L., partagent les propriétés de l'*officinalis*, mais elles sont bien moins communes.

VALÉRIANE A TROIS AILES, *Valeriana tripteris*, L.—Tige presque simple, feuillée, haute de un à trois décimètres; feuilles radicales cordiformes, pétiolées, dentées, les caulinaires un peu pétiolées, à trois divisions, longues, lancéolées, dentées, dont l'impaire plus grande; fleurs blanches ou rougeâtres en panicule serrée. — Vivace.

Obs. Cette petite plante fleurit dès le mois de mai dans les montagnes, sur les pentes herbeuses ou rocailleuses, où elle s'étend en touffes plus ou moins serrées. Elle est souvent très-commune sur les éboulements, au pied des pics et sur les pierrailles accumulées par les torrents. Les bestiaux la recherchent; c'est une de leurs plantes de prédilection, et ils la disputent souvent aux botanistes, ainsi que les *V. montana*, L.; *tuberosa*, L.; *globulariæfolia*, DC.; *celtica*, L.; *saxatilis*, L.; *saliunca*, L., pour la plupart espèces montagnardes, se rapprochant, par le port et la stature, de celle que nous venons de décrire.

VALÉRIANE DIOÏQUE, *Valeriana dioica*, L. (Petite Valériane). — Racine odorante, fibreuse; tige presque simple, grêle; feuilles un peu ailées; les radicales simples, pétiolées, ovales, oblongues; fleurs purpurines ou blanchâtres, en panicule un peu serrée et presque toujours dioïques par avortement.

Obs. Cette jolie petite plante, qui s'élève à un ou deux décimètres, fleurit dès le mois de mai, au milieu des prés humides et tourbeux du nord de la France et de l'Europe. On la trouve également dans ceux des montagnes de toute la France centrale. Elle devient quelquefois très-commune dans les prés, où tous les bestiaux la recherchent comme une de leurs espèces de prédilection. Les chevaux la préfèrent à la plupart des Graminées. Il est à regretter que cette plante, par sa petitesse, soit presque insignifiante dans les prés. Elle se dessèche avant la fauchaison, en sorte qu'elle est perdue pour le foin, et n'est pas broutée, puisque les prés qui doivent être fauchés ne sont pas abandonnés aux animaux. Une culture à part paraît presque impossible et peu lucrative.

Genre Valérianelle, *Valerianella*, L.

Calice à cinq à six dents très-petites ; corolle tubuleuse, à cinq lobes réguliers, sans éperons ; quatre étamines ; capsules à trois loges, dont deux souvent avortées ; graine plumeuse, nue ou couronnée par les dents calicinales.

VALÉRIANELLE CULTIVÉE, *Valerianella locusta*, L. (Accroupie, Blanchette, Blanquette, Boursette, Chuguette, Chuquette, Clairette, Coquille, Doucette, Gallinette, Laitue de brebis, Orillette, Poule grasse, Mâche, Salade de blé, de chanoine, verte, royale, Raiponce). — Tiges faibles, bifurquées et dichotomes ; feuilles oblongues, linéaires, entières ou dentées ; fleurs petites, blanches ou rougeâtres, ramassées en petits bouquets terminaux. — Annuelle.

Obs. On trouve cette petite plante dans toute l'Europe, et dans une partie de l'Afrique, dans les champs, les jardins, et tous les lieux qui ont été cultivés et où la terre a été remuée. On la mange en salade pendant tout l'hiver. Tous les terrains lui conviennent, et il y a peu de plantes qui soient aussi agréables aux bestiaux. Sa délicatesse et sa faculté de végéter tout l'hiver sous la neige et pendant les intervalles des gelées, la rendent précieuse pour les moutons auxquels on veut donner un peu de verdure pendant la saison rigoureuse. Ce ne serait pas, dit Bosc, une mauvaise opération que d'en semer pour eux, après la récolte, dans les champs qu'on laisse en jachère, et même d'en former des cultures spéciales pour les agneaux, qu'elle fortifie. Elle préfère un terrain frais, mais elle est presque indifférente sur la nature du sol et ses expositions. Cette plante varie beaucoup, et peut-être ses différentes formes peuvent-elles être considérées comme des espèces distinctes ; telle a été du moins l'opinion des botanistes modernes, qui ont décrit les suivantes : *V. dentata*, DC. ; *carinata*, Lois. ; *auricula*, DC. ; *mixta*, L. ; *eriocarpa*, Desv. ; *vesicaria*, Mœnch ; *coronata*, DC. ; *pubescens*, Mérat ; *discoidea*, Lois. ; *hamata*, DC. ; *echinata*, DC. ; *pumila*, Willd., espèces ou variétés annuelles croissant comme le type, çà et là dans les champs, au milieu des moissons, et offrant toutes aux animaux un aliment aussi sain qu'agréable, mais très-restreint pour la quantité.

FAMILLE DES RUBIACÉES.

Famille de plantes dicotylédones, appartenant à l'*Epicorollie corisanthérie* de M. de Jussieu, et aux *Caliciflores* de M. de Candolle. Les **caractères** de cette famille sont : calice monosépale supérieur, à limbe partagé en quatre ou cinq divisions, rarement entier ; corolle **régulière**, ordinairement tubuleuse, à limbe divisé en autant de parties que le calice ; étamines définies, insérées sur le tube de la corolle, alternes avec ses découpures, et en même nombre qu'elles ; ovaire infère ; style simple, rarement double ; fruit composé de deux ou un plus grand nombre de loges, à valves rentrantes, disposées autour d'un axe central *(diéresile)*, tantôt formé de deux coques monospermes et indéhiscentes, tantôt capsulaire ou bacciforme, ordinairement à deux loges mono ou polyspermes, toujours couronné par les lobes persistants du calice, qui cependant sont quelquefois caducs ; placentaire central ; embryon petit, oblong, renfermé dans un périsperme grand et corné. — Tiges herbacées, frutescentes ou arborescentes ; feuilles toujours entières, verticillées ou plus souvent opposées, avec des stipules intermédiaires.

Obs. Quoique cette famille contienne un grand nombre d'espèces, la majeure partie d'entre elles sont exotiques, et nous n'avons en France que des plantes herbacées pour représenter ce groupe de végétaux. Ce sont en général des herbes qui habitent les terrains secs, les champs ou les prairies, et qui presque toutes sont recherchées des bestiaux.

Genre Garance, *Rubia*, L.

Calice à quatre dents ; corolle à quatre à cinq divisions ; deux baies presque rondes, accolées, renfermant chacune une semence.

Garance des teinturiers, *Rubia tinctorum*, L. — Tige quadrangulaire, aiguillonnée ; feuilles lancéolées, verticillées et garnies d'aiguillons sur leur bord et leur nervure médiaire ; fleurs jaunâtres ; baies noirâtres. — Vivace.

Obs. Probablement indigène de nos départements méridionaux, cette espèce est cultivée très en grand pour la matière colorante de ses racines. Son feuillage, considéré comme très-accessoire, est mangé par les animaux, qui l'aiment assez quand il est jeune, mais qui le négligent ensuite. Pour éviter qu'il ne durcisse, on le fauche dans le Midi dès le mois de mai, et souvent encore deux autres fois, afin de le conserver tendre, et de le sécher pour la nourriture des bestiaux. Il paraît que le lait des vaches qui s'en nourrissent, acquiert une couleur rougeâtre, qui ne nuit en rien à sa bonne qualité.

Les animaux broutent encore les *R. lucida*, L., et *peregrina*, L., toutes deux indigènes à la France et ressemblant beaucoup à précédente.

Genre Shérarde, *Sherardia*, L.

Calice à quatre dents ; corolle à quatre dents ; deux graines couronnées par les dents du calice, qui persiste et s'accroît.

SHÉRARDE DES CHAMPS, *Sherardia arvensis*, L. — Tiges grêles, allongées, en partie couchées, rudes sur leurs angles ; feuilles verticillées quatre à six, les inférieures presque ovales, les supérieures lancéolées, fermes, rudes et ciliées sur leurs bords ; fleurs bleuâtres, sessiles, réunies en une petite ombelle terminale et renfermée dans un involucre à folioles disposées en étoile.—Annuelle.

Obs. Cette petite plante est très-commune dans les champs, surtout dans les jachères, où elle se développe en liberté. Elle fleurit de très-bonne heure, et végète pendant toute l'année. Elle forme des touffes qui s'étalent, grandissent et repoussent très-rapidement. C'est une des plantes qui nourrissent les moutons que l'on mène paître dans les champs en jachères, ou dans ceux où la récolte a été enlevée. Les chèvres et les chevaux l'aiment aussi beaucoup.

Genre Aspérule, *Asperula*, L.

Calice à quatre dents ; corolle en entonnoir à quatre divisions ; deux baies sèches, couronnées par les dents du calice.

ASPÉRULE ODORANTE, *Asperula odorata*, L. (Hépatique des bois, Hépatique étoilée, Hépatique odorante, Muguet des bois, petit Muguet, Reine des bois). — Racine rampante ; tige lisse et simple ; feuilles ovales, lancéolées, réunies en verticilles de huit ; fleurs blanches, pédonculées, terminales ; fruits peu nombreux, un peu velus. — Vivace.

Obs. On la rencontre dans les bois, aux lieux montueux et couverts, où elle est quelquefois très-abondante. Elle recherche le terrain produit par la décomposition annuelle des feuilles. Tous les bestiaux, les chevaux surtout, l'aiment beaucoup. A demi fanée, elle répand une odeur très-suave et très-délicate, qui parfume le foin, comme l'*Anthoxantum odoratum*, et qui, comme cette dernière plante, communique au lait des vaches qui s'en nourrissent un arome très-agréable. Quelques autres *Asperula*, et notamment le *cynanchica*, L., et le *tinctoria*, L., croissent sur les pelouses sèches, et sont broutés par les animaux, qui les recherchent assez.

Genre Caille-Lait, *Gallium*, L.

Calice à quatre dents ; corrolle en roue à quatre lobes ; deux capsules accolées et non couronnées par le calice, glabres, hérissées ou tuberculées.

Obs. Les Caille-lait forment le genre indigène le plus nombreux dans la famille des Rubiacées. Ils habitent principalement les prairies, où ils varient à l'infini. Les bestiaux les mangent assez volontiers, excepté quand leurs tiges sont durcies par l'âge.

Tous fournissent un pâturage médiocre, et font un très-mauvais foin, qui se fane très-difficilement. Il paraît que les animaux qui s'en nourrissent ont leurs os colorés en rouge, comme par la Garance.

CAILLE-LAIT JAUNE, *Gallium verum*, L. (Gaillet, Fleur de la Saint-Jean, petit Muget). — Tiges tétragones, un peu velues à la base ; feuilles étroites, lancéolées, six à huit à chaque verticille ; fleurs jaunes, disposées par petits bouquets le long de la partie supérieure des tiges. — Vivace.

Obs. Cette plante est très-commune dans toutes les contrées du centre et du nord de l'Europe ; elle fleurit en été, dans les prés secs, le long des chemins et sur le bord des bois. Tous les bestiaux la mangent quand elle est jeune, et la négligent ensuite jusqu'à ce qu'elle repousse du pied. A l'état sec, les animaux la broutent aussi, mais ses feuilles sont si étroites, qu'elle disparaît dans le foin, à moins qu'elle ne soit très-abondante dans les prés. C'est une bonne espèce à faire paître sur place ; en l'empêchant de fleurir, elle repousse très-facilement et très-long-temps. Linné dit que, dans le comté de Chester, en Angleterre, on met dans le lait, en même temps que la présure, les sommités de ce Caille-lait, dont les fleurs ont une odeur de miel, et l'on assure que c'est là ce qui donne un excellent goût aux fromages de ce canton. Le nom de *Caille-lait*, imposé à cette plante et aux suivantes, indique une propriété qu'elles ne possèdent nullement.

Le *G. arenarium*, Lois., ressemble à celui-ci, et n'en est probablement qu'une variété maritime.

CAILLE-LAIT BLANC, *Gallium mollugo*, L. (Croisette noire, grosse Croisette).—Tiges longues, faibles, noueuses, dressées ou couchées, rameuses ; feuilles ovales ou oblongues, glabres, mucronées au sommet, rudes sur leurs bords, disposées par huit sur chaque verticille sur les tiges, et six au moins sur les rameaux; fleurs petites, blanches, disposées en une panicule étalée, très rameuse; fruits glabres. — Vivace.

Obs. Cette espèce est peut-être encore plus commune que la précédente. Elle habite les mêmes contrées, le long des haies, des buissons, sur le bord des chemins et des bois, dans les prés un peu humides. Les bestiaux mangent très-volontiers ses jeunes pousses, et n'abandonnent la plante qu'à l'époque où ses vieilles tiges durcissent ou donnent des graines.

Beaucoup d'espèces viennent se grouper autour de celle-ci, et croissent également dans les prés des montagnes ou sur le bord des bois. Ce sont les *G. sylvaticum*, L.; *glaucum*, L.; *linifolium*, Lam.; *aristatum*, L.; *erectum*, Smith; *cinereum*, All.; *tenuifolium*, All.; *lœve*, Thuil.; *Bocconi*, All.; *mucronatum*, Lam.; *divaricatum*, Lam.; *pyrenaicum*, L., F. sup., que les bestiaux mangent sans les rechercher, quand ils les rencontrent dans l'herbe ou dans les foins.

CAILLE-LAIT FANGEUX, *Gallium uliginosum*, L. — Tiges glabres, très-branchues, rudes sur les angles, à rameaux divergents; feuilles denticulées, linéaires, lancéolées, obtuses, un peu roulées; fleurs blanches, terminales, écartées. — Vivace.

Obs. Cette plante est fréquente dans les prairies tourbeuses, où les bestiaux la mangent assez volontiers. Il en est de même du *G. palustre*, L., qui croît dans les mêmes lieux.

CAILLE-LAIT ACCROCHANT, *Gallium aparine*, L. (Grateron, Asprèle, Capet à teigneux, Grattons, Gratteaux, Grapelle, Grippe, Rable, Rèble, Rièble). — Tiges longues, faibles, grimpantes; feuilles linéaires, rétrécies à leur base, huit à six à chaque verticille; fleurs blanches, peu nombreuses, portées sur des pédoncules axillaires; fruits hérissés de longs poils crochus.—Annuel.

Obs. Cette espèce, commune dans toute l'Europe, vient dans les haies et les buissons. Les bestiaux mangent volontiers ses jeunes pousses, mais ils abandonnent promptement cette plante, qui peut être considérée comme une mauvaise espèce fourragère. Les *G. tricorne*, Smith; *saccharatum*, All.; *Vaillantii*, DC., et *parisiense*, L., qui croissent dans les champs, lui sont préférables pour les animaux, quoique fort peu importants et peu recherchés.

Genre Valantie, *Valantia*, L.

Calice à quatre dents; corolle à quatre lobes, deux semences ovoïdes, accolées, non couronnées par les dents du calice; fleurs polygames.

VALANTIE CROISETTE, *Valantia cruciata*, L. (Croisette velue, Croix de saint André, Eperonnelle). — Tiges presque simples; feuilles velues, disposées par quatre; fleurs axillaires, jaunes, verticillées.—Vivace.

Obs. Très-commune au printemps, dans les haies, les buissons et les prairies, où elle fleurit dès le mois de mars, elle croît par larges touffes, que les moutons mangent très-volontiers, auxquelles les autres bestiaux ne touchent pas à l'état frais; séchée dans le foin, elle constitue un assez bon fourrage.

FAMILLE DES CAPRIFOLIACÉES.

Famille de plantes dicotylédones, appartenant à l'*Epicorollie corisanthérie* de M. de Jussieu, aux *Caliciflores* de M. de Candolle, et offrant les caractères suivants : fleurs hermaphrodites; calice monosépale à quatre ou cinq divisions, adhérent à l'ovaire, qui est toujours infère; corolle monopétale à cinq lobes souvent irréguliers; quatre à cinq étamines saillantes ou incluses, attachées à la partie interne de la corolle; ovaire à trois ou quatre loges, quelquefois à une seule; trois stigmates sessiles, ou un style surmonté d'un seul stigmate trilobé, rarement bilobé; le fruit est une baie couronnée par les dents du calice, uni ou pluriloculaire, et dont chaque loge contient une ou plusieurs graines; embryon longitudinal et renversé, placé dans le milieu d'un périsperme charnu; tiges presque toujours ligneuses; feuilles opposées sans stipules, caractère qui distingue cette famille des Rubiacées à feuilles opposées.

Obs. Cette famille peu nombreuse ne renferme que des plantes ligneuses, dont le feuillage n'est pas très-recherché des bestiaux. Nous allons écrire celles de ses espèces qui peuvent leur servir de nourriture.

Genre Chèvrefeuille, *Lonicera*, L.

Calice à cinq dents; corolle en tube, divisée en cinq parties irrégulières; baie à deux loges.

CHÈVREFEUILLE DES BOIS, *Lonicera periclymenum*, L. (Cranquiller). — Tiges grimpantes, volubiles; feuilles libres et jamais réunies à la base, souvent molles et velues en dessous ; fleurs d'un blanc jaunâtre, un peu rougeâtres en dessous et réunies en tête terminale. — Vivace.

Obs. Cet arbrisseau est commun dans les bois et dans les haies, surtout dans le nord de la France. Les vaches, les chèvres et les moutons mangent volontiers ses feuilles. Il en est de même du *L. caprifolium*, L., cultivé dans les jardins, et du *L. etrusca*, Santi, qui, en Auvergne, et aussi dans le Midi, remplace souvent le *periclymenum*.

Genre Guy, *Viscum*, L.

Calice à quatre sépales ; fleurs dioïques, les mâles sans pétales, en paquets axillaires, les femelles également privées de pétales à stigmate sessile; baie blanche, sessile, visqueuse et monosperme.

Guy commun, *Viscum album*, L. (Gillon, Pomme hémorrhoïdale, Verguet). — Petit arbrisseau très-rameux, à rameaux dichotomes, d'un vert clair; feuilles épaisses, sessiles, oblongues, opposées. — Vivace.

Obs. On trouve ordinairement le Guy en larges touffes, sur les pommiers et autres arbres fruitiers des vergers, où il se développe souvent en abondance. On le rencontre aussi sur les arbres forestiers. On peut l'utiliser comme fourrage, soit qu'on le fasse cuire pour en nourrir les cochons, soit qu'on donne aux moutons, qui en sont très-friands, ses jeunes branches, pendant l'hiver, où il conserve toute sa verdure.

Genre Viorne, *Viburnum*, L.

Calice petit à cinq divisions ; corolle en cloche, à cinq lobes ; cinq étamines alternes avec les divisions de la corolle; fruit monosperme.

Viorne obier, *Viburnum opulus*, L. (Aubier Caillebot, Sureau aquatique, Sureau d'eau, Sureau des marais). — Arbrisseau d'un beau port, à bois blanc; feuilles un peu pubescentes en dessous, divisées en trois lobes incisés, aigus et dentés; fleurs blanches, en ombelle, portant à l'extérieur de grandes fleurs privées d'organes sexuels; baies globuleuses d'un beau rouge. — Vivace.

Obs. Ce joli arbrisseau est commun dans les bois de la majeure partie de la France. Tous les animaux, les chevaux surtout, mangent très-volontiers ses feuilles.

Les cochons les recherchent aussi. Les vieilles souches de cette plante, coupées au pied, donnent des rejets très-abondants et très-feuillés, qui produisent beaucoup de fourrage pour les animaux.

VIORNE COTONNEUSE, *Viburnum lantana*, L. (Bardeau, Bourdaine blanche, Coudre mansiane, Hardeau, Mancianne, Mantienne, Marselle, Mansanne, Valinié).—Arbrisseau de moyenne grandeur, dont les branches sont couvertes dans leur jeunesse d'une poussière blanche et farineuse; feuilles assez larges, ovales, dentées, blanches et cotonneuses en dessous; fleurs blanches en corymbes élégants, auxquelles succèdent des baies rouges, noires à leur maturité, — Vivace.

Obs. On connaît cet arbrisseau sous les noms de *Mancianne*, *Coudre mansiane*. Il est commun dans les bois et dans les haies de la majeure partie de la France. Ses feuilles sont recherchées par tous les bestiaux, et il entre comme une des meilleures espèces dans les feuillées que l'on récolte en Beaujolais pour la nourriture des chèvres pendant l'hiver.

Genre Sureau, *Sambucus*, L.

Calice petit, à cinq divisions; corolle en roue à cinq lobes; cinq étamines; baie à une loge et à trois graines.

SUREAU COMMUN, *Sambucus nigra*, L. (Grand Sureau, Sambequier, Suc, Supier, Suseau).—Arbre à bois dur, à écorce cendrée, à rameaux contenant une moelle abondante; feuilles ailées, opposées, dentées en scie, d'un vert foncé; fleurs blanches, odorantes, en ombelle rameuse; baies noires.

Obs. Cet arbre est très-commun et très-usité pour la formation des haies, parce qu'il pousse très-vite, et parce que sa mauvaise odeur empêche les bestiaux de les brouter. Il n'est cependant pas complétement à l'abri des moutons et des chèvres, qui y touchent quelquefois. Le *Sambucus racemosa*, commun dans les pays de montagne, est aussi négligé par les bestiaux.

SUREAU YÈBLE, *Sambucus ebulus*, L. (Eble, Euble, petit Sureau, Sureau en herbe). — Tige herbacée, s'élevant jusqu'à un mètre; feuilles ailées à folioles étroites, lancéolées, dentées; fleurs blanches en une grande ombelle terminale; baies noires. — Vivace.

Obs. Cette plante, qui n'est pas toujours, comme le dit Bosc, l'indice d'un bon terrain, puisqu'elle couvre les plaines de la Sologne, croît partout, le long des chemins et des prairies, qu'elle envahit quelquefois. Elle est très-difficile à détruire, et rejetée par tous les animaux.

FAMILLE DES GENTIANÉES.

Famille de plantes dicotylédones appartenant à la *Monohypogynie* de M. de Jussieu, et aux *Corolliflores* de M. de Candolle. Ses caractères sont : calice monosépale, persistant, plus ou moins profondément divisé; corolle monopétale, presque toujours régulière, marcescente ou caduque, offrant autant de divisions que le calice; étamines en nombre égal aux divisions de la corolle, et alternes avec elles; anthères biloculaires, contenant un pollen lisse et elliptique; ovaire simple, surmonté d'un seul style terminé par un stigmate, ou de deux styles soudés terminés par deux stigmates. Le fruit est une capsule, quelquefois une baie polysperme, à une ou deux loges, déhiscente par le sommet, suivant deux sutures longitudinales qui unissent les deux valves dont elle se compose. Les graines sont attachées aux bords plus au moins rentrants des valves; quelquefois ces bords se joignent et forment une cloison et un axe central séminifère; semences nombreuses, petites; embryon droit, placé au milieu d'un périsperme mol et charnu; radicule allongée, tournée vers l'ombilic. — Tiges herbacées ou sous-frutescentes; feuilles opposées, entières, dépourvues de stipules. Fleurs hermaphrodites, axillaires ou terminales.

Obs. La famille des Gentianées contient un assez bon nombre d'espèces indigènes, qui croissent dans les prairies élevées de l'Europe. Ce sont toutes des plantes très-amères, que les bestiaux repoussent, et qu'ils ne mangent qu'à la dernière extrémité.

Genre Gentiane, *Gentiana*, L.

Calice à cinq divisions; corolle monopétale, à limbe partagé en quatre à cinq divisions; capsule à deux valves, à une seule loge; deux réceptacles longitudinaux.

Obs. Les nombreuses espèces de Gentiane, sont disséminées dans les pâturages, qu'elles décorent de leurs fleurs blanches, jaunes ou pourpres. Plusieurs espèces très-printanières sont tout-à-fait insignifiantes à cause de leur petitesse, tandis que d'autres très-grandes occupent de vastes espaces, et nuisent beaucoup aux pâturages. Les bestiaux les refusent.

GENTIANE JAUNE, *Gentiana lutea*, L. (Grande Gentiane). — Racine grosse, longue, noirâtre; tige grosse, droite, cylindrique, simple, de huit à douze décimètres; feuilles grandes, opposées, marquées de cinq nervures; fleurs jaunes, pédicellées, réunies par verticilles; corolle à cinq à huit divisions aiguës. — Vivace.

Obs. La grande Gentiane couvre quelquefois de vastes pâturages dans tous les pays de montagne. Elle occupe beaucoup de place, et répugne tellement aux bestiaux, qu'on les voit souvent laisser intactes des touffes d'herbes au pied de ces plantes; quelquefois pourtant, vers la fin de l'été, quand la sécheresse a détruit presque toutes les herbes, les bêtes à cornes coupent les sommités des Gentianes, mais c'est pour elles un vrai sacrifice que la faim leur impose.

Beaucoup d'autres espèces appartenant à ce même genre, et que nous ne ferons que citer, possèdent les mêmes propriétés et croissent dans les mêmes lieux; ce sont les *G. purpurea*, L.; *pannonica*, L.; *Burseri*, Lap.; *punctata*, L.; *biloba*, DC.; *cruciata*, L.; *asclepiadea*, L., *pneumonantha*, L.; *alpina*, Vill., *acaulis*. L; *ciliata*, L.; *bavarica*, L., *verna*, L.; *utriculosa*, L.; *nivalis*, L.; *pyrenaica*, L.; *germanica* Willd.; *campestris*, L.

Genre Swertie, *Swertia*, L.

Calice à cinq divisions peu profondes; corolle en roue, à tube très-court, à cinq divisions ouvertes; tube muni à son entrée de cinq glandes ciliées; cinq étamines plus courtes que la corolle.

Swertie vivace, *Swertia perennis*, L.—Tiges droites, peu rameuses, hautes de un à deux décimètres; feuilles assez grandes, lisses, lancéolées, sessiles, les radicales ovales, lancéolées, rétrécies en pétiole; fleurs d'un bleu violâtre, en épi terminal. — Vivace.

Obs. On rencontre cette belle plante dans les prés tourbeux des montagnes, où elle se multiplie à l'excès. Tout ce que nous avons dit des Gentianes s'applique également au *Swertia*, qui est une plante nuisible.

Genre Chironie, *Chironia*, L.

Calice à cinq divisions; corolle en entonnoir à cinq divisions; cinq étamines insérées sur le tube; anthères contournées en spirale; un style; un stigmate; capsules à deux valves, à deux loges polyspermes.

Chironie petite centaurée, *Chironia centaurium*, Smith (Herbe à Chiron; Fiel de terre, Herbe à la fièvre, Herbe aux centaures). — Tige tétragone, rameuse; feuilles radicales réunies en rosette, les caulinaires opposées, toutes ovales, oblongues entières; fleurs sessiles roses ou blanches, réunies en faisceau ; calice moitié plus court que le tube de la corolle. — Annuelle.

Obs. Cette jolie plante, connue sous le nom de petite Centaurée, est quelquefois très-commune dans les prés secs et montueux. Les bestiaux n'y touchent pas. Les *C. pulchella*, DC. ; *ramosissima*, Hoffm., et *maritima*, Willd., sont également repoussés des bestiaux.

Genre Ménianthe, *Menianthes*, L.

Calice à cinq divisions ; corolle à cinq divisions, barbues à l'intérieur ; cinq étamines ; un style à stigmate bifide ; capsule uniloculaire, polysperme.

Ménianthe trèfle d'eau, *Menianthes trifoliata*, L. (Trèfle aquatique, Trèfle de castor, Trèfle de marais). — Tige longue de trois à six décimètres, glabre ; feuilles à trois folioles, glabres, grandes, ovales ; fleurs d'un blanc rougeâtre en panicule dressée ; fleurs munies d'une bractée. — Vivace.

Obs. Le Trèfle d'eau habite les prés tourbeux, la queue des étangs, et croît également dans l'eau et sur le sol humide. Il fleurit en mai, et bientôt après laisse développer en grande quantité une multitude de larges feuilles, que les bestiaux n'aiment pas, et qui gâtent le foin, quand elles sont abondantes. Les chèvres sont les seuls animaux qui mangent cette espèce, dont l'amertume approche beaucoup de celle des Gentianes.

FAMILLE DES OMBELLIFÈRES.

Famille de plantes dicotylédones, appartenant à l'*Epipétalie* de M. de Jussieu, et aux *Caliciflores* de M. de Candolle. Ses caractères sont, d'après l'auteur du *Genera plantarum* : calice monosépale, adhérent entièrement à l'ovaire, qu'il ne déborde que par un bourrelet à peine apparent, ou plus rarement par cinq très-petites dents ; ovaire couronné par un disque glanduleux, et surmonté de deux styles et de deux stigmates, portant cinq pétales égaux ou inégaux, insérés autour du disque ; cinq étamines insérées au même point, alternes avec les pétales ; filets libres ; anthères arrondies, biloculaires. Le fruit est un diakène, ou formé par la réunion de deux capsules monospermes, indéhiscentes, revêtues chacune d'un double tégument membraneux, et appliquées l'une contre l'autre dans leur longueur par leur surface intérieure, ordinairement plane, nommée *commissure* ; leur surface extérieure, plus ou moins convexe, présente des stries ou des côtes relevées en nombre déterminé ; le réceptacle qui porte les graines est composé de deux filets droits, fermes, qui s'élèvent de la base entre les commissures, et vont s'insérer au sommet des graines, qui, de cette manière, en se séparant, restent pendantes chacune à un des filets; l'intérieur de chaque graine est rempli par un périsperme charnu ou corné, dans le centre duquel est un petit embryon cylindrique plus ou moins long, dont la radicule est dirigée supérieurement, et plus longue que les cotylédons. — Tiges herbacées, rarement ligneuses; feuilles alternes, engaînantes; fleurs remarquables par leur disposition en ombelle, souvent munies d'involucres.

Obs. Les Ombellifères, si remarquables par leur port et leurs caractères de famille, appartiennent principalement à l'Europe, et plusieurs d'entre elles se mêlent en très-grande quantité à l'herbe des prairies. En général, elles forment un bon fourrage, mais qui doit être consommé en vert. Il résulte des expériences de Deyeux et de Parmentier, ainsi que des observations pratiques des bergers des Alpes, que ces plantes augmentent non seulement la sécrétion du lait des vaches, mais encore sa partie sucrée. La plupart se dessèchent assez facilement et se mêlent au foin sans avantage et sans inconvénient; mais quand les prairies renferment, comme espèces dominantes, des Ombellifères élevées, dont les tiges sont dures et ligneuses, le foin devient très-mauvais par cette seule raison, et malgré les bonnes qualités de leur jeune feuillage, ces plantes deviennent nuisibles. En général elles sont aromatiques, toniques et excitantes, et ces propriétés sont bien plus développées dans leurs fruits que dans leurs feuilles.

On remarque qu'un grand nombre de plantes de cette famille, qui croissent dans les terrains marécageux, sont nuisibles aux bestiaux, tandis que presque toutes celles qui végètent dans les lieux secs, arides, sur les coteaux découverts et exposés aux vents, sont de bonnes plantes pour les animaux. Ainsi, d'un côté, se trouvent la Carotte, le Panais, le Persil, le Boucage, le *Meum*, etc., qui sont pour les bestiaux des plantes par excellence, et de l'autre la Ciguë, les Berles, les OEnanthes, etc., végétaux nuisibles, qui habitent les prés marécageux, et l'*Eringium* ou Panicaut, qui repousse les animaux par la dureté de sa fane et les nombreuses épines dont il est couvert.

Genre Boucage, *Pimpinella*, L.

Calice à bords entiers; pétales entiers ou échancrés, réfléchis au sommet, un peu inégaux ; fruit ovale, oblong, strié ou à côtes un peu saillantes ; involucre nul.

BOUCAGE SAXIFRAGE, *Pimpinella saxifraga*, L. (Petit Bouquetin, petit Boucage, petite Pimpinelle, petit Saxifrage, petit Persil de bouc, Pied de bouc, Pied de chèvre). — Tige droite, glabre, striée, simple ou rameuse, haute de six à huit décimètres ; feuilles radicales, ailées, à folioles arrondies, à dents aiguës, les caulinaires bipinnées, à folioles linéaires ; fleurs blanches ; ombelles penchées avant la floraison. — Vivace.

Obs. On rencontre cette plante dans les lieux secs, sur les pelouses et les coteaux arides, où elle est très-recherchée des bestiaux ; les moutons surtout en sont extrêmement friands et coupent ses feuilles à ras de la racine, qui en donne immédiatement de nouvelles. J'ai vu cette plante végéter dans des sables volcaniques tellement arides qu'aucun autre végétal n'aurait osé s'y hasarder. La couleur noire de ces sables, qui leur permet de s'échauffer au point de n'y pouvoir tenir la main, rend incompréhensible la faculté que possède cette plante de résister à la chaleur et à la sécheresse réunies. Bosc avait aussi remarqué cette propriété, car il conseille d'en faire des prairies artificielles dans les terrains calcaires arides, tels que les coteaux crayeux de la Champagne pouilleuse. Son fourrage est peu abondant ; mais comme sa racine est vivace, elle se reproduit facilement, et fournirait toujours plus que rien. Le *P. dissecta*, Retz, qui lui ressemble beaucoup, et qui croît plus communément encore dans les mêmes lieux, pourrait lui être substitué, ou associé avec le *Scabiosa columbaria*, L., qui résiste très-facilement aussi à la sécheresse et à la chaleur.

BOUCAGE A GRANDES FEUILLES, *Pimpinella magna*, L. (Grand Bouquetin, grand Boucage, grande Saxifrage, grand Persil de bouc, Pimpinelle, Pimprenelle blanche). — Tige striée, rameuse, haute de deux décimètres à deux mètres ; feuilles d'un vert noir, luisantes, ailées, à folioles lobées, dont l'impaire trilobée ; fleurs blanches ou roses ; ombelles penchées avant la floraison. — Vivace.

Obs. Cette plante est commune dans les pâturages des montagnes, dans les buissons, sur le bord des bois et dans les lieux fumés par les excréments des bestiaux. Elle donne un bon fourrage très-abondant, mais ses tiges durcissent promptement. C'est une excellente plante pour les bêtes à cornes. Elle pousse vite et de bonne heure, repousse promptement, après une première coupe, et dure long-temps. Elle atteint plus d'un mètre de hauteur, se garnit bien de feuilles, se fane avec facilité, et résiste, au moyen de ses longues racines, aux sécheresses prolongées de l'été.

J'ai vu cette plante former presque seule d'excellents pâturages dans les clairières des bois et dans les prairies élevées des montagnes. Elle offre des variétés nombreuses, à fleurs blanches, roses ou purpurines, à feuilles larges ou étroites, à tiges basses ou très-élevées. Je suis convaincu que la culture amènerait bientôt des variétés extrèmement précieuses de cette belle Ombellifère, qui deviendrait, par la suite, une des plantes fourragères les plus recherchées, soit qu'on la semât seule, à l'ombre ou en champs découverts, soit qu'on l'associât à quelques Graminées à hautes tiges, aux Trèfles ou à des Légumineuses grimpantes, tels que le *Vicia cracca*.

Boucage dioïque, *Pimpinella dioica*, L. — Tige de un à trois décimètres, très-rameuse et presque paniculée; feuilles multifides, à segments linéaires; fleurs blanches, dioïques; ombelles petites et très-multipliées. — Bisannuelle.

Obs. Cette petite plante est commune sur les pelouses des coteaux, dans le centre et le midi de la France. Tous les bestiaux, et les moutons surtout, la mangent volontiers; mais sa petitesse et le petit nombre de ses feuilles la rendent insignifiante.

Boucage à feuilles d'angélique, *Pimpinella angelicæfolia*, Lam. (*Ægopodium podagraria*, L.) — Tige de six à dix décimètres; pétioles divisés en trois, dont chaque partie subdivisée en trois, et portant chacune trois folioles assez grandes, ovales, aiguës et dentées; feuilles supérieures simplement ternées; fleurs blanches; ombelles d'environ vingt rayons. — Vivace.

Obs. Cette Ombellifère croît dans les bois, les haies, les prairies du centre de la France et du nord de l'Europe. Elle recherche surtout un sol argileux et humide, et quand elle rencontre ces deux circonstances réunies, elle se développe de manière à couvrir un très-grand espace. Tous les bestiaux la mangent avec plaisir, quand elle est jeune; sa feuille est très-abondante et repousse facilement.

Genre Seseli, *Seseli*, L.

Calice entier; pétales égaux, feuillés, cordiformes; fruit petit, ovale, strié; graines concaves en dedans; pas d'involucre.

Obs. Les Seselis croissent principalement dans les prés secs et montagneux, sur les pelouses et les rochers, au bord des bois, et se rencontrent dans la majeure partie de l'Europe. Les bestiaux les mangent tous. L'espèce la plus commune est la suivante.

Seseli carvi, *Seseli carvi*, DC. (*Carum carvi*, L.; Cumin des prés). — Racine fusiforme; tige haute de trois à six décimètres, striée, rameuse; feuilles deux fois ailées, à pinnules lancéolées, presque verticillées; découpures linéaires, aiguës; fleurs petites; ombelles lâches; fruits ovales à côtes saillantes. — Vivace.

Obs. On trouve assez communément cette plante dans les prés montagneux, où elle fleurit au printemps. Elle est très-aromatique, et recherchée surtout des moutons et des bêtes à cornes. Elle se dessèche facilement et donne un bon foin, très-appétissant pour les bestiaux. Plusieurs autres espèces, quoique moins communes, croissent aussi dans les prés et sur les coteaux, et partagent les propriétés de celle-ci : ce sont les *S. tortuosum*, L.; *verticillatum*, Desf.; *elatum*, L.; *saxifragum*, L.; *annuum*, L.; *montanum*, L.

Genre Aneth, *Anethum*, L.

Calice à bords entiers; pétales jaunes, courbés en dedans; semences ovales, oblongues, un peu comprimées, à cinq côtes; involucre nul.

Aneth fenouil, *Anethum fœniculum*, L. (Aneth doux, Anis de France, Anis de Paris, Fenouil de Florence, Fenouil de Malte, Fenouil des vignes). — Tige forte, lisse, rameuse, haute de un à deux mètres; feuilles plusieurs fois ailées, très-grandes, à découpures nombreuses, longues et menues; ombelles terminales, très-étalées. — Vivace.

Obs. Cette grande espèce croît dans le centre et dans le midi de la France, le long des chemins, sur les coteaux et dans les prés secs, qu'elle envahit quelquefois tout-à-fait. Les bestiaux refusent tous ses feuilles.

Genre Cerfeuil, *Chœrophyllum*, Lam.

Calice entier ; pétales échancrés, inégaux ; fruits grêles, allongés, lisses ou striés, glabres ou un peu velus ; ombellules munies d'un involucre à plusieurs folioles ; l'ombelle en est privée.

Obs. Les Cerfeuils sont des plantes très-communes dans les prairies et dans les champs. Les bestiaux les mangent presque tous, bien que déjà dans ce genre on commence à trouver ce principe vireux si répandu dans la famille des Ombellifères.

CERFEUIL CULTIVÉ, *Chœrophyllum sativum*, Lam.—Feuilles tendres, d'un vert gai, deux ou trois fois ailées; folioles courtes, incisées ou pinnatifides; ombelles latérales; fleurs blanches et petites; involucre des ombelles à deux ou trois folioles tournées du même côté; semences noires et lisses. — Annuel.

Obs. Croît çà et là dans les champs de la Grèce et du midi de la France. Les bestiaux aiment beaucoup ce Cerfeuil. Il est principalement recherché des vaches, des moutons, des chèvres et des lapins.

CERFEUIL PEIGNE DE VÉNUS, *Chœrophyllum pecten*, L. (Aiguille de berger, Aiguille des dames, Aiguillette, Emporte-peigne, Grande-Dent, Herbe à l'aiguillette).—Tiges rameuses, peu élevées; feuilles très-découpées; fruits presque glabres ou un peu hérissés, allongés en aiguilles.—Annuel.

Obs. Cette plante est très-commune dans les champs, et se rencontre également dans les prés peu garnis d'herbages. Elle est très-amère. Les bestiaux la refusent d'abord, comme plusieurs autres Cerfeuils, et finissent par s'y accoutumer. C'est une plante peu importante, et plutôt nuisible qu'utile.

CERFEUIL SAUVAGE, *Chœrophyllum sylvestre*, L. (Came, Persil d'âne).—Tige de six à quinze décimètres, striée, velue à sa partie inférieure; feuilles grandes, deux à trois fois ailées; folioles allongées, pennatifides, aiguës; fleurs blanches; fruits luisants d'un brun noirâtre.—Vivace.

Obs. Cette plante devient excessivement abondante dans certaines prairies, où elle domine toutes les autres. Elle aime une terre substantielle, fraîche et un peu ombragée; aussi c'est une des espèces les plus communes dans les vergers du centre et du nord de la France. On la connaît sous le nom de Persil d'âne, parce que en effet

les ânes l'aiment beaucoup, malgré son odeur forte et
sa saveur âcre. Ces qualités en éloignent un peu les autres animaux, qui finissent cependant par s'y accoutumer, et se trouvent fort bien de cette nourriture. Sa
précocité la rendrait précieuse, comme fourrage vert,
car, comme l'a observé Régnier, elle pousse si rapidement qu'on peut la couper deux fois avant le Trèfle. La
vigueur de cette plante est telle, que sa fane s'élève à
un mètre, et cela malgré les pierres, les ronces, ou les
buissons dont le sol peut être garni ; mais cultivée seule,
cette espèce peut donner d'excellents résultats, car des
vaches qui en ont été nourries pendant deux années de
suite s'en sont fort bien trouvées. Mélangée aux autres
plantes des prairies, elle est souvent nuisible, en ce que,
beaucoup plus précoce, ses tiges ont déjà acquis une
grande dureté quand arrive l'époque de la fauchaison,
et le foin se trouve rempli de ses longues tiges cannelées,
que les bestiaux ne peuvent manger.

On dit que sa racine est mortelle pour les vaches, qui
cependant mangent assez bien ses feuilles, comme on
vient de le voir.

Les *C. bulbosum*, L.; *alpinum*, Vill. ; *odoratum*, DC. ;
hirsutum, L. ; *annuum*, L. ; *temulum*, L., croissent
aussi çà et là dans les haies et les prairies. Les bestiaux
les mangent tous quand ils sont jeunes.

Genre Æthuse, *Æthusa* L.

*Calice entier ; pétales inégaux, cordiformes, fléchis en dedans ;
fruit ovoïde, strié ou cannelé ; involucre nul ; involucelles de deux
à trois folioles.*

ÆTHUSE PETITE CIGUE, *Æthusa cynapium*, L. (Ache des chiens, Cicutaire folle, Ciguë des jardins, faux Persil, Persil bâtard, Persil de
chat ou de chien). — Tige très-branchue, glabre, cannelée ; feuilles
ailées ; folioles pinnatifides, d'un vert noirâtre, luisantes, d'une
odeur fétide et nauséeuse ; fleurs blanches.—Annuelle.

Obs. Cette espèce est commune dans tous les lieux
cultivés. Elle croît souvent dans les jardins, mélangée
au Persil, auquel elle ressemble beaucoup. La plupart
des indispositions, et même des empoisonnements que
l'on croit produits par la Ciguë, appartiennent à cette
plante, souvent très-commune dans les jardins. Malgré
son action délétère sur l'homme, les bestiaux, qui ce-

pendant ne la recherchent pas, la mangent sans en être incommodés. Elle empoisonne les oies qui la broutent.

Genre Ciguë, *Conium*, L.

Calice entier; pétales inégaux, courbés en cœur; fruits ovales ou globuleux, à côtes tuberculeuses; involucre et involucelles à plusieurs folioles.

Ciguë tachée, *Conium maculatum*, L. (Ciguë d'Athènes, Ciguë de Socrate, Crambrion, Fenouil sauvage, grande Cocue).—Tiges hautes de un à deux mètres, droites, rameuses, parsemées de taches brunes, fistuleuses; feuilles grandes, deux ou trois fois ailées, ressemblant beaucoup à celles du cerfeuil sauvage; folioles pinnatifides, aiguës, d'un vert noirâtre; fleurs blanches, en ombelles très-ouvertes —Vivace.

Obs. La grande Ciguë, qui est probablement celle des anciens, croît dans les haies, les prés gras et humides. C'est une plante nuisible que les bestiaux laissent parfaitement intacte, mais qui du reste est assez rare dans les prés proprement dits, où l'on prend souvent pour elle le *Chœrophyllum sylvestre*, L.

J'ai vu cependant des vaches manger impunément cette plante, que l'on regarde comme mortelle pour la plupart d'entre elles.

Genre Cicutaire, *Cicutaria*, Lam.

Calice entier; pétales ovales, courbés au sommet; fruit petit, ovale, à cinq petites côtes crénelées sur chaque semence; ombelle dépourvue d'involucre; involucelles des ombellules à plusieurs folioles étroites.

Cicutaire aquatique, *Cicutaria aquatica*, DC.—Racine charnue, contenant un suc jaunâtre très-vénéneux; tige haute de six à dix décimètres, fistuleuse; feuilles glabres, deux ou trois fois ailées; folioles lancéolées, un peu étroites, aiguës et dentées; fleurs blanches en ombelle lâche.—Vivace.

Obs. Cette espèce très-vénéneuse habite les prés humides et marécageux, la queue des étangs; elle est heureusement très-rare en France, plus commune en Allemagne. Les bestiaux n'y touchent pas; on assure cependant que les chèvres et les cochons peuvent la manger sans inconvénient, ce qui est douteux, car il est très-facile de confondre les Ombellifères, et peut-être une autre espèce moins active aura-t-elle été prise pour celle qui est si vénéneuse.

Genre Œnanthe, *ÒEnanthe*, L.

Calice à cinq dents peu marquées ; pétales des fleurs centrales cordiformes, courbés, presque égaux ; pétales des fleurs de la circonférence très-grands et irréguliers ; fruit oblong ou ovale, sillonné et surmonté par les dents calicinales.

Obs. Les espèces de ce genre habitent toutes les prés humides et marécageux, le bord des fossés, la queue des étangs. Ce sont des plantes nuisibles que les bestiaux négligent généralement.

Œnanthe safranée, *Œnanthe crocata*, L. (Pain-pain, Parsacre, Pensacre, Persil laiteux, Pin-pin). — Racine fusiforme, fasciculée, contenant un suc épais safrané ; feuilles deux fois ailées ; folioles sessiles, en forme de coin, incisées vers le sommet ; fleurs réunies en ombelles globuleuses et serrées.—Vivace.

Obs. On rencontre cette plante, qui fleurit en été, dans les prés marécageux du nord de l'Europe, où elle devient quelquefois très-commune. Elle est très-vénéneuse ; les bestiaux n'y touchent pas. Desséchée, elle perd en grande partie ses propriétés délétères, mais elle donne toujours un mauvais foin.

Œnanthe fistuleuse, *Œnanthe fistulosa*, L. (Chervi des marais, Gousse, Persil des marais, Jonc odorant).—Racines fusiformes, fasciculées ; tiges creuses, striées ; pétioles fistuleux, portant des feuilles une ou deux fois ailées ; folioles linéaires très-étroites ; ombelles à deux ou trois rayons sans involucres ; ombellules planes, serrées, munies d'un involucre à plusieurs folioles ; fruits réunis en tête globuleuse.—Vivace.

Obs. Cette espèce est très-commune dans les marais et croît aussi dans l'eau des fossés avec les Joncs et les *Alisma*. Les bestiaux n'y touchent pas. Elle s'avance souvent dans les prés humides et un peu marécageux. A l'état sec, elle est mangée sans inconvénient, mêlée à d'autres plantes. Les espèces suivantes lui ressemblent beaucoup, croissent également dans les marais, et sont aussi dédaignées des bestiaux : *Œ. globulosa*, L.; *peucedanifolia*, Poll.; *rhenana*, Poll.; *pimpinelloides*, L.; *chœrophylloides*, Pourr.; *approximata*, Mérat.

Œnanthe aquatique, *Œnanthe aquatica*, Lam. (*Phellandrium aquaticum*, L.).—Tige fistuleuse, très-grosse à la base, très-rameuse ;

18

feuilles grandes, étalées, deux à trois fois ailées; folioles petites, linéaires, un peu obtuses; fleurs petites et blanches.—Vivace.

Obs. On rencontre assez communément cette espèce à la queue des étangs et dans les fossés pleins d'eau ; elle fleurit en été. Les bêtes à cornes broutent ses feuilles et ses jeunes pousses. On assure que les chevaux qui en mangent en périssent ordinairement, accident que Linné attribuait à la larve d'un charançon (*Curculio phellandrii*, L.), qui dévore la moelle des tiges, et que d'autres regardent avec plus de raison comme produit par le *Phellandrium* lui-même, qui est très-vénéneux. Cependant Bosc assure que tous les bestiaux mangent cette plante sans inconvénient.

Genre Panais, *Pastinaca*, L.

Calice entier; pétales entiers, courbes, presque égaux; fruits elliptiques, comprimés; graines échancrées au sommet, un peu ailées, à trois sillons peu marqués; involucres et souvent involucelles nuls.

Panais cultivé, *Pastinaca sativa*, L. (Pastenade blanche, grand Chervi cultivé ; Racine blanche).—Tige droite, rameuse, cannelée, haute de un à deux mètres ; feuilles légèrement velues, une ou deux fois ailées; pétioles hérissés]; folioles ovales, incisées, dentées ou inégalement lobées; fleurs petites, jaunâtres, réunies en ombelle très-ouverte.—Vivace.

Obs. On trouve le Panais dans les lieux secs, le bord des chemins, les pelouses et les prairies. Cultivée, cette plante a complétement changé; elle cherche alors un sol calcaire et argileux, profond et humide, dans lequel elle puisse implanter ses grosses racines blanches et sucrées, qui deviennent, ainsi que les feuilles, un des meilleurs fourrages que l'on puisse offrir aux bestiaux. Les cochons les recherchent et s'en engraissent parfaitement; les vaches les aiment beaucoup. On les cultive en grand pour les leur donner. Elles augmentent leur lait et lui communiquent une excellente qualité. Toutefois on n'est pas parfaitement d'accord sur ce point, car quelques agronomes assurent que cette racine communique de l'amertume au lait des vaches qui en sont exclusivement nourries. Je crois que cet effet est dû aux Panais qui commencent à entrer en végétation ou qui ont été conservés trop long-temps.

La culture du Panais est à peu près la même que celle de la Carotte. Sa graine, qui ne conserve qu'une année sa faculté germinatrice, doit être semée à raison de 5 à 6 kilogrammes par hectare. Il résiste mieux au froid et à l'humidité que la Carotte. Il passe l'hiver en plein champ sans en souffrir; mais à l'approche de la gelée on coupe ses feuilles pour la nourriture des bestiaux. Sa racine peut donc rester en terre une partie de l'hiver, mais il faut avoir soin de la récolter avant que la sève ne soit en mouvement pour la pousse de la seconde année, car alors elle durcit et devient ligneuse. Sa végétation n'est même pas complétement interrompue dans la mauvaise saison, car elle prend encore de l'accroissement en terre.

En semant le Panais en mars, sur des seigles, on obtient, le printemps suivant, au moment de la floraison, une énorme coupe d'un fourrage tendre et abondant, mais alors il faut semer plus épais.

En le semant en août ou septembre, il donne un pâturage d'hiver et de printemps, indépendamment d'une forte coupe de fourrage qui peut encore être récoltée; dans tous les cas, son feuillage très-abondant peut toujours être employé à la nourriture des bestiaux, mais en automne seulement, si l'on veut en même-temps profiter de sa racine. C'est du reste une des plantes qui produisent le plus et qui donnent la plus grande masse de nourriture pour les bestiaux.

Le Panais est cultivé en grand dans quelques parties de la Bretagne, où on le sème ordinairement après une récolte d'Orge. On sème en mars ou à la fin de février; on sarcle soigneusement et on éclaircit. La récolte a lieu en octobre ou novembre, et on tient les racines serrées les unes contre les autres dans un endroit sec, afin de les conserver long-temps. D'après M. Le Brigant de Plouezoch, elles servent à nourrir et à engraisser le bétail de toute espèce; les chevaux, les bœufs, les vaches, les cochons s'accommodent également de ces racines; on les leur donne d'abord crues, coupées par tranches ou refendues sur leur longueur en deux ou en quatre. Lorsqu'on s'aperçoit que les animaux s'en dégoûtent, on met les Panais dans un grand vase, après les avoir coupés par morceaux; on les presse le plus qu'il est possible, on met de l'eau dans le vase pour remplir les intervalles que les morceaux laissent entre eux, et on les fait cuire. Dans cet état, les bestiaux en mangent avec la plus grande avidité et ne s'en dégoûtent plus. Les cochons n'ont point d'autre nourriture pendant l'hiver, et quand les fourrages manquent, les vaches ne mangent que du Panais ; elles donnent alors plus de lait et de meilleur beurre. « Un champ ensemencé en Panais, dit M. Le Brigant, donne un bénéfice triple de celui du même champ semé en froment rendant neuf pour un ; il produit de plus dans la même année une récolte de Choux et une récolte de Fèves, et la terre se trouve bien préparée pour recevoir, l'année suivante, du Froment et même du Lin. »

Comme le Panais et la Carotte demandent la même nature de sol et la même culture, il est souvent avantageux de les semer ensemble dans le même champ, comme on le pratique dans quelques parties de la Belgique. Comme ces plantes se développent dans des temps très-inégaux, on commence à la fin de l'été à arracher la Carotte jusqu'aux gelées, et le Panais reste quelquefois jusqu'au printemps, ou du moins ne se récolte qu'après épuisement de la Carotte. On prolonge ainsi près de six mois la production du même champ.

Genre Impératoire, *Imperatoria*, L.

Calice entier; pétales échancrés et courbés : semences comprimées, bordées d'une aile membraneuse, avec trois petites côtes sur le dos; ombelle dépourvue d'involucre.

Impératoire ostruthium, *Imperatoria ostruthium*, L. (Benjoin français, Ostrute, Otruche). — Racines épaisses, noueuses ; tiges hautes de cinq à six décimètres ; feuilles deux fois ailées ; les folioles souvent ternées ou à trois lobes, ovales, dentées en scie; ombelle très-ample.—Vivace.

Obs. L'Impératoire est très-commune dans les prés humides des montagnes et dans tout le nord de l'Europe. Elle étale ses larges feuilles au-dessus des autres plantes fourragères qu'elle ne tarde pas à étouffer. Les bêtes à cornes broutent quelquefois ses feuilles sans les rechercher; elles donnent un mauvais foin.

Genre Angélique, *Angelica*, L.

*Calice à cinq dents peu profondes ; pétales lancéolés , recourbés ;
fruit ovale ou arrondi , glabre , anguleux ; graines à cinq côtes ,
dont les latérales sont plus saillantes.*

Angélique archangélique, *Angelica archangelica* , L. — Tige
épaisse, haute de un à deux mètres ; feuilles très-grandes, deux fois
ailées ; folioles ovales, lancéolées, dentées en scie et souvent lobées ;
fleurs d'un blanc verdâtre ; ombelles grandes, souvent munies d'un
involucre à trois ou cinq folioles.—Vivace.

Obs. Assez rare en France, l'Angélique se trouve
cependant dans quelques prés gras et montueux de la
Provence, de l'Auvergne et de l'Alsace. Elle aime un
terrain profond et substantiel. Tous les bestiaux la
recherchent et la mangent avec avidité. Les vaches qui
en sont nourries donnent un lait aromatique dans lequel
on retrouve l'odeur de cette plante.

Angélique sauvage, *Angelica sylvestris* L.—Tige droite, glauque,
haute de un à deux mètres ; feuilles bipinnées, à folioles ovales dentées en scie ; pétioles à gaîne large ; fleurs d'un blanc rosé ; ombelles grandes, de vingt-cinq à trente rayons ; point d'involucre. —
Vivace.

Obs. Cette espèce est commune au bord des eaux, dans
les prés couverts et les bois des montagnes. Elle se
retrouve dans tout le nord de l'Europe. Les bestiaux
mangent cette plante quand elle est jeune, mais sans la
rechercher ; ils n'y touchent plus quand elle fleurit.

Genre Berce, *Heräcleum*, L.

*Calice presque entier ; pétales échancrés en cœur, fléchis au som-
met, ceux de la circonférence plus grands et bifides ; fruits grands,
elliptiques, comprimés, striés, échancrés au sommet ; graines membraneuses sur lesbords.*

Berce commune , *Heracleum sphondylium*, L. (Acanthe d'Allemagne, Angélique sauvage, Bibreuil, Brancursine sauvage ou bâtarde, fausse Brancursine, Frenelle, Panais de vache, Panais sauvage, Patte de loup). — Racine épaisse, fusiforme, longue de un
mètre à un mètre cinq décimètres ; tige cannelée, haute de six à
quinze décimètres, plus ou moins velue ; feuilles très-grandes, rudes
au toucher, velues en dessous, à pinnules lobées et crénelées ;
fleurs d'un blanc sale, verdâtres ou rosées ; ombelles grandes et
bien garnies. — Vivace.

Obs. Cette grande espèce, connue sous le nom de

Brancursine, est très-répandue dans les prairies grasses et humides, depuis le centre de la France jusque dans le nord de l'Europe. Elle devient quelquefois si commune qu'elle étouffe les autres végétaux. C'est dans sa jeunesse un excellent fourrage pour tous les animaux ; il augmente le lait des vaches et améliore sa qualité ; les lapins la recherchent beaucoup. C'est une des plantes les plus précoces et dont la culture devrait être essayée. Elle deviendrait, sans aucun doute, avantageuse, à cause de sa vigueur, qui lui permet de résister long-temps à la sécheresse et de reproduire, dès qu'elle est coupée, une multitude de jeunes feuilles très-tendres et très-succulentes ; mais elle a besoin d'être fauchée très-souvent. Quelques jours suffisent pour la faire repousser, et l'on remarque, dans les prairies nouvellement fauchées, que la Berce est la première plante dont on aperçoit les feuilles. Dans les prés à faucher, c'est une espèce très-nuisible, dont les tiges dures et élevées soutiennent les foins, mais qui, poussant très-vite, est déjà très-dure quand arrive l'époque de la fauchaison. Ses grandes feuilles, également durcies, donnent un foin très-commun, inconvénient qui n'existerait pas si cette plante était destinée à être broutée sur place. On ne peut guère la détruire qu'en la coupant entre deux terres, comme la Bardane. Les *H. pyrenaicum*, Lam.; *alpinum*, L., et *angustifolium*, L., croissent dans les prairies de nos montagnes, où elles jouent le rôle que celle-ci est appelée à remplir dans nos prés.

Genre Laser, *Laserpitium*, L.

Calice presque entier ; pétales ouverts, presque égaux, échancrés, fléchis au sommet ; fruit ovale ou oblong ; graines convexes, munies de quatre côtes membraneuses.

Laser a larges feuilles, *Laserpitium latifolium*, L. (Centaurée blanche, faux Turbith, Laser d'Hercule, Turbith bâtard, Turbith de montagne). — Tige glabre, rameuse, striée, haute de six à dix décimètres ; feuilles grandes, divisées en trois parties, portant chacune trois à cinq folioles obliques, assez larges, denticulées ; fleurs blanches ; ombelle large. — Vivace.

Obs. Assez commune dans les bois et les prés élevés des montagnes. Tous les animaux, et principalement les bêtes à cornes, mangent cette plante quand elle est jeune ;

ils la refusent déjà avant l'apparition de sa fleur. Les *L. glabrum*, Crantz; *aquilegifolium*, Wild.; *gallicum*, L.; *siler*, L.; *hirsutum*, Wild.; *simplex*, L., croissent également dans les montagnes, où les bestiaux les mangent dans leur jeunesse. Ils préfèrent la dernière de ces espèces, toujours petite et très-tendre.

Genre Selin, *Selinum*, L.

Calice entier ou à cinq dents; corolle de cinq pétales égaux, fléchis en cœur; fruit ovoïde, comprimé, à cinq nervures, dont deux latérales saillantes; involucre quelquefois nul.

Selin a feuilles de carvi, *Selinum carvifolium*, L. — Tige glabre, anguleuse, presque ailée, de six à dix décimètres; feuilles tripinnées; folioles nombreuses, pinnatifides, incisées; fleurs blanches en ombelle serrée. — Vivace.

Obs. On trouve cette espèce dans les prés marécageux ou seulement humides ainsi que dans les bois. Les bestiaux la mangent assez volontiers, surtout les vaches; elle se dessèche assez bien et donne un foin sec qui n'est pas désagréable quand la fauchaison a lieu avant que ses tiges aient acquis toute leur dureté. Le *S. Chabræi*, Jacq., partage ses propriétés et croît également dans les prés; les *S. sylvestre*, L., et *pyrenaicum*, Gouan, beaucoup plus petits, habitent les prairies des montagnes et sont fréquemment broutés des animaux.

Selin de montagne, *Selinum oreoselinum*, Crantz. — Tige glabre, rameuse, haute de six à dix décimètres; feuilles tripinnées, à découpures incisées, trifides au sommet, étalées et divergentes; fleurs blanches; ombelles grandes, à douze ou quinze rayons.

Obs. Cette espèce est assez commune dans les bois élevés et sur les pelouses des montagnes. Les bestiaux mangent cette plante, qui est même recherchée par les vaches, et agissent de même vis-à-vis des *S. austriacum*, Jacq.; *palustre*, L., et *cervaria*, Crantz.

Genre Peucédan, *Peucedanum*, L.

Calice à cinq dents; pétales courbés au sommet, égaux, oblongs; fruit ovale, un peu comprimé, strié, atténué sur les bords, un peu ailé; involucre et involucelle.

Peucédan parisien, *Peucedanum parisiense*, DC. (Brise-pierre, Perce-pierre, Saxifrage des anciens, Silave, Seseli de Montpellier).

— Tige simple, glabre, presque nue ; feuilles tripinnées, à folioles linéaires, étroites, longues, très-entières ; fleurs blanches, à douze à
quinze rayons ; involucre à six à huit folioles fines ; involucelles à
huit ou dix. — Vivace.

Obs. Ce Peucédan est assez commun dans les prés
d'une grande partie de la France. Quelques bestiaux
le négligent, quoique les bêtes à cornes le mangent
très-volontiers, surtout quand il est jeune. Il se dessèche
assez bien et donne un bon fourrage. Il en est de même
du *P. silaus*, L., qui habite les prés humides.

PEUCÉDAN OFFICINAL, *Peucedanum officinale*, L. — Tige de huit à
douze décimètres, rameuse ; feuilles trois ou quatre fois ternées, à
folioles filiformes, planes, linéaires ; fleurs jaunes, en ombelle lâche ;
involucre et involucelle à folioles très-déliées ; fruits oblongs sans
rebords. — Vivace.

Obs. Assez commune dans le centre de la France,
dans les prés et sur le bord des bois, cette plante est
mangée par tous les bestiaux. Il en est de même du
P. alsaticum, L. On pourrait peut-être cultiver ces plantes dans les lieux humides, où leur végétation est vigoureuse. Leurs graines, semées au printemps, sont ordinairement un mois ou cinq semaines à lever dans les
terrains convenables, et elles peuvent fournir deux coupes chaque année.

Genre Livèche, *Ligusticum*, L.

*Calice presque entier : pétales entiers, recourbés ; fruit oblong,
glabre ; relevé sur chaque graine par cinq côtes saillantes.*

Obs. Les Livèches sont en général des plantes dédaignées des bestiaux, à l'exception de quelques espèces
que les anciens botanistes avaient placées dans des genres
différents et qui font partie des pelouses des montagnes.

LIVÈCHE MUTELLINE, *Ligusticum mutellina*, Crantz (*Phellandrium,
mutellina*, L.) — Tige simple, lisse, nue, haute de un à deux décimètres ; feuilles pétiolées, bipinnées, à folioles nombreuses, déchiquetées en lanières très-grêles ; fleurs blanches ou rosées ; point d'involucre. — Vivace.

Obs. On trouve abondamment cette plante dans les
prairies du Cantal et du Mont-Dore, ainsi que dans les
pâturages des Alpes. Tous les bestiaux la mangent volontiers excepté quand elle est en graines. M. Bonafous

l'indique comme une des meilleures plantes du pays de Gruyères. Le *L. tenuifolium*, DC., remplace le *mutellina* dans les Pyrénées et plaît également aux troupeaux.

LIVÈCHE MEUM, *Ligusticum meum*, Crantz (Cistre, Fenouil des Alpes, *Athamanta meum*, L.) — Tige cannelée, presque simple, haute de trois décimètres; feuilles bi ou tripinnées, à folioles très-découpées, courtes, capillaires; fleurs blanches; graines allongées. — Vivace.

Obs. Cette élégante espèce est quelquefois très-commune sur les pelouses des montagnes, où elle aime un terrain léger ou un sol volcanique. Tous les bestiaux recherchent ses feuilles avec avidité, et le laitage des montagnes lui doit en partie sa bonne qualité et une saveur agréable qui se communique aux fromages. Quoique cette espèce soit très-répandue, et fasse souvent partie essentielle des pelouses élevées, elle n'est pas encore assez multipliée. On devrait en essayer la culture dans les terrains élevés, ou du moins en répandre la graine dans les pâturages des montagnes où elle ne se rencontre pas. Elle n'est pas très-précoce, mais ses feuilles repoussent facilement, restent tendres pendant long-temps, et constituent une des meilleures nourritures que l'on puisse offrir aux animaux. Sa culture en plaine mériterait aussi d'être essayée, mais elle serait plus assurée sur les terres de bruyère, quelquefois si étendues dans les montagnes.

Genre Ache, *Apium*, L.

Calice entier; pétales arrondis; semences oblongues, convexes, striées; involucre à trois ou quatre folioles caduques.

ACHE CELERI, *Apium graveolens*, L. (Ache d'eau, Ache des marais, Celeri, Ache douce, Eprault). — Racines dures, blanchâtres, peu charnues; tiges striées et rameuses; feuilles une ou deux fois ailées; folioles larges, presque luisantes, lobées et dentées, la plupart des ombelles axillaires et sessiles; fleurs d'un blanc jaunâtre.

Obs. Le Celeri sauvage, plus ordinairement désigné sous le nom d'*Ache*, croît çà et là dans le centre et le midi de la France, le long des ruisseaux et sur le bord des chemins. Son odeur et sa saveur désagréables en éloignent les bestiaux, à l'exception des chèvres et des moutons, qui s'en accommodent assez bien.

Ache persil, *Apium petroselinum*, L.—Tige droite, striée ; feuilles ailées, à folioles ovales, inégalement incisées et dentées ; feuilles supérieures linéaires ; ombelles planes ; fleurs d'un jaune verdâtre. — Bisannuelle.

Obs. On suppose le Persil originaire de Sardaigne. C'est une des Ombellifères que les animaux préfèrent; tous le broutent avec plaisir, mais il paraît plus approprié aux moutons qu'à toute autre espèce de bétail. On le regarde comme étant pour eux un préservatif de la pourriture. Les lièvres et les lapins aiment également cette plante, et l'on assure que ces derniers animaux, nourris de cette Ombellifère, acquièrent une chair très-parfumée. C'est, au contraire, un poison très-actif pour tous les petits oiseaux.

On le cultive en grand pour les moutons. Il aime une terre substantielle, amendée et bien ameublie. On peut le semer jusqu'en août, depuis février dans le Midi, depuis mars et avril dans le Nord, à la volée ou en rayons, et l'on recouvre d'un centimètre de terre, à la herse ou au râteau. Il met ordinairement un mois ou quarante jours pour lever, et il craint beaucoup la sécheresse pendant la germination. On le coupe dès la première année, et on continue de même la seconde, ce qui le fait durer trois ans ; si on ne le coupait pas, il monterait en graine dès le printemps suivant l'année du semis (Boitard, *Traité des Prairies*, p. 228). Bosc conseille de l'associer avec des Trèfles ou des plantes vivaces. Sa graine se conserve trois ans. C'est la variété à grandes feuilles qu'il faut préférer. Trente kilog. de graines suffisent pour un hectare. On le coupe avec la faucille pour le donner aux bêtes à laine deux ou trois fois par semaine, exempt de rosée ; il accélère la digestion et favorise la transpiration de ces animaux.

Genre Caucalis, *Caucalis*, L.

Calice à cinq dents ; corolle à cinq pétales souvent inégaux et bifides surtout à la circonférence ; fruits ovales, oblongs, hérissés de pointes rudes.

Caucalis grandiflore, *Caucalis grandiflora*, L. (Giroville, Mélinot, Persillée). — Tige velue à sa base, très-rameuse, haute de deux à trois décimètres ; feuilles deux fois ailées, finement découpées, d'un vert pâle, légèrement velues ; pétales de la circonférence des om-

belles très-grands et bifides; graines hérissées de pointes fort longues.
— Annuelle.

Obs. Cette espèce croît dans les champs, sur les jachères ou parmi les moissons. Les bestiaux la mangent volontiers tant qu'elle est jeune. Il en est de même des
C. latifolia, L., et *platycarpos*, Willd., qui croissent
dans les mêmes lieux, et qui sont également annuels.

CAUCALIS FAUSSE CAROTTE, *Caucalis daucoides*, L. (Gratteau). —
Tige rameuse, étalée, rude, haute de un à deux décimètres; feuilles
tripinnées, à folioles obtuses; fleurs d'un blanc violacé, dépourvues
d'involucre; fruits divergents. — Annuelle.

Obs. Cette petite plante croît dans les champs, sur les
berges des fossés, le long des chemins. Tous les bestiaux
la mangent avec plaisir, ainsi que le *C. leptophylla*, L.,
qui lui ressemble beaucoup et croît dans les mêmes
lieux.

CAUCALIS ANTHRISQUE, *Caucalis anthriscus*, Willd. (*Tordilium anthriscus*, L.)—Tige droite, velue, de cinq à dix décimètres; feuilles
ailées, à folioles bipinnatifides, ovales, lancéolées, l'impaire beaucoup plus grande; fleurs blanches ou purpurines; involucre et involucelles à quatre à cinq folioles. — Annuelle.

Obs. Ce *Caucalis* est assez commun, et choisit de préférence les terrains gras et pierreux à demi ombragés.
On le rencontre dans les haies, le long des chemins,
et près des lieux habités. Les animaux le recherchent;
les chevaux surtout l'aiment beaucoup. Les suivants
partagent ses propriétés : *C. nodiflora*, Lam.; *arvensis*,
Willd.; *nodosa*, All.; *scandicina*, L.; ils sont tous annuels
et peu importants pour cette raison. Les moutons cependant se nourrissent souvent de ces petites espèces, si
communes sur les berges des fossés.

Genre Carotte, *Daucus*, L.

*Calice à cinq divisions; corolle à cinq pétales fléchis, cordifor-
mes, plus grands dans les fleurs de la circonférence; fruit ovoïde,
hérissé de poils raides; graines relevées de petites côtes membraneuses.*

CAROTTE SAUVAGE, *Daucus carotta*, L. — Tige rude, striée,
haute de cinq à dix décimètres; feuilles grandes, plusieurs fois
ailées; folioles partagées en découpures inégales, presque linéaires,
aiguës; fleurs blanches; ombelles amples, convexes, se creusant en

coupe, à mesure que les graines mûrissent, et offrant souvent au centre un petit tubercule purpurin ; fruit ovale, hérissé de poils raides.—Bisannuelle.

Obs. On rencontre communément la Carotte le long des chemins, sur la lisière des bois, sur les pelouses sèches. Tous les animaux broutent avec plaisir ses jeunes feuilles et la négligent quand elle fleurit. Il en est de même des *D. hispidus*, Desf.; *mauritanicus*, L., et *maritimus*, Lam., qui croissent sur les bords de la mer, mais qui présentent peu de ressources aux bestiaux.

Le *D. carotta*, L., cultivé, a produit un grand nombre de variétés connues sous les noms de Carottes, Racines, Pastenades, que l'on cultive en grand comme fourrage racine, et dont les feuilles plaisent extrêmement aux bestiaux.

Parmi les nombreuses races obtenues par la culture, la plus méritante est peut-être la Carotte à collet vert, et aussi la Carotte de Flandre. Ces plantes aiment une terre profonde, substantielle, fraîche, pas trop argileuse, sablonneuse ou calcaire, ameublie par de profonds labours. Elle craint les sols pierreux et graveleux non homogènes, où la racine se corde et se bifurque. Les fumiers frais ne lui conviennent pas; mais les engrais riches et consommés augmentent beaucoup son produit.

On la sème depuis les mois de février et mars jusqu'au mois de juillet, à raison de 4 à 5 kilog. de graines par hectare, on peut même semer sur la neige. On frotte la graine, pour la diviser, avec deux tiers de sable fin, et on la répand ainsi sur le sol, soit seule, soit avec des Seigles, des Orges ou des Avoines. Si le terrain n'a pas de fonds, la variété connue sous le nom de Carotte hâtive peut remplacer celle ci-dessus et fournir un produit abondant. Un simple hersage très-léger recouvre suffisamment la graine, car il faut qu'elle soit très-légèrement enterrée, mais avant le semis il faut herser et rouler jusqu'à ce que le sol soit parfaitement meuble.

Dans quelques pays, et notamment dans les Vosges, on répand les graines dans les Seigles avant leur maturité, et aussitôt la récolte on arrache les éteules, comme si l'on sarclait. Les Carottes prennent bientôt après un tel développement, qu'on peut les arracher avant la

fin de l'année. Cette méthode exige toutefois la connaissance pratique du sol, car, s'il n'est pas riche, la Carotte
ne produit rien, et s'il l'est trop, il arrive qu'elle est
étouffée, inconvénient qui a lieu plus souvent quand on la
sème sur du Froment, parce qu'on le fauche plus tard
que le Seigle. On les sème aussi quelquefois au printemps,
dans le Lin, dont l'arrachage donne aux Carottes une
culture qui leur est très-profitable. On achève ensuite
de nettoyer le terrain à la binette, et on obtient ainsi
une seconde récolte, précieuse dans les sols riches où
l'on place généralement le Lin. On peut aussi la semer
mélangée avec le Panais, comme nous l'avons dit en
parlant de cette plante. C'est dans le courant d'avril
qu'il faut songer à sarcler les Carottes, ou du moins on
doit le commencer dès que la plante est assez forte pour
la distinguer sûrement des mauvaises herbes, et surtout
des autres Ombellifères qui croissent naturellement dans
les champs. Un peu plus tard, ou mieux au dernier sarclage, il faut éclaircir ; on ne doit pas les repiquer dans
la crainte de les obtenir courtes et fourchues.

Les feuilles des Carottes peuvent être cueillies, mais
avec précaution, excepté à l'automne ; quand les racines
sont mûres, elles peuvent encore fournir un excellent
fourrage vert, qui du reste partage tout-à-fait les propriétés des racines.

Quoique les bestiaux refusent quelquefois la Carotte
quand ils n'y sont pas habitués, ils ne tardent pas à s'y
accoutumer.

« Un très-grand nombre d'expériences authentiques,
dit Yvart, constatent de la manière la plus positive que
cette racine, lavée et coupée, est de beaucoup préférable, sous le rapport alimentaire, à la Rave, au Navet,
au Chou, et même à la Pomme de terre et au Topinambour, ainsi qu'aux fourrages ordinaires, verts ou secs ;
que les bœufs s'en engraissent promptement, ainsi que
les porcs, dont elle rend le lard aussi ferme que le fait le
grain ; qu'elle augmente singulièrement le lait des truies
et des brebis nourrices, et que les petits qu'elles allaitent
en profitent beaucoup ; qu'elle augmente également le
lait des vaches et le rend très-riche en parties butyreuses ;
que les veaux sevrés peuvent, ainsi que les agneaux, en
être nourris avec beaucoup de succès et de profit ; que les

chevaux peuvent aussi en être alimentés très-avantageusement en hiver, et qu'on peut sans inconvénient,
non supprimer entièrement leur ration de grain comme
on l'a assuré, lorsqu'ils sont soumis à des travaux lourds
et pénibles, mais leur en retrancher une forte partie;
qu'elle est même très-propre à rétablir promptement
ceux qui ont été fatigués, ou par un exercice outré ou
par une nourriture de mauvaise qualité; enfin, qu'on
peut en nourrir encore la volaille, en la leur donnant
cuite, et l'on sait que la cuisson ajoute à la qualité nutritive de toutes les substances végétales, qui en deviennent
moins aqueuses et d'une digestion plus prompte et plus
facile.

» On considère 266 parties de Carotte comme équivalant à 100 de foin. Un cheval de travail est bien nourri
avec 35 à 40 kilog. de Carottes et 4 kilog. de foin, sans
avoine. C'est la racine la plus engraissante, et Bosc
rapporte qu'un porc nourri de Carottes, à discrétion,
fut engraissé en dix jours, et donna un lard blanc, ferme,
qui ne fit aucun déchet à la cuisson.

» D'après Schwerz, un hectare de Carottes produirait
35,000 kilog., qui représentent 4,550 kilog. de matière
sèche, et dans les meilleures conditions jusqu'à 40,800
kilog.; d'après Thaër, le produit serait de 36,000 kilog.
Cette récolte donne, sur le même espace et annuellement,
plus de nourriture que la Luzerne. Quand on rentre les
racines, il ne faut pas les mettre en tas, à moins qu'elles
ne soient parfaitement sèches. On les conserve ordinairement, comme toutes les racines sujettes à la gelée,
dans une fosse recouverte de feuilles; elles exigent un
peu plus de soins pour leur conservation que les Betteraves. Elles s'échauffent et se pourrissent plus facilement;
aussi doit-on donner moins de largeur aux silos dans
lesquels on les abrite. Il est bon de leur enlever une
légère tranche de collet et de laisser cicatriser la plaie à
l'air avant de les abriter.

» On trouve, dans Arthur Young, un procédé très-simple que je n'ai pas essayé, bien qu'il mérite de l'être.
Le moyen employé par M. Gardner, pour préserver
les Carottes de la gelée, est assez curieux : il consiste à
tenir un tonneau plein d'eau, dans le même endroit où
sont les Carottes, et lorsqu'il gèle, à vider l'eau glacée et

à le remplir d'une nouvelle. Tant qu'il y aura de l'eau dans le tonneau, les Carottes, Pommes de terre, etc., ne gèleront point.»

La culture de la Carotte convient à nos départements du Nord et à quelques autres parties de la France, mais elle serait difficile dans le Midi et probablement improductive, à cause de la sécheresse et de la chaleur, qui ne conviennent pas à cette racine. On peut l'intercaler entre deux récoltes de céréales, lui faire suivre celle de la Garance ou des Pommes de terre; elle peut précéder aussi l'établissement d'une prairie artificielle; les plus belles racines sont mises de côté pour la récolte des graines, et plantées au printemps suivant. La meilleure graine est celle des ombelles centrales.

Genre Berle, *Sium*, L.

Calice presque entier; pétales échancrés en cœur, un peu courbés au sommet; fruit ovoïde, oblong, glabre, strié.

BERLE A LARGES FEUILLES, *Sium latifolium*, L. (Ache d'eau).—Tige anguleuse, grosse, rameuse; feuilles composées de longues folioles lancéolées, très-glabres, vertes, dentées en scie; fleurs terminales en ombelle, blanches, accompagnées, ainsi que les ombellules, d'un involucre à plusieurs folioles.—Vivace.

Obs. On trouve abondamment cette plante dans les fossés d'eau courante qu'elle remplit quelquefois entièrement par son excessif développement. Les cochons mangent volontiers ses racines, que l'on considère avec raison comme nuisibles aux bestiaux; on prétend qu'elle excite les bêtes à cornes à une espèce de délire qui les porte à se battre à coups de tête. Les vaches cependant s'en nourrissent quelquefois, et leur lait acquiert immédiatement une saveur désagréable. Bosc rapporte avoir vu des vaches qui aimaient cette herbe avec tant de fureur, que, dès qu'elles étaient libres elles couraient à une fontaine où elle végétait plutôt qu'ailleurs à raison de la température de l'eau, et qu'on fut obligé de les vendre à cause des inconvénients qui étaient la suite de ce goût. Les *S. angustifolium*, L., et *nodiflorum*, L., qui croissent dans les mêmes lieux, partagent ses mauvaises qualités.

Genre Astrance, *Astrantia*, L.

Calice persistant à cinq dents ; pétales recourbés, bilobés; fruit ovale ; graines marquées de cinq sillons transverses ; involucres dépassant les fleurs.

ASTRANCE MAJEURE, *Astrantia major*, L. (Otruche noire, Sanicle femelle, Sanicle de montagne.) — Tige droite, rameuse, haute de trois à six décimètres ; feuilles grandes, partagées en lobes connivents à leur base, lancéolés, dentés en scie, ciliés à chaque dent ; fleurs blanches en ombelles simples, entourées d'un involucre polyphylle. —Vivace.

Obs. Cette élégante Ombellifère est assez commune dans les prairies hautes et ombragées des montagnes, ainsi que dans les bois. Les bestiaux la broutent quand elle est jeune, mais sans la rechercher. Il en est de même de l'*A. minor*, L., qui croît dans des localités plus élevées.

Genre Panicaut, *Eringium*, L.

Calice à cinq folioles sétacées, persistantes ; corolle de cinq pétales ; cinq étamines à filets d'abord courbés ; deux pistils ; fruit ovoïde, oblong, écailleux, couronné par cinq dents épineuses.

PANICAUT DES CHAMPS, *Eringium campestre*, L. (Chardon à cent têtes, Chardon d'âne, Chardon Roland, Chardon roulant, Erlache, Fouasse à l'âne, Poinchau, Relache). —Tige très-rameuse, raide, solide ; feuilles dures, ailées, épineuses ; folioles laciniées ou demi-ailées ; fleurs blanchâtres, sessiles, réunies en petites têtes nombreuses, terminales, entourées d'un grand involucre de folioles étroites, épineuses.—Vivace.

Obs. Cette plante, qui a le port d'un Chardon, est très-commune le long des chemins, sur les pelouses, le long des bois, dans les lieux secs. Les bestiaux n'y touchent pas; elle doit être considérée comme une plante très-nuisible et difficile à détruire. Il en est de même des *E. maritimum*, L.; *Bourgati*, Gouan ; *alpinum*, L.; *spina alba*, Vill.; *planum*, L.

FAMILLE DES RENONCULACÉES.

Famille de plantes dicotylédones, appartenant à l'*Hypopétalie* de M. de Jussieu et aux *Thalamiflores* de M. de Candolle. Ce dernier botaniste leur assigne les caractères suivants ; périgone double, libre ; calice de trois à six sépales ; corolle composée d'autant de pétales hypogynes qu'il y a de sépales au calice, et alors alternes

avec eux, ou bien en nombre double ou triple, Ces pétales, rarement nuls par avortement, imbriqués pendant l'estivation, sont
planes, provenant alors du développement des filets des étamines,
ou bien capuchonnés, et provenant alors du développement des anthères; étamines hypogynes, libres, indéfinies; anthères adnées, extrorses dans les vraies *Renonculacées*; pistils indéfinis, insérés au
réceptacle, rarement solitaires par soudure ou par avortement ;
fruit sec ou bacciforme, composé, dans le premier cas, de carpelles
capsulaires ou folliculaires, mono ou polyspermes; semences tantôt
solitaires, dressées ou pendantes, tantôt plus nombreuses, et fixées
à deux placentas pariétaux; périsperme grand et corné; embryon
très-petit, placé dans une cavité du périsperme.—Tiges herbacées,
quelquefois sous-frutescentes et même frutescentes ; feuilles alternes ou opposées, se terminant en une gaîne qui embrasse une partie
de la tige.

Obs. La belle famille des Renonculacées, si remarquable par l'éclat de ses fleurs, n'offre, pour ainsi dire,
au cultivateur, que des espèces âcres, corrosives et capables de donner aux animaux qui les broutent des maladies inflammatoires qui amènent quelquefois la mort.
Quoique très-répandues dans les prairies, ce sont en
général des plantes très-nuisibles que les bestiaux négligent, mais qu'ils mangent quelquefois par inadvertance
et en mélange avec d'autres plantes de leur goût. Heureusement les propriétés âcres et corrosives des Renonculacées disparaissent presque toujours par la dessiccation.

Genre Clématite, *Clematis*, L.

*Fleurs de quatre à cinq pétales, privées de calice; étamines
nombreuses ainsi que les ovaires, auxquels succèdent des capsules
monospermes, généralement surmontées d'un appendice plumeux.*

CLÉMATITE ODORANTE, *Clematis flammula*, L.—Tige sarmenteuse ;
feuilles ailées, à folioles petites, entières, ovales, lancéolées; fleurs
petites, nombreuses ; pétales pubescents sur leurs bords.—Vivace.

Obs. Cette plante est assez commune dans les haies
et les buissons du midi de la France ; elle fleurit en été.
Elle est très-âcre quand elle est fraîche, mais elle perd
cette âcreté par la dessiccation ; aussi, sur les bords de la
Méditerranée, depuis Agde jusqu'à Narbonne, on recueille les rameaux garnis de leurs feuilles, et l'on en fait
des bottes de fourrage que les bestiaux aiment beaucoup. Le *C. vitalba*, L., si commun dans les haies,
remplirait sans doute le même but, ainsi que le *C. erecta*, L.

19

Genre Pigamon , *Thalictrum*, L.

Calice nul; corolle de quatre à cinq pétales caducs ; étamines et pistils nombreux ; capsules nombreuses , ovales , indéhiscentes , striées et non prolongées en appendice plumeux.

Pigamon jaune, *Thalictrum flavum*, L. (Fausse Rhubarbe , Pied de milan , Rhubarbe des pauvres, Rhubarbe des paysans, Rue des prés). —Racine jaunâtre; tige de six à dix décimètres; feuilles amples , composées de folioles ovales à trois lobes obtus , nerveuses, presque ridées ; fleurs jaunes, nombreuses , réunies en panicule terminale. —Vivace.

Obs. Cette plante est assez commune dans les prés humides, les clairières des bois, le bord des ruisseaux, surtout dans le nord de l'Europe. Elle produit un excellent fourrage dans les lieux marécageux. Les bestiaux la mangent volontiers verte ou sèche; son foin, quoique gros, est recherché des bestiaux. On la connaît vulgairement sous le nom de Rue de chèvre. On trouve encore, dans les prés, les *T. aquilegifolium*, L.; *speciosum*, Desf.; *galioides*, Nest.; *majus*, Jacq.; *angustifolium*, L.; et sur les pelouses des montagnes et la lisière des bois, les *T. alpinum*, L.; *tuberosum*, L.; *pubescens*, Schleich.; *fœtidum*, L.; *minus*, L.; *saxatile*, Schleich.; *nutans*, DC.; *simplex*, L.; *nigricans*, Jacq., tous très-difficiles à distinguer les uns des autres et présentant exactement les mêmes qualités. Plusieurs de ces espèces, desséchées, pourraient remplir le même but que le *C. flammula*, L., dont nous venons de parler un peu plus haut.

Genre Anémone , *Anemone*, L.

Involucre foliacé , situé sur le pédoncule, un peu au-dessous de la fleur ; pétales de cinq à douze; étamines et ovaires nombreux; fruits capsulaires , indéhiscents, monospermes , quelquefois terminés, comme ceux des Clématites, par un appendice plumeux.

Obs. Les Anémones forment un genre nombreux dont la plupart des espèces habitent les bois et les prairies découvertes. Ces belles plantes, généralement âcres et corrosives, ne sont broutées par les bestiaux que lorsqu'ils sont pressés par la faim, excepté la chèvre, qui, comme on le sait, est bien moins délicate que les autres. Elles perdent leur âcreté par la dessiccation, et se mêlent alors indistinctement aux autres espèces qui composent les foins.

Anémone pulsatille, *Anemone pulsatilla*, L. (Coquelourde, Coquerelle, Fleur aux dames, Fleur du vent, Fleur de pâques, Herbe au vent, Passe-fleur, Teigne-œuf).—Tige simple, de un à trois décimètres, munie d'un involucre à trois folioles profondément dentées et multifides; feuilles ailées, à découpures très-fines; fleurs grandes, d'un bleu violet, à pétales droits; fruits réunis en une tête arrondie, chargée de longs filets velus et soyeux.—Vivace.

Obs. La Pulsatille, que l'on connaît aussi sous les noms de Coquelourde, ou Herbe au vent, est commune sur les pelouses sèches, sur les coteaux exposés au vent, dans presque toute la France. Elle fleurit de très-bonne heure, disperse ses graines et disparaît en laissant peu de traces de son passage. Sa précocité engage quelquefois les chèvres et les moutons à brouter ses feuilles que, du reste, ils ne recherchent nullement; les autres espèces d'animaux n'y touchent pas. Dans le centre de la France, l'*A. pratensis*, L., remplace souvent le *pulsatilla*, tandis que, dans les montagnes plus élevées, l'*A. Halleri*, All., et l'*A. vernalis*, L., décorent les pelouses de leurs belles fleurs, et répugnent également aux troupeaux.

Anémone des Alpes, *Anemone alpina*, L. — Tige simple, haute de un à huit décimètres; feuilles radicales à pétioles trichotomes, finement découpées; involucre de trois grandes feuilles sessiles, amplexicaules, découpées chacune en trois folioles ailées et déchiquetées; fleurs grandes, blanches ou soufrées, à pétales ouverts.—Vivace.

Obs. Cette espèce donne un grand nombre de variétés qui sont disséminées dans les prairies des montagnes, dans les Alpes, les Vosges, l'Auvergne, les Pyrénées. Ce sont des plantes très-âcres dont les bestiaux laissent parfaitement intactes les belles et larges touffes. A l'état sec, elles entrent dans le foin et sont mangées indistinctement avec les autres espèces desséchées. L'*A. baldensis*, L., et l'*A. narcissiflora*, L., peuvent lui être assimilés sous le rapport agricole.

Anémone étoilée, *Anemone stellata*, Lam. — Racine tubéreuse; tige de un à trois décimètres, uniflore; feuilles radicales portées sur de longs pétioles, digitées ou formées de trois folioles sessiles, à peine découpées; fleurs purpurines, étoilées.—Vivace.

Obs. On peut appliquer à cette jolie plante tout ce que nous venons de dire de l'*alpina*. Elle remplace cette dernière sur les pelouses de la Provence. Elle est extrêmement commune à Nice, à Grasse, à Toulon; elle passe par nuances insaisissables à l'*A. coronaria*, L., type des Anémones des fleuristes, et se rapproche aussi de l'*A. pavonina*, L., plante magnifique, malheureusement aussi nuisible que la précédente, et peut-être encore plus commune dans les prés un peu ombragés du département du Var.

ANÉMONE DES BOIS, *Anemone nemorosa*, L. (Bassinet blanc, Bassinet purpurin, fausse Anémone, Renoncule des bois, Sylvie). — Racine charnue, rampante, horizontale; tige simple, de un à douze décimètres, terminée par une fleur blanche ou purpurine, fléchissant un pédoncule grêle et allongé; collerette de trois feuilles pétiolées, partagées en trois ou cinq folioles oblongues, incisées ou dentées; capsules petites, ovales, un peu velues, terminées par une petite pointe en crochet. — Vivace.

Obs. Très-commune dans les bois et dans les prés qui en sont voisins, cette plante partage les mauvaises qualités de ses congénères; mais comme elle fleurit de très-bonne heure, et qu'elle s'élève peu, elle devient insignifiante dans les prés, quoique souvent elle y soit très-abondante. Les *A. sylvestris*, L.; *trifolia*, L., et *ranunculoides*, L., lui ressemblent sous tous les rapports.

Genre Renoncule, *Ranunculus*, L.

Calice à trois à cinq folioles caduques; pétales munis, à la base de leur onglet, d'un très-petit tube souvent recouvert par une écaille; capsules mutiques ou terminées par une pointe droite ou recourbée.

Obs. Les Renoncules forment un genre très-nombreux en Europe, dont les espèces sont dispersées çà et là depuis les eaux stagnantes et les ruisseaux d'eaux vives jusque sur les pelouses les plus élevées des montagnes. Elles se mêlent souvent en très-grande proportion à l'herbe des prairies, où l'on doit en général les considérer comme des herbes nuisibles, bien que les bestiaux ne les rejettent pas aussi généralement qu'ils le font pour les Anémones. Ces plantes, qui aiment l'humidité, sont presque toutes très-âcres, et se propagent avec une affligeante rapidité.

RENONCULE FICAIRE, *Ranunculus ficaria*, L. (Petite Chélidoine, Billonnée, Clair-bassin, Eclairette, Gannille, Grenouillette, Herbe aux hémorrhoïdes; Janneau, petite Eclaire, petite Scrophulaire, Pissenlit doux, Pissenlit rond). — Racine charnue, fasciculée; feuilles simples, en cœur; pédoncules axillaires et uniflores; pétales au nombre de cinq à huit; calice à trois folioles. — Vivace.

Obs. Très-commune le long des bois et dans les prés humides, la Ficaire est une des plantes les plus précoces de nos prairies. Elle fleurit en février et mars et donne déjà des feuilles en abondance. Dans le Midi, elle offre des variétés à larges feuilles et à fleurs plus grandes. Moins âcre que les autres Renoncules, la Ficaire est mangée par tous les bestiaux, sans en être précisément recherchée.

RENONCULE AQUATIQUE, *Ranunculus, aquatilis*, L. (Herbe sardonique, Mille-feuilles aquatique). — Tige fistuleuse, anguleuse, nageante; feuilles submergées, multifides, pétiolées, à découpures capillaires et divergentes; les supérieures flottantes, réniformes, lobées; pétales blancs, obovales, beaucoup plus grands que le calice; carpelles hispides, rugueux, à stigmates sessiles courbés. — Vivace.

Obs. Cette espèce est très-commune dans les fossés où l'eau est stagnante ou peu renouvelée; elle varie à l'infini et croît également sur les terres humides, où elle forme des gazons très-frais, serrés et du plus beau vert. Presque tous les bestiaux, à l'exception des chevaux, mangent cette Renoncule, mais sans la rechercher et en petite quantité.

RENONCULE FLOTTANTE, *Ranunculus fluitans*, Lam. — Tige cylindracée, rameuse, longue de deux à trois mètres; feuilles toujours submergées, multifides; cinq à douze pétales blancs, dépassant le calice; carpelles glabres, rugueux, à style court. — Vivace.

Obs. Très-commune dans les ruisseaux, les rivières et toutes les eaux courantes, limpides et peu profondes, cette plante fleurit sous l'eau pendant la majeure partie de l'année. Les bestiaux la mangent sans inconvénient; les vaches surtout la recherchent beaucoup et mettent leur tête presque entière dans l'eau pour l'en retirer. Les cultivateurs des bords de l'Ill en récoltent et dessèchent les tiges et les feuilles, pour en nourrir leurs bestiaux pendant l'hiver.

RENONCULE A FEUILLES D'ACONIT, *Ranunculus aconitifelius*, L. (Pied de corbeau). — Tige de trois à dix décimètres , lisse , fistuleuse, très-rameuse ; feuilles glabres , palmées , anguleuses, à trois à cinq lobes , pointues et dentées en scie ; calice petit, très-caduc ; fleurs blanches , nombreuses , de dimensions variables. — Vivace.

Obs. Cette belle Renoncule , ainsi que le *R. platanifolius* , L., qui en diffère peu, croît abondamment dans les prés des montagnes, surtout en Auvergne, où elle forme d'énormes buissons au milieu des prairies naturellement arrosées par les eaux vives des montagnes, ou bien se dissémine çà et là sur les pentes herbeuses exposées au nord et à l'ouest. Tous les bestiaux la respectent à l'état frais, mais ses feuilles desséchées , souvent très-abondantes dans les foins des montagnes, sont mangées sans aucune répugnance, et n'occasionnent aucun accident.

RENONCULE DES MONTAGNES, *Ranunculus montanus* , Willd. — Tige de un à deux décimètres, glabre dans le bas, pubescente dans le haut ; feuilles radicales pétiolées, glabres, un peu luisantes, divisées en trois ou cinq lobes profonds, s'élargissant à leur sommet, qui est denté ; feuilles de la tige sessiles ; fleurs grandes, d'un beau jaune. — Vivace.

Obs. On rencontre cette espèce dans les prairies des montagnes, où elle est souvent mélangée aux *R. Gouani,* Willd., et *Villarsii,* DC., qui ne sont peut-être que des variétés du *montanus.* Elles croissent çà et là au milieu des herbes , et multiplient quelquefois beaucoup. Les moutons, les chèvres et les chevaux broutent ces plantes, qui du reste donnent un mauvais fourrage et deviennent insignifiantes à l'état sec.

RENONCULE SCÉLÉRATE , *Ranunculus sceleratus* , L. (Grenouillette aquatique , Herbe sardonique, Mort aux vaches, Renoncule des marais). — Tige épaisse, très-rameuse ; feuilles digitées, les inférieures arrondies et lobées ; fleurs petites, terminales, nombreuses ; graines en tête allongée.

Obs. On trouve cette Renoncule dans les fossés d'eau stagnante, le long des chemins, autour des habitations et dans les prés gras et marécageux. Son âcreté est telle, que ses seules émanations occasionnent des picotements au nez et aux yeux. Les chèvres et les moutons broutent cependant ses feuilles et épointent ses sommités fleuries. Elle est très-dangereuse à l'état frais pour les autres animaux.

RENONCULE DORÉE, *Ranunculus auricomus*, L. — Tige de un à deux décimètres, glabre, faible ; feuilles radicales, simples réniformes, crénelées, les supérieures découpées en lanières divergentes ; fleurs terminales d'un jaune doré, à pétales se développant successivement ou avortant tout-à-fait. — Vivace.

Obs. On remarque cette espèce dans les haies, les bois, les prés humides et ombragés. Elle fleurit en mai et avril ; elle n'a pas l'âcreté des autres Renoncules ; les chevaux sont les seuls animaux qui la refusent à l'état frais. Tous les autres bestiaux s'en accommodent d'autant plus volontiers qu'elle fleurit de très-bonne heure, et leur offre une nourriture très-précoce quoique peu abondante. Dumont de Courset assure cependant que c'est une des espèces les plus nuisibles aux bestiaux.

RENONCULE ACRE, *Ranunculus acris*. L. (Bouton d'or, Grenouillette, Jauneau, Bassinet des prés, Fleur de beurre, Patte de loup, Piécot, Pied de corbin). — Tige droite, glabre, presque nue, s'élevant de trois à six décimètres ; feuilles découpées en lobes anguleux et dentés, les supérieures linéaires, simples et trifides ; fleurs grandes, d'un jaune luisant, à calice ouvert, garni de poils couchés ; pédoncules sillonnés. — Vivace.

Obs. Cette espèce est la plus commune dans les prairies, où on la connaît, la confondant toutefois avec plusieurs autres, sous les noms de Bassinet, Fleur de beurre, et dans les jardins sous le nom de Bouton d'or. On rencontre quelquefois des prairies qui en sont remplies, où elle est devenue espèce dominante. C'est du reste une espèce nuisible que les bestiaux ne recherchent pas et qu'ils mangent cependant malgré son âcreté, et qu'ils peuvent difficilement éviter à cause de son abondance dans les prairies quand elle fleurit. Sèche, elle perd son âcreté comme les autres Renoncules et donne un foin passable. La présence de cette plante en si grande quantité dans les prairies indique un appauvrissement du sol auquel il faut remédier par un changement de culture. Il y a cependant des prés arrosés et d'excellente qualité qui en montrent tous les ans une très-grande quantité. On rencontre encore dans les prairies un assez grand nombre de Renoncules à fleurs jaunes et à feuilles découpées que l'on confond avec l'*acris*, bien qu'elles en diffèrent réellement par leurs caractères botaniques. Leurs propriétés sont les mêmes ; âcres comme elle, les bestiaux *y* couchent peu à l'état frais et mangent le foin sec. Ce sont principalement les *R. lanuginosus*, L.; *chærophyllos*, L.; *philonotis*, Retz, et *bulbosus*, L. Cette dernière est tout aussi commune que l'*acris*, dont elle se distingue par son bulbe et son calice réfléchi; mais elle fleurit plus tôt et n'indique pas un sol épuisé.

RENONCULE RAMPANTE, *Ranunculus repens*, L. (Bassinet, Piépon, Bacinet rampant, Bouton d'or, petite Bassine, Pied-court; Pied de coq, Pied de poule).—Tige droite, haute de un à quatre décimètres, légèrement velue, et produisant un grand nombre de rejets rampants, qui s'étendent à quatre à six décimètres; feuilles grandes, pétiolées, velues, à folioles anguleuses, lobées et incisées, souvent maculées de blanc; feuilles supérieures divisées en lobes lancéolés, linéaires; fleurs jaunes, assez grandes, terminales, à pédoncules sillonnés.—Vivace.

Obs. Cette plante croît abondamment le long des fossés, et souvent au milieu des champs. Les vaches l'aiment beaucoup, la préfèrent à un grand nombre de Graminées, et il n'y a pas d'exemple qu'elle leur ait été nuisible. Elle n'a pas d'âcreté, et s'emploie même comme légume dans quelques localités. C'est évidemment une bonne plante fourragère en vert, et même en sec, quoique préférable à l'état frais. On la désigne quelquefois sous le nom de *Pied de poule*.

RENONCULE FLAMMETTE, *Ranunculus flammula*, L. (Petite Douve). — Tige de trois à six décimètres, couchée, traçante ou redressée; feuilles inférieures ovales, lancéolées et pétiolées, les supérieures lancéolées, allongées et rétrécies en pétioles; fleurs jaunes, portées sur de longs pédoncules. — Vivace.

Obs. Les prés humides sont quelquefois remplis de cette espèce de Renoncule, qui est une des plus vénéneuses. C'est pour les bestiaux, qui ne l'aiment pas, un poison d'autant plus dangereux qu'il leur est presque impossible de l'éviter. Ses tiges traçantes s'étendent dans toutes les prairies, et ses rameaux dressés viennent se mélanger à l'herbe qui est broutée. Beaucoup de bêtes à laine périssent tous les ans pour avoir mangé cette Renoncule, dont l'âcreté n'existe aussi qu'à l'état frais. Le *R. lingua*, L., partage les qualités malfaisantes du *flammula*, mais il est beaucoup plus grand, moins commun, et se mélange moins à l'herbe, se tenant de préférence la racine dans l'eau à la queue des étangs.

Les *R. ophioglossifolius,* Vill., et *reptans,* L., ne leur cèdent en rien pour l'action corrosive qu'ils exercent sur les bestiaux.

Beaucoup d'autres Renoncules croissent encore çà et là dans les prés, et surtout dans les pâturages élevés des Alpes et des Pyrénées. Leurs propriétés sont toujours les mêmes : vénéneuses à l'état frais pour la plupart des bestiaux, insignifiantes à l'état sec ou donnant un mauvais foin par leur abondance.

Genre Populage, *Caltha*, L.

Calice nul; cinq à dix pétales; cinq à douze carpelles déhiscents, pointus et comprimés.

Populage des marais, *Caltha palustris*, L. (Clair-Bassin de rivière, Cocussau, Gannile, Giron, Souci d'eau, Souci des marais). — Tige droite, peu rameuse, glabre, élevée de deux à trois décimètres; feuilles radicales, pétiolées, réniformes, crénelées et glabres, d'un vert foncé et luisant; fleurs très-apparentes d'un jaune pur. — Vivace.

Obs. Voici encore une des plantes les plus communes dans les prairies humides et marécageuses. Dès les premiers jours du printemps, on aperçoit les larges touffes du Populage ouvrant leurs belles fleurs le long des ruisseaux, et partout où un filet d'eau vive a dégelé la terre. Les cochons sont les seuls animaux qui mangent le *Caltha*; tous les autres le repoussent malgré sa précocité. Sec, il donne un mauvais foin, que les animaux mangent faute d'autre. Ses fleurs, pilées avec un peu d'alun, donnent, comme celles du Souci, une couleur jaune, dont on se sert pour colorer le beurre. Il est très-difficile de détruire le *Caltha*; il faudrait pour cela pouvoir sécher la prairie, la labourer et la cultiver quelques années en céréales, ce qui n'est pas toujours possible.

Genre Trolle, *Trollius*, L.

Calice à dix à quatorze sépales colorés; huit à neuf pétales tubuleux, plus courts que le calice; carpelles nombreux, déhiscents, polyspermes.

Trolle d'Europe, *Trollius europeus*, L. (Boule d'or, Renoncule de montagne).— Tige droite, presque simple, de deux à trois décimètres; feuilles palmées, anguleuses, à cinq découpures, incisées et dentées; fleur terminale, solitaire, globuleuse. — Vivace.

Obs. Très-commune dans les prés des montagnes, cette belle plante croît çà et là par petites touffes, ou par pieds isolés. Les bestiaux la respectent partout, mais le foin qu'elle donne n'est refusé par aucun d'eux.

Genre Ancolie, *Aquilegia*, L.

Calice à cinq folioles caduques et colorées; cinq pétales en cornet, élargis et tronqués obliquement en leur limbe, prolongés à leur base en un tube conique en forme d'éperon, saillants entre les folioles du calice; étamines courtes et nombreuses; cinq ovaires rapprochés, entourés de dix écailles; cinq capsules droites, aiguës.

Ancolie vulgaire, *Aquilegia vulgaris*, L. (Aiglantine, Bonne-femme, Clochette, Colombine, Galanthine, Gant de Notre-Dame, Gonneau, Manteau royal). — Tige de trois à quatre décimètres, rameuse; feuilles radicales portées sur un long pétiole, divisé en trois branches, munies chacune de trois folioles pédicellées, glauques, arrondies, à trois lobes obtus et crénelés au sommet; fleurs bleues en panicule. — Vivace.

Obs. L'Ancolie est une plante assez commune dans les bois et les prairies élevées de la majeure partie de la France. Les bestiaux ne la mangent pas à l'état frais, et la supportent sans la rechercher à l'état sec. Les *A. alpina*, L.; *pyrenea*, Lam., et *viscosa*, L., sont également rejetés des bestiaux.

Genre Hellébore, *Helleborus*, L.

Calice à cinq grandes folioles colorées; cinq pétales nectariformes, tubulés, beaucoup plus courts que le calice, étamines nombreuses; capsules comprimées à une seule loge.

Hellébore fétide, *Helleborus fœtidus*, L. (Fève de loup, Herbe aux fées, Herbe aux bœufs, Herbe du crû, Marfouré, Parménie, Pas de lion, Patte d'ours, Pied de griffon, Pied de lin, Pommelée). — Tige droite de trois à six décimètres; feuilles glabres, coriaces, digitées, d'un vert foncé, à divisions pointues et dentées; fleurs verdâtres, un peu rouges sur leur bord. — Vivace.

Obs. Cette espèce est très-commune le long des chemins, sur les pelouses, dans les lieux secs, les pâturages des montagnes. Les bestiaux n'y touchent pas, et si quelquefois les bêtes à laine en broutent accidentellement les sommités, elles sont violemment purgées, et la mort est quelquefois la suite de cette ingestion. L'*H. viridis*, L., beaucoup plus rare que le précédent, habite les prairies des montagnes, et doit être considéré comme espèce vénéneuse pour les animaux.

Genre Aconit, *Aconitum*, L.

Calice coloré à cinq folioles, dont la supérieure en forme de casque; pétales nombreux, très-petits, les deux supérieurs cachés sous le casque, munis d'un long onglet canaliculé, coudé à sa base; le limbe recouvert en forme de lèvre; trois à cinq capsules.

Aconit napel, *Aconitum napellus*, L. (Capuce de moine, Capuchon, Coqueluchon, Casque, Madriette, Thora, Tore, Tue-loup).—Tige droite, simple ou rameuse au sommet, haute de un à deux mètres; feuilles pétiolées, palmées, multifides, à segments linéaires, luisantes, glabres; fleurs d'un bleu violet en épi serré et en panicule. — Vivace.

Obs. Cette belle plante est très-commune dans certaines parties des Alpes, des Cévennes, et surtout du Cantal. Elle croît dans les bois et sur les pelouses, où les bestiaux mangent quelquefois ses jeunes pousses; long-temps avant sa fleur, ils la négligent complétement. C'est encore un violent poison, qui ne perd pas entièrement ses propriétés vénéneuses par la dessiccation. On doit donc la considérer comme plante très-nuisible dans les pâturages, ainsi que les *A. paniculatum*, L., qui n'est qu'une variété de Napel; *anthora*, L.; *lycoctonum*, L., et *pyrenaicum*, DC.

FAMILLE DES BERBÉRIDÉES.

Famille de plantes dicotylédones appartenant à l'*Hypopétalie* de M. de Jussieu, et aux *Thalamiflores* de M. de Candolle. Ses caractères sont : fleurs généralement jaunes, disposées en épis simples, réunis ou fasciculés; calice de trois à six sépales caducs, quelquefois imbriqués; pétales, généralement en même nombre, glanduleux à leur base, ou quelquefois d'une forme tout-à-fait irrégulière, et opposés aux divisions du calice; étamines en nombre égal à celui des pétales, étant opposées à ces derniers, c'est-à-dire placées immédiatement devant chacun d'eux; filets plus ou moins allongés, portant à leur sommet une anthère dont les deux loges sont écartées, et qui s'ouvrent de la base au sommet; ovaire solitaire à une seule loge, qui contient un petit nombre d'ovules insérés à sa base, ou sur l'une de ses sutures; il se termine par un style qui manque quelquefois, et alors le stigmate, qui est légèrement concave, est sessile. Le fruit est une baie ou une capsule uniloculaire contenant plusieurs graines qui se composent d'un embryon axillaire renfermé dans un périsperme charnu ou corné. — Tiges ligneuses ou herbacées, à feuilles alternes, simples ou composées, accompagnées à leur base de stipules qui sont parfois persistantes et épineuses.

Genre Épine vinette, *Berberis*, L.

Calice à six sépales, accompagnés de trois bractées; six pétales munis de deux glandes; stigmate sessile et persistant; fruit en baie ovale, cylindracée, uniloculaire, contenant deux ou trois graines.

Epine vinette commune, *Berberis vulgaris*, L. (Chivafou, Vinetier, Epine aigrette). — Arbrisseau très-rameux dont les feuilles sont réunies trois à quatre ensemble, ovales, renversées et se rétrécissant en pétioles; fleurs jaunes en jolies grappes pendantes; baies rouges, très-acides. — Ligneux.

Obs. On trouve assez communément cet arbisseau dans les haies et les buissons des terrains arides et pierreux. Ses feuilles et ses jeunes pousses aigrelettes, plaisent beaucoup aux bestiaux, mais quand ses rameaux ont acquis tout leur développement, ils se défendent avec les épines acérées qui résultent de l'endurcissement des stipules qui sont placées à la base des feuilles.

FAMILLE DES FUMARIÉES.

Famille de plantes dicotylédones, appartenant à l'*Hypopétalie* de M. de Jussieu, et aux *Thalamiflores* de M. de Candolle, établie, par ce dernier savant, qui lui donne pour caractères : calice petit, membraneux, tombant, disépale; corolle irrégulière, formée de quatre pétales inégaux, tantôt libres, tantôt soudés entre eux par la base; le supérieur est généralement plus grand, et se termine à sa partie inférieure par un éperon recourbé, ou simplement par une bosse arrondie; six étamines réunies en deux faisceaux par les filets, l'un placé sur le pétale inférieur, l'autre supérieur, adhérent par sa base avec les deux pétales latéraux; chaque faisceau est terminé par trois anthères, dont les deux latérales uniloculaires, et celle du milieu biloculaire; quelquefois ces six étamines sont libres; ovaire libre, supère, surmonté d'un style filiforme, terminé par un stigmate bilamellé, parallèle aux pétales intérieurs; fruit sec, siliqueux, bivalve, polysperme et déhiscent, ou offrant un akène globuleux; placentaires latéraux; semences ovales ou globuleuses, d'un noir brillant, munies à leur base d'une caroncule arilliforme; périsperme charnu; embryon basilaire, dressé et petit dans les fruits indéhiscents, plus long et un peu arqué dans ceux qui s'ouvrent naturellement; cotylédons planes et oblongs. — Tiges herbacées, aqueuses.

Genre Fumeterre, *Fumaria*, L.

Calice à deux folioles colorées et caduques ; corolle oblongue, irrégulière, à quatre pétales opposés deux à deux, le supérieur prolongé à la base en un éperon court et obtus, l'inférieur plus court ; les deux pétales latéraux rapprochés ; filaments réunis en deux paquets, chargés chacun de trois anthères ; un style ; un stigmate ; capsule uniloculaire.

Obs. Les Fumeterres sont très-répandues dans les champs, les prés, les jardins. Ce sont de fort jolies plantes, très-amères, mais cependant broutées par les bêtes à cornes, tandis que les autres animaux les négligent.

Fumeterre bulbeuse, *Fumaria bulbosa*, L. — Bulbe solide, sphérique ; tige simple, de un à deux décimètres, garnie de deux ou trois feuilles alternes, divisées en trois parties subdivisées en deux ou trois autres, à folioles assez larges, presque cunéiformes, dentées ou incisées en trois lobes au sommet ; fleurs grandes, en épi muni de bractées. — Vivace.

Obs. Cette jolie plante est commune dans les bois et les prairies couvertes des montagnes. Elle fleurit dès le mois de mars, et son feuillage se développe beaucoup après la floraison. Elle est très-recherchée des bêtes à cornes, et surtout des vaches. Les moutons la broutent également. Les *F. fabacea*, DC., et *tuberosa*, DC., peuvent être considérés, sous le rapport agricole, comme des variétés de la précédente.

Fumeterre officinale, *Fumaria officinalis*, L. (Fiel de terre, Lait battu, Pied de géline, Pisse-sang). — Tige simple ou rameuse, droite ou étalée ; feuilles glauques, à folioles petites, cunéiformes, découpées ou trifides au sommet ; fleurs en épi, purpurines ; capsule monosperme, globuleuse. — Annuelle.

Obs. La Fumeterre, commune partout, croît de préférence dans les champs et les jardins. Elle fleurit dès le mois de mars. Les moutons et les bêtes à cornes la mangent assez volontiers. Les *F. spicata*, L. ; *densiflora*, DC. ; *Vaillantii*, Lois. ; *parviflora*, Lam. ; *media*, Lois., et *capreolata*, L., partagent les propriétés de l'*officinalis*.

FAMILLE DES CRUCIFÈRES.

Famille de plantes dicotylédones, appartenant à l'*Hypopétalie* de M. de Jussieu, et aux *Thalamiflores* de M. de Candolle, et dont les caractères sont : fleurs hermaphrodites ; calice composé de quatre sépales dressés ou étalés, presque toujours caducs, dont deux souvent plus grands et bossus à leur base ; corolle composée de quatre pétales opposés en croix, presque toujours égaux, onguiculés et alternes avec les sépales du calice ; six étamines, dont deux plus petites, correspondant chacune à l'une des faces du fruit ; il arrive que les deux étamines qui forment chaque paire peuvent être soudées plus ou moins par leurs filets ; anthères introrses à deux loges ; ovaire simple, placé sur un disque glanduleux de forme variable, auquel sont insérés les étamines, le calice et la corolle ; l'ovaire est plus ou moins allongé, souvent comprimé, à deux loges séparées par une fausse cloison ; le style, qui paraît être le prolongement de cette cloison, est grêle, quelquefois à peine visible, et porte un stigmate simple ou bilobé ; le fruit est une silique ou une silicule dont chaque loge renferme une ou plusieurs semences globuleuses, planes ou membraneuses sur les bords, insérées à la base de la cloison ; périsperme nul ; embryon huileux, courbé, à radicule un peu conique, dirigée vers l'ombilic ; cotylédons opposés, placés de différentes manières relativement à la radicule. — Tiges herbacées, rarement frutescentes ; feuilles alternes ; fleurs en grappes terminales ou opposées aux feuilles. — Plantes dont la majeure partie appartient à l'Europe.

Obs. Les Crucifères forment un groupe très-naturel, dont les espèces, presque toutes européennes, croissent çà et là dans les champs, autour des habitations, dans les prés et sur les rochers des montagnes. Ce sont en général des plantes printanières, souvent âcres et stimulantes, dont quelques-unes deviennent plantes alimentaires pour l'homme, et le sont aussi à un haut degré pour les animaux. Elles sont mangées avec plaisir par les bêtes à cornes, et peu recherchées des chevaux. Beaucoup d'autres sont tout-à-fait insignifiantes, et plusieurs sont nuisibles. Nous allons passer en revue les espèces qui croissent naturellement dans les prairies, et celles qui peuvent servir de nourriture aux bestiaux.

Genre Chou, *Brassica*, L.

Calice fermé, bossu à sa base ; disque de l'ovaire portant quatre glandes ; siliques cylindriques, comprimées ou tétragones ; graines sphériques.

Obs. Les Choux forment sans contredit, dans la famille des Crucifères, le genre le plus important, sous le rapport agricole. Presque toutes ses espèces, améliorées par la culture, procurent aux animaux une nourriture abondante par leurs racines ou par leurs feuilles, mais

c'est toujours à l'état frais que ces plantes doivent être
consommées ; on n'a pu jusqu'ici les dessécher pour les
conserver. Ce serait du reste un soin presque inutile,
car elles restent vertes pendant l'hiver, et les racines
se gardent pendant long-temps à l'état frais. Nous allons faire une revue succincte des principales variétés
cultivées comme fourrage.

CHOU POTAGER, *Brassica oleracea*, L. — Tige de six à quinze décimètres ; feuilles radicales vertes, jaunâtres ou violettes, glabres, pétiolées, lisses ou ridées ou chiffonnées, ondulées, crénelées ou sinueuses sur les bords ; feuilles caulinaires petites, embrassantes, entières ; fleurs blanches ou jaunes ; siliques cylindriques. — Bisannuel.

Cette espèce offre un grand nombre de variétés,
parmi lesquelles nous citerons les suivantes.

A. — *Chou cavalier*, ou *Chou arbre*, *Chou branchu*,
Chou mille-têtes, *Chou à vache*, *grand Chou vert*. C'est le
plus grand de tous ; sa tige atteint souvent deux mètres,
et ses feuilles larges et lisses ne se réunissent jamais en
un gros bourgeon, pour former une tête pommée,
comme dans les Choux ordinaires, mais se disséminent
le long de la tige, d'où on les détache successivement.
C'est avec quelques individus géants de cette variété
que l'on a fait les *Choux monstres*, dont quelques char-
latans ont vendu les graines jusqu'à un franc pièce. Ce
Chou préfère, comme les autres, une terre bien fumée,
argileuse plus ou moins forte. Tous les animaux aiment
ses feuilles, à l'exception des chevaux, qui finissent cependant par s'y accoutumer, mais c'est pour eux une
mauvaise nourriture : un bœuf peut en consommer cent
kilog. par jour. Les cochons s'en accommodent parfaitement. Le Chou cavalier, comme toutes les grandes
espèces, ne se sème pas en place, mais en pépinière, à
raison de 250 grammes de graines par hectare. L'époque
du semis est en mars et avril, ou bien juillet et août,
pour les replanter ensuite en septembre et octobre, ou
en avril ou mai, en lignes espacées d'un mètre, et à
la même distance sur la ligne. Les binages et les labours,
donnés à propos, entretiennent le terrain propre et
meuble, et jusqu'au printemps de la seconde année on
peut couper les feuilles.

La sous-variété dite *Chou mille-têtes* ou *Chou branchu*,

qui est communément cultivée dans la Vendée, donne environ 20,000 pieds par hectare, et produit, pour la même quantité de terrain, 100,000 kilog. de feuilles vertes. Le *Caulet*, que l'on cultive surtout en Flandre, donne à peu près le même produit.

Le *Chou vivace* de Daubenton a ses tiges latérales plus particulièrement situées à la partie inférieure du tronc ; elles s'allongent beaucoup, et souvent se couchent, et forment un coude sur le sol où elles s'enracinent ; de là le nom de *Chou de bouture*, qui lui a été donné aussi. Il est du petit nombre des espèces qui ont supporté l'hiver rigoureux de 1830. Du reste, toutes ces variétés sont peu sensibles au froid.

B.—*Chou lannilis*, très-belle variété, fort répandue en Bretagne, et dont on doit la connaissance à M. le marquis de Boëssière. Ses feuilles sont très-grandes, très-blondes et nombreuses ; sa tige courte, épaisse, renflée dans sa partie supérieure. C'est, dit M. Vilmorin, auquel nous empruntons cette description, un Chou moellier, nain, encore plus vigoureux que le grand. Comme dans celui-ci, la tige, quand on a épuisé la récolte des feuilles, fournit, étant coupée par lanières, une très-bonne nourriture pour les bêtes à cornes. Malheureusement cette variété, excellente en Bretagne, résiste mal aux hivers du centre et du nord de la France.

C.—*Chou frisé du Nord, vert et rouge.* Ces deux variétés sont très-cultivées dans le nord de l'Europe, et diffèrent des précédentes par la découpure de leurs feuilles, ce qui les rend moins productives ; mais elles ont l'avantage de mieux résister aux froids très-rigoureux ; les hivers de 1830 et 1832, en ont offert une preuve remarquable : ces Choux les ont supportés presque sans altération (le frisé rouge surtout), tandis que le Chou cavalier et la plupart des autres ont été détruits. (*Vilmorin.*)

D.—*Choux rave de Siam.* Tige renflée au-dessus de la terre, formant une espèce de boule d'environ un décimètre de diamètre, ayant une écorce verte et une pulpe blanche et ferme ; feuilles d'un vert pâle. Cette variété fournit, pour la nourriture du bétail, non seulement ses feuilles, mais encore la tubérosité de sa tige, dont la pulpe est beaucoup plus ferme que celle du navet, et en a un peu la saveur, mêlée à celle du chou. On la coupe en morceaux pour la donner aux vaches et aux moutons. Cette plante à un avantage sur les Choux verts, c'est de réussir très-bien dans les terrains médiocres et sablonneux. On la sème en juin à la volée, en lignes, et rarement sa tubérosité devient fibreuse et dure, ce qui arrrive assez ordinairement, à cause des sécheresses de l'été, si on la sème en mars ou à une autre époque du printemps. Lorsque les froids commencent, on les arrache, et on les serre à l'abri de la gelée. Il y a deux sous-variétés plus hâtives, 1° *la violette*, 2° le *nain hâtif*(1).

E.—*Chou turneps*, *Chou de Laponie*. Son produit principal consiste dans sa racine charnue comme un gros navet, et l'une de ses plus précieuses qualités est de supporter de très-grands froids sans altération. On le traite ordinairement par la transplantation comme les Choux cavalier et frisé, avec cette différence, que l'on doit rapprocher davantage les plants ; mais on en obtient aussi de belles racines, en semant en place, soit en lignes, ce qui est le mieux, soit à la volée ; dans tous les cas, il faut éclaircir de telle manière que les plants soient à trois à quatre décimètres de distance. Le semis peut se faire d'avril en juin, à raison de deux kilog. de graines par hectare, si l'on sème en place.

M. Vilmorin a reçu d'Allemagne, sous le nom de *Chou navet hâtif*, une excellente variété à racine beaucoup plus grosse et moins fibreuse que celle du Chou navet ordinaire. Elle l'emporte sur lui à tous égards, mais son collet n'étant pas tout-à-fait enterré, elle est un peu moins à l'abri des fortes gelées (2).

M. Boitard pense que l'on doit distinguer le *Chou turneps* du *Chou de Laponie*, et non les réunir, comme nous venons de le faire sous l'autorité de M. Vilmorin. « Je ne sais pourquoi, dit-il, la plupart des agronomes » confondent encore aujourd'hui cette variété (le Chou » de Laponie) avec la précédente (le Chou turneps), quoi- » que Sonnini, en 1787, l'en ait parfaitement distinguée » dans un Mémoire imprimé qu'il lut, à cette époque, à

(1) BOITARD, *Traité des prairies*, p. 208.
(2) *Bon Jardinier*.

20

» l'Académie des arts et des sciences de Nancy. Elle en
» diffère par ses feuilles plus nombreuses, plus épaisses
» et d'un vert plus foncé; par son tubercule, portant
» plusieurs tiges; par ses racines plus simples, mais
» mieux encore par la précieuse propriété qu'elle pos-
» sède de végéter et de prendre de l'accroissement sous
» la neige et la glace. Il se cultive comme les autres. »

F.—*Chou rutabaga, Navet de Suède.* Cette variété diffère du Chou navet par sa racine jaune et arrondie. Il
convient mieux de le semer en place : il croît plus vite,
et son semis peut avoir lieu un mois plus tard que celui
du chou navet. Il aime une terre fumée et fertile,
mais réussissant, quoique moins bien, dans des terrains
médiocres. Le Rutabaga se sème le plus ordinairement
en lignes espacées de six à huit décimètres, et mieux
sur des ados dans le milieu desquels on a ramassé l'engrais; les intervalles, ainsi que les lignes elles-mêmes,
doivent être soigneusement binés et sarclés. Sa racine
supporte un froid considérable, et peut être laissée l'hiver dans les champs pour n'être arrachée qu'au besoin.
Cependant M. Vilmorin, auquel nous empruntons ces
détails, a remarqué plusieurs fois que la grande humidité et les alternatives de gelée et de dégel lui étaient
plus nuisibles qu'au Chou navet, sur lequel il l'emporte,
d'un autre côté, par la beauté et la netteté de ses racines.
Tous deux sont une ressource précieuse pour la nourriture d'hiver des bêtes à cornes et des moutons, auxquels on les donne coupés par tranches.

G.—*Chou colza.* Variété à racine pivotante, garnie de
fibres nombreuses, à feuilles sinuées, découpées plus ou
moins profondément, et moins larges que celles des
autres choux. Tous les bestiaux, les chevaux exceptés,
le mangent volontiers. C'est ordinairement pour la
graine que l'on cultive le Colza, et l'on donne aux bestiaux les tourteaux dont on a tiré l'huile, mais cette variété peut aussi donner un très-bon fourrage par ses
feuilles. M. Yvart (article *Succession de cultures* du *Dictionnaire d'Agriculture* de Deterville) conseille de le
cultiver, en donnant, immédiatement après la récolte
des graines, un labour au chaume, soit avec une forte
herse de fer, soit à la charrue, et de semer à la volée, sur
ce guéret, la graine de Colza, à raison de quatre à cinq

kilog. par hectare. Le plant passe ordinairement l'hiver sans être endommagé, et à la fin de cette saison, il fournit, soit une pâture, soit du fourrage vert à donner à l'étable, et venant à une époque où ils sont très-rares et très-utiles. Tous les Choux rustiques, et encore mieux le Chou navet et le rutabaga, peuvent être employés de cette manière; le principal avantage du Colza est le bas prix de sa graine. Sa paille est mangée par les moutons, mais pour la leur rendre plus appétissante, on la coupe ordinairement, et on la fait tremper dans l'eau chaude, souvent on y ajoute des tourteaux d'huile et du son.

Le Chou est, après la Fève, la plante la plus utile pour tirer parti des terres compactes, argileuses et humides. Il réussit surtout dans ceux de ces terrains qui sont profonds et substantiels. Il constitue certainement la récolte la plus avantageuse pour la nourriture d'hiver des animaux. C'est un très-bon fourrage, pour les ruminants surtout, qui ont un si grand besoin de substances fraîches pour tempérer les effets d'une nourriture sèche, mais c'est le moins nutritif proportionnellement au volume : six cents de Choux représentent environ cent de foin. C'est cependant un des aliments qui poussent le plus à la graisse, et il est, sous ce rapport, bien supérieur aux raves et aux navets.

Si on en donne aux vaches laitières, il faut apporter un soin tout particulier à enlever les moindres feuilles gâtées, car elles donnent un mauvais goût au beurre et au lait, tandis que celui des vaches qui ne sont pas nourries exclusivement avec les feuilles de cette plante, ne présente pas de saveur désagréable. Un hectare de choux peut produire jusqu'à 60,000 kilogrammes, si le terrain lui convient bien. On obtient ce résultat dans le Nord, mais dans le Midi c'est une culture à laquelle il ne faut pas songer. Le Chou peut s'alterner avec l'Avoine, et si la récolte s'en fait assez tôt avant l'hiver, on peut la faire suivre avec succès par celle du froment. Si cette récolte n'a lieu que plus tard, on remplace par l'Orge et le Trèfle. On peut aussi, dans le même champ, intercaler des rangées de Choux et des rangées de Fèves.

Chou navet, *Brassica napus*, L. — Racine épaisse et charnue; feuilles radicales rudes et en lyre, les supérieures embrassantes, oblongues, glabres et cordiformes; fleurs d'un blanc jaunâtre. — Bisannuel.

Le Navet, qu'il faut bien distinguer du Chou navet, dont nous avons parlé plus haut, et qui n'est qu'une variété du *B. oleracea*, L., constitue une espèce distincte que la culture a singulièrement modifiée, et dont elle a créé un grand nombre de variétés, toutes alimentaires, que les bestiaux recherchent beaucoup, et que l'on cultive en grand pour leur usage. On partage ordinairement ces diverses variétés en deux types, les *Raves rondes* ou *Turneps*, et les *Raves longues* ou *Navets*. Beaucoup de sous-variétés viennent se ranger sous ces deux types; nous ne les décrirons pas, mais nous indiquerons celles que l'on doit préférer.

Les Raves et Navets aiment une terre légère, un peu sablonneuse, bien ameublie et médiocrement fumée. Ils croissent cependant avec moins de facilité dans des terres plus fortes, pourvu qu'elles soient bien perméables à l'eau, et qu'elles la laissent facilement égoutter.

Selon Yvart, les terrains découverts, siliceux, schisteux et granitiques, meubles et profonds, défoncés, bien engraissés, sous les climats humides et brumeux, sont ceux qui conviennent le mieux à la culture des Raves et des Navets. Ils craignent le froid des hivers, excepté le Navet jaune de Hollande. Dans beaucoup de localités, on ne fume pas le terrain destiné à ces plantes, parce qu'on a remarqué que le fumier favorisait le développement d'une multitude de petits insectes qui dévoraient complétement les feuilles. Cet inconvénient est moindre quand ce fumier est bien consommé, mais si ces racines sont cultivées pour l'usage de l'homme, elles contractent une saveur désagréable.

On peut semer depuis le milieu de juin jusqu'à la fin d'août, suivant le climat, et ordinairement à la volée, bien que la méthode de les semer en ligne soit préférable pour en faciliter la culture. Trois kilogram. de graines suffisent pour un hectare. La graine se conserve long-temps, quand on la tient dans un lieu sec, on assure même que celle qui a plusieurs années donne de plus beaux produits. Comme cette graine est très-petite, on doit peu la recouvrir. On a soin de sarcler, d'éclaircir au besoin, et de donner quelques façons à la terre, travail qui serait fort abrégé, dans les semis en lignes, en employant la houe à cheval. Le plus souvent on se contente simplement de semer les Navets à la volée, sur un seul labour donné au chaume, et pour peu que la saison les favorise, les semis sont assurés dans les terres à seigle légères et sablonneuses. D'après plusieurs expériences faites avec soin, M. Boitard a observé que les plus grosses variétés donnaient un poids de fourrage plus considérable, et il recommande particulièrement la *Rave ronde du Limousin*, la *grosse Rave longue d'Alsace*, et la *Rave de Bresse*. Ces trois variétés ont d'ailleurs, selon lui, un mérite très-rare dans les autres, celui de réussir également bien dans les terres fortes et dans celles qui sont légères et sablonneuses. M. Vilmorin conseille encore la *Rave d'Auvergne* à collet rouge, le *Turneps hâtif* et la *Rave jaune d'Ecosse*; cette dernière s'emploie principalement dans les pays où, au lieu d'arracher la rave, on la fait manger sur place, d'abord par les bêtes à cornes, et ensuite par les moutons. On peut, du reste, pour toutes les variétés, faire consommer en vert une partie des feuilles avant la récolte des racines, en coupant autant que possible les feuilles extérieures, et ne commençant cette opération qu'à la fin de septembre. Le rendement d'un hectare de Navets peut être de 50,000 kilog., mais généralement il est bien au-dessous, et ne dépasse guère la moitié. On doit arracher les Navets avant les premières gelées, leur ôter alors toutes leurs feuilles, que les bestiaux accueillent avec plaisir, et les conserver dans des cuvages ou en tas recouverts de terre et de paille, pour les soustraire aux pluies et aux gelées.

Tous les animaux aiment beaucoup ces racines; elles donnent aux vaches beaucoup de lait, mais il arrive quelquefois, surtout quand elles ont été fumées, qu'elles communiquent au lait, à la crème et au beurre un goût très-âcre et très-mauvais. Elles ne doivent entrer au plus que pour un quart dans la nourriture des vaches laitières, à cause de ce grave inconvénient. Elles rafraîchissent et engraissent les bœufs, surtout si l'on ajoute aux raves crues ou cuites, du son, de la farine de fève ou du arrazin. Les porcs et la volaille s'accommodent parfaitement de ce mélange cuit. Grognier recommande de ne jamais donner la Rave seule, à moins de lui avoir fait subir la cuisson, pour la dépouiller du principe âcre des Crucifères, qui, quoique peu abondant, finirait par se communiquer au lait et à la viande. D'un autre côté, on ne doit pas perdre de vue que, dans toute alimentation, la variété est une convenance, pour ne pas dire une nécessité. Cette nourriture ne serait pas assez tonique pour les bêtes soumises à de rudes travaux. On en donne fort peu aux bêtes d'engrais, et point aux chevaux.

La Rave et le Navet offrent, selon Yvart, trois manières avantageuses d'entrer dans nos assolements. La première consiste à les intercaler dans une année de jachère entre deux cultures de céréales, après un nombre plus ou moins considérable de labours, et avec des engrais abondants et bien consommés; la seconde, à leur faire suivre immédiatement, dans la même année et sur un seul labour, ou même quelquefois sans labour et sans engrais, une première récolte principale, faite à diverses époques; et la troisième, à les semer de bonne heure au printemps, avec ou sans engrais, pour fourrage ou pour engrais végétal, après une récolte épuisante faite l'année précédente.

La *Navette*, variété à racine fibreuse du *B. napus*, est aussi cultivée comme fourrage pour ses feuilles. On la sème sur les chaumes, après la moisson, en employant 10 kilog. de graines par hectare. On recouvre légèrement, et l'on obtient une seconde récolte que l'on peut couper jusqu'aux gelées, et faire consommer verte. Elle produit aussi dès l'automne, pendant l'hiver et jusqu'au printemps, une bonne nourriture, principalement destinée aux brebis et à leurs agneaux. Elle ne convient pas aux vaches laitières, à cause du mauvais goût qu'elle communique au beurre et au laitage. Le plus souvent, c'est comme graine oléagineuse, que l'on récolte la Navette, et la culture en est alors différente.

Chou d'Orient, *Brassica orientalis*, L. — Tige droite presque simple, haute de trois à huit décimètres; feuilles amplexicaules, oblongues, spatulées, lisses et un peu épaisses; fleurs d'un blanc jaunâtre, en épi lâche au sommet des rameaux. — Annuel.

Obs. Croît communément dans les champs, parmi les

moissons, sur les sols calcaires. Les bêtes à cornes le mangent avec plaisir. Il pousse très-vite, car semé de bonne heure au printemps, il peut-être fauché dans le mois de mai, et sa graine, semée déjà en juin. Lamark l'a décrit sous le nom de *B. perfoliata*, qui le caractérise mieux que l'épithète d'*orientalis*, donnée par Linné.

Genre Moutarde, *Sinapis*, L.

Calice très-ouvert; disque de l'ovaire à quatre glandes; siliques terminées par un bec aigu et saillant.

MOUTARDE NOIRE, *Sinapis nigra*, L. (Navasse rouge, Russe boue' Sénevé noir). — Tiges presque glabres, rameuses; feuilles légèrement hérissées, divisées en lobes inégaux, le terminal très-grand; fleurs jaunes; siliques glabres, presque tétragones, très-serrées contre la tige, et terminées par une corne très-courte; semences brunes et globuleuses. — Annuelle.

Obs. On trouve cette plante dans les champs et sur le bord des chemins. Elle est cultivée dans plusieurs contrées, et notamment en Alsace, pour sa graine âcre et piquante, qui sert à faire la moutarde, et ailleurs pour ses feuilles, qui fournissent un fourrage assez abondant que les vaches aiment beaucoup. On lui préfère sous ce rapport l'espèce suivante.

MOUTARDE BLANCHE, *Sinapis alba*, L. (Moutardin, Herbe au beurre) — Tige un peu velue, feuilles à leur base, avec un grand lobe terminal; fleurs d'un jaune pâle; siliques hérissées de poils rudes, terminées par une longue corne; semences jaunes, globuleuses. — Annuelle.

Obs. On rencontre çà et là la Moutarde blanche, dans les champs et sur le bord des chemins. On la cultive en grand pour sa graine et pour son fourrage. Dans ce dernier cas, on la sème sur les chaumes, quand on vient de finir la moisson, en employant 5 kilog. de graines par hectare (Schwertz conseille 20 à 25 kilog.), et en faisant précéder le semis d'un léger labour. On recouvre légèrement à la herse, et si l'on est favorisé de quelques jours de pluie, on obtient bientôt un fourrage vert très-abondant, qui dure jusqu'aux gelées, et que l'on regarde comme tellement bon pour les vaches, que dans quelques pays on désigne cette Moutarde sous le nom de *Plante au beurre*.

« Quelques personnes, dit M. Matthieu de Dombasle,

ont cru que son nom de *graine de beurre*, ou *plante à beurre*, vient de ce que, mangée par les vaches, elle procure une grande quantité de beurre ; il me semble bien plus probable que ce nom est dû à la couleur de la graine, qui présente absolument la nuance du beurre, ou peut-être de la propriété que possède l'huile qu'on extrait de cette graine, de remplacer très-avantageusement le beurre pour quelques usages de la cuisine, principalement pour les fritures. Je n'ai jamais employé cette plante comme fourrage ; je crois au moins qu'à cause de son extrême âcreté, elle ne devrait pas être donnée en grande quantité au bétail. Des observations faites à l'École vétérinaire de Lyon, font présumer que la Moutarde sauvage, qu'on donne aussi quelquefois au bétail, peut devenir nuisible, lorsqu'elle est mangée seule par les chevaux ou les vaches. Les autres espèces de Moutarde doivent posséder la même propriété ; aussi il sera prudent de ne donner ce fourrage qu'en mélange et en petite proportion. »

Le conseiller Plathner, qui a cultivé la Moutarde, la regarde, employée seule, comme donnant au lait et au beurre une saveur âcre, comme décolorant ce dernier et l'empêchant de se conserver ; mais elle peut sans inconvénient entrer pour moitié dans l'alimentation.

MOUTARDE DES CHAMPS, *Sinapis arvensis*, L. (Jottes, Moutarde sauvage, Navette des serins, Rosse, Russe, Sauve, Sendre, Séné, Sénevé, Guelos). — Tige rameuse, de trois à six décimètres ; feuilles larges, presque glabres, découpées en plusieurs lobes ou simplement dentées ; siliques glabres, noueuses, écartées de la tige horizontalement et terminées par une corne subulée. — Annuelle.

Obs. Très-commune dans les champs. Les vaches et les moutons la mangent sans la rechercher.

Genre Radis, *Raphanus*, L.

Sépales du calice droits, connivents ; disque de l'ovaire portant quatre glandes ; siliques à plusieurs loges sur deux rangs indéhiscentes, ou sur un seul rang déhiscentes.

RADIS SAUVAGE, *Raphanus raphinistrum*, L. (Ravenaille, Ravenelle, Rosse, Russe). — Tige rameuse, velue, haute de trois à cinq décimètres ; feuilles lyrées, à lobes inégaux, arrondis, pinnés et denticulés ; fleurs blanches ou d'un jaune pâle, souvent striées de lignes brunes. — Annuel.

Obs. Cette espèce est aussi très-commune au milieu des moissons. C'est, ainsi que la Moutarde des champs, une des plantes les plus difficiles à détruire dans les récoltes. Comme pour cette dernière, les bestiaux mangent ses feuilles sans les rechercher.

Genre Sysimbre, *Sysimbrium*, L.

Sépales du calice à demi-ouverts ou fermés; onglets courts; style presque nul; siliques longues, s'ouvrant en deux valves droites, presque aussi longues que la cloison.

Les Sysimbres forment un des genres les plus nombreux de la famille des Crucifères, cependant, malgré son importance botanique, nous nous y arrêterons peu, car c'est à peine si les bestiaux daignent brouter quelques-unes de ses espèces.

Sysimbre cresson, *Sysimbrium nasturtium*, L. (Cailli, Santé du corps). — Tiges fistuleuses; feuilles ailées, à folioles arrondies ou ovales; siliques courtes, horizontales, un peu comprimées, à peine de la longueur du pédicelle. — Vivace.

Obs. Connue sous le nom de *Cresson de fontaine*, cette plante, croît dans toutes les contrées du globe, dans les lieux arrosés par de petits cours d'eau vive, au milieu desquels elle se développe avec une grande rapidité. Les vaches mangent volontiers cette espèce, qui végète au milieu de l'hiver. Les moutons s'en accommodent aussi.

Sysimbre sauvage, *Sysimbrium sylvestre*, L.—Racine rampante; tige droite, rameuse, à rameaux peu étalés au sommet; feuilles pinnées, à folioles lancéolées et dentées; fleurs jaunes; siliques courtes, presque droites. — Vivace.

Obs. On trouve fréquemment ce *Sysimbrium* dans les prés sablonneux situés sur le bord des rivières, et exposés à leurs débordements. Les bestiaux ne le recherchent pas, cependant les vaches et les moutons le broutent quelquefois. On peut, sous ce rapport, lui assimiler les *S. pyrenaicum*, L.; *tanacetifolium*, L.; *sophia*, L., et le *pinnatifidum*, DC., assez communs dans les hautes prairies des montagnes. Les bestiaux refusent tout-à-fait les *S. irio*, L.; *tenuifolium*, L.; *murale*, L., et presque tous les autres.

Sysimbre officinal, *Sysimbrium officinale*, L. — (Herbe aux chantres, Moutarde des haies, Tortelle, Velar). — Tige raide et droite; rameaux durs, très-étalés; feuilles lyrées; fleurs jaunes; siliques grêles, presque cylindriques, appliquées contre l'axe de l'épi. — Annuel.

Obs. Plante très-commune le long des chemins et des haies, sur le bord des champs, dans les lieux incultes, autour des maisons des villages; quand elle est jeune, les chèvres et les moutons la mangent, et l'abandonnent ensuite.

Genre Velar, *Erisimum*, L.

Sépales du calice droits et connivents; disque de l'ovaire muni de deux glandes; style très-court, terminé par un stigmate en tête; siliques presque tétragones.

Velar barbarée, *Erisimum barbarea*, L. (Cresson de terre, Cresson vivace, Herbe aux charpentiers, Herbe de saint Julien, Herbe de sainte Marguerite, Herbe de sainte Barbe, Julienne jaune, Rondotte). — Tige droite, de trois à six décimètres; feuilles glabres, ailées ou en lyre; folioles ovales ou arrondies; feuilles supérieures presque simples, embrassantes; les siliques grêles, un peu tétragones, droites, terminées par un style subulé. — Vivace.

Obs. Ce Velar, ordinairement désigné sous le nom d'*Herbe de sainte Barbe*, croît assez communément dans les prés et le long des chemins. Il épanouit de bonne heure ses épis de fleurs jaunes, et il ne doit qu'à sa précocité d'être quelquefois brouté par les vaches, qui, du reste, ne le recherchent pas. L'*E. præcox*, Smith, partage ses propriétés.

Velar alliaire, *Erisimum alliaria*, L. (Herbe des aulx). — Tiges droites, simples ou rameuses, hautes de trois à six décimètres; feuilles grandes, arrondies, crénelées, échancrées à la base; fleurs blanches, assez petites; siliques grêles. — Bisannuel.

Obs. On rencontre cette plante dans les haies, le long des prairies, dans les lieux humides et ombragés; elle fleurit de très-bonne heure. L'odeur d'ail qu'elle exhale en éloigne quelques animaux, cependant les vaches la mangent assez volontiers, et bientôt, si elles la rencontrent en quantité notable, leur lait et le beurre qui en résulte rappellent la même odeur.

Genre Cardamine, *Cardamine*, L.

Calice petit, entr'ouvert ; corolle étalée ; pétales à onglets longs et dressés ; siliques linéaires, s'ouvrant avec élasticité ; valves se roulant de la base au sommet, de la longueur de la cloison.

Obs. Les Cardamines forment un genre très-nombreux, dont les espèces recherchent en général l'ombre et l'humidité, ce qui n'empêche pas plusieurs d'entre elles de s'élever sur les hautes montagnes. Leur saveur âcre et piquante les rapproche, pour leurs propriétés, du Cresson de fontaine, et quoique peu recherchées des animaux, la plupart des espèces sont broutées par les vaches et les moutons.

Cardamine des prés, *Cardamine pratensis*, L. (Cresson des prés, Cresson élégant, Cressonnette, Passerage sauvage, Bec à l'oiseau, petit Cresson aquatique). — Tige droite, presque simple, glauque, haute de un à trois décimètres ; feuilles pinnées, les radicales à folioles arrondies, anguleuses, avec le lobe terminal plus grand ; les caulinaires à folioles linéaires ; fleurs violettes, blanches ou lilas, assez grandes, en corymbe ; siliques grêles.—Vivace.

Obs. La Cardamine est à la fois une des plantes les plus jolies et des plus communes dans les prés humides et marécageux. Elle fleurit de bonne heure, en mars et avril, et se rapproche beaucoup du Cresson de fontaine. Les bestiaux la mangent avec plaisir. Elle plaît surtout aux vaches ; mais à l'état sec elle devient insignifiante, car la plante est entièrement desséchée quand on fauche les foins. Le *C. amara*, L. ; *latifolia*, Wahl. ; *trifolia*, L. ; *impatiens*, L. ; *hirsuta*, L. ; *parviflora*, L., partagent les propriétés du *C. pratensis*.

Genre Arabette, *Arabis*, L.

Calice à sépales serrés, dont deux plus grands, bossus à leur base ; disque de l'ovaire nu ou portant quatre glandes ; siliques longues, grêles, linéaires et dressées.

Obs. Les Arabettes sont de petites plantes qui presque toutes habitent les montagnes, et que les moutons broutent assez volontiers. La plupart d'entre elles sont si petites qu'elles sont à peu près insignifiantes sur les pelouses où elles végètent, parce que toutes fleurissent de bonne heure, et sont déjà flétries quand on coupe les foins, où elles n'entrent qu'en quantité presque impondérable.

Arabette de Thalle, *Arabis thaliana*, L. —Tige grêle, rameuse, de un à quatre décimètres, velue à sa base ; feuilles ciliées, les radicales oblongues, pétiolées, légèrement dentées, réunies en rosette, les caulinaires lancéolées, sessiles ; fleurs blanches, petites, terminales ; siliques très-grêles. — Annuelle.

Obs. Petite plante très-commune au printemps, dans les prés secs et sablonneux, le long des chemins. Elle est broutée par les moutons. Sa présence indique un sol pauvre et amaigri.

Genre Biscutelle, *Biscutella*, L.

Calice serré, coloré, dont deux sépales bossus à la base ; pétales oblongs, ouverts au sommet ; silicules comprimées, planes, orbiculaires, à loges très-distantes.

Obs. Les Biscutelles forment encore un genre assez nombreux, mais dont toutes les espèces devraient être considérées comme de simples variétés. Elles croissent dans les montagnes, au milieu des herbes ou sur les rochers.

Biscutelle lisse, *Biscutella lævigata*, L. —Tige presque simple, dure, haute de deux à cinq décimètres, velue ; feuilles oblongues, droites, velues, dentées, rétrécies en pétioles, les caulinaires aiguës, peu nombreuses ; fleurs jaunes, terminales ; silicules lisses et entièrement glabres. — Vivace.

Obs. On trouve cette plante sur les pelouses des montagnes, au milieu des herbes ou des rocailles. Les bestiaux broutent ses feuilles sans les rechercher, et il en est de même des autres Biscutelles : *B. ambigua*, DC. ; *coronopifolia*, DC. ; *auriculata*, L. ; *hispida*, DC. ; *cichoriifolia*, Lois. ; *saxatilis*, DC.

Genre Cochléaria, *Cochlearia*, L.

Calice entr'ouvert, à sépales concaves ; pétales ouverts ; style court ; silicules entières, globuleuses ou ovales, biloculaires, bivalves, à valves bossues ; graines bordées.

Cochléaria, officinal, *Cochlearia officinalis*, L. (Herbe au scorbut, Herbe aux cuillers).—Tiges tendres et faibles ; feuilles inférieures pétiolées, épaisses, succulentes, arrondies, un peu concaves, les supérieures sessiles, sinuées ou anguleuses ; fleurs blanches, réunies en bouquets, à l'extrémité des rameaux. — Bisannuel.

Obs. On rencontre le *Cochlearia* dans les régions septentrionales de l'Europe, rarement en France, sur le
bord de la mer, aux lieux humides et bourbeux, ainsi
que dans les hautes montagnes. Les bestiaux recherchent beaucoup cette plante; les vaches la mangent
avec plaisir, mais on assure que leur lait rappelle l'o-
deur du Cochléaria, et qu'il en est de même de la chair
des moutons. Les *C. danica*, L.; *pirenaica*, DC., et *anglica*, L., partagent les qualités et les inconvénients de
celui que nous venons de décrire.

Cochléaria d'Armorique, *Cochlearia armoracia*, L. (Cran de Bretagne, Cran des Anglais, Cranson rustique, faux Raifort, grand raifort,
Moutardelle, Moutarde des capucins, des moines, des Allemands,
Radis de cheval). — Racine grosse et blanche; tige de neuf à douze
décimètres, dressée, rameuse; feuilles inférieures très-grandes,
pétiolées, ovales, oblongues, découpées ou crénelées, les supérieures
fort étroites; fleurs blanches et [disposées en une ample panicule
terminale composée de grappes lâches. — Vivace.

Obs. On trouve cette espèce sur le bord des ruisseaux
et dans les lieux humides de l'est de la France et dans
le nord de l'Europe. Les vaches mangent assez volontiers ses jeunes pousses, qui ont pour elles le même inconvénient que les feuilles du *Cochlearia officinalis*.

Genre Julienne, *Hesperis*, L.

*Calice à quatre sépales droits, un peu serrés, dont deux bossus à
à la base; deux glandes à la base de l'ovaire; onglets des pétales
aussi longs que les sépales, stigmate à deux lames conniventes au
sommet, siliques allongées, comprimées, un peu cylindriques.*

Julienne sauvage, *Hesperis matronalis*, L. (Arragone, Cassolette,
Damas, Girarde, Caraffée, Giroflée des dames, Giroflée musquée). —
Tige de six à huit décimètres, rameuse, cylindrique, un peu velue;
feuilles ovales, lancéolées, denticulées, courtement pétiolées; fleurs
terminales, blanches ou purpurines; pétales légèrement échancrés
au sommet. — Bisannuelle.

Obs. On rencontre cette belle plante dans les lieux
humides, les prés bas, le bord des rivières du centre
et du midi de la France. Elle aime les terres franches et
substantielles. Les vaches et les moutons mangent volontiers cette plante quand elle est jeune. Elle repousse
assez vite quand elle est fauchée, et produit jusqu'à l'é-
poque des gelées.

Genre Thlaspi, *Thlaspi*, L.

Calice à quatre sépales ouverts; silicule comprimée, ovale ou triangulaire, échancrée au sommet, à deux valves déhiscentes et polyspermes.

Thlaspi bourse a pasteur, *Thlaspi bursa pastoris*, L. (Bourse à berger, Mallette, Boursette, Mille-fleurs, Mouffette; Tabouret). — Tige droite, rameuse, haute de deux à quatre décimètres; feuilles radicales sinuées, en lyre, quelquefois entières, étalées en rosette, les supérieures plus petites, oblongues, presque entières; les silicules triangulaires, comme tronquées et échancrées au sommet.—Annuel.

Obs. La Bourse à pasteur est une des plantes les plus communes partout et dans toute l'Europe. Les champs, les prés, les jardins, les décombres en sont quelquefois couverts. Tous les terrains lui conviennent; elle végète en hiver comme en été, sur les murs comme sur le sol. Elle paraît souvent tout d'un coup après qu'on a remué le terrain. Elle offre un grand nombre de variétés. Tous les bestiaux la mangent; elle est recherchée des moutons, et dans plusieurs pays on la ramasse au printemps pour la donner aux vaches.

Thlaspi des champs, *Thlaspi arvense*, L. (Monnoyère, Tabouret des champs). — Tige simple ou rameuse, haute de un à trois décimètres; feuilles oblongues, glabres, dentées, embrassantes; fleurs blanches, petites; silicules grandes, presque orbiculaires, entourées d'une large membrane. — Annuel.

Obs. Ce Thlaspi n'est pas rare quoique moins commun que le précédent; on le trouve dans les champs, dans ceux surtout qui sont légers et sablonneux. Tous les bestiaux le mangent sans le rechercher. Bosc assure qu'il donne un mauvais goût à la viande des moutons, au lait, au fromage, au beurre des vaches qui s'en nourrissent pendant quelques jours.

Le *T. hirsutum*, L.; *campestre*, L.; *alliaceum*, L., partagent les inconvénients du précédent.

Thlaspi de montagne, *Thlaspi montanum*, L. — Tiges simples, glabres, hautes de un à deux décimètres; feuilles dentées, entières, les radicales ovales, obtuses, pétiolées, disposées en rosette; les caulinaires droites sessiles, articulées; fleurs blanches en grappes; silicules non échancrées, en cœur renversé, surmontées par un style.— Vivace.

Obs. On trouve cette plante dans les pâturages des

montagnes, où rarement elle devient importante par sa quantité. Tous les bestiaux la mangent assez volontiers, ainsi que les *T. alpestre*, L.; *heterophyllum*, DC., et *perfoliatum*, L.

Genre Passerage, *Lepidium*, L.

Silicules comprimées, ovales, à valves carénées, à deux loges monospermes; graines pendantes.

Passerage a larges feuilles, *Lepedium latifolium*, L. (Grande Passerage, Moutarde des Anglais, Moutarde en herbe, Puette.) — Tige droite, glabre, haute de six à douze décimètres; feuilles lisses, larges, ovales, dentées, les supérieures lancéolées; fleurs blanches, en grappes paniculées; silicules ovales, arrondies, surmontées du stigmate sessile. — Vivace.

Obs. Cette plante habite principalement les rivages de la mer, surtout les côtes de l'Océan. On la retrouve aussi dans l'intérieur des terres. Tous les bestiaux la mangent assez volontiers. Les *L. iberis*, L., et *ruderale*, L., qui sont assez communs, sont peu recherchés des bestiaux.

Genre Pastel, *Isatis*, L.

Sépales à demi écartés; pétales ouverts; style nul; stigmate capité; silicules ovales, oblongues, elliptiques, comprimées, indéhiscentes, monospermes, bivalves.

Pastel des teinturiers, *Isatis tinctoria*, L. (Guède, Guesde, Herbe de saint Philippe, Vouède). — Tige droite, de six à dix décimètres; feuilles embrassantes, glauques, lancéolées, prolongées en deux oreillettes; fleurs jaunes, petites, disposées en une ample panicule; silicules pendantes, linéaires, lancéolées, et brunes à l'époque de leur maturité. — Bisannuel.

Obs. Le Pastel croît naturellement en France sur les coteaux calcaires exposés au soleil, et dans des terrains très-arides. Il aime les terres sablonneuses et calcaires un peu sèches. « Considéré comme plante fourragère, il se recommande, dit M. Vilmorin (*Bon Jardinier*, 1840, p. 357), sous un important point de vue, celui de son extrême précocité. L'hiver n'arrête sa végétation que pendant le temps des fortes gelées, et en mars, quelquefois même en février, il offre déjà un développement considérable. Il doit être semé à la volée, sur des terres médiocres, calcaires, sablonneuses et presque arides, soit au printemps, soit à la fin de l'été, et en employant 20 kilog. de graines par hectare.»

On assure que le Pastel convient très-bien aux moutons, aux vaches et aux bœufs, qui le mangent volontiers en vert. C'est du moins l'opinion de M. Vilmorin et d'un grand nombre d'économistes, qui le regardent au moins comme précieux pour la nourriture des moutons. D'autres assurent que les bestiaux le refusent toujours. M. Boitard dit très-positivement que les animaux refusent le Pastel sauvage, et je puis assurer aussi qu'ils le laissent constamment intact. Il serait à regretter qu'une plante aussi vigoureuse, et qui pousse pour ainsi dire sous la neige, en produisant de nouvelles feuilles aussitôt que les autres sont coupées, ne pût être employée comme fourrage. Il arrive souvent aux bestiaux de refuser d'abord une nourriture à laquelle ils s'habituent ensuite plus ou moins facilement, et tout ce qui a été écrit sur le Pastel (bien que souvent en agriculture la masse d'écrits ne prouve rien) indiquerait au moins que les moutons peuvent s'en accommoder.

On pourrait associer le Pastel à la Pimprenelle, à la Chicorée, à la Scabieuse et peut-être au Plantain lancéolé.

Genre Bunias, *Bunias*, L.

Calice ouvert; pétales onguiculés, plus larges que les sépales; silicules globuleuses; bi ou quadriloculaires; loges monospermes, à valves indéhiscentes.

Bunias d'Orient, *Bunias orientalis*, L. — Tige de cinq à dix décimètres, dressée, velue; feuilles inférieures en lyre, les caulinaires ovales, lancéolées, rétrécies en pétiole, les supérieures sessiles, entières, pubescentes; fleurs jaunes en grappe paniculée; silicules arrondies, un peu triangulaires et tuberculeuses. — Vivace.

Obs. Cette espèce est naturalisée sur quelques points des environs de Paris, mais elle est originaire de l'Asie mineure. On l'a recommandée comme fourrage principalement destiné aux vaches laitières, qui ne s'y accoutument qu'au bout de quelques jours. Elle aime les terres légères, sablonneuses, bien exposées et peu humides. Elle a l'avantage de résister aux longues sécheresses et de donner une grande quantité de foin. On la sème en place en mars et avril, à la volée et un peu clair, sur deux labours. On recouvre légèrement à la herse ; le sarclage en mai, et en même temps ou peu après, le repiquage aux endroits trop clairs, en maintenant une distance de deux décimètres entre chaque pied, sont à peu près les seules opérations ultérieurement nécessaires.

A. Thouin et A. Young recommandent cette plante comme un très-bon fourrage et en même temps très-précoce, qualités que lui contestent MM. Vilmorin et Pictet, qui l'ont essayé dans les champs et qui ne l'ont pas trouvé remarquable sous ce dernier rapport. Le Bunias est du reste une plante dont la culture est peu répandue et sur la valeur de laquelle on ne peut encore asseoir aucun jugement définitif.

En présence de tout autre fourrage, il est certain que les bœufs et les vaches le repoussent et que les chevaux n'en veulent pas.

FAMILLE DES DROSÉRACÉES.

Famille naturelle de plantes dicotylédones établie par M. de Candolle pour le *Drosera*, d'abord placé dans la famille des *Capparidées*, et pour quelques autres genres qui ont de l'affinité avec celui-ci. Cette famille, qui appartient à l'*Hypopétalie* de M. de Jussieu, et à la deuxième cohorte des *Thalamiflores* de M. de Candolle, se distingue par les caractères suivants : calice à cinq sépales égaux, persistants, imbriqués pendant l'estivation ; corolle à cinq pétales distincts, hypogynes, alternes avec les divisions du calice ; étamines au nombre de cinq, quelquefois de dix, alternant avec les pétales ; leurs filets sont libres ; leurs anthères biloculaires ; l'ovaire est ovoïde, libre, en général à une seule loge ; les stigmates sont presque toujours sessiles, simples ou profondément bipartis, au nombre de trois à cinq, tantôt courts, épais, tantôt allongés et étalés en rosace ; le fruit est une capsule à une ou plusieurs loges, s'ouvrant en général par sa moitié supérieure en trois, quatre ou cinq valves ; les graines arrondies, brillantes, nues ou recouvertes d'un arille mince, foliacé, contiennent un périsperme cartilagineux ou charnu ; leur embryon est dressé, presque cylindrique, muni de deux cotylédons assez épais ; la radicule est obtuse et tournée vers le hile. — Les *Droséracées* sont généralement des plantes herbacées assez frêles, glabres, ou garnies de poils glanduleux ; leurs feuilles sont alternes, roulées en crosse avant leur développement, comme celles des *Fougères*, et souvent munies, à la base de leur pétiole, de cils qui semblent remplacer les stipules ; les pédoncules floraux sont tournés en spirale.

21

Genre Parnassie, *Parnassia*, L.

Calice à cinq divisions persistantes; cinq pétales ouverts; cinq étamines, cinq nectaires bordés de cils rayonnants et glanduleux; ovaire surmonté de deux à quatre stigmates persistants; capsule quadrangulaire, à une loge et à quatre valves.

PARNASSIE DES MARAIS, *Parnassia palustris*, L. (Fleur du **Parnasse**, Gazon du Parnasse, Hépatique blanche, Hépatique noble). — **Tige** uniflore, munie d'une seule feuille ovale; feuilles radicales, pétiolées, cordiformes; fleurs blanches. — Vivace.

Obs. Cette jolie plante abonde dans les prairies humides et marécageuses des montages de la France et du nord de l'Europe. Elle produit un très-bel effet par ses grandes fleurs blanches, qui apparaissent seulement à l'automne. Elle a fort peu d'importance, car ses feuilles dépassent à peine le sol, et si les vaches la broutent quelquefois, les autres bestiaux n'y touchent pas ordinairement.

FAMILLE DES HYPÉRICINÉES.

Famille de plantes dicotylédones, appartenant à l'*Hypopétalie* de M. de Jussieu, et aux *Thalamiflores* de M. de Candole. D'après M. Choisy, de Genève, ses caractères sont : calice persistant, d'une seule pièce, à quatre ou cinq divisions profondes, ou composé de plusieurs sépales souvent inégaux, dont deux externes, plus petits que les trois intérieurs : corolle de quatre à cinq pétales hypogynes, alternes avec les divisions du calice, roulés en spirale pendant l'estivation, souvent jaunes et quelquefois ponctués de noir; étamines nombreuses, souvent indéfinies, polyadelphes à leur base, rarement libres ou monadelphes; filets allongés, anthères oscillantes; ovaire unique, libre; plusieurs styles allongés, quelquefois soudés en un seul; stigmates simples, quelquefois capités. Le fruit est une baie ou une capsule multivalve, et offrant autant de loges que l'ovaire avait de styles; semences nombreuses, très-petites, attachées à l'angle interne de chaque loge; embryon droit; radicule infère; périsperme nul.—Tiges ligneuses ou sous-frutescentes; feuilles presque toujours opposées, entières, souvent parsemées de glandes transparentes; fleurs terminales ou axillaires, pédonculées ou sessiles.

Genre Millepertuis, *Hypericum*, L.

Calice à cinq divisions; corolle à cinq pétales; étamines réunies en trois à cinq faisceaux; trois styles; capsule triloculaire, polysperme.

Obs. Ce genre renferme de nombreuses espèces, qui habitent des lieux et des terrains très-différents. Ce sont en général des plantes malsaines plutôt qu'utiles ; elles sont mangées par les chevaux, mais très-nuisibles aux moutons. On assure même que l'*H. crispum*, qui n'est pas de France, contient un poison qui est tellement actif pour les bêtes à laine, que le seul contact avec la rosée qui le matin se trouve sur ses feuilles leur est très-dangereux.

A l'état sec, la dureté de leurs tiges et de leurs rameaux en fait un très-mauvais fourrage.

MILLEPERTUIS PERFORÉ, *Hypericum perforatum*, L. (Chasse-diable, Herbe à mille trous, Herbe aux piqûres, Herbe de saint Jean, Trucheran jaune). — Tige rameuse, cylindrique, garnie de deux angles opposés à chaque entre-nœuds ; feuilles un peu ovales, oblongues, étroites, obtuses ; fleurs nombreuses, disposées en corymbe étalé.— Vivace.

Obs. Cette espèce est très-commune dans les lieux incultes et montagneux, le long des chemins, dans les prés secs. Les chevaux et les bœufs la mangent volontiers jusqu'à l'époque de sa floraison. Les chèvres la broutent aussi. Il en est de même des *H. quadrangulare*, L.; *montanum*, L.; *dubium*, Leers.; *humifusum*, L.; *nummularium*, L.; *linarifolium*, Wahl.; *Richeri*, Vill.; *Burseri*, C. Bauhin ; *dentatum*, Lois.; *pulchrum*, L.; *hirsutum*, L.; *diversifolium*, DC., qui partagent ses avantages et ses inconvénients.

FAMILLE DES TILIACÉES.

Famille de plantes dicotylédones, appartenant à l'*Hypopétalie* de M. de Jussieu. M. de Candolle la place parmi ses *Thalamiflores*, et lui donne les caractères suivants : fleurs hermaphrodites ; calice nu extérieurement, à quatre ou cinq sépales dont l'estivation est valvaire ; pétales égaux en nombre aux sépales, alternes avec eux, et souvent munis d'une petite fossette à leur base ; ils manquent rarement ; étamines libres, hypogynes, définies ou plus souvent indéfinies ; anthères ovales ou presque rondes, biloculaires, s'ouvrant par une double suture longitudinale ; une glande opposée à chaque pétale, et soudée sur le stipe qui porte l'ovaire ; ovaire unique, formé par la réunion et la soudure de quatre à dix carpelles ; autant de styles soudés que de carpelles ; stigmates ordinairement libres ; capsule à plusieurs loges, contenant chacune plusieurs graines ; périsperme charnu ; embryon droit, à cotylédons planes et foliacés.— Tiges ligneuses, quelquefois herbacées ; feuilles simples, souvent dentées, munies de deux stipules; fleurs axillaires.

Genre Tilleul, *Tilia*, L.

Calice caduc à cinq divisions; cinq pétales; étamines nombreuses; ovaire globuleux, velu; style filiforme; stigmate capité à cinq dents; fruit indéhiscent.

Tilleul d'Europe, *Tilia europœa*, L.—Grand arbre à rameaux étalés, dont l'écorce est d'un brun rouge en hiver ; feuilles cordiformes, arrondies, pointues, dentées en scie ; fleurs jaunâtres, odorantes, munies de bractées longues, lancéolées et obtuses.— Ligneux.

Obs. On trouve dans les bois et plantées le long des chemins et des promenades, deux variétés de cet arbre qui diffèrent par la largeur des feuilles et dont on a fait deux espèces: le *T. microphylla*, Vent., et le *T. platyphylla*, Scop. Tous les animaux aiment leur feuillage, que l'on regarde comme un des meilleurs fourrages; il contient beaucoup de sucre et de gomme et peu de tannin ; il se digère facilement, et dans certaines localités de l'Allemagne on le regarde comme supérieur au meilleur foin pour les moutons. Linné a cependant observé qu'en Suède cette nourriture donnait une mauvaise qualité au lait des vaches qui en étaient exclusivement nourries.

FAMILLE DES ACÉRACÉES.

Famille de plantes dicotylédones, appartenant à l'*Hypopétalie* de M. de Jussieu et aux *Thalamiflores* de M. de Candolle. Ses caractères sont : calice monosépale divisé ; corolle composée de cinq à neuf pétales, qui avortent quelquefois ; étamines, au nombre de sept à douze, insérées sous l'ovaire, à un disque hypogyne; ovaire à deux ou trois loges, dont chacune renferme une, deux ou plusieurs graines. Le fruit est un samare à deux ailes membraneuses, à deux loges, ou une capsule triloculaire, trivalve. — Les feuilles sont opposées, simples ou composées; les fleurs sont hermaphrodites ou polygames, disposées en grappes ou en corymbe.

Genre Érable, *Acer*, L

Calice à cinq divisions; corolle de cinq pétales; huit étamines ; ovaire bilobé; un style; deux stigmates pointus; fruit formé par deux semences ailées et soudées par leur base.

Obs. Tous les Erables sont des arbres assez élevés dont le feuillage plaît beaucoup aux bestiaux. Un petit nombrc seulement croît en France, et toutes les espèces possèdent les mêmes propriétés. Nous ne décrirons que la plus commune.

Érable champêtre, *Acer campestre*, .L. (Auzeraule, Bois chaud, Bois de Poule, petit Érable.)—Arbre moyen, à écorce jaunâtre et subéreuse; feuilles à trois à cinq lobes obtus, glabres; fleurs très-petites en grappes droites; fruit pubescent.—Ligneux.

Obs. Cet arbre est commun dans les bois et dans les haies. C'est un de ceux que les bestiaux aiment le plus. On peut en faire des haies, des taillis. Il souffre facilement la tonte.

En Italie et dans les pays où l'on recueille beaucoup de feuilles pour nourrir les bestiaux pendant l'hiver, on fait grand cas de l'Érable, et presque toujours on le donne aux vignes comme appui. Il est remarquable dans ces contrées par la promptitude de sa végétation et la grandeur de ses feuilles. Les *A. platanoides*, L.; *pseudo-platanus*, L.; *monspessulanum*, L., et *populifolium*, Vill., complètent la série des Érables de France, et plaisent tous aux bestiaux.

FAMILLE DES AMPÉLIDÉES.

Famille de plantes dicotylédones, appartenant à l'*Hypopétalie* de M. de Jussieu et aux *Thalamiflores* de M. de Candolle. Ses caractères sont : calice petit, à bord entier ou subdenté; quatre ou cinq pétales alternes avec les dents du calice, insérés sur un disque qui entoure l'ovaire extérieurement, et qui empêche de distinguer clairement si leur insertion est hypo ou périgyne; ces pétales sont élargis à leur base, rarement soudés en une corolle gamopétale; estivation subvalvaire; étamines en nombre égal à celui des pétales, insérées sur le disque, devant les pétales, et quelquefois stériles par avortement; filaments libres ou cohérents à leur base; anthères ovales, vacillantes, et garnies de deux sillons longitudinaux; ovaire libre, globuleux; style très-court, souvent à peine apparent; stigmate simple. Le fruit est une baie globuleuse, à deux loges dispermes dans sa jeunesse, et souvent uniloculaires par la suite; quatre ou cinq graines, souvent moins par avortement, dressées, osseuses, et fixées à un court funicule; périsperme dur, charnu; embryon droit, moitié plus court que le périsperme, à radicule inférieure, presque cylindrique, à cotylédons lancéolés, planes ou un peu ployés.—Tiges sarmenteuses ou grimpantes; feuilles munies de stipules, les inférieures opposées, les supérieures alternes, pétiolées, simples ou composées, et opposées aux pédoncules; pédoncules raméaux, dégénérant parfois en vrilles, par l'avortement des fleurs; fleurs petites, verdâtres.

Obs. Cette famille ne comprend qu'une seule espèce indigène et très-généralement cultivée ; c'est la Vigne, dont les caractères génériques sont les suivants :

Genre Vigne, *Vitis*, L.

Calice à cinq dents peu marquées ; corolle à cinq pétales souvent soudés par leur sommet et tombant ensemble ; stigmate capité ; ovaire à cinq loges, se transformant en une baie uniloculaire à cinq graines.

Vigne vinifère, *V. vinifera*, L. Nous croyons complétement inutile de décrire la Vigne, qui croît spontanément dans les provinces méridionales de la France, où ses longs rameaux atteignent les arbres les plus élevés, et dont les diverses variétés ont acquis une grande importance par leur culture dans les vignobles. Quelles que soient ces variétés, les bestiaux mangent avec plaisir les feuilles et les jeunes pousses, et c'est certainement une des feuilles qu'ils préfèrent en toute saison, fraîches ou sèches, et même lorsque les feuilles sont à demi séchées sur les branches. En quelques lieux, dit Grognier, on livre aux vaches, qui en sont très-friandes, les produits de l'épamprement de la vigne ; ailleurs on mène les moutons dans les vignes, immédiatement après les vendanges ; en d'autres contrées, on cueille ces feuilles avec soin, on les fait sécher et on les serre dans un lieu sec pour l'hiver : on a remarqué cependant que les vaches qui mangent une certaine quantité de ces feuilles, et à plus forte raison celles qui en sont exclusivement nourries, donnent un lait qui tourne et se coagule aussitôt qu'on le chauffe.

FAMILLE DES OXALIDÉES.

Famille de plantes dicotylédones, appartenant à l'*Hypopétalie* de M. de Jussieu et aux *Thalamiflores* de M. de Candolle. Ce savant, qui le premier a établi cette famille, lui assigne les caractères suivants : calice de cinq ou six sépales libres ou soudés ; cinq pétales hypogynes, égaux, libres, quelquefois soudés à leur base, onguiculés, à limbe étalé, roulés en spirale pendant l'estivation ; dix étamines souvent monadelphes par leur base, dont cinq plus courtes, opposées aux sépales, et cinq plus grandes qui alternent avec eux ; ovaire libre, à cinq angles, à cinq loges, surmonté de cinq styles filiformes, tantôt plus courts que toutes les étamines, tantôt plus courts que les cinq plus grandes seulement, et tantôt plus longs que toutes ; stigmates pédicellés , capités ou un peu bifides. Le fruit est une capsule ovale ou oblongue, pentagone, membraneuse, à cinq loges, à cinq ou dix valves, et s'ouvrant longitudinalement sur les angles ; semences peu nombreuses, ovales, striées, enfermées dans leur jeunesse dans un arille charnu, et fixées à l'angle central des loges ; périsperme charnu, cartilagineux ; embryon inverse à cotylédons foliacés, à radicule supère.—Tiges herbacées ou sous-frutescentes; feuilles alternes, plus rarement opposées ou verticillées.

Genre Oxalide , *Oxalis* , L.

Caractères de la famille.

Oxalide surelle , *Oxalis acetosella* , L. (Alleluia , Herbe de bœuf , Oseille à trois feuilles , Oseille de bûcheron , Oseille de bois , Pain de coucou, Surelle, Surette, Trèfle aigre).—Racines rampantes, noueuses et comme articulées ; feuilles composées de trois folioles en ovale renversé, sessiles, entières, parsemées de poils fins et blanchâtres ; pétioles très-longs; fleurs supportées par des pédoncules uniflores, radicaux et munis vers leur milieu de deux petites bractées opposées. — Vivace.

Obs. L'Oxalis habite les bois , les haies et quelquefois les prairies ombragées ; elle fleurit en mai et ne donne ses feuilles en abondance qu'en juin et juillet. Les bestiaux la mangent sans trop la rechercher. Les *O. corniculata*, L., et *stricta*, L., sont également broutés par les bestiaux.

FAMILLE DES GÉRANIACÉES.

Famille de plantes dicotylédones, appartenant à l'*Hypopétalie* de M. de Jussieu et aux *Thalamiflores* de M. de Candolle. Ses caractères sont : calice persistant, composé de cinq sépales plus ou moins inégaux, imbriqués pendant l'estivation, et dont l'un se prolonge quelquefois par sa base en un éperon un peu allongé, libre et soudé avec le pédoncule; corolle de cinq pétales égaux ou inégaux, onguiculés, et insérés sous l'ovaire ou au calice; étamines hypogynes ou périgynes, en nombre double ou triple de celui des pétales, rarement libres, presque toujours soudées par la base de leurs filets, et monadelphes, tantôt toutes fertiles, tantôt quelques-unes stériles: ovaire libre, à cinq ou trois loges, contenant deux ovules qui naissent de l'angle rentrant; son sommet est terminé par un appendice à cinq faces; style simple, portant trois ou cinq stigmates filiformes. Le fruit, à trois ou cinq côtes, est formé de trois ou cinq coques ordinairement monospermes, attachées à un axe central qui persiste ; semences dépourvues de périsperme ; embryon droit ou courbé.—Tiges herbacées ou sous-frutescentes, articulées au moins dans leur jeunesse: feuilles alternes ou opposées; fleurs solitaires ou ombellées.

Genre Géranium, *Geranium* , L.

Corolle à cinq pétales réguliers ; cinq glandes à la base de l'ovaire ; dix étamines fertiles ; un style; cinq stigmates ; arête glabre.

Obs. Les *Geranium* forment un genre nombreux dont les espèces sont disséminées dans les prés, dans les champs, et quelquefois dans les bois. Ce sont de fort jolies plantes dont les feuilles souvent odorantes ne déplaisent pas toujours aux bestiaux. Elles se dessèchent assez bien, et entrent dans la composition du foin comme plantes insignifiantes qui ne peuvent nuire, mais qu'on ne doit pas rechercher.

GÉRANIUM SANGUIN, *Geranium sanguineum*, L. (Herbe à becquet, Sanguinaire). — Tige rouge, rameuse, haute de trois à cinq décimètres; feuilles arrondies, découpées en lobes étroits et profonds; fleurs grandes, d'un rouge de sang, portées sur de longs pédoncules simples; pétales échancrés. — Vivace.

Obs. On rencontre ce beau *Geranium* dans les bois, les lieux sablonneux et au milieu des herbages des montagnes. Tous les bestiaux mangent assez volontiers ses feuilles fraîches ou desséchées. Il en est de même des *G. reflexum*, L.; *aconitifolium*, L'Hérit.; *argenteum*, L.

GÉRANIUM BRUN, *Geranium phœum*, L. — Tige velue, rameuse, haute de trois à cinq décimètres ; feuilles pétiolées, partagées en cinq lobes dentés, incisés, les supérieures sessiles ; fleurs d'un rouge brun à pédoncules biflores et articulés; capsules velues, plissées transversalement. — Vivace.

Obs. Ce *Geranium* habite les prairies humides des Alpes et de l'Auvergne. Sa fane est très-abondante. Les bêtes à cornes le mangent assez volontiers, et il entre souvent comme partie constituante essentielle du foin que produisent ces prairies. Le *G. palustre*, L., s'en rapproche et partage ses propriétés.

GÉRANIUM NOUEUX, *Geranium nodosum*, L.—Tiges droites, peu rameuses, noueuses et articulées; feuilles inférieures à cinq lobes peu profonds, oblongs et pointus; les caulinaires trilobées, dentées; fleurs d'un rouge pâle, à pétales échancrés, et à pédoncules biflores; capsules garnies de poils couchés. — Vivace.

Obs. Cette plante assez rare croît dans les bois et dans les broussailles des montagnes des Alpes et de l'Auvergne. Elle produit peu de fanes. Les bêtes à cornes la

mangent volontiers ainsi que les moutons et les chèvres.

Géranium des prés, *Geranium pratense*, L. — Tige dressée, rameuse, de trois à six décimètres de hauteur; feuilles grandes, velues,
à cinq ou sept lobes principaux, partagés en lanières étroites, aiguës et dentées; calice et capsule velus; pédoncules portant deux à
trois fleurs.

Obs. On trouve ce *Geranium* dans les prés humides
d'une partie de la France; il fleurit en juin. Les bestiaux
le mangent rarement et en laissent souvent de grosses
touffes parfaitement intactes. La même chose a lieu
pour le *G. sylvaticum*, L., qui ressemble au *pratense*,
et le *tuberosum*, L., qui habite le Midi.

Géranium des Pyrénées, *Geranium pyrenaicum*, L. — Tiges rameuses, dressées, velues, hautes de trois à six décimètres; feuilles
velues, pétiolées, à cinq à sept lobes oblongs, obtus, trifides, crénelés; fleurs petites, rougeâtres, à pédoncules biflores et pétales
échancrés; capsules pubescentes. — Vivace.

Obs. Cette espèce habite les prairies des Alpes et des
Pyrénées. Elle est très-commune dans les prés des environs de Clermont en Auvergne. Les bêtes à cornes la
broutent assez volontiers. Elle végète souvent encore
dans le mois de décembre. Le *G. cinereum*, L., partage
ses propriétés.

Géranium mou, *Geranium molle*, L. —Tige velue, dressée, rameuse,
haute de deux à quatre décimètres; feuilles molles, velues, arrondies, divisées en sept à neuf lobes obtus et crénelés, portées sur
de longs pétioles; pétales échancrés. — Annuel.

Obs. Ce *Geranium* est commun dans les lieux secs,
le long des chemins, au milieu des pierres et des broussailles. Excepté les moutons et les chèvres, qui le mangent volontiers, les autres bestiaux ne le recherchent
pas. Sous ce rapport on peut lui assimiler les espèces suivantes, qui sont annuelles aussi : *G. columbinum*, L.;
lucidum, L.; *pusillum*, L.; *dissectum*, L.; *rotundifolium*, L.

Genre Erodium, *Erodium*, L.

*Cinq étamines fertiles; cinq autres privées d'anthères; arêtes
velues en dedans.*

ERODIUM CICUTIN, *Erodium cicutarium*, L'Hérit. — Tiges droites ou couchées, de un à trois décimètres; feuilles composées de plusieurs paires de folioles, sessiles, opposées ou alternes, à découpures très-variables; pédoncules chargés de quatre à six fleurs rougeâtres, disposées en ombelle; pétales inégaux, les deux inférieurs plus petits, les trois autres plus grands. — Annuel.

Obs. Commune partout, dans les prés secs, le long des chemins, sur le bord des champs, cette espèce fleurit dès les premiers jours du printemps et offre aux animaux une nourriture précoce, que les moutons et surtout les vaches recherchent beaucoup. Les *E. ciconium*, Willd.; *romanum*, L.; *moschatum*, Willd.; *gruinum*, Willd., partagent ses propriétés, mais sont moins recherchés des animaux, qui du reste ne touchent à aucune de ces plantes quand elles sont en fruits.

FAMILLE DES MALVACÉES.

Famille de plantes dicotylédones polypétales, à étamines hypogynes, appartenant à l'*Hypopétalie* de M. de Jussieu et à la troisième cohorte des *Exogènes thalamiflores* de M. de Candolle. Cette famille, telle qu'elle se trouve circonscrite aujourd'hui, d'après les travaux de MM. Rob. Brown et Kunth, diffère beaucoup de la famille des Malvacées, telle que M. de Jussieu l'avait établie dans son *Genera plantarum*, et présente les caractères suivants : le calice est monosépale, persistant, à cinq divisions plus ou moins profondes, à préfloraison valvaire, assez souvent accompagné en dehors de bractées qui constituent un second calice externe. Les divisions de la corolle sont en nombre égal à celles du calice, et alternes avec celles-ci; leur insertion est hypogyne; elles sont égales entre elles, tantôt entièrement libres; d'autres fois, au contraire, elles sont soudées par leur base par un prolongement de la substance des filets des étamines, et offrent alors l'aspect d'une corolle monopétale; pendant leur estivation, elles sont contournées en spirale. Les étamines, dont le nombre est quelquefois le même que celui des pétales, sont ordinairement fort nombreuses, toujours monadelphes; leurs filets sont inégaux et ordinairement libres dans leur partie supérieure, où ils se terminent par une anthère courte, arrondie, réniforme, uniloculaire, mais s'ouvrant en deux valves. L'ovaire est formé de plusieurs carpelles verticillés autour d'un axe commun, souvent réunis entre eux, plus rarement libres; les styles sont en même nombre que les carpelles, souvent libres et quelquefois réunis; les stigmates, qui sont aussi en même nombre, sont petits, simples et capitulés. Le fruit est capsulaire, multivalve, multiloculaire, loculicide, ou formé de plusieurs capsules déhiscentes ou indéhiscentes, verticillées autour de la base du style, ou agglomérées en tête, et formant alors une espèce de baie anomale. Les loges ou capsules sont mono ou polyspermes. Les graines, qui sont attachées à l'axe central ou à l'angle interne des loges, sont dressées ou renversées, ovales ou presque triquètres, souvent recouvertes d'un épiderme chargé de poils; l'embryon est droit, homotrope, dépourvû de périsperme; les cotylédous sont froncés; la radicule est tournée vers le hile. — Les plantes de cette famille sont des herbes, des arbrisseaux, ou même des arbres; leurs feuilles sont alternes, souvent pétiolées, dentées ou lobées, et pourvues de deux stipules à leur base. Les poils qui recouvrent ces plantes sont rameux et disposés en étoile; les fleurs offrent plusieurs modes d'inflorescence, et sont, pour la plupart, grandes et pourvues de belles couleurs.

Obs. Ce beau groupe de végétaux, qui contient des espèces si brillantes par leurs grandes fleurs et si utiles à la médecine par leurs propriétés émollientes et adoucissantes, est un de ceux qui offrent le moins de ressources à l'agriculture. La saveur fade de ces plantes les fait rejeter de tous les animaux. Peu d'espèces à la vérité croissent dans les prairies, mais les bestiaux n'y touchent que pressés par la faim.

Genre Mauve, *Malva*, L.

Calice double, l'intérieur à cinq divisions, l'extérieur composé de trois folioles; carpelles nombreux, indéhiscents, disposés circulairement autour d'un axe.

Mauve musquée, *Malva moschata*, L. — Tige droite, simple, un peu velue, haute de cinq à dix décimètres; feuilles radicales, réniformes, incisées, les caulinaires à cinq divisions profondes, multifides, à segments linéaires; fleurs roses, grandes; folioles extérieures du calice linéaires. — Vivace.

Obs. Cette Mauve habite les pelouses, les prés secs, les coteaux et le bord des chemins. Les bestiaux ne touchent à cette espèce, comme aux autres Malvacées, que s'ils sont pressés par la faim. Aussi la voit-on souvent bien intacte, former des touffes magnifiques sur les pelouses des terrains secs. Les *Malva alcea*, L.; *sylvestris*, L.; *rotundifolia*, L., sont également négligés, et la plupart, abattus par la faux à l'époque de leur floraison, donnent un foin sans saveur que les bestiaux mangent en mélange quand les tiges dures et presque ligneuses de ces Mauves ne rendent pas ce même foin trop grossier.

FAMILLE DES CISTÉES.

Famille de plantes dicotylédones appartenant à l'*Hypopétalie* de M. de Jussieu, et aux *Thalamiflores* de M. de Candolle, établie pour les genres *Cistus* et *Helianthemum*; ses caractères sont: fleurs hermaphrodites disposées en grappes, qui se déroulent successivement pendant la floraison ; calice à cinq divisions persistantes, souvent inégales ; corolle à cinq pétales fugaces ; étamines nombreuses, distinctes, hypogynes ; ovaire libre, simple, surmonté d'un style et d'un stigmate simples. Le fruit est une capsule polysperme à une ou plusieurs valves, à trois ou cinq loges ; semences attachées le long du milieu des valves à des placentas plus ou moins saillants ; périsperme charnu ; embryon roulé en spirale, ou simplement courbé. — Tiges herbacées ou sous-frutescentes ; feuilles simples, très-souvent opposées, munies de deux stipules.

Obs. Cette petite famille ne renferme que les deux genres *Cistus* et *Helianthemum*, dont les espèces nombreuses appartiennent principalement aux contrées méridionales de l'Europe.

Genre Ciste, *Cistus*, L.

Calice à cinq sépales égaux ; capsule à dix loges, à cinq à dix valves, portant une cloison sur le milieu de la face interne ; graines nombreuses, attachées à la base de l'angle intérieur des loges.

Ciste ledon, *Cistus ledon*, Lam.—Tige frutescente, rameuse, velue, haute de six à dix décimètres ; feuilles opposées, sessiles, visqueuses, nerveuses, ridées, lancéolées, cotonneuses en dessous ; fleurs blanches, avec une tâche jaune à l'onglet ; calice très-velu. — Vivace.

Obs. Cette plante habite la Provence et croît, comme les autres Cistes, sur des terrains très secs et arides. Les chèvres, et rarement les moutons, sont les seuls animaux qui épointent les jeunes pousses de ce Ciste, et ils agissent de même vis-à-vis des autres espèces de ce genre nombreux, telles que les *C. monspeliensis*, L.; *ladaniferus*, L.; *laurifolius*, L.; *salviæfolius*, L.; *crispus*, L.; *incanus*, L.; *albidus*, L.; *populifolius*, L.; *longifolius*, Lam., etc., espèces qui dès le mois d'avril décorent de leurs jolies fleurs presque tous les bords de la Méditerranée.

Genre Hélianthème, *Helianthemum*, L.

Calice à sépales inégaux, dont les deux extérieurs plus petits ; capsule uniloculaire, trivalve ; graines attachées sur un sillon saillant au milieu des valves.

Obs. Les nombreuses espèces d'Hélianthèmes habitent les pelouses et les lieux secs, où ils résistent parfaitement aux plus grandes sécheresses. Ils fleurissent de bonne heure et pendant long-temps. Les bestiaux les mangent avec plaisir, malgré la dureté de leurs feuilles.

Héliantème commun, *Helianthemum vulgare*, Desf. — Tige ligneuse à la base, couchée, diffuse; feuilles ovales, oblongues, opposées, légèrement pétiolées, blanches en dessous, roulées sur les bords; stipules lancéolées; fleurs jaunes, grandes, terminales, inclinées avant l'épanouissement et éphémères. — Vivace.

Obs. Cette espèce est très-abondante sur toutes les pelouses des montagnes. Elle couvre quelquefois, avec le *Polygala vulgaris*, des espaces assez grands, où les bestiaux trouvent, en juin et juillet, une nourriture assez abondante qu'ils recherchent, et qui, sur les terres ingrates où elle croît naturellement, fournit un bon pâturage et résiste fortement à la sécheresse. Les *H. obscurum*, DC.; *grandiflorum*, DC.; *hirtum*, DC., jouissent des mêmes propriétés, ainsi que les *H. salicifo-lium*, Persoon; *poliifolium*, DC.

Héliantème ombellé, *Helianthemum umbellatum*, Desf.—Tige ligneuse, tortueuse et très-rameuse; feuilles linéaires, serrées, opposées et blanchâtres en dessous; fleurs blanches, disposées en une ombelle corymbiforme. — Vivace.

Obs. Comme les espèces précédentes, celle-ci habite également les lieux secs, où elle est quelquefois très-abondante. Les bestiaux broutent volontiers ses sommités, ainsi que celles des *H. fumana*, Desf.; *lævipes*, Desf.; *alpestre*, Crantz; *canum*, DC.; *origanifolium*, Persoon; *italicum*, Persoon; *marifolium*, DC.; *lavandulæfolium*, Desf., et des autres espèces assez répandues sur les coteaux pierreux de la Provence.

FAMILLE DES VIOLARIÉES.

Famille de plantes dicotylédones, appartenant à l'*Hypopétalie* de M. de Jussieu, et aux *Thalamiflores* de M. de Candolle. Ses caractères sont : fleurs axillaires tantôt droites, tantôt renversées au sommet du pédoncule; calice à cinq divisions profondes, quelquefois prolongées au-dessous de leur point d'attache; corolle irrégulière, formée de cinq pétales inégaux, dont l'inférieur, en général plus grand, se termine quelquefois à la base par un éperon creux plus ou moins allongé; étamines au nombre de cinq, alternant avec les pétales, à anthères introrses, quelquefois soudées; filets souvent dilatés et prolongés au sommet en un appendice; ovaire simple, supère, surmonté d'un style tantôt droit, tantôt terminé en crochet, et qui supporte un stigmate simple; fruit capsulaire, uniloculaire, s'ouvrant en trois valves, sur chacune desquelles sont attachées les semences; périsperme charnu; embryon axile; radicule ne regardant pas directement le hile; cotylédons ordinairement planes. — Plantes herbacées ou sous-frutescentes; feuilles simples, opposées, rarement alternes, et munies de stipules.

Genre Violette, *Viola*, L.

Ses caractères sont ceux de la famille.

Obs. Les Violettes composent un petit groupe très-naturel, dont les espèces habitent principalement les haies, les buissons, les prairies et les bois; quelques-unes sont dispersées dans les champs. On ne peut les considérer comme des plantes fourragères, quoique la plupart des bestiaux les broutent sans les rechercher. Leur petitesse les rend presque insignifiantes, au moins dans les foins secs où elles ne se trouvent qu'en petite quantité, car leur précocité les en exclut ordinairement.

Violette odorante, *Viola odorata*, L. (Jacée du printemps, Violier commun, Fleur de mars). — Souche noueuse, horizontale, souterraine, émettant des rejets rampants; feuilles ovales, en cœur, dentées, portées sur de longs pétioles; pédoncules grêles, uniflores; capsule s'ouvrant en trois valves concaves. — Vivace.

Obs. La Violette habite toute la France, dans les prés, les bois et les buissons. Elle fleurit dès le mois de mars, et produit ensuite de larges touffes de feuilles, que tous les bestiaux mangent assez volontiers. Les *V. hirta*, L.; *pyrenaica*, DC., sont également recherchés des animaux.

Violette de chien, *Viola canina*, L. —Tiges couchées, ensuite ascendantes, glabres ou sous-pubescentes; feuilles oblongues, ovales, en cœur à la base, les inférieures obtuses; stipules beaucoup plus courtes que les pétioles; fleur bleue, inodore; capsule tronquée au sommet et mucronée au milieu. — Vivace.

Obs. On trouve communément cette Violette dans les prés, les bois et les buissons. Elle est aussi très-printanière, quoique plus tardive que *l'odorante*. Les moutons, les chèvres et les bêtes à cornes la mangent volontiers. Les *V. sylvestris*, Lam.; *arenaria*, DC.; *Ruppii*, All.; *pratensis*, Mertens, et *elatior*, Friès, peuvent lui être assimilés sous le rapport agricole.

Violette des marais, *Viola palustris*, L. — Feuilles radicales, réniformes, glabres, pétiolées et nerveuses; fleurs petites, d'un bleu clair, à éperon court et sépales obtus.—Vivace.

Obs. Cette petite plante, tout-à-fait insignifiante, croît dans les prairies humides et marécageuses des montagnes. Elle s'élève à peine à 5 à 6 centimètres. Les moutons la broutent.

Violette tricolore, *Viola tricolor*, L. (Fleur de la Trinité, Herbe de la Trinité, Jacée tricolore). — Tige glabre, rameuse; feuilles crénelées, les inférieures ovales, cordiformes; stipules lyrées, pinnatifides, à lobe moyen, crénelé; éperon presque double des appendices du calice. — Annuelle.

Obs. On trouve communément cette plante et ses nombreuses variétés, dans les champs, au milieu des moissons et sur les bords des chemins et des prés. C'est elle que l'on désigne plus ordinairement sous le nom de *Pensée sauvage*. Les chèvres et les vaches sont les seuls animaux qui la mangent sans la rechercher.

Violette jaune, *Viola lutea*, Smith. — Tige anguleuse, glabre, à demi couchée; feuilles crénelées, les inférieures ovales, cordées, les supérieures lancéolées; stipules digitées et profondément découpées; découpures linéaires; celles du milieu plus larges; éperon de la longueur des appendices du calice ou un peu plus long. — Vivace.

Obs. Cette plante est souvent très-commune dans les pâturages des montagnes, où elle étale des fleurs de couleurs très-variées. Les moutons, les chèvres et les bêtes à cornes la broutent sans la rechercher. La faux l'atteint et la mélange au foin, qu'aucune espèce de bétail ne refuse malgré son abondance; mais le plus souvent, comme elle fleurit en mai et juin, elle a presque disparu à l'époque des foins, et elle devient plante très-insignifiante. Les variétés et espèces suivantes présentent le même caractère agricole : *V. grandiflora*, Willd.; *sudetica*, Willd., *calcarata*, L.; *cornuta*, L.; *cenisia*, L.; *alpina*, Jacq.

FAMILLE DES CARYOPHYLLÉES.

Famille de plantes dicotylédones appartenant à l'*Hypopétalie* de M. de Jussieu, et aux *Thalamiflores* de M. de Candolle; ses caractères sont : fleurs hermaphrodites; calice souvent persistant, tubuleux, à quatre ou cinq divisions, ou formé d'autant de sépales distincts et caducs; corolle quelquefois nulle, ordinairement de quatre à cinq pétales, dont les onglets sont longs et dressés quand le calice est tubuleux, et beaucoup moins longs et étalés quand il est polyphylle; étamines en nombre égal ou double de celui des pétales; quand elles sont en nombre double, cinq d'entre elles doivent nécessairement se trouver opposées aux pétales, et contractent assez souvent de l'adhérence avec eux; quand elles sont resserrées dans un calice tubuleux, l'insertion a lieu sur un prolongement du réceptacle; l'ovaire est simple, à une, deux, trois ou cinq loges; quand il est uniloculaire, les ovules sont nombreux et attachés à un trophosperme axillaire; quand il est pluriloculaire, ils sont moins nombreux et insérés à l'angle interne de chaque loge. Les styles, au nombre de deux, trois ou cinq, sont garnis sur leur face interne de stigmates glanduleux. Le fruit est une capsule s'ouvrant par des valves ou des dents qui s'écartent à la maturité, en laissant une ouverture à la partie supérieure; dans un seul genre, le fruit est bacciforme. Les graines contiennent un embryon recourbé qui paraît roulé autour d'un périsperme farineux. — Les Caryophyllées sont pour la plupart des plantes herbacées, quelquefois ligneuses à la base, à tige cylindrique, souvent articulée, à feuilles opposées ou verticillées.

Obs. Le groupe des Caryophyllées offre à l'agriculteur un grand nombre de plantes fourragères, que les bestiaux recherchent beaucoup, et qui constituent une assez bonne nourriture. Beaucoup d'autres espèces, tout-à-fait insignifiantes par leur peu de développement, sont également broutées, et d'autres enfin complétement refusées. On trouve dans cette famille des plantes très-printanières, et qui s'accommodent de terrains secs et arides, où d'autres végétaux ne pourraient se développer.

Genre Œillet, *Dianthus*, L.

Calice tubulé à cinq dents, muni à sa base de plusieurs écailles imbriquées; cinq pétales longuement onguiculés; dix étamines; deux styles; capsule uniloculaire, oblongue, polysperme, s'ouvrant au sommet en plusieurs valves.

Obs. Les Œillets forment un genre nombreux, dont les espèces sont répandues dans toute la France, et habitent de préférence les lieux secs et arides, les pelouses des montagnes et les prairies. Les bestiaux broutent toutes les espèces quand elles sont jeunes, et négligent la plupart d'entre elles quand leurs tiges ont durci.

Œillet superbe, *Dianthus superbus*, L. (Œillet à plumes, Œillet frangé). — Tige rameuse au sommet, haute de trois à dix décimètres; feuilles linéaires, un peu élargies; fleurs disposées en corymbe lâche, d'un rose pâle; pétales découpés jusqu'au milieu de leur largeur; quatre écailles à la base du calice, surmontées d'une pointe courte et aiguë. — Bisannuel.

Obs. On rencontre cette belle espèce sur le bord des bois et dans les prés couverts des montagnes des Alpes, des Pyrénées et de l'Auvergne. Les bestiaux mangent volontiers ses jeunes pousses, et ne touchent plus à la plante après la floraison. Les *D. monspeliacus*, L. ; *deltoides*, L., croissent également dans les lieux montagneux, et partagent les propriétés du *superbus*.

OEILLET DES CHARTREUX, *Dianthus carthusianorum*, L.—Tiges simples, droites et grêles; feuilles étroites, subulées, munies d'une longue gaine fendue latéralement; fleurs rouges, médiocrement grandes, réunies en un petit faisceau très-serré; calice brun. — Vivace.

Obs. On trouve communément cette plante sur les pelouses sèches, où elle étale ses fleurs d'un rouge vif. Ses feuilles forment de petits gazons serrés, que les moutons et les bêtes à cornes mangent assez volontiers. Ils broutent également les *D. barbatus*, L.; *atrorubens*, All.; *ferrugineus*, L.; *armeria*, L., *prolifer*; L.

OEILLET DE SEGUIER, *Dianthus Seguieri*, Reich.—Tige de deux à cinq décimètres, dressée, anguleuse; feuilles linéaires, lancéolées, acuminées, nerveuses, et très-finement denticulées sur leurs bords, soudées en gaine à leur base; une à quatre fleurs agrégées, munies de bractées lancéolées; écailles du calice ovales, striées, terminées par une arête ordinairement plus courte que le tube. — Vivace.

Obs. L'OEillet de Seguier est quelquefois très-commun sur les pelouses des montagnes. Il est peu recherché des animaux, cependant les chèvres et les moutons le broutent assez volontiers. Les *D. asper*, Lej.; *sylvaticus*, Hope; *collinus*, Reich.; *alpestris*, Balbis; *geminiflorus*, Lois.; *controversus*, Gaud., ne sont probablement que des modifications du *Seguieri*. On trouve encore, dans les hautes montagnes, de petites espèces d'OEillets qui croissent en touffes sur les rochers et sur les pelouses, et que les moutons broutent volontiers. Tels sont les *D. glacialis*, Hœnk; *subacaulis*, Vill.; *cæsius*, DC.; *virgineus*, L.

Genre Saponaire, *Saponaria*, L.

Calice tubuleux à cinq dents sans écailles ni bractées à la base;

22

corolle de cinq pétales à onglets de la longueur du calice ; dix éta-
mines ; deux styles ; capsule uniloculaire.

SAPONAIRE OFFICINALE, *Saponaria officinalis*, L. (Herbe à foulons, Saponière, Savonaire, Savonière). — Tige haute de quatre à huit décimètres, droite, fistuleuse, articulée ; feuilles opposées, ovales, lancéolées, d'un vert foncé ; fleurs blanches ou purpurines en bouquets ; calice tubulé à cinq dents. — Vivace.

Obs. Cette belle plante est commune dans toute la France, sur les sables déposés par les cours d'eau, le long des chemins, dans les prés, etc. Ses racines s'étendent avec une grande facilité, et produisent abondamment ; malgré ces avantages, les bestiaux n'y touchent pas.

SAPONAIRE DES VACHES, *Saponaria vaccaria*, L. — Tige droite, haute de trois à six décimètres, rameuse, à rameaux étalés ; feuilles larges, ovales, d'un vert glauque ; fleurs en bouquet paniculé ; calices pyramidaux, munis de cinq angles saillants. — Annuelle.

Obs. On trouve communément cette plante dans les champs, au milieu des moissons. Tous les bestiaux la recherchent, et les vaches en sont extrêmement friandes.

SAPONAIRE A FEUILLES DE BASILIC, *Saponaria ocimoides*, L. — Tiges rampantes, étalées, rameuses, velues ; feuilles rétrécies en pétioles, petites, ovales, un peu pubescentes ; fleurs en grappes rameuses, petites, nombreuses et purpurines. — Vivace.

Obs. Elle forme çà et là de petites touffes très-épaisses, dans les lieux sablonneux des Alpes et des montagnes du centre de la France. Les bestiaux la mangent volontiers, mais je ne l'ai vue nulle part assez commune pour remplir les fonctions de plante fourragère.

Genre Silène, *Silene*, DC.

Calice tubulé ou ventru à cinq dents ; cinq pétales souvent munis d'appendices en écailles à la base du limbe ; dix étamines ; trois styles, une capsule à trois loges s'ouvrant à son orifice en cinq ou six valves courtes.

Obs. Les Silènes sont nombreux ; plusieurs d'entre eux habitent les prairies, où ils sont assez recherchés des bestiaux. Ils se dessèchent facilement, et donnent un foin que tous les animaux mangent avec plaisir.

SILÈNE A CINQ TACHES, *Silene quinque vulnera*, L. — Tiges velues, simples ou rameuses ; feuilles spatulées ou lancéolées ; fleurs en épis terminaux , à peine pédicellées, unilatérales ; chaque pétale blanc et marqué d'une tache d'un rouge vif ; calice hérissé de poils blanchâtres. — Annuel.

Obs. Cette espèce appartient principalement aux provinces méridionales. On la trouve dans les prairies qui avoisinent la Méditerranée. Les bêtes à cornes ne la recherchent pas, mais les moutons et les chevaux l'aiment beaucoup. On peut, sous ce rapport, lui assimiler les *S. nocturna*, L.; *brachypetala*, DC.; *tridentata*, Desf.; *lusitanica*, L.; *gallica*, L.; *anglica*, L., et *cerastoides*, L.

Silène enflé, *Silene inflata*, L. — Tiges glabres, articulées, rameuses, de hauteur très-variable, droites ou couchées à leur base ; feuilles glauques, lancéolées, ovales ; fleurs blanches, à pétales bifurqués et à gorge nue ; calice glabre, veiné, très-renflé. — Vivace.

Obs. C'est une des plantes les plus communes dans les prairies ; elle habite toute la France, depuis les bords de la mer jusqu'aux montagnes élevées de 2 à 3,000 mètres. Elle se plaît dans tous les terrains, surtout dans ceux qui sont légers et sablonneux. Elle résiste bien à la sécheresse et à la plupart des variations atmosphériques. Elle forme des touffes assez volumineuses dans les prés, les sainfoins, les luzernes, et la plupart des prairies artificielles. Tous les bestiaux la mangent, les vaches l'aiment beaucoup, et ce serait peut-être une plante que l'on pourrait utiliser dans les terrains secs et arides, où peu de végétaux veulent se développer ; ses graines du moins pourraient entrer dans des mélanges destinés à ces terrains.

Silène saxifrage, *Silene saxifraga*, L. — Tige grêle, filiforme ; feuilles lisses, glabres, linéaires ; fleurs blanches, solitaires, terminales, à pétales bifides ; calice renflé en massue. — Vivace.

Obs. Croît en touffes sur les pelouses sèches et les rochers des Alpes et de presque tous les pays de montagne ; les moutons et les chèvres le broutent jusqu'à la racine, ainsi que les *S. quadridentata*, L.; *rupestris*, L.; *acaulis*, L.; *rubella*, DC.

Silène otitès, *Silene otites*, Smith. — Tige droite, peu rameuse, haute de deux à cinq décimètres, visqueuse au sommet ; feuilles inférieures spatulées, longues, les caulinaires étroites ; fleurs petites, d'un jaune verdâtre, en une sorte d'épi verticillé ; pétales linéaires, ondulés, entiers. — Bisannuel.

Obs. Cette espèce se rencontre communément dans les lieux stériles et sablonneux du centre et du midi de la France. Il est dioïque, et fleurit au milieu de l'été. Tous les bestiaux le mangent, mais il est surtout recherché des moutons. On pourrait le cultiver seul ou en mélange de quelques autres plantes, sur les coteaux calcaires et arides, qui refusent toute espèce de culture. En le coupant souvent et l'empêchant de fructifier, on peut le faire durer trois à quatre ans, et augmenter ainsi beaucoup la production de ses feuilles.

SILÈNE PENCHÉ, *Silene nutans*, L. — Tiges dégarnies, pubescentes, droites ou un peu inclinées et gluantes au sommet; feuilles radicales étalées, lancéolées, un peu rétrécies en pétioles, les caulinaires presque linéaires; fleurs blanches ou tachetées de rose, réunies en panicule lâche très-étalée; pédicelles opposés, formant d'abord un angle aigu avec la tige, puis écartés horizontalement; pédoncules inclinés, se redressant après la floraison; pétales bifides. — Vivace.

Obs. Les pelouses des montagnes, les bords des bois, offrent fréquemment ce Silène parmi les autres herbes. Il forme de petits bouquets, qui se distinguent à leur belle verdure et à leurs feuilles dressées. Il fleurit en mai et juin. Les bêtes à cornes le refusent, mais les chevaux l'aiment beaucoup et le recherchent. Les chèvres et les moutons s'en accommodent aussi très-bien. Les *S. noctiflora*, L.; *ciliata* DC.; *paradoxa*, L.; *italica*, DC.; *armeria*, L., et *inaperta*, L., paraissent se rapprocher beaucoup du *nutans* par leurs propriétés agricoles. Les bestiaux les mangent tous, au moins dans leur jeunesse, mais les bêtes à cornes les laissent intacts.

Genre Lychnis, *Lychnis*, L.

Calice tubuleux, à cinq divisions; corolle de cinq pétales à onglets allongés; dix étamines; cinq styles; capsule uniloculaire, déhiscente.

LYCHNIS DES PRÉS, *Lychnis flos cuculi*, L. (Amourette, Centaurée des prés, Fleur de coucou, Lampette, OEillet des prés, Pain de coucou, Robinet déchiré, Véronique des jardins). — Tige droite, simple, un peu hispide, striée, divisée au sommet en plusieurs rameaux étalés en une panicule lâche; feuilles lisses, sessiles, opposées, lancéolées;

fleurs portées sur des pédoncules trichotomes ; calice anguleux, rayé; pétales très-découpés ; capsules ovales. — Vivace.

Obs. Cette élégante espèce est très-commune dans la majeure partie des prairies du centre et du nord de la France. Elle cherche l'humidité et la fraîcheur. Les bestiaux la refusent, mais comme elle produit peu de feuilles, et qu'elle disparaît presque entièrement par la dessiccation, ce n'est pas une espèce très-nuisible.

Lychnis dioïque, *Lychnis dioica*, L. (Compagnon blanc, Floquet, Ivrogne, Œillet de Dieu, Passe-fleur sauvage, Robinet, Saponaire blanche, Sublet). —Tiges hautes, velues, un peu rameuses ; feuilles molles, larges, ovales, un peu velues ; fleurs grandes, dioïques, en panicule lâche; pédoncules courts; calice velu; pétales obtus, bifides; capsules grosses, s'ouvrant au sommet en dix valves.—Vivace.

Obs. Très-commun le long des chemins, sur le bord des champs, dans le Nord et le Midi, ce *Lychnis* s'accommode de tous les terrains, pourvu qu'ils ne soient pas trop humides; tous les bestiaux le mangent assez volontiers.

Lychnis sauvage, *Lychnis sylvestris*, Hop. — Diffère du précédent par sa tige velue, sa capsule plus petite, son calice moins sillonné, et par ses belles fleurs rouges, nombreuses, éclatantes et quelquefois hermaphrodites.—Vivace.

Obs. Cette espèce habite les bois et les prairies, où elle devient parfois très-commune. Elle aime les sols un peu frais et ombragés. Les bestiaux la recherchent peu, cependant les bêtes à cornes et les moutons la broutent quelquefois. Ils agissent de même avec les *L. alpina*, L.; *pyrenaica*, DC.

Lychnis visqueuse, *Lychnis viscaria*, L. (Œillet de janséniste).— Tige droite, peu rameuse, haute de trois à six décimètres, glabre, presque nue et très-visqueuse sous chaque paire de feuilles opposées, pointues et glabres; fleurs rouges en bouquets terminaux paniculés.—Vivace.

Obs. On rencontre souvent cette plante dans les bois des montagnes, dans les lieux secs et un peu ombragés. Les moutons sont les seuls animaux qui la mangent.

Genre Ceraiste, *Cerastium*, L.

Calice à cinq divisions profondes ; corolle de cinq pétales bifides ;

dix étamines, cinq styles; capsule uniloculaire, globuleuse ou cy-lindrique, s'ouvrant au sommet par dix dents.

Obs Les Ceraistes sont presque tous de petites plantes dressées ou rampantes, très-communes le long des chemins, dans les champs et dans les prés, surtout dans les régions montagneuses. Elles n'ont, pour ainsi dire, aucune importance agricole, à cause de leur petitesse. Les bestiaux mangent toutes ces espèces, dont la plupart très-printanières sont déjà desséchées quand l'époque de la fauchaison arrive.

CÉRAISTE DES CHAMPS, *Cerastium arvense*, L.—Tiges rampantes à la base, puis dressées, pubescentes, rameuses ; feuilles d'un vert clair, presque glabres, étroites, linéaires, lancéolées ; pédoncules uni-flores, légèrement visqueux et pubescents ; fleurs blanches, grandes, terminales ; capsule oblongue.—Vivace.

Obs. Cette espèce est très-commune le long des chemins, sur les pelouses ou dans les champs. Elle fleurit de très-bonne heure, et les moutons la recherchent beaucoup. Aussitôt broutée, elle repousse, et forme de petits gazons serrés, dont la floraison est alors retardée. Les autres animaux en mangent aussi très-volontiers. Les *C. latifolium*, L. ; *strictum*, L. ; *lanatum*, Lam.; *alpinum*, L.; *suffruticosum*, L., ressemblent beaucoup à l'*arvense*, et doivent en être considérés comme de simples variétés aux yeux de l'agriculteur.

CÉRAISTE COMMUN, *Cerastium vulgatum*, L, (Mouron d'alouette). — Tiges à demi courbées, velues ; feuilles entières, ovales, lancéolées, velues, jaunâtres ; fleurs blanches, terminales, peu nombreuses,— Vivace.

Obs. Cette plante est commune dans toute la France, le long des chemins et dans les prairies, souvent même au milieu des sainfoins et des luzernes. Tous les bestiaux la mangent, ainsi que les *C. viscosum*, L. ; *semi-decandrum* L. ; *brachypetalum*, Persoon, qui croissent dans les mêmes lieux.

Genre Stellaire, *Stellaria*, L.

Calice à cinq pétales ; corolle à cinq pétales bifides ; dix étamines; trois styles; capsule à six valves, déhiscente et polysperme.

STELLAIRE HOLOSTÉE, *Stellaria holostea*, L. (Langue d'oiseau).— Tiges faibles et rameuses au sommet ; feuilles opposées, sessiles, un

peu élargies à la base, très-aiguës au sommet et rudes sur leurs
bords ; pédoncules longs et filiformes ; fleurs blanches, assez grandes;
calice à cinq sépales membraneux et blanchâtres sur leurs bords ;
pétales bifides et obtus. — Vivace.

Obs. La Stellaire est commune le long des chemins,
dans les haies, au milieu des bois, dans les clairières
et dans les prairies. Elle fleurit dès le mois d'avril, et
donne de suite un fourrage assez abondant, que tous les
bestiaux mangent, et que les vaches surtout recherchent
beaucoup. Sous plusieurs rapports, elle lutterait avantageusement avec la Spergule.

STELLAIRE GRAMINÉE, *Stellaria graminea*, L.—Tiges grêles, filiformes, très-rameuses ; feuilles très-étroites; corolle souvent plus courte
que le calice ; pétales bifides au-delà de leur moitié ; folioles du calice marquées de trois nervures saillantes. — Vivace.

Obs. Cette plante est très-commune dans le centre et
le nord de la France, au milieu des buissons, dans les
haies et les prairies ombragées. Les bestiaux l'aiment
beaucoup, mais elle offre si peu de matière alimentaire,
qu'elle est tout-à-fait insignifiante.

STELLAIRE DES BOIS, *Stellaria nemorum*. L. — Tige droite, un peu
coudée à la base ; feuilles inférieures pétiolées, cordiformes, glabres,
aiguës et ciliées, les supérieures ovales et sessiles; fleurs blanches,
axillaires et terminales, en panicule dichotome. — Vivace.

Obs. Cette Stellaire habite les bois des montagnes,
où elle devient parfois très-commune. Elle croît parfaitement à l'ombre, sur le terreau de feuilles, surtout
quand le sol est humide. Les bestiaux la mangent volontiers.

STELLAIRE MOYENNE, *Stellaria media*, Smith. (*Alsine media*, L.)
— Tiges tendres, grêles, couchées, quelquefois très-longues ; feuilles
opposées, ovales, entières, glabres, molles et pointues; fleurs blanches, solitaires, très-petites ; calice pubescent.—Annuelle.

Obs. Cette Stellaire, beaucoup plus connue sous le
nom de *Mouron des oiseaux*, est excessivement répandue
dans tous les lieux cultivés. Elle croît dans tous les terrains, dans toutes les saisons, et végète la première de
toutes les plantes. Elle couvre le sol au bout de quelques
jours, et fructifie peu de temps après sa germination.
Tous les bestiaux la mangent avec plaisir. Les vaches
surtout l'aiment beaucoup; c'est la principale plante

fourragère des oiseaux que l'on élève en cage. Les *S. latifolia*, Persoon, et *dubia*, Bastard, partagent tout-à-fait ses propriétés.

STELLAIRE AQUATIQUE, *Stellaria aquatica*, Poll. — Tiges couchées, grêles, longues de deux à trois décimètres; feuilles ovales, allongées, glabres; fleurs petites, blanches, axillaires, en petite grappe paniculée; calice lancéolé, moitié plus long que les pétales; sépales à trois nervures. — Annuelle.

Obs. Cette petite plante abonde dans les cours d'eau des terrains granitiques du centre de la France, elle forme de larges touffes qui gagnent et s'étendent rapidement. Elle fleurit de bonne heure, et a besoin d'être presque toujours dans l'eau pour végéter avec vigueur. Les bêtes à cornes recherchent beaucoup cette espèce.

Genre Sabline, *Arenaria*, L.

Calice à cinq sépales; cinq pétales entiers ou légèrement échancrés; dix étamines, rarement moins; trois styles; capsule uniloculaire, polysperme, à trois valves et à six dents au sommet.

Obs. Les Sablines sont, comme les Ceraistes, avec lesquels elles ont beaucoup de rapport, de petites plantes presque insignifiantes, qui croissent partout, et que les bestiaux mangent volontiers quand ils les rencontrent en assez grande quantité. Les contrées montagneuses en nourrissent un grand nombre, et les prés en offrent çà et là quelques espèces que nous allons décrire.

SABLINE A FEUILLES DE SERPOLET, *Arenaria serpillifolia*, L. — Tiges menues, rameuses, dichotomes, un peu velues; feuilles petites, sessiles, ovales, aiguës; fleurs naissant dans les bifurcations et au sommet des rameaux, blanches, petites, pédonculées; corolle plus courte que le calice; capsule inclinée à sa maturité et s'ouvrant en six valves. — Bisannuelle.

Obs. On trouve partout cette petite plante, dans les terrains pierreux et sablonneux, sur les murs et dans les prés secs. Les moutons la recherchent, ainsi que les *A. segetalis*, Lam.; *tenuifolia*, L.; *ciliata* L.; *montana*, L.; *purpurascens*, DC.; *lanceolata*, All.

SABLINE A TROIS FLEURS, *Arenaria triflora*, L. — Tiges pubescentes, de six à dix centimètres, nombreuses, à rameaux ascendants, glanduleux; feuilles d'un vert pâle, linéaires, pointues, écartées de la tige et un peu recourbées; pédoncules terminaux de un à cinq, et ordinairement trois fleurs ; sépales ovales, aigus, un peu glanduleux ; pétales obtus. — Vivace.

Obs. On rencontre cette plante dans les lieux sablonneux, les pelouses des montagnes, où elle forme de jolis gazons que les moutons aiment beaucoup. Les *A. recurva*, All. ; *setacea*, Thuil.; *cæspitosa*, Willd.; *Gerardi*, Willd.; *fasciculata*, Gouan, partagent ses propriétés.

SABLINE ROUGE, *Arenaria rubra*, L. — Tige rameuse, diffuse, un peu velue, à rameaux ascendants, hauts de cinq à dix centimètres ; feuilles planes, un peu épaisses, munies de stipules presque entières ; fleurs rouges, terminales, paniculées ; sépales un peu membraneux et un peu plus courts que la corolle. —Annuelle.

Obs. Cette espèce habite les lieux sablonneux, le sable des rivages, les prés secs, le bord des chemins. Elle produit peu, mais les bestiaux la recherchent.

SABLINE MARGINÉE, *Arenaria marginata*, DC. — Elle ressemble beaucoup à la précédente, mais elle est un peu plus grande dans toutes ses parties et surtout dans sa fleur ; ses graines sont bordées d'une large membrane circulaire. — Annuelle.

Obs. On trouve cette espèce sur les sables qui bordent l'Océan, et dans l'intérieur des terres, aux lieux arrosés par des sources minérales. Elle est commune, en Auvergne, dans la vallée de Saint-Nectaire. Les bestiaux mangent très-volontiers cette plante. Comme elle pousse vite et repousse très-facilement du pied, si on l'empêche de fleurir, peut-être pourrait-on essayer sa culture avec quelque avantage dans des sables voisins de la mer et trop arides pour recevoir d'autres végétaux.

Genre Spargoute, *Spergula*, L.

Calice à cinq divisions profondes, persistantes ; cinq pétales entiers et quelquefois cinq étamines; ovaire surmonté de cinq styles; capsules à cinq valves uniloculaires, polyspermes.

Obs. Les Spargoutes sont encore de petites plantes qui habitent les terrains secs et arides, et que les bestiaux mangent très-volontiers. Une d'elles est même cultivée en grand, comme fourrage.

SPARGOUTE A CINQ ÉTAMINES, *Spergula pentandra*, L.—Tiges noueuses, articulées, hautes de huit à quinze centimètres ; feuilles linéaires, très-étroites, réunies en verticilles plus courts que les entre-nœuds ;

fleurs blanches à cinq étamines; graines entourées d'une large bordure membraneuse, blanche et très-apparente. — Annuelle.

Obs. On trouve çà et là cette espèce, dans les lieux sablonneux, où elle est rarement abondante. Les moutons la mangent très-volontiers, ainsi que les *S. nodosa*, L.; *glabra*, Willd; *saginoides*, L., et *subulata*, Swartz.

SPARGOUTE DES CHAMPS, *Spergula arvensis*, L. (Spergoute, Spergule, Espargoule, Sporée, Fourrage de disette). — Plante couverte d'un duvet très-fin; tiges articulées, presque simples; feuilles linéaires, subulées, un peu charnues et réunies en verticilles; fleurs blanches, petites, disposées en une sorte de panicule terminale dichotome; pédoncules divergents, pendants après la floraison; cinq à dix étamines; graines noirâtres, arrondies, un peu chagrinées, sans bordure membraneuse. — Annuelle.

Obs. Cette espèce, que l'on cultive en grand, croît naturellement dans les champs sablonneux et dans les sables volcaniques, où elle se développe admirablement, surtout dans les années humides; c'est dire qu'elle aime un terrain léger, sablonneux et frais. Quand ces circonstances se trouvent réunies, la Spergule donne un bon produit. On la sème au printemps, et alors on la conduit comme une plante fourragère, que l'on fauche et que l'on fane, bien qu'il y ait, à mon avis, peu d'avantages à la traiter ainsi, car la ténuité de ses feuilles produit trop de déchet. On la consomme sur place, en laissant les animaux libres, ou, s'ils sont en petit nombre, en les attachant à un piquet, dont la place se change tous les jours, ce qui n'empêche pas les bestiaux d'arracher toujours un bon nombre de plantes. Le mieux est de faucher, pour nourrir en vert à l'étable. Il vaut mieux la semer à l'automne, ou du moins à la fin de l'été, sur les chaumes retournés par un léger labour, ou après l'arrachage des lins. Douze kilogrammes de graine suffisent pour un hectare. Schwerz conseille 8o à 100 litres par hectare. Il faut recouvrir très-légèrement. Enfouie en vert, c'est un excellent engrais, et dans tous les cas, sa culture améliore toujours le sol.

Comme engrais vert, on peut obtenir jusqu'à trois récoltes de Spergule sur le même sol: premier semis, fin mars, et enterrage, fin juin; second semis immédiatement après, pour enterrer au commencement d'août; et nouveau semis, que l'on peut, au besoin, remplacer par la Navette, pour enfouir en avril suivant. Ces trois récoltes équivalent à trente-trois voitures de fumier par hectare; du reste, cette culture ne réussit bien que dans les climats humides, car elle ne résiste pas à une sécheresse prolongée.

Cette plante convient à tous les bestiaux. Les chevaux, les chèvres, les moutons la mangent avec plaisir. Les vaches et toutes les bêtes à cornes l'aiment beaucoup, et c'est principalement pour les laitières que l'on cultive la Spergule, surtout en Belgique, où on la considère avec raison comme la plante qui donne le meilleur lait et le meilleur beurre. Les vaches qui en sont nourries donnent le *beurre de Spergule*, toujours préféré à l'autre.

Si on cultive cette plante pour sa graine, il faut la semer en mars et faire la récolte en juin. Elle reste encore, malgré la production de sa graine, une plante peu épuisante pour le sol, et le foin ou paille fine dont la graine a été retirée, est encore une excellente nourriture.

Un des grands avantages de la Spergule est de ne rester qu'environ deux mois sur le sol, ce qui permet de l'intercaler même entre deux récoltes de céréales.

Il paraîtrait qu'une variété nouvelle, peut-être même une espèce, désignée sous le nom de grande Spergule et Spergule géante, offrirait des avantages marqués, et serait surtout très-supérieure à l'autre pour être fauchée et fanée. Elle exigerait, toutefois, un sol plus riche et plus substantiel que l'autre. La graine de cette plante est, selon Thaër, très-différente de l'autre. Elle tire sur le brun, et paraît pointillée de jaune et de brun foncé, et le plus souvent elle n'a pas l'anneau blanc que l'on remarque dans la graine de la Spergule ordinaire.

Genre Lin, *Linum*, L.

Calice à cinq folioles persistantes; corolle à cinq pétales; dix étamines à filaments soudés à leur base, dont cinq stériles; cinq styles; cinq stigmates; capsule globuleuse, acuminée, à dix loges monospermes.

Lin cultivé, *Linum usitatissimum*, L. — Tige glabre, rameuse au sommet; feuilles épaisses, linéaires, lancéolées, aiguës, d'un vert un peu glauque; fleurs bleues, pédonculées, terminales, à pédoncules grêles et uniflores. — Annuel.

Obs. Le Lin, cultivé principalement dans le Nord,

pour en obtenir la filasse, donne aussi, dans les contrées méridionales, un fourrage vert très-abondant. Pour ce dernier usage, dit M. Boitard, auquel nous empruntons cette description d'une culture qui nous était tout-à-fait inconnue, on le sème épais, au printemps, ou en automne dans les climats où les gelées sont peu à craindre, à raison de 175 kilogrammes de graine par hectare. Il ne réussit bien que dans les terres légères, substantielles, chaudes sans être sèches, préparées long-temps d'avance par de bons engrais, et ameublies par trois labours au moins. On sème à la volée, on herse et l'on passe le rouleau. On le fauche quand il a atteint la moitié de la hauteur ordinaire, et il repousse souvent assez pour former un bon pâturage, ou même une seconde coupe. La meilleure graine est celle que l'on tire de Hollande ou de Riga.

Lin des Alpes, *Linum alpinum*, L. — Tiges nombreuses, dressées, presque simples, feuillées, hautes de deux à quatre décimètres; feuilles linéaires alternes, aiguës; fleurs bleues, terminales, grandes; divisions extérieures du calice aiguës, divisions intérieures très-obtuses. — Vivace.

Obs. Cette espèce croît dans les pâturages et sur les pelouses des Alpes, du Jura et de presque toutes les régions montagneuses. Les bestiaux la mangent, sans trop la rechercher, et seulement quand elle est jeune. Le *L. narbonnense*, L.; *montanum*, DC.; *angustifolium*, Huds.; *tenuifolium*, L., partagent ses propriétés.

Lin cathartique, *Linum catharticum*, L. — Tiges filiformes, divariquées au sommet, longues de six à douze centimètres; feuilles opposées, distantes, petites, ovales, lancéolées; fleurs petites, blanches, pédonculées, terminales, penchées avant leur épanouissement. — Annuel.

Obs. Ce Lin devient quelquefois très-commun dans les prés secs où l'herbe n'est pas trop serrée. Il est amer, déplaît aux bestiaux, qui cependant le broutent quelquefois, quand il est trop intimément mélangé aux autres herbes, mais qui le laissent toujours quand il est abondant. Ordinairement la petitesse de cette plante la rend tout-à-fait insignifiante dans les prairies.

FAMILLE DES CRASSULACÉES.

Famille de plantes dicotylédones, appartenant à la *Péripétalie* de M. de Jussieu, et aux *Caliciflores* de M. de Candolle, et dont les caractères sont : fleurs hermaphrodites; calice profondément divisé en plusieurs parties ; corolle composée d'un nombre de pétales égal à celui des divisions du calice, et alternes avec elles ; ils sont quelquefois soudés en une corolle monopétale ; étamines périgynes, en nombre égal ou double de celui des pétales ; et, dans ce dernier cas, la rangée intérieure avorte souvent, et donne lieu à une série de petites écailles; trois à douze pistils distincts et supérieurs, quelquefois légèrement soudés entre eux par leur base : chacun se compose d'un ovaire uniloculaire, contenant plusieurs ovules attachés à un trophosperme sutural, placé du côté interne; style un peu oblique; stigmate simple et petit. Le fruit est composé d'autant de capsules uniloculaires et polyspermes qu'il y a d'ovaires; périsperme farineux, recouvert par un embryon plus ou moins recourbé. — Tiges herbacées, rarement frutescentes ; feuilles épaisses, charnues, tantôt alternes, tantôt opposées.

Obs. Cette famille, entièrement composée de plantes grasses, offre peu de ressources à l'agriculteur. Presque toutes ses espèces croissant sur les rochers, au milieu de pierres, dans des lieux souvent inaccessibles, et n'offrant d'ailleurs aux bestiaux qu'une nourriture fade et peu appétissante, sont peu recherchées des animaux. Aucune d'elles ne pourrait être cultivée, et un petit nombre seulement croît au milieu des prairies.

Genre Orpin, *Sedum*, L.

Calice à cinq ou sept divisions; pétales, écailles et ovaires en nombre égal aux sépales ou divisions du calice; étamines en nombre double; écailles ovales et entières.

Obs. Le genre Orpin est le plus nombreux de cette famille, mais la plupart de ses espèces croissent sur les rochers et les vieux murs. L'espèce suivante est à peu près la seule qui fasse réellement partie des prairies.

ORPIN REPRISE, *Sedum telephium*, L. (Anacampseros, Feuilles grasses, Fève grasse, Grasset, Herbe à la coupure, Herbe aux charpentiers, Herbe de saint Jean, Herbe grasse, Joubarbe des vignes, Reprise). — Tige grosse, dressée, haute de trois à huit décimètres, cylindrique et feuillée; feuilles planes, lisses, épaisses, ovales, oblongues, dentées en scie, sessiles, à bords arrondis, presque toutes opposées et ternées; fleurs en corymbe terminal, serré et rameux; fleurs rouges, blanches ou jaunâtres. — Vivace.

Obs. Celte grande espèce, qui varie beaucoup, croît,
comme les autres *Sedum*, dans les lieux secs et rocailleux, mais on la trouve aussi sur les pentes herbeuses
des montagnes, mélangée aux Graminées et aux autres
végétaux. Les bêtes à cornes l'aiment beaucoup, les
cochons la recherchent également. Les *S. purpureum*,
Tausch.; *fabaria*, Koch.; *maximum*, Persoon; *latifolium*, Bert, croissent à peu près dans les mêmes lieux,
diffèrent très-peu du *telephium* et partagent ses propriétés.

ORPIN ACRE, *Sedum acre*, L. (Vermiculaire, Illecebra, Joubarbe
âcre, Marquet, Orpin brûlant, Pain d'oiseau, Poivre de muraille).
— Tiges épaisses et charnues, hautes de cinq à six centimètres, garnies de feuilles très-courtes, imbriquées, alternes et un peu aplaties; fleurs jaunes, placées dans les bifurcations supérieures de la
tige.— Vivace.

Obs. Cette espèce est très-commune dans les pâturages
secs et arides, où elle partage souvent le terrain avec
d'autres espèces voisines, telles que les *S. album*, L.;
reflexum, L.; *sexangulare*, L., qui toutes déplaisent
aux bestiaux, occupent le sol inutilement, ne se dessèchent pas, gâtent le foin et ne sont broutées que par
les chèvres.

FAMILLE DES SAXIFRAGÉES.

Famille de plantes dicotylédones, appartenant à la *Péripétalie* de
M. de Jussieu, et aux *Caliciflores* de M. de Candolle. Ses caractères
sont : calice monosépale, à quatre ou cinq découpures persistantes;
corolle rarement nulle, plus souvent formée de quatre à cinq pétales insérés au sommet du calice, et alternes avec ses découpures;
étamines ayant la même insertion que la corolle, en nombre égal
à celui des pétales, ou en nombre double; ovaire simple, supérieur
ou inférieur dans une plus ou moins grande partie de son étendue,
à deux styles et à deux stigmates persistants; fruit capsulaire terminé par deux pointes, bivalve au sommet, et s'ouvrant par un
trou entre les deux pointes, uni ou biloculaire, à cloison formée
dans les fruits biloculaires par les bords rentrants des valves; semences nombreuses portées sur la cloison, ou insérées au fond de
la capsule, à périsperme charnu, à embryon droit, et à radicule
inférieure. — Tiges herbacées ou sous-frutescentes; feuilles alternes, rarement opposées, souvent épaisses.

Obs. Les Saxifragées sont presque toutes de petites
plantes beaucoup plus communes dans le Nord et dans
les montagnes que dans le Midi. Les unes suivent le bord
des eaux, les autres atteignent les rochers les plus élevés

des Alpes et s'avancent jusque sur la lisière des neiges éternelles. Elles ont peu d'importance en agriculture, et quoique les bestiaux les mangent toutes, ils les recherchent peu.

Genre Saxifrage, *Saxifraga*, L.

Calice à cinq divisions; corolle à cinq pétales; dix étamines; deux styles; capsule semi-infère à deux valves et à deux loges polyspermes.

Obs. Presque tous les Saxifrages sont des plantes de montagne, qui recherchent cependant un peu d'humidité et qui croissent de préférence sur les rochers ombragés, au pied des cascades, et rarement sur les pelouses elles-mêmes. Les moutons les mangent assez volontiers, les bêtes à cornes peuvent à peine brouter quelques espèces, à cause de leur petite dimension.

Saxifrage granulée, *Saxifraga granulata*, L. (Casse-pierre, Herbe à la gravelle, Perce-pierre, Rompt-pierre, Saxifrage blanche).—Racine tuberculeuse; tige de un à trois décimètres, rameuse presque nue; feuilles réniformes, un peu velues, pétiolées, crénelées ou un peu lobées à leur contour; feuilles caulinaires petites et sessiles; fleurs blanches en panicule terminale; pédicelles chargés de poils courts et glanduleux.

Obs. Cette espèce est une des plus grandes et en même temps la plus commune dans les prés secs et montagneux, depuis le nord de l'Europe jusque dans le midi de la France et de l'Italie. Les bestiaux la mangent et ne la recherchent pas. Elle fleurit de bonne heure et n'entre que pour très-peu de chose dans la composition du foin sec. Les *S. bulbifera*, L.; *penduliflora*, Bast.; *nivalis*, L.; *rotundifolia*, L., croissent aussi sur les pelouses des montagnes ou le long des ruisseaux. Les bestiaux les mangent comme le *granulata*.

Saxifrage étoilée, *Saxifraga stellaris*, L. — Feuilles radicales en rosette, entières ou dentées, oblongues, cunéiformes; hampe de six à vingt centimètres, rameuse, glabre ou velue; fleurs petites, blanches, à pétales rétrécis aux deux extrémités et marqués de deux taches rougeâtres. — Vivace.

Obs. Cette plante est commune dans les lieux humides des montagnes. Les bestiaux la recherchent peu, mais cependant les vaches et les moutons mangent ses feuilles, ainsi que celles des *S. geum*, L.; *hirsuta*, L.; *umbrosa*, L.; *cuneifolia*, L.

Saxifrage hypnoïde, *Saxifraga hypnoides*, L. — Tiges stériles, couchées, gazonnantes, munies de bourgeons pointus aux aisselles; feuilles petites, linénaires, bifides, aiguës; tiges florifères, dressées, grêles, presque nues; fleurs blanches, assez grandes, réunies deux à quatre ensemble. — Vivace.

Obs. Cette jolie Saxifrage forme de larges gazons dans les pâturages élevés de l'Auvergne, des Pyrénées, et quelquefois des Alpes. Elle fleurit en juin et juillet. Les bestiaux négligent cette plante, dont les jeunes tiges cependant sont assez souvent broutées par les moutons.

Un grand nombre d'espèces forment, comme celle-ci, de jolis gazons sur les rochers et les pelouses élevées des montagnes, et, comme elles, sont quelquefois broutées par les moutons. Nous citerons parmi elles les *S. moschata*, Jacq.; *muscoides*, Jacq.; *groenlendica*, L.; *pubescens*, DC.; *exarata*, Vill.; *nervosa*, Lapéyr.; *intricata*, DC.; *androsacea*, L.; *oppositifolia*, L.; *biflora*, All.; *retusa*, Gouan; *aspera*, L.; *cœsia*, L.; *aretiodes*, Lap.

Genre Dorine, *Chrysosplenium*, L.

Calice à quatre à cinq divisions; huit à dix étamines; deux styles; capsule à deux valves uniloculaires, polyspermes.

Dorine a feuilles alternes, *Chrysosplenium alternifolium*, L. (Cresson de rocher, Cresson doré, Hépatique dorée, Herbe à l'archamboucher, Saxifrage dorée). — Tige faible, glabre, peu rameuse; feuilles alternes, arrondies, un peu échancrées en rein et parsemées de quelques poils courts; fleurs réunies en petits bouquets au sommet de la plante, et comme posées sur les feuilles; fleur terminale à cinq divisions et dix étamines. — Vivace.

Dorine a feuilles opposées, *Chrysosplenium oppositifolium*, L. (Cresson de rocher, Hépatique des marais). — Tige faible, herbacée, longue de un à trois décimètres; feuilles pétiolées, opposées, arrondies, crénelées; fleurs jaunâtres, accompagnées de bractées, portées sur des pédoncules courts au sommet de la plante. — Vivace.

Obs. Ces deux plantes croissent dans les mêmes lieux, sur le bord des ruisseaux dans tout le nord de l'Europe. Toutes deux paraissent de très-bonne heure, et sont mangées par les bestiaux, qui ne les recherchent pas plus que les autres Saxifragées.

FAMILLE DES ONAGRARIÉES.

Famille de plantes dicotylédones, appartenant à la *Péripétalie* de M. de Jussieu, et aux *Caliciflores* de M. de Candolle. Telle qu'on la restreint par la formation de plusieurs familles nouvelles, dont les genres en faisaient partie, cette famille offre, d'après M. de Jussieu, les caractères suivants : calice monosépale, adhérent à l'ovaire, et divisé au-dessus en plusieurs lobes ; plusieurs pétales insérés à son sommet, alternes avec ses lobes, et en nombre égal, quelquefois nuls ; étamines insérées au même point que les pétales, en nombre égal, double, ou rarement moitié moindre ; filets libres ; anthères ovales, biloculaires, s'ouvrant dans leur longueur ; ovaire adhérent au calice, simple, à plusieurs loges remplies par quelques ovules attachés à un axe central, dont souvent quelques-uns avortent ; style simple, terminé par un stigmate simple ou divisé ; l'ovaire devient une capsule ou une baie, dont chacune des loges qui n'avortent pas contient une ou plusieurs graines ; la capsule polysperme s'ouvre dans sa longueur en plusieurs valves ; du milieu de chacune d'elles sort une cloison qui va s'appliquer contre un des angles de l'axe central ; embryon privé de périsperme, à radicule droite, dirigée vers le point d'attache. — Tiges herbacées ou ligneuses ; feuilles simples ; fleurs axillaires ou terminales.

Obs. Cette famille ne renferme qu'un petit nombre de genres indigènes, et dont la plupart des espèces croissent dans les lieux humides ou ombragés. Les bestiaux mangent assez volontiers les Onagrariées, qui deviennent quelquefois communes dans les prairies.

Genre Circée, *Circœa*, L.

Calice caduc à deux sépales ; corolle à deux pétales ; deux étamines ; capsule pyriforme, hérissée, biloculaire, disperme et indéhiscente.

CIRCÉE PARISIENNE, *Circœa lutetiana*, L. (Herbe de saint Etienne, Herbe aux sorciers, Herbe à la magicienne, Herbe enchanteresse, Tierce). — Tige velue, dressée, haute de un à quatre décimètres ; feuilles assez grandes, opposées, pétiolées, ovales, aiguës, à peine denticulées, d'un vert foncé ; fleurs d'un blanc rougeâtre, en grappes allongées. — Vivace.

Obs. La Circée croît abondamment dans les lieux frais, ombragés et arrosés d'eaux vives. Elle est très-recherchée des moutons, qui mangent aussi très-volontiers le *Circœa alpina*, L., et une variété ou espèce intermédiaire que l'on rencontre dans les bois de sapins du Mont-Dore et du Cantal.

Genre Épilobe, *Epilobium*, L.

Calice allongé, caduc, à quatre divisions profondes; corolle de quatre pétales; huit étamines; capsule allongée, à quatre angles obtus, quadriloculaire, quadrivalve et polysperme; graines aigrettées.

ÉPILOBE A ÉPIS, *Epilobium spicatum*, L. (Osier fleuri, Herbe de saint Antoine, Antonin, Antonine, Laurier faux, Laurier nain, Laurier de saint Antoine, Nériette, petit Laurier rose).—Tiges simples, de huit à quinze décimètres, rougeâtres; feuilles longues, lancéolées presque sessiles, glabres, à peine dentées, d'un vert blanchâtre en dessous; fleurs grandes, d'un rouge violacé, disposées en un long épi terminal. — Vivace.

Obs. Cette belle espèce est extrêmement commune dans le nord de la France, et s'avance également dans le centre et jusque dans le Midi. Tous les bestiaux la mangent quand elle est jeune, mais elle plaît surtout aux chèvres et aux bêtes à cornes. L'*E. rosmarinifolium*, Jacq., si commun le long des torrents des Alpes et des rivières de la France centrale, partage toutes ses propriétés. Ces plantes, comme les suivantes, pourraient utiliser des sables un peu humides. Leur fourrage est très-agréable aux bestiaux.

ÉPILOBE VELU *Epilobium hirsutum*, L. — Tiges droites, velues, hautes de douze à seize décimètres; feuilles ovales, lancéolées, velues en dessous, sessiles et presque embrassantes, opposées ou alternes; fleurs grandes, purpurines; pétales échancrés en cœur; pédoncules courts et axillaires. — Vivace.

Obs. On rencontre communément cette espèce dans les prés humides et ombragés, le long des ruisseaux, sur le bord des rivières. Tous les bestiaux mangent volontiers ses feuilles et ses jeunes tiges.

Les *E. molle*, Lam.; *intermedium*, Mérat, variétés de la précédente, et les *E. roseum*, Schr.; *montanum*, L.; *palustre*, L.; *tetragonum*, L.; *alpinum*, L.; et *origanifolium*, Lam., partagent les propriétés de l'*hirsutum*.

Genre Macre, *Trapa*, L.

Calice persistant à quatre divisions profondes; quatre pétales; quatre étamines; ovaire à deux loges, dont une avortée; fruit dur, coriace, cornu; graine grosse, farineuse.

MACRE NAGEANTE, *Trapa natans*, L. (Macre, Cornifle, Cornette, Saligot, Cornu, Châtaigne d'eau, Corniche, Corniole, Cornuelle,

Cornoufle, Echarbot, Echardon, Galurin, Marron d'eau, Noix d'eau, Tribule aquatique, Truffe d'eau). —Tiges longues, rampantes sous les eaux, et produisant de petits bouquets de feuilles capillaires; feuilles nageantes en rosette, glabres, dentées, rhomboïdales ou triangulaires, longuement pétiolées; fleurs petites, verdâtres, axillaires; fruits noirs à quatre cornes divergentes. — Vivace.

Obs. Cette espèce est entièrement aquatique. Elle nage à la surface des eaux dormantes; les vaches mangent très-volontiers son feuillage, et dans les pays où elle est commune on la tire de l'eau avec de longs râteaux, pour la leur donner fraîche comme fourrage.

FAMILLE DES LYTHRARIÉES.

Famille de plantes établie par M. de Jussieu, qui changea ensuite son nom en celui de *Salicariées*; elle appartient à la *Péripétalie* de cet auteur, et aux *Caliciflores* de M. de Candolle. Ses caractères sont: fleurs axillaires ou terminales, souvent en épi verticilliflore; calice monosépale, en tube ou en godet, et divisé vers son limbe; corolle parfois nulle, ordinairement formée d'un nombre de pétales égal à celui des divisions du calice, et attachés au sommet de celui-ci; étamines insérées dans le milieu du calice, en nombre égal ou double des pétales, à anthères très-petites; ovaire supère; simple, caché dans le calice, et portant un style à stigmate souvent en tête; fruit capsulaire entouré par le calice, persistant, à une ou plusieurs loges; graines attachées à un trophosperme central, libre ou adhérent aux cloisons; périsperme nul; embryon droit; radicule adverse. — Plantes à tiges herbacées, rarement frutescentes, cylindriques ou tétragones; feuilles simples, alternes ou opposées.

Genre Salicaire, *Lythrum*, L.

Calice cylindrique, strié, à six à douze dents; corolle de quatre à six pétales; six à douze étamines; capsule oblongue, biloculaire, bivalve.

Salicaire commune, *Lythrum salicaria*, L. (Lysimachie rouge). — Tige droite, ferme, quadrangulaire, rameuse au sommet, haute de six à quinze décimètres; feuilles sessiles, opposées ou ternées, glabres, lancéolées, entières, un peu échancrées à leur base; fleurs rouges, verticillées, sur un axe en forme d'épi et terminal. — Vivace.

Obs. La Salicaire habite les prés humides de la majeure partie de la France. Elle préfère l'ombre, et se réfugie souvent sous les Saules, d'où lui vient son nom. Tous les bestiaux la mangent, et les moutons la recher-

chent beaucoup. Elle n'en donne pas moins un foin très-
dur, à cause de ses grosses tiges quadrangulaires, que les
bestiaux mangent cependant assez volontiers. Elle fleurit tard, et par conséquent nuit peu aux prairies, dans
lesquelles elle se développe avec une certaine abondance, car elle est généralement fauchée avant d'avoir
durci, et donne ainsi un très-bon fourrage quand il est
bien fané.

Les *L. hyssopifolium*, L.; *thymifolium*, L., beaucoup
plus petits, croissent aussi dans les lieux humides, et
sont également broutés des bestiaux, à moins que leurs
tiges ne soient déjà durcies.

FAMILLE DES CUCURBITACÉES.

Famille de plantes dicotylédones appartenant à la *Diclinie* de
M. de Jussieu, et placée par M. de Candolle dans les *Caliciflores*,
entre la famille des *Combrétacées* et celle des *Loasées*. Ses caractères
sont : fleurs unisexuées, rarement hermaphrodites ; périgone double,
dont les deux parties sont souvent soudées, mais pourtant faciles
à distinguer ; calice tubuleux à sa base et adhérent à l'ovaire, infère
dans les fleurs femelles, privé de la portion tubuleuse dans les
fleurs mâles ; limbe à cinq divisions, qui presque toujours semblent être des appendices fixés à la paroi externe de la corolle ;
corolle de cinq pétales, presque toujours soudés entre eux et avec
le calice, en sorte qu'elle est souvent campaniforme ; cinq étamines
soudées par leurs filets en un seul ou en trois faisceaux : dans ce
dernier cas, ils sont inégaux, puisqu'un d'entre eux ne comprend
qu'un seul filet ; anthères linéaires, uniloculaires, s'ouvrant par
toute la longueur d'un sillon longitudinal, repliées plusieurs fois
sur elles-mêmes, et placées sur l'androphore élargi à sa partie supérieure ; elles s'ouvrent presque toujours avant l'épanouissement ;
ovaire infère, uniloculaire, surmonté d'un disque épigyne, et d'un
style simple, épais et charnu, qui porte trois stigmates épais, glanduleux, souvent bilobés. Le fruit, tantôt très-gros, tantôt très-petit,
est ordinairement charnu dans son intérieur ; quelquefois il se dessèche avant la maturité. Ce fruit est souvent creux ; la cavité qu'il
présente est irrégulière et paraît due à une simple solution de con-
tinuité du parenchyme. Les semences sont attachées aux parois de
cette cavité, ou disséminées dans l'intérieur de la chair. Périsperme
nul ; embryon à radicule tournée vers le hile, à cotylédons épais,
charnus, huileux. — Tiges herbacées, faibles, rampantes ou grimpantes, presque toujours annuelles, munies de vrilles pétiolaires ;
feuilles alternes.

Obs. Cette famille ne contient qu'un très-petit nombre de plantes indigènes qui sont refusées des bestiaux ;
mais près de ces végétaux de nos contrées viennent se
placer, dans le même groupe, des espèces exotiques et

depuis long-temps cultivées en Europe, dont les fruits
acquièrent un volume considérable et sont employés à
la nourriture de l'homme et des animaux. Nous ne les
décrirons pas, car elles sont nombreuses, nous nous
occuperons seulement d'une d'entre elles, celle qui a le
plus d'importance comme plante fourragère : c'est une
variété de Citrouille, *Cucurbita pepo*, L., désignée, à
cause de son usage, sous le nom de Citrouille à vaches,
et dont la culture a pris un assez grand développement
dans quelques contrées. Dans la Sarthe et dans la Mayenne,
plusieurs espèces de bestiaux ne sont nourries qu'avec
ce fruit pendant l'hiver.

M. Vergnaud-Romagnesi a publié, dans le *Journal
d'agriculture pratique*, les détails que nous reproduisons
ici et qui résument très-clairement les notions acquises
jusqu'à ce jour sur l'emploi des Citrouilles dans l'économie rurale.

« Cette Citrouille des vaches sert à la nourriture des
bestiaux de toute espèce, principalement à celle des
vaches, des bœufs jeunes, des cochons et des moutons.
Elle les rafraîchit, et les tient en bon état pendant les
hivers longs. C'est ainsi que les cultivateurs qui avaient
eu la précaution de serrer des Citrouilles en 1837, dont
le froid a été si long et si rigoureux, ont éprouvé bien
moins de pertes de bestiaux que les agriculteurs privés
de cette ressource. Outre le fruit, les feuilles de cette
Cucurbitacée donnent un très-bon fourrage d'été et d'automne, et ses graines sont également précieuses pour
l'huile abondante qu'on en retire.

« Les terrains sableux, graveleux et néanmoins substantiels, quoique légers, sont ceux qui conviennnent le
mieux pour cette culture. Elle est néanmoins pratiquée
avec succès dans les terres à froment et à chanvre comme dans celles à blé noir et à maïz. Les terreaux de
basse-cour, bien consommés, et à leur défaut le fumier
éteint, les curages des trous à fumier et des cours leur
conviennent comme engrais. On dispose la terre soit à
plat, soit à sillons, qu'on peut alterner en en plantant
un en Pommes de terre et l'autre en Citrouilles. On pratique, à la charrue, de 0m,66 à un mètre de distance, suivant la qualité du sol, un sillon qui est aussitôt couvert
par l'engrais. On disperse la graine sur cet engrais à huit

ou dix centimètres de distance, si l'on veut ensuite éclaircir le plant, ou à un mètre de distance, en mettant plusieurs graines ensemble, ce qui est préférable. Un second sillon, pratiqué à côté du premier, sert à enterrer la graine ; ainsi de suite. Les derniers jours d'avril et le commencement de mai sont les époques les plus convenables au semis. Si l'on a semé à la volée, on éclaircit à la distance d'un mètre lorsque le plant a cinq ou six feuilles. Si le semis a été fait par paquets, on laisse un ou deux pieds les plus beaux. On peut remplacer à la houe ceux qui auraient manqué ; mais rarement ils viennent aussi productifs que ceux que l'on sème en place. Entre le semis et le moment où le fruit se noue, il suffit de sarcler, si l'herbe pousse trop abondamment. Dès que le fruit a atteint la grosseur d'une pomme, on doit labourer des deux côtés, et tenir la terre en bon guéret ; la plante doit rester constamment enterrée jusqu'aux premières feuilles.

» En général la plante peut être abandonnée à elle-même ; cependant on enlève les feuilles sans inconvénient. C'est lorsque le fruit a atteint à peu près sa grosseur que le fourrage devient une récolte importante, parce qu'alors il est inutile de couper les branches folles deux ou trois nœuds au-dessus du fruit.

» Du commencement d'octobre au 15 novembre, selon les années, la Citrouille mûrit, ce qu'il est aisé de reconnaître à la couleur jaune au sommet, à sa queue qui se cerne un peu, au dessèchement de la branche qui la porte. On peut alors la recueillir tout de suite, mais il est préférable de la laisser suer quelques jours dans les champs, surtout si les gelées ne menacent point.

» Les Citrouilles se conservent très-saines, lorsqu'on les entasse dans des cours aérées, ou qu'on les place sous des hangars et dans des celliers secs. Si on les laisse au-dehors, il suffit, pour les préserver de la gelée jusqu'à 3 ou 4 degrés Réaumur, de les couvrir de chaume ou de paille, dont on augmente la quantité suivant l'intensité du froid. Ce fruit se conserve jusqu'en février et mars ; néanmoins, vers Noël, il s'établit de la pourriture dans ceux qui sont les moins mûrs ; aussi doit-on avoir soin de les détasser, d'employer ceux qui se gâtent et de serrer ceux qui sont en bon état.

» On coupe ce fruit au hâchereau, d'abord en deux
parties, pour en extraire la graine, ensuite en morceaux
très-petits pour les moutons, plus gros pour les vaches,
et seulement brisés pour les porcs ; ces morceaux, quoique très-durs, sont donnés en nature aux vaches, dont
le lait augmente sensiblement en quantité et en qualité
tant qu'elles mangent cette nourriture. On les fait cuire
avec du son, des choux verts et autres fourrages pour
les jeunes élèves. Si l'on veut engraisser des porcs rapidement, il faut leur donner abondamment de la graine
avec la pulpe.

» Lorsqu'elle a été extraite du fruit, elle doit être jetée
dans des panniers et triée dans la journée ; on l'étend
ensuite au soleil ou dans des greniers bien aérés ; on
peut même la passer au four pour en hâter la dessiccation et éviter la moisissure. Elle doit être mise soigneusement hors de la portée des volailles, qui en sont très-
friandes, et qu'on serait en danger de perdre si elles en
mangeaient avec excès.

» La graine, étant séchée, se conserve pour être mondée dans les longues soirées d'hiver, ainsi que la graine
fraîche obtenue de la consommation journalière. On
humecte dès le matin la quantité de graines sèches qui
peut être mondée le soir de son enveloppe : cette précaution est nécessaire pour empêcher la fève de se briser, ce qui donnerait beaucoup de perte. Le mondage
s'opère rapidement et facilement, en brisant avec l'ongle
du pouce le rebord prononcé de la graine d'un des côtés.
La pression du pouce et du premier doigt fait ensuite
aisément sortir la fève, qui est mise aussitôt sur des
claies ou des toiles. Avant de porter les fèves à l'huilerie,
il convient de les passer au four 24 ou 30 heures après
que le pain en a été retiré.

» Peu de cultivateurs font eux-même leur huile ; elle
est généralement extraite par des huiliers qui dîment
largement.

» L'huile s'extrait à froid pour l'usage alimentaire ; elle
est alors aussi bonne et peut-être préférable aux huiles
de noix et de faine. L'huile à brûler se prépare à chaud,
et son produit est nécessairement plus considérable.

» Cent Citrouilles peuvent donner six à huit boisseaux
de graines. Il faut quatre de ces boisseaux pour en pro -

duire un de fèves mondées et séchées. Deux kilog. et demi de ces fèves donnent au moins un litre d'huile.

» Les résidus ou marc d'huile, appelés tourtes, sont donnés avec avantage aux bestiaux ; on les mêle à leurs boitures.»

FAMILLE DES ROSACÉES.

Famille de plantes dicotylédones, appartenant à la *Péripétalie* de M de Jussieu, et aux *Caliciflores* de M. de Candolle. D'après le savant professeur de Genève, ses caractères sont : calice ordinairement de cinq sépales soudés en tube par leur base, ordinairement persistant, libre ou adhérent à l'ovaire ; pétales en nombre égal aux sépales, rarement nuls par avortement, insérés sur le calice, et disposés en quinconce pendant l'estivation : étamines insérées au même point que les pétales, souvent indéfinies ; filets recourbés pendant l'estivation ; anthères biloculaires, s'ouvrant par deux fentes longitudinales ; carpelles nombreux, quelquefois cependant solitaires par avortement, ou soudés en un seul corps entre eux ou avec le calice ; ovaires uniloculaires ; styles simples, terminés par des stigmates de formes diverses, naissant presque toujours du côté des ovaires, et rarement soudés entre eux ; une ou deux semences, rarement plus, dans chaque carpelle ; elles sont dressées ou inverses, et privées de périsperme (excepté dans les genres *Hirtella* et *Neillia)* ; embryon droit, à cotylédons charnus ou foliacés.— Tiges herbacées ou ligneuses ; feuilles alternes, munies de stipules ; inflorescence variée.

Obs. Ce groupe est l'un des plus importants du règne végétal par le grand nombre de plantes qu'il renferme, par leur utilité et leur agrément. Toutefois les jardins et les vergers ont bien plus d'espèces à recevoir de cette famille que l'agriculteur, qui ne cherche que les herbes qui peuvent nourrir ses bestiaux. Sous ce rapport, les Rosacées sont loin d'être en première ligne, cependant plusieurs espèces donnent un fourrage abondant et de première qualité, et presque toutes, malgré leur saveur astringente, plaisent à la majeure partie des animaux.

Genre Spirée, *Spiræa*, L.

Calice à cinq divisions profondes ; cinq pétales ; étamines nombreuses ; plusieurs ovaires libres, surmontés d'un nombre égal de styles, et se transformant en autant de capsules uniloculaires, bivalves, renfermant un petit nombre de graines insérées à la suture interne des valves.

Spirée filipendule, *Spiræa filipendula*, L. — Racines composées de tubercules réunis comme les grains d'un chapelet; feuilles longues, lancéolées, composées de folioles alternes, oblongues, fortement dentées ; fleurs grandes, blanchâtres ou rosées, en panicule terminale. — Vivace,

Obs. On rencontre cette plante dans les prés secs et sur les coteaux calcaires du centre et du nord de la France. Elle fleurit en juin, et donne une assez grande quantité de feuilles que les chèvres aiment beaucoup et que tous les bestiaux broutent avec plaisir. Les chevaux cependant la recherchent peu. Les cochons aiment beaucoup ses tubercules. On peut rapporter à cette espèce le *S. pubescens,* DC., plante méridionale qui n'est probablement qu'une variété du *filipendula.*

Spirée ulmaire; *Spiræa ulmaria,* L. (Reine des prés, Ormière, Herbe aux abeilles, petite Barbe de chèvre, Pied de bouc, Vignette). — Tiges droites, peu rameuses, hautes de six à douze décimètres ; feuilles grandes, ailées, blanchâtres en dessous; folioles ovales, dentées, aiguës, d'un vert foncé en dessous; fleurs en beaux corymbes terminaux. — Vivace.

Obs. Cette jolie plante croît dans les prés humides, le long des fossés et des ruisseaux. Tous les bestiaux la mangent ; les chevaux cependant la négligent assez ordinairement. Les chèvres en sont tout aussi avides que de la Filipendule, et la dévorent même pendant sa floraison. Cette espèce, quelquefois très-commune, peut entrer dans la composition des foins. Elle se dessèche assez bien, et son fourrage, quoique grossier, est assez recherché des animaux, surtout quand il a été fauché à l'époque de la floraison. Ses fleurs parfument le foin. Le *S. aruncus,* L., grande et belle espèce, partage toutes ses propriétés.

Genre Sanguisorbe, *Sanguisorba,* L.

Fleurs toutes hermaphrodites, à quatre étamines; corolle nulle; calice coloré à quatre lobes, muni de deux écailles à sa base; deux ovaires; deux styles; stigmates simples; deux graines contenues dans le calice, qui se transforme en capsule.

Sanguisorbe officinale, *Sanguisorba officinalis,* L. (Pimprenelle des montagnes, Pimprenelle d'Italie, grande Pimprenelle). — Tige simple rameuse, haute de trois à dix décimètres; feuilles ailées à six à huit paires de folioles, avec impaire, glabres, ovales ou arrondies, d'un vert glauque en dessous, profondément dentées sur leurs bords ; fleurs rougeâtres, réunies en une tête ovale terminale. — Vivace.

Obs. On trouve assez communément cette plante, désignée sous le nom de grande Pimprenelle, dans les prés secs des montagnes. On la cultive comme fourrage principalement destiné aux moutons, bien que la plupart des bestiaux l'aiment assez ou du moins s'y habituent facilement. C'est une espèce qui offre pour avantage incontestable de végéter dans des terrains secs et arides où la plupart des autres végétaux refusent de se développer. Les terrains calcaires et volcaniques sont ceux qu'elle préfère, quoiqu'elle pousse également dans les sables. Elle ne craint ni le froid ni la sécheresse, mais elle donne un produit plus abondant quand le terrain est frais au lieu d'être aride. Si cependant le sol était assez bon pour nourrir du Trèfle, ou tout autre fourrage, il faudrait le préférer à la Pimprenelle, qui est un *pis-aller* relatif au terrain. 30 kilog. de graines suffisent quelquefois pour un hectare, mais il vaut mieux en employer 35 à 40, car une portion reste perdue à la surface des mauvais sols. On peut semer en mars ou en septembre sur deux ou trois labours ; cette dernière époque est préférable pour les terres sablonneuses. C'est un fourrage d'hiver qui peut être pâturé dès l'automne, quand il a été semé au printemps. Il repousse facilement et permet, quand on en possède une certaine étendue, de nourrir une quantité bien plus grande de bêtes à laine. Quand la Pimprenelle est semée dans une terre calcaire un peu fraîche, elle pousse bien plus vigoureusement, et l'on peut, dans le cours de l'été, la faucher deux fois pour la donner en vert à l'étable. Elle repousse assez vite pour servir encore de pâturage pendant l'hiver suivant, et elle peut durer plusieurs années, surtout en ayant soin de l'empêcher de fructifier.

Genre Pimprenelle, *Poterium*, L.

Fleurs dioïques ou polygames, dépourvues de corolle ; calice persistant à quatre divisions, entouré de quelques écailles à sa base ; étamines nombreuses ; deux ovaires ; deux styles ; stigmate en pinceau ; deux graines recouvertes par le calice.

Pimprenelle sanguisorbe, *Poterium sanguisorba*, L. (Bipinelle, petite Pimprenelle). — Tige anguleuse, garnie de feuilles ailées, composée de onze à quinze folioles presque sessiles, petites, ovales, un peu arrondies, glabres ou velues, à dentelures profondes, aiguës ; fleurs en tête presque ronde et terminale ; les mâles souvent séparées des femelles et situées au dessous d'elles ; style plumeux et rougeâtre. — Vivace.

Obs. On trouve la Pimprenelle dans les prés secs et montueux, sur les coteaux des terrains primitifs, volcaniques et calcaires. Elle aime un sol sec, perméable à l'eau ; elle résiste très-bien au froid et à la sécheresse par ses longues racines ligneuses et pivotantes, et donne des feuilles qui, broutées sur place, repoussent avec une grande facilité. Sa culture est la même que celle de la précédente. On peut également la semer en mars ou en automne, seule ou avec du Seigle et à raison de 30 à 40 kilog. par hectare. On peut l'employer en vert et en sec ; elle donne une fane abondante dans les bons terrains, où du reste on la sème rarement, parce que beaucoup d'autres plantes sont plus avantageuses. On cite toutefois des exemples très-curieux de la fécondité de cette plante.

A. Young rapporte que M. Anderdon, ayant semé de la Pimprenelle dans un bon terrain, en obtint, dans le voisinage d'Henlade, huit coupes, depuis le 14 février jusqu'au 29 septembre ; quelques-unes des pousses furent de 18 à 20 pouces de haut, et la hauteur de toutes ces coupes réunies de l'année 1767, de six pieds trois pouces anglais. Ces coupes fréquentes font voir combien cette plante est productive dans un bon terrain. Le 26 janvier de la même année, cet agriculteur a observé, dans un champ ouvert, qu'une plantation de Pimprenelle qui avait été coupée vers le milieu de décembre, était ce jour-là haute de 3 à 5 pouces, et même plus, quoique le temps eût été constamment à la gelée et à la neige, et que l'inclémence de la saison eût fait mourir dans le canton les Choux, les Brocolis, et plusieurs autres plantes jardinières ; ainsi cette espèce végète même au milieu de l'hiver. M. Anderdon cite encore un fait qui paraît difficile à croire, c'est que, le 26 mars 1768, il coupa le produit d'une seule racine qui avait poussé par hasard, dans un champ de Luzerne semé à la volée, et « que les pousses vertes étaient au nombre de 870. »

Cette plante a en effet la faculté de pousser en hiver, au point qu'à la mi-mars elle a parfois déjà 15 centimètres de hauteur. Le meilleur moyen d'en obtenir une récolte très-précoce, c'est de laisser sur pied à l'automne un regain assez épais ; dès le mois de février, ce regain reprend sa vigueur et produit une nourriture abondante. Il en est de même du Ray-Grass et de toutes les plantes printanières, dont le dernier regain peut être conservé pour le premier printemps.

Il existe, relativement aux qualités de la Pimprenelle, une question qui n'est pas encore résolue, c'est de savoir si les bestiaux la mangent ou la refusent. Voici ce qu'en dit Yvart, d'après sa propre expérience : « Son fourrage, de nature sèche et fortifiante, convient aux bêtes à laine, surtout dans les temps humides. Cultivée seule, elle durcit promptement, monte bientôt en graines, dont on a essayé de nourrir les chevaux en place d'avoine, et fournit un foin médiocre que la plupart des bestiaux n'appètent pas, d'après notre expérience. Elle paraît plus propre à être mélangée avec les Graminées vivaces et autres plantes qui peuvent croître comme elle sur des terrains crétacés, arides et élevés, et elle fournit alors une nourriture saine et agréable à tous les bestiaux et même aux chevaux, qui paraissent ne pas la rechercher d'abord. Elle s'épaissit ordinairement beaucoup en vieillissant, et son fourrage vert, fauché de bonne heure, convient aussi aux porcs, mais surtout aux vaches, dont il augmente la qualité comme la quantité du lait.»

Les expériences d'A. Young « prouvent que la Pimprenelle convient spécialement aux moutons, que les chevaux la préfèrent à l'état frais et la refusent souvent à l'état sec ; que les vaches au contraire la mangent principalement à l'état sec et s'en soucient moins à l'état frais.» D'un autre côté, on a vu des chevaux manger très-volontiers la paille de Pimprenelle dont on avait retiré la graine. Il est donc très-difficile de démêler la vérité au milieu d'assertions contradictoires, données cependant par des personnes dont on ne peut en aucune manière suspecter la véracité. Et après avoir examiné moi-même la question sous ce point de vue, j'ai reconnu qu'en général les moutons la mangent très-volontiers jusqu'à l'époque où elle monte en graine ; que les chevaux et les bêtes à cornes la refusent souvent à l'état frais, cause des discordances des agronomes à ce sujet, mais qu'ils s'y habituent facilement, surtout si on commence par leur mélanger un peu de Pimprenelle avec d'autres plantes de leur goût, bientôt après ils la mangent seule et la recherchent même ; qu'à l'état sec ils la mangent presque toujours plus volontiers, bien qu'il y ait encore des exceptions ; que faisant une fois partie à l'état frais de la nourriture des vaches laitières, elle communique à leur lait et à leur beurre une finesse de goût très-agréable. Les lapins recherchent beaucoup cette plante. Pour éviter ces répugnances partielles que les bestiaux ont pour la Pimprenelle, le mieux est de l'associer, comme le conseille Yvart, à des Graminées et à des Légumineuses qui peuvent, comme elle, végéter dans un terrain sec. Le Sainfoin, le *Scabiosa columbaria* pourraient également remplir ce but. Si l'on adopte un mélange dans lequel on la fait entrer, il faut éviter de mêler ses graines avec les autres et les semer séparément, car elles diffèrent par le volume et par le poids de celles des Graminées et des Légumineuses.

Genre Alchimille, *Alchimilla*, L.

Calice tubulé, persistant, à huit divisions, dont quatre plus petites ; corolle nulle ; quatre étamines très-courtes insérées sur le calice ; un ovaire supérieur ; un style court, inséré à la base de l'ovaire ; une ou deux graines renfermées dans le calice.

ALCHIMILLE COMMUNE, *Alchimilla vulgaris*, L. (Pied de lion, Manteau des dames, Mantelet des dames, Patte de lapin, Porte rosée, Sourbeirette), —Racine grosse et ligneuse ; tiges légèrement velues ; feuilles amples, arrondies à huit ou dix lobes dentés, glabres ou un peu pubescents ; fleurs nombreuses, petites, verdâtres, ramassées par bouquets serrés à l'extrémité des rameaux.—Vivace.

Obs. On trouve l'Alchimille dans les prairies un peu humides et fraîches du nord de la France et de l'Europe. On la retrouve également dans les montagnes des Alpes et du centre la France. Sa présence indique presque toujours un terrain fertile. Tous les bestiaux recherchent cette plante, qui a aussi la propriété de croître à mi-ombre dans les bois, et de repousser très-vite quand elle est broutée. L'*A. hybrida*, L., qui croît aussi dans les prés des montagnes, partage les propriétés de l'*A.*

vulgaris. M. Bonafous indique l'*A. vulgaris* comme faisant partie des meilleures plantes du pays de Gruyères.

ALCHIMILLE DES ALPES, *Alchimilla alpina*, L. — Racines dures et profondes ; tiges rameuses, de deux à quatre décimètres ; feuilles digitées, à cinq à sept folioles ovales, lancéolées, obtuses, dentées au sommet, d'un vert foncé en dessus et tapissées en dessous d'un duvet soyeux et brillant, qui se relève pour encadrer le dessus de la foliole d'une bordure argentée ; fleurs petites, d'un vert blanchâtre, ramassées en paquets à l'extrémité des rameaux.—Vivace.

Obs. Cette élégante espèce est très-commune sur les pelouses des hautes montagnes, des Alpes, des Pyrénées, de l'Auvergne, des Vosges, et se retrouve dans le nord de l'Europe, jusqu'en Laponie. Elle forme de larges gazons que les bestiaux laissent parfaitement intacts et auxquels ils ne touchent que s'ils sont pressés par la faim. L'*A. pentaphylla*, L., beaucoup plus rare, habite les sommités des Alpes, et ne plaît pas davantage aux animaux.

ALCHIMILLE DES CHAMPS, *Alchimilla arvensis*, Scop. (Perce-pierre, Perce-pied, petit Pied de lion). — Tiges couchées, longues de un à deux décimètres ; feuilles petites, d'un vert blanchâtre, rétrécies en un court pétiole, profondément divisées en plusieurs lobes étroits et garnies d'une stipule embrassante et vaginale ; fleurs sessiles, petites, herbacées, réunies par paquets dans les aisselles des feuilles.—Annuelle.

Obs. Petite plante très-commune dans les moissons de toute la France, et broutée par les moutons.

Genre Aigremoine, *Agrimonia*, L.

Calice à cinq divisions, entouré d'un petit involucre à deux lobes ; corolle à cinq pétales ; douze à vingt étamines ; deux ovaires ; deux graines renfermées dans un calice en forme de capsule.

AIGREMOINE OFFICINALE, *Agrimonia officinalis*, L. (Eupatoire des anciens, Eupatoire des Grecs, Francormier.) — Tiges de quatre à six décimètres ; feuilles ailées, composées de folioles ovales, oblongues, un peu velues, dentées en scie, munies de plus petites folioles intercalées ; fleurs jaunes, petites, disposées en un long épi grêle et terminal ; fruits hérissés de pointes crochues.—Vivace.

Obs. L'Aigremoine est commune dans les haies, le long des chemins, sur le bord des bois et sur les pelouses des terrains secs. Malgré cela, elle recherche l'ombre et s'abrite sous les buissons. Les moutons et les chèvres sont les seuls animaux qui la mangent.

Genre Benoîte, *Geum*, L.

Calice persistant à dix divisions, dont cinq alternes, plus petites ; cinq pétales élargis ; étamines nombreuses ; plusieurs ovaires placés sur un réceptacle commun ; graines munies de longues barbes, souvent géniculées, plumeuses ou crochues au sommet.

BENOÎTE OFFICINALE, *Geum urbanum*, L. (Galiote, Gariote, Grippe, Herbe de saint Benoît, Giroflée, Recise, Sanicle de montagne). — Tige grêle, un peu velue, à rameaux étalés ; feuilles radicales ailées ; folioles terminales très-grandes et dentées ; feuilles caulinaires à trois folioles quelquefois simples et à trois lobes ; fleurs jaunes, solitaires, droites, terminales, pédonculées ; barbes des graines rouges, avec un repli en crochet à leur extrémité.—Vivace.

Obs. La Benoîte ou *Caryophyllata,* est commune dans les bois, le long des haies, dans les lieux couverts et ombragés de tout le nord de l'Europe. Elle aime les terrains frais et argileux, et fleurit dès le mois de mai. Tous les bestiaux sans exception recherchent beaucoup ses feuilles qui, cependant, participent des propriétés astringentes de ses racines. Les cochons recherchent aussi cette plante. Elle est du nombre de celles que les villageoises vont récolter pour les vaches ; elle leur donne beaucoup de lait.

BENOÎTE DES RUISSEAUX, *Geum rivale*, L. — Tiges velues, simples, hautes de trois à six décimètres ; feuilles inférieures ailées, les supérieures trilobées ; fleurs terminales, au nombre de deux à trois, pédonculées et penchées ; barbes des semences tordues au milieu et un peu plumeuses dans toute leur longueur ; graines pédicellées.— Vivace.

Obs. Cette plante forme des touffes le long des ruisseaux et des petits cours d'eau des montagnes. C'est aussi un fort bon fourrage que tous les bestiaux recherchent, et qui, comme la précédente et la suivante, améliore le lait des vaches.

BENOÎTE DES MONTAGNES, *Geum montanum*, L.—Tiges de un à deux décimètres, s'allongeant après la floraison ; feuilles radicales grandes, ailées, velues, les caulinaires petites, distantes et sessiles ; grande fleur d'un beau jaune ; barbes des graines plumeuses, rougeâtres, droites et non tortillées.—Vivace.

Obs. Cette belle espèce de Benoîte habite les montagnes, où elle cherche les lieux humides et un peu abrités. Les bestiaux la mangent volontiers jusqu'à l'époque où les graines paraissent. Le *G. reptans*, L.; *pyrenaïcum*, Wild., et *sylvaticum*, Pourr., partagent ses propriétés.

Genre Dryade, *Dryas*, L.

Calice à huit divisions égales; corolle à huit pétales; réceptacle velu, conique; graines à barbe plumeuse.

Dryade a huit pétales, *Dryas octopetala*, L.—Souches rampantes, ligneuses, un peu rougeâtres, émettant des rameaux courts, garnis d'une touffe de feuilles pétiolées, ovales, oblongues, crénelées, vertes et cotonneuses en dessous, munies à leur base de courtes stipules; fleurs grandes, d'un beau blanc, solitaires, terminales et pédonculées.—Vivace.

Obs. Cette jolie plante couvre quelquefois les pelouses élevées des Alpes et des Pyrénées. Elle avance très-loin dans le Nord, jusque dans la Suède et la Laponie. Les moutons et les chèvres broutent la Dryade jusqu'à l'époque de sa floraison.

Genre Potentille, *Potentilla*, L.

Calice persistant à dix divisions profondes, dont cinq alternes plus petites; cinq pétales; étamines nombreuses; plusieurs ovaires; autant de carpelles placés sur un réceptacle commun, étroit, sec et quelquefois un peu velu.

Obs. Les Potentilles forment un genre nombreux dont presque toutes les espèces viennent émailler les pelouses des montagnes de leurs jolies fleurs blanches ou d'un jaune d'or. Tous les sols leur conviennent, et quelques-unes d'entre elles croissent même très-facilement dans les fentes des rochers, tandis que d'autres végètent dans les marais. Ce sont des plantes que les bestiaux recherchent peu, bien qu'ils en mangent plusieurs. Une fois dessèchées, toutes produisent un foin mangé par les bestiaux, mais plusieurs Potentilles sont insignifiantes à cause de leur peu de développement.

Potentille printanière, *Potentilla verna*, L.—Tiges nombreuses, rampantes, rameuses, pubescentes; feuilles petites, pétiolées, les inférieures à cinq folioles cunéiformes, dentées ou incisées, un peu velues, les supérieures à folioles plus étroites; fleurs terminales, nombreuses, pédonculées; calice pubescent; pétales en cœur de couleur jaune.—Vivace.

Obs. Dès les premiers jours du printemps, cette plante étale ses fleurs dorées sur les rochers et les pelouses exposés au soleil. Elle est commune dans toute la France. Tous les bestiaux la mangent, et profitent avec plaisir de sa précocité. On peut, sous ces divers rapports, lui assimiler le *P. filiformis*, Vill., et *cinerea*, Chaix.

POTENTILLE DORÉE, *Potentilla aurea*, L.—Tiges grêles, couchées à leur partie inférieure, un peu rameuses; feuilles composées de cinq folioles cunéiformes, souvent bordées d'un liséré blanc, crénelées au sommet; pétioles et pédoncules très-longs; fleurs grandes, d'un beau jaune; pétales en cœur, safranés à leur base.—Vivace.

Obs. On trouve cette plante sur les pelouses des montagnes. Elle se mélange intimement aux Graminées, au-dessus desquelles on voit paraître ses corolles éclatantes. Les bestiaux la mangent, mais ne la recherchent pas. Elle a peu d'importance comme plante fourragère, à cause de l'exiguité de ses tiges et du petit nombre de ses feuilles. Les *P. opaca*, L.; *nivea*, L.; *frigida*, Vill.; *brauniana*, Hoppe; *subacaulis*, L., et *grandiflora*, se trouvent dans le même cas.

POTENTILLE RAMPANTE, *Potentilla reptans*, L.—Tiges glabres, rampantes, longues de trois à six décimètres; feuilles digitées, à cinq folioles ovales, cunéiformes, pubescentes en dessous; fleurs jaunes, solitaires et portées sur de longs pédoncules.—Vivace.

Obs. Cette plante est la Quinte-feuille; elle habite le bord des chemins et des fossés, et paraît également dans l'herbe des prairies, où ses tiges couchées échappent à la faux. Tous les animaux la mangent avec assez de plaisir.

POTENTILLE ARGENTÉE, *Potentilla argentea*, L.—Tige droite, étalée, blanchâtre, velue; feuilles d'un blanc argenté en dessous, à cinq folioles étroites, cunéiformes, incisées; fleurs petites, jaunes, nombreuses; pédoncules courts; calice cotonneux.—Vivace.

Obs. On trouve cette plante dans les lieux incultes, le long des chemins, sur les coteaux et les pelouses. Ses tiges dures donnent un mauvais foin, et les animaux broutent rarement ses feuilles rares et peu succulentes.

Le *P. inclinata*, Vill., peut lui être assimilé sous le rapport agricole.

POTENTILLE ARGENTINE, *Potentilla anserina*, L. (Bec d'oie, Herbe

24

aux oies). — Tiges rampantes; feuilles grandes, ailées, argentées et soyeuses en dessous; folioles très-rapprochées, ovales, oblongues, vertes en dessus, dentées et presque incisées; fleurs d'un beau jaune; pédoncules radicaux uniflores; divisions du calice soyeuses et blanchâtres.—Vivace.

Obs. On trouve cette plante dans les lieux sablonneux, surtout dans ceux où l'eau séjourne en hiver. Les bestiaux ne la recherchent pas, cependant, quand l'Argentine croît dans des sols frais et humides, et se trouve mélangée avec quelques Graminées telles que l'*Alopecurus geniculatus*, qui lui est souvent associé, les vaches la mangent avec plaisir; ses feuilles sont alors plus grandes et moins argentées. Les cochons recherchent beaucoup ses racines, que l'on mange dans le Nord en guise de Panais.

POTENTILLE ASCENDANTE, *Potentilla ascendens*, L.—Souche noirâtre, dure, émettant des tiges simples, ascendantes, hautes de un à deux décimètres; feuilles à cinq folioles oblongues, dentées au sommet, pubescentes en dessous; fleurs blanches, assez nombreuses, réunies en corymbe; stipules aiguës, lancéolées, un peu courbées en faux.—Vivace.

Obs. On rencontre cette Potentille sur les rochers et les pelouses des Alpes, où elle forme quelquefois de larges touffes que les moutons broutent très-volontiers quand ils arrivent de la Provence sur ces vastes tapis de verdure.

Plusieurs autres Potentilles, telles que les *P. alba*, L.; *alchimilloides*, Lam.; *splendida*, Ramond; *nitida*, L.; *nivalis*, DC.; *fragaria*, Poir.; *rupestris*, L., subissent le même sort de la part de ces animaux.

Genre Comaret, *Comarum*, L.

Calice à dix divisions dont cinq plus petites, alternant avec les cinq autres plus grandes; corolle à cinq pétales; réceptale spongieux, grand, ovale et persistant.

COMARET DES MARAIS, *Comarum palustre*, L. (Quinte-feuille à fleurs rouges).—Tiges rampantes à leur base; feuilles à cinq à sept folioles ovales, oblongues, vertes en dessus, blanchâtres et un peu pubescentes en dessous, incisées ou dentées; fleurs terminales, pédonculées; calice d'un rouge sombre; graines petites, enfoncées dans le réceptacle.—Vivace.

Obs. Cette espèce est commune dans les marais des

montagnes et dans ceux des plaines du nord de l'Europe. Les bestiaux la mangent rarement; les vaches cependant la broutent quelquefois.

Genre Tormentille, *Tormentilla*, L.

Calice à huit divisions, dont quatre plus petites, alternant avec les plus grandes.

Tormentille droite, *Tormentilla erecta*, L. (Blodrot).—Tiges souvent couchées, diffuses, puis redressées, un peu velues, ramassées et garnies de feuilles sessiles, composées de trois à cinq folioles digitées, lancéolées, dentées en scie; fleurs jaunes, petites, solitaires, pédonculées, axillaires; pétales échancrés en cœur.—Vivace.

Obs. Plante très-commune qui croît le long des champs et des bois, sur le bord des chemins et sur les pelouses un peu sèches. A l'exception des chevaux, tous les bestiaux la mangent; mais sa petitesse lui donne peu d'importance comme plante fourragère. Les cochons recherchent beaucoup ses racines.

Le *T. reptans*, L., n'en est probablement qu'une variété qui du reste partage toutes ses propriétés.

Genre Ronce, *Rubus*, L.

Calice persistant à cinq divisions; cinq pétales insérés sur le calice; étamines nombreuses; réceptacle des graines court et conique; chaque graine enveloppée de pulpe, d'où résulte une baie composée de petits drupes réunis.

Ronce framboisier, *Rubus idæus*, L. — Tiges blanchâtres, inermes ou plus souvent aiguillonnées, hautes de un à deux mètres; feuilles alternes, petiolées, les inférieures à cinq, les supérieures à trois folioles ovales, aiguës, blanchâtres, un peu pubescentes en dessous; fleurs blanches; pédoncules velus; fruits rouges.—Vivace.

Obs. Le Framboisier est très-commun dans les bois et les lieux pierreux du nord de l'Europe. On le retrouve encore dans l'intérieur de la France, mais dans les montagnes seulement. Il aime l'ombre et l'exposition du nord. Excepté le cheval, tous les bestiaux mangent volontiers ses feuilles, surtout dans leur jeunesse.

Ronce des rochers, *Rubus saxatilis*, L.—Plante à rejets rampants, inermes, haute de deux à quatre décimètres; feuilles composées de trois folioles ovales, glabres ou un peu pubescentes, celle du milieu longuement pédicellée, les deux latérales sessiles; fleurs blanches en un petit corymbe terminal; baies rouges, composées d'un petit nombre de graines.

Obs. Cette petite Ronce croît dans les pays de montagne, sur les rochers et sur les pentes herbeuses, où souvent elle se mêle aux autres végétaux herbacés, et allonge beaucoup ses tiges. Elle est commune sur le flanc ouest du puy de Dôme. Elle se dessèche très-bien, et forme un bon fourrage que tous les animaux mangent volontiers. A l'état frais, tous la mangent également, mais les chèvres et les moutons la recherchent avec beaucoup d'avidité.

RONCE GRIMPANTE, *Rubus fruticosus*, L. (Catimuron, Mûrier des haies).—Tiges anguleuses, sarmenteuses et fortement aiguillonnées ; feuilles composées presque toutes de cinq folioles ovales, aiguës, vertes en dessus, cotonneuses et blanchâtres en dessous, dentées en scie; fleurs blanches ou violettes en grappes ou en bouquets.—Vivace.

Obs. La Ronce croît partout, dans les haies, les bois et les buissons, le long des champs et des fossés, enfin dans tous les lieux où elle peut trouver un sol frais et fertile, bien qu'elle croisse également, mais moins vigoureusement, dans des sols arides et pierreux. Tous les animaux mangent avec plaisir les feuilles de la Ronce. Les daims et les cerfs s'en nourrissent l'hiver dans les parcs et les bois; les chèvres et les moutons la recherchent avec avidité ; les bêtes à cornes la broutent volontiers, et le cheval ne fait qu'épointer ses pousses et n'y touche plus quand les feuilles ont durci. Les *R. cæsius*, L.; *glandulosus*, Bell.; *collinus*, DC.; *tomentosus*, Willd.; et *corylifolius*, Smith, partagent les propriétés du *fruticosus*.

Bien que M. Th. Leblanc de Cavenham ait précocisé en Angleterre la Ronce, comme très-propre à former des haies dans les terrains maigres et sablonneux, je ne pense pas qu'on la cultive nulle part pour cet usage.

Indépendamment des plantes que nous venons de décrire, la famille des Rosacées contient un grand nombre d'arbres et d'arbrisseaux dont les feuilles et les jeunes rameaux conviennent à tous les bestiaux à l'état frais ou en fagots desséchés.

Les divers Pruniers, Cerisiers, Azeroliers, Néfliers,

Sorbiers, Poiriers, etc., peuvent offrir aussi de grandes ressources.

FAMILLE DES LÉGUMINEUSES.

Famille de plantes dicotylédones polypétales, à étamines périgynes, appartenant à la *Péripétalie* de M. de Jussieu et aux *Exogènes caliciflores* de M. de Candolle. Son caractère général est formé des suivants : le calice est monosépale, à cinq divisions, rarement à quatre, et alors cela tient à l'avortement d'un des sépales, ou bien à ce que deux de ceux-ci se sont soudés : les sépales étant plus ou moins intimément unis à là base, le calice peut être quinquéfide, quinquépartite ou à cinq dents, mais jamais quinquésépale ; les sépales sont inégaux ou réunis inégalement en deux lèvres, dont la supérieure est formée de deux sépales libres ou réunis au sommet; et l'inférieure de trois sépales le plus souvent distincts au sommet; le nombre des pétales est ordinairement de cinq, mais par suite d'avortement il peut être réduit à quatre, trois, deux ; parfois même ils manquent entièrement ; ces pétales sont égaux ou inégaux, insérés le plus souvent au sommet du calice, plus rarement au *torus*, presque toujours libres ; ils se trouvent cependant réunis quelquefois en une corolle gamopétale ; leur estivation, ordinairement imbricative, est plus rarement valvaire ; les étamines, insérées au même point que les pétales, sont ordinairement en nombre double de ces derniers; cependant il arrive parfois que ce nombre est triple ou quadruple, parfois aussi on n'en compte que cinq, ou même moins ; ces étamines sont tantôt libres, tantôt au contraire elles sont réunies par leurs filets, et peuvent être alors monadelphes, diadelphes, ou même, mais plus rarement, triadelphes ; dans le cas de diadelphie, le nombre d'étamines qui composent chaque faisceau peut varier : ainsi, tantôt un des faisceaux contient neuf étamines quand l'autre n'en contient qu'une seule, d'autres fois, au contraire, chaque faisceau contient un nombre égal d'étamines ; les anthères, toujours distinctes, sont biloculaires, arrondies, quelquefois oblongues, et dégénèrent parfois en filaments plus ou moins nombreux ; le nombre des carpelles peut varier, d'après les avortements, d'un à cinq ; l'ovaire est oblong ou ovale, sessile ou stipité, libre ou plus rarement attaché au calice ; il est surmonté d'un style filiforme, et d'un stigmate latéral ou terminal. Le fruit est une gousse bivalve, ordinairement membraneuse et coriace, plus rarement charnue ou drupacée. La forme, la déhiscence de ce fruit offrent aussi beaucoup de variétés : ainsi, les gousses peuvent être déhiscentes ou indéhiscentes, s'ouvrant ordinairement en deux valves ; elles se partagent quelquefois en trois ou en quatre, ce qui est dû à de fausses cloisons ; uniloculaire dans la plupart des genres, elles sont multiloculaires dans quelques-uns, au moyen de cloisons transversales qui séparent les graines, et quelquefois ces loges distinctes sont formées de pièces articulées qui se détachent plus ou moins facilement ; enfin quoiqu'elles soient généralement comprimées et allongées, on en remarque de globuleuses, de cylindriques ou de filiformes, etc. Le nombre de graines varie : on en trouve deux ou un plus grand nombre, et parfois une seule par suite d'avortement ; elles sont fixées alternativement , et sur un seul rang , à la suture supérieure de chaque valve ; elles sont arrondies ou réniformes ; leur funicule varie et se développe parfois en arille ; leur test est lisse, et parfois d'un aspect poli comme le marbre ; l'endoplèvre est souvent gonflé ; le périsperme est nul ; l'embryon est tantôt dressé , tantôt homotrope ou pleurorhizé ; car la radicule est tantôt infléchie,tantôt recourbée. et couchée sur la commissure que laissent entre eux les deux cotylédons ; mais , dans ces deux cas, la radicule est toujours tournée vers le hile. Les cotylédons sont tantôt foliacés , planes , se changeant par la germination en feuilles vertes et munies de stomates , tantôt charnus , et n'éprouvant alors aucune altération pendant cet acte ; enfin , ils peuvent être épigés , ou rester sous terre enveloppés dans le spermoderme. — Les *Légumineuses* sont des arbres , des arbrisseaux ou des herbes ; leur habitus varie ; leurs feuilles sont souvent alternes, pétiolées , munies de deux stipules à leur base , simples ou diversement composées ; leur pétiole est souvent calleux à la base , quelquefois dilaté en un véritable limbe , par suite du non développement des folioles ou du limbe primitif. Cette famille peut présenter à peu près tous les modes d'inflorescence : ainsi, les fleurs sont axillaires ou terminales , solitaires, géminées, fasciculées, en épis ou en grappes , etc. — Cette famille , l'une des plus vastes du règne végétal , comprend, d'après M. de Candolle (Prodomus , t. II), deux cent quatre-vingt-trois genres , auxquels se rapportent plus de trois mille espèces.

Obs. Une seule section des Légumineuses doit ici nous occuper , c'est le groupe nombreux des Papilionacées. Une foule d'espèces plus curieuses et plus utiles les unes que les autres , viennent se ranger sous les caractères principaux que nous venons d'énumérer; et, sous le rapport agricole , les Légumineuses marchent de pair avec les Graminées. Ces plantes annuelles ou vivaces donnent pour la plupart une grande quantité de fourrage très-substantiel , que tous les animaux recherchent avec avidité, soit qu'on le leur donne en vert, ce qu'ils préfèrent, ou séché comme le foin des prairies. Les principes sucrés, gommeux et amilacés, matières nutritives par excellence pour les herbivores, se trouvent très-developpés dans les Légumineuses , dont les divers genres , assez multipliés, vont successivement nous occuper. Selon M. Yvart , les Légumineuses dominent dans les meilleures prairies de la Prévalais. Il existe du reste , dans cette famille , trois plantes qui semblent destinées par la nature à faire la richesse de l'agriculteur en couvrant le sol de leurs feuilles savoureuses. L'une exige des terres fortes , profondes , qui ne soient cependant pas trop compactes, et envoie ses racines à de grandes profondeurs ; c'est la Luzerne. L'autre préfère un sol frais, un peu léger, bien perméable à l'eau ; c'est le Trèfle. Enfin si un terrain est trop sec, trop aride, trop calcaire et peu profond, le Sainfoin y prospère.

Genre Ajonc, *Ulex*, L

Calice à deux sépales concaves, colorés, accompagnés de deux petites bractées latérales ; corolle papilionacée ; étendard rabattu, échancré au sommet, carène à deux pétales ; étamines diadelphes ; gousse renflée, bivalve, à peine plus courte que le calice, contenant un petit nombre de graines.

Ajonc d'Europe, *Ulex europæus*, L. (Genest épineux, Jonc marin, Brusc, haut Jonc, Hédin, Hudin, Jan, Jauge, Jean-Brusc, Jomarin, Jonc épineux, Lande, Landier, Lande épineuse, Sainfoin d'hiver, Sainfoin d'Espagne, Vigneau). — Tige et rameaux diffus, très-durs, épineux au sommet; feuilles petites, étroites, pointues, molles et velues dans leur jeunesse, durcissant ensuite et se transformant en épines persistantes ; calice jaunâtre et pubescent.—Vivace.

Obs. L'Ajonc croît çà et là dans toute la France, aux lieux secs et stériles ; mais il est des contrées, telles que les landes, les champs sablonneux de la Bretagne et de la Vendée, où il devient si commun qu'il couvre le sol sur d'immenses étendues. Cette facilité de croître sur les terrains les plus ingrats et d'occuper des landes où toute autre végétation devient impossible, a fait imaginer d'employer l'Ajonc comme plante fourragère, et cela malgré ses nombreuses épines. On le sème maintenant sur des terrains très-étendus, siliceux et non calcaires. Son emploi a rendu à la culture, en Bretagne et dans la basse Normandie, des terrains qui, sans lui, seraient certainement encore en friche. On doit préparer le semis par plusieurs labours et jeter à la volée 15 kilog. de graines par hectare. Un hersage très-léger suffit pour les recouvrir. On sème en mars ou avril, en ayant soin de choisir de préférence la graine nouvelle, car elle se conserve peu, et contient ordinairement beaucoup de grains qui ne germent pas. On peut aussi semer en lignes ou en rayons; enfin, on associe quelquefois l'Ajonc à l'Orge où à l'Avoine, qui, par leur ombrage, favorisent sa germination ; mais comme l'Ajonc, aussitôt sorti de terre, cherche l'air et le soleil, cette association n'a de succès qu'autant que l'Orge et l'Avoine sont semées très-clair.

La seconde année, il faut avoir soin de couper les jeunes pousses avant leur floraison, qui a lieu l'hiver ou au commencement du printemps, et dans les années suivantes on continue la récolte tout l'hiver, à mesure des besoins. On peut continuer ainsi pendant 8 à 10 ans.

Ordinairement l'Ajonc est coupé, ou, pour mieux dire, tondu deux fois par an, et quelquefois davantage. Comme il importe, pour l'avoir plus tendre, de l'empêcher de fleurir, et que ses fleurs s'épanouissent ordinairement dès le commencement de l'hiver, on le tond à la fin de l'automne, et comme cette coupe, en empêchant la floraison, la met en quelque sorte en réserve pour le printemps, on le coupe de même dès le commencement de cette saison. De cette manière, les tiges n'ont pas le temps d'acquérir assez de dureté pour résister à la faux, mais elles sont déjà trop dures et armées de trop fortes épines pour qu'on puisse les donner aux bestiaux sans avoir préalablement brisé ces épines, soit en les écrasant sous les moulins à cidre, soit en les frappant fortement avec un maillet sur un billot.

Le sol se trouve alors amélioré; on arrache l'Ajonc et l'on brûle les souches et les racines, qui laissent ainsi sur le sol leur cendre fertilisante, qui permet quelquefois de faire succéder des céréales.

Tous les bestiaux l'aiment beaucoup, mais ils seraient bientôt blessés par ses longues feuilles épineuses, si l'on n'avait soin auparavant de les écraser au maillet ou à la meule. Aussi n'emploie-t-on jamais que les jeunes pousses de l'année. Les chevaux et les bêtes à cornes se trouvent très-bien de cette nourriture. Elle leur donne de l'embonpoint, et les vaches qui en sont nourries pendant l'hiver continuent de donner du lait en abondance; on assure même que leur lait devient plus gras et plus savoureux

Dès 1666, Querbrat-Calloët, en parlant de l'éducation des chevaux, a indiqué cette plante comme très-utile pour la nourriture des poulains et a proposé une machine pour la piler.

Semé en ligne sur le revers des fossés, l'Ajonc fait des clôtures qui au bout de deux à trois ans seraient impénétrables, s'il n'avait pas l'inconvénient de se dégarnir par places plus ou moins étendues. Il faut, dans leur jeunesse, les garantir avec soin de la dent des animaux.

L'*Ulex nanus*, Smith, qui diffère du précédent par de moindres proportions, croît également dans des lieux très-arides et partage les propriétés de l'*europæus*. Il n'est pas habituellement cultivé.

Genre Genêt, *Genista*, L.

Calice à cinq dents dont deux supérieures et trois inférieures ; ailes et carène abaissées et écartées de l'étendard ; gousses oblongues, comprimées, uniloculaires, à une ou plusieurs graines.

Obs. Les Genêts forment des arbrisseaux souvent durs et épineux qui, pour ces deux motifs, sont complétement négligés des bestiaux ; mais il en est dont les rameaux lisses et feuillés offrent aux animaux une nourriture qui leur plaît jusqu'à l'époque où ces mêmes rameaux vieillis ont acquis trop d'amertume ou de dureté pour leur servir de pâture.

GENÊT D'ESPAGNE, *Genista juncea*, L. — Tige ligneuse, de un à trois mètres, chargée d'un grand nombre de rameaux presque nus et ressemblant à des joncs ; feuilles peu nombreuses, glabres, lancéolées ; fleurs en grappe lâche ; gousses comprimées, oblongues, linéaires, légèrement velues ; graines réniformes. — Vivace.

Obs. On rencontre cet arbrisseau à l'état sauvage sur les coteaux arides de la Provence et de l'Espagne. On le cultive comme fourrage dans le bas Languedoc. On choisit pour cela une bonne exposition et une terre légère et sablonneuse que l'on a soin de bien ameublir. On sème à la volée et très-clair, à la fin de l'automne, à raison de 3 à 4 kilog. par hectare, et dès l'année suivante, on éclaircit au besoin. Au bout de trois ans, on peut commencer à couper, pendant l'hiver, de jeunes rameaux, dont on nourrit les moutons et les chèvres, et quand le temps le permet, on les mène brouter eux-mêmes les jeunes pousses. Cette nourriture, prolongée, produit quelquefois une légère inflammation des voies urinaires qui se dissipe très-facilement en supprimant la cause, et en remplaçant ensuite une portion du Genêt par un autre fourrage. Poiret assure que les gousses sont malfaisantes et qu'il faut éviter de les donner aux animaux ; les abeilles recherchent beaucoup ses fleurs odorantes, et ses graines sont propres à nourrir les oiseaux de basse-cour

et les perdrix. Une plantation de ce Genêt peut fournir des rameaux pendant plus de trente ans.

GENÊT A BALAIS, *Genista scoparia*, Lam. — Tige ligneuse, haute de
un à deux mètres; rameaux nombreux, dressés, flexibles, anguleux;
feuilles petites, ovales, lancéolées, un peu velues, les inférieures
ternées; les autres simples, presque sessiles; fleurs presque en épi,
d'un beau jaune, grandes; gousses oblongues, comprimées, velues
sur les deux bords. — Vivace.

Obs. Ce bel arbrisseau est extrèmement fréquent dans
les lieux arides, incultes, sablonneux et exposés au soleil.
Il épanouit en mai et juin une multitude de fleurs dorées.

Il existe de grandes cultures de ce Genêt, non seulement comme bois à brûler, mais comme fourrage. On
utilise ainsi des terres qui, après une maigre récolte
d'Avoine, resteraient long-temps incultes. On le sème en
mars et avril, et à raison de 4 à 5 kilog. par hectare,
avec cette céréale, et la troisième année on peut couper les jeunes rameaux pour les vaches, les chèvres,
les moutons et les chevaux. Il faut éviter de les laisser
durcir, car alors ces animaux ne les mangent plus que
lorsqu'ils sont pressés par la faim, à moins qu'on ne les
écrase comme l'Ajonc.

A. Young rapporte que M. Keilk d'Aberdeen les faisait
briser au moulin à foulon avant de les donner à ses bestiaux, qui les mangeaient ainsi écrasés avec une sorte
d'avidité. Il fait observer que, pendant le labour, ses
chevaux suaient beaucoup, ce qui prouve, selon lui, que
cette nourriture est très-substantielle. (Cela ne prouve-
rait-il pas le contraire?) M. Gordon fait usage du Genêt
pour nourrir ses chevaux, ses bœufs et ses bêtes à laine;
mais il se contente de le faire écraser sous une presse.
Dans un hiver où le fourrage devint rare, il nourrit 25
chevaux avec du Genêt; depuis cette époque il ne le
laisse plus manger par son bétail, il le conserve pour
ses chevaux. Tous les ans, au printemps, il fait mettre
le feu à de vastes champs de Genêts, qui repoussent ensuite très-rapidement, ce qui lui fournit ensuite une
pâture pour les bêtes à laine.

Dans les Cévennes, on nourrit les moutons avec les
rameaux frais du Genêt pendant l'été et son feuillage
sec pendant l'hiver. Ils recherchent beaucoup sa graine.
Dans les prairies où il se développe, on s'en débarrasse

aisément en le coupant ras de terre pendant qu'il est en
fleur. Il repousse alors rarement ; mais si, par la suite, on
rompait la prairie pour en faire une terre meuble , la
graine, dont le gazon empêchait le développement,
germerait et paraîtrait tout-à-coup et pendant plusieurs
années.

Genêt des teinturiers, *Genista tinctoria*, L. — Tiges ligneuses,
hautes de trois à six décimètres, à rameaux droits et serrés contre la
tige ; feuilles éparses, ovales, lancéolées, presque sessiles ; fleurs
jaunes en épi ; gousses glabres, oblongues.—Vivace.

Obs. Tous les animaux, mais principalement les chevaux et les moutons, mangent volontiers ce Genêt, qui
forme de larges touffes dans les sols élevés, et surtout
dans les terrains volcaniques, où il dure très-long-
temps, se sème, lève et se propage avec facilité. Ses
racines atteignent jusqu'à deux mètres de longueur.

On trouve dans les montagnes du Mont-Dore, et notamment autour du lac Pavin, une variété de ce Genêt
dont les feuilles sont larges et semblables à celles du
Buis, et qui est peut-être une espèce distincte. Elle forme
de magnifiques gazons et donne beaucoup plus de fanes
et des tiges bien moins dures que l'espèce ordinaire.
Cette espèce se propagerait certainement avec facilité
sur toutes les pelouses des montagnes, puisqu'elle abonde
sur quelques points où elle forme d'excellents pâturages.
Sa graine est grosse, et peut être semée avec d'autres
plantes fourragères en automne, ou au printemps, par-
dessus une céréale d'hiver.

Genêt sagitté, *Genista sagittalis*, L.—Souche ligneuse ; rameaux
herbacés, comprimés, un peu velus et ailés, membrane articulée et
rétrécie de distance en distance, et munie à chaque rétrécissement
d'une feuille sessile, ovale, entière, plus courte que l'entre-nœuds ;
fleurs jaunes, grandes, en épi terminal, serré ; calice velu ; gousses
comprimées, noirâtres et velues.—Vivace.

Obs. On trouve en abondance cette petite espèce sur
les pelouses sèches, au milieu des buissons. Elle s'étale
et forme de larges touffes qui, en juin, se couvrent
d'une multitude de fleurs jaunes du plus bel éclat. Les
bestiaux refusent cette plante ; quelquefois cependant
ils épointent les jeunes pousses, mais quand ils trouvent
d'autres plantes, ils laissent celle-ci parfaitement intacte.

Elle nuit beaucoup dans les prairies sèches par le grand espace qu'elle occupe.

On trouve aussi, dans les montagnes d'Auvergne, une variété plus grande, à larges feuilles, qui ne plaît pas davantage aux bestiaux.

Les *G. prostrata*, Lam., et *humifusa*, L., qui habitent aussi les montagnes, ne sont épointés par les bestiaux que dans leur jeunesse.

Gᴇɴᴇᴛ ᴠᴇʟᴜ, *Genista pilosa*, L. — Tiges rameuses, un peu couchées, ligneuses, longues de un à trois décimètres ; feuilles petites, lancéolées, pliées en gouttière, un peu velues en dessous; fleurs jaunes, presque sessiles, axillaires, nombreuses ; corolles, calices et gousses couverts de poils soyeux. — Vivace.

Obs. Ce Genêt croît aux lieux pierreux des montagnes, sur les pelouses, parmi les bruyères. Il s'étend en touffes assez larges, et produit un grand nombre de rameaux très-courts. Il fleurit en avril et mai, et continue long-temps encore à épanouir des fleurs.

Cet arbrisseau enfonce ses racines dans le sol ou dans les fentes des rochers, à la profondeur de deux à trois mètres. Aussi croît-il facilement dans les sols les plus secs, et il végète pendant les plus grandes chaleurs comme pendant l'hiver. Il fleurit souvent en février et mars, et comme ses branches sont soyeuses et non épineuses, les animaux, et surtout les moutons, le recherchent beaucoup. Ils le broutent jusqu'à sa souche, qui repousse immédiatement et produit de nombreux rameaux. Cette plante s'étale beaucoup dans tous les lieux où elle est broutée, et pourrait utiliser de très-mauvais terrains où elle remplacerait avantageusement la Bruyère.

Sa graine, qui est grosse, lève promptement et facilement. Il s'associe très-bien aux plantes fourragères des terrains secs et procure un pâturage presque continuel. C'est de tous les Genêts fourragers celui qui atteint sur les montagnes les stations les plus élevées. Je l'ai trouvé au Cantal sur le sommet du puy Mary; toutefois il ne peut croître au-dessus de 2,000 mètres.

Gᴇɴᴇᴛ ᴅ'Aɴɢʟᴇᴛᴇʀʀᴇ, *Genista anglica*, L. — Souche et rameaux ligneux, glabres, un peu couchés, garnis d'épines fines et acérées; feuilles petites, étroites, lancéolées, aiguës; fleurs jaunes, solitaires, axillaires, un peu pédonculées et placées au sommet des rameaux ; gousses glabres, un peu renflées, aiguës. — Vivace.

Obs. Ce Genêt, assez commun sur les pelouses arides, se défend de tous les bestiaux par ses nombreuses épines. Il en est de même des *G. hispanica*, L., et *germanica*, L., qui sont également épineux. J'ai vu cependant les moutons braver ces épines, et épointer la première et la dernière de ces trois espèces.

Il existe encore plusieurs autres espèces de Genêt assez communément répandues dans les provinces méridionales; mais leurs longues et fermes épines, la rareté de leurs feuilles et la dureté de leurs tiges sont des obstacles que les animaux n'essaient pas de surmonter.

Genre Cytise, *Cytisus*, L.

Calice à cinq dents, à deux lèvres; carène dressée; gousses un peu rétrécies à leur base, comprimées; étamines monadelphes.

Obs. Les Cytises sont presque tous de véritables arbrisseaux qui se contentent de terrains peu fertiles et y croissent rapidement et avec vigueur. Les animaux mangent assez volontiers leurs feuilles, et quoique tout-à-fait étrangers aux prairies, ils peuvent néanmoins être considérés comme plantes fourragères. Nous allons en examiner quelques-uns.

CYTISE FAUX ÉBÉNIER, *Cytisus laburnum*, L. (Arbois, Aubour, Bois de lièvre, faux Ebénier, Ebénier sauvage, des Alpes).—Arbre de trois à six mètres; écorce verdâtre; feuilles composées de trois folioles ovales, oblongues, un peu soyeuses et blanchâtres en dessous, portées sur de longs pétioles; fleurs jaunes, odorantes, en longues grappes pendantes.—Ligneux.

Obs. Cet arbre croît naturellement dans les Alpes et le Jura. On le cultive du reste comme fourrage; il croît très-rapidement, et sa graine, semée en mars, donne bientôt de jeunes plants que l'on peut transplanter à l'automne même ou au printemps suivant. Les sols arides, sablonneux, graveleux ou volcaniques lui conviennent; la craie lui est contraire. Il n'exige du reste aucune espèce de culture. On l'effeuille comme le Mûrier, on le donne vert aux troupeaux, ou bien on le conserve pour l'hiver, après l'avoir fait sécher. A cet effet, on coupe les jeunes branches en août et en septembre, après que le soleil en a dissipé la rosée, et quand elles sont sèches on les réunit en petits fagots que l'on conserve dans les granges. Les chèvres et les moutons mangent très-volontiers le Cytise, mais les autres animaux ont besoin de s'y accoutumer, ce qui a lieu promptement pour les vaches, qui, comme les brebis, en deviennent, dit-on, plus fécondes.

La culture du Cytise est beaucoup trop négligée dans les contrées arides, où cet arbre serait d'une très-grande ressource. Dans de bons terrains, on peut le semer en février, comme plante annuelle, et le faucher en juin ou juillet, pour le faire manger en vert, ou bien le couper au pied, en automne, et en sécher immédiatement les jeunes pousses. Il supporte très-bien la taille.

CYTISE A FEUILLES SESSILES, *Cytisus sessilifolius*, L. (Trèfle des jardiniers).—Arbrisseau de un à deux mètres, très-rameux ; feuilles à trois folioles, petites, arrondies ou ovales, un peu mucronées, les supérieures sessiles ; fleurs jaunes, en grappes courtes, terminales ; deux à trois petites écailles caduques à la base du calice. — Arbrisseau.

Obs. On le rencontre dans le midi de la France et de l'Europe, sur les coteaux exposés au soleil. On peut, comme le précédent, le multiplier très-facilement par ses graines et le cultiver de la même manière. Les bestiaux mangent volontiers ses feuilles, ses fleurs et ses jeunes pousses. Les *C. hirsutus*, L.; *capitatus*, Jacq.; *argenteus*, L., sont également broutés par les chèvres et les moutons.

Genre Lupin, *Lupinus*, L.

Calice bilabié ; carène à deux pétales ; dix étamines monadelphes, dont cinq à anthères oblongues et cinq à anthères arrondies ; gousses oblongues, coriaces, comprimées, polyspermes.

Obs. On connaît un grand nombre d'espèces et de variétés de Lupin, qui sont cultivées dans les jardins pour la beauté de leurs fleurs. Ce sont en général d'assez bonnes plantes fourragères dont la culture, surtout comme plantes fertilisantes, doit gagner encore beaucoup de contrées où elle est tout-à-fait inconnue.

LUPIN BLANC, *Lupinus albus*, L. (Pois-loup, Fève de loup). — Tige jaunâtre, fistuleuse, un peu velue ; feuilles alternes, composées de cinq à sept folioles oblongues, molles, entières, entourées de poils fins, luisants, argentés ; fleurs blanches, assez grandes ; fruits velus. — Annuel.

Obs. Cette espèce, originaire des contrées méridionales de l'Europe, est cultivée en grand dans plusieurs parties de la France et de l'Italie. Elle craint le froid, et le retard apporté à son semis par les gelées tardives du nord de la France, empêche de la cultiver dans nos départements septentrionaux. On le sème sur de très-mauvais terrains, tels que les sables ferrugineux et graveleux, les argiles maigres des terres rouges et ocreuses. Il craint beaucoup les terrains aquatiques et les sols compactes et limoneux. On emploie environ un hectolitre de graines par hectare.

Quand on sème le Lupin pour engrais, c'est immédiatement sur un seul labour donné au chaume aussitôt après la récolte. On l'enterre en fleur par un second labour, et l'on peut semer immédiatement des céréales qui vivent et végètent aux dépens du Lupin. Cette plante, dans nos climats, pourrait, en quelque sorte, remplacer la *Sulla* de Malte, tant il est vrai que les Légumineuses et les Graminées sont les deux familles qui alternent le mieux dans toute espèce de culture, familles très-éloignées par leurs caractères botaniques, et plus éloignées encore par leur manière de vivre, car les Graminées se nourrissent aux dépens de la terre, et les Légumineuses aux dépens de l'atmosphère.

Malgré cette propriété fertilisante du Lupin, on peut encore en profiter comme fourrage et le faire paître en partie pour l'enfouir après, sans que la récolte de céréale en souffre sensiblement. La singulière propriété que possède cette plante d'emmagasiner la matière organique dans les nodosités de sa racine, augmente encore sa valeur. Comme les deux labours donnés pour semer et enfouir le Lupin sont indispensables pour le semis de la céréale, il en résulte que cet engrais ne coûte que le prix de la graine et le temps employé à la semer; encore cette valeur est plus que compensée par la dépaissance d'une partie de la plante.

Comme plante fourragère, il est quelques cantons des Pyrénées-Orientales où on lui associe le Trèfle incarnat. Ces deux plantes, fleuries, offrent des champs d'un admirable effet, et produisent un excellent fourrage.

On peut aussi faire pâturer le Lupin par les moutons, qui s'en accommodent beaucoup mieux que tous les autres animaux. Il faut alors le faire avant qu'il n'ait durci. Sec, il est mangé par tous les bestiaux, mais d'abord avec répugnance.

Le Lupin, dit Yvart, dans son excellent *Traité de la succession de cultures,* peut s'intercaler très-avantageusement avec la plupart des plantes des terrains secs et légers et surtout avec le Seigle, l'Orge et les autres plantes épuisantes. Il peut être semé immédiatement après la consommation des fourrages ou pâturages précoces, soit qu'on le destine à la nourriture des hommes, ou à celle des animaux, ou à l'engrais de la terre.

Lupin bigarré, *Lupinus varius,* L. — Tige velue; feuilles de cinq à neuf folioles digitées, un peu velues, ovales, lancéolées, très-obtuses; stipules très-étroites, descendant sur la base des pétioles; fleurs bleues ou rougeâtres; calice velu, à deux lèvres; graines très-grosses. — Annuel.

Obs. Cette espèce, bien moins répandue que la précédente, croît çà et là dans les moissons des provinces méridionales. On la cultive comme la précédente et elle réussit de même. Les moutons aiment beaucoup ses feuilles, et ses graines grosses et aplaties peuvent engraisser les bestiaux.

Les *L. angustifolius,* L.; *luteus,* L., et *hirsutus,* L., peuvent aussi remplacer les précédents, bien que la préférence soit accordée par la routine peut-être au premier que nous avons décrit.

Genre Bugrane, *Ononis,* L.

Calice à cinq divisions; étendard grand et strié; filets des étamines réunis à leur partie inférieure; gousses ordinairement renflées, uniloculaires, polyspermes; stipules courantes à la base des pétioles.

Obs. Les *Ononis* sont des plantes herbacées dont les souches, quelquefois ligneuses, et les longues racines envahissent le sol au point de gêner le labourage. Telles sont du moins les espèces les plus communes de ce genre. Plusieurs d'entre elles sont munies d'épines longues et acérées qui empêchent les bestiaux d'en approcher quand les rameaux commencent à durcir. A l'exception des chevaux, les autres animaux broutent assez volontiers les jeunes pousses de ces espèces, mais ce genre est, parmi les Légumineuses, un de ceux qui plaisent le moins au bétail.

Bougrane épineuse, *Ononis spinosa*, L. (Agavon, Agon, Arrête-bœuf, Arc-bœuf, Bougraine, Bougrane, Bugave, Bugrande, Care-bœuf, Epine de bœuf, Mâche noire, Tendon). — Tiges dures, velues, ou presque glabres, étalées à la surface du sol et non épineuses dans leur jeunesse; feuilles ternées, à trois folioles ovales, obtuses, dentées, légèrement pubescentes; feuilles supérieures quelquefois simples; stipules courantes sur les pétioles; fleurs axillaires, solitaires ou géminées, blanches ou purpurines; pédoncules courts; gousses courtes et velues. — Vivace.

Obs. Elle est très-commune dans les champs, sur les tertres, le long des chemins, et quelquefois dans les prés secs ou voisins de la mer ou de sources minérales. Elle ne craint pas les terres fortes et argileuses. Ses jeunes pousses sont broutées par les chèvres, les ânes, les vaches et les moutons. Ces derniers s'en dégoûtent facilement, et tous l'abandonnent bientôt à cause de ses épines, qui augmentent et durcissent en même temps que l'âge des rameaux. Bosc conseille de la cultiver dans les localités trop en pente pour obtenir autre chose; ses racines traçantes retiendraient le terrain. Les *O. arvensis*, Lam. ; *antiquorum*, L. , et même *altissima*, Lam.., partagent les propriétés de celle-ci.

Je n'ai aucune donnée sur les autres espèces d'*Ononis*, mais je présume que toutes sont broutées par les bestiaux, au moins dans leur jeunesse.

Genre Anthyllide, *Anthyllis*, L.

Calice renflé à cinq dents; dix étamines réunies par leur base; gousse petite, à une ou dix graines, et renfermée dans le calice.

Anthyllide vulnéraire, *Anthyllis vulneraria*, L. (Trèfle jaune, Vulnéraire des paysans). — Racines longues et pivotantes; tiges nombreuses, presque simples; feuilles ailées; folioles inférieures peu nombreuses; la terminale plus grande, folioles des autres feuilles en plus grand nombre, oblongues, lancéolées; têtes de fleurs souvent géminées, munies chacune à leur base d'une bractée digitée. — Vivace.

Obs. On rencontre souvent cette plante formant de larges touffes, et étalant ses fleurs jaunes sur les pelouses et les pâturages un peu secs. Elle produit peu de foin, mais elle repousse assez vite. Elle est sans contredit une des meilleures plantes de ces prairies sèches, si souvent envahies par des espèces peu fourragères. Celle-ci est broutée par les moutons, les chèvres et les bêtes à cornes. Les chevaux, quoique plus délicats, mangent aussi ses jeunes pousses, mais ils la négligent à l'époque de sa floraison. Elle se dessèche très-bien, donne un bon foin, mais peu abondant. L'*A. tetraphylla*, L., qui habite le Midi, ainsi que le *montana*, L., partage les propriétés économiques de l'*A. vulneraria*.

Genre Trèfle, *Trifolium*, L.

Calice tubuleux, persistant, divisé au sommet en cinq parties peu profondes; fleurs composées de pétales souvent soudés; carène plus courte que les ailes et l'étendard; étamines diadelphes; fruit formé par une gousse courte, surpassant à peine le calice, ovale ou plus rarement oblongue, et contenant une ou deux graines qui en sortent difficilement; fleurs disposées en têtes ou en épis, rarement solitaires; tiges droites ou couchées; feuilles ternées.

Obs. Les Trèfles sont nombreux en espèces, et présentent toutes les qualités du meilleur fourrage. Leurs tiges sont toujours tendres, quoique la plupart soient vivaces; leurs feuilles nombreuses garnissent la plante dans toute sa longueur; les fleurs, assez grosses par leur réunion, sont aussi nourrissantes que les feuilles. Celles-ci se dessèchent assez facilement, plaisent en vert ou en sec à tous les animaux, et sont une des principales ressources de l'agriculteur. Les Trèfles ont encore un avantage, c'est de vivre en société, de former des gazons qui se dégarnissent peu, et qui admettent cependant un grand nombre d'autres plantes sans nuire à leur végétation. On les rencontre partout, dans les prairies, sur le bord des chemins, sur la lisière des bois; on voit leurs fleurs roses ou blanches se mêler à celles de toutes les bonnes prairies; on les voit couvrir des terrains arides, où les chèvres et les moutons savent les trouver, et s'élever graduellement des pâturages marécageux de la Hollande, jusque sur les bords des glaciers qui couvrent la cîme des Alpes et des Pyrénées.

Trèfle des prés, *Trifolium pratense*, L. (Trèfle rouge, Trèfle de Hollande, de Flandre, de Piémont, de Normandie, Clave, Tremène, Trianelle, Triolet, Herbe à vache, grand Trèfle, Trèfle pourpre, Suçotte). — Tige droite, plus ou moins élevée, garnie de feuilles ternées à folioles ovales, obtuses, entières, quelquefois marquées d'une tache noire et munies de stipules larges, glabres, à nervures très-apparentes; fleurs réunies en capitules ovales, un peu arrondis, presque sessiles; divisions du calice velues, presque égales entre elles et moitié plus courtes que la corolle; fleurs rouges, roses ou blanches. — Vivace.

Obs. Il croît naturellement dans les pâturages des montagnes et dans les prés dont le sol est frais, humide et argileux, sans être trop compacte.

Sol. — Les terrains dans lesquels on le rencontre à l'état sauvage, indiquent celui qu'on doit lui donner de préférence quand on le cultive. Quoique la plupart des sols lui conviennent, les terres argileuses, marneuses et humides, sont celles qui lui plaisent le mieux, surtout, dit Yvart, si elles ont été amendées par des matières calcaires, des fumiers longs, et par de profonds labours. Il réussit mal dans les terrains qui ne sont pas bien égouttés, dans ceux qui sont amaigris, et sur les graviers, sur les sables secs et maigres, sur les terres ferrugineuses, submergées ou marécageuses. Après les défrichements de forêts, et surtout des landes, il arrive souvent que le Trèfle réussit mal pendant huit à dix ans et même davantage (observation de M. de Dombasle). Il donne de fort belles récoltes dans les terrains volcaniques, et principalement sur ceux qui recouvrent les coulées de basalte. Il reste petit, et se dégarnit peu à peu dans les terrains purement calcaires, et en général partout où le Sainfoin se plaît, le Trèfle vient mal. Quelle que soit la nature du terrain sur lequel on le cultive, il faut qu'il soit humide, et s'il était possible de l'arroser à certaines époques, le Trèfle serait plus beau. Il faut cependant se rappeler que les terrains sur lesquels l'eau séjourne long-temps, ceux qui sont trop compactes, ne lui conviennent nullement. Il est nécessaire que le sol soit assez profond, car le Trèfle a des racines pivotantes, qui, à la vérité, sont abondamment garnies de fibrilles; il ne lui faut cependant pas un sol aussi profond qu'à la Luzerne.

Préparation du sol. — Plus le sol est ameubli mieux le Trèfle prospère; aussi plusieurs agriculteurs recommandent quatre labours avant le semis, quoique le plus ordinairement on se contente de deux. Il n'y a aucun doute que si ces labours ne coûtaient rien, quatre seraient préférables, mais il n'y a pas d'économie à les faire. Il en résulte cependant un grand avantage, c'est que le sol est beaucoup mieux nettoyé, ne reproduit plus, après la récolte du Trèfle, les mauvaises herbes que des labours incomplets n'auraient pu extirper, et que la préparation du terrain profite encore à la récolte qui doit suivre.

Époque du semis, association. — Si l'on veut faire un pré qui doit durer un grand nombre d'années, il est bon d'y faire entrer une petite quantité de Trèfle des prés; mais si l'on veut semer cette plante pour la détruire au bout de deux ans, comme cela se pratique ordinairement, il ne faut l'associer à aucune autre plante fourragère. M. Dutour assure cependant que le *Poa pratensis*, semé avec le Trèfle, offre le double avantage de donner un bon fourrage et de forcer le Trèfle à s'élever davantage, ce qui empêche les tiges de durcir. Le mieux est de le semer au printemps avec l'Orge ou l'Avoine, et de l'enterrer en même temps avec la herse garnie de fagots. On peut également le semer à cette époque sur du Seigle ou du Froment, et dans ce cas il faut attendre un temps humide et ne pas le recouvrir, il sera suffisamment ombragé par les feuilles de la céréale. Ce semis doit se faire dans le mois de mars. On pourrait également le semer en automne avec le blé ou le seigle, et en coupant un peu haut ces Graminées lors de leur maturité; le Trèfle pourrait donner, cette même année, deux coupes, et même un pâturage pour les bestiaux, si le semis avait lieu dans la partie sud de la France. Généralement on préfère le premier mode, c'est-à-dire le semis du printemps, et l'Orge et l'Avoine sont les deux plantes qu'on lui associe le plus souvent. Il y a cependant quelques circonstances où les céréales nuisent à la végétation du Trèfle, c'est quand on sème sur des terrains déjà épuisés. M. Doniol, agriculteur distingué du département de la Haute-Loire, attribue avec raison le non succès, dans cette circonstance, à deux causes différentes : la première à ce que le terrain n'avait pas reçu de bons labours, la seconde à ce qu'on sème au printemps avec de l'Orge ou de l'Avoine; car quoique le Trèfle, dit-il, arrivé à son développement, ait une racine pivotante, qui tire ses sucs nutritifs d'une couche inférieure à celle qui alimente les céréales, on conçoit très-bien cependant que, tandis qu'il est jeune, le Trèfle est obligé de partager avec elles les sels qui sont à la superficie, et qu'il doit alors souffrir beaucoup de leur voisinage. Lors donc qu'on sème du Trèfle sur une terre épuisée, et comme amendement, il faut le semer seul. Il réussit dans ce cas assez bien, pourvu que le sol ait reçu une bonne culture, et qu'il soit régulièrement plâtré au printemps, dans les localités où l'expérience n'a pas prouvé, comme dans plusieurs de celles des environs de Paris, que le plâtrage est sans efficacité. M. de Dombasle signale un inconvénient contraire : « Lorsque le sol, dit-il, est en très-bon état, et convient particulièrement au Trèfle, on a à craindre, dans les années humides, que le Trèfle, semé dans une céréale de printemps, ne prenne d'abord trop d'accroissement, et ne s'élève beaucoup avant la moisson. Cela présente deux inconvénients : 1° la récolte du grain est beaucoup diminuée ; 2° le grain moissonné doit rester beaucoup plus longtemps sur le terrain pour la dessiccation, qui devient fort difficile si la saison est pluvieuse. Il est vrai que le mélange du Trèfle rend la paille très-nutritive, si le temps est resté bien sec ; mais on risque de perdre et grain et paille, si la saison est défavorable. Le moyen d'éviter ces inconvénients est donc de semer le Trèfle quelque temps après que la céréale de mars est levée, et lorsqu'on sème dans du froment et du seigle, de ne répandre la semence du Trèfle qu'un peu tard dans la saison, lorsque la céréale commence à couvrir le terrain. » (Bon cultivateur). Voici du reste comment ce célèbre agronome résume ce qui est relatif au semis qui nous occupe. « Cette plante se sème presque toujours avec les céréales de printemps, ou sur le blé ou sur le Seigle semé en automne. Dans le premier cas, on doit semer d'abord sur le labour l'Orge ou l'Avoine, ensuite herser ou extirper pour couvrir la graine, semer le Trèfle et l'enterrer très-légèrement, soit avec une herse de bois, soit avec la herse renversée, soit avec un châssis garni d'épines. Dans la plupart des cas, lorsqu'il survient une averse immédiatement après la semaille du Trèfle, il n'a pas besoin d'être enterré du tout. Lorsqu'on le sème sur le blé, on ne doit de même le recouvrir que très-légèrement. Si la surface est très-meuble, la herse de fer l'enterre souvent trop profondément, il vaut mieux alors passer la herse et semer ensuite par un temps pluvieux, sans enterrer la semence, ou tout au plus avec la herse de bois. Un binage donné à la main au Froment ou au Seigle, enterre parfaitement bien la semence du Trèfle, et c'est certainement le meilleur moyen d'en assurer la levée régulière.

Le trèfle réussit très-bien aussi dans le Lin et dans le Sarrazin. Une excellente manière, pour quelques cas particuliers, de cultiver le Trèfle ainsi que la Luzerne, est aussi de les semer dans de l'Avoine ou de l'Orge destinées à être fauchées en vert. On coupe la céréale deux fois, si la première coupe a été faite de bonne heure, et on a ensuite ordinairement une belle coupe de Trèfle à l'automne. Si l'on veut prolonger la durée de la tréflière, une association très-utile est celle des Graminées, mais nous conseillons aux cultivateurs deux semis successifs, et séparés par une assez longue période, le semis du Trèfle avec l'Avoine, comme cela se pratique ordinairement, puis le semis d'un mélange de Graminées, immédiatement après la seconde coupe du Trèfle, c'est-à-dire qu'il vaut mieux obtenir la première année une bonne récolte de Trèfle, et se servir du fonds de végétation qui lui reste pour établir par-dessus une prairie de Graminées, qui restent en mélange avec le Trèfle, qui ne s'y trouve plus que comme plante secondaire pour garnir le bas de la prairie. On la laisse subsister tant qu'elle donne un bon produit, ce qui a lieu pendant long-temps, si l'on peut y verser des engrais liquides, puis on défriche pour obtenir du blé, qui réussit pour le moins aussi bien que si on le semait immédiatement après le Trèfle. On sème assez souvent, en Angleterre et sourtout dans le comté d'York, un mélange de quatorze parties ou livres de *Trèfle blanc*, sept *de rouge*, et sept de *Ray-Grass* par acre.

Quantité de graine. — Celle de Flandre, plus connue sous le nom de graine de *Trèfle de Hollande*, est préférable aux autres, et beaucoup plus pesante. Elle doit être d'un jaune clair, avec une teinte bleuâtre et lustrée, et nouvelle : la vieille lève encore, mais moins vite et moins complétement. Elle doit être très-propre, et surtout privée de graines de Plantain, plante épuisante qui se développe parfois en abondance dans les tréflières. On en emploie de 10 à 25 kilog. par hectare. Cette large différence vient des diverses qualités du sol : s'il est très-favorable au Trèfle, 10 à 12 kilog. suffisent, parce que chaque plante, prenant beaucoup d'accroissement, ne tarde pas à joindre ses voisines, et à couvrir l'espace qui se trouve autour d'elle, tandis que, dans les sols moins bons, il faut que le nombre des plantes supplée à leur peu de développement. Si l'on a le projet de plâtrer, il faut mettre moins de graines que dans le cas contraire. M. Vilmorin emploie dans ses terres siliço-argileuses des environs de Montargis 14 kilog. par hectare.

Culture.—Une fois semé, le Trèfle lève après la première pluie et les premiers jours de chaleur, mais il pousse lentement, ombragé par les céréales qui le protégent souvent contre la sécheresse. Il prend beaucoup d'accroissement à l'époque de la moisson, surtout s'il a été semé avec de l'Avoine, qui mûrit plus tard, et l'on est obligé de faucher un peu plus haut que de coutume pour ne pas l'endommager. Si la terre a été fumée, ou même quand elle ne l'aurait pas été, il n'exige plus aucun soin. Si cependant on avait à sa disposition un peu de fumier consommé que l'on pût répandre sur le Trèfle à la fin de l'automne, on augmenterait prodigieusement la récolte. Si l'année a été chaude et humide, on voit souvent plusieurs touffes et quelquefois le champ entier fleurir à la fin d'octobre, ce qui n'est pas avantageux; et l'on serait presque tenté de couper le Trèfle, dont la récolte d'Orge et d'Avoine a déjà remboursé les frais de labour et de semis. Il faut cependant l'abandonner à lui-même, et lui donner le temps de fortifier ses racines, et c'est à cela que la nature emploie les larges feuilles qu'il présente à cette époque. Il faut se garder d'y mettre des bestiaux, qui du reste y font beaucoup plus de mal quand il est faible que lorsqu'il a pris beaucoup de développement. Il passe l'hiver facilement, et résiste à des gelées très-intenses. Dès le printemps, il commence à pousser; c'est alors l'époque de le plâtrer, opération que l'on ne doit négliger que lorsque l'on est entièrement privé de plâtre, encore dans les départements du Nord en fait-on artificiellement, en mélangeant à de la chaux des lignites chargés de sulfate de fer. Le plâtre est toujours payé, car la récolte est doublée. La dose ordinaire est de

4 à 500 kilog. par hectare. Un léger marnage entre les
deux coupes produit souvent un bon effet. Il en est de
même de la dispersion de cendres lessivées, et de tous
les engrais salins en général. Ils doivent être répandus
par un temps humide, et lorsque les Trèfles ont déjà développé un certain nombre de feuilles. Il n'est aucune
plante sur laquelle le plâtre produise un effet aussi remarquable que sur celle qui nous occupe et sur la suivante. Le Trèfle croît rapidement et s'élève ordinairement de 3 à 6 décimètres. On en a vu cependant qui atteignait un mètre de hauteur, et dont les tiges étaient
garnies de feuilles jusqu'à la base. Il reste quelquefois
petit quand le terrain ne lui convient pas, et c'est au
détriment des feuilles, car il offre à peu près le même
nombre de fleurs.

Fauchaison, époque.—Un Trèfle bien cultivé et dont
les racines ont pu s'étendre assez profondément, donne
toujours deux belles coupes, souvent trois et quelquefois
quatre, s'il a été plâtré ou arrosé par des eaux de fumier.
Il n'est pas rare, dans le nord et le centre de la France,
de voir faire trois coupes et d'abandonner ensuite
le champ aux bestiaux, qui y trouvent, jusqu'à l'hiver,
une nourriture abondante.

L'époque de la première coupe varie selon les climats;
elle a ordinairement lieu en juin ou à la fin de mai. Elle
est déterminée par l'apparition des fleurs. Il faut y mettre
la faux aussitôt qu'une belle teinte rose se manifeste sur
la tréflière. Si l'on attend plus long-temps, la plante
peut gagner encore quelques lignes en hauteur, mais
elle perdrait une partie des feuilles de sa base, en sorte
que, si le temps le permet, il faut l'abattre de suite.

Ici se rencontre le premier désagrément que nous
offre cette précieuse Légumineuse : c'est sa dessiccation.
Les feuilles, très-minces et aussitôt flétries, sont promptement desséchées; les tiges, longues, aqueuses, retiennent avec force l'eau de végétation dont elles entretiennent les capitules fleuris, déjà secs à l'extérieur et verts
à l'intérieur. Les feuilles se détachent avec la plus grande
facilité, et l'on ne peut, en le fanant, faire sauter l'herbe
avec un râteau, comme cela a lieu pour les Graminées;
il faut la retourner le moins souvent possible avec une
fourche, et s'arranger de manière que les petites meules

ne soient pas tassées par le poids de la plante. Il faut de temps en temps en soulever l'herbe avec les mains ou le manche du râteau, car aucun fourrage, excepté la Chicorée, ne s'échauffe aussi facilement.

De quelque manière que l'on s'y prenne, le Trèfle sec est ordinairement noir, ce qui ne l'empêche pas d'être bon; et lors même qu'il a subi un commencement de fermentation avant sa parfaite dessiccation, il peut encore passer pour un très-bon fourrage, pourvu qu'une journée de chaleur ait complétement enlevé l'humidité que l'entassement y avait produite. Il faut avoir soin de ne le rentrer que lorsqu'il est parfaitement sec, et lorsque les têtes de fleurs, devenues noires de roses qu'elles étaient, ne sont plus vertes dans l'intérieur. Il s'échauffe facilement dans les greniers, et finirait par s'enflammer, si l'on ne prenait assez promptement les précautions nécessaires.

Un beau temps et un soleil ardent favorisent ordinairement la fenaison de la première coupe, mais il n'en est pas toujours de même de la seconde et à plus forte raison de la troisième. On a proposé différentes méthodes, la plupart trop longues ou trop coûteuses pour être exécutées, à l'exception peut-être de celle indiquée par Cretté de Palluel, et qui consistait à rouler les andains avec de la paille d'Avoine, qui facilitait la dessiccation du Trèfle et prenait elle-même une saveur qui plaisait aux bestiaux. Il est rare cependant qu'on emploie ce moyen; mais en cas de disette de fourrage, il mérite d'être pris en considération. Il n'a contre lui que le double transport de la paille.

Quantité de fourrage, perte par dessiccation. — Le maximum du produit pour un hectare, lorsqu'on peut y opérer quatre coupes, pourrait être de 10,000 kilog., mais il est bien rare que l'on obtienne cette quantité.

Lorsque les deux ou trois coupes des environs de Paris ou des départements septentrionaux produisent 5,000 kilog. ou la moitié de ce que nous venons d'indiquer, on regarde cela comme une bonne récolte, et on a raison. Du reste, ces quantités varient souvent de 1 à 4 et même de 1 à 8, selon que le sol a été fumé et plâtré, ou seulement fumé ou plâtré, ou bien s'il n'a reçu aucune espèce d'engrais ou d'amendement.

La difficulté que l'on éprouve à sécher le Trèfle s'explique en considérant la quantité d'eau qu'il renferme. La moyenne est ordinairement 75 à 80 pour 100, c'est-à-dire qu'il perd par la dessiccation les trois quarts de son poids au moins. En cela, il n'est pas comparable aux Graminées, dont la perte est toujours moins considérable.

Récolte de la graine.—En Flandre et en Hollande, où se récoltent de très-grandes quantités de graines de Trèfle, on attend la seconde coupe pour se la procurer. Il est vrai qu'on a soin d'avancer la fauchaison de la première. On l'opère dès qu'il paraît quelques têtes fleuries. Il paraît que cette opération, faite à cette époque, fortifie la racine et produit ensuite une grande quantité de tiges qui fructifient très-bien. Lorsque toutes les têtes de fleurs sont bien formées, et que la graine paraît même sur la majeure partie, on la fauche, à moins qu'on n'en ait une très-petite quantité, et dans ce dernier cas, la récolte se fait à la main. Dans tous les cas, il se perd peu de graine, parce qu'elle adhère à la petite gousse qui la renferme. On l'obtient ensuite en battant le Trèfle au fléau, et plus souvent au moyen de moulins qui la nettoient plus promptement.

Un hectare peut donner jusqu'à 1,300 kilog. de graines nettoyées, mais ordinairement il en donne au plus 1,000.

La graine de la dernière récolte est la meilleure, mais elle peut se conserver plusieurs années. On en trouve dans le commerce de jaune et de violette, et en général on préfère cette dernière. La jaune est souvent aussi bonne, et l'on peut toujours reconnaître ses bonnes qualités à sa grosseur, à son luisant et surtout à sa pesanteur. En la mettant dans l'eau et agitant un instant, toute la bonne graine tombe au fond, et il est facile de séparer celle qui surnage, en ajoutant de l'eau dans le vase jusqu'à ce qu'elle déborde et entraîne celle qui est trop légère, défaut qui tient presque toujours à son peu de maturité.

Qualité du Trèfle. — Tous les bestiaux recherchent beaucoup cette plante : elle leur plaît séchée, mais surtout fraîche. Lorsqu'ils sont amenés au champ de Trèfle au printemps, après la nourriture sèche, ils en mangent d'énormes quantités, qui produisent, en se décomposant dans leur estomac, une grande quantité de gaz qui leur distend la panse et produit la maladie que l'on connaît sous le nom de météorisation ; aussi ne doit-on leur donner le Trèfle frais qu'à l'étable et à dose modérée. M. Dutour, qui a conseillé l'association du Trèfle et du *Poa pratensis*, a voulu ainsi prévenir par ce mélange la météorisation, que le Trèfle seul amène si promptement. Le *Ray-Grass* et autres Graminées que l'on associe très-souvent au Trèfle en Angleterre, atteignent le même but. Les vaches l'aiment beaucoup, et celles qui en sont nourries donnent un laitage abondant, mais dont le beurre est moins savoureux que lorsqu'elles sont nourries avec l'herbe de bonnes prairies naturelles. En général, le Trèfle convient mieux pour l'engraissement des bestiaux que pour les femelles qui doivent donner du lait. Cependant si les vaches nourries au Trèfle peuvent manger en même-temps un peu de plantes appartenant à la famille des Graminées, le Trèfle n'a pas alors d'influence sur le goût du laitage ni sur la qualité du beurre.

Les chevaux recherchent beaucoup le Trèfle et le préfèrent aux Graminées. Souvent cette nourriture fraîche relâche les animaux ; sèche, elle les échauffe un peu, et tend presque toujours à les engraisser.

Les cochons aiment aussi cette plante, et en font une grande consommation, quand on leur abandonne le champ. C'est une nourriture qui leur convient très-bien, et qu'il est bon d'alterner avec quelques légumes cuits. Il serait préférable aussi de leur donner le Trèfle lui-même cuit dans l'eau. On éviterait par ce moyen les tranchées qu'il donne aux truies qui sont pleines, et on pourrait alors le faire entrer dans leur nourriture aussi bien avant le part qu'après, mais on se donne rarement cette peine.

« Dans le Suffolk, dit A. Young, il n'est pas rare de voir un fermier enfermer un troupeau de cochons, lorsqu'ils sont au quart ou à la moitié de leur croissance, dans un champ de Trèfle à la fin de mai, et ne les en retirer, s'il y a un étang, qu'à la Saint-Michel, et ce troupeau vient à merveille avec cette seule nourriture. Ils gardent pour les truies et les petits cochons, trop jeunes pour être mis au Trèfle, le petit lait, le lait écrémé et les grains. Il n'est aucun moyen de tirer un meilleur parti de ce pâturage. »

Yvart regarde aussi le Trèfle comme une des meilleures nourritures que l'on puisse donner aux porcs pour les engraisser, en les faisant pâturer dans une tréflière close, lorsqu'on veut la détruire, et dans laquelle il y ait de l'eau pour les abreuver, excepté pour les truies pleines.

En somme, le Trèfle est une plante qui paraît destinée, par sa nature, à être mangée verte plutôt que sèche; mais on peut la considérer comme une grande ressource dans ces deux cas.

Durée du Trèfle. — On a vu par ce qui précède que le Trèfle ne produit que pendant un an. Ses racines sont vivaces, et l'on en voit souvent dans les prés qui vivent sept à huit ans de suite sans changer de place, mais il est loin d'être aussi beau et aussi vigoureux que celui que l'on cultive. Il faut donc profiter de la première et de la seconde coupe, de la troisième, si on le peut, et abandonner le reste aux bestiaux, ou bien l'enfouir comme engrais. On réserve souvent à cet usage la troisième coupe, et quelquefois même la seconde, et c'est un excellent moyen pour ranimer les terrains épuisés et leur fournir un engrais dont le transport ne coûte rien.

Alternance, assolement. — Quoique muni de puissantes racines, le Trèfle n'épuise pas le sol, à moins qu'il ne porte des graines. On le regarde, au contraire, comme une plante améliorante, comme pouvant remplacer la jachère, en donnant un produit avantageux, et comme un excellent engrais, quand on enfouit sa deuxième coupe. Aucune plante n'égale le Trèfle sous ce rapport. Il n'enlève rien au sol; il vit par ses feuilles, extrêmement nombreuses et douées d'une grande force d'inspiration. C'est une des plantes qui ont le plus de tendance à absorber l'acide carbonique de l'air, et l'action prodigieuse que le plâtre exerce sur elle vient à l'appui de la théorie que j'ai exposée sur les engrais salins, et qui se trouve développée à la fin de cet ouvrage. Or, plus une plante absorbe de nourriture dans l'air, moins elle en prend dans le sol; aussi le plâtrage du Trèfle se fait sentir ensuite sur les céréales qui lui succèdent, parce qu'elles trouvent un sol encore riche et non épuisé.

Le Trèfle doit entrer dans tous les assolements, pourvu que le terrain lui convienne, mais généralement on ne met pas assez de distance entre ses retours. Il faut au moins six ans pour qu'il reparaisse avec succès sur le même sol, quoique souvent on l'y sème et avec avantage dès la quatrième. L'assolement le plus rationnel, et celui qui est le plus généralement suivi dans le Nord et dans la Belgique, consiste à semer le Trèfle avec l'Avoine, après une récolte de racines fumées, et à le faire suivre par du blé. On peut aussi intercaler l'année de Trèfle entre deux années de Froment, si le terrain le permet.

Selon M. Matthieu de Dombasle, la véritable place du Trèfle est dans la première céréale qui suit la jachère ou la récolte sarclée et fumée. Quoique produisant moins que la Luzerne, il se prête beaucoup mieux qu'elle à un assolement dont la période n'est pas très-longue, car il n'occupe le sol que deux ans, et à la rigueur même une seule année, tandis que la Luzerne vit de huit à quinze ans.

Le Trèfle rend le sol beaucoup plus léger qu'il n'était, inconvénient assez grave pour les terres légères, et par compensation, avantage très-marqué pour les terres fortes et tenaces.

M. Boitard dit avoir vu dans le Charollais des sols qui ne pouvaient être labourés qu'avec le secours de quatre ou cinq paires de bœufs, devenus, — . d'années par la seule culture du Trèfle, assez légers pour se laisser entamer par deux paires de bœufs ou deux chevaux, et il s'est assuré que les récoltes de blé en étaient devenues plus abondantes.

Variétés du Trèfle ordinaire. — Dans les prés, au milieu des prairies et sur les pelouses des montagnes, on distingue beaucoup de variétés du Trèfle rouge, qui, cultivées séparément, donneraient probablement des produits différents du Trèfle de Hollande, presque la seule variété connue dans les grandes cultures. Rien, à ma connaissance, n'a encore été tenté sur ces variétés sauvages. Il y a quelques années, on a préconisé, sous le nom de Trèfle d'Argovie, une variété que l'on disait plus précoce et plus durable que l'ordinaire; mais l'expérience n'a pas confirmé cet espoir. Depuis peu, M. de Laquesnerie a indiqué, sous le nom de grand Trèfle normand, une variété originaire du pays de Caux, et qui diffère de l'autre en ce qu'il est plus grand et plus tardif, et ne donne ordinairement qu'une coupe équivalant souvent aux deux coupes de celui que l'on cultive ordinairement. Trouvera-t-on quelque nouvel avantage qui le fasse préférer à l'autre?

TRÈFLE RAMPANT, *Trifolium repens*, L. (Triolet, petit Trèfle blanc, F n-Houssy, Traufle, Trifollet, Tranelle, Trianelle blanche).—Tiges un peu rampantes et divisées dès leur base en un ou plusieurs rameaux couchés et émettant quelquefois de légères racines; folioles des feuilles arrondies et denticulées; stipules scarieuses, étroites, lancéolées et terminées par une pointe allongée; fleurs réunies en capitules portés sur de longs pédoncules qui partent des aisselles; chacune d'elles est munie d'un pédicelle assez long qui se réfléchit aussitôt que la fécondation a eu lieu. Les dents du calice sont inégales, plus courtes que la corolle. La gousse contient souvent quatre graines. Fleurs blanches ou rosées. — Vivace.

Obs. Il croît en abondance dans les prés rapprochés des habitations, le long des chemins, sur le bord des fossés, dans tous les lieux fréquentés par l'homme. Il ne craint pas d'être foulé; il se relève promptement, talle davantage et reste vert dans les plus grandes chaleurs.

Sol et durée. — Il préfère un sol léger, sablonneux, un peu frais, sans être trop humide; cependant il ne craint pas l'eau, car on le voit couvrir des terrains bas qui sont inondés une partie de l'année. Toutefois le *Trifolium fragifer...* convient mieux à ces sortes de terrains. Il croît aussi, quoique moins bien, sur les terrains calcaires; il est, du reste, peu difficile, et pousse souvent avec vigueur dans les prés dont le sol plus compacte convient déjà à l'espèce précédente. Il n'exige pas une terre profonde; ses racines, qui sont vivaces et pivotantes, produisent une grande quantité de fibrilles qui se divisent facilement dans les terrains ameublis, et ses tiges latérales émettent aussi un assez grand nombre de petites racines, qui leur permettent de s'étaler beaucoup et de couvrir exactement le sol, où elles conservent très-long-temps la fraîcheur. Cette condition, jointe à l'existence d'un assez fort pivot, explique comment cette plante peut vivre également dans les sables ou dans les argiles. Aussi est-il plus rustique que le Trèfle rouge ; il se contente d'une terre moins profonde. C'est sans contredit la meilleure plante fourragère que l'on puisse cultiver sur les terres hautes, et par conséquent peu humides. Il est vrai que ses produits sont aussi en rapport avec la fertilité des terrains.

Préparation du sol. — On peut le semer sur deux labours, comme le précédent, soit en automne, avec le Seigle ou le Froment, soit au printemps, par-dessus ces grains ou avec l'Orge ou l'Avoine; on obtient un terrain bien garni dans le courant de la même année, mais il est bon de le préserver des animaux, à moins qu'il n'ait été semé avec le blé l'année précédente.

Association. — Seul, il réussit très-bien, donne beaucoup de feuilles, et s'élève peu. Mélangé à d'autres herbes, il augmente généralement la quantité et la qualité du foin. C'est une des meilleures plantes à mêler aux Graminées. Dans quelque terrain que ce soit, il en sort toujours un certain nombre de pieds, qui garnissent les lieux dépourvus d'herbe, qui s'étendent par-dessous celles qui sont les plus élevées, et forment une couche inférieure que l'on peut comparer au taillis d'une forêt. Il se montre tous les ans dans les prés, mais avec une vigueur bien différente selon les saisons. Dans certaines années sèches, il disparaît tout-à-fait, puis reparaît de nouveau quand les circonstances atmosphériques viennent à changer. Il offre ainsi des périodes qui durent souvent plusieurs années. C'est de tous les Trèfles celui sur lequel le plâtre a le plus d'action. On serait tenté de croire, dans certains cas, que cette substance l'engendre, et l'on voit tous les jours des exemples de ce genre dans les prairies du nord de la France. Dès qu'on y répand du plâtre ou des lignites pyriteux, les mousses disparaissent, et le Trèfle rampant, désigné sous le nom de petite Tranelle, se développe avec une rapidité et une abondance vraiment singulières. J'en ai vu dans les prés qui atteignait 4 à 5 décimètres de haut, quoique rarement il s'élève à deux décimètres. Cela tenait à son mélange avec le *Poa pratensis*, le *Briza media* et le *Cynosurus cristatus*, Graminées dont les tiges droites s'élevaient d'entre les rameaux du Trèfle, en soutenaient les feuilles et les forçaient même à croître en hauteur pour jouir pleinement de l'air et de la lumière. C'est donc une des plantes les plus précieuses des prairies naturelles et une de celles qu'il faut chercher à y · introduire.

Un simple mélange de Trèfle blanc et de Ray-Grass produit un très-bon fourrage; mais comme il y a inégalité d'époque dans leur développement, le Ray-Grass étant plus précoce, on peut laisser paître la prairie jusque vers le milieu du mois de mai, sans que cela nuise en rien au développement du foin, que l'on fauche six semaines ou deux mois après. En Angleterre, où ce mélange de Trèfle blanc et de Ray-Grass est très-usité, il est souvent destiné à la dépaissance des animaux; mais dans les bons fonds il donne une herbe fauchable très-abondante. On peut aussi mélanger la graine du Trèfle blanc à celle du Trèfle rouge ordinaire. Ce dernier domine d'abord, mais, à la troisième année, le Trèfle blanc prend le dessus et forme, avec ce qui a survécu de Trèfle rouge, un excellent fourrage. Il reste alors un très-bon fonds de prairie, que l'on peut améliorer encore en y jetant à la volée, au printemps, et sur le Trèfle même, des graines de Ray-Grass et de *Dactylis glomerata*. On se procure ainsi, sans perdre de temps ni de récolte, une prairie permanente, dont le produit peut être doublé par le plâtre ou le marnage.

Quantité de graine. — Comme chaque plante s'étend beaucoup, 8 kilog. de graine suffisent pour un hectare, pourvu que cette graine soit bonne; mais si l'on destine le champ à être pâturé par les bestiaux, il en faut au moins 10 kilog., et l'on peut aller jusqu'à 12, parce que, la plante n'ayant pas le temps de prendre tout son accroissement, on obtient dans le même espace de temps une plus grande quantité de feuilles. Dans tous les cas, si l'on a le projet ou la possibilité de plâtrer, il faut diminuer d'un tiers cette quantité de graine. L'époque et la méthode du semis sont les mêmes que pour le Trèfle ordinaire. Souvent on le sème en mars, dans une récolte de grain. La graine en est très-fine et doit être peu enterrée.

Culture. — Elle n'exige aucun soin particulier. On peut faucher en juin et faire une seconde coupe à la fin d'août. Il se sèche plus facilement que le Trèfle rouge et donne un fourrage excellent, mais peu abondant; aussi c'est ordinairement pour le faire brouter sur place qu'on le cultive. Il perd un bon tiers par la dessiccation. Il croît d'autant mieux qu'il est plus piétiné ou plus écrasé au rouleau.

Qualité. — Quoique abondamment pourvu de feuilles, on ne peut le considérer comme propre à fournir du foin à lui seul, à l'exception de quelques terrains qui lui conviennent spécialement. Sa culture peut devenir très-avantageuse, parce qu'il dure long-temps et qu'il exige peu de soin, mais seulement pour faire consommer en vert : c'est à cela que la nature l'a destiné ; c'est la plante de pâturage par excellence. Un hectare peut nourrir six vaches. Il se développe de très-bonne heure, résiste aux grandes sécheresses, et ses feuilles poussent d'autant plus vite que les plantes qui les fournissent sont plus foulées et broutées de plus près. Si l'on ajoute à ces qualités singulières celle d'engraisser les moutons, on ne pourra disconvenir que ce ne soit une plante bien précieuse pour ceux qui possèdent des troupeaux de bêtes à laine ; aussi les Anglais la cultivent depuis long-temps pour cet usage, et bientôt la France n'aura rien à leur envier de ce côté.

Ce Trèfle convient également à tous les bestiaux ; les cochons le préfèrent au Trèfle rouge, et les abeilles recueillent sur ses fleurs les dernières portions de miel qu'elles accumulent dans leurs cellules.

Durée. — Cultivé seul, il peut durer quatre à cinq ans, car ses racines sont extrêmement vivaces ; mais au bout de trois ans, ce qui fait quatre années, en y comprenant celle du semis, il faut rompre la prairie. Dans les terrains un peu secs, et dans les lieux où ce Trèfle est pâturé ras par les moutons, il ne dure souvent que trois ans. Dans beaucoup de pays, on le traite comme le Trèfle ordinaire c'est-à-dire qu'on le détruit la seconde année, et l'on a raison de le faire, car presque toujours à la troisième année le sol est envahi par des *Bromus*, des Chiendents, etc.

Assolement, alternance. — Le sol qui est ensemencé de Trèfle rampant n'est pas ordinairement celui qui convient au Froment, et d'ailleurs cette espèce épuise le terrain plus que la précédente ; il est bon de le remplacer par une récolte fumée, et les Pommes de terre réussissent ordinairement très bien dans le terrain qui lui convient. Je l'ai vu semer plusieurs fois dans des lieux

arides qui produisaient à peine quelques plantes herbacées. On a favorisé sa végétation au moyen du plâtre
ou de la chaux, et au bout de six ans, le terrain, abandonné à lui-même, s'était garni de Graminées et offrait
une belle base de prairie perpétuelle, qu'une culture
bien entendue a achevé d'améliorer. Cette plante, dont
la culture est très-répandue en Angleterre, y a donné
plusieurs variétés, plus productives que le type, et qui,
jusqu'à présent, ne se sont pas répandues en France, où
peut-être elles ne conserveraient pas leurs qualités avantageuses.

TRÈFLE INCARNAT, *Trifolium incarnatum*, L. (Farouche, Trèfle de
Roussillon, Ferou, Lupinelle). — Tige tendre, herbacée, velue, simple ou rameuse, atteignant ordinairement cinquante centimètres de
hauteur; feuilles distantes à trois folioles arrondies et dentelées surtout au sommet, garnies de stipules oblongues, droites, séparées et
terminées par une pointe courte et lancéolée; fleurs disposées en épis
oblongs, obtus, velus, denses et inclinés à l'époque de leur maturité;
calice très-velu, à cinq lanières égales; étendard de la corolle allongé;
gousses velues et roussâtres; semences arrondies; fleurs d'un beau
rouge, quelquefois roses ou blanches. — Annuel.

Obs. On trouve cette plante en touffes isolées dans diverses parties de la France, mais surtout dans le Centre
et le Midi.

Sol. — Cette espèce, qui réussit quelquefois sur les sols
secs et arides, pourvu que l'année soit pluvieuse, préfère une bonne terre, un peu fraîche, et réussit parfaitement dans celles qui conviennent au Trèfle des prés.
Ses racines sont très-fibreuses et ne durent qu'un an.

Préparation du sol. — Il pousse facilement sur des
terrains qui ont produit une récolte sans être labourés
depuis. Ainsi on peut le semer sur des chaumes et herser une ou deux fois, sans que la vigueur de la plante en
souffre par la suite. C'est un avantage qu'il a sur le
Trèfle des prés. On peut même le semer sans aucune
préparation à la terre, immédiatement sur les chaumes,
et c'est là une de ses grandes qualités, mais alors il faut
employer de la graine non mondée, à raison de 50 kilog.
par hectare, et passer le rouleau après le semis. Cette
même graine, jetée sur les points où le Trèfle a manqué,
regarnit immédiatement la tréflière.

Epoque du semis, association. — On le sème ordinai-

rement en automne (1), immédiatement après la récolte
d'un champ de céréales, et quand le semis a été fait de
bonne heure, on peut s'attendre à obtenir la récolte l'année suivante, à la fin de mai, et même plus tôt dans le
midi de la France et l'Italie. Le mieux est de le semer
seul; mais si le semis a lieu au printemps, après une
autre récolte un peu précoce, il est peut-être plus convenable de suivre l'exemple de M. Charles Pictet, qui
le mélange avec le Panic miliacé, la Vesce, l'Avoine
ou le Maïz, et qui obtient ainsi une grande abondance
de fourrage pour la fin de septembre et le mois d'octobre. Comme il forme toujours une couche épaisse et
serrée, le Panic miliacé, qui le dépasse bientôt, semble
préférable aux autres plantes pour lui associer.

On a semé aussi, dans les environs de Valenciennes,
du Trèfle incarnat avec des Navets. La graine a été
ménagée de manière à n'obtenir qu'une demi-récolte.
On arrache alors les Navets à mesure des besoins qu'en
ont les bestiaux. Le Trèfle n'en n'est pas moins beau;
la terre produira une récolte en Navets pendant l'hiver, une récolte en Trèfle au mois de mai, et une autre récolte en Betteraves, Carottes, ou autres plantes
analogues, en septembre; trois récoltes au lieu d'une.
C'est au hasard qu'est due cette combinaison. Le propriétaire du champ, voulant essayer du Trèfle incarnat,
et doutant de la bonté de l'innovation, joignit des Navets
à son Trèfle, pour que, le Trèfle ne réussissant pas, ses
soins ne fussent pas entièrement perdus.

On le regarde comme sensible à la gelée, ce qui éloigne sa culture des départements septentrionaux; mais
sous ce climat il suffit de le semer de bonne heure, en
août par exemple, pour qu'il soit bien enraciné avant
l'hiver, et alors il le supporte très-bien.

Quantité de graine. — Il est essentiel de ne pas la ménager, et on l'emploie ordinairement dans sa gousse, à
la dose de 50 kilog. par hectare, ou 20 kilog. de graine
mondée. Quand on sème en gousse, il faut avoir soin

(1) C'est là un de ses grands avantages, en ce que le cultivateur
dès cette époque, sait à quoi s'en tenir sur le succès de ses Trèfles
et que s'ils sont manqués, il a le temps nécessaire pour préparer une
récolte de Trèfle incarnat pour le printemps prochain.

de bien diviser la graine dans les mains pour éviter son agglomération. En semant moins épais, les plantes se ramifient et deviennent plus vigoureuses; mais cela n'a lieu que dans les semis d'automne, et quand le terrain convient parfaitement au Farouche. Dans toute autre circonstance, ses tiges sont simples, allongées, et le Trèfle s'élève d'autant plus qu'il est plus serré. Pour les semis du printemps, on peut, selon le terrain, ajouter à cette quantité la graine de Panic ou d'Avoine que l'on veut y mélanger.

Culture.—Elle n'exige aucun soin, mais la beauté de la récolte dépend ordinairement, outre la nature du sol, de l'engrais qu'il avait reçu pour la récolte précédente. Si le Farouche succède à une récolte fumée, il pousse avec vigueur, et si l'on peut au printemps y répandre un peu de plâtre, on obtient alors un fourrage des plus abondants.

Fauchaison, époque, quantité de fourrage.—A la fin de mai, il est en pleine fleur. C'est l'époque de recueillir la seule coupe qu'il peut donner, mais qui parfois est presque aussi abondante que la première et la seconde coupe réunies du Trèfle des prés. Elle équivaut au moins à une bonne première coupe, et elle a l'avantage de laisser le sol libre dès le mois de juin, ce qui permet d'obtenir une seconde récolte d'un produit différent. Sa fane se dessèche mieux que celle du Trèfle commun; elle perd au plus deux tiers de son poids. Si le semis a eu lieu au printemps, on ne peut faucher avant les premiers jours d'octobre; mais comme à cette époque le fourrage est toujours destiné à donner en vert aux bestiaux, on n'attend pas les premières fleurs pour le couper par petites parties, et l'on continue successivement jusqu'à la fin d'octobre.

Qualité.—Ce fourrage est un des meilleurs que produisent les Trèfles; il convient surtout aux bêtes à laine, qu'il ne météorise pas, et aux vaches, qui s'en trouvent très-bien et donnent en abondance du lait de très-bonne qualité. On peut se le procurer de très-bonne heure et très-tard, ce qui rend sa culture avantageuse. Il donne un bon foin sec, mais il est préférable de le faire manger en vert à l'étable. Il est plus sensible au froid que le Trèfle ordinaire et préfère la plaine aux pays montagneux. Cependant il en existe une variété plus commune que l'espèce dans tout le centre de la France, et qui résiste mieux au froid. On peut la cultiver à une grande élévation, et j'en ai rencontré plusieurs fois dans les prés des montagnes, où elle se mêlait aux Graminées et augmentait beaucoup la quantité du foin. On a désigné cette variété sous le nom de *Trifolium Molineri.* Elle est plus petite que l'espèce, plus velue, et a la fleur blanche ou rosée.

Quoique le type soit annuel, la variété, entièrement distincte sous le rapport économique, dure souvent deux et trois ans. Elle se ramifie beaucoup du pied dans les terrains qui lui conviennent, et produit beaucoup dans les sols volcaniques de l'Auvergne, où elle croît spontanément à 1000 mètres d'élévation. Je pense qu'elle doit former, même botaniquement, une espèce distincte.

Alternance.—On a coutume de faire succéder le Trèfle incarnat à une récolte de Froment bien fumée ; comme il n'épuise pas le sol, on peut, après sa récolte, préparer la terre et l'ensemencer de nouveau en Froment, ou bien le semer après une récolte de Pommes de terre ; mais alors on ne doit le faucher qu'en juin, et dans tous les cas on peut encore obtenir une récolte de Raves. Enfin c'est une plante que l'on peut substituer avec avantage à toutes les herbes inutiles qui couvrent le sol qu'on laisse en jachère.

J'ajoute ici, comme complément de cet article sur le Trèfle incarnat, l'extrait d'une lettre qu'a bien voulu m'adresser M. de Chevarier, agriculteur distingué près St-Pourçain (Allier).

« Je suis on ne peut plus content de la culture du Trèfle, bien que pendant plusieurs années je n'aie pu réussir ; mais pensant que mon manque de succès tenait à un défaut de culture, j'ai persisté, et, depuis trois ans, j'ai des récoltes magnifiques dans des terres de médiocre qualité. Je le regarde comme la meilleure plante Légumineuse fourragère que l'on puisse cultiver pour précéder une récolte de Seigle.»

Le terrain de M. de Chevarier ayant un sous-sol argileux qui retient l'eau l'hiver, il l'assainit en le fractionnant en planches de 10 mètres de largeur qu'il bombe dans le milieu, et entre chacune desquelles il établit un fossé d'écoulement de 3 décimètres de profondeur. Le milieu de la planche doit être élevé d'un décimètre seulement au-dessus des bords.

« L'on prétend qu'il est inutile de travailler le terrain pour semer le Trèfle incarnat ; je ne suis pas de cet avis. Les deux premières années que je l'ai cultivé, j'ai, pour la graine mondée, fait donner un léger labour, semer et herser légèrement, et pour la graine en gousse, semer sur le chaume. Les récoltes ont été presque nulles. La troisième année, j'ai fait labourer, semer en gousse, et une petite partie du champ fut semée en graine mondée. Ce qui avait été semé en gousse a produit beaucoup ; la graine mondée n'a pas rendu moitié sur la même étendue de terrain. Le Trèfle incarnat doit être semé le plus tôt possible ; il faut, aussitôt que la récolte est levée, retourner le chaume par un léger labour, herser et semer, sans s'inquiéter de la chaleur, le soleil ne faisant pas de mal à la graine en gousse, qui, n'étant pas à nu, ne s'éclate point. Dans un champ travaillé partout de la même manière et de même nature, ayant dans une partie retardé vingt jours de semer, n'ayant plus de graine, et puis voulant attendre la pluie, cette partie a été moins belle que l'autre.

» Je crois que la graine de Trèfle ne conserve pas sa vertu germinatrice long-temps, que c'est la raison pour laquelle il faut la semer de suite ; qu'elle finit de mûrir dans la gousse, où elle prend plus de force, et qu'elle germe aussitôt qu'elle a pris son accroissement.

» Depuis deux ans, je ne sème que la graine en gousse, à raison de 70 à 80 kilog. par hectare. Je ne crains pas d'en mettre 100 kilog. lorsque j'ai beaucoup de graine. Aussitôt que le Trèfle a 4 ou 6 feuilles, je le plâtre par un temps pluvieux et répands 200 kilog. de plâtre par hectare ; au printemps, aussitôt qu'il commence de pousser, je plâtre une seconde fois avec 300 kilog. J'ai observé qu'en plâtrant en automne, le Trèfle était plus fort et plus vigoureux pour supporter l'hiver ; que cette manière de plâtrer en deux fois économisait, en produisant les mêmes résultats, un tiers de plâtre. Au mois d'octobre, lorsqu'il est fort, je le fais pâturer par les veaux de l'année ; ils le mangent avec avidité et autant qu'ils en veulent, sans craindre de les voir gonfler. Ils s'en trouvent très-bien, cette herbe étant plus tendre que les regains des Sainfoins. Ce pâturage ne nuit en rien à la pousse du printemps ni à la récolte.

» Dans les premiers jours de mai, je commence à le couper pour le faire consommer en vert à l'étable ; il a l'avantage d'être le plus précoce de tous les fourrages, et de ne pas faire gonfler les bestiaux, comme la Luzerne, le Trèfle ordinaire, etc.

» Pour fourrage sec, il se fauche à la fin de mai. Il est moins nourrissant que le Trèfle de Hollande, mais il donne plus de produits dans les mauvais terrains ; malgré cela, c'est un bon fourrage qui n'est pas refusé par les bestiaux.

» Le Trèfle incarnat, que l'on sème ordinairement sur un chaume, remplace avantageusement une année de jachère, si l'on suit l'assolement triennal, et prend la place du Trèfle de Hollande dans des assolements quatriennals. Il amende la terre d'une manière extraordinaire par les détritus des feuilles du bas de la plante et par ses racines, qui se décomposent très-vite. Enfoui au moment de la floraison, c'est un des meilleurs amendements. Je pense que c'est à tort que quelques agriculteurs prétendent qu'il effrite la terre.

» Un champ de médiocre valeur, de la contenue d'à peu près 70 ou 72 ares, où l'on récoltait ordinairement le grain cinq pour un en Seigle, fut semé, au mois d'août 1837 (la grêle avait détruit entièrement la récolte le 23 juin), en Trèfle incarnat ; en 1838, il donna une belle récolte que je fis consommer en vert. L'on travailla le champ, qui fut fumé comme à l'ordinaire. Je le fis ensemencer avec 112 litres et demi de Seigle, en 1839. J'ai récolté 615 gerbes, lesquelles ont rendu 2,500 litres de blé, ce qui fait plus du grain 22 pour un. J'évalue le produit de la paille à plus de 3,500 kilog. à peu près. Aussitôt la récolte levée, le champ a été labouré, très-peu fumé, ensemencé en Seigle, et en 1840 il a rendu 794 litres de blé ; le grain 7 1/4 pour un, n'ayant semé que 111 litres 1/2 de blé.

» Dans une partie d'un champ qui avant moi n'était jamais cultivé comme étant très-mauvais, j'ai eu, en 1840, une assez jolie récolte de Trèfle incarnat. Je l'ai fait semer en Seigle au mois d'octobre, comme le reste du champ. Le blé est beau et donne de belles espérances (1er mars 1841).

» En 1840, lorsque je fis couper le Trèfle incarnat pour recueillir la graine, il s'en répandit beaucoup sur le terrain, et au moment de faire rompre pour y semer du blé, je vis que la graine avait germé. J'ai conservé une partie du terrain pour savoir s'il viendrait deux ans de suite sur le même terrain. Aujourd'hui, 1er mars, il est aussi beau que celui semé à côté après la récolte de 1840. Ce n'est que la graine tombée qui a produit; car, dans un autre petit morceau de terrain où je l'avais fait couper avant la maturité de la graine, il n'y en a pas une seule plante, ce qui prouve que cette plante est annuelle.

» Voilà, monsieur, tout ce que je puis vous dire sur le Trèfle incarnat, d'après mes observations. Ce qui pourrait y être ajouté ne serait que la répétition de ce qu'ont dit les divers agriculteurs qui en ont parlé. Ce que je vous expose ci-dessus est le résultat de mes essais sur la propriété que fais valoir.

» Je compte, à la fin du mois, essayer l'acide sulfurique étendu dans une certaine quantité d'eau, avec lequel l'on arrose les Trèfles. Si cela me réussit, je vous ferai part, si vous le désirez, des résultats et quantités employées.»

TRÈFLE DES ALPES, *Trifolium alpinum*, L. (Réglisse de montagne, Réglisse des Alpes).— Feuilles glabres, à folioles lancéolées, denticulées, partant d'une souche demi-ligneuse, courte et inclinée; pétioles allongés, munis de stipules très-longues, très-étroites et acérées; fleurs peu nombreuses, grandes, portées sur de courts pédicelles, et disposées en ombelle élevée par un long pédoncule partant de la souche; calice en forme de cloche, à cinq divisions égales et plus courtes que la corolle; gousse à deux graines; fleurs purpurines, quelquefois roses, rarement blanches. — Vivace.

Obs. Cette jolie plante domine de ses ombelles fleuries les pâturages élevés des montagnes, où elle est quelquefois très-commune. On la trouve souvent associée à diverses Graminées, et principalement au *Nardus stricta*, et à diverses Renonculacées. Elle ne se trouve que dans les hautes montagnes. Ses racines longues, vivaces et traçantes, recherchent les terrains légers, sablonneux, la terre de bruyère et celle qui provient de la décomposition des roches volcaniques ou primitives. On la recueille quelquefois sous le nom de Réglisse de montagne. Ses feuilles et ses fleurs sont recherchées des bestiaux et surtout des vaches. La plante dépasse bien rarement trois décim. de hauteur, parce que sa tige est presque toujours couchée à sa base , ce qui fait qu'ordinairement elle ne s'élève qu'à quinze centim. Elle sèche facilement et donne un bon fourrage. Je l'ai vue composer presque à elle seule certaines parties des prairies les plus hautes du Mont-Dore. Elle y acquiert plus de développement que dans les Alpes , mais je ne la crois pas susceptible d'être cultivée , car les endroits qui lui conviennent sont ordinairement pourvus d'excellentes plantes.

Trèfle fraisier , *Trifolium fragiferum* , L. (Trèfle fraise , Trèfle capiton). — Tiges couchées ; feuilles ovales ou arrondies ; stipules allongées, étroites, linéaires ; capitules portés sur de longs pédoncules et composés de fleurs sessiles ; calice à divisions inégales, plus courtes que la corolle , et prenant, après la floraison l'apparence d'une petite vessie rougeâtre. La réunion de ces vésicules ressemble à une fraise couleur de chair. La gousse, qui contient deux graines, est enfermée dans le calice. — Fleurs roses. — Vivace.

Obs. Cette espèce est extrêmement commune le long des chemins et surtout sur les berges des fossés qui contiennent de l'eau pendant l'été. Ses racines vivaces aiment un terrain frais , argileux ou sablonneux plutôt que calcaire ; elles tracent fortement sur le sol, résistent à des submersions très-prolongées, et donnent une grande quantité de feuilles qui s'élèvent peu et repoussent promptement dès qu'elles ont été broutées. Elle se mêle souvent à des Graminées et principalement au *Poa annua* ; elle est fréquemment associée aux *Juncus effusus* et *glomeratus*, et à l'*Inula pulicaria*. Elle fournit un fourrage qui plaît à tous les bestiaux, quoique son peu de hauteur semble la destiner aux moutons. Ceux-ci n'en éprouvent pas la météorisation, ce qui tient probablement à la petite quantité qu'ils peuvent brouter à la fois. Il est généralement trop court pour qu'on puisse le faucher. Ses graines sont très-difficiles à recueillir, et le Trèfle rampant, avec lequel il a beaucoup de rapport, lui semble préférable dans toutes les circonstances ; sa culture, par conséquent, ne paraît pas avantageuse.

Trèfle intermédiaire, *Trifolium medium*, L. — Tige flexueuse, rameuse, presque glabre, haute de un à deux pieds, garnie de feuilles à folioles oblongues, de consistance ferme, ciliées, à nervures nombreuses; stipules étroites, rétrécies au sommet; capitules arrondis, à courts pédoncules; divisions du calice inégales, légèrement velues, l'inférieure du double plus longue que les autres et plus courte que la corolle, qui est monopétale; fleurs rouges en juin et juillet.— Vivace.

Obs. Ce Trèfle croît dans les terrains frais et sablonneux, dans les forêts d'une partie de la France. Il semble cependant préférer le Nord au Midi. Il pousse à l'ombre avec beaucoup de force, qualité qui le fait distinguer de la plupart des autres. Les bestiaux et les vaches surtout l'aiment beaucoup. On le cultive en Angleterre pour la nourriture de ces animaux, et quoiqu'on ait donné le nom de *Cow-Grass* (Herbe à vache) au Trèfle des prés, c'est souvent à celui-ci qu'il s'applique, tandis que le véritable nom de celui ci est *Marl-Cow-Grass*. Si l'on cherchait à utiliser les terrains ombragés par les grands arbres des vieilles forêts, ce Trèfle serait une des plantes que l'on pourrait unir à diverses Graminées qui se plaisent dans les mêmes lieux. Ses racines étant vivaces et s'enfonçant assez profondément, elles ne pourraient nuire aux nombreuses fibrilles des Graminées. Il repousse très-bien sous la dent des animaux. Très-inférieur au Trèfle ordinaire pour le produit, mais supérieur comme plante de pâturage par sa longévité et sa rusticité.

TRÈFLE DES BASSES-ALPES, *Trifolium alpestre*, L. — Tige droite, simple ou peu rameuse, s'élevant de seize à soixante-quatre centimètres; feuilles offrant des folioles lancéolées, un peu fermes, entières, à nervures bien visibles et quelquefois marquées dans leur milieu d'une tache blanchâtre de forme variée; stipules étroites, munies d'une longue pointe; fleurs en capitule assez gros, ovale arrondi, bien garni, régulier; calice muni de plusieurs stries peu apparentes, à divisions inégales, raides, dont quatre très-courtes et une allongée, mais ne dépassant pas la corolle; fleurs rouges ou roses, en juin, juillet et août. — Vivace.

Obs. Cette espèce, à racines vivaces, ressemble beaucoup au Trèfle commun, et croît naturellement dans toutes les montagnes de la France. On la connaît dans les Alpes, les Pyrénées, la Lozère, la Haute-Loire et le Puy-de-Dôme; mais nulle part elle n'est aussi commune que dans le Cantal. Elle est préférable comme fourrage

au Trèfle des Alpes, et de belles têtes de fleurs en
font aussi une espèce très-élégante. En général, elle s'é-
lève moins que l'*alpinum*, et reste dans les prairies inférieures. Elle n'est pas difficile sur la nature du sol,
pourvu qu'il soit frais et humide ; aussi vient-elle de
préférence dans les bois, parmi les buissons ou sur les
pelouses où elle peut s'abriter une partie de l'année sous
les grandes plantes des montagnes. Elle fournit un excellent fourrage et paraît plus propre que le Trèfle des prés
à entrer en mélange avec les Graminées. On la rencontre
souvent avec l'*Aira cæspitosa*, le *Festuca duriuscula*,
l'*Avena pratensis*, le *Festuca aurea*, etc.

Sa graine, qu'il faut recueillir à la main, mais que
l'on pourrait obtenir avec la faux sur certaines pelouses
du Cantal et du Mont-Dore, serait une des meilleures
pour ensemencer les terrains frais des montagnes, où
probablement elle donnerait plusieurs coupes. Il n'est
pas à ma connaissance que l'on ait essayé sa culture, qui
réussirait sans doute en plaine dans le nord de la France,
et où elle pourrait remplacer avec avantage le Trèfle
des prés mélangé aux Graminées des prairies.

TRÈFLE OCHROLEUQUE, *Trifolium ochroleucum*, L. — Tige de trente-
trois centimètres environ ; feuilles éloignées, à folioles ovales, obtuses, ciliées, les supérieures plus étroites ; stipules étroites, garnies
de nervures beaucoup plus courtes que les pétioles ; fleurs réunies en
capitules terminaux, ovales oblongs, presque sessiles, peu serrés ;
calice presque glabre, garni de stries, à divisions linéaires, sétacées, inégales, un peu raides et écartées, l'inférieure très-longue ;
fleurs blanches, un peu jaunâtres, en juin et juillet. — Vivace.

Obs. Ce Trèfle vivace est répandu dans presque toute
la France. Il est plus commun que le Trèfle des montagnes, avec lequel on pourrait le confondre au premier
aspect. Il offre plusieurs variétés qui tiennent peut-être
au plus ou moins d'aridité du terrain dans lequel il végète. On le trouve surtout dans les prés secs un peu
montagneux, dans les buissons, les terrains siliceux,
les sables granitiques ; il forme des touffes où il s'étend
en forme de gazon peu fourni. Les bestiaux le mangent
partout où ils le rencontrent, et comme sa graine n'est
pas difficile à recueillir, et qu'il peut croître dans des terrains où l'on tenterait inutilement la culture des autres
espèces, on pourrait le faire entrer comme mélange

dans des semis de pâturages très-secs. Il se montre tous les ans et n'est pas sujet à disparaître plusieurs années de suite comme le Trèfle rouge. Je l'ai souvent rencontré dans des taillis découverts, où il était naturellement mélangé à l'*Aira flexuosa*. Il en résultait un fourrage abondant et de bonne qualité, que l'on recueillait à la faucille pour nourrir des vaches. C'est une des espèces qui méritent de fixer l'attention des agriculteurs.

TRÈFLE MARITIME, *Trifolium maritimum*, Huds. — Tige droite ou étalée, longue de deux à cinq décimètres; folioles oblongues, obtuses, marginées et garnies de petites dents; stipules étroites, terminées en pointe allongée; fleurs réunies en capitules presque sessiles, ovales, arrondis; divisions du calice raides et inégales, plus courtes que la corolle, qui est petite et polypétale. — Vivace.

Obs. Cette plante, qui produit un fourrage assez abondant et du goût des bestiaux, ne se rencontre que dans les parties les plus chaudes de la Provence. Elle s'éloigne peu du rivage de la Méditerranée, et se mélange à plusieurs Graminées qui composent quelques prairies des environs de Narbonne, d'Antibes, etc. Elle aime un sol riche et un peu argileux.

TRÈFLE STRIÉ, *Trifolium striatum*, L. — Tiges rameuses de la base, tantôt droites, tantôt étalées et dépassant peu seize centimètres de longueur; folioles cunéiformes, obtuses, dentelées au sommet et garnies de poils couchés; stipules étroites, pointues au sommet, membraneuses à leur base et s'élargissant très-sensiblement en approchant des fleurs. Celles-ci forment de petites têtes terminales et quelquefois axillaires, ovoïdes, solitaires et enveloppées à leur base par les stipules des folioles florales; calice velu, tubuleux, strié, à cinq divisions écartées et presque égales; corolles très-petites; fleurs rosées en juin. — Annuel.

Obs. Ce Trèfle, dont les racines sont annuelles, est disséminé dans toute la France et croît dans tous les terrains. Il reste couché et très-petit dans les lieux secs; il s'élève, devient très-apparent et se garnit de feuilles nombreuses, quand il croît avec des Graminées dans des prés arrosés par des eaux vives. J'en ai vu en Auvergne qui atteignait plus d'un pied de hauteur, et qui formait, en 1830, la partie dominante d'une prairie montagneuse. Il n'y existait pas en 1829, et je ne l'ai pas vu depuis. Les graines auraient donc la faculté de se conserver long-temps et de se développer dans certaines circonstances. Les bestiaux l'aiment beaucoup ; les vaches se portaient de préférence aux endroits qui en offraient beaucoup. Ce serait une plante à multiplier dans les prairies permanentes, s'il existait un moyen praticable en agriculture de recueillir sa graine.

Trèfle rouge, *Trifolium rubens*, L. — Tige droite, raide, haute de trente-trois à soixante-six centimètres, garnie de feuilles à folioles ovales, lancéolées et obtuses, denticulées, glabres et munies de stipules très-grandes et lancéolées à leur extrémité ; les fleurs sont terminales, et composent des épis denses, s'amincissant graduellement jusqu'au sommet, presque toujours bifurqués, ou d'autres fois simplement accolés deux à deux ; calice strié, à divisions sétacées, très-courtes; fleurs d'un beau rouge, en juin et juillet. — Vivace.

Obs. Cette espèce se rencontre assez communément dans le centre de la France, et quoiqu'elle puisse résister au froid, elle est rare dans le Nord. On la trouve dans les prés secs, le long des bois ; on la voit souvent former de larges buissons, au milieu des rochers, et surtout dans les montagnes volcaniques du centre de la France. Ses racines vivaces s'insinuent très-profondément, et résistent aux chaleurs les plus intenses. Tous les bestiaux la mangent, mais ils laissent ses tiges, toujours très-dures et un peu ligneuses à leur base. Souvent on la rencontre ainsi broutée avant d'avoir fleuri, et donnant naissance à de nouvelles pousses, qui parviennent à fleurir, si la saison n'est pas trop avancée. Je ne pense pas que l'on ait essayé de la cultiver en plein champ, mais il est probable que ce serait une des plantes les plus avantageuses à semer dans les champs pierreux et arides, où elle dure très-long-temps, mais avec des phénomènes d'alternance très-singuliers. Elle disparaît pendant trois et même quatre ans, et reparaît tout d'un coup avec une grande abondance; aussi je ne crois pas qu'elle puisse jamais se plier à une culture réglée.

Trèfle filiforme, *Trifolium filiforme*, L. (Petite Trance). — Tiges allongées, filiformes, rameuses et diffuses, munies de feuilles portées sur de courts pétioles et offrant des folioles ayant un peu la forme de cœur renversé, et garnies de petites dents ; stipules larges et ovales, aussi longues que le pétiole ; fleurs sessiles, réunies en une petite tête un peu ombellée, portée par un pédoncule très-grêle et assez long ; divisions du calice inégales ; les deux supérieures plus courtes que le tube; gousses renfermant une ou deux graines ; fleurs jaunes. Fleurit en juin, juillet, août et septembre. — Annuel.

Obs. Cette espèce est commune dans les prairies qui ne sont pas trop humides, sur le bord des chemins, sur les pelouses sèches, où elle présente une variété qui ne s'élève pas à plus de trois centimètres. Ordinairement ses tiges sont assez longues, un peu étalées, peu garnies de feuilles, en sorte qu'elle ne peut fixer l'attention comme plante fourragère. Nous n'en parlons que parce qu'elle entre naturellement dans la composition des prairies, et qu'elle y donne un bon fourrage, soit en vert ou en sec. Quelle que soit son abondance, elle produit peu. Elle est annuelle, et indique une prairie qui a besoin d'engrais. Elle garnit assez bien le vide que laissent les grandes Graminées, mais toutes ses parties sont trop grêles pour que la plante ait quelque importance.

TRÈFLE ÉTOILÉ, *Trifolium stellatum*, L. — Tiges diffuses, velues, hautes de onze à trente-trois centimètres; folioles un peu triangulaires, élargies au sommet en forme de cône, dentelées à leur partie supérieure; stipules ovales, très-longues et garnies de très-petites dents; fleurs réunies en tête globuleuse; divisions du calice foliacées, lancéolées, ovales, égales entre elles et la corolle; gousses à une seule graine. — Annuel.

Obs. Ce Trèfle annuel abonde quelquefois dans les lieux arides de la Provence, dans les champs incultes, sur les bords des chemins; on le retrouve dans l'Ouest, du côté de Bordeaux et de Dax. Les bestiaux le mangent partout, et peut-être pourrait-on l'utiliser en le rendant plus abondant dans certaines localités, où il croîtrait facilement : ce ne serait du reste que dans des circonstances qui excluraient les autres espèces, qu'il faudrait l'employer.

TRÈFLE AGGLOMÉRÉ, *Trifolium glomeratum*, L. — Tiges branchues, rameuses, glabres, couchées ou rarement dressées, longues de un à deux décimètres, et garnies de feuilles à folioles ovales, obtuses ou pointues, selon leur position sur la tige; stipules lancéolées, pointues; fleurs sessiles, formant des capitules serrés, axillaires et terminaux; calice strié, à cinq divisions égales, pointues et étalées à la fin de la floraison; gousses à deux graines; fleurs roses. — Annuel.

Obs. Cette petite plante fait partie des prairies sèches de la Provence. Elle croît dans les terrains arides et siliceux, et forme des gazons qui s'élèvent peu. Elle est annuelle et recherchée des moutons. Elle a peu d'importance comme plante fourragère.

TRÈFLE EN GAZON, *Trifolium cæspitosum*, Reyn.— Racine ligneuse ; tiges nombreuses, longues de six à douze décimètres, droites, glabres; folioles nombreuses, obovales, denticulées ; stipules scarieuses, étroites, lancéolées, très-aiguës et munies d'une seule nervure ; têtes de fleurs axillaires, portées sur de longs pédoncules; lanières du calice presque égales, lancéolées et plus courtes que la corolle ; gousses contenant trois ou quatre graines ; fleurs roses ou blanches, en juillet et août. — Vivace.

Obs. Cette petite plante vivace forme de jolis gazons dans les pâturages élevés des Alpes et des Pyrénées. Elle croît dans les terrains un peu arides, le long des petits chemins ou des sentiers des montagnes, principalement dans les Alpes de la Provence. Les moutons la recherchent beaucoup, et elle repousse très-vite lorsqu'elle a été broutée. C'est une des bonnes plantes des prairies alpines, mais elle a peu d'importance à cause de la brièveté de ses tiges.

TRÈFLE DE MONTAGNE, *Trifolium montanum*, L. — L. Tige droite, pubescente, fistuleuse, peu rameuse; folioles oblongues, lancéolées, obtuses, munies de nervures assez saillantes et multipliées, dont chacune aboutit à un pétiole droit; stipules lancéolées, très-étroites ; capitules globuleux, axillaires, portés sur des pédoncules assez saillants et qui s'allongent beaucoup après la floraison; lanières du calice étroites, inégales, aussi longues que le tube, mais n'atteignant pas la carène de la corolle ; gousse à une seule graine; fleurs blanches en mai et juin. —Vivace.

Obs. Le Trèfle vivace a des racines qui s'implantent profondément dans le sol. On le rencontre dans les lieux montagneux, dans le nord et le centre de la France. On le trouve rarement en abondance; il forme des touffes isolées, sur les pelouses un peu sèches, dans les terrains sablonneux. Les bestiaux le mangent avec plaisir, mais ses tiges, quoique fistuleuses, deviennent dures à leur base, et cet inconvénient se fait surtout sentir lorsqu'au bout de quelques années les racines ont acquis toute leur force. Malgré cela, c'est peut-être de tous les Trèfles celui qui se dessèche le mieux, et qui peut donner le meilleur foin, pourvu qu'on le traite comme le Trèfle ordinaire, et qu'on laboure la seconde année, après la seconde coupe. Il donne une moins grande quantité de foin ; mais outre qu'il perd beaucoup moins par la dessiccation, on peut le récolter sur des terrains trop secs pour le Trèfle des prés. Malgré son épithète de *montanum*, il ne pourrait croître sur les hautes montagnes, tandis qu'on peut très-bien le cultiver en plaine : on le cultive en Belgique, on en voit quelques champs aux environs de Liège. La plante croît naturellement dans les environs. On la trouve aussi çà et là, quoique rarement sur les pelouses qui s'étendent en Auvergne, à la base du puy de Dôme, mais elle n'y est pas cultivée.

On cultive aussi ce Trèfle dans quelques parties de la Prusse rhénane. Il se comporte à peu près comme le Trèfle rouge, et ne peut avoir sur lui d'autre avantage que de prospérer dans des terrains un peu secs, et sur le flanc des coteaux, où le Trèfle ordinaire ne se plaît pas.

Trèfle bai, *Trifolium badium*, Schreb. — Tiges droites, grêles, garnies de feuilles pétiolées, à folioles sessiles, denticulées, en forme de cœur renversé ; stipules lancéolées, pointues ; capitules pédonculés, un peu lâches, presque globuleux ; étendard un peu élargi au sommet ; calice très-court en forme de cloche ; lanières inégales, la supérieure plus courte ; gousses à une seule graine ; fleurs brunes, en juillet et août. — Vivace.

Obs. Cette espèce vivace fait partie des prairies élevées des montagnes. Elle y est quelquefois très-abondante dans les lieux humides. Tous les bestiaux la mangent. Elle s'élève peu, se dessèche très-facilement, et reste confinée dans les hautes régions. Elle se conserve fort tard, mais les moutons ne la recherchent plus quand elle est défleurie. M. Bonafous cite cette plante parmi les bonnes espèces fourragères du pays de Gruyères.

Trèfle brun, *Trifolium spadiceum*, L. — Tige droite, grêle, peu garnie, s'élevant de huit à vingt-deux centimètres, garnie de feuilles pétiolées, à folioles sessiles, ovales, oblongues, et denticulées, à stipules foliacées, étroites, pointues ; capitules ovales, souvent allongés, portés sur de longs pédoncules ; lanières du calice inégales, les extérieures longues et velues, les deux intérieures glabres et très-courtes ; gousses comprimées, ovales et à une graine ; fleur brune, en juillet, août et septembre. — Vivace.

Obs. Cette plante est commune dans les prés des montagnes ; elle suit le cours des ruisseaux, et cherche de préférence les lieux humides. Elle devient quelquefois rameuse, et forme alors des touffes assez considérables. Ses racines sont vivaces, mais ne poussent pas de très-bonne heure. Elle se dessèche facilement, et plaît aux animaux, surtout aux moutons. On la trouve souvent

associée au *Parnassia palustris*, au *Pinguicula vulgaris*
au *Comarum palustre*, etc., plantes qui indiquent qu'elle
préfère les terrains humides. Elle est très-commune
dans les Alpes, et dans l'Auvergne, au Mont-Dore.

TRÈFLE ÉLÉGANT, *Trifolium elegans*, Savi. — Tige dressée ou
légèrement couchée à la base, atteignant jusqu'à cinquante ou soixante-six centimètres de hauteur, garnie de feuilles à folioles denticulées, munies chacune d'environ quarante nervures et de stipules foliacées, allongées et terminées en pointe à leur sommet; fleurs en têtes
globuleuses, axillaires. Chaque fleur est soutenue par un court pédicelle, qui se renverse après la fécondation, en sorte qu'on distingue
très-facilement sur chaque capitule deux couronnes de fleurs, une
supérieure fraîche, une inférieure déjetée et défleurie. Lanières du
calice presque égales, plus longues que le tube et plus courtes que
la corolle; gousses à deux graines; fleurs blanches ou rosées, en juin
et juillet. — Vivace.

Obs. Ce Trèfle est commun dans le centre de la France,
d'où il s'étend d'un côté jusqu'en Alsace, où il est rare,
et de l'autre dans le Midi, en Italie, et même jusque
dans le nord de l'Afrique, où il forme des touffes élargies,
extrêmement touffues. Ses tiges, beaucoup plus fines et
plus longues que celles du Trèfle rouge, se terminent par
de jolies fleurs roses et odorantes.

Tous les sols humides conviennent à cette espèce, qui
végète mieux dans le sable que dans un sol argileux.
Elle abonde le long des rivières qui traversent la Limagne d'Auvergne. Elle se développe d'une manière
très-vigoureuse dans le sable de l'Allier, sous les saules,
à l'ombre, où une seule plante couvre quelquefois près
d'un mètre carré de terrain. De cette contrée l'Allier a
versé des graines dans la Loire; de là l'abondance de ce
Trèfle dans le Nivernais, où sa beauté et sa force de végétation avaient déjà été remarquées par M. Gaillot,
agronome très-distingué, qui avait essayé sa culture
avec succès. Je l'ai trouvé moi-même dans la Limagne,
formant d'excellents pâturages, principalement composés de Trèfle rouge, de *Thymoty*, de *Festuca arundinacea*, et quelquefois aussi de *Poa sudetica*, descendu
des montagnes, mais l'espèce dominante était le *Trifolium elegans*.

Cette plante a été l'objet de quelques essais de la
part de M. Matthieu de Dombasle, qui la considère
comme pouvant donner d'excellents produits. Quoi-

27

qu'elle ne donne qu'une coupe, elle est très-abondante, et produit beaucoup de très-bon foin, si on peut le mélanger à une petite quantité de *Phleum pratense*, ou *Thymoty*, mélange que j'ai rencontré croissant naturellement en Auvergne sur les bords de l'Allier. On peut aussi le faire pâturer. Tous les bestiaux le mangent avec avidité, car c'est une des espèces les plus tendres. Sa graine est fine, brune, et doit être semée clair, à raison de 5 à 6 kilog. par hectare, quand elle est mondée, et de 20 kilog. si elle ne l'est pas. Il craint la sécheresse, surtout après le semis, et végète mal sur les sols calcaires, où le sainfoin réussit. C'est sans contredit une des meilleures Légumineuses que l'on puisse mélanger aux Graminées, pour obtenir un excellent fourrage.

TRÈFLE HYBRIDE, *Trifolium hybridum*, L. — Tiges ascendantes, hautes de deux à huit décimètres, très-glabres, fistuleuses; folioles elliptiques, un peu rhomboïdales, obtuses, très-finement denticulées et munies chacune d'environ vingt nervures; fleurs en tête, blanches ou rosées. —Vivace.

Obs. On confond généralement cette espèce, peu connue en France, avec la précédente, dont elle est très-différente par ses caractères, et surtout par ses propriétés agricoles. Ses tiges très-glabres, et le petit nombre de ses nervures, environ 20, au lieu de 40, suffisent pour les distinguer. La précédente est méridionale; celle-ci habite la Suède, la Norwège, et n'arrive guère, au Midi, que jusque dans la Bavière, autour de Munich, où on la trouve dans les prés gras et fertiles. Ce Trèfle est plus productif que le précédent. On le cultive en Suède, avec beaucoup de succès, depuis long-temps. On l'a regardé comme un véritable hybride entre le Trèfle rouge et le blanc, mais ses caractères sont trop différents, et surtout trop permanents pour que l'on puisse admettre cette supposition. D'après des renseignements communiqués à M. Vilmorin par M. de Kruns, ce Trèfle atteindrait en Suède une hauteur de 1 mètre, à 1 mètre 60 centimètres, et donnerait pendant 15 à 20 ans le produit énorme de 10,000 kilog. par hectare, dans quelques années, et toujours plus de 5,000 kilog. pendant les dix premières. M. de Kruns indique la semaille en automne, avec les seigles, ou bien

au printemps, sur le seigle en herbe, ou avec les
grains de mars. Ici. dit M. Vilmorin, où nous n'a-
vons pas les neiges de la Suède pour abriter le jeune
plant, le printemps sera sans doute la saison à préférer. Ce n'est pas que le Trèfle hybride ne puisse supporter le froid le plus rigoureux; son existence en Suède le
prouve assez, mais les alternatives de gel et de dégel
de nos hivers souvent sans neige, pourraient fort bien
soulever et détruire le jeune plant. En Suède, on le
sème presque toujours avec sa gousse, et on emploie jusqu'à 100 kilog. par hectare. On le regarde comme durant
très-long-temps, jusqu'à vingt années. Le Trèfle de Mi-
cheli, *Trifolium michelianum*, Sav., diffère peu de
l'*hybridum* par son port, mais je le crois annuel. Il
se développe beaucoup par la culture. Tous les bestiaux
le mangent avec plaisir. Il est originaire de la Corse et
du midi de la France.

TRÈFLE DES CAMPAGNES, *Trifolium agrarium*, L. (Minette dorée,
Trance, Trèfle jaune).—Tige droite, rameuse, s'élevant jusqu'à trente-
trois centimètres, garnie de feuilles portées sur de courts pétioles, à
folioles oblongues, ovales, sessiles et denticulées; stipules foliacées,
lancéolées, pointues, et plus longues que le pétiole; capitules ovoïdes,
portés sur de longs pédoncules; calice court, campanulé, à lanières
glabres, allongées et inégales, les supérieures plus courtes; gousses à
une graine; fleurs jaunes, en juin et juillet. —Annuel.

Obs. Cette espèce est annuelle, et se mélange fréquemment aux Graminées des prés humides. Elle donne
un bon fourrage vert ou sec, se multiplie quelquefois
avec abondance, au point qu'on pourrait peut-être la
semer seule, et en obtenir une bonne récolte. Elle se fane
très-facilement, et c'est sous ce rapport seul qu'elle pourrait, dans certains terrains, être préférable aux autres
espèces.

TRÈFLE DE PARIS, *Trifolium parisiense*, DC. — Tiges étalées, nombreuses, peu rameuses, légèrement velues; folioles insérées au même
point, oblongues, un peu en forme de coin, dentées en scie; stipules
glabres, dentées, plus courtes que le pétiole; capitules portés sur de
longs pédoncules et garnis d'un petit nombre de fleurs; calice glabre,
à cinq dents, deux supérieures plus courtes, trois inférieures plus
longues. — Fleurs jaunes, en juin. —Annuel.

Obs. Cette espèce, que l'on a souvent désignée sous le
nom de Trèfle doré, est annuelle. On la rencontre dans

les prés humides, dans les environs de Paris, et de presque toute la France centrale. Sous le rapport agricole, on peut la réunir au *Trifolium agrarium*. Elles ont les plus grands rapports, cependant celle-ci semble préférer les lieux ombragés. Dans plusieurs parties de l'Auvergne, elle croît dans les bois peu élevés, et procure aux bestiaux que l'on y conduit une nourriture qu'ils recherchent beaucoup.

TRÈFLE COUCHÉ, *Trifolium procumbens*, L. (Mignonnette jaune, petite Mignonnette, petit Trèfle jaune, petit Trèfle brun, Trèfle houblon). — Tige couchée, rameuse; feuilles portées sur de courts pétioles; folioles échancrées au sommet, denticulées, la supérieure insérée au-dessus des deux autres; stipules ovales, ciliées, atteignant la moitié de la longueur du pétiole; capitules axillaires, ovales, pédonculés, composés de fleurs nombreuses et serrées; lanières du calice inégales, les deux supérieures plus courtes; gousses à une graine. — Fleurs jaunes, en mai, juin et juillet. — Annuel.

Obs. On ne rencontre cette plante que dans les lieux secs, dans les champs, et quelquefois sur les pelouses peu garnies. Il est annuel, et donne un excellent fourrage toujours peu abondant, ce qui lui donne peu d'intérêt en agriculture. C'est cependant une des meilleures plantes des pelouses, quand elle s'y rencontre en quantité notable. Elle reste quelquefois si petite que les moutons seuls peuvent la brouter. Cultivée, cette plante acquiert un plus grand développement; aussi, dans plusieurs parties de l'Angleterre, on la sème en mélange avec les *Trifolium agrarium* et *repens*, surtout dans le comté d'Yorck; ailleurs, c'est avec le *Ray-Grass*, et ces divers mélanges donnent du foin de la meilleure qualité.

TRÈFLE RETOURNÉ, *Trifolium resupinatum*, L. — Tige dressée, glabre, très-rameuse, haute de deux à quatre décimètres; folioles obovales ou cunéiformes, glabres, dentées en scie; fleurs en capitules arrondis d'un rose pâle; corolles retournées, ayant l'étendard par en bas; calice renflé, membraneux, pubescent, à dents sétacées. — Annuel.

Obs. Cette jolie plante est extrêmement commune dans les prairies du midi de la France, et notamment dans celles qui bordent les rivages de la Méditerranée, dans le département du Var. Elle y fleurit dès le mois de mars et avril, s'associe parfaitement aux Graminées, donne un excellent fourrage, recherché de tous les animaux. Il remplace dans les prairies nos petits Trèfles à fleurs jaunes. — Cette espèce est peut-être vivace.

Outre les espèces que nous venons de décrire, le sol de la France, produit un grand nombre d'espèces de ce genre, qui sont presque toutes plus ou moins recherchées des bestiaux, et que nous nous contentons de citer. Tels sont :

TRÈFLE A FEUILLES ÉTROITES, *Trifolium angustifolium*, L., qui croît dans les moissons de la Provence. Il est très-recherché des bestiaux et principalement des chevaux.

TRÈFLE DARDANNE, *Trifolium lappaceum*, L. —Egalement originaire du Midi, et comparable au précédent sous le rapport agricole.

TRÈFLE DES CHAMPS, *Trifolium arvense*, L. (Mignonnet blanc, Minots, Minous, Patte de lièvre, Pied de lièvre, Pied de lion, Pluet). — Très-commun dans les moissons de presque toute la France, donnant peu de fourrage et de médiocre qualité. Les bestiaux le mangent, mais préfèrent la plupart des autres espèces, excepté cependant les chèvres et les moutons, qui l'aiment beaucoup. C'est peut-être la seule espèce de ce genre qui ne soit pas recherchée par les animaux.

TRÈFLE RUDE, *Trifolium squarrosum*, L. —Très-petit, croissant çà et là sur les pelouses sèches, et souvent caché par d'autres plantes, sa valeur comme fourrage est à peu-près nulle, mais les moutons le mangent avec plaisir. Ces quatre espèces sont annuelles.

TRÈFLE DIFFUS, *Trifolium diffusum*, L.—Annuel, croissant par petites touffes dans les lieux sablonneux. Tous les bestiaux le mangent.

TRÈFLE DE CHERLER, *Trifolium Cherleri*, L. — Annuel, répandu çà et là sur les sables des bords de la Méditerranée et très-recherché des bestiaux.

TRÈFLE ÉTOUFFÉ, *Trifolium suffocatum*, L. — Annuel et trop petit pour être considéré comme plante fourragère, il forme de petites touffes sur les rochers, dans les lieux secs et arides du Midi et d'une partie de l'Ouest. Les moutons le recherchent beaucoup.

TRÈFLE A PETITES FLEURS, *Trifolium parviflorum*, Erh.—Annuel, rare en France et plus commun en Espagne. On le rencontre dans quelques parties des Pyrénées-Orientales. Il est mangé par tous les bestiaux et acquiert par la culture un développement très-remarquable.

TRÈFLE RAIDE, *Trifolium strictum*, Schreb.—Abondant dans quelques prairies sèches du midi et du centre de la France. Annuel et donnant peu de fourrage.

TRÈFLE SOUTERRAIN, *Trifolium subterraneum*, L.—Annuel, disséminé dans la majeure partie de la France, dans les lieux sablonneux, sur le bord des bois. Les moutons le recherchent et le préfèrent à la plupart des Graminées.

Trèfle écumeux, *Trifolium spumosum*, L. — Annuel, croissant très-rapidement et donnant un fourrage vert extrêmement tendre. Il est originaire de la Corse et des parties les plus chaudes de la Provence.

Trèfle cotonneux, *Trifolium tomentosum*, L. — Espèce annuelle, assez commune sur les bords de la Méditerranée, où elle se mêle à différentes Graminées. Elle donne un fourrage vert très-tendre quand elle est cultivée, et en donne un très-sec et peu abondant dans son état ordinaire.

Genre Mélilot, *Melilotus*, Tournefort.

Calice tubuleux à cinq dents ; carène simple, plus courte que les ailes de l'étendard ; gousses plus longues que le calice ; fleurs en grappe lâche ; feuilles ternées.

Obs. Les Mélilots forment un genre bien moins nombreux que les Trèfles, et dont les espèces à demi flétries répandent une odeur de foin des plus agréables, et tout-à-fait semblable à celle de l'*Anthoxanthum odoratum*, de l'*Asperula odorata*, et de la fève *Tonka*. Les bestiaux les mangent, quand leurs tiges ne sont pas très-dures, mais l'odeur forte de ces plantes les en éloigne un peu.

Mélilot officinal, *Melilotus officinalis*, DC. (Couronne royale, Mélilot citrin, Mirlirot, Trèfle de cheval, Trèfle odorant, Trouillet, Trèfle des mouches, Lotier jaune).—Tige de quatre à dix décimètres, dure, rameuse, garnie de feuilles composées de trois folioles, un peu étroites, glabres, ovales, oblongues, dentées à leur partie supérieure ; fleurs jaunes, petites, pendantes en épis grêles et allongés. — Annuel.

Obs. Le Mélilot est commun dans les champs. Toute espèce de sol lui convient, pourvu que l'eau n'y séjourne pas, et quoiqu'il semble préférer les terrains secs, on le rencontre aussi dans les sables qui bordent les rivières, et il y acquiert un grand développement. Tous les bestiaux, et surtout les moutons et les chevaux, aiment le Mélilot, qui leur plaît moins quand ses tiges sont durcies après la floraison. C'est du reste un fourrage peu productif, mais très-odorant, et pouvant aromatiser une grande quantité de foin sec. On doit le couper de bonne heure, dès qu'il commence à fleurir, et si on le fait consommer en vert, n'en pas trop laisser prendre aux moutons, qui en seraient bientôt météorisés. Quoique cette plante soit commune dans les champs, elle croît rarement avec des Graminées, et on ne la rencontre pas dans les prés. Il faudrait alors la cultiver seule, et dans ce cas elle produit peu, et se coupe difficilement. Elle a l'avantage de résister aux sécheresses; mais la dureté de sa tige, la tendance qu'elle a à ramper, et la facilité avec laquelle ses feuilles tombent pendant la dessiccation, empêcheront probablement de la cultiver, malgré son excellente odeur. On ne peut non plus l'employer à l'état frais, à cause de ses propriétés météorisantes,

Deux variétés, ou peut-être deux espèces, les *M. altissima*, Thuil., et *M. leucantha*, Koch, donnent un produit plus abondant que le type. Ces deux plantes ont de plus l'avantage de croître entièrement à l'ombre, et de donner des tiges beaucoup plus hautes, mais non moins dures que la précédente. Elles n'ont pas, comme l'officinal, l'inconvénient de ramper, mais leurs feuilles tombent aussi très-facilement.

Les *M. kochiana*, Willd.; *italica*, DC.; *gracilis*, DC.; *parviflora*, Desf.; *messanensis*, Lam,; *sulcata*, Desf., partagent les propriétés du précédent, mais sont moins avantageux sous le rapport du produit.

MÉLILOT BLANC, *Melilotus alba*, L. — Tiges de six à quinze décimètres, dures, droites et rameuses; feuilles à trois folioles parsemées de quelques poils, dentées en scie dans les deux tiers de leur longueur, à dents courtes et régulières; fleurs blanches, petites; gousses non comprimées, ridées, obtuses. — Bisannuel.

Obs. On regarde cette espèce comme originaire de Russie, et sa culture, fortement recommandée par Thouin et Daubenton, a ensuite été tentée sur plusieurs points de la France, sous le nom de Mélilot de Sibérie. Cette plante serait destinée à remplacer le Trèfle, qu'elle ne vaut pas, et entrerait de même dans les assolements. Elle se contente, il est vrai, d'une terre médiocre et sèche, qui ne conviendrait pas à ce dernier, mais elle est moins rustique que le Mélilot officinal. On emploie 15 kilog. de graine par hectare; et comme en semant épais on diminue le principal inconvénient de cette plante, d'avoir les tiges très-dures, on porte quelquefois à 30 kilog. la quantité destinée à la même surface. Comme tous les Mélilots, il météorise très-promptement les bestiaux, et partage aussi, avec ses congénères, la propriété de fournir un très-bon engrais vert et d'offrir aux abeilles

une abondante récolte. Thouin a conseillé de le semer
en mélange avec la Vesce de Sibérie, ce qui effectivement
produit une abondante récolte de foin ; malgré
cela cette espèce est à peine cultivée en France.

Mélilot bleu, *Melilotus cœrulea*, Lam. (Mélilot d'Allemagne,
Baumier, faux Baume du Pérou, Lotier odorant, Trèfle musqué,
Trèfle miélé). — Tige glabre, striée, fistuleuse, haute de trois à cinq
décimètres ; feuilles ovales, oblongues, obtuses, dentées en scie ;
gousses ovales, une fois plus longues que le calice, renfermant deux à
quatre graines. — Annuel.

Obs. Cette plante, originaire de l'Allemagne, réussit
dans des sols très-arides et résiste aussi à la sécheresse.
Ses tiges sont feuillées, plus tendres que celles des Mélilots
précédents. Tous les bestiaux qui la mangent se météorisent
très-promptement. C'est le Mélilot qu'il conviendrait
le mieux de cultiver, ce qui a lieu en effet dans
diverses parties de l'Allemagne. Ses fleurs, hâchées, sont
introduites dans plusieurs espèces de fromages, pour les
aromatiser et leur donner en même temps cette teinte
d'un bleu verdâtre que l'on recherche dans leur pâte.

Genre Luzerne, *Medicago*, L.

*Calice tubuleux, cylindrique, à cinq dents d'égale longueur ;
corolle polypétale, à carène distante de l'étendard : gousse à plusieurs
graines, de forme irrégulière, plus ou moins courbée ou
tortillée en limaçon.*

Obs. Les Luzernes sont presque toutes herbacées, annuelles
ou vivaces, à feuilles ternées, abondantes, très-recherchées
des bestiaux, ce qui rend ce genre très-précieux
en agriculture; cependant il n'y en a guère que
deux espèces de cultivées en grand, quoique plusieurs
méritent de l'être. Elles se dessèchent plus facilement
que les Trèfles et donnent un fourrage sec et abondant,
mais toujours inférieur en qualité à celui des Graminées.
Les nombreuses espèces de Luzernes semblent appartenir
au midi de la France plutôt qu'au nord ; c'est cependant
dans cette dernière partie de notre territoire
qu'on les cultive le plus en grand. Celles qui croissent
naturellement dans le Nord, se trouvent principalement
dans les prés, tandis que celles qui sont indigènes aux
contrées méridionales, croissent çà et là, dispersées dans

les moissons et les lieux arides. Ce sont des plantes de plaine. Leurs fleurs jaunes ou bleues sont souvent cachées par les feuilles dans les prés gras et un peu humides. On ne les rencontre plus dans les contrées montagneuses, et aucune espèce ne paraît pouvoir s'élever au-dessus de 1,500 mètres d'élévation absolue.

LUZERNE COMMUNE, *Medicago sativa*, L. (Foin de Bourgogne, Trèfle de Bourgogne).—Tiges droites, rameuses, glabres, s'élevant jusqu'à huit décimètres et garnies de feuilles nombreuses, à folioles lancéolées, ovales, droites au sommet et garnies de quelques poils ; stipules adhérentes à la base des pétioles ; fleurs en grappes axillaires, s'élevant peu au-dessus des feuilles ; gousses glabres, étroites, tortillées en limaçon et formant rarement plus de deux tours sur elles-mêmes ; fleurs bleuâtres, violettes, et quelquefois jaunâtres, en mai, juin et juillet.—Vivace.

Obs. Elle croît naturellement, dans le midi de la France, dans les prés, dans les fissures des murailles, et souvent dans des lieux arides où l'on ne pourrait pas la cultiver.

Nature du sol et semis. — La Luzerne est assez difficile sur le choix du terrain, non qu'elle exige une qualité de sol particulière, mais parce qu'elle ne réussit que dans ceux qui sont profonds, substantiels et pas trop compactes; aussi les meilleures luzernières s'établissent dans les terres franches et les dépôts limoneux, pourvu qu'ils aient du fond, car ses longues racines, qui dépassent souvent trois mètres, ont besoin d'une couche de terre végétale proportionnée à leur étendue. La terre doit être bien défoncée, ameublie, et autant que possible fumée une année auparavant, ou bien, si l'on y met des engrais l'année même du semis, il faut qu'ils soient suffisamment consommés.

C'est ordinairement au printemps que l'on sème la Luzerne, comme le Trèfle rouge, sur de l'Orge ou de l'Avoine, en mars, dans le Midi, en mai, si l'on craint encore la gelée, qui tue la Luzerne, quand elle est jeune ; aussi les terres bien exposées sont-elles toujours préférables pour la culture de cette plante. Le sol doit être parfaitement nettoyé des mauvaises herbes, bien ameubli et défoncé, et convenablement amendé. Vingt à vingt-cinq kilogrammes de graines suffisent ordinairement pour un hectare. En Angleterre, on sème à raison de 18 à 20 kilog. Schwerz conseille jusqu'à 40 kilog. par hectare, quantité que l'on ne se repentira pas d'avoir employée, parce que, dit-il, elle dispensera du sarclage et du hersage. Dans les terres sèches et légères, on peut semer la Luzerne en automne, comme Yvart l'a recommandé et pratiqué, avec de l'Escourgeon ou du Seigle.

On sème aussi la Luzerne en lignes, méthode proposée d'abord en Angleterre par Tull, et qui paraît donner de très-bons résultats, excepté dans les terrains argileux et difficiles à travailler. On peut toutefois s'en dispenser, car la culture en lignes a pour objet principal d'entretenir les récoltes dans un grand état de propreté, par des sarclages réitérés et faciles, et la Luzerne, semée à la volée, étouffe tellement toutes les herbes étrangères qu'elles ne paraissent qu'à l'époque où cette plante, devenue languissante, annonce au cultivateur qu'il faut la remplacer par une autre culture.

On a aussi essayé de la planter, et M. Coyé, qui a fait des essais de ce genre en Bretagne, regarde cette méthode comme très-avantageuse, en ce qu'elle donne, dès la première année de sa plantation, un produit que l'on ne pourrait espérer par le semis. Ce moyen serait, dans tous les cas, très-utile pour rajeunir une Luzerne dont quelques parties seraient manquées, mais je doute qu'on puisse l'employer en grand.

Dans les climats froids et humides, où la Luzerne souffre et périt même quelquefois pendant l'hiver, on a essayé, avec succès, en Écosse et en Irlande, de la semer en lignes et de la couvrir de terre, en la buttant dans le mois de novembre. Elle passe ainsi l'hiver à l'abri du froid, et au mois de mars on la découvre par un fort hersage. Il est bien entendu que c'est avec une charrue à double versoir que l'on couvre à l'automne les lignes de Luzerne.

Culture. — Une luzernière peut durer très-long-temps, douze et même quinze années, si le sol lui convient, comme elle périt après 5 à 6 ans, si le terrain ne lui convient pas; et pour obtenir cette durée, en conservant un bon produit, la luzernière exige quelques soins qu'il ne faut pas négliger. Il est toujours avantageux d'y répandre, en automne ou au printemps, un engrais consommé et passé à l'état de terreau, des cendres de tourbe ou de houille, et surtout du plâtre calciné et pulvérisé, qui, dans certains terrains, agit tout aussi bien sur la Luzerne que sur le Trèfle. Deux hersages à la fin de l'hiver contribuent aussi beaucoup à soutenir les produits et la durée de cette plante, qu'Olivier de Serres appelait *merveille du mesnage*. C'est surtout quand on voit la luzernière se dégarnir, qu'il faut y remédier par les divers moyens que nous venons d'indiquer. Jusqu'à l'âge de trois ans, la Luzerne craint la sécheresse; mais une fois que ses longues racines ont atteint une certaine profondeur, elle se soutient très-bien pendant les chaleurs, quoique son produit diminue. Toutefois il est rarement avantageux de conserver si long-temps les luzernières : quatre à six ans, selon les localités, paraissent être la période la plus convenable à un bon rendement.

Une opération qui ne nuit jamais aux Luzernes, et qui peut, dans plusieurs circonstances, les entretenir, c'est un hersage avec la herse à dents de fer assez chargée. Il est essentiel de la promener lentement et de l'employer à la fin de l'hiver, quand la série des gelées est terminée.

S'il arrivait cependant, dit M. de Dombasles, que par l'effet d'une saison très-défavorable, la Luzerne se fût très-peu enracinée dans l'année de la semaille, on devrait la ménager dans le hersage du printemps suivant; mais dans toute autre circonstance on ne doit pas craindre de déchirer les collets des plantes par les dents de la herse.

La marne, la chaux, le plâtre, le fumier consommé et les eaux des citernes à fumier, sont autant d'engrais et de stimulants qui contribuent à les entretenir en bon état et à augmenter leur produit. La terre végétale, répandue à leur surface, est encore un bon moyen de fortifier ces plantes.

Quand on aperçoit dans une luzernière les *Bromus* qui deviennent abondants, quand on y voit naître le *Thlaspi bursa pastoris*, on peut être certain qu'elle est sur le retour et qu'il faut la rompre. Elle est souvent attaquée par la Cuscute et par une espèce de champignon souterrain, nommé *Rhizoctone*, qui se fixe sur sa racine. C'est surtout dans le Midi que la Luzerne est assaillie par cette dernière plante. Dans les deux cas, il faut tâcher de limiter l'envahissement par un fossé assez profond, dont la terre doit être rejetée dans le cercle envahi. Il faut aussi, à la première pousse, en mai ou au plus tard au commencement de juin, couper à fleur de terre toutes les pousses qui sont atteintes de Cuscute, et pour plus de sécurité celles qui avoisinent. On couvre ces plantes de paille sèche et l'on y met le feu.

Quantité de fourrage. — Ce n'est que la seconde année qu'il faut songer à couper la Luzerne, et souvent on obtient déjà deux belles coupes. La troisième année elle doit atteindre son maximum de développement et donner trois coupes, quelquefois quatre. Il y a même, en Angleterre, dans la partie sud à la vérité, des luzernières qui donnent ces quatre coupes. Dans le Midi, on en obtient jusqu'à cinq, quand la plante a été bien fauchée, très-près de terre, et qu'un temps humide vient favoriser sa végétation. Ces coupes sont quelquefois très-abondantes, et l'on peut assurer que la Luzerne est le fourrage le plus productif; aussi peut-on dans une ferme lui consacrer au besoin les meilleures terres; on en est amplement dédommagé. Si on la cultive dans le Midi, et qu'on puisse l'arroser comme un pré, on obtient jusqu'à six coupes. Teissier a calculé qu'elle fournissait quatre fois plus de fourrage que le meilleur pré. M. de la Borde dit avoir vu, aux environs de Malaga, des luzernières arrosées que l'on coupait quatorze fois. Bosc l'a vue produire huit coupes dans les vallées volcaniques du Vicentin. Dans le centre de la France, on en fait quatre, et l'on diminue successivement le nombre des coupes à mesure que l'on s'éloigne du Midi. Son produit est si considérable, que Duhamel rapporte qu'un arpent, environ un demi-hectare, lui a donné, sur un sol assez médiocre, 10,000 kilog. de fourrage sec.; mais comme terme moyen, on ne doit compter que sur trois coupes. Gilbert les évalue, en moyenne, à 1,258 kilog. la première, 700 kilog. la seconde, et 343 kilog. la dernière, en tout 2,340 kilog. par arpent ou demi-hectare, ce qui est loin du compte de Duhamel; mais pour peu qu'on emploie le plâtre ou les engrais, on dépasse facilement l'estimation de Gilbert, aussi, compte-t-on, en moyenne, qu'un hectare produit 7,000 kilog. Schwerz porte ce produit à 26,000 kilog. de fourrage vert et 5,504 kilog. de foin sec. Thaër l'estime à 8,000 kilog. de foin sec.

D'après les expériences du baron Crud, un hectare de Luzerne produit en fourrage sec, pendant sept années, les moyennes suivantes :

1re année	4,000 kilog.
2e —	12,000
3e —	13,000
4e —	13,000
5e —	11,600
6e —	10,000
7e —	8,000
TOTAL...........	71,600 kilog.

Et il demeure dans le sol, lorsqu'on rompt la luzernière, l'équivalant de 28 à 29 charges de fumier, qui compensent l'intérêt des frais d'établissement. La Luzerne perd, par la dessiccation, les deux tiers de son poids.

On doit faucher la Luzerne quand elle montre ses premières fleurs; si l'on attend davantage, ses tiges durcissent bientôt, surtout quand la luzernière commence à se dégarnir et que les plantes les plus vigoureuses restent isolées et forment de larges touffes avec leurs nombreux rameaux. Une sécheresse prolongée oblige quelquefois à couper la Luzerne avant l'époque où elle aurait atteint son plus grand développement; mais dans cette circonstance la sécheresse tue les tiges de Luzerne, qui ne prennent plus d'accroissement et se dégarnissent peu à peu par le bas et jaunissent. Les racines produisent alors de nouveaux jets, comme si la tige eût été coupée, et le mélange de ces jets trop tendres, avec les vieilles tiges trop dures, produit un fourrage qui se dessèche inégalement, et qui est loin de valoir celui qu'on obtiendrait en prévenant le mal par une fauchaison prématurée. Cette plante se dessèche assez difficilement; elle moisit promptement, pour peu qu'elle ait été mouillée pendant sa fenaison. Elle est, du reste, plus avantageuse en vert qu'en sec; mais si l'on obtient quelques jours de beau temps, on peut aussi en faire un bon foin à l'état sec, et qui, bien abrité, se conserve en bon état pendant deux années, mais pas plus.

Récolte des graines. — C'est principalement dans le Midi que l'on récolte les graines de Luzerne, en choisissant, si l'on tient à l'obtenir bonne, des champs qui datent de quatre à cinq ans, et par conséquent pourvus de plantes dans toute leur vigueur et auxquelles on ne fait subir qu'une coupe. C'est la seconde qui monte en graine, et quelquefois on recueille sur la troisième. Dans le Nord, c'est la première pousse qui donne la graine. Dans tous les cas, celle-ci doit être lisse, luisante, brune et pesante, pour réunir toutes les qualités nécessaires à une bonne et prompte germination.

Qualité. — Tous les bestiaux mangent volontiers la Luzerne, quoique l'on pense généralement qu'elle convient mieux aux bêtes à cornes qu'aux autres espèces d'animaux. Il faut, du reste, beaucoup de prudence dans la distribution de ce fourrage, qu'il faut donner en vert à l'étable, afin de pouvoir le doser convenablement, car, comme le Trèfle et le Mélilot, il produit facilement la météorisation, surtout si on laisse paître les animaux dans la luzernière. Dans ce dernier cas, le piétinement lui fait déjà beaucoup de mal. Cette plante communique à la crème et au beurre un goût désagréable, et d'autant plus marqué que la Luzerne est consommée plus jeune. À l'époque de sa floraison, elle a encore les mêmes inconvénients, qui disparaissent en grande partie après la fleur et quand la Luzerne mûrit. A. Young dit que les vaches nourries à la Luzerne donnent plus de lait que celles qui sont alimentées par du Trèfle, et moins que celles qui mangent l'herbe d'une bonne prairie.

Dans les localités où le petit-lait est abondant, on peut placer dans des tonneaux défoncés la Luzerne de la dernière coupe, la baigner de petit-lait, et conserver ainsi à l'abri de la gelée une nourriture que les cochons aiment beaucoup et qui leur convient parfaitement.

M. Vilmorin cite dans le *Bon jardinier*, sous le nom de Luzerne rustique, *M. media*, Persoon, une espèce voisine de la cultivée, et croissant naturellement en France. Elle diffère de l'ordinaire en ce que sa tige tend plutôt à s'étaler qu'à se dresser, et en ce que sa végétation est un peu plus tardive. « D'après plusieurs observations communiquées et les miennes, continue M. Vilmorin, j'ai lieu de croire qu'elle est en effet plus rustique et moins difficile sur le terrain que l'espèce ordinaire ; elle est très-vigoureuse et produit souvent des tiges de plus d'un mètre de longueur. Quoique les essais que j'en ai faits ne soient pas assez avancés pour que j'en puisse porter un jugement assuré, cette plante me paraît cependant offrir assez d'intérêt pour que je croie devoir l'indiquer aux cultivateurs et appeler sur elle leur attention. Elle est intermédiaire entre la Luzerne ordinaire et la Luzerne faucille, *M. falcata*, L. »

Depuis lors, M. Vilmorin a abandonné la culture de cette Luzerne, mais M. Descolombiers, agriculteur du plus grand mérite, président de la Société d'agriculture de l'Allier, cultive cette espèce avec avantage dans un terrain sec, peu profond, non arrosé, où elle végète cependant vigoureusement au milieu d'un semis de Brôme et de Mille-feuilles, et la regarde comme très-rustique.

LUZERNE FAUCILLE, *Medicago falcata*, L. (Luzerne de Suède, Rebu, Tranche). — Tiges longues de six à douze décimètres, rameuses et couchées ; folioles oblongues, mucronées, denticulées ; fleurs bleuâtres ou violettes, en petites grappes axillaires ; gousses n'offrant qu'un demi-tour de circonvolution. — Vivace.

Obs. On rencontre très-communément cette plante le long des chemins, sur les pelouses des coteaux arides et calcaires, sur les sables déposés par les rivières, etc. Elle n'est pas difficile sur le choix du terrain, quoique dans les bons sols ses racines descendent à plusieurs mètres de profondeur. Elle forme des touffes très-étendues formées par un seul pied, et si l'on veut cultiver cette Luzerne, elle est très-sujette à se dégarnir et à faire de la place aux pieds les plus vigoureux, qui résistent bien, croissent assez promptement, mais étalent tellement leurs longs rameaux sur la terre, qu'il est très-difficile de la faucher. Elle fleurit presque toute l'année, et dans le Nord, où elle est commune, elle donne ses meilleures graines quand elle est abritée par quelques buissons. Sous le rapport de ses qualités alimentaires, elle partage les avantages et les inconvénients de la Luzerne ordinaire, qui lui est préférable sous tous les rapports. Elle perd peu en séchant.

Th. Leblanc a cultivé avec succès, en Angleterre, une variété à fleurs changeantes de cette Luzerne, qu'il a nommée *M. hybrida*, et dont il vante beaucoup les bonnes qualités. Rien de plus ordinaire en effet que d'obtenir dans un semis une plante plus vigoureuse ou plus précoce qu'une autre, et de la multiplier ensuite par de nouveaux semis. Cette espèce de triage d'individus choisis devrait avoir lieu plus souvent, et nous procurerait certainement de nouvelles races préférables aux anciennes.

LUZERNE LUPULINE, *Médicago lupulina*, L. (Trèfle jaune, Trèfle noir, Lotier, Minette dorée, Luzerne houblonnée, Miguonnette, Mirlirot, des champs, Triolet). — Racine pivotante; tiges grêles, nombreuses; feuilles composées de trois folioles ovales, élargies et denticulées au sommet; fleurs petites, jaunes; gousses noires, petites, monospermes, pubescentes, réniformes, striées et ramassées en une petite tête très-serrée. — Bisannuelle.

Obs. La Lupuline, désignée aussi sous les noms de *Minette*, *Trèfle jaune*, est commune dans tout le nord de la France et de l'Europe, dans les prés et les champs, sur les pelouses et sur le bord des chemins; les terrains calcaires, secs et médiocres, lui conviennent parfaitement, quoiqu'elle ne refuse nullement de croître dans les meilleurs fonds. Elle réussit très-bien dans les argiles marneuses. Elle craint l'humidité stagnante, mais croît volontiers dans les sols frais et humides. Elle croît spontanément dans les terrains que l'on arrose, et fleurit dès le mois de mai; sa floraison se prolonge long-temps après que ses premières graines sont mûres. C'est aussi une des plantes qui résistent le mieux à la sécheresse. Sa culture est celle du Trèfle ordinaire; on la sème en mars avec l'Orge ou l'Avoine, à raison de 15 à 18 kilog. par hectare. Si l'on a soin de la faucher de bonne heure avant sa floraison, elle peut durer deux années sans compter celle du semis. Elle ne donne guère que deux coupes, dont le produit est peu considérable, environ 3,000 kilog. par hectare; mais elle a l'avantage d'être très-précoce, et de repousser très-vite. C'est pour ces raisons une excellente plante comme pâturage, qui n'offre pas, à beaucoup près, autant de danger que les Luzernes précédentes, car elle météorise peu. Séchée, elle se réduit à très-peu de chose, mais fraîche, broutée ou coupée et mangée en vert à l'étable, elle donne un excellent produit. Tous les animaux la recherchent et l'aiment beaucoup, mais elle convient plus spécialement aux moutons et aux vaches. Son usage prolongé peut nuire aux chevaux, qui cependant en sont très-friands.

La Lupuline est une de ces plantes garnissantes qui conviennent si bien dans les prés à brouter ou à faucher, en ce qu'elles s'étendent sous les tiges élevées des Graminées, auxquelles il est convenable de l'associer. Quoique bisannuelle, il y a toujours des graines qui, par leur précocité, échappent à la faux et à la dent des animaux, et elle se reproduit ainsi très-facilement. Elle semble remplacer dans les prés secs et élevés le *M. maculata*, si commun et si productif dans les prairies humides. Elle peut former d'excellents mélanges avec les Graminées vivaces des prairies permanentes. Quelques Trèfles des terrains secs peuvent notamment lui être associés. On la rencontre dans les bonnes prairies de la Normandie, de la Belgique et de l'Italie.

La Lupuline prépare convenablement le sol pour les céréales, et convient par sa courte durée aux assolements à courte période. « La meilleure manière de l'intercaler dans ces sortes d'assolements, pour les terres médiocres, nous paraît consister, dit Yvart, à la semer au printemps, avec de l'Orge, de l'Avoine, sur des terres qui, l'année précédente, auraient été ensemencées, ou en plantes légumineuses, ou en Sarrazin, en Navets, en Pommes de terre, ou autres plantes convenables à cette nature de sol; de s'en servir pour la pâture des bêtes à laine, à la fin de la première et pendant une partie de la seconde année de son ensemencement ; d'y faire parquer, à la fin de la seconde année, les animaux qui en auront été nourris, et d'ensemencer la terre en Seigle, ou en tout autre grain applicable aux circonstances, immédiatement après l'enfouissement de cette prairie bisannuelle, qui, sur les terres arides, peut rendre le même service que sur les terres humides. On pourrait aussi la semer de bonne heure en automne avec du Seigle ou tout autre grain d'hiver convenable aux localités.»

La plante que M. Mérat a décrite sous le nom de *M. Willdenowii*, n'en est peut-être qu'une variété, également très-commune et très-recherchée des bestiaux.

Luzerne tachée, *Medicago maculata*, Willd. (Maillettes). — Tiges couchées, diffuses, rameuses, glabres, longues de trois à six décimètres ; feuilles à trois folioles souvent marquées d'une tache noire ou brune, obcordées et dentées ; stipules dentées, lancéolées ; fleurs d'un beau jaune, réunies deux à quatre sur le même pédoncule axillaire ; fruits à trois à quatre spires, comprimés, garnis de pointes divergentes. — Annuelle.

Obs. La plupart des prés humides nous offrent cette plante en grande quantité. Elle s'étale beaucoup, et forme de larges touffes qui végètent admirablement à l'ombre et presque dans l'eau, sous les Graminées de ces prairies. Elle est très-précoce, paraît au premier printemps, et donne, dès le mois de juin, des graines mûres qui se ressèment parfaitement d'elles-mêmes, et laissent le pré garni de cette excellente plante, que tous les bestiaux recherchent beaucoup. La culture de cette espèce, qui se comporterait sans doute comme la Lupuline, mais qui produirait davantage, serait peut-être avantageuse dans les terrains très-humides où les Légumineuses refusent ordinairement de végéter. En mélange avec les Graminées, elle convient parfaitement, mais ses graines peu abondantes présentent quelques difficultés pour leur récolte.

Luzerne a pointes, *Medicago apiculata*, Willd. — Tiges droites, rameuses, longues de trois à six décimètres ; feuilles obovales, cunéiformes, à peine denticulées au sommet, légèrement mucronées ; pédoncules de trois à sept fleurs ; fruits à trois à quatre spires marqués de lignes saillantes de pointes divergentes ; stipules dentées et ciliées. — Annuelle.

Obs. On trouve cette plante dans les champs et sur les pelouses, où elle est cependant moins commune que la Lupuline. Elle croît sur des terrains très-secs et presque arides, et résiste aux longues sécheresses. Les bestiaux mangent très-volontiers cette plante, qui partage ses propriétés avec les *M. radiata*, L.; *circinnata*, L.; *orbicularis*, All.; *scutellata*, All.; *rugosa*, Lam.; *striata*, Bast.; *tornata*, Willd.; *turbinata*, All.; *tuberculata*, Willd.; *rigidula*, Lam.; *Gerardi*, Willd.; *intertexta*, Gœrt.; *disciformis*, DC.; *tribuloides*, Lam.; *muricata*, All.; *spinulosa*, DC.; *denticulata*, Willd.; *coronata*, Lam.; *pubescens*, DC.

Toutes ces espèces annuelles, dont Linné avait réuni

la majeure partie sous le nom de *M. polymorpha*, plaisent aux bestiaux, mais jusqu'à présent n'ont fait partie d'aucune culture spéciale. Je ne pense pas non plus que des essais puissent amener aucun résultat avantageux, car toutes ces plantes, qui recherchent les terrains secs, peuvent y être remplacées avec avantage par la Lupuline; ce sont cependant de très-bonnes plantes fourragères, que nous ne dédaignons que parce que nous en avons de meilleures et de plus productives.

Luzerne naine, *Medicago minima*, Willd. — Tiges droites ou couchées, longues de un à trois décimètres; folioles ovales, cunéiformes, velues sur les deux faces, un peu dentées au sommet; pédoncules axillaires à deux ou trois fleurs; gousses velues sur la face plane et garnies en dehors de pointes droites, un peu recourbées. — Annuelle.

Obs. Cette petite plante est très-commune sur les pelouses sèches, où les bestiaux la mangent assez volontiers, sans la rechercher autant que les précédentes. Quoique très-petite, sa tige durcit facilement, et la multitude de ses petits fruits épineux en éloigne les animaux à l'époque de la maturité, qui arrive en juin et juillet, car souvent cette petite plante parcourt en six semaines toutes les phases de sa végétation. On peut rapprocher de celle-ci les espèces suivantes, qui, comme elle, ont bien peu d'importance : *M. rigidula*, Lam.; *echinus*, DC.; *laciniata*, All.; *lappacea*, Lam.; *pentacycla*, DC.; *præcox*, DC.; *terebellum*, Willd.

Luzerne en arbre, *Medicago arborea*, L. — Arbrisseau de deux à trois mètres; folioles molles, douces au toucher, en cœur renversé, vertes en-dessus, soyeuses et un peu blanchâtres en dessous; pédoncules axillaires, chargés de fleurs jaunes ramassées en tête; calice soyeux et blanchâtre; gousses comprimées, contournées en croissant. — Vivace.

Obs. Cet arbrisseau, qui paraît être originaire des îles de l'Archipel, est cultivé dans un grand nombre de jardins. Les bestiaux recherchent ses feuilles, et sa culture, possible en France seulement sur les bords de la Méditerranée, produirait, selon M. Amoreux, des résultats très-avantageux. Il considère cette plante comme le vrai Cytise des anciens, dont Columelle, Varron et Virgile parlent avec éloge. Pline, auquel il faut se garder de donner une entière croyance, parle aussi du Cytise, qu'il devait connaître puisqu'il était alors cultivé très en grand en Italie. « C'est, dit il (lib. XIII, cap. 24), un arbrisseau dont Aristomaque d'Athènes fait le plus grand éloge. C'est un excellent fourrage pour les moutons et même pour les porcs. Un arpent de Cytise dans un terrain médiocre, peut rendre mille sesterces par année à son propriétaire. Il engraisse promptement les troupeaux ; les chevaux qui en ont mangé ne se soucient plus d'Orge. Aucun fourrage ne produit autant de lait ni de meilleure qualité. C'est un bon remède pour les maladies des bestiaux, de quelque manière qu'on l'emploie. On donne le Cytise aux poules, ou vert, ou détrempé dans de l'eau quand il est sec. Aristomaque et Démocrite assurent que partout où le Cytise est abondant les abeilles ne manquent jamais de nourriture. Sa culture exige peu de soins. On le multiplie de graines au printemps, ou de boutures à l'automne. Quand le Cytise est parvenu à la hauteur d'une coudée, on le transplante dans des fosses d'un pied de profondeur. Au bout de trois ans, il acquiert toute sa grandeur. On le coupe vers l'équinoxe du printemps, quand il a cessé de fleurir. Cet arbrisseau est blanc, et ressemble au Trèfle à feuilles étroites. On le donne aux troupeaux tous les deux jours, et comme il est sec en hiver, on a soin de l'humecter auparavant. Dix livres suffisent pour un cheval. Il est indigène de l'île de Cythnos, d'où il fut transporté dans les Cyclades et ensuite dans la Grèce, où il procura une grande abondance de lait et de fourrage. Il est surprenant qu'il soit si rare en Italie. Le Cytise ne craint ni le chaud, ni le froid, ni la neige, ni la grêle.» Cette dernière assertion de Pline ne s'applique probablement qu'au climat d'Italie, dont le froid n'est pas à craindre pour cet arbrisseau.

Luzerne maritime *Medicago maritima*, L. — Tiges longues, rampantes, cotonneuses ; folioles entières, en forme de coin, et couvertes comme les tiges de duvet blanc ; stipules entières ; pédoncules multiflores ; fruit cotonneux, tuberculeux, petits et roulés en spirale ; fleurs d'un jaune vif. — Vivace.

Obs. On rencontre cette Luzerne dans les sables des rivages de la Méditerranée, où elle acquiert un grand développement. D'après des expériences faites à la fin du siècle dernier dans l'enclos de Woburn, cette plante offrirait de grands avantages dans sa culture, deux ou trois plantes isolées étendant leurs tiges latérales jusqu'à une circonférence de 2 mètres de diamètre. Ses rejetons sont traînants, et l'on n'en voit aucun qui tende à se relever. A. Young la regarde comme annuelle ; mais l'ayant observée avec soin sur les sables maritimes entre Nice et Antibes, j'ai lieu de croire qu'elle est vivace et qu'elle réussirait dans des terrains fort pauvres, mais elle ne donnerait d'abondantes récoltes que dans un sol riche en engrais.

Genre Trigonelle, *Trigonella*, L.

Calice campanulé à cinq divisions ; carène très-petite ; ailes et étendard un peu ouverts ; corolle paraissant formée de trois pétales ; gousses oblongues, comprimées, un peu courbées, acuminées et polyspermes.

Obs. Ce genre, qui renferme quelques espèces toutes méridionales, n'offre pas à beaucoup près l'importance du précédent. Les espèces qui le composent croissent dans les terrains secs, sur les pelouses du centre et du midi de la France, et sont du reste recherchées des bestiaux qui les aiment beaucoup. Aucune n'est cultivée en grand comme fourrage.

TRIGONELLE FOIN GREC, *Trigonella fœnum græcum*, L. (Fenugrec, Senegré, Seine-graine). — Tiges droites, fistuleuses, presque simples ; feuilles composées de trois folioles assez grandes, glabres, obovales, denticulées au sommet ; fleurs d'un blanc jaunâtre, sessiles, solitaires, axillaires ; gousses longues d'un décimètre, et contenant douze à quinze graines. — Annuelle.

Obs. On trouve le Fenugrec dans le midi de la France, croissant çà et là dans les champs et les sables. Les bestiaux le mangent très-volontiers. « Cette plante, dit Poiret, est très-commune dans l'ancienne Grèce ainsi qu'en Egypte, où elle était cultivée tant pour ses graines, dont les esclaves se nourrissaient, que pour ses fanes, qui servaient d'aliment aux bestiaux. Aujourd'hui on l'emploie encore de ces deux manières en Egypte. Sa culture consiste à répandre ses graines sans labour préalable sur le limon du Nil, dès que les eaux de l'inondation se sont retirées, et d'en faire la récolte en l'arrachant soixante-dix jours après. » Le Fenugrec est resté une très-bonne plante fourragère, mais dont la culture, si on essayait de la reprendre, ne pourrait avoir lieu que dans le midi de la France, car elle est à la fois très-sensible au froid et à la pluie, et nous avons heureusement beaucoup de Légumineuses mieux appropriées à notre climat et plus rustiques qu'elle. On le cultive encore comme fourrage, surtout en Italie, où il est employé à l'engrais des bœufs; mais l'odeur de cette plante se communique à leur chair; aussi est-on obligé de terminer l'engrais avec une autre nourriture.

TRIGONELLE DE MONTPELLIER, *Trigonella monspeliaca*, L. — Tige menue, étalée, presque simple; folioles ovales, rétrécies en coin à leur base, denticulées à leur moitié supérieure; stipules étroites, très-aiguës; fleurs petites, jaunes, presque sessiles et agglomérées dans l'aisselle des feuilles; gousses comprimées, courbées en faucille, striées transversalement. — Annuelle.

Obs. On rencontre cette espèce dans les lieux secs et sablonneux, sur les pelouses et sur le bord des chemins. Elle a peu d'importance comme plante fourragère. Tous les bestiaux et surtout les moutons l'aiment beaucoup. Elle a l'odeur du Fenugrec, comme les espèces suivantes, qui sont toutes méridionales, et croissent çà et là sur les pelouses et les gazons de la Provence : *T. corniculata*, L.; *hybrida*, Pourr.; *polycerata*, L.; *prostrata*, DC. Les bestiaux les mangent toutes avec plaisir.

Genre Lotier, *Lotus*, L.

Ailes de la corolle rapprochées au sommet, plus courtes que l'étendard; gousses droites, allongées, cylindriques ou anguleuses, quelquefois membraneuses sur leurs angles.

Obs. Les Lotiers appartiennent en grande partie aux prairies, où l'on voit leur jolies fleurs se mêler au gazon, et ils offrent aux animaux une nourriture saine, plus ou moins abondante, qui s'allie parfaitement avec les Graminées qu'ils accompagnent. Plusieurs espèces pourraient être cultivées en grand.

LOTIER SILIQUEUX, *Lotus siliquosus*, L.—Tiges herbacées, presque simples, un peu velues; folioles ovales, rétrécies en coin à leur base, molles, entières, d'un vert glauque; fleurs assez grandes, solitaires, axillaires, d'un jaune pâle, portées sur de longs pédoncules; gousses longues, étroites, tétragones, un peu membraneuses sur leurs angles.—Vivace.

Obs. Cette plante n'est pas rare dans les prés humides

du centre et du midi de la France. Elle s'étale à la surface du sol qu'elle tapisse complétement, tout en livrant
passage aux Graminées et autres plantes peu nombreuses qui s'élèvent au-dessus d'elle. Elle produit peu; les
bestiaux la mangent mais ne la recherchent pas. Elle
indique un sol fatigué. Le *L. maritimus*, L., en est une
variété que les bestiaux mangent plus volontiers. Le *L.
conjugatus*, L., est une espèce distincte que l'on trouve
en Provence, et qui partage les propriétés du *siliquosus*.

Lotier tétragone, *Lotus tetragonolobus*, L. (Lotier cultivé, Lotier
rouge). — Tige velue, dressée, un peu rameuse, haute de deux à
quatre décimètres ; folioles en coin, molles, entières ; pédoncules
axillaires, solitaires, à une fleur, rarement à deux ; une bractée de
trois folioles à la base du calice ; gousses grosses, munies de quatre
grandes ailes crépues ou ondulées. — Annuel.

Obs. Cette plante croît à l'état sauvage en Corse et en
Povence. On commence à la cultiver comme fourrage.
On doit lui choisir un terrain de bonne qualité, le fumer
convenablement, et ne pas négliger une bonne exposition. Il produit alors abondamment un fourrage que les
bestiaux mangent volontiers, mais que d'autres Légumineuses remplacent avec beaucoup d'avantages.

Lotier comestible, *Lotus edulis*, L. — Tiges tombantes, rameuses,
un peu velues ; folioles presque glabres, obovales ; stipules grandes
et ovales ; pédoncules axillaires, oblongs, terminés, par une ou
deux fleurs jaunes assez grandes ; gousses arquées avec une rai-
nure profonde, un peu renflées et épaisses. — Annuel.

Obs. Cette plante, originaire des contrées méridionales de la France, y est cultivée comme plante alimentaire pour ses gousses et ses graines, qui se mangent comme les petits pois. Les bestiaux mangent très-volontiers
sa fane, qui est surtout recherchée par les cochons. Elle
se dessèche assez bien et donne un foin de très-bonne
qualité.

Lotier corniculé, *Lotus corniculatus*, L. (Pied d'oiseau, Lotier
d'Allemagne, Lotier des prés, Mariée, petit Sabot, Pied de bon Dieu,
Pied de pigeon, Pois joli, Trèfle cornu, Trèfle jaune). — Tiges menues, rameuses, droites ou couchées ; folioles, ovales, lancéolées,
aiguës ou un peu obtuses ; fleurs jaunes ou rougeâtres, verdâtres dans
le foin sec, et réunies en demi-verticille à l'extrémité de longs pédoncules axillaires et solitaires ; gousses écartées, droites, cylindriques. — Vivace.

Obs. Cette jolie plante habite toute la France, et se plaît dans les prairies, sur les pelouses et le bord des chemins, où elle offre une foule de variétés que l'on peut du reste diviser en deux races. L'une, dont toutes les variétés croissent dans les prés secs et découverts, où, malgré cela, ses racines pénètrent jusqu'à six à sept décimètres de profondeur, croît aussi spontanément dans celles qu'on arrose, comme le Trèfle blanc dans ceux que l'on plâtre. On la trouve dans les excellentes prairies de la Lombardie, de la Flandre, de la Normandie, de la Belgique et de toute l'Allemagne, où elle s'élève souvent jusqu'à un mètre, résistant toujours aux sécheresses et aux débordements. Ses fleurs sont recherchées des abeilles. On peut la semer en mars et avril, à raison de 10 à 11 kilog. par hectare. L'autre, presque toujours velue, est commune dans les prés humides, tourbeux, marécageux et ombragés. Toutes ces variétés, à quelque type qu'on puisse les rapporter, sont très-recherchées des bestiaux sans aucune exception. Toutes se dessèchent très-bien et donnent un bon fourrage soit en vert soit en sec. Celles dont nous parlons dans cet article croissent dans les lieux secs et découverts, où elles se mélangent aux plantes fourragères en se tenant généralement au-dessous d'elles; elles rampent à la surface du sol et élèvent leurs rameaux. Les graines, peu nombreuses, sont très-difficiles à récolter. Cultivées seules, elles produiraient trop peu, mais en revanche il convient d'ajouter une petite quantité de ces graines aux mélanges de plantes fourragères destinés aux terrains secs et sablonneux, ainsi qu'à la graine du Ray-Grass que l'on destine aux pelouses d'agrément. Quoique habitant ordinairement les lieux secs, le *Lotus corniculatus* supporte très-bien les inondations et ne paraît pas en souffrir. La chaleur, la sécheresse ou l'humidité modifient son accroissement, mais ne l'arrêtent pas.

LOTIER VELU, *Lotus villosus*, Thuillier *(Lotus uliginosus*, L.) — Tiges toujours dressées, hautes de six à dix décimètres, velues; feuilles grandes, molles, velues; fleurs nombreuses en couronne ou verticille presque entier. — Vivace.

Obs. Cette espèce ou variété est le type de cette seconde race de variétés dont nous venons de parler. Botaniquement, elle ne diffère pas assez pour former une plante distincte; agronomiquement, elle est entièrement différente de l'autre, ne fût-ce que par sa propriété de croître à l'ombre et dans des lieux très-humides. J'ai recueilli, dans les bois du Cantal, des individus de ce *Lotus*, dont la hauteur dépassait un mètre, et que les bestiaux n'avaient épargnés que par l'impossibilité où ils se trouvaient d'aller les chercher sur un sol tourbeux et mouvant. M. Vilmorin, qui a fait des essais sur ce Lotier, ne doute pas que ce ne soit une bonne plante à cultiver, peut-être seule, mais au moins dans les mélanges destinés à former des prairies naturelles. Il graine plus abondamment que l'autre. On devra le semer en mars et avril, à raison de 8 à 10 kilog. par hectare. Il offre le grand avantage de croître dans des sols marécageux, de produire beaucoup et d'être très-recherché du bétail. Il colore le beurre des vaches en une belle couleur jaune, surtout à l'époque de sa floraison.

Sa durée n'excède pas deux ans. Il convient spécialement au sol des étangs desséchés que l'on veut convertir en prairies.

Springel conseille de l'associer aux *Poa sudetica, aquatica* et au *Festuca fluitans*, parce que, dit-il, la première année le Lotier donne une très-belle récolte, et les années suivantes on aura à en attendre de plus considérables encore des excellentes plantes qu'il convient de lui associer.

LOTIER FAUX-CYTISE, *Lotus cytisoides*, L. — Tiges droites, un peu rameuses, velues vers le sommet; folioles très-obtuses, oblongues; stipules lancéolées; fleurs jaunes, réunies deux à quatre sur chaque pédoncule; calice blanchâtre; gousses un peu bosselées, glabres, cylindriques. — Annuelle.

Obs. Cette espèce habite le midi de la France et surtout les petites îles de la Méditerranée qui avoisinent les côtes de France. Les bestiaux la mangent très-volontiers, surtout les moutons et les chèvres. Elle fleurit dès le mois de mars, et se contente des terrains les plus arides. Si cette plante ne craignait pas le froid, sa culture serait certainement avantageuse pour obtenir très-promptement une récolte sur des terrains très-secs, et son enfouisssement en vert contribuerait beaucoup à améliorer le sol, car elle vit presque entièrement aux dépens de l'atmosphère.

On rencontre encore dans le midi de la France quelques espèces de Lotiers, tels que L. *ornithopodioides*, L.; *aristatus*, DC.; *angustissimus*, L.; *parviflorus*, Desf.; *sericeus*, L., espèces peu importantes croissant çà là sur les pelouses, les sables et aux lieux pierreux, mais que cependant tous les bestiaux mangent volontiers.

Genre Astragale, *Astragalus*, L.

Calice à cinq dents; carène obtuse; gousses séparées par une cloison parallèle aux valves, formée par le repli de la suture inférieure des valves.

Obs. Le genre Astragale est nombreux, et ce sont encore pour la plupart des Légumineuses méridionales ou alpines, qui croissent sur les pelouses, dans les prés secs, sur les coteaux.

Tous ces Astragales, d'après M. Thouin, qui en a fait plusieurs fois l'expérience, sont mangés en vert avec avidité par la plupart des animaux ruminants, et ceux qui les refusent d'abord s'y accoutument insensiblement, lorsqu'on mêle leurs fanes avec celles des autres plantes que l'on est dans l'habitude de leur donner. Ils sont robustes et d'une longue durée, et résistent fortement à la sécheresse et à la chaleur, qu'ils ne craignent point, non plus qu'une humidité passagère, qui ne les rend que plus vigoureux, lorsqu'elle est proportionnée à la chaleur du climat, mais ils redoutent les terrains compactes, argileux et aquatiques. On peut les multiplier par leurs drageons et œilletons, comme par leurs semences, quoique le dernier moyen soit le plus simple et le plus sûr. Le terrain doit être convenablement préparé par des opérations aratoires, et l'ensemencement, qui peut se faire en automne dans le Midi, doit être différé jusqu'au printemps dans le nord et le centre de la France et partout où l'on a à redouter des hivers rigoureux.

ASTRAGALE QUEUE DE RENARD, *Astragalus alopecuroides*, L. — Racines ligneuses et profondes; tiges épaisses, hautes de cinq à huit décimètres, velues, garnies de longues feuilles composées d'un grand nombre de folioles presque lancéolées, assez grandes, velues sur leurs bords ; fleurs en épis ovales, oblongs, denses et velus, jaunâtres ; calice velu ; gousses courtes, comprimées, velues. — Vivace.

Obs. Cette grande et belle plante croît dans les Alpes du Dauphiné. Les troupeaux broutent rarement ses feuilles et ne touchent pas à ses grosses têtes de fleurs, qui sont très-velues et comme lanugineuses. Ils se comportent de même vis-à-vis de l'*A. narbonnensis*, Gouan, qui ressemble beaucoup à celui-ci. Ces deux plantes, moins rustiques que le *glycyphyllos*, sont d'ailleurs recouvertes d'un duvet blanchâtre qui les rend peu convenables à la nourriture des bestiaux.

ASTRAGALE POIS CICHE, *Astragalus cicer*, L. — Racines coriaces, très-vivaces, peu profondes, plus traçantes que pivotantes ; tiges glabres, étalées, divisées en rameaux faibles, diffus, garnis de feuilles à folioles nombreuses, ovales, lancéolées, un peu velues ; fleurs d'un blanc jaunâtre, sessiles, réunies en épi court, axillaires ; gousses sphériques, vésiculeuses et velues. — Vivace.

Obs. Cette espèce habite les terrains secs de la Suisse, du Dauphiné et de la Provence ; elle s'avance jusqu'aux environs de Paris. On la considère comme un fourrage avantageux, en ce qu'on pourrait la cultiver sur les coteaux calcaires de médiocre qualité ; mais le Sainfoin offre, sous ce rapport, de si grands avantages, qu'aucune autre plante ne pourrait les lui enlever.

ASTRAGALE A FEUILLES DE RÉGLISSE, *Astragalus, glycyphyllos*, L. (Chasse-vache, fausse Réglisse, Malmaison, Orglisse, Racine douce, Réglisse bâtarde ou sauvage). — Racines longues et traçantes ; tiges rameuses, couchées, à peine pubescentes ; folioles assez grandes, ovales, arrondies ; fleurs d'un blanc jaunâtre, en épi oblong, un peu lâche ; gousses comprimées, allongées, un peu arquées. — Vivace.

Obs. Cette plante croît communément le long des chemins et des bois, sous les buissons, sur les pelouses, dans des terrains de médiocre qualité. Sèche ou fraîche, les bestiaux la mangent, mais quand ils ne trouvent rien de mieux, car ils ne la recherchent pas. Lorsque les tiges de cette espèce, dit Yvart, se trouvent resserrées accidentellement ou par l'effet d'un semis épais, elles prennent une direction plus verticale qu'horizontale, et fournissent un fourrage abondant et agréable aux bestiaux. Quand elle est fauchée ou pâturée de bonne heure, et lorsqu'ils y sont accoutumés, elle nous paraît assez recommandable. Elle est très-rustique et croît très-bien à l'ombre.

L'*A. epiglottis*, L.; *hamosus*, L.; *stella*, L., partagent les propriétés du *glycyphyllos*.

ASTRAGALE ESPARCETTE, *Astragalus onobrychis*, L. — Racines vivaces et ligneuses; tiges couchées, rameuses; feuilles pubescentes, offrant un grand nombre de folioles oblongues; stipules larges, violettes, en épi ovale; étendard droit, linéaire, de moitié plus long que les ailes; fruits droits, pubescents. — Vivace.

Obs. On trouve communément cette plante dans les prairies sèches du Dauphiné et de la Provence. Les moutons la mangent volontiers; les autres animaux la négligent sans la refuser tout-à-fait, ils la broutent même dans sa jeunesse. Les *A. bayonnensis*, Lois.; *glaux*, L.; *hypoglottis*, L.; *purpureus*, Lam.; *pentaglottis*, L.; *sesameus*, L.; *vesicarius*, L.; *austriacus*, L., sont aussi peu recherchés des animaux, mais on n'a pas assez de données sur les qualités de ces plantes pour affirmer qu'elles sont constamment refusées.

ASTRAGALE DE MONTPELLIER, *Astragalus monspessulanus*, L. — Souche rampante, allongée, ligneuse; feuilles nombreuses, composées de vingt-cinq à trente folioles ovales; fleurs purpurines, rarement blanches, en épi lâche, sur des pédoncules couchés et partant de la souche; étendard très-long; gousses glabres, subulées, cylindriques, un peu recourbées. — Vivace.

Obs. Cette plante est une des espèces du genre les plus répandues. Elle se trouve dans les provinces méridionales, et s'avance jusque sur les bords de la Seine. Elle est commune dans la Limagne d'Auvergne. Les moutons broutent très-volontiers cette espèce, quand elle est jeune; elle fleurit de très-bonne heure et produit, pendant long-temps. Les *A. incanus*, L.; *alpinus*, L.; *montanus*, L.; *uraliensis*, L.; *campestris*, L., qui approchent du *monspessulanus*, sont aussi broutés par les moutons et les chèvres, mais sont négligés des autres animaux.

Genre Lavanèse, *Galega*, L.

Calice campanulé, à cinq dents aiguës, presque égales; gousses droites, oblongues, comprimées, bosselées par la saillie des graines et munies sur chaque valve de stries transverses et obliques.

LAVANÈSE OFFICINALE, *Galega officinalis*, L. (Faux Indigotier, Rue de chèvre, Herbe aux chèvres). — Tiges glabres, rameuses, hautes d'un mètre environ; feuilles composées de huit à neuf paires de folioles glabres, oblongues, obtuses, un peu échancrées au sommet; fleurs pendantes, pédicellées, en grappes axillaires. — Vivace.

Obs. Le *Galega* se trouve çà et là dans les provinces méridionales, le long des chemins ou dans les buissons. On le rencontre aussi dans le centre de la France. Nulle part il n'est commun. On a préconisé cette espèce comme fourrage et comme pouvant donner un excellent produit, en semant 20 kilog. de graines par hectare. Cette plante, à la vérité, donne une fane très-abondante, mais qui répugne tellement aux bestiaux, qu'ils la refusent constamment à l'état sauvage, et ne mangent que les jeunes pousses de celle qui est cultivée. Peut-être, comme Bosc l'a déjà indiqué, serait-elle très-utile enfouie verte comme engrais.

Genre Baguenaudier, *Colutea*, L.

Calice à cinq divisions; carène obtuse; style barbu dans toute sa longueur; légume vésiculeux; feuilles ailées avec impaire.

Baguenaudier commun, *Colutea arborescens*, L. — Arbrisseau très-rameux, de moyenne taille; feuilles ailées, à folioles en cœur renversé; fleurs jaunes en grappes; fruits vésiculeux gonflés d'air.— Ligneux.

Obs. On trouve quelquefois cet arbrisseau dans le midi de la France. Il est cultivé dans la plupart des jardins et des bosquets. Il se développe promptement dans les sols arides, sablonneux ou calcaires, et peut supporter la tonte plusieurs fois dans l'année. C'est un arbrisseau extrêmement vivace, et dont tous les bestiaux mangent les feuilles et les jeunes branches. Les moutons surtout les recherchent beaucoup, et mangent également ses fruits vésiculeux.

Genre Gesse, *Lathyrus*, L.

Calice campanulé à cinq dents ou cinq divisions aiguës presque égales; étendard de la corolle dressé et arrondi; style un peu arqué, dilaté et comprimé vers son sommet, marqué en dessous, à sa partie antérieure d'une ligne velue; gousses oblongues, plus ou moins comprimées, à plusieurs graines.

Obs. Le genre nombreux des Gesses n'offre qu'un petit nombre d'espèces qui habitent les prairies; mais la plupart d'entre elles produisent, partout où elles croissent, un fourrage abondant, très-recherché des bestiaux, et plusieurs de ces plantes sont cultivées en grand pour la nourriture des animaux. Elles ont l'avantage de réussir dans des terrains de médiocre qualité.

Gesse cultivée, *Lathyrus sativus*, (Pois gesse, Pois carré, Pois de brebis, Lentille d'Espagne, Gesse domestique, Jarra, Lentille suisse, Lentillin, Pois breton, Pois gras). — Tiges faibles, anguleuses, ramifiées, membraneuses sur leurs angles ; feuilles composées de deux à quatre folioles étroites, oblongues lancéolées ; fleurs solitaires, axillaires, pédonculées, d'un beau bleu, roses ou blanches ; gousses larges, ovales, oblongues, munies sur leur suture dorsale de deux rebords membraneux en forme de gouttière. — Annuelle.

Obs. Cette espèce, originaire de la Provence, ou plutôt d'Espagne, est cultivée en grand, comme fourrage. Elle réussit dans la plupart des terrains, pourvu que l'eau ne puisse y séjourner, car elle craint l'humidité et le froid ; elle préfère cependant les terres meubles, fraîches et substantielles, mais elle réussit aussi dans les sols argileux de médiocre qualité et des sols calcaires de peu de valeur. On la sème, à l'automne, dans le midi de la France ; au printemps, dans les climats où les gelées d'hiver sont à craindre. On jette la graine sur deux labours, à raison de 15 décalitres par hectare. On recouvre à la herse. Comme ses tiges sont faibles, il est bon d'y joindre quelques Graminées à tiges un peu fermes, comme les *Bromus pratensis*, *Dactylis glomerata*, qui végètent bien aussi dans les terrains un peu secs, ou un peu d'avoine. On la coupe pour la faire manger en vert à l'époque de la floraison, ou bien on attend que les premières gousses commencent à mûrir, si l'on veut dessécher la plante pour fourrage d'hiver, ou bien enfin, on attend une maturité plus complète, si l'on veut aussi obtenir la graine. Souvent on cherche à obtenir les deux récoltes, graine et fourrage, et ni l'une ni l'autre n'arrivent à point : ou la fane est trop vieille, ou les graines ne sont pas assez mûres. Il faut choisir juste le point nécessaire pour la faucher, qui est le milieu de la floraison, car, coupée trop jeune, on assure qu'elle donne la diarrhée aux bestiaux, et si l'on attend trop, elle se dessèche tout à la fois et affaiblit le sol, au lieu de l'ameublir.

Tous les animaux mangent très-volontiers cette Gesse, fraîche ou séchée, mais c'est principalement pour les moutons qu'on la cultive. Elle a l'avantage d'être moins échauffante pour eux que la Vesce. Ses graines, que l'on mange dans plusieurs pays, sont aussi recherchées des volailles, des pigeons et des cochons; mais pour qu'elles profitent bien à ces derniers, il faut les cuire, ou au moins les concasser au moulin. Pour les volailles, il vaut mieux les faire germer avant de les leur donner.

Gesse chiche, *Lahyrus cicera*, L. (Gairoute, Gairroute, Gessette, Jarat, Jarosse, petite Gesse, petit Pois chiche, Garousse). — Diffère de la précédente par ses tiges moins longues, en partie couchées, par ses pédoncules plus courts, par ses gousses moins larges, lancéolées, n'ayant à leur suture dorsale qu'un léger sillon. — Annuelle.

Obs. On trouve aussi cette plante dans les champs des provinces méridionales. On la cultive également comme fourrage. Elle se sème, se cultive et se récolte comme la précédente, en employant au moins 25 décalitres de graines par hectare. On sème en automne, car elle craint peu le froid. Quoique moins productive que la précédente, on la lui préfère souvent, surtout dans le Nord, à cause de sa rusticité et de sa faculté de croître sur de mauvaises terres calcaires, quel que soit leur degré de ténacité ou leur légèreté, pourvu qu'elles soient un peu fertiles et qu'elles ne soient pas humides en hiver. On la sème, dans le Midi, à la fin d'août et dans le courant de septembre. Au défaut de labour, on sème sur le chaume. Elle fournit un fourrage très-estimé pour les moutons, mais trop échauffant pour les chevaux, quoique cependant on puisse leur en donner avec ménagement. Les mulets et les chevaux ne mangent pas sa fane sèche, mais elle est recherchée des bœufs et des moutons, même quand elle a produit sa graine; en vert, elle convient très-bien aux cochons et les engraisse.

Ce fourrage produit autant qu'une bonne coupe de Luzerne sur une surface égale. Dans les environs de Marseille, où les pluies sont si rares, c'est souvent le seul que l'on puisse se procurer. On peut aussi cultiver cette plante sous le climat de Paris, entre deux cultures de céréales. Elle peut donner 7,000 kilog. de foin sec par hectare. On assure que sa graine est vénéneuse pour l'homme, au point même de causer la mort, si une grande quantité est ingérée. Ces faits, rapportés par des personnes dignes de foi, sont difficiles à concilier avec l'habitude qu'ont les Espagnols et les habitants de nos provinces méridionales de cultiver cette Gesse comme potagère, et d'en manger les graines comme les petits pois.

GESSE VELUE, *Lathyrus hirsutus*, L.—Tiges grêles, ailées, rameuses, longues de six à dix décimètres; feuilles à deux folioles oblongues, mucronées; pétioles dégénérant en vrilles au sommet; fleurs blanches ou purpurines, réunies deux à trois sur des pédoncules allongés; gousses oblongues et velues. — Annuelle.

Obs. On rencontre assez communément cette espèce dans les moissons, où elle a été recueillie et essayée comme plante fourragère. Voici ce qu'en dit M. Vilmorin *(Bon Jardinier* 1840) : « Feu M. le baron Wol, cultivateur éclairé à Baronville, près Givet, m'a fait part des succès qu'il a obtenus de la culture de cette plante comme fourrage. Semée en automne, elle lui a paru pouvoir rivaliser d'utilité avec la Vesce d'hiver. Je l'ai essayée d'après son conseil, et je l'ai trouvée en effet rustique et très-fourrageuse, mais un peu moins hâtive que la Vesce et le Pois d'hiver. Elle produit une quantité considérable de semences plus petites que celle de la Vesce, et qui paraissent être une bonne nourriture pour les pigeons; au reste, dans ce fourrage, coupé encore vert, comme il doit l'être, la plupart de ces semences restent dans les cosses. Cette plante pourra entrer en ligne à côté de celles à cultiver utilement pour la nourriture des bestiaux. »

Les *L. articulatus*, L.; *clymenum*, L.; *angulatus*, L.; *sphæricus*, Retz; *inconspicuus*, L.; *axillaris*, Lam.; *micranthus*, Lois.; *setifolius*, L.; *annuus*, L., qui croissent également dans les moissons, présenteraient aussi, si on essayait de les cultiver, des produits plus ou moins considérables, selon les espèces, mais tous très-recherchés des bestiaux, et donnent un fourrage également bon soit en vert soit en sec.

GESSE SANS FEUILLES, *Lathyrus aphaca*, L. (Pois aux lièvres, Reluiseau). — Tiges grêles, peu rameuses et grimpantes, quelquefois deux paires de petites folioles opposées qui disparaissent bientôt, et la tige reste seulement munie de grandes stipules serrées par paires l'une contre l'autre; fleurs jaunes, petites, solitaires, sortant de l'aisselle des stipules; pédoncules grêles; gousses glabres. — Annuelle.

Obs. On trouve très-communément cette plante dans les champs, où elle s'attache au Blé, au Seigle et aux autres céréales. Quelquefois elle rampe à la surface du sol. Elle donne une fane peu abondante, que tous les bestiaux recherchent, et dont les moutons sont surtout très-avides. En s'attachant aux céréales, cette Gesse rend la paille agréable aux bestiaux; et si d'une part elle nuit à l'agriculteur, quand par son abondance elle modifie sa récolte en grains, de l'autre elle rend, dans cette circonstance, la paille assez alimentaire pour remplacer le foin dans la nourriture des chevaux et des bêtes à cornes. On assure que ses graines sont vénéneuses.

Gesse de Nissole, *Lathyrus nissolia*, L. — Tiges grêles et non anguleuses; pétioles dilatés, longs et linéaires, lancéolés, remplaçant les feuilles; stipules très-petites, subulées; fleurs petites, rougeâtres, solitaires, axillaires, portées sur de longs pédoncules presque sétacés; gousses étroites, linéaires, oblongues. — Annuelle.

Obs. Elle habite les champs, le bord des prés et des buissons, plutôt dans le Midi que dans le Nord. Tous les bestiaux l'aiment beaucoup, mais elle produit peu de fanes, et doit être considérée comme une des espèces les moins importantes du genre.

Gesse tubéreuse, *Lathyrus tuberosus*, L. (Anette, Anote de Bourgogne, Arnoute, Chourles, Favouettes, Gland de terre, Jacquerotte, Louisette, Macion, Macusson, Macjon, Mégazon, Minson, Mitrouillet). —Racines renflées, ovales, tuberculeuses, noirâtres; tige grêle, anguleuse et rameuse; folioles ovales, oblongues, obtuses; vrilles presque simples; fleurs en grappes d'un beau rouge; gousses glabres, un peu arquées. — Vivace.

Obs. Cette jolie Gesse abonde quelquefois dans les champs, au point de nuire aux céréales; on la rencontre aussi dans les haies. Elle croît dans tous les sols, mais surtout dans les terres légères et fraîches. Elle trace et multiplie assez pour devenir très-incommode dans les champs cultivés; mais ne donne pas assez de fanes pour qu'on puisse la considérer comme plante fourragère cultivable. Tous les bestiaux la mangent volontiers, et les cochons ont bientôt débarrassé les champs des tubercules cachés dans le sol.

Gesse des prés, *Lathyrus pratensis*, L. — Racines à la fois traçantes et pivotantes; tiges grêles, diffuses, longues de trois à dix décimètres, rameuses ; feuilles composées de deux folioles lancéolées, un peu velues, stipules grandes et sagittées; fleurs jaunes, nombreuses, disposées en grappe; gousses glabres et comprimées. — Vivace.

Obs. Cette Gesse est très-commune dans toute la France, surtout dans le Nord et les régions montagneuses ; elle abonde dans les prés humides, le long des haies, dans les buissons, sur le bord des ruisseaux. Presque tous les terrains lui conviennent, et comme le *Lotus corniculatus*, elle offre des variétés qui peuvent vivre partout, depuis les sols marécageux les plus humides, jusqu'au sommet du puy de Dôme, où je l'ai rencontrée plusieurs fois en belle végétation. Elle est très-précoce. Ses racines pénètrent très-profondément dans le sol, et la plante atteint souvent un mètre de hauteur. Elle résiste parfaitement aux gelées, et se développe plus tôt que la Vesce ordinaire. Elle fleurit en juin et juillet. C'est une excellente plante fourragère pour tous les animaux, mais principalement pour les chevaux, les chèvres et les bêtes à laine. Elle se dessèche bien et donne aussi un bon foin sec. Les Anglais la cultivent en grand.

Arthur Young regarde cette plante « comme la meilleure pour les prairies que l'on puisse trouver dans les deux royaumes (France et Angleterre), et qui mérite une attention qu'on ne lui donne guère. »

Sa culture serait celle du Trèfle ou de la Luzerne, et il est probable qu'elle tiendrait le milieu entre ces deux plantes, relativement à sa durée.

On trouve dans les prés humides plusieurs variétés de cette plante, qui se distinguent surtout par le nombre et la largeur des feuilles. Si on cherchait à la cultiver, on obtiendrait bientôt de bonnes variétés de cette espèce.

GESSE DES BOIS, *Lathyrus sylvestris*, L. (Penoyer, Pois aux lièvres) — Tige grimpante et membraneuse sur ses angles, haute de un à quatre mètres ; folioles géminées, nerveuses, glabres, lancéolées, aiguës ; stipules à demi sagittées; fleurs roses ou purpurines, en grappes sur des pédoncules axillaires; gousses glabres, linéaires, lancéolées. — Vivace.

Obs. Elle habite les bois et les buissons, s'accrochant aux branches et aux grandes plantes près desquelles

elle végète. Elle plaît moins aux bestiaux que les espèces
précédentes, cependant tous la mangent assez volontiers.

Gesse a larges feuilles, *Lathyrus latifolius*, L. (Grande Gesse,
Pois à bouquets, Pois éternel, Pois perpétuel, Pois vivace.) — Ressemble à la précédente, dont elle diffère par ses folioles plus larges,
ovales, elliptiques; fleurs plus grandes, plus nombreuses, d'un beau
rose. — Vivace.

Obs. Cette belle plante, connue aussi sous le nom de
Pois de vache, croît çà et là dans les buissons du centre
et du midi de l'Europe. Elle s'élève beaucoup, et donne
une fane extrêmement abondante, que les bestiaux
mangent avec avidité, tant que la plante est jeune, c'est-
à-dire jusqu'à l'époque de ses premières fleurs.

La vigueur de cette espèce et ses racines vivaces sont
deux considérations qui devraient déterminer à en tenter la culture. Les terrains calcaires semblent lui convenir, mais toute terre légère et un peu substantielle
lui permettrait de donner d'abondants produits.

Gesse des marais, *Lathyrus palustris*, L. — Tiges faibles, glabres,
ailées, longues de six à huit décimètres; feuilles composées de six
folioles alternes; cinq à six fleurs bleuâtres, portées sur un pédoncule axillaire; gousses glabres et comprimées. — Vivace.

Obs. Cette Gesse habite les prés marécageux de la
majeure partie de la France, et s'avance très-loin dans
le nord de l'Europe. Un terrain très-humide paraît lui
être indispensable; on la rencontre même quelquefois
dans l'eau. Tous les bestiaux la mangent volontiers.

Genre Vesce, *Vicia*, L.

*Calice tubuleux à cinq divisions dont deux superieures plus
courtes; corolle papilionacée; style filiforme, formant avec l'ovaire
un angle presque droit; gousses oblongues, polyspermes.*

Obs. Les Vesces se distinguent au premier abord plus
facilement des Gesses par le grand nombre de folioles
dont leurs feuilles sont munies que par les caractères
tirés de la fleur. Ce sont, du reste, comme les Gesses,
des Légumineuses grimpantes, plus communes dans les
champs, les moissons, les haies et les buissons que dans
les prés, où leurs tiges débiles ne trouveraient guère
de point d'appui. Tous les terrains semblent convenir
à leur développement, quoique cependant des terres

fertiles soient loin d'être un obstacle à leur culture. Les bestiaux les recherchent beaucoup et les aiment autant que les Gesses. Elles sont, pour plusieurs d'entre eux, un fourrage un peu trop échauffant, et dont les doses doivent être très-modérées. Quelques-unes sont cultivées en grand.

Les Vesces, selon Yvart, conviennent essentiellement aux terres compactes et argileuses, qu'elles sont très-propres à ameublir et à fertiliser en les utilisant. Elles gagnent beaucoup à être associées à d'autres plantes, qui, en les protégeant, empêchent que la partie inférieure de leurs tiges ne pourrisse.

Vesce cultivée, *Vicia sativa*, L. (Pesette, Barbotte, Billon, Vesce de pigeon). — Tiges couchées ou grimpantes ; feuilles alternes, composées de cinq à sept paires de folioles ovales ou oblongues, tronquées, entières ou un peu échancrées, et souvent munies d'une petite pointe dans l'échancrure ; pétiole terminé par une vrille rameuse, quelquefois simple; stipules dentées en demi-fer de flèche, remarquables à leur base par une tache enfoncée presque toujours noirâtre ; fleurs purpurines, solitaires ou plus souvent géminées, axillaires et presque sessiles ; gousses oblongues, comprimées, un peu velues quand elle sont jeunes. — Annuelle.

Obs. On trouve cette plante dans les champs, parmi les moissons, dans les haies et les buissons. Elle varie à l'infini par la longueur de ses tiges, la largeur et les échancrures de ses folioles, la grandeur de ses fleurs. On la trouve dans toute l'Europe. Indépendamment de ces variétés botaniques, la Vesce cultivée en offre trois sous le rapport agricole :

1° La *Vesce d'hiver*, connue aussi sous le nom d'*Hivernage*, que l'on sème en automne, et qui résiste très-bien au froid. Elle est plus productive que les autres variétés, fleurit plutôt et offre une récolte de graines plus sûre et plus facile ;

2° La *Vesce de printemps*, qui se sème en mars, avril, mai, et quelquefois jusqu'en juin, ressource précieuse, puisque déjà, avant cette époque, on peut avoir des données presque certaines sur le rendement des autres fourrages;

3° La *Vesce blanche* ou du *Canada*, dont les fleurs sont blanches, le grain blanc et plus gros, peut servir à la nourriture de l'homme. Elle est beaucoup moins répandue que les deux autres variétés, un peu moins productive, mais donnant un produit plus recherché des bestiaux.

Ces plantes aiment des terres de bonne qualité, plutôt fortes que légères pour la Vesce de printemps, et plutôt légères, et même un peu sablonneuses pour la Vesce d'hiver. Elle croît également dans des terres médiocres, et y réussit même très-bien, si le sol a reçu de l'engrais, chose essentielle, si l'on veut faire succéder une récolte de céréales, et surtout si l'on cultive la Vesce pour en obtenir la graine. Elle épuise alors beaucoup plus, tandis que si on fauche à la fin de la floraison, cette plante, semée sur jachère, préalablement fumée, n'est nullement épuisante. Elle s'accommode très-bien du fumier long et pailleux.

Celle d'hiver craint l'humidité pendant la mauvaise saison; celle du printemps, au contraire, ne foisonne beaucoup que si des pluies viennent favoriser son développement peu de temps après le semis. Du reste, l'exposition agira sur cette Légumineuse, comme sur les autres. Dans les terres sèches, exposées au soleil et bien aérées, elle graine davantage; dans les sols humides, frais, ombragés, les fanes s'allongent, et la quantité de foin s'augmente aux dépens de la graine.

On sème sur deux labours et on recouvre de suite par un hersage, car les oiseaux, et surtout les pigeons, recherchent beaucoup sa graine. Vingt à vingt-six décalitres semés à la volée suffisent pour un hectare; mais si l'on vise à la graine, il vaut mieux semer en ligne et n'employer que dix-huit à vingt-deux décalitres de graine. Dans le premier cas, on n'a plus à s'occuper de la plante, qui étouffe toutes les mauvaises herbes, souvent même les Chardons; mais dans le second, il convient de butter les lignes à la fin de l'automne, de donner une façon entre les rigoles, et de butter encore au mois de mars suivant. Si l'on sème pour fourrage, on est dans l'usage de joindre à la Vesce un peu de Seigle ou d'Avoine, qui sert à soutenir ses tiges et qui peut aussi fournir un bon fourrage. On remplace alors ordinairement un quart de la graine par celle que l'on veut associer. D'autres fois, on complique ce mélange en y ajoutant, en même temps, des Fèves et des Pois gris, ou des Lentilles, et semant le tout au printemps pour fourrage. C'est ce que l'on appelle semer la Vesce en *trémois* ou *trumois*, et le produit prend le nom de *dragées*, *mélarde*.

Les premières semailles de Vesce se font en mars, quelquefois en février. La graine se conserve long-temps en terre ; aussi, arrive-t-il quelquefois aux Vesces d'hiver de ne pousser qu'au printemps, au moins en partie. Elle conserve six ans sa faculté germinatrice.

La fauchaison des Vesces peut avoir lieu à trois époques différentes : la première, quand la plante est en fleur ; elle donne alors un foin plus délicat, mais moins nourrissant. Il est rare, du reste, qu'on la coupe à cette époque, à moins qu'on n'y soit forcé, quand la Vesce de printemps a été semée tard ou contrariée par une mauvaise saison. Secondement, quand elle finit de fleurir, et que ses premières gousses vont bientôt mûrir, tandis que la majeure partie est verte avec la graine formée. C'est la meilleure époque pour obtenir un bon fourrage, vert ou sec, très-nourrissant, et pour profiter à la fois des tiges et des graines vertes, qui restent enfermées dans les gousses. Troisièmement, à l'époque de la maturité des graines. Ce sont alors celles-ci que l'on cherche à obtenir ; la fane y perd beaucoup, cependant on l'emploie encore comme fourrage inférieur, quand le fléau en a fait sortir les graines.

Quoique cette plante donne, à l'état frais, une excellente nourriture, il est peut-être préférable, au moins plus sûr et moins dangereux, de l'employer séchée. Elle se fane bien, mais lentement, surtout quand on la coupe avec les gousses vertes. Les feuilles, et même les tiges, sont déjà desséchées que les gousses, pleines de graines vertes, retiennent encore beaucoup d'eau de végétation. Il faut bien s'assurer que les pois sont secs avant de les rentrer et de les emmagasiner. C'est surtout la Vesce de printemps, dont la récolte se trouve souvent très-reculée, qui fait éprouver le plus de difficultés pour la dessiccation. Il vaut mieux la couper un peu plus tôt : on a plus de chances pour le soleil et moins de gousses à sécher.

Si l'année est chaude et humide, et que la Vesce soit coupée de bonne heure, elle donne une seconde coupe, quelquefois même une troisième. Un hectare donne souvent 3,000 kilog. de fourrage. Schwerz estime ce produit à 2,500 kilogammes, et Thaër à 2,400, sur un sol non fumé, et à 3,600 à 4,000 sur une terre engraissée.

Tous les agriculteurs s'accordent à regarder la Vesce comme un excellent fourrage sec ou vert. Sous ce dernier état, il exige beaucoup de précautions, car il est fortement échauffant, et il ne convient guère qu'aux bêtes à cornes, et comme pâture au printemps, pour engraisser les agneaux. Quelques agriculteurs pensent que c'est la nourriture qui fait produire aux vaches la plus grande quantité de beurre; d'autres assurent que le beurre est amer, et que des vaches nourries au Trèfle et qui passent de suite à cette plante, donnent immédiatement moins de lait. La dragée n'a aucun de ces inconvénients. Séchée et récoltée avec ses gousses demi-mûres, la Vesce est un des meilleurs aliments pour les chevaux et les bœufs de labour, qu'elle entretient en bon état. C'est aussi un des meilleurs fourrages que l'on puisse donner l'hiver aux moutons, surtout si l'on a fait le mélange de Pois, de Lentilles et d'Avoine, dont nous avons parlé tout-à-l'heure. Lors même qu'on aurait retiré les graines de Vesce entièrement mûres, la fane qui reste convient encore pour nourrir les moutons, car la paille de Vesce est une des plus estimées, surtout quand elle a été rentrée sans pluie. Les chevaux l'aiment beaucoup aussi, et dans plusieurs contrées on leur procure un très-bon fourrage en semant des Vesces avec du Seigle de printemps, et en les fauchant et les faisant sécher comme du foin. Les graines servent principalement de nourriture aux pigeons; elles deviennent, assure-t-on, nuisibles aux autres animaux, aux canards, aux jeunes dindons, surtout aux poules, si on les leur donne seules et pendant plusieurs jours. Il faut ne les distribuer qu'en petite quantité, et que leur usage soit souvent interrompu.

Arthur Young cite une partie de l'Angleterre où la jachère est très-utilement remplacée par deux récoltes de Vesces. « Il y a, dit-il, aux dunes méridionales, une pratique qu'on ne saurait trop recommander; elle consiste à faire deux récoltes de Vesces, au lieu d'une jachère de blé. Elle mériterait que l'on fît un voyage de cinq cents milles pour la connaître. Elle consiste à semer de bonne heure des Vesces d'hiver, qu'on fauche tard au printemps, et qu'on donne aux brebis et aux agneaux ; après cette coupe, on laboure pour semer deux bushels et demi de Vesces, et un demi gallon de Raves. A l'époque où il faut labourer pour semer le blé, on donne cette espèce de fourrage aux agneaux. On sème sur un seul labour. Il n'y a de différence que la fauchaison de la première récolte. Les secondes semailles sont quelquefois faites à la fin de juin, et le produit est consommé en vert. Plus on analyse cette méthode, plus il y a lieu d'en être satisfait. Pendant l'année de jachère, il faut faire produire à la terre le plus de pâturage qu'il est possible pour nourrir le bétail. On laboure dans les saisons les plus favorables : en automne, afin d'ameublir la terre par le moyen des gelées d'hiver, favoriser par ce moyen la végétation des pâturages, et à la fin du printemps pour enfouir ce qui reste. Entre ces deux labours la terre est couverte de pâturages. Cette pratique donne lieu à nourrir beaucoup de bétail, et par conséquent procure des engrais en abondance. L'usage de faire piétiner la terre par le bétail avant de semer, la raffermit, et donne aux molécules une adhésion favorable aux végétaux. Enfin, plusieurs projets utiles ont réussi, tels que celui qui a détruit les jachères d'été. Quels avantages ne retireraient pas les fermiers des autres parties du royaume, s'ils avaient la sagesse d'imiter cet exemple ! »

M. Lullin, de Genève, dit que, « dans les environs de Frangy, Seyssel, Rumilly, Chambéry, etc., on est dans la très-sage habitude de semer depuis le commencement de mai, jusqu'au commencement de juillet, un mélange de Vesces, Pois, Sarrasin et Maïz bien fumés. On en sème tous les huit à dix jours un certain espace, afin d'en avoir, pendant un mois ou six semaines, à faucher qui soit toujours à peu près au même point de croissance, c'est-à-dire en fleurs. On le destine surtout à rafraîchir les bœufs, dans les temps où ils sont le plus fatigués ; dès le milieu du mois d'août jusqu'à la fin des semailles, on leur en donne à midi et le soir, ce qui les préserve des maladies occasionnées si souvent dans cette saison par l'excès de la chaleur et celui de la fatigue. Çet aliment vert, rafraîchissant, d'une digestion facile, et nourrissant, les invite au repos, et leur procure un sommeil pendant lequel ils se refont de leurs fatigues. »

« Cette admirable méthode, continue-t-il, devrait être suivie partout, et elle peut s'y adapter, quelle que soit la situation du domaine, en la modifiant pour l'époque de la semaille, et en remplaçant dans les lieux trop élevés, ou trop exposés au froid, le Maïz par le Colza ou la Ravenaille, soit Rabette. »

La Vesce partage avec beaucoup d'autres Légumineuses, qui vivent principalement par leurs feuilles, la faculté d'améliorer le sol dans lequel on l'enfouit à l'époque de sa floraison. C'est une des plantes les plus anciennement employées à cet usage, puisque déjà les Romains la connaissaient.

VESCE DES MOISSONS, *Vicia segetalis*, Thuillier. — Ressemble beaucoup à la précédente, dont elle diffère par ses folioles ovales, lancéolées, ses stipules moins dentées et sans points noirs, ses gousses plus courtes et ses fleurs plus petites.

Obs. On la rencontre dans les champs, parmi les moissons, ainsi que le *V. angustifolia*, Roth, qui habite les mêmes lieux et les sols sablonneux. Ces deux plantes, peu différentes du *sativa*, donnent un fourrage moins abondant, mais que tous les bestiaux mangent avec le même plaisir. Elles ont l'avantage de prospérer dans des terrains plus sablonneux, mais elles sont en tout inférieures à la précédente.

VESCE FAUSSE GESSE, *Vicia lathyroides*, L. — Tige anguleuse, rameuse, droite, haute de un à deux décimètres; feuilles à quatre à six folioles, les inférieures en cœur renversé, les supérieures mucronées, ovales, oblongues; vrilles simples; stipules entières ou bidentées; fleurs petites, violettes, solitaires; gousses dressées, glabres. — Annuelle.

Obs. On trouve cette petite Vesce dans les lieux secs, au milieu des champs sablonneux. Elle ressemble à la Vesce ordinaire qui serait restée naine. Elle croît dans les plus mauvais terrains, pousse dès les premiers jours du printemps, et donne un fourrage très-recherché des moutons, et Bosc assure que, sans la fréquence de cette plante sur les sables de la Sologne, les habitants perdraient beaucoup de bêtes par le défaut de fourrages

secs, à la fin de l'hiver, et qui sont sauvées par sa précocité.

Les *V. peregrina*, L.; *amphicarpa*, Dorth.; *pyrenaica*,
Pourr., sont encore des plantes fourragères douées de
très-bonnes qualités, mais peu productives, qui offrent
cependant aux moutons un foin délicat, et d'autant
plus recherché par eux, qu'il est plus rare dans les
lieux secs où ces plantes peuvent végéter.

VESCE DE HONGRIE, *Vicia pannonica*, L.—Tige velue, sillonnée, un
peu rameuse, haute de trois à six décimètres; pétioles à vrilles rameuses, portant cinq à six paires de folioles ovales, peu ou à peine
échancrées au sommet; fleurs rougeâtres, réunies quatre à cinq aux
aisselles des feuilles; gousses courtes, comprimées, pubescentes. —
Annuelle.

Obs. Cette espèce croît dans les moissons du midi et
du centre de la France. Tous les bestiaux l'aiment beaucoup, et on pourrait, en la cultivant, obtenir une plante
aussi productive que la Vesce ordinaire, et qui probablement serait moins difficile sur le choix de son terrain.
Elle résiste bien à la sécheresse. Elle est si commune
dans certains champs de la Limagne d'Auvergne, qu'elle
améliore la paille des céréales, au milieu desquelles
elle croît en abondance. On la donne pour nourriture
aux vaches, quand on sarcle les avoines ou autres céréales des environs de Clermont.

VESCE JAUNE, *Vicia lutea*, L. — Tiges faibles, striées; folioles
linéaires, obtuses, un peu velues, mucronées au sommet; fleurs jaunâtres, solitaires, axillaires et sessiles; gousses pendantes, hérissées
de poils tuberculeux à leur base. — Annuelle.

Obs. Cette Vesce habite les champs, les moissons, le
bord des chemins, et appartient plutôt aux régions méridionales qu'aux contrées du Nord. Je ne pense pas
qu'elle soit cultivée en France; mais elle l'est en Italie
et dans le Levant, où l'on assure qu'elle peut fournir jusqu'à trois coupes dans un été, et donner encore un bon
pâturage, ou être enterrée comme engrais. Un sol fertile
peut changer à ce point cette espèce de Vesce; mais
dans l'état sauvage où elle croît en France, elle est loin
de promettre de si beaux résultats; cependant, d'après
quelques essais faits par la société d'agriculture de Ver-
sailles, elle donnerait jusqu'à trois coupes dans le cou-

rant de l'été, et offrirait encore pour l'hiver un pâturage abondant, ce qui la rendrait bien préférable à la
Vesce commune. Comme les autres Vesces, les bestiaux
la recherchent beaucoup.

Les *V. hirta*, Balbis, et *hybrida*, L., ressemblent
beaucoup au *V. lutea*, et doivent partager ses propriétés.
Je suis certain du reste que les moutons sont très-
avides du *V. hybrida*.

Vesce des haies. *Vicia sepium*, L. — Tiges grêles, presque ailées ,
un peu velues et grimpantes ; folioles ovales, assez grandes, nombreuses, obtuses, légèrement velues sur leurs bords et sur leurs nervures ; pédoncules très-courts, axillaires, portant trois à quatre fleurs
purpurines ou blanchâtres; gousses droites, glabres, aiguës, très-com-
primées. — Vivace.

Obs. On rencontre très-communément cette espèce
très-rustique dans les haies et les buissons. Elle aime
l'ombre, et croit également dans les terrains secs et humides, dans les sols maigres ou très-fertiles. Son produit
est subordonné à ces diverses circonstances, et elle acquiert son maximum dans les prés humides et ombragés.
J'ai trouvé cette excellente plante fourragère, comme espèce dominante, dans plusieurs des prairies si renommées
de la vallée de Veyre en Auvergne. Elle donne en vert
ou en sec un des meilleurs fourrages ; elle se dessèche
avec facilité, produit beaucoup, se contente de terres
médiocres au besoin, et possède, sur le *V. sativa*, l'a-
vantage d'être vivace. C'est une des espèces à introduire
dans tous les mélanges de graines destinés à former des
prairies permanentes. Elle végète presque toute l'année,
mais ses graines sont très-difficiles à récolter, à cause
de la contraction subite des valves de la gousse qui les
disperse dès qu'elles sont mûres. Les *V. dumetorum*,
L.; *argentea*, Lap., qui habitent les buissons et les
bois des montagnes des Alpes et des Pyrénées, où elles
sont très-recherchées du bétail, sont encore des espèces
vivaces, que l'on pourrait utiliser, et qui, portées de
leur sol aride dans les terres fertiles des plaines, pourraient peut-être nous donner des produits dix fois plus
considérables que ceux qu'elles offrent naturellement aux
troupeaux qui fréquentent ces montagnes. Le *V. sylvatica*, L., qui croît dans les Alpes, est peu recherché
des bestiaux.

Vesce pisiforme, *Vicia pisiformis*, L. — Tige rameuse, glabre, striée, haute de six à douze décimètres; six à huit folioles grandes, ovales, glabres, les deux inférieures très-distantes des autres, appliquées contre la tige; stipules courtes, embrassantes, élargies, à découpures aiguës; pédoncules axillaires, raides, striés, chargés de fleurs nombreuses, d'un blanc jaunâtre; gousses glabres, oblongues, comprimées. — Vivace.

Obs. Cette belle espèce pousse avec une extrême vigueur, dans les champs des provinces méridionales et près des bords de la Méditerranée, où elle est quelquefois cultivée comme fourrage. Elle produit beaucoup, et au premier coup-d'œil, on prendrait pour des champs de pois ceux qui en sont ensemencés. Sa fane est aussi abondante que celle de la Vesce cultivée; elle se dessèche bien, et ses racines sont vivaces. C'est du reste une plante qui, dans les provinces du Nord et du Centre, ne réunirait pas les mêmes avantages que le *V. sativa*.

Vesce multiflore, *Vicia cracca*, L. (Jarseau, Luiset des prés, Luzeau, Pois à crapaud). — Tiges hautes de six à dix décimètres, grêles, rameuses, striées; feuilles composées de huit à dix paires de folioles étroites, linéaires, un peu velues; fleurs d'un pourpre violet ou blanchâtre, réunies en grand nombre sur chaque pédoncule axillaire; calice court, tronqué obliquement à son orifice antérieur; gousses courtes, ovales, comprimées. — Vivace.

Obs. Je ne connais aucun terrain, excepté ceux qui sont inondés ou tourbeux, dans lequel je n'aie rencontré cette belle espèce en pleine végétation; encore résiste-t-elle très-bien aux inondations, comme j'ai eu occasion de l'observer plusieurs fois sur les bords de l'Allier. C'est sans contredit une des plantes fourragères par excellence. Tous les bestiaux la recherchent avec avidité. Elle a déjà des graines mûres, que sa fane est encore assez tendre pour être mangée. Elle produit beaucoup, dure long-temps, et de toutes les Vesces, c'est celle qui donne le plus beau foin sec. Coupée à l'époque de sa floraison, elle se dessèche très-facilement, et repousse bientôt. Le Seigle paraît être la plante qui soutiendrait le mieux ses tiges débiles et rampantes. Je l'ai vue quelquefois, dans les sables délaissés par les rivières, atteindre deux mètres de hauteur, et former, en s'appuyant sur l'*Epilobium spicatum*, des champs impénétrables dont la nature avait fait tous les frais de culture. Je ne crois pas

avoir jamais rencontré de champ cultivé donnant, à surface égale, une aussi grande quantité de produit. J'ai
trouvé aussi, sur les terrains volcaniques les plus arides
des montagnes de l'Auvergne, une variété s'élevant,
seule et sans appui, à environ 3 à 5 décimètres, et
croissant par petites touffes dans les prés élevés. Cette
plante était toujours dévorée la première, quand on
permettait l'entrée de ces prés secs aux bestiaux. Peut-
être cette variété, transportée dans la plaine, donnerait-
elle des plantes à tiges plus fermes que le type.

Les *V. Gerardi*, Jacq.; *pseudocracca*, Bert; *tenuifolia*, Roth; *multiflora*, Poll; *atropurpurea*, Desf.;
perennis, DC., qui sont aussi vivaces et très-recherchés
des bestiaux, doivent être regardés comme analogues
au *V. cracca*, mais probablement inférieurs pour le
produit. Les unes et les autres mériteraient cependant
quelques essais de culture, car ce genre est peut-être,
sous le rapport agricole, le plus riche des Légumineuses,
et doit être placé au moins sur le même rang que les
Trèfles et les Luzernes. Si un petit nombre d'espèces de
ces deux derniers genres ont acquis, en quelque sorte,
le monopole de nos prairies temporaires, le genre *Vicia*
doit au contraire nous donner un très-grand nombre de
plantes utiles à cultiver, et parmi lesquelles l'expérience
pourrait seule guider notre choix.

VESCE OROBE, *Vicia orobus*, DC. — Tiges couchées, très-velues à
leur base, longues de deux à quatre décimètres; feuilles molles, à
sept à dix paires de folioles velues, petites, serrées, ovales, oblongues; stipules demi-sagittées; fleurs lilas ou purpurines, quelquefois blanches, réunies en petites grappes serrées sur les pédoncules
axillaires. — Vivace.

Obs. Cette jolie plante est commune sur les pâturages
élevés de l'Auvergne et des Pyrénées; elle se retrouve
également dans les Alpes. Tous les bestiaux la mangent
avec plaisir. Elle fleurit en juin et juillet. Elle est abondante sur les flancs du puy de Dôme, où les vaches la
broutent jusqu'à la racine. Cultivée en plaine, elle prendrait sans doute un grand développement, à moins que
l'élévation à laquelle elle végète naturellement, ne soit,
comme je le présume, un obstacle à sa culture.

VESCE DE NARBONNE, *Vicia serratifolia*, Jacq. (*Vicia narbonnensis*,

Duby). — Tige droite, anguleuse, couchée, rameuse; feuilles à deux folioles vers le bas, à quatre à six aux feuilles supérieures; folioles larges, ovales, obtuses, celles des feuilles inférieures entières, celles des supérieures à dents aiguës; stipules larges, trapéziformes, incisées, dentées; fleurs axillaires, réunies deux à quatre sur des pédoncules très-courts; gousses oblongues, un peu comprimées, veinées et glabres sur leur surface, ciliées et chargées de petits tubercules sur les bords. — Annuelle.

Obs. On rencontre cette grande espèce en Auvergne, dans la Limagne, sur les bords des chemins et des fossés. Elle se développe avec une grande rapidité, et forme de larges touffes, qui, coupées et broutées par les animaux, repoussent extrêmement vite. Elle aime les sols fertiles, secs et humides, et donne une fane très-abondante, qui se dessèche assez difficilement et noircit toujours. C'est pour la donner fraîche aux bestiaux, que l'on pourrait tenter la culture de cette plante. Semée tard, elle aurait sur la Vesce de printemps l'avantage de croître plus vite, et probablement de donner un produit plus considérable. Le *Vicia narbonnensis*, L., que j'ai trouvé communément aux environs de Nice, et sur le littoral de la Méditerranée, pourrait remplacer celle-ci dans les provinces méridionales, mais elle est moins vigoureuse.

VESCE DE SIBÉRIE, *Vicia biennis*, L. — Tiges longues de un à trois mètres; dix à douze folioles lancéolées, glabres, portées sur un pétiole sillonné; fleurs bleues en épis longuement pédonculés; gousses courtes, comprimées, contenant trois à quatre graines arrondies. — Bisannuelle.

Obs. Cette plante exige une terre substantielle pour pouvoir y prendre tous ses développements, aussi convient-il de la faire succéder au froment, et de la semer par conséquent en automne, bien qu'on puisse également le faire au printemps. Elle produit beaucoup, et donne un fourrage qui résiste parfaitement au froid, et que l'on peut couper pendant toute la mauvaise saison, pour la donner en vert au bétail. La grande difficulté de culture pour cette espèce si productive, est de soutenir ses longues tiges grimpantes. C'est pour obvier à cet inconvénient, aussi grave pour cette plante que pour le *V. cracca* et plusieurs autres, que Thouin avait proposé de l'associer au Mélilot blanc, qui, bisannuel

comme elle, avait aussi l'avantage d'offrir un bon fourrage.

M. Vilmorin indique encore, dans le *Bon jardinier*
1840, sous le nom de Vesce velue, *Vicia villosa*, une très-
grande et très-vigoureuse espèce de Vesce annuelle, originaire de Russie, et qu'il ne croit pas être le véritable
V. villosa du *Prodromus* de de Candolle. Elle paraît être
hivernale, puisqu'elle a résisté sans dommage au rigoureux hiver de 1838. D'après les renseignements qu'il a reçus de M. le comte d'Otrante, cette Vesce serait devenue
en Suède, où elle croît aussi abondamment, l'objet d'essais qui promettent du succès. Elle ressemble à la Vesce
multiflore, *V. cracca*. « Aucune plante de la famille ne
lui est comparable pour la force et la promptitude de
l'accroissement et pour l'abondance du fourrage. En
juillet, c'était une masse de tiges, de feuilles et de fleurs
de deux mètres de haut, tellement épaisse et fournie,
qu'elle était comme impénétrable. En voyant ce luxe de
végétation, on ne peut que regretter qu'elle soit si difficilement utilisable dans la grande culture ; en effet,
pour soutenir ces tiges si longues et si multipliées de la
Vesce velue, et de quelques espèces analogues, il faudrait leur associer une plante fourragère qui fût en état
de les ramer ; mais laquelle? Le Mélilot de Sibérie,
le Topinambour, que l'on a proposés, ne concordent
point avec elles, ou en durée, ou en époque de végétation. Le Seigle seul, quoique ses tiges ne soient ni assez
fortes ni assez élevées, sera peut-être de quelques secours pour la Vesce velue.... Cette question mériterait
des recherches et des essais ; sa solution permettrait
d'utiliser des plantes, probablement excellentes, et qui
jusqu'ici n'ont été fourragères qu'en théorie. »

Genre Ers, *Ervum*, L.

*Calice à cinq découpures étroites, profondes, presque aussi lon-
gues que la corolle ; stigmate glabre ; une à quatre graines dans
chaque gousse. Genre très-voisin des* Vicia, *dont il possède les autres
caractères.*

Obs. Les plantes de ce genre croissent rarement dans
les prairies, mais elles habitent les champs et les buissons. Elles se contentent en général d'un terrain sec et

médiocre, et elles produisent en vert ou en sec un fourrage recherché de tous les animaux.

Ers cultivé, *Ervum sativum*, L. (Arrouse, Arroufle, Esse, grosse Lentille, Nantille, Lentille blonde). — Tige grêle, anguleuse, un peu velue; feuilles composées de cinq à six paires de folioles, oblongues, étroites, linéaires; pétioles terminés par un filet court; pédoncules filiformes, axillaires, chargés d'une à trois fleurs blanchâtres ou bleuâtres; gousses courtes, ovales, un peu élargies, contenant deux à trois graines roussâtres, un peu convexes. — Annuel.

Obs. La Lentille croît spontanément dans les champs, surtout dans les provinces méridionales. On cultive cette plante comme légume : c'est la Lentille ordinaire. On l'utilise aussi comme fourragère, mais ordinairement on lui préfère une de ses variétés, connue sous le nom de Lentillon, *Ervum lens minor*, qui croît facilement dans les terrains secs de natures diverses, et qui est beaucoup plus rustique que la Lentille. Ses graines, qui sont petites et rougeâtres, se sèment à la volée, à raison de 12 à 15 décalitres par hectare, sur deux labours, et se recouvrent par un hersage très-léger. On la sème au printemps ou à l'automne, en se servant alors de deux sous-variétés destinées à chacune de ces saisons. La première, celle de printemps, se sème avec un peu d'avoine; la seconde, celle d'automne, avec un peu de seigle. Ces Graminées sont destinées à soutenir leurs tiges, et doivent entrer pour un quart dans le semis. Il convient de faucher avant la maturité de la céréale, pour qu'elle n'épuise pas le sol en produisant ses graines. La fauchaison a lieu quand les jeunes gousses sont encore vertes, si l'on cultive la plante comme fourragère, ou bien à l'époque de la maturité, qu'il faut toujours prévenir de quelques jours, si l'on cherche à récolter les graines. La Lentille se dessèche facilement, et donne un foin sec qui convient à tous les bestiaux, même aux mérinos. Ses graines peuvent nourrir la volaille, les pigeons, engraisser les bœufs et les cochons. La rusticité de cette plante la rend très-précieuse. On la cultive beaucoup dans les départements qui avoisinent Paris. Sa paille est considérée comme la meilleure de toutes, on la regarde même comme aussi bonne que le meilleur foin, et comme ce dernier, elle a aussi un arome particulier.

Ers a une fleur, *Ervum monanthos*, L.—Tige glabre, rameuse, anguleuse, haute de trois à six décimètres; feuilles glabres, offrant trois à six paires de folioles linéaires, obtuses, tronquées et mucronées au sommet; stipules linéaires, pointuées; fleurs purpurines, petites, solitaires ou réunies deux à deux sur chaque pédoncule plus court que les feuilles. — Annuel.

Obs. On trouve cette plante dans les champs du midi et du centre de la France. Elle reste souvent dans la paille des moissons, qu'elle améliore toujours comme fourrage. On la cultive sous le nom de Lentille d'Auvergne, et pour ses graines et pour sa fane. On la connaît aussi, en Sologne, sous les noms de Jarande et Jarosse. C'est une des légumineuses les plus précieuses par sa faculté de croître dans les plus mauvais terrains schisteux, sablonneux, volcaniques, mais non calcaires. Ni la Vesce ni le Pois gris ne pourraient croître dans les mauvais sols où cette Lentille végète cependant assez bien. On la sème, comme la précédente, à la volée, en automne, avec une petite quantité de Seigle, qui souvent ne pousse que difficilement dans les mauvais terrains. Un hectolitre suffit pour un hectare. Elle résiste aux hivers les plus rigoureux, et se fauche à deux époques, selon le produit que l'on veut obtenir en fourrage ou en graines. La fane se dessèche bien, et le foin, vert ou sec, moins échauffant que celui de la Vesce, convient à toute espèce de bétail. Les mauvais terrains que l'on abandonne à cette plante, la rendent peu productive, mais c'est déjà beaucoup d'obtenir quelque chose d'un sol qui jusque-là n'avait rien produit.

Ers ervillier, *Ervum ervilia*, L. (Alliez, Ervillier, Eros, Goirils, Orobe, Arobe, Lentille bâtarde, Pois de pigeon, Pesette, Pois moresque, Erres, faux Orobe, Jarosse, Komin, Orobe des boutiques, Lentille ervillière, Vesce noire).—Tiges droites, carrées, rameuses; feuilles composées de huit à douze paires de folioles obtuses, glabres, étroites; fleurs blanchâtres, réunies deux à trois sur un pédoncule axillaire; gousses pendantes, noueuses, comme étranglées, contenant trois à quatre graines arrondies, un peu anguleuses. — Annuel.

Obs. Cette plante croît çà et là dans les moissons, principalement dans les départements méridionaux, où on la cultive aussi comme fourrage. Elle exige un meilleur terrain que la précédente, mais également sec; se sème au printemps ou à l'automne, et produit un fourrage que l'on regarde comme très-échauffant, surtout pour les chevaux, auxquels il ne faut le donner, surtout frais, qu'avec beaucoup de précautions. Enterrée verte, cette espèce améliore beaucoup le sol et l'ameublit. Ses graines, dont l'usage prolongé produit sur l'homme des accidents assez graves, sont trop échauffantes pour les pigeons et les volailles, et l'on regarde toute la plante comme vénéneuse pour les cochons. Elle craint le froid.

Ers velu, *Ervum hirsutum*, L.—Tige faible et rameuse; feuilles glabres, composées de six à sept paires de folioles lancéolées, presque linéaires; pétioles terminés par une vrille rameuse; pédoncules chargés de deux à quatre petites fleurs blanchâtres ou d'un bleu pâle; gousses velues.—Annuelle.

Obs. Cette espèce est commune dans les buissons, dans les champs, au milieu des moissons, où souvent ses tiges débiles s'attachent à la paille dont elles améliorent la qualité comme fourrage. Tous les bestiaux la mangent très-volontiers; elle se dessèche bien, donne un bon foin sec, et réussit passablement dans des sols secs et médiocres. Elle produit peu, et n'est pas cultivée. Les *E. tetraspermum* L.; *gracile*, Lois.; *pubescens*, DC.; assez communs dans les champs et les buissons, peuvent remplacer l'*hirsutum*. Tous les bestiaux les recherchent également, mais ils sont aussi peu productifs.

Genre Fève, *Faba*, Tournefort.

Calice tubuleux à cinq dents; corolle papilionacée; étendard plus long que les ailes et la carène; gousse grande, oblongue, épaisse, à valves charnues, renflées et contenant des graines oblongues

Fève commune, *Faba vulgaris*, Mœnch. (Fave, Favelotte, Févelotte).—Tige droite, simple; feuilles composées de quatre grandes folioles épaisses, ovales, oblongues, entières; pas de vrille; deux stipules courtes, un peu dentées en demi-fer de flèche; fleurs grandes, presque sessiles, réunies deux ou trois ensemble dans l'aisselle des feuilles; corolle blanche ou purpurine, marquée d'un belle tache noire sur le milieu de chaque aile.—Annuelle.

Obs. On regarde cette plante comme originaire de Perse. Cultivée depuis très-long-temps en Europe, elle a fourni un grand nombre de variétés, dont nous n'avons pas à nous occuper, la plupart étant cultivées comme légumes. La seule variété importante en agriculture est la Fèverolle , *Faba vulgaris equina*, dont la culture est répandue dans toute la France, soit pour en recueillir les graines, soit comme fourrage.

Nature du sol, sa préparation. — Les Fèves aiment les terres fortes, argileuses, substantielles , médiocrement fraîches, mais elles donnent également de très-beaux produits dans les sols calcaires, recouverts, et ameublis par des détritus volcaniques. Enfin, malgré leur préférence , elles croissent pour ainsi dire partout et sous tous les climats de l'Europe tempé-rée. Le sol doit être bien ameubli par deux ou trois labours et un hersage au besoin, pour permettre à leur racine pivotante et peu fibreuse de s'y enfoncer facilement. On fume avant ou après le premier labour, si l'on veut obtenir une bonne récolte ; et d'ailleurs , comme souvent les Fèves précèdent une récolte de blé , le fumier devient indispensable. Celui qui est long, pailleux, peu consommé, sans être absolument frais, leur convient parfaitement. Elles se cultivent très-bien aussi sur un défrichement de Gazon ou de Trèfle , ou d'autres prairies artificielles, et sur un seul labour ; mais pour avoir une bonne récolte , il faut laisser écouler le moins de temps possible entre l'époque où l'on travaille la terre et celle où l'on sème.

Semis. — Il a lieu au printemps ou à l'automne : dans le Midi, où les gelées ne sont pas à craindre, on sème en octobre ou en novembre, après avoir répandu l'engrais sur les chaumes et donné un seul labour. Dans les pays où les gelées sont à craindre, on peut employer une sous-variété moins sensible, désignée sous le nom de Fèverolle d'hiver, ou bien attendre que les gelées soient passées , et semer , selon le climat, depuis la fin de janvier jusqu'à la fin de mars. Deux hectolitres de graines suffisent presque toujours dans les bons terrains. Dans les mauvais sols , on peut ajouter 50 litres de plus. Le mois de février et le commencement de mars sont les meilleures époques de semis , et ces Fèves, semées de bonne heure, donnent plus de graines et moins de feuilles Si on les cultive pour les faucher en fleur , il n'y a aucun inconvénient à les semer plus tard. On sème à la volée ou en lignes, ce qui est toujours préférable , en ce que cette méthode rend les binages faciles. M. Robert Brown re-

commande le semis en ligne comme le plus profitable,
et il emploie à cet effet le semoir à brouette, refend
les raies pour recouvrir la semence, et attend dix à
douze jours pour herser les raies en travers, afin de
niveler pour le binage. Il trace ensuite ses sillons d'é-
coulement. Par cette méthode, il faut moins de semence,
car trente Fèves suffisent pour une longueur d'un mètre.
On laisse deux sillons vides entre chaque ligne, et l'on
peut enterrer à 9 à 10 centimètres sans inconvénient,
même dans les terres les plus compactes. Si on a semé
à la volée, il faut recouvrir par plusieurs hersages.

Culture. — Les Fèves semées de bonne heure sont
souvent atteintes par la gelée, qui jaunit leurs premières
feuilles, mais ordinairement la végétation nouvelle cache par son développement cette légère atteinte portée
aux premières feuilles de la plante, et celles qui ont été
semées avant l'hiver, ont le grand avantage d'être beaucoup moins sujettes aux pucerons, qui en couvrent quelquefois des champs très-étendus. Un ou deux sarclages ou
binages suffisent ordinairement, et quelquefois, dans les
terrains très-argileux, un hersage, donné à propos,
quelques jours avant la levée des Fèves, brise la terre,
la nettoie, et favorise singulièrement leur sortie. Dans
quelques parties de la France, on pince l'extrémité des
tiges des Fèves après la floraison, pour en arrêter la
végétation, et faire refluer leurs sucs vers les graines.
Cette méthode, qui peut être bonne dans la petite culture, devient presque impraticable dans la grande. En
châtrant ainsi la Fève au sommet, comme cela se pratique en Auvergne, on trouve le moyen de détruire quelquefois cette multitude de pucerons, qui commencent
toujours par attaquer les sommités de cette plante.

Fauchaison. — Les Fèves donnent un très-bon fourrage, soit qu'on les coupe en fleurs, ou qu'on attende
que les gousses soient en partie formées, et encore
vertes. Elles se dessèchent assez difficilement, et noircissent toujours. Si, au contraire, ce sont des graines que
l'on veut obtenir, il faut couper en septembre ou octobre, et quand la plante est sèche, en extraire les Fèves
au fléau. Souvent on associe, comme fourrage vert ou
sec, les Fèves à d'autres plantes, telles que le Seigle,
l'Avoine, les Pois, la Vesce, les Lentilles, et ce mé-

lange prend le nom d'*hivernage* ou *dragées*. Le fourrage qu'on obtient des Fèves seules est très-nourrissant, mais il se fane lentement et difficilement, contenant beaucoup d'eau de végétation. On peut souvent en obtenir plusieurs coupes, et même un pâturage assez prolongé, parce que le fauchage des tiges en fleur leur fait ordinairement pousser plusieurs rejets latéraux, qui ombragent complétement le champ, et qui fournissent une nourriture tendre et succulente.

Qualité de la Fève. — Les bestiaux mangent volontiers, comme fourrage, la fane de la Fève, mais ils préfèrent le mélange dont nous venons de parler tout-à-l'heure. Ses graines sont très-nourrissantes, soit qu'on les donne aux animaux sèches et entières, soit, ce qui vaut beaucoup mieux, qu'on les ramollisse à l'eau, ou qu'on leur donne une demi-cuisson, ou enfin, on peut les moudre, ou au moins les concasser, et leur donner cette farine délayée dans l'eau, ou additionnée d'un peu de son. Elles sont très-bonnes pour engraisser toute espèce de volailles, et pour l'engrais des bœufs et des cochons. Elles conviennent aux femelles laitières, et augmentent la quantité et la qualité du lait. Quand les Fèves ont été rentrées sans eau, et qu'elles n'ont pas été coupées trop mûres, leur paille est assez bonne comme fourrage, pour les chevaux et les moutons; il y a même des contrées où ces deux espèces d'animaux ne reçoivent jamais de foin, mais une nourriture composée de paille de Fèves, de Pois et de Vesces, et ils paraissent s'en trouver bien. Lorsqu'elle est bien récoltée, cette paille forme un aliment très-substantiel et très-fortifiant pour la nourriture d'hiver des chevaux de travail et du bétail à cornes, mais elle ne convient pas autant, selon John Sinclair, aux chevaux de selle ou de carrosse, parce qu'elle est sujette à leur rendre l'haleine courte. Comme la paille de Fève seule est un peu sèche, le fourrage en vaut mieux, si on y met de la paille de Pois, et surtout de Pois blanc, qui est douce et nourrissante.

Assolement. — Non seulement on cultive les Fèves pour leur fane et pour leurs graines, mais encore comme engrais enfoui en vert. Peu de plantes pourraient donner à la terre une aussi grande quantité de matière nutritive, car on sait que les Fèves sont loin

d'être épuisantes, et qu'elles n'enlèvent pour ainsi dire
rien au sol. Elles vivent aux dépens de l'atmosphère, et
les deux hectolitres de graines semées sur un hectare,
et enfouies quand leur poids s'est élevé à environ 12,000
kilog., par le seul acte de la végétation, nous prouve
que cette plante à soutiré de l'atmosphère plusieurs
milliers de kilog. de substances nutritives, qui de l'air
ont passé dans le sol. Aussi la culture de la Fève est-elle
reconnue comme une des moins épuisantes, comme
celle qui prépare le mieux le sol pour obtenir de belles
récoltes de froment. Elle prépare la terre, sous ce rapport, aussi bien et peut-être mieux que le Trèfle, et
peut réussir dans des sols où l'existence de cette dernière plante est de toute impossibilité. Souvent elles
suivent et précèdent une récolte de froment, et commencent la rotation dans l'assolement quadriennal. Dans
quelques localités même, on suit un assolement bien-
nal de Fèves fumées et Froment sans engrais. Quand les
Fèves sont semées par lignes, et que l'on donne le second binage, on peut semer des Navets, qui ont encore
le temps de se développer après la fauchaison, et qui
peuvent être récoltés avant que la terre ne soit ensemencée en blé. Ailleurs, mais sous un climat assez chaud
pour cela, on peut encore semer les Fèves immédiatement après la récolte de blé, et obtenir une récolte
mûre; mais si, dans le Nord, on essayait cette méthode,
on obtiendrait encore une végétation assez vigoureuse
pour pouvoir enfouir les Fèves comme engrais.

Genre Pois, *Pisum* L.

*Calice campanulé à cinq divisions, dont les deux supérieures
plus courtes; style trigone, caréné en dessous; stigmate velu;
gousses oblongues, polyspermes; graines sphériques.*

Obs. Les Pois forment un genre peu nombreux, dont
la plupart des espèces donnent une fane qui plaît beaucoup aux bestiaux, et dont les graines farineuses sont
essentiellement alimentaires. Nous ne parlerons pas ici
du Pois cultivé, *Pisum sativum*, que l'on cultive comme
légume, mais seulement de l'espèce fourragère.

Pois des champs, *Pisum arvense*, L. (Pois gris, Grisaille, Pois de
brebis, Pois d'Agneau, Pois de pigeon, Bisaille, Pois de lièvre). —

Tige grimpante, presque simple ; pétioles à vrilles portant quatre à six folioles dentées, munies de deux stipules grandes et arrondies ; fleurs purpurines ou violettes, solitaires ou géminées. — Annuel.

Obs. Cette espèce, que l'on rencontre çà et là dans les champs, sans savoir si elle y est spontanée, est cultivée dans presque toute la France. Presque tout ce que nous venons de dire de la Fève peut lui être appliqué. Il prospère dans les mêmes terrains, et convient, comme la Vesce, pour ensemencer les jachères. 25 décalitres semés à la volée suffisent pour un hectare, dont le sol doit être fumé, si l'on veut faire succéder au Pois une récolte de céréales, mais on peut s'en dispenser dans le cas contraire. Il entre dans les mélanges dont nous avons parlé sous les noms de *Dragée* et d'*Hivernage*. L'époque du semis varie selon les variétés, qui sont au nombre de trois : 1° Le *Pois gris hâtif*, qui se sème en mars; 2° le *Pois gris de mai*, qui se sème à cette époque ; 3° le *Pois gris d'hiver*, que l'on sème à l'automne et qui ne résiste à la gelée que dans les terrains secs et bien exposés. On fauche les Pois à l'époque de la floraison, ou comme les autres Légumineuses à graines farineuses, quand la majeure partie des gousses sont formées, mais avant la maturité. Ils se dessèchent assez lentement à cause de leurs tiges, qui sont dures, et des graines nombreuses et encore vertes renfermées dans les cosses. D'après Schwerz, cette plante doit donner par hectare 2,500 kilog. de foin sec. D'après Thaër, le produit est de 2,400 kilog., sur un sol non fumé, et de 4,000 kilog. sur un terrain fumé. Si l'on veut obtenir la *grisaille*, on attend le moment où les gousses jaunissent, et l'on bat au fléau ou à la gaule ; mais dans ce cas, c'est-à-dire quand on vise à la graine, il faut choisir pour le semis une exposition bien découverte, autrement la plante donnerait beaucoup de fane et peu de semence.

Les Pois gris, enterrés comme engrais, offrent aussi des résultats très-avantageux, à cause de leur croissance rapide et de la grande quantité de fanes qu'ils produisent. Si on les récolte de bonne heure pour les donner en vert aux bestiaux, il faut les couper à deux décimètres du sol. Ils repoussent bientôt, si des pluies surviennent, et l'on peut, trois semaines après, les faire pâturer par les moutons, auxquels ce fourrage convient plus spécialement, ou les enterrer comme engrais. A l'état sec, ses fanes longues et dures, quoique très-nourrissantes, sont plus difficilement coupées par les moutons et les bêtes à cornes, qui n'ont pas d'incisives à la mâchoire supérieure, mais ils la mangent également et la recherchent beaucoup ainsi que les chevaux.

Il serait peut-être mieux de la hâcher, ou de ne la leur donner au moins que battue, ou mouillée dès la veille pour la ramollir. La paille de Pois blancs, quand ils ont été coupés en vert, ou qu'ils ont été séchés promptement, forme un fourrage de qualité supérieure et qui convient aux chevaux presque autant que le foin. Pour les bêtes à laine, cet aliment est si précieux, que, dans quelques fermes de l'Angleterre, on sème des Pois uniquement pour elles. La graine convient parfaitement aux pigeons, et après la récolte, les dindons et les oies que l'on mène paître dans les champs, ramassent celles qui se sont perdues et que la germination a déjà ramollies. Il faut au moins un intervalle de six années, pour que les Pois puissent revenir sur le même sol.

M. Vilmorin indique, dans le *Bon Jardinier*, le Pois perdrix, décrit par M. Bille, des environs de Dieppe, et importé d'Angleterre. Il a les tiges plus fortes et plus élevées que le Pois gris, les cosses et les graines plus grosses. Il résiste bien à l'hiver, et peut être semé à l'automne ou au printemps.

Pois AILÉ, *Pisum ochros*, L. — Tige allongée, tombante, longue de quatre à huit décimètres, et garnie dans toute sa longueur d'une aile courante qui s'élargit en forme de feuille, et ressemble alors à un pétiole foliacé, terminé par une vrille simple ou trifide, qui se divise, aux feuilles supérieures, en deux à quatre folioles ovales, oblongues; fleurs blanches, solitaires ou géminées, sur un pédoncule court; gousses oblongues, pendantes, munies sur le dos de deux ailes membraneuses. — Annuel.

Obs. Cette plante habite les champs et les moissons des provinces méridionales. Les bestiaux la mangent volontiers. Elle n'est pas difficile sur le choix du terrain, et fleurit dès les mois de mars et avril; c'est un fourrage très-précoce, que j'ai vu cultiver sur quelques points du département du Var.

Le *P. maritimum*, L., qui croît assez communément

sur les côtes de France et d'Angleterre, est moins recherché du bétail, qui pourtant le mange jusqu'à l'époque où ses gousses mûrissent.

Genre Ciche, *Cicer*, L.

Calice à cinq divisions étroites, aiguës, presque aussi longues que la corolle; gousses rhomboïdales, renflées, à une ou deux graines globuleuses.

CICHE A TÊTE DE BÉLIER, *Cicer arietinum*, L. (Ceseron, Césé, Ciserole, Café français, Garvanche, Garvane, Pésette, Pois becu, Pois blanc, Pois chiche, Pois cornu, Pois de brebis, Pois gris, Pois pointu). — Tige rameuse, diffuse, peu velue; feuilles composées de folioles nombreuses avec impaire, ovales, dentées; stipules lancéolées, acuminées; fleurs petites, blanches ou purpurines, portées sur un pédoncule axillaire, uniflore; gousses courtes, velues, pendantes; graines épaisses, irrégulières, simulant une tête de bélier. — Annuel.

Obs. Cette espèce croît au milieu des champs, spontanément ou non, dans les provinces méridionales. On la cultive dans le Midi. On peut, comme la Vesce et le Pois gris, la semer sur jachère, après un ou mieux deux labours. Comme elle craint peu le froid, il est préférable de la semer en automne et même de bonne heure en octobre, à la volée et à raison de 15 à 20 décalitres par hectare. On recouvre à la herse, et dès le printemps, quelquefois même pendant l'hiver, elle produit un fourrage assez abondant qui, dans les bons terrains, peut être coupé deux ou trois fois, et que l'on fait ordinairement consommer en vert. Quoique préférant un terrain sec et léger, ce Pois ne craint pas les irrigations quand il est en pleine végétation. Il convient surtout aux femelles nourrices, soit aux vaches, soit aux brebis. On peut aussi le semer au printemps et pendant tout l'été, afin d'obtenir un fourrage vert qui dure ensuite jusqu'à l'entrée de l'hiver. On mange également ses graines, et c'est pour les obtenir comme légumes pour l'homme, que le Pois ciche est cultivé très en grand sur plusieurs points du littoral de l'Asie et de l'Afrique.

Le Pois ciche, que plusieurs agronomes disent cultivé en grand en Angleterre, n'est autre chose qu'une variété de Pois cultivée dans ce pays pour la nourriture des moutons, et que l'on nomme pour cette raison *Pois de bélier, de brebis*, etc.

Genre **Orobe**, *Orobus*, L.

Calice à cinq divisions, dont les deux supérieures plus courtes; style grêle, linéaire, velu au sommet; gousses oblongues, polyspermes, presque cylindriques.

Obs. Les Orobes croissent çà et là dans les bois et dans les lieux couverts et médiocrement ombragés. Ils donnent tous un fourrage que les bestiaux recherchent; mais aucune de leurs espèces n'est cultivée en grand, ce qui est peut-être regrettable, à cause de leur indifférence sur la nature et l'exposition du terrain, et de la facilité avec laquelle ils se multiplient.

OROBE TUBÉREUX, *Orobus tuberosus*, L.—Racine tubéreuse; tubercules provenant du renflement des fibres radicales; tige dressée ou couchée à sa base; feuilles distantes, peu nombreuses; deux ou trois paires de folioles allongées, lancéolées, elliptiques, variant beaucoup dans leur largeur; fleurs roses ou purpurines en épi court et peu garni; pédoncules axillaires; gousses noires. — Vivace.

Obs. On rencontre très-communément cette espèce dans les bois taillis, les prés ombragés de la majeure partie du centre et du nord de l'Europe. Elle croît facilement à l'ombre, varie beaucoup par la grandeur et la largeur de ses feuilles, et fournit aux bestiaux que l'on mène paître dans les taillis une très-bonne nourriture, mais peu abondante. Les cochons que l'on conduit aussi dans les bois sont très-friands de ses tubercules, que l'homme mange aussi dans le Nord, et dont le seul inconvénient est d'atteindre seulement la grosseur d'une noisette. Cet Orobe est le seul dont les agronomes aient parlé, et c'est sans contredit l'espèce du genre la moins utile et la moins productive. Elle possède cependant la propriété remarquable de croître dans l'argile presque pure.

OROBE PRINTANIER, *Orobus vernus*, L. — Racine rampante et non tubéreuse; tiges faibles, anguleuses; quatre à six folioles assez grandes, ovales, acuminées; fleurs bleuâtres ou purpurines, en grappe lâche. — Vivace.

Obs. Cette jolie plante habite les bois du midi et du nord, mais surtout de l'est de la France. Elle a, comme la précédente, l'avantage de croître à l'ombre, de fleurir de très-bonne heure et de fournir ainsi un fourrage de première qualité et extrêmement précoce, car la plante fleurit en mars. Les bestiaux l'aiment beaucoup; c'est une des plantes que les chevaux préfèrent. Si un jour les Orobes devaient augmenter le nombre des Légumineuses que l'on cultive en grand, cette espèce et la suivante seraient certainement celles qui offriraient le plus d'avantages et qui peut-être se rangeraient près du Trèfle.

ORORE NOIR, *Orobus niger*, L. —Tiges fermes, anguleuses; feuilles composées de quatre à six paires de folioles ovales, d'un vert un peu glauque; fleurs purpurines ou bleuâtres, en épi serré et axillaire; gousses comprimées, linéaires, très aiguës. — Vivace.

Obs. Cette plante habite les bois montagneux, et croît pour ainsi dire dans tous les sols, pourvu qu'ils ne soient pas humides. Elle aime l'ombre et s'avance jusque dans le nord de l'Allemagne. Les bestiaux l'aiment beaucoup malgré la dureté qu'acquièrent ses tiges après la floraison. Elle donne un produit très-abondant, car je l'ai vue souvent s'élever à un mètre; mais elle se dessèche mal, noircit et perd ses folioles.

OROBE JAUNE, *Orobus luteus*, L.—Tige anguleuse, striée, rameuse; stipules grandes, dentées et sagittées à leur base; folioles grandes, lancéolées, formant quatre à cinq paires; calice légèrement velu sur ses angles; fleurs jaunes, grandes et nombreuses. — Vivace.

Obs. Cette espèce habite les bois des montagnes, dans les Alpes et les Pyrénées. Elle forme aussi çà et là de belles touffes dans les prairies de ces montagnes. Elle est recherchée des bestiaux jusqu'à l'époque de sa floraison. Ses tiges durcissent ensuite. C'est encore une plante que l'on pourrait cultiver avec avantage dans les pays de montagne; mais comme elle ne réussirait probablement que dans des contrées où les pâturages naturels sont très-abondants, on n'en essaiera sans doute pas la culture.

OROBE BLANC, *Orobus albus*, L. — Tige simple, droite, glabre, haute de trois décimètres; feuilles à deux paires de folioles lancéolées, linéaires, auriculées à leur base; stipules simples, plus courtes que le pétiole; fleurs jaunâtres, assez grandes, portées sept à huit ensemble sur de longs pédoncules.

Obs. On trouve cet Orobe dans les Alpes du Dauphiné, dans les lieux secs, sur les pelouses et dans les buissons.

Il produit peu de fane ; les bestiaux le recherchent, ainsi que l'*O. saxatilis*, Vent., et l'*O. filiformis*, Lam., tous deux originaires du Midi, et tous deux peu productifs.

Genre Scorpiure, *Scorpiurus*, L.

Calice à cinq divisions ; carène bifide ; gousses cylindriques, contournées en spirale, formées de plusieurs articulations épineuses et tuberculées.

Scorpiure vermiculé, *Scorpiurus vermiculatus*, L.—Tiges longues de deux décimètres, couchées, rampantes ; feuilles alternes, légèrement velues, oblongues, lancéolées, rétrécies à leur base en un pétiole allongé ; fleurs jaunes, petites, solitaires sur un long pédoncule, axillaires ; gousses épaisses, ressemblant à une chenille roulée, et couvertes d'écailles et de tubercules. — Annuel.

Obs. Cette plante, comme les autres espèces du genre, croît çà et là dans les champs et sur le bord des chemins, dans les provinces méridionales. Les bestiaux les mangent ; mais elles n'offrent que peu d'intérêt à l'agriculteur, qui trouve dans la même famille un si grand nombre de végétaux utiles. Les *S. subvillosa*, L.; *muricata*, L.; *sulcata*, L.; *acutifolia*, Viv., sont des espèces ou variétés très-voisines, qui ont toutes les mêmes propriétés que le *S. vermiculatus*, L.

Genre Ornithope, *Ornithopus*, L.

Calice tubuleux à cinq dents ; carène très-petite ; gousses grêles, cylindriques, allongées, un peu arquées et pointues.

Obs. Ce genre contient de petites espèces qui se contentent de terrains très-secs et sablonneux. Les bestiaux les aiment beaucoup, mais le peu d'abondance de leur fane et leurs racines annuelles ne leur assignent qu'un rang très-inférieur dans la grande famille dont ils font partie.

Ornithope délicat, *Ornithopus perpusillus*, L. —Tiges menues, couchées, longues de deux à trois décimètres ; feuilles composées de huit à neuf paires de folioles, ovales, arrondies, avec une impaire ; pédoncule à quatre à cinq petites fleurs blanches ou purpurines, munies d'une bractée ailée ; gousses grêles, ridées et pubescentes. — Annuel.

Obs. On trouve cette espèce dans les lieux secs, sablon

neux et un peu ombragés, sur le bord des bois, sur les pelouses, dans les champs, parmi les moissons. Quelques personnes pensent que celle que l'on cultive en Portugal n'est qu'une variété de celle-ci produite par la culture.

Elle croît facilement dans les terrains sablonneux, se mélange aux Graminées, qui ne l'empêchent pas de se développer, et procure aux moutons une nourriture saine et abondante.

Sa racine descend jusqu'à 5 décimètres dans le sol, et je l'ai vue souvent en Auvergne, notamment aux environs de Thiers, sur un sol graveleux et de très-médiocre qualité, produire 20 à 30 tiges couchées, longues de 5 à 6 décimètres. Cette plante est malheureusement annuelle, et quoiqu'elle se ressème facilement seule, on ne peut jamais compter sur son développement dans une prairie ou sur une pelouse.

Ce serait sans doute une plante très-utile dans les landes de bruyère du centre de la France, qui se couvrent quelquefois entièrement de petite Oseille, *Rumex acetosella*, plante qui indique d'une manière très-positive le sol qui convient le mieux à l'*Ornithopus*.

Springel, qui a beaucoup étudié les plantes fourragères de l'Allemagne, regarde cette plante comme très-utile pour fourrage. « S'il est une plante qui mérite, dit-il, d'être cultivée, c'est bien le Pied d'oiseau. Appartenant à la famille des Légumineuses, et préférant un sol sablonneux à un sol argileux, il est surtout convenable pour faire des premiers un excellent pâturage. On peut d'autant moins douter des avantages qu'offrirait la culture de cette plante, qu'il est maintenant hors de doute que l'espèce de Pied d'oiseau cultivée dans les sables brûlants du Portugal, n'est qu'une variété de celle qui croît chez nous spontanément.

» Il est, en effet, inconcevable que jusqu'ici on n'ait pas fait attention à une plante aussi précieuse, d'autant plus inconcevable que, dans nos contrées sablonneuses, tous les bergers la connaissent et la regardent comme une nourriture aussi saine qu'agréable pour les moutons.

» Le Pied d'oiseau a une racine pivotante et fusiforme, longue de 15 à 18 pouces, au moyen de laquelle il va chercher, dans les sables les plus stériles, non seulement l'humidité qui lui est nécessaire, mais aussi des principes nutritifs. Il forme un gazon fort épais, en poussant souvent d'une même racine jusqu'à 20 tiges rampantes, qui, lorsqu'elles ont été broutées par le bétail, multiplient à l'infini, et repoussent des jets latéraux.

» Le Pied d'oiseau vient fort bien parmi les Graminées. Il ne souffre pas plus que le Trèfle blanc du pâturage continuel, et il a un grand avantage sur lui en ce que les moutons le mangent avec plus de plaisir. Toutes ces qualités réunies en font une des plantes les plus précieuses du pâturage. La chose la plus importante, c'est qu'il croît parfaitement dans les sols les plus sablonneux et les plus secs, où fort peu de plantes de la famille des Légumineuses peuvent végéter. S'il était vivace, il ne laisserait rien à désirer; cependant, lorsque la terre n'est pas tout-à-fait envahie par les gazons épais des Graminées et d'autres plantes, il se propage de lui-même par sa semence. On facilite cette propagation en hersant fortement le sol au printemps, en même-temps que l'on répand un peu de semence, et après quoi on fait passer le rouleau. Le pâturage ne doit être alors livré aux bestiaux que lorsque la plante a pris racine, ce qui ne tarde guère, parce qu'elle croît très-promptement. Il est à présumer que si elle était semée dru, on pourrait la faucher, et dans ce cas, ce serait pour les moutons et surtout pour les agneaux un foin excellent à cause de la finesse de ses tiges et de ses feuilles. Si nous voulons avoir un excellent pâturage pour un an seulement, sur une terre sablonneuse, nous ne pouvons rien faire de mieux que de semer le Pied d'oiseau avec la petite Renouée, *Polygonum aviculare*. Dans le cas où le pâturage serait destiné à demeurer plusieurs années, il faudrait semer le Pied d'oiseau avec du Trèfle blanc, des Graminées, des espèces de Genêt, etc.; mais afin de conserver dans un sol sablonneux et sec l'humidité de l'hiver, si nécessaire au développement des semences, il serait bon de se contenter de herser au printemps le chaume de Seigle fumé, et d'y faire passer le rouleau, après avoir répandu sa semence. Je suppose que le Trèfle, les Graminées, les Genêts, auraient déjà été semés au printemps précédent par-dessus le Seigle. »

ORNITHOPE COMPRIMÉ, *Ornithopus compressus*, L.—Tiges couchées, étalées, rameuses, longues de deux à quatre décimètres; feuilles ailées, portant vingt à trente paires de folioles ovales, velues, très-rapprochées fleurs réunies par trois ou quatre sur des pédoncules axillaires, et munies d'une bractée; gousses comprimées, crochues au sommet. — Annuel.

Obs. Cette plante remplace la précédente dans les provinces méridionales, et croît également dans les terrains sablonneux. Les moutons et les autres animaux l'aiment beaucoup. Elle se développe par la culture; aussi est-elle cultivée en Portugal, sous le nom de *Seradilla,* dans les terrains sablonneux et arides, où l'on en fait des prairies artificielles. Elle résiste bien à la sécheresse, mais elle craint la gelée.

ORNITHOPE SCORPION, *Ornithopus scorpioides,* L. —Tiges lisses, glabres, dressées, hautes de un à deux décimètres; feuilles glauques, composées de trois folioles, les deux latérales arrondies, très-petites, la terminale grande, ovale; pédoncules axillaires, portant trois à quatre petites fleurs jaunes; gousses très-grêles, longues, cylindriques, courbées en hameçon. — Annuel.

Obs. Cette petite plante croît dans les champs et sur les pelouses des provinces méridionales. Elle se développe sur des sols très-arides. Les bestiaux la mangent avec plaisir, mais elle donne peu de fanes. L'*O. bracteatus*, Lois., peut être assimilé à cette espèce sous le rapport agricole.

Genre Hippocrépis, *Hippocrepis*, L.

Calice à cinq dents inégales; étendard à onglet plus long que le calice; gousse composée d'articulations et de graines échancrées et courbées en fer à cheval.

HIPPOCRÉPIS EN OMBELLE, *Hippocrepis comosa*, L. — Tiges dures, diffuses; feuilles à six à sept paires de folioles oblongues, les inférieures ovales, obtuses, les supérieures plus étroites; fleurs jaunes, réunies cinq à huit en une espèce d'ombelle; pédoncules axillaires, plus longs que les feuilles; gousses étroites, un peu arquées, pendantes, fléchies en zigzag, à sinuosités larges mais peu profondes. — Vivace.

Obs. On trouve cette espèce dans les lieux arides et sablonneux, sur les sols volcaniques, où elle se développe très-bien. Elle forme des touffes très-larges qui s'étendent facilement du pied et donnent une fane abondante très-recherchée des bestiaux et surtout des moutons. Elle fleurit en avril et mai; plus tard ses tiges durcissent, et les animaux la recherchent moins. Cette plante pourrait cependant faire partie des mélanges destinés à ensemencer des terrains secs.

Plusieurs autres espèces d'*Hippocrepis* croissent également en France, et sont en général moins recherchées des animaux que les autres Légumineuses : telles sont les *H. unisiliquosa*, L., et *multisiliquosa*, L., toutes deux annuelles et originaires des provinces méridionales de la France.

Genre Coronille, *Coronilla*, L.

Calice à deux lèvres, à cinq dents; gousse grêle, allongée, composée de plusieurs pièces séparées par des cloisons transversales; une graine dans chaque articulation.

Obs. Les Coronilles sont des plantes herbacées ou ligneuses dont les feuilles, quoique très-abondantes, sont peu recherchées des bestiaux. Elles croissent dans les lieux secs et pierreux, et préfèrent les terrains calcaires sans refuser entièrement les autres.

CORONILLE BIGARRÉE, *Coronilla varia*, L. (Faucille, Pied de grolle). —Tiges longues, rameuses, à demi couchées; feuilles distantes, ailées; folioles petites, nombreuses, glabres, ovales, d'un beau vert; fleurs purpurines, disposées en couronne au sommet de longs pédoncules axillaires. — Vivace.

Obs. Cette élégante espèce est commune le long des chemins, dans les haies et les buissons de la majeure partie de la France. Elle se contente d'un sol sec et aride, pourvu qu'il soit léger et demi-ombragé, et se multiplie avec facilité de semis fait au printemps. Les bestiaux laissent toujours cette plante parfaitement intacte; elle leur est nuisible, et l'on assure même qu'elle est aussi vénéneuse pour l'homme. Ces mauvaises qualités disparaissent par la dessiccation, et la Coronille donne un bon fourrage qui se dessèche facilement et que les bestiaux aiment beaucoup. Bien que sa culture n'ait pas, à ma connaissance, été tentée en grand sur notre sol, elle a lieu en Angleterre, où l'on cherche bien plus que chez nous à varier la nourriture des bestiaux. Elle exige l'association d'autres plantes pour soutenir ses tiges débiles.

CORONILLE NAINE, *Coronilla minima*, L. — Tiges dures, ligneuses, couchées à la base; rameaux nombreux; feuilles ailées, à folioles très-nombreuses, ovales, obtuses, un peu rétrécies en coin à leur base, glauques ou un peu grisâtres; pédoncules filiformes, allongés, portant une petite couronne de fleurs jaunes; gousses petites et anguleuses. — Vivace.

Obs. On trouve cette plante sur les coteaux arides et pierreux, où elle se développe de très-bonne heure et forme de larges touffes. Elle est plus commune dans le midi que dans le nord de la France. Les bestiaux ne touchent guère à cette plante, excepté les moutons et les chèvres, qui la broutent quelquefois. Il est fâcheux que cette espèce ne soit pas recherchée, car ses feuilles très-nombreuses et précoces, et sa faculté de garnir des terrains arides et rocailleux, la rendraient très-propre à faire des pâturages pour les moutons; elle joint à ces avantages celui de repousser très-vite quand elle est broutée. Elle est trop petite pour être fauchée et transformée en foin.

Le genre Coronille contient encore quelques autres espèces indigènes à la France, telles que *C. securidaca*, L.; *montana*, Scop.; *emerus*, L.; *glauca*, L.; *valentina*, L.; *coronata*, L., dont les feuilles plus ou moins purgatives déplaisent aux bestiaux; mais à l'état sec, tous s'en accommodent.

Genre Sainfoin, *Hedisarum*, L.

Calice à cinq divisions persistantes; carène grande, obtuse, aplatie; ailes courtes: gousses composées de plusieurs pièces articulées, monospermes, orbiculaires, lisses ou tuberculeuses.

Obs. Les Sainfoins forment un genre assez nombreux dont un petit nombre d'espèces seulement habitent la France. Ce sont des plantes qui végètent dans des sols très-secs, sur le penchant des coteaux, et qui se développent admirablement dans les sols calcaires. Elles vivent pour ainsi dire aux dépens de l'atmosphère. Les bestiaux les recherchent beaucoup, et une espèce d'entre elles est devenue une des principales richesses de l'agriculteur.

31

SAINFOIN COMMUN, *Hedisarum onobrychis*, L. (Bourgogne, Eparette, Esparcette, Fenasse, Foin de Bourgogne, Herbe éternelle, Sparcette, Tête de coq, Chèpre, Crête de coq, Pelagra, Luzerne). — Racines longues, dures et vigoureuses, produisant plusieurs tiges vertes ou rougeâtres; folioles nombreuses, oblongues, étroites, linéaires, un peu pubescentes en dessous; fleurs nombreuses, ordinairement purpurines, et presque sessiles sur un axe allongé; gousses à une seule articulation, monosperme, arrondie, dentée, épineuse. — Vivace.

Obs. Le Sainfoin croît naturellement dans le centre et le midi de la France, sur les sols secs et arides, et jusque dans les fentes des rochers, pourvu qu'ils soient calcaires. A l'état sauvage, c'est une plante grêle, à rameaux couchés, à feuilles étroites et peu nombreuses; mais par la culture il a acquis une grande vigueur, a donné quelques variétés, et partage maintenant avec le Trèfle et la Luzerne le sol destiné aux prairies temporaires.

Nature du sol. — Le Sainfoin est peu difficile sur le choix du terrain; mais comme le Seigle, ce qu'il redoute le plus, c'est l'humidité stagnante du sol; aussi les coteaux très-inclinés où l'eau ne peut jamais séjourner, sont ceux qui lui conviennent le mieux.

Lors même que le sol paraît sec, s'il repose sur un sous-sol humide, même placé à une certaine profondeur, il refuse de croître. Il aime les terrains légers, un peu graveleux, les sables et surtout les terrains calcaires et crayeux, où souvent d'autres plantes peuvent à peine végéter. Ses longues racines lient et retiennent les terres souvent meubles et disgrégées de ces coteaux, où l'eau de pluie entraîne souvent la terre végétale à mesure qu'elle se forme, et là il résiste parfaitement aux grandes sécheresses qui tuent les autres végétaux. Tout cela s'explique parfaitement, en se rappelant que le Sainfoin a de fortes racines qui descendent à plus de deux mètres dans l'intérieur du sol, et qui mettent ainsi la plante à l'abri des variations atmosphériques. Quoique végétant dans de très-mauvais sols, il ne craint pas ceux qui sont bons tant qu'ils ne sont pas humides, et les terres à Luzerne lui conviennent aussi pour la plupart. L'influence du bon terrain est même telle sur cette plante, qu'elle s'y développe beaucoup plus que de coutume, et après plusieurs années de culture dans un sol de cette nature, ses graines, transportées ailleurs, donnent alors la variété désignée sous le nom de *Sainfoin à deux coupes*, qui est, sans contredit, préférable à l'autre, mais qui rentrerait bientôt dans le type dont elle est sortie, si l'on voulait recueillir ses graines dans des terrains médiocres et la ressemer de nouveau sur un même sol. Quoique le Sainfoin croisse à toutes les expositions et même dans les lieux bas et ombragés, il préfère le grand air, l'aspect du midi ou du levant et les pentes des coteaux calcaires. Il végète sous une très-grande inclinaison et ne contribue pas peu par ses puissantes racines, qui restent long-temps intactes après lui, à retenir la terre de ces terrains, qui tend toujours à descendre et à les dénuder.

Semis, associations, quantité de graines. — On sème au printemps, de bonne heure, et quelquefois à l'automne, mais dans le Midi même on a presque renoncé aux semis de cette dernière saison, non pas que le Sainfoin craigne la gelée, mais parce que, semé très-souvent dans des sols légers, les alternatives de gel et de dégel soulèvent la terre et produisent sur la plante un effet d'autant plus fâcheux qu'elle est plus jeune. On sème donc en mars ou mieux au commencement d'avril, après avoir préalablement préparé le sol par deux labours, dont un donné en novembre ou décembre, et l'autre aussitôt que les grandes gelées sont passées. Il faut choisir la graine propre, bien sonnante et de couleur vive. On sème à la volée, à raison de 40 à 50 décalitres par hectare pour le Sainfoin ordinaire, et de 45 à 55 pour le Sainfoin à deux coupes ; encore faut-il quelquefois augmenter un peu les quantités, afin d'avoir un fourrage moins dur par le rapprochement des tiges. On sème le Sainfoin seul dans plusieurs localités. On l'associe à des céréales, soit du Blé ou du Seigle, mais souvent de l'Orge et de l'Avoine, parce que le semis a lieu au printemps et que ces plantes accompagnantes, qu'on doit semer clair, s'élèvent moins que les autres. Les semis d'automne doivent être faits de bonne heure. La semence de Sainfoin doit être enterrée beaucoup plus profondément que celle de la Luzerne ou du Trèfle ; il faut donc passer plusieurs fois la herse ou biner très-profondément. Lorsqu'on la sème avec l'Orge ou l'Avoine, on peut l'enterrer en même temps que ces graines, par un ou plusieurs hersages. Il arrive souvent que le semis est très-clair la première année, car beaucoup de graines ne lèvent que la seconde.

Nous ne saurions trop recommander à ceux qui achètent de la graine de Sainfoin de l'exiger bien nette, et surtout bien purgée des graines de Graminées qui l'infestent si souvent.

Un hectolitre de bonnes graines doit peser 31 kilog. Elle conserve pendant trois années sa faculté germinatrice.

Culture et récolte des graines.—Une fois semée, cette plante exige peu de soins : le hersage pendant l'hiver, et le sarclage des grandes plantes vivaces au printemps, sont deux opérations très-utiles au Sainfoin, surtout quand il a été semé trop clair ou qu'il s'est dégarni. Malgré cela, il est assez difficile de le débarrasser des *Bromus mollis* et *sterilis*, qui s'y développent quelquefois en abondance.

La récolte des graines a lieu sur quelques points de la France où les habitants s'adonnent à ce genre de commerce. Elle exige quelques précautions. Suivant M. le baron d'Hombre-Firmas, la floraison durant près de trois semaines, la maturité des graines arrive graduellement: celles du bas des épis se détachent et tombent, s'il fait du vent, quand celles du milieu sont à peine mûres, qu'un peu plus haut elles sont toutes vertes, et que les sommités présentent encore des fleurs qui sont à peine écloses. Si l'on fauche trop tôt, les graines stériles dominent; si l'on fauche trop tard, on n'a pas demi-récolte : il faut savoir choisir le moment convenable; mais quand on préfère la qualité à la quantité, on attend que la floraison soit sur le point de finir. On doit aussi réserver pour grainer la portion de la prairie où le Sainfoin est le plus vigoureux, et recueillir la graine sur la plante qui fleurit pour la première fois. Par ce moyen, non seulement les graines sont plus pures, mais celles qui, mûrissant les premières, se détachent des épis et tombent en fauchant, ne sont pas perdues; une partie du moins, si le temps la favorise, se trouve semée naturellement et épaissit la prairie pour les années suivantes. On fauche le Sainfoin de graine au commencement de juin, de grand matin avec la rosée, afin qu'il s'égraine moins. Le len-

demain au milieu du jour, après avoir étendu des draps
par terre, on y porte avec une fourche de bois une certaine quantité de Sainfoin ; pour peu qu'on frappe dessus
avec le même instrument, les graines s'en séparent ; on
l'enlève et on l'entasse à côté pour recommencer l'opération sur une nouvelle quantité de Sainfoin. Pourvu
que cette plante ne produise de la graine qu'une fois
dans le cours de sa durée, elle s'appauvrit à peine, et il
en tombe toujours une certaine quantité sur le sol, ce
qui contribue à regarnir le champ avec de jeunes plantes. Le baron Crud dit qu'on suit avec succès cette méthode en Suisse.

Fauchaison, dessiccation, quantité de fourrage. — La
meilleure époque pour faucher le Sainfoin, est celle de
sa fleur. C'est en mai dans le Midi, et en juin dans
le Nord et souvent dans le centre de la France. Ce
n'est que la seconde année que cette plante produit bien,
et dans les bonnes terres bien exposées, elle donne
quelquefois autant que la Luzerne. Elle sèche très-bien,
noircit rarement, et reste presque toujours d'un beau
vert ; aussi le sainfoin sec est un fourrage de qualité
supérieure. On emploie, dans le département du Var
et dans les Hautes-Alpes, un procédé très-expéditif
pour la dessiccation du Sainfoin et même de la Luzerne. Reste à savoir si, dans le centre de la France,
et à plus forte raison dans le Nord et dans l'Ouest, cette
méthode serait praticable. Elle consiste simplement
à lier le sainfoin, à mesure qu'il est fauché ; les femmes
qui ont fait cette opération, placent en même temps les
bottes droites les unes contre les autres, par faisceaux de
quatre, de manière que ne touchant la terre que par le
pied, elles reçoivent l'air de tous côtés. Placées de cette
manière, ces bottes sont parfaitement sèches au bout
de quatre ou cinq jours, sans qu'il soit besoin de les
toucher autrement que pour les charger ; toute la
feuille reste attachée aux tiges. Si le temps devient pluvieux, c'est alors surtout qu'on éprouve les avantages
de cette méthode. Une pluie d'orage passera sur ces
bottes ainsi dressées, sans que la qualité du fourrage
en souffre, parce que l'eau ne s'arrête pas, mais court
sur la partie extérieure, tandis que la moindre averse
qui surprend le Sainfoin étendu suivant l'usage ordi-

naire, lui occasionne de grandes avaries, et toujours au moins la déperdition de la feuille, dans les diverses opérations que nécessite ensuite la dessiccation. Dès l'année qui suit l'ensemencement, la première coupe donne de 3,600 à 4,000 kilog. de fourrage sec. La seconde coupe, toujours inférieure, ne peut pas non plus toujours avoir lieu : on peut l'évaluer de 800 à 1,600 kilog., et selon le baron Crud, on peut prendre pour produit annuel et moyen d'un hectare de Sainfoin, 6,600 kilog. Dans les terres ordinaires ou médiocres, où l'on cultive principalement cette plante, on ne peut évaluer sa production moyenne qu'à 3 à 4,000 kilog. de fourrage sec. Elle perd par la dessiccation les deux tiers de son poids. La variété à deux coupes fournit plus dans les bons terrains. Elle donne en août une seconde coupe, qui approche quelquefois de la première pour la quantité. Quant au Sainfoin ordinaire, si, dans les bonnes terres, on peut obtenir une seconde récolte, elle équivaut à peine au quart de la première, et donne un excellent regain pour les agneaux.

Après la fauchaison, et même après le regain, le Sainfoin repousse ordinairement jusqu'aux gelées ; mais, soit parce qu'il végète souvent dans de mauvais terrains, très-durs à percer, soit par une disposition particulière inhérente à la plante, la racine de Sainfoin sort presque toujours de terre, et le collet se trouve à quelques centimètres au-dessus du sol. Cette disposition rend le pâturage très-dangereux, surtout quand la plante est jeune, car chaque plante dont le collet est coupé est entièrement perdue. Il y a cependant quelques cas où l'on peut permettre le pâturage du sainfoin, bien que cela ne lui soit jamais avantageux, c'est aux troupeaux de moutons à laine fine, qui sont quelquefois difficiles à entretenir en bon état, et l'on peut d'autant mieux leur abandonner le Sainfoin, qu'il ne météorise pas comme le Trèfle et la Luzerne. Avant de détruire le Sainfoin, on peut y faire parquer les animaux, et donner ainsi au sol, déjà fortement amélioré par cette culture, une vigueur prodigieuse pour deux ou trois années.

Qualité du Sainfoin. — Cette espèce est pour le moins aussi précieuse que le Trèfle et la Luzerne. Quoique peu cultivée autrefois, Olivier de Serres, la nommait déjà *une herbe fort valeureuse*, et c'est en effet un des fourrages qui conviennent le mieux aux animaux. Frais ou sec, il nourrit plus à partie égale que le Trèfle et la Luzerne, météorise moins, et se dessèche beaucoup mieux. Les vaches qui en sont nourries, donnent un très-bon lait, et par suite de la crème et du beurre excellents, ce qui n'a pas lieu avec la Luzerne. Les cochons l'aiment beaucoup aussi ; les volailles mangent volontiers ses graines, qui les excitent à la ponte ; il convient parfaitement aux chevaux, qu'il entretient en vigueur. Il engraisse assez promptement les bêtes à cornes et les moutons ; c'est surtout une excellente nourriture pour les chevaux et les moutons qui ont été nourris de Navets et de Raves pendant l'hiver. Le regain se donne aussi aux moutons, mais il est principalement réservé aux agneaux qui viennent d'être sevrés, et rarement on le donne aux chevaux. Les fleurs de Sainfoin offrent une grande ressource aux abeilles, et c'est en partie à l'abondance de cette plante en Auvergne, que le miel de ce pays doit ses bonnes qualités, qui le rapprochent du miel de Narbonne et du Gatinais. Ses tiges mêmes et ses fanes durcies, dont on a recueilli la graine, plaisent encore aux chevaux et aux mulets, et l'on peut encore tirer partie des débris qui tombent au fond des greniers à foin, en en séparant la poussière, et les donnant aux chevaux, qui mangent aussi la graine en guise d'avoine. On regarde le foin provenant du Sainfoin à deux coupes, comme plus dur que l'autre, inconvénient que l'on pourrait sans doute éviter en le semant plus épais, et en le coupant plutôt.

Durée.—Malgré leurs puissantes racines, les Sainfoins ne durent guère que cinq à six ans, et souvent même pendant les dernières années ils se dégarnissent, et plusieurs plantes, notamment le *Bromus tectorum*, semblent les envahir. La présence de végétaux étrangers, en assez grande quantité, indique que la prairie doit être rompue, ce que l'on fait ordinairement la quatrième année. Cette plante peut cependant durer beaucoup plus long-temps, même sur de mauvais terrains, car M. Doniol, agriculteur très-éclairé du département de la Haute-Loire, a semé du Sainfoin sur des terres tellement appauvries par la culture répétée des céréales, que le blé n'y rendait pas trois pour un. La première coupe de chaque hectare, a toujours produit en moyenne 60 quintaux métriques de foin, et ces prairies ont duré plus de six ans. Arthur Young cite en Angleterre des Sainfoins que l'on fait durer habituellement de dix à seize années, et Marshal rapporte qu'en examinant avec attention une pièce de terre qui tenait de la nature de la pierre à chaux, et que son père avait semée en Sainfoin cinquante à soixante ans auparavant, il trouva, mais seulement dans quelques parties, des plantes qui subsistaient encore.

Assolement. — Le Sainfoin vivant presque exclusivement aux dépens de l'atmosphère, ou puisant très-loin sa nourriture par ses longues racines, au lieu d'épuiser le sol, l'améliore par les détritus de ses feuilles, et par la décomposition de ses racines. Aussi ne fume-t-on pas le terrain qu'on lui destine, à moins d'avoir à sa disposition des engrais qui n'ont aucune destination. Olivier de Serres avait déjà reconnu le mérite du Sainfoin, car il a dit « que *l'esparcet vient gaiement en terre maigre, et y laisse certaine vertu engraissante à l'utilité des bleds qui ensuite y sont semés.* » L'apparition du Sainfoin dans le Midi et dans plusieurs autres parties de la France, en ont entièrement changé la culture. On a pu, de cette manière, augmenter le nombre des bestiaux, et par suite la quantité des engrais. On a pu rendre propres à la culture du blé des terres qui, jusque-là, étaient trop médiocres pour cette céréale, et que le Sainfoin à suffisamment améliorées. En Bourgogne comme en Auvergne, le Sainfoin succède aux vignes, que l'on est forcé de remplacer, et ce n'est qu'au bout de plusieurs années que la vigne y est replantée, quand il a bonifié le sol et donné d'abondantes récoltes. On peut aussi l'alterner avec le Seigle, l'Epeautre, l'Orge, ou avec la Pomme de terre, le Topinambour, le Sarrazin. Il ne doit revenir sur le sol qu'après un laps de temps égal à celui de son existence. « Le grand avantage du Sainfoin, et ce qui le distingue des autres productions de ce genre, dit Marshal, t. 2., p. 407, c'est qu'il tire sa nourriture des couches inférieures du terrain, au-dessous de celle qui alimente ordinairement la végétation : il attire à la surface une matière végétale qui, sans son secours, res-

terait sans aucune utilité pour l'agriculture ; il enrichit
le cultivateur de trésors qui, sans lui, seraient restés
aussi bien cachés que s'ils eussent été au centre de la
terre ; et pendant qu'il recueille annuellement un des
végétaux les plus propres à la nourriture du bétail
que l'on connaisse aujourd'hui, sa terre, loin d'être
épuisée, se prépare probablement, en acquérant de nouvelles forces, à donner dans la suite d'abondantes ré-
récoltes, lorsqu'on la convertira en labour, indépendamment de l'avantage de procurer des engrais plus
considérables, qu'il a en quelque manière arrachés des
entrailles de la terre, par vingt ou trente récoltes de
Sainfoin. »

SAINFOIN DES JARDINIERS, *Hedisarum coronarium*, L. (Sainfoin à
bouquets, Scilla, Sulla).—Tiges glabres, flexueuses, fortement striées ;
feuilles ailées, à sept à neuf folioles assez grandes, ovales ou un peu
arrondies, bordées d'un liséré blanc et soyeux ; stipules lancéolées,
aiguës ; pédoncules axillaires, longs et terminés par un épi de fleurs
carminées ; gousses composées de quatre à cinq articulations glabres,
arrondies, comprimées, garnies à leurs deux faces d'aiguillons courts,
inégaux, un peu recourbés. — Vivace.

Obs. On rencontre cette belle plante dans les prés secs
du midi de l'Europe, en Espagne, en Italie. Tous les
bestiaux la recherchent, et elle donne comme l'autre
espèce un excellent fourrage, mais très-sensible aux
froids : quatre degrés sous zéro la détruisent complètement. Aussi, jusqu'à présent, sa culture n'a pas pu réussir
en France, où elle devrait être tentée de nouveau dans
nos départements méridionaux, la seule contrée où elle
pourrait réussir. A Malte, et dans quelques parties de
l'Italie, on la cultive en grand sous le nom de *Sulla*. Bosc
dit que, sans cette plante, on ne pourrait y nourrir d'autres bestiaux que des chèvres et quelques moutons,
encore seraient-ils exposés à mourir de faim pendant
l'été, époque où la plupart des plantes fourragères se
dessèchent complétement. La Sulla étant vivace, peut,
comme le Sainfoin, donner des récoltes plusieurs années ; celle de la seconde est plus abondante que celle
de la première. Il paraît, du reste, qu'à Malte on le cultive comme notre Trèfle, c'est-à-dire qu'on le détruit
après la récolte, la seconde année du semis. Ainsi,
après la seconde coupe, on le retourne pour le rempla-

cer par une autre culture, qui est ordinairement du Froment ou de l'Orge. Il en résulte une amélioration de terre végétale indispensable à la végétation des céréales. M. Grimaldi donne sur cette plante des détails curieux, que M. Boitard reproduit dans son *Traité des. Prairies.* Il s'agit de la culture de ce Sainfoin en Calabre. « La Sulla, dit-il, jetée sur les chaumes après qu'ils ont été brûlés, et sans autre préparation, s'élève assez souvent à la hauteur d'un homme. Souvent elle reste plusieurs mois sans germer; puis elle croît très-lentement jusqu'au printemps, époque à laquelle on la voit tout-à-coup s'élever et couvrir tout le champ. La récolte du fourrage faite, on laboure, on sème du blé, qui vient plus beau que dans les terres non sullées. La Sulla ne se montre en aucune manière dans ce blé; mais lorsqu'il est enlevé, et qu'on a brûlé le chaume, on la voit paraître et couvrir le champ comme la première fois, et ainsi de suite tous les deux ans, sans qu'il soit besoin de la ressemer pendant plus de quarante ans. »

« Les champs une fois sullés, dit Grimaldi, donnent pendant l'espace de quarante années successives et au-delà, régulièrement et alternativement de deux années l'une, une récolte abondante de Sulla, et l'autre une moisson du plus beau blé, sans que, pour conserver une prairie si singulière, il faille d'autre soin que de répandre la graine dans la première année, comme on vient de l'indiquer. »

SAINFOIN DES ROCHERS, *Hedisarum saxatile*, L. — Tiges glabres, rameuses; feuilles ailées, à douze à quinze paires de folioles linéaires, un peu blanchâtres; fleurs jaunâtres en épi, petites; ailes un peu plus longues que les dents du calice; gousses glabres, aiguillonnées. — Vivace.

Obs. On trouve cette plante sur les pelouses sèches des provinces méridionales. Tous les bestiaux la mangent avec plaisir, mais placée dans un genre qui renferme tant d'espèces si utiles à l'agriculteur, celle-ci n'a aucune importance, et nous la mentionnons seulement parce qu'elle fait partie des pelouses et des pâturages, ainsi que les *H. supinum*, Vill.; *caput galli*, L.; *humile*, L.; *obscurum*, L., et l'*Onobrychis montana*, DC., qui tous sont recherchés des bestiaux, et habitent les pâturages des Alpes ou les pelouses sèches de la Provence.

FAMILLE DES FRANGULACÉES.

Famille de plantes dicotylédones, appartenant à la *Péripétalie* de M. de Jussieu, et aux *Caliciflores* de M. de Candolle. Ses caractères sont : fleurs petites, souvent verdâtres ; calice supère, monosépale, souvent divisé en quatre ou cinq lobes ; corolle rarement nulle, ordinairement formée de quatre à cinq pétales onguiculés ou squammiformes, alternes avec les divisions du calice, libres ou plus ou moins soudés à leur base en une corolle gamopétale, et insérés dans le haut du calice ou sur un disque situé à son fond ; étamines en même nombre que les pétales, ayant la même insertion, et opposées à ces derniers ; ovaire infère ou semi-infère, surmonté d'un ou plusieurs styles et d'un ou plusieurs stigmates ; fruit capsulaire ou baccien, à plusieurs noix ou à plusieurs loges mono ou polyspermes ; graines dressées ; embryon droit, axile ; périsperme nul ou charnu ; radicule inférieure ; cotylédons subfoliacés. — Arbres ou arbrisseaux à feuilles alternes ou opposées, munies de deux petites stipules.

Obs. Ce groupe ne renferme que des arbres pour la plupart étrangers à l'Europe. Quelques espèces cependant croissent çà et là dans les haies et les buissons, et produisent de jeunes pousses, que les bestiaux mangent quelquefois, mais qu'ils rejettent plus souvent.

Genre Fusain, *Evonymus*, L.

Calice à quatre à cinq divisions ; corolle à quatre à cinq pétales ouverts : quatre à cinq étamines insérées sur un disque pelté ; un style ; capsule à quatre à cinq loges, à quatre à cinq valves ; graines entourées d'un arille coloré.

Fusain d'Europe, *Evonymus europæus*, L. (Bois à lardoires, Bois carré, Bonnet de prêtre, Fusin, Fusaix, Garais, Garas). — Arbrisseau moyen, rameux, à écorce verdâtre ; feuilles glabres, ovales, lancéolées, pointues, finement dentées ; fleurs petites, verdâtres ; fruits quadrangulaires d'un beau rose. — Ligneux.

Obs. Le Fusain, plus connu sous la dénomination vulgaire de *Bonnet de prêtre*, est assez commun dans les haies et les buissons du nord de l'Europe. Son odeur très-désagréable en éloigne les bestiaux, et si nous le citons dans cette Flore, c'est parce que Linné dit que les troupeaux mangent volontiers ses feuilles et ses jeunes pousses, et Clusius dit avoir vu des chèvres en manger avec avidité ; Gmelin, au contraire, assure que le Fusain est un poison très-intense pour les brebis.

Genre Houx, *Ilex*, L.

Calice très-petit, à cinq dents; corolle de quatre pétales soudés à leur base; quatre étamines; quatre stigmates; fruit en baie arrondie; noyau à quatre graines.

Houx commun, *Ilex aquifolium*, L. (Agrifon, Agrion, Bois franc, Epine du Christ, Grand-Pardon, Gréou, Housson, Meslier épineux, Pardon). — Arbrisseau peu élevé, garni dans toute sa hauteur de rameaux souples; feuilles alternes, pétiolées, ovales, coriaces, persistantes, souvent ondulées, inégalement dentées et ordinairement très-épineuses sur leurs bords; fleurs blanches, petites, réunies en bouquets serrés et axillaires; pédoncules très-courts; plante dioïque. — Ligneux.

Obs. Cet arbrisseau, qui varie beaucoup par sa taille et par la forme de ses feuilles, se trouve dans la majeure partie de l'Europe tempérée. Ses feuilles et ses jeunes pousses, quoique très-astringentes, sont très-recherchées des bestiaux, surtout des vaches, des chèvres et des moutons; mais les épines dont elles sont armées, conservent la plante parfaitement intacte, dès que les feuilles sont entièrement développées.

Genre Nerprun, *Rhamnus*, L.

Calice à quatre à cinq divisions, autant de pétales et d'étamines opposées aux pétales; un ovaire; un style; deux à trois stigmates; baies à deux ou quatre loges; autant de graines munies à leur base d'un ombilic cartilagineux et saillant.

Nerprun purgatif, *Rhamnus catharticus*, L. (Bourg-épine, Epine de cerf, Quemot, Noirprun). — Arbrisseau épineux, de deux à quatre mètres d'élévation; feuilles ovales ou arrondies suivant les variétés, dentées, lisses, et munies de nervures parallèles et convergentes aux extrémités; fleurs petites, en bouquets le long des rameaux et souvent dioïques; baies noires à leur maturité. — Ligneux.

Obs. Cette espèce habite les bois taillis et les haies de toute l'Europe tempérée, et s'avance très-loin dans le Nord. A l'exception des vaches, tous les bestiaux mangent ses feuilles fraîches, et à l'état sec, aucune espèce de bétail ne la rebute.

Nerprun bourdaine, *Rhamnus frangula*, L. (Bourgène, Bourdaine, Aulne noir, Bois de noire femme, Pouverne, Rhubarbe des paysans). — Arbrisseau de quatre à six mètres, rameux, à écorce noire, pointillée de blanc; feuilles alternes, pétiolées, ovales, entières, plus ou moins allongées et terminées par une petite pointe; fleurs petites et verdâtres, en petits bouquets axillaires; baies petites, globuleuses et noirâtres. — Vivace.

Obs. Le Nerprun bourdaine croît dans les bois taillis et dans les haies de l'Europe tempérée et septentrionale. Les chèvres et les vaches mangent volontiers ses feuilles.

FAMILLE DES EUPHORBIACÉES.

Famille de plantes vulgairement désignée sous le nom de *Tithymales*, placée par M. de Jussieu dans la dernière classe de sa Méthode, ou *Diclinie*, et par M. de Candolle dans les *Monochlamydées*, présentant les caractères suivants : fleurs unisexuées, monoïques ou dioïques, quelquefois disposées en grappes, ou réunies dans un involucre commun; d'autres fois, mais plus rarement, elles sont solitaires; leur calice est souvent double, à cinq ou six divisions, dont les plus intérieures sont pétaloïdes et colorées; dans les fleurs mâles, le nombre des étamines est très-variable : leurs filets, qui sont souvent articulés dans leur milieu, sont libres ou soudés ensemble par leur base, en un seul ou plusieurs *androphores*; les fleurs femelles offrent un calice semblable à celui des fleurs mâles, et un pistil sessile ou pédicellé; l'ovaire est plus ou moins globuleux, à trois côtes et à trois loges, qui renferment chacune un seul ovule; trois styles bifurqués terminent ordinairement l'ovaire à sa partie supérieure; rarement on n'en observe qu'un seul ou un plus grand nombre. Le fruit se compose d'autant de coques, renfermant une ou deux graines, qu'il y a de loges ou de coques à l'ovaire; ces coques sont bivalves et s'ouvrent avec élasticité; les graines sont recouvertes à leur partie supérieure par une crête ou caroncule de forme variée; elles renferment un embryon mince et plane, contenu dans l'intérieur d'un périsperme charnu; les cotylédons sont larges, planes et minces.—Les *Euphorbiacées* varient beaucoup par leur port; les unes sont herbacées, les autres sont ligneuses; leurs feuilles sont alternes, éparses ou opposées, quelquefois épaisses et succulentes.

Obs. Les plantes de cette famille, quoique rapprochées par des caractères analogues, forment un certain nombre de petits groupes séparés, tous très-naturels, et dont les propriétés paraissent à peu près les mêmes. Une matière résineuse extrêmement âcre, ou une huile émulsionnée et lactescente, s'y présentent avec toute leur âcreté, et rendent ces plantes généralement nuisibles aux troupeaux. Malgré son importance dans le règne végétal, cette famille nous occupera donc peu.

Genre Mercuriale, *Mercurialis*, L.

Fleurs dioïques ou *monoïques; périgone à trois divisions; fleurs mâles, à neuf à douze étamines; fleurs femelles à ovaire bilobé, à deux sillons, accompagné de un à deux filaments stériles et surmonté de deux styles bifurqués; fruit capsulaire à deux coques monospermes.*

MERCURIALE ANNUELLE, *Mercurialis annua*, L.—(Cagarelle, Caquenlit, Foirande, Foiriole, Leuzette, Luzotte, Marquois, Mercoret, Ortie bâtarde, Rambuge, Vignette, Vignoble). — Tiges tendres, glabres articulées, hautes de trois à quatre décimètres; rameaux opposés; feuilles ovales, lancéolées, aiguës, d'un vert clair, glabres et dentées; fleurs dioïques en petits paquets disposés en épi grêle, axillaire, longs et dressés. — Annuelle.

Obs. Très-commune dans tous les lieux cultivés, où on la connaît sous les noms de *Foiriole*, *Foirande*, *Vignole*, etc., les chèvres sont les seuls animaux qui mangent cette plante; mais cuite, les vaches et les cochons s'en accommodent. Desséchée, elle perd sa mauvaise odeur, et peut ainsi être mangée par la plupart des animaux.

MERCURIALE VIVACE, *Mercurialis perennis*, L. (Chou de chien, Mercuriale de montagne, Mercuriale des bois, Mercuriale sauvage). — Racine longue et traçante; tige de un à trois décimètres, simple; feuilles ovales, lancéolées, aiguës et dentées; pétioles courts, opposés; fleurs portées sur de longs pédoncules. — Vivace.

Obs. Cette plante est commune dans les bois et dans les prairies élevées du centre et du nord de la France. Elle couvre en avril et mai une partie du puy de Dôme, et s'y présente comme espèce dominante, au milieu des autres plantes. Tous les bestiaux la repoussent; elle est surtout très-vénéneuse pour les moutons. Sa précocité fait qu'elle nuit peu au foin, car elle est flétrie à l'époque de la fauchaison. Elle perd du reste, par la dessiccation, ses propriétés malfaisantes, et devient bleue.

Genre Euphorbe, *Euphorbia*, L.

Fleurs monoïques, enfermées dans un involucre à huit à dix divisions, dont quatre à cinq dressées, les autres alternes, ouvertes, colorées, entières, dentées, bicornes ou découpées; corolle nulle; étamines en nombre variable, quelquefois douze, à filaments articulés, mélangés à des filets stériles ou avortés; une fleur femelle, solitaire au centre de l'involucre; ovaire supérieur pédicellé; trois styles bifides; capsule à trois coques, à trois loges monospermes, s'ouvrant intérieurement en deux valves.

Obs. On connaît plus généralement ces plantes sous

le nom de *Tithymales*. Elles sont remarquables par un
suc blanc et laiteux, très âcre, qui en découle aussitôt
que l'on blesse un de leurs organes. Ce suc lactescent
se transforme, dans les graines mûres, en une huile
caustique très-purgative. Comme ces plantes conservent
encore leur âcreté après la dessiccation, il en résulte
qu'elles sont très-dangereuses dans les prairies, où cependant quelques espèces sont encore broutées par les
animaux, quand elles sont très-jeunes.

EUPHORBE DES VIGNES, *Euphorbia peplus*, L. (Omblette, petit Réveille-matin). — Tige haute de un à trois décimètres, divisée à sa
base en deux ou trois branches principales munies de rameaux alternes, terminées chacune par trois branches ombellées, plusieurs fois bifurquées; feuilles très-glabres, épaisses, ovales, arrondies, entières, rétrécies en pétiole; celles qui avoisinent les ombelles sont plus rudes et sessiles; fleurs petites, presque sessiles;
les quatre divisions extérieures du calice d'un vert jaunâtre, munies
de deux cornes aiguës; capsule glabre. — Annuelle.

Obs. Cette plante habite les vignes, les jardins et
tous les lieux cultivés, où elle est extrêmement commune. Les bestiaux la repoussent, à l'exception des
chevaux, qui la mangent jusqu'à la racine, pendant
qu'elle est jeune, observation qui avait déjà été faite
par Linné. Elle porte le nom de *Réveille-matin*, qu'elle
partage avec plusieurs autres Euphorbes, et surtout
avec l'*E. helioscopia*, très-commun aussi, mais auquel
les chevaux touchent rarement, et les autres bestiaux
jamais.

EUPHORBE A FEUILLES DE CYPRÈS, *Euphorbia cyparissias*, L. (Petit
Cyprès, petit Esule, Rhubarbe des pauvres). — Tige simple,
dressée, haute de un à trois décimètres, et produisant au sommet
des rameaux stériles et très-feuillés; feuilles nombreuses, linéaires,
étroites, entières; fleurs en ombelle à plusieurs rayons; bractées
presque en cœur; fruits lisses, ovales.—Vivace.

Obs. Très-commune le long des chemins, sur le bord
des fossés, dans les vignes et les lieux incultes, cette
Euphorbe est une des plantes les plus printanières.
Les bestiaux la négligent à cause de son âcreté; mais
au printemps, quand ses jeunes pousses commencent à
pointer, les chevaux la mangent, et les vaches, sans
la rechercher, la broutent également. Quelques autres
espèces d'Euphorbes sont encore épointées par les ani-

maux, et surtout par les chevaux dans leur jeunesse. Ce sont les *E. exigua*, L.; *verrucosa*, L.; *gerardiana*, L.; *segetalis*, L.; et *dulcis*, L.; les *E. sylvatica*, L.; *paralias*, L.; *lathyris*, L.; *characias*, L.; *hyberna*, L., qui forment si souvent de larges touffes, dans les bois et les pâturages des montagnes, sur les sables maritimes et sur les coteaux du Midi, restent toujours intacts.

EUPHORBE DES MARAIS, *Euphorbia palustris*, L. (Turbith noir). — Tige glabre et cylindrique, épaisse, haute d'un mètre et plus; feuilles glabres, lancéolées; fleurs en ombelles à plusieurs rayons; bractées ovales; capsules verruqueuses. — Vivace.

Obs. Commune dans les prés humides, où elle forme souvent de larges touffes, auxquelles les bestiaux ne touchent pas, et très-nuisible par sa mauvaise qualité et le grand espace qu'elle occupe. On ne peut la détruire efficacement qu'en piochant profondément ses racines et les exposant à la sécheresse.

FAMILLE DES AMENTACÉES.

Famille de plantes appartenant à la 15e classe, *Diclinie* de M. de Jussieu, et aux *Monochlamydées* de M. de Candolle. Les fleurs des Amentacées sont dioïques, monoïques ou quelquefois hermaphrodites; les mâles sont disposées en chaton composé tantôt seulement d'écailles qui portent les étamines, tantôt de périgones monophylles qui portent les écailles et les étamines; celles-ci sont en nombre fixe ou variable, presque jamais cohérentes, chargées d'anthères à deux loges. Les fleurs femelles sont ou solitaires, ou en faisceaux, ou en chatons, munies tantôt simplement d'une écaille, tantôt d'un vrai périgone; l'ovaire est libre, presque toujours simple ou multiple, ordinairement chargé de plusieurs stigmates: à cette fleur succèdent des péricarpes osseux ou membraneux, à une ou plusieurs loges, à une ou plusieurs graines, et en nombre égal à celui des ovaires. La graine ne renferme pas de périsperme; son embryon est droit, ordinairement plane; la radicule est presque toujours supérieure.—Les Amentacées sont des arbres; leurs feuilles sont alternes, planes, ordinairement pétiolées, toujours traversées par une nervure longitudinale, et munies à leur naissance de deux stipules axillaires, caduques ou persistantes. L'écorce de ces arbres est remarquable par son épaisseur, sa rugosité et la quantité de tannin ou de principe astringent qu'elle renferme; ce qui la rend d'une très-grande utilité dans les arts.

Obs. Les grands arbres de nos forêts appartiennent tous à cette belle famille, où viennent se réunir la majeure partie des espèces ligneuses que nous avons en France. Presque toutes ces plantes perdent leurs feuilles pendant l'hiver, et se couvrent au printemps de cette belle verdure qui fait le charme des contrées tempérées. Presque tous offrent aux animaux, dans leur feuillage et leurs jeunes pousses, une nourriture très-abondante, dont le choix et la récolte sont encore trop négligés chez nos agriculteurs, et qui suppléerait ainsi aux années de disette, où le manque de fourrage se fait si cruellement sentir. Les longues racines des grands arbres, sans les mettre complétement à l'abri de la sécheresse, les y soustraient cependant presque toujours, et si le développement des feuilles est dans certain cas, un peususpendu pendant les grandes chaleurs de l'été, les premières pluies d'automne, produisent une pousse que l'on peut, en quelque sorte, considérer comme le regain des arbres, et que l'on ne saurait trop utiliser pour augmenter la quantité du foin sec.

Genre Orme, *Ulmus*, L.

Périgone en cloche à quatre à cinq dents, persistant et coloré; trois à six étamines; ovaire comprimé, surmonté de deux stigmates; fruits membraneux, indéhiscents.

ORME COMMUN, *Ulmus campestris*, L. (Ormeau, Orme blanc, Arbre à pauvre homme, Ormille, Orme pyramidal, Umeau). — Très grand arbre à feuilles ovales, à pétiole court, à bases inégales et à doubles dents sur leurs bords; fleurs rougeâtres, presque sessiles, réunies en petits pelotons. — Ligneux.

Obs. L'Orme croît naturellement dans les hautes montagnes du Nord de l'Europe, rarement en France, si ce n'est dans les Vosges et l'Auvergne. Indépendamment de ses usages, comme bois de charpente, de chauffage et de charronnage, il offre dans les feuilles si différentes de ses nombreuses variétés, une très-bonne nourriture pour les bestiaux; aussi, dans quelques provinces de France, et notamment en Bretagne et dans les Cévennes, dans quelques parties des Vosges et du Jura, on en nourrit les moutons et les chèvres pendant une partie de l'année, ou du moins au printemps et en automne. Ses feuilles cuites forment une bonne nourriture pour les cochons. Elles se dessèchent très-bien, en perdant quarante-sept pour cent de leur poids, et les jeunes pousses d'automne forment de très-bons fagots de feuilles pour l'hiver. Les graines membraneuses et foliacées de cet arbre, sont aussi une bonne nourriture pour les bestiaux, et leur abondance, jointe à leur précocité, pourrait être d'un grand secours dans les années où les fourrages manquent au printemps. Il ne faudrait pas attendre leur maturité complète pour les cueillir. L'écorce intérieure, très-mucilagineuse, peut aussi servir en cas de disette; celle qui est à l'extérieur est trop sèche, et l'intermédiaire est légèrement purgative. L'Orme de Hollande à larges feuilles, est la variété préférable pour la nourriture des bestiaux. C'est le meilleur des arbres à fourrage; il produit beaucoup, et supporte facilement la taille. Dans les Cévennes, on cueille les feuilles de l'Orme pour engraisser les porcs; en Italie, en Lombardie surtout, on plante des Ormes exprès pour en recueillir et conserver le feuillage pour les bestiaux pendant l'hiver. On estime que cent parties de feuilles de cet arbre, équivalent à cent trente-cinq de Luzerne. Outre les variétés de l'Orme commun, il y a une espèce distincte, désignée sous le nom d'*U. effusa*, Willd., qui partage entièrement les propriétés de la précédente.

Genre Micocoulier, *Celtis*, L.

Fleurs hermaphrodites ou polygames; périgone à cinq divisions; cinq étamines presque sessiles; fruit en drupe globuleux et monosperme.

Micocoulier austral, *Celtis australis*, L. (Bois de Perpignan, Fabrecoulier, Fabreguier, Fenabrègue, Perpignan). — Arbre très-gros, à écorce noirâtre et rugueuse; rameaux flexibles; feuilles alternes, ovales, lancéolées, un peu velues, pétiolées; stipules linéaires; fleurs petites, verdâtres, axillaires.

Obs. Ce bel arbre, qui acquiert quelquefois de prodigieuses dimensions, est commun dans le midi de la France. Les bestiaux mangent tous ses feuilles, qui plaisent surtout aux moutons et aux chèvres. Dans les provinces méridionales, où les prairies sont si rares, le Micocoulier offre, par ses nombreux rameaux, une excellente nourriture d'hiver, d'autant plus qu'il se dessèche avec une si grande facilité que ses feuilles séchées sont aussi vertes que si on venait de les cueillir.

Genre Saule, *Salix*, L.

Fleurs dioïques, les mâles en [chatons, composées d'une écaille ayant à sa base une autre écaille plus petite ; une à cinq étamines, à anthères arrondies, les femelles en chatons offrant la même organisation que les mâles ; style à un à deux stigmates ; capsules bivalves ; graines aigrettées.

Obs. Tout le monde connaît les Saules, qui forment, sans contredit, un des plus beaux genres de la famille qui nous occupe. Plusieurs d'entre eux peuvent devenir de très-grands arbres, d'un port élégant et très-remarquables, mais constamment mutilés par l'homme, nous les trouvons rarement avec leurs tiges élancées et leurs rameaux fléchis, qui constituent le port naturel de plusieurs d'entre eux.

Près de ces grands végétaux, viennent se ranger aussi ces petits Saules herbacés qui se mélangent humblement à l'herbe des prairies des montagnes et disparaissent quelquefois sous des Graminées et des Carex.

Saule commun, *Salix alba*, L. (Osier blanc, Plomb blanc).—Arbre élevé à rameaux dressés ou étalés aux extrémités ; feuilles longues, lancéolées, blanches et soyeuses en dessous et finement denticulées ; fleurs naissant après les feuilles ; capsules glabres. — Ligneux.

Obs. Ce Saule est le plus commun ; il croît partout, pourvu que le sol soit humide, et pousse très-vite. Les bestiaux mangent volontiers ses feuilles fraîches ou sèches, ainsi que ses jeunes pousses. Dans le nord de l'Europe, cette espèce et quelques autres qui en sont voisines, offrent une grande ressource aux troupeaux. Ses feuilles se dessèchent bien ; elles paraissent de bonne heure et pourraient être employées très-utilement à la nourriture des animaux.

Saule marceau, *Salix capræa*, L. (Boursault, Vordre). — Arbre atteignant cinq à six mètres ; feuilles ovales, arrondies, rugueuses, cotonneuses en dessous, à bords ondulés ; fleurs naissant avant les feuilles ; capsules velues, renflées à la base. — Ligneux.

Obs. Ce Saule est le plus commun de tous. On le rencontre dans les haies, et surtout dans les clairières des bois. Il végète dans toute espèce de terrain et pousse avec une grande rapidité. Il se contente même des terrains secs, où les autres Saules ne peuvent végéter. Tous les bestiaux aiment beaucoup ses feuilles, qui conviennent à tous, même aux chevaux. C'est sans contredit une des plantes qui pourraient donner le plus de fourrage, si on la cultivait pour cet objet. Aucune espèce de prairie n'en produirait certainement une aussi grande quantité sur un même espace, car on se fait difficilement une idée de la vigueur des pousses de cette espèce, quand le tronc a été coupé près du sol, et beaucoup de terrains qui ne peuvent être ensemencés de plantes fourragères, rapporteraient beaucoup si on cultivait le Saule marceau, soit pour le faire consommer en vert, ou, ce qui est préférable, pour en faire des fagots de feuillée pour l'hiver. Le seul inconvénient que je lui connaisse, c'est d'être souvent attaqué, et quelquefois complétement mangé par les insectes. Comme plante fourragère, on peut le tondre trois fois par an et obtenir une abondante récolte de fourrage. On peut le multiplier de semences et de marcottes. Il repousse plus difficilement de boutures, cependant, avec quelque soin, et surtout en ne bouturant que des individus femelles, on y parvient assez promptement.

SAULE PENTANDRE, *Salix pentandra*, L.—Grand arbrisseau glabre, à rameaux pendants et visqueux; feuilles ovales, luisantes, dentées; fleurs naissant après les feuilles, les mâles à cinq étamines.—Ligneux.

Obs. Cette espèce, l'une des plus élégantes, est commune dans les bois des montagnes élevées des Alpes, des Pyrénées, et surtout de l'Auvergne, où ses feuilles, ressemblant tout-à-fait à celles du Laurier, deviennent odorantes. Il forme des groupes très-étendus dans toutes les grandes prairies du Cantal, et notamment dans la vallée de Dienne et à la percée du Lioran. Il affectionne les sols humides et tourbeux. Les bestiaux mangent volontiers ses feuilles, qui se dessèchent moins bien que celles des autres Saules, et qui noircissent quelquefois pendant la dessiccation.

SAULE HERBACÉ, *Salix herbacea*, L. — Souche ligneuse et souterraine, produisant des rameaux herbacés et dressés; feuilles arrondies, glabres, dentelées; fleurs en chatons, peu nombreuses. — Vivace.

Obs. Cette miniature forme, à la surface du sol, des gazons d'un beau vert, que l'on rencontre çà et là dans les hautes prairies des Alpes et du Mont-Dore. Tous les bestiaux la recherchent et la mangent avec avidité.

Il serait impossible, dans un ouvrage plutôt agricole que botanique, de décrire toutes les espèces de Saules, d'autant plus que les botanistes sont très-loin d'être d'accord sur leurs caractères et leur synonymie. C'est peut-être le genre le plus embrouillé qui existe, et celui dans lequel la séparation des individus mâles et femelles a produit le plus grand nombre d'hybrides. Il suffit de savoir que tous les Saules, sans exception, conviennent aux bestiaux, verts ou secs, qu'ils s'accommodent, en choisissant les espèces, de toute sorte de terrains; qu'un grand nombre d'entre elles croissent spontanément dans les prairies hautes, les marais et les tourbières des montagnes, et que le Saule marceau est celui qui mérite le plus de fixer l'attention de l'agriculteur.

Genre Peuplier, *Populus*, L.

Fleurs dioïques en chatons cylindriques, imbriqués d'écailles lacérées au sommet, les mâles à huit à trente étamines, renfermées dans un petit godet sous chaque écaille. Les femelles offrent un ovaire à quatre stigmates; capsule bivalve, polysperme.

Obs. Les Peupliers sont de grands arbres qui aiment, comme les Saules, les terrains humides, et qui poussent très-vite, quand ils sont plantés dans ces conditions. Leurs feuilles, comme celles des Saules, peuvent nourrir les bestiaux et remplacer le foin des prairies.

En Lombardie, on plante des Peupliers pour en recueillir les feuilles et en nourrir les bestiaux pendant l'hiver. Dans le royaume de Naples, c'est souvent cette feuille qui domine parmi celles que l'on conserve pour cet usage.

PEUPLIER BLANC, *Populus alba*, L. (Blanc de Hollande, Obeau, Obel, Obrelle, Ypreau):—Grand arbre de quinze à vingt mètres d'élévation, à rameaux étalés; feuilles grandes, cordiformes, arrondies, à trois lobes peu marqués, vertes, luisantes en dessus et très-blanches en dessous; fleurs en longs chatons ovales et pendants.—Ligneux.

Obs. On rencontre cet arbre dans les bois humides. Ses feuilles sont mangées par les moutons et les chèvres; les chevaux les aiment aussi. Elles se dessèchent bien, et produisent une bonne feuillée. Le *P. canescens* de Smith ressemble à celui-ci et partage ses propriétés.

PEUPLIER TREMBLE, *Populus tremula*, L. — Arbre de dix à vingt mètres, à écorce lisse ; jeunes rameaux velus ; feuilles glabres, orbiculaires, dentées, à pétioles comprimés, purpurins ; fleurs en chatons oblongs.

Obs. Comme l'espèce précédente, le Tremble est assez commun dans les bois humides. Les vaches aiment beaucoup ses feuilles, qui plaisent aussi aux chèvres et aux moutons. Elles se dessèchent très-bien et produisent une des meuilleures feuillées que l'on puisse se procurer.

PEUPLIER NOIR, *Populus nigra*, L. (Biouté, Léard, Liardier, Peuplier franc). — Arbre de quinze à vingt mètres ; rameaux étalés ; feuilles deltoïdes, pointues, dentées en scie, glabres ; chatons femelles plus longs que les mâles et d'un vert jaunâtre ; étamines rouges. — Ligneux.

Obs. Commun partout. Les bestiaux mangent ses feuilles, mais moins volontiers que celles du Tremble ; ils les préfèrent à l'état sec. Le Peuplier d'Italie, *P. fastigiata*, Poiret, dont la patrie est inconnue, et qui se reconnaît si facilement à son port élancé, peut être assimilé à celui-ci, sous le rapport de ses propriétés agricoles.

Genre Bouleau, *Betula*, L.

Fleurs monoïques, les mâles en longs chatons cylindriques, formées chacune de trois écailles, dont celle du milieu porte les étamines ; les femelles formées d'écailles trilobées ; ovaire à deux styles ; fruit lenticulaire, monosperme par avortement, comprimé et membraneux sur les bords.

BOULEAU BLANC, *Betula alba*, L. (Biès, Bouillard). — Arbre de moyenne grandeur, à épiderme blanc, composé de plusieurs couches qui se déchirent transversalement ; feuilles deltoïdes, pointues, glabres, doublement dentées ; fleurs verdâtres. — Ligneux.

Obs. Le Bouleau est commun dans les pays montagneux et dans tout le nord de la France ; il s'étend très-loin vers le pôle Nord et dépasse même le cercle pôlaire. Presque tous les sols lui conviennent. Ses feuilles, fraîches ou sèches, sont mangées par tous les bestiaux. Les *B. pubescens*, Erh. ; *nana*, L. ; *ovata*, Schrank, qui ne sont peut-être que des variétés, partagent ses propriétés.

Genre Aulne, *Alnus*, Tournefort.

Fleurs monoïques, les mâles en chatons allongés, à écailles pédicellées, munies de trois écailles plus petites ; quatre étamines dans un godet quadrilobé ; les femelles en chatons globuleux, à pédoncules rameux ; ovaire comprimé, à deux stigmates longs ; fruit disperme.

Aulne commun, *Alnus glutinosa*, Gaert. (Bergue, Vergne, Verne). Arbre de moyenne grandeur, à écorce noirâtre ; feuilles arrondies par en haut et cunéiformes par en bas, légèrement visqueuses en dessous, au moins dans leur jeunesse ; fleurs jaunâtres, en chatons. — Ligneux.

Obs. Cet Aulne suit le cours des ruisseaux et des rivières, dans toute la France et la majeure partie de l'Europe. Les bestiaux refusent ses feuilles à l'état frais, à moins d'être pressés par la faim ; mais sèches, ils s'en accommodent assez bien et s'y accoutument facilement. Les moutons les broutent quelquefois aussi à l'état frais.

Genre Charme, *Carpinus*, L.

Fleurs mâles en chatons allongés, formées chacune d'une écaille imbriquée, acuminée et ciliée à sa base, portant huit à vingt étamines courtes ; fleurs femelles en chatons, formées chacune d'une écaille pédicellée ; deux styles ; une noix ovoïde et osseuse.

Charme commun, *Carpinus betulus*, L. (Charme blanc, Charmille, Charpe, Charpenne). — Arbre de moyenne grandeur, à écorce lisse ; feuilles glabres, ovales, oblongues, denticulées ; fleurs rougeâtres ; chatons femelles foliacés à la maturité du fruit. — Ligneux.

Obs. Le Charme est commun dans les bois et dans les haies du nord de la France et de l'Europe. Tous les bestiaux, les ruminants surtout, aiment beaucoup ses feuilles, qui, vertes et surtout sèches, sont pour eux une excellente nourriture. Il peut perdre ses feuilles à toutes les époques de sa végétation sans en souffrir. Le *C. ostrya*, L., du midi de la France, partage ses propriétés.

Genre Hêtre, *Fagus*, L.

Fleurs mâles en chatons globuleux, pendants, formés chacun d'une écaille à six divisions, portant huit à douze étamines à filaments allongés ; fleurs femelles réunies deux à deux dans un involucre à quatre divisions ; deux styles trifides ; deux graines renfermées dans une capsule coriace, velue en dedans, hérissée en dehors.

Hêtre commun, *Fagus sylvatica*, L. (Fan, Faou, Fau, Favillier, Fayard, Fayeau, Fouteau, Foyard, Hêtre blanc). — Grand et bel arbre à écorce lisse et blanchâtre; feuilles entières, glabres, ovales, arrondies, ciliées sur les bords; graines triangulaires, huileuses.

Obs. Très-commun dans le nord de l'Europe et dans la région montagneuse du Centre, le Hêtre offre aux bestiaux une immense ressource dans son feuillage, qu'ils recherchent beaucoup, vert ou sec. On pourrait en faire des fagots de feuillée pour l'hiver, en coupant ses jeunes branches avant que les feuilles n'aient durci. Les chèvres et les moutons aiment tant les feuilles du Hêtre, que partout où cet arbre vient en buisson, il est toujours tondu jusqu'à la hauteur que peut atteindre une chèvre dressée sur ses pieds de derrière. Ses fruits, ou faines, servent de nourriture aux cochons, mais le gland leur est bien préférable, car elles leur donnent un lard mou, qui se conserve très-peu de temps, et l'on assure que leur chair prend mal le sel.

Le Châtaigner, *Fagus castanea*, L., qui fait partie du même genre que le Hêtre, a des feuilles trop dures et trop coriaces pour qu'on les emploie comme fourrage. Les bestiaux les mangent cependant quand elles sont très-jeunes. Son fruit, qui leur convient très-bien, surtout cuit, est exclusivement réservé à la nourriture de l'homme, à l'exception des épluchures ou débris des châtaignes, que l'on fait sécher, et qui, contenant beaucoup de fragments, sont donnés aux bestiaux dans quelques cantons de la France. Les chevaux les aiment beaucoup.

Genre Chêne, *Quercus*, L.

Fleurs mâles en chatons lâches, pendants, formées chacune d'une écaille campanulée, portant cinq à dix étamines; fleurs femelles renfermées une à trois dans une capsule; ovaire infère, surmonté d'un ou plusieurs styles; gland uniloculaire renfermé dans une capsule.

Obs. Les diverses espèces de Chêne produisent des feuilles que les animaux recherchent peu, mais qu'ils mangent pourtant quelquefois au printemps. La quantité de tannin contenue dans les jeunes pousses, n'est pas toujours sans danger pour eux, et leur occasionne des maladies assez graves, quand ils en mangent de grandes quantités à l'état frais. Nous ne décrirons que deux espèces, comme types des Chênes à feuilles caduques et de ceux qui restent toujours verts.

CHÊNE ROUVRE, *Quercus robur*, L. (Chêne à grappes, Chêne mâle, Chêne rouge, Durelin, Garie, Gravelin, Roble, Robre, Roure, Rouve).—Grand arbre à bois dur; feuilles presque sessiles, très-glabres, oblongues, sinueuses, pinnatifides, à lobes obtus, plus larges au sommet; glands oblongs, réunis deux à trois sur de longs pédoncules.

Obs. On rencontre communément cette espèce dans les bois, où elle est souvent confondue avec les *Q. sessiliflora* et *pubescens*.

Quoique les feuilles de Chêne soient moins goutées des bestiaux que celles des autres arbres forestiers, ils les mangent néanmoins; elles ne répugnent et ne peuvent nuire au bétail que lorsqu'elles sont fournies par de gros arbres. On récolte en Lyonnais celle des taillis; on la mêle à d'autres pour constituer des feuillards excellents.

CHÊNE YEUSE, *Quœrcus ilex*, L. (Quesne). — Arbre de hauteur moyenne, très-rameux; feuilles persistantes, ovales, oblongues, entières, dentées en scie, blanchâtres en dessous. — Ligneux.

Obs. L'Yeuse, comme les autres Chênes verts, habite le midi de la France et de l'Europe, où il est très-commun, ainsi que les *Q. suber*, *coccifera*, etc.; ils donnent de très-bons fagots de feuillage pour les bestiaux. A Naples, on les emploie journellement à cet usage.

FAMILLE DES CONIFÈRES.

Famille de plantes dicotylédones, appartenant à la *Diclinie* de M. de Jussieu, et aux *Monochlamydées* de M. de Candolle, et dont les caractères sont : fleurs unisexuées, monoïques, quelquefois dioïques. Chaque fleur mâle se compose d'une étamine. Ces fleurs sont séparées et entièrement nues, ou réunies et groupées soit à l'aisselle, soit à la face inférieure, d'écailles dont l'ensemble constitue ordinairement une sorte de cône. Dans ce dernier cas, leurs filets se soudent ordinairement et deviennent monadelphes. Anthères à une ou deux loges, s'ouvrant par une fente longitudinale, ou par un trou placé à leur partie supérieure. Chaque fleur femelle offre un périgone d'une seule pièce, souvent réduit à une simple écaille; un ovaire simple, double ou multiple; stigmates simples. en nombre égal à celui des ovaires, sessiles ou plus ordinairement portés sur un style. Les fleurs mâles sont disposées en chaton ; les fleurs femelles, quelquefois solitaires, sont plus souvent disposées en tête ou en cônes recouverts d'écailles serrées ou imbriquées qui les séparent. Le fruit varie selon la disposition des fleurs femelles et l'accroissement des écailles. Tantôt ces écailles deviennent ligneuses, et constituent un cône ou strobile ; tantôt elles deviennent charnues, et prennent une apparence bacciforme ; d'autres fois, c'est un cariopse solitaire placé dans une cupule charnue. Périsperme charnu contenant un embryon axillaire plus ou moins cylindrique, renversé, à radicule confondue avec le périsperme. Cotylédons variant pour le nombre de deux à douze.—Tiges ligneuses ; feuilles persistantes, souvent fasciculées ; suc propre, résineux.

Obs. A ce groupe appartiennent tous les arbres verts résineux, à feuilles aiguës ou aciculaires. Malgré son importance dans la série des végétaux, nous nous y arrêterons peu, car à peine si quelques-unes de ces espèces sont acceptées par les bestiaux.

Genre Genévrier, *Juriperus*, L.

Fleurs mono ou dioïques, les mâles en chatons, offrant chacune une écaille peltée, pédicellée et portant quatre à huit anthères ; les femelles en chatons globuleux, formées de trois écailles concaves, soudées ; stigmate tubuleux ; fruit charnu en forme de baie.

GENÉVRIER COMMUN, *Juriperus communis*, L. (Cad, Cade, Cadé, Genèvre, Genièvre, Petron, Petrot, Pétrillot). — Arbrisseau à rameaux rouges, dressés ou rampants, à feuilles raides, piquantes et étroites ; baies globuleuses, d'un noir bleuâtre et comme saupoudrées de poussière blanche.—Ligneux.

Obs. Le Genévrier est extrêmement commun dans la majeure partie de la France, et surtout dans les contrées montagneuses. Les moutons recherchent beaucoup ses jeunes pousses, surtout en hiver, mais à l'état frais seulement, car une fois desséchées, les feuilles deviennent tellement piquantes et acérées, qu'elles leur blessent la langue et le palais.

Genre Sapin, *Abies*, L.

Chatons mâles solitaires ; feuilles solitaires et non réunies ensemble dans une gaine ; écailles des cônes minces et non épaisses. Ces trois caractères distinguent les Sapins des Pins, avec lesquels ils ont les plus grands rapports.

SAPIN ÉLEVÉ, *Abies excelsa*, L. (Epicéa, faux Sapin, Pesse, Pinesse, Pin aquatique, Sapin à poix, Sapin de Norwège, Sapin gentil, Serente.)—Très-grand arbre à tronc droit et élancé ; feuilles persistantes, d'un vert foncé, pointues, à quatre angles obtus ; cônes oblongs, pendants vers la terre. —Ligneux.

Obs. Cet arbre, qui a beaucoup de rapports avec l'*A. pectinata*, DC., que l'on confond souvent avec lui, croît en abondance dans les pays de montagnes, où il forme de grandes forêts. Pendant l'hiver, quand les animaux sont privés de nourriture fraîche, les moutons broutent assez volontiers quelques branches de Sapin, et il paraît qu'en Angleterre on leur en donne de temps en temps. Elles ne doivent être cueillies que peu de temps avant leur emploi.

Genre Pin, *Pinus*, L.

Fleurs monoïques, les mâles réunies en chatons longs, formant de grosses grappes; fleurs femelles en chatons solitaires formés chacun de deux écailles, l'une extérieure, grande, l'autre intérieure, membraneuse, renfermant deux ovaires; fruit ou cône composé d'écailles ligneuses, épaisses, imbriquées, enfermant chacune à leur base deux noix osseuses; feuilles réunies plusieurs ensemble sur une même gaine.

Obs. Ce genre contient plusieurs espèces qui croissent naturellement en France, telles que les *P. sylvestris*, L.; *rubra*, Mill.; *pinea* L.; *maritima*, Poir., etc. Elles ont toutes les mêmes qualités; nous parlerons seulement de la plus importante.

PIN MARITIME, *Pinus maritima*, Poir. (Pin de Bordeaux).—Grand arbre à feuilles longues, raides, linéaires, réunies deux ensemble dans la même gaine; chatons mâles jaunâtres; chatons femelles rougeâtres; cônes gros, coniques, obtus, plus courts que les feuilles. —Ligneux.

Obs. Il croît abondamment dans les sables maritimes des Landes. Il a été recommandé avec raison par M. de Morogues, comme pouvant utiliser les plaines de la Sologne, où l'on voit déjà quelques champs de ces arbres. On peut en tirer un bon parti comme plante fourragère. « Malheureusement, dit M. de Morogues (1), les mérinos en font peu de cas, mais les bêtes à laine indigènes, qui ne les appètent point en été, les mangent en hiver. Depuis deux ans, M. le comte de Tristan a affourragé, de cette manière, pendant tout l'hiver, deux troupeaux de brebis, race de Sologne, et il s'en est applaudi. M. de Gauvillers, président de la société d'a-

(1) *Essai sur le moyen d'améliorer l'agriculture en France.*

griculture du département de Loir-et-Cher, a aussi employé, avec succès, dans sa terre près de Blois, ces branches pour nourrir les moutons, et moi-même, continue, M. de Morogues, j'ai fait de mon côté plusieurs expériences, à ce sujet, qui m'ont toutes paru concluantes.

« Il ne faut couper les branches de Pin qu'au fur et à mesure du besoin, parce que, quand elles sont sèches, les moutons paraissent ne pas s'en soucier, tandis qu'ils se jettent dessus avec avidité quand elles sont fraîches et qu'ils y ont été accoutumés. Si par hasard ils y répugnaient, on pourrait vaincre ce dégoût en trempant d'abord dans de l'eau salée les branches qu'on leur donnerait. Cet expédient, dont on use avec succès pour faire manger des marrons d'Inde concassés aux brebis mérinos qui allaitent leurs agneaux, réussirait, sans doute, dans le cas que nous venons de mentionner. »

FIN DE LA PREMIÈRE PARTIE.

SECONDE PARTIE

CONSIDÉRATIONS

GÉNÉRALES

SUR

LES PRAIRIES DE LA FRANCE.

Nous avons passé en revue la série des plantes qui composent les prairies et qui forment la nourriture des animaux. Cette liste est longue, et contient des espèces dont les qualités sont bien différentes, et que l'on pourrait peut-être classer en plantes *utiles*, *insignifiantes* et *nuisibles*, classification indiquée depuis long-temps, mais défectueuse, sous divers rapports, car telle plante qui est nuisible à un animal, est broutée impunément par un autre; nous nous abstiendrons donc de toutes ces divisions rigoureuses, que le sol, le climat, et une foule de circonstances rendent complétement inutiles en agriculture.

Quelles que soient leurs qualités, toutes ces plantes sont réunies en vastes tapis de verdure, qui nous offrent une multitude d'associations différentes et qui prennent les dénominations suivantes, assez généralement acceptées dans tous les pays.

Prairies naturelles, *Prés*. — Ce sont les terrains qui produisent naturellement un mélange de plantes que l'on peut faucher et convertir en foin. Dans quelques localités, on réserve spécialement la dénomination de *Prés* pour ceux qui sont susceptibles d'irrigations. Dans d'autres, le mot *Prairie* est un terme général qui comprend tous les champs qui donnent de la nourriture aux animaux.

Pâturages. — On désigne ainsi d'une manière générale tous les lieux où les bestiaux trouvent à paître; mais cette expression s'applique plus particulièrement

33

aux terrains que l'on ne peut faucher, et où les animaux peuvent brouter une multitude de plantes, qui souvent repoussent avec une grande facilité.

Herbage. — Ce nom s'applique à un terrain réservé en prairie, pour y faire paître les bestiaux pendant toute l'année, ou à un terrain en friche, sur lequel tout propriétaire de bestiaux a droit de les envoyer. Dans les pays de montagne, on appelle Herbage le sommet des montagnes, où il fait trop froid pour les arbres et pour toute espèce de culture, mais où, pendant les trois à quatre mois où ces sommets sont sans neige, il pousse, fleurit et graine une incroyable quantité de plantes qui forment un excellent pâturage.

(Dictionnaire d'agriculture.)

Paquis. — Ce nom est synonyme de Pâturage dans quelques cantons, mais dans quelques autres il s'applique spécialement à ceux de ces pâturages qui sont permanents, aux terres en friche, aux communaux, etc.

(Dictionnaire d'agriculture.)

Pelouse. — Lieu privé d'arbres ou de buissons et complétement couvert d'herbes et de petites plantes ligneuses, et que l'on confond à tort avec *Gazon* et *Pâturage.* Une Pelouse diffère d'un Gazon en ce qu'elle est toujours un terrain sec et qu'elle renferme, outre les Graminées, des plantes d'un très-grand nombre d'espèces, qui ne s'élèvent pas à plus de 1 à 2 décim., telles que les *Potentilles*, les *Coronilles*, les *Lotiers*, les *Trèfles*, les *Anthyllides.* Quelques-unes de ces plantes, comme les *Cistes*, les *Polygales*, les *Thyms*, sont même un peu ligneuses; toutes fleurissent dans la saison et jettent sur les pelouses un charme que n'ont pas les Gazons. Souvent, et même presque toujours, une Pelouse est un *pâturage*, mais cependant elle se distingue du *pâturage* proprement dit, parce qu'elle est un terrain sec, et que les bestiaux, y trouvant une nourriture peu abondante, ne les fréquentent que de loin en loin. Ce sont les brebis qui, pouvant pincer l'herbe la plus courte et y trouvant en abondance les diverses espèces du genre *Fétuque*, paraissent être plus spécialement destinées à y vivre.

(Thouin, Dictionnaire d'agriculture.)

Si toutes les terres se trouvaient dans de telles conditions, que la culture ordinaire puisse y être établie sans de trop grands frais et sans de trop grands risques, les *prairies naturelles* ou *permanentes* devraient, pour la plupart, être remplacées par ces *prairies temporaires*, plus connues sous ce nom de *prairies artificielles*, que l'homme crée et détruit à son gré, et qui entrent si régulièrement et si utilement dans les assolements, comme améliorant le sol en puisant dans l'atmosphère presque toute la substance dont elles se nourrissent. Telles sont du moins les Légumineuses, parmi lesquelles le Trèfle, le Sainfoin et la Luzerne tiennent, sans contredit, le premier rang; mais combien de terrains sont impropres à une culture réglée? que de circonstances différentes s'opposent à ce que l'homme vienne chaque année offrir à la terre son concours intéressé? Les pentes abruptes des vallées, les longs plateaux des montagnes, les marais de la plaine, les lieux tourbeux et inondés, les sols compactes, argileux, accidentellement ou périodiquement couverts d'eau, et que la charrue ne peut déchirer qu'avec de grands efforts, sont naturellement destinés à recevoir des prairies; et en effet, partout où ces circonstances se présentent, la nature à couvert le sol d'une épaisse végétation, composée d'une multitude de plantes appartenant à des groupes divers, mais où les Graminées et les Légumineuses doivent être et sont quelquefois les espèces dominantes. L'agriculteur doit respecter ces tapis de verdure, qui souvent retiennent un sol mouvant, que les eaux dans leur course rapide sur des plans inclinés, auraient bientôt entraîné, ou qu'il ne pourrait remplacer par d'autres productions dont la nature du sol arrêterait le développement. Ces prairies sont, dans un grand nombre de circonstances, d'excellentes propriétés, qui ne demandent pour ainsi dire aucun soin, qui résistent aux intempéries de l'atmosphère, qui bravent ces météores qui ravagent parfois les plus belles récoltes, et qui prennent la plus petite part à l'énorme masse des frais de culture. Si ces prairies peuvent être arrosées, elles ne craignent plus même la sécheresse, qui est presque leur seul fléau; leurs produits sont triplés et toujours certains, et les aliments qu'elles offrent aux bestiaux, et par leur nature et par leur variété, sont ceux qui leur conviennent le mieux, et qui sont le plus appropriés à leurs besoins.

Un autre avantage de ces prairies naturelles est de bonifier le terrain, en y déposant chaque année leurs débris, en retenant par leurs feuilles et leurs nombreuses racines les matières pulvérulentes que les pluies précipitent de l'atmosphère, et le limon que les eaux courantes viennent y déposer. Les plantes d'une prairie agissent comme les arbres d'une forêt, dont la chute annuelle des feuilles finit par produire une couche épaisse de terreau. Le résultat ici est en rapport avec le peu d'intensité de la cause, mais à la longue il s'opère et n'existe pas moins.

CHAPITRE Ier.

RECHERCHES SUR LA COMPOSITION DES PRAIRIES SUR DIVERSES PARTIES DU SOL DE LA FRANCE.

Il ne suffit pas, pour apprécier la nature des prairies, d'en connaître isolément chaque élément, il faut encore savoir quel est le mode d'association de ces éléments dans différents sols et comment toutes ces plantes se mélangent pour former des prés, des pelouses, des herbages, etc.

Il est bien évident que ces combinaisons ou mélanges doivent être innombrables, puisque les éléments sont déjà très-variés et toutes leurs associations possibles ; cependant on trouve presque toujours quelques rapports entre les plantes des prairies, et l'on reconnaît bientôt que quelques-unes d'entre elles en forment la base et se rencontrent sur des points très-éloignés.

Il eût été facile de multiplier à l'infini les analyses des prairies, mais j'ai préféré choisir quelques exemples sur des points éloignés ou très-différents par la nature du terrain. Ils suffiront, j'espère, pour donner une idée exacte des combinaisons ou associations naturelles des plantes fourragères.

Il n'existe qu'un seul moyen de déterminer les espèces qui composent une prairie : c'est d'en faire l'analyse et de reconnaître ensuite chacune des espèces qui s'y rencontrent. Si l'on faisait ce travail avec une scrupuleuse exactitude, on trouverait dans les prés presque toutes les plantes qui composent notre flore, mais on conçoit qu'une telle exactitude, loin d'être utile, nuirait aux résultats que l'on veut obtenir, et qu'il suffit d'indiquer les espèces qui peuvent influer sur la qualité de la prairie, négligeant celles qui ne s'y rencontrent que par hasard.

Afin de pouvoir énoncer aussi brièvement que possible la proportion des espèces qui composent une prairie, j'ai pris une série de chiffres depuis 1 jusqu'à 10, qui indiquent à peu près les rapports de quantité entre les espèces. J'aurais pu prendre une série beaucoup plus étendue, mais les résultats n'en auraient pas été plus exacts à cause de la difficulté d'apprécier la juste proportion de chaque plante.

Quand une plante est en telle proportion qu'on peut la noter du chiffre 10 je la nomme *espèce dominante*. Plusieurs plantes d'une même prairie peuvent être dans ce cas ou bien une seule. Je nomme *espèces essentielles* celles qui sont notées depuis le chiffre 9 jusqu'au chiffre 6 inclusivement; *espèces accessoires*, celles dont la proportion est en rapport avec le chiffre 5 jusqu'au chiffre 3 inclusivement, et enfin *espèces accidentelles*, celles dont la proportion est tellement petite qu'on ne peut les noter que des chiffres 2 et 1.

On doit, quand on a fait l'analyse d'une prairie, disposer sa table analytique de la manière suivante, mais on peut alors supprimer les numéros qui ont servi à donner à chaque espèce le rang qu'elle doit occuper :

Espèces dominantes. .	10
Espèces essentielles . .	9 8 7 6
Espèces accessoires . .	5 4 3
Espèces accidentelles .	2 1

Par ces conventions, il est extrêmement facile de mettre de l'ordre dans les analyses des prairies les plus compliquées, et de juger de suite leur nature par la quantité et la qualité des différentes plantes qui les composent. Parmi les nombreuses analyses que j'ai faites, je vais en rapporter un certain nombre, afin de présenter, autant que possible, un exemple des principales associations qui s'observent dans la nature.

Prairies du centre de la France.

Les analyses que je présente ici ont toutes été recueillies en Auvergne, contrée remarquable par l'abondance et la bonne qualité de ses fourrages. Il est peu de pays où les prairies soient placées dans des sites plus différents, puisqu'elles s'étendent sur une échelle verticale d'environ 1,500 mètres, depuis les bords de l'Allier, qui traverse la Limagne, jusque sur les pics du Mont-Dore et la cime du puy de Dôme. C'est sur ce vaste amphithéâtre que sont étagées les richesses pastorales de l'Auvergne. On y trouve les types de toutes les prairies de la France, et toutes les plantes qui les composent s'emblent s'y être réunies.

N° 1. Prairie de la Limagne près Riom (Puy-de-Dôme)

Sol très-humide, un peu marécageux.

Espèces dominantes. *Trifolium pratense, Alopecurus geniculatus, Medicago maculata.* — Espèces essentielles. *Medicago lupulina, Carex vulpina, Lotus uliginosus, Alopecurus pratensis, Lysimachia nummularia, Ranunculus repens.* — Espèces accessoires. *Bellis perennis, Cardamine pratensis, Rumex aquaticus, Carum carvi, Crepis biennis, Rhinanthus crista galli, Lolium perenne, Ranunculus acris, Anthoxanthum odoratum, Taraxacum dens leonis.* — Espèces accidentelles. *Holcus lanatus, Cerastium vulgatum, Carex distans.*

Cette prairie offrait une distribution très-inégale de ces végétaux, car elle avait dans son milieu une dépression marécageuse, où dominaient les *Carex vulpina, Rumex aquaticus* et *Lysimachia nummularia.*

N° 2. Prairie de Chamalières près Clermont.

Sol humide, arrosé, riche et fertile, terrain meuble et mélangé de débris volcaniques et granitiques.

Espèces dominantes. *Dactylis glomerata, Holcus mollis.* — Espèces essentielles. *Poa pratensis, Avena elatior, Rumex crispus, Ranunculus repens.* — Espèces accessoires. *Scabiosa arvensis, Veronica beccabunga, Lathyrus pratensis, Stachis sylvatica, Lychnis dissecta, Stellaria aquatica.* — Espèces accidentelles. *Bromus sterilis.*

N° 3. Prairie de la Roche-Blanche entre Clermont
et Saint-Amant-Tallende.

Prairie humide, arrosée. Sol calcaire ameubli par des sables siliceux et volcaniques.

Espèces dominantes. *Geranium phœum, Geranium sylvaticum.* — Espèces essentielles. *Lolium perenne, Lotus corniculatus, Cynosurus cristatus, Trifolium pratense.* — Espèces accessoires. *Caltha palustris, Myosotis scorpioides, Plantago media, Orchis latifolia, Ranunculus acris, Ranunculus repens, Chærophyllum hirsutum.* — Espèces accidentelles. *Geranium robertianum.*

Cette excellente prairie était envahie par les *Geranium.*

N° 4. Prairie de la Limagne près du Puy de Crouel.

Sol profond et fertile, souvent inondé.

Symphytum officinale, Arundo phragmites, Gallium mollugo, Scirpus maritimus, Rumex crispus, Avena elatior, Holcus mollis, *Heracleum sphondylium*, *Alopecurus pratensis*, *Festuca arundinacea*, *Dactylis glomerata*, *Vicia sepium*, *Lathyrus pratensis*.

N° 5. Prairie située près de Clermont, au-dessous de la montagne de Montaudou.

Sol calcaire, humide et mélangé de débris volcaniques.

Avena elatior, *Trifolium pratense*, *Symphytum officinale*, *Dactylis glomerata*, *Medicago maculata*, *Medicago lupulina*, *Poa trivialis*, *Lathyrus pratensis*, *Vicia pannonica*, *Scabiosa arvensis*, *Salvia pratensis*, *Geranium pyrenaicum*, *Crepis biennis*, *Rumex crispus*, *Geum urbanum*, *Vicia sepium*, *Rumex acetosa*, *Chrysanthemum leucanthemum*, *Alopecurus pratensis*, *Ranunculus acris*.

N° 6. Prairie de Montferrand.

Sol humide, très-riche, terre franche, un peu argileuse et calcaire.

Dactylis glomerata, *Heracleum sphondylium*, *Holcus lanatus*, *Barkausia taraxacifolia*, *Avena flavescens*, *Centaurea jacea*, *Rumex acetosa*, *Trifolium pratense*, *Vicia sepium*, *Scabiosa sylvatica*, *Festuca inermis*, *Ranunculus acris*, *Geranium phœum*, *Salvia pratensis*, *Geranium dissectum*, *Plantago lanceolata*, *Rumex acutus*, *Carex riparia*, *Anthoxanthum odoratum*, *Taraxacum dens leonis*, *Vicia cracca*, *Festuca arundinacea*, *Alopecurus pratensis*, *Bromus tectorum*, *Bromus sterilis*, *Vicia sativa*, *Geranium pyrenaicum*, *Chœrophyllum sylvestre*, *Lathyrus pratensis*, *Lysimachia nummularia*.

N° 7. Grande Prairie située entre Lempdes et Aulnat.

Sol très-humide, inondé en hiver, et formé d'une couche très-épaisse de terre végétale, compacte et calcaire.

Vicia cracca, *Lathyrus pratensis*, *Centaurea jacea*, *Chrysanthemum leucanthemum*, *Festuca elatior*, *Lotus uliginosus*, *Avena pratensis*, *Briza media*, *Medicago lupulina*, *Barkausia taraxacifolia*, *Gallium verum*, *Plantago maritima*, *Trifolium fragiferum*, *Vicia sativa*, *Ranunculus philonotis*, *Trifolium pratense*, *Avena flavescens*, *Plantago media*, *Salvia pratensis*, *Lolium perenne*, *Trifolium repens*, *Hordeum secalinum*, *Ranunculus acris*, *Dactylis glomerata*, *Bellis perennis*, *Phalaris arundinacea*, *Agrostis vulgaris*, *Samolus Valerandi*, *Rhinanthus crista galli*, *Lythrum salicaria*, *Heracleum sphondylium*, *Senecio jacobœa*.

N° 8. Prairie située sur le bord d'un ruisseau près Chatelguyon, sur un terrain calcaire et argileux.

Medicago maculata, *Heracleum sphondylium*, *Trifolium*

pratense , Vicia sativa , Taraxacum dens leonis , Bromus seca-linus , Dactylis glomerata , Rumex acetosa , Ranunculus acris Bellis perennis , Plantago lanceolata.

Cette prairie était très-remarquable, en ce que les quatre premières espèces la composaient presque entièrement. Les autres étaient accessoires. J'ai vu peu de prairies donner autant de foin que celle-là.

N° 9. Prairie au-dessus de Sayat

Sol granitique , sec et graveleux.

Trifolium Molineri , Trifolium pratense , Trifolium ochro-leucum , Trifolium filiforme , Anthyllis vulneraria , Muscari racemosum , Orchis ustulata , Orchis coriophora, Polygala vul-garis , Linum catharticum , Salvia pratensis , Heracleum sphon-dylium , Scabiosa sylvatica , Poterium sanguisorba.

C'est la seule prairie que j'aie rencontrée sans Graminées. Elle produisait beaucoup , et un excellent fourrage , formé par le mélange de toutes ces Légumineuses et de la Pimprenelle.

N° 10. Grande prairie de Laschamp.

Elle est située à environ mille mètres d'élévation , sur un terrain un peu incliné , dont le fond est granitique , et dont la surface est couverte d'une couche assez épaisse de terre végétale , mélangée de débris volcaniques.

Chœrophyllum sylvestre , Taraxacum dens leonis , Poa tri-vialis , Barkausia taraxacifolia , Avena flavescens , Chœrophyl-lum temulum , Dactylis glomerata , Bunium denudatum , Tra-gopogon pratense , Silene inflata , Athamanta meum , Ajuga reptans , Campanula glomerata , Poterium sanguisorba , Cynosurus cristatus , Hieracium auricula , Hieracium pilosella, Chrysanthemum leucanthemum , Briza media , Scabiosa syl-vatica , Scabiosa columbaria , Avena pratensis , Phyteuma spicata , Viola sudetica , Veronica chamœdris , Rhinanthus crista galli , Ranunculus bulbosus , Thesium linophyllum , Trifolium pratense , Myosotis scorpioides , Ranunculus acris , Trifolium ochroleucum , Arnica montana, Helianthemum vulgare, Anthyllis vulneraria , Genista sagittalis , Holcus mollis , Agrostis vul-garis , Euphrasia officinalis , Lotus corniculatus , Trifolium filiforme , Trifolium repens, Linum catharticum , Primula offi-cinalis , Gallium sylvaticum , Thymus serpillum , Orchis ma-culata , Polygala vulgaris , Cerastium vulgatum , Rumex ace-tosa , Rumex acetosella , Plantago lanceolata , Alchimilla vulgaris , Lolium perenne , Heracleum sphondylium , Polygo-num bistorta , Trollius europœus , Phyteuma orbicularis , Geranium sylvaticum , Alopecurus pratensis , Salvia pratensis ,

Anthoxanthum odoratum , Luzula campestris , Orchis conopsea , Laserpitium latifolium.

Ce mélange compliqué de plantes appartenant à des familles très-nombreuses , donne un excellent foin , qui se dessèche facilement. Toutefois, comme la prairie est très-grande, telle espèce qui est rare sur un point domine dans un autre , et modifie par conséquent la qualité de l'herbe. On fauche cette prairie à la fin de juin.

N° 11. PRAIRIE DE LA VALLÉE DU MONT-DORE.

Arrosée par la Dordogne et ses affluents ; terrain de transport volcanique , entièrement composé de débris de montagnes trachytiques.

Aira cæspitosa , Cynosurus cristatus , Gentiana lutea , Alchimilla vulgaris , Alopecurus pratensis , Phleum alpinum , Betonica officinalis , Sanguisorba officinalis , Thesium alpinum, Genista sagittata , Veratrum album , Rumex crispus , Rumex alpinus , Rumex scutatus , Rumex acetosa , Rumex acetosella , Ranunculus acris , Lotus corniculatus , Lotus uliginosus, Carex ovalis , Spiræa ulmaria , Scabiosa sylvatica , Trifolium repens , Trifolium pratense , Saxifraga penduliflora , Chrysanthemum leucanthemum , Campanula linifolia , Luzula glabrata , Gallium verum , Gallium mollugo , Centaurea jacea , Heracleum sphondylium , Doronicum austriacum , Ranunculus aconitifolius , Pimpinella magna , Achillea millefolium , Silene inflata , Rhinanthus crista galli, Ægopodium podagraria, Chœrophyllum nodosum , Chœrophyllum hirsutum , Dactylis glomerata , Avena flavescens , Tussilago nivea, Narcissus poeticus , Equisetum sylvaticum , Equisetum variegatum , Poa alpina , Festuca rubra , Myosotis scorpioides , Sedum reflexum , Cirsium pratense , Briza media , Thymus serpillum , Jasione perennis , Hypericum quadrangulare , Lathyrus pratensis , Euphrasia officinalis , Agrostis vulgaris , Plantago major , Polygonum bistorta , Anthoxanthum odoratum , Trifolium spadiceum , Holcus mollis , Hieracium nemorum , Prunella vulgaris , Lychnis dissecta , Vicia sepium , Orchis latifolia , Orchis maculata , Aira flexuosa , Epilobium spicatum , Carex panicea , Eriophorum polystachion, Festuca fluitans , Pyretrum inodorum.

Ces plantes sont, comme on doit le penser, très-inégalement distribuées à la surface de la vallée , mais en général elles donnent un assez bon foin, inférieur cependant à celui qui est fourni par les associations suivantes :

N° 12. PRAIRIES DES FLANCS DU PIC DE SANCY ET DU ROC DE CUZEAU

Vastes pelouses situées à 15 à 1,800 mètres d'élévation, sur des plateaux trachytiques. Sol léger, terre de bruyère légère ou tourbeuse selon les localités.

Nardus stricta , Poa sudetica , Festuca spadicea , Avena versicolor , Anemone alpina , Hieracium grandiflorum , Vacci-

nium myrtillus, Vaccinium uliginosum, Pedicularis foliosa, Ranunculus aconitifolius, Apargia aurea, Buplevrum longifolium, Gentiana lutea, Gentiana verna, Myosotis scorpioides, Genista pilosa, Genista tinctoria latifolia, Genista sagittata, Trifolium alpinum, Centaurea montana, Cerastium alpinum, Cerastium strictum, Cerastium lanuginosum, Campanula linifolia, Arnica montana, Lilium martagon, Hieracium aurantiacum, Biscutella lævigata, Anthoxanthum odoratum, Soldanella alpina, Athamantha meum, Meum mutellina, Cacalia petasites, Sonchus alpinus, Plantago alpina, Orchis albida, Lycopodium selago, Sphagnum palustre, Physcia islandica, Cetraria nivalis, Cladonia sylvatica, Orchis viridis, Trollius europæus, Geum montanum, Narcissus pseudo narcissus, Juniperus vulgaris, Luzula nigricans, Luzula pedata, Luzula glabrata, Luzula maxima, Scirpus cæspitosus.

Le foin fourni par ces pelouses élevées est d'une excellente qualité. On le fauche très-tard et une seule fois.

N° 13. PRAIRIE FORMANT LE POINT CULMINANT DU PUY DE DÔME, A 1,460 MÈTRES ENVIRON D'ÉLÉVATION ABSOLUE.

Avena pratensis, Poa cristata, Festuca rubra, Heracleum sphondylium, Myosotis scorpioides, Campanula glomerata, Lathyrus pratensis, Phyteuma spicata, Phyteuma orbicularis, Centaurea montana, Alchimilla alpina, Alchimilla vulgaris, Chrysanthemum leucanthemum, Scabiosa arvensis, Scabiosa succisa, Scabiosa columbaria, Phleum pratense, Festuca rubra, Geranium sylvaticum, Gentiana lutea, Trifolium pratense, Pimpinella magna, Potentilla aurea, Gallium verum, Ranunculus acris, Cerastium arvense, Euphrasia officinalis, Rumex acetosa, Botrychium lunaria, Vicia sativa, Rhinanthus crista galli, Lotus corniculatus, Hieracium sylvaticum, Trifolium repens.

Un grand nombre d'autres végétaux se développent sur les pentes du puy de Dôme et se mêlent à ceux qui forment la pelouse du sommet. On fait pâturer cette herbe, qui donne une très-bonne alimentation aux animaux.

N° 14. PRAIRIE DE SAINT-NECTAIRE.

Cette prairie occupe une petite vallée granitique dont toutes les pentes sont couvertes de travertin ou chaux carbonatée, déposée par les eaux minérales. Le sol est formé de débris sableux, mélangé de calcaire et arrosé par des sources salées ; aussi la végétation est essentiellement maritime.

Poa maritima, Plantago maritima, Plantago lanceolata, Triglochin maritimum, Lotus corniculatus, Trifolium repens, Trifolium fragiferum, Trifolium agrarium, Trifolium ochroleucum, Bellis perennis, Hordeum secalinum, et dans les lieux moins humides *Trifolium Molineri*, *Genista tinctoria angustifolia*, *Salvia pratensis*, *Xeranthemum cylindraceum*, *Sedum acre*, *Polygonum aviculare*, *Lepidium latifolium*, *Lepidium ruderale*.

Prairies de la Haute-Vienne.

Les prairies des environs de Limoges ont beaucoup de rapports avec celles du Puy-de-Dôme. Ne les ayant pas étudiées moi-même, je donnerai la liste générale des plantes qui les composent, que je dois, ainsi que quelques notes qui l'accompagnent, à l'obligeance d'un pharmacien très-distingué de Limoges, M. Astaix, professeur à l'école de médecine de cette ville, qui a bien voulu, à ma prière, se charger de ce travail.

Nº 15. Prairies des environs de Limoges.

Dactylis glomerata, *Cynosurus cristatus*, *Bromus pratensis*, *Bromus mollis*, *Agrostis vulgaris*, *Agrostis rubra*, *Holcus lanatus*, *Holcus mollis*, *Poa pratensis*, *Poa trivialis*, *Anthoxanthum odoratum*, *Festuca elatior*, *Festuca ovina*, *Avena elatior*, *Avena bulbosa*, *Lolium perenne*, *Alopecurus pratensis*, *Phleum nodosum*, *Briza media*, *Lathyrus pratensis*, *Medicago lupulina*, *Medicago maculata*, *Trifolium pratense*, *Trifolium repens*, *Trifolium parisiense*, *Trifolium procumbens*, *Ononis arvensis*, *Lolium perenne*, *Centaurea nigra*, *Centaurea nigrescens*, *Chrysanthemum leucanthemum*, *Bellis perennis*, *Taraxacum dens leonis*, *Hieracium murorum*, *Hypochœris radicata*, *Senecio jacobœa*, *Cirsium palustre*, *Gallium mollugo*, *Vaillantia cruciata*, *Campanula rapunculus*, *Heracleum sphondylium*, *Ranunculus acris*, *Ranunculus bulbosus*, *Ranunculus repens*, *Ranunculus philonotis*, *Primula veris*, *Pulmonaria angustifolia*, *Myosotis scorpioides*, *Orchis laxiflora*, *Orchis mascula*, *Orchis morio*, *Orchis ustulata*, *Orchis maculata*, *Juncus conglomeratus*, *Juncus laxiflorus*, *Juncus acutus*, *Eriophorum polystachion*, *Rumex acetosa*, *Prunella vulgaris*, *Betonica vulgaris*, *Achillea millefolium*, *Erysimum alliaria*, *Rhinanthus crista galli*, *Lychnis flos cuculi*, *Hieracium pilosella*.

Ces plantes sont à peu près rangées dans l'ordre de leur prédominance générale dans les prairies; mais on comprend combien cet ordre doit varier, selon les localités; c'est au point que dans quelques-unes plusieurs des dernières plantes de cette liste, qui ne sont qu'accidentelles dans les prés, y deviennent parfois dominantes : telles sont, par exemple, les *Rhinanthus crista galli*, *Achillea millefolium*, *Chrysanthemum leucanthemum*, *Taraxacum dens leonis*, *Ranunculus acris*, *Ranunculus bulbosus*, *Ranunculus repens*, *Lychnis flos cuculi*, *Primula veris*, etc.

Prairies de la Bourgogne.

Je dois ce que je vais dire sur les prairies de cette contrée, à un de mes collègues, M. Fleurot, botaniste très-distingué, et qui dirige, avec un zèle et un talent remarquables, le beau jardin botanique de la ville de Dijon. Voici ce qu'il m'écrit à ce sujet.

« La confection des listes que je vous envoie m'a prouvé que des relevés de ce genre présentent, pour être bien faits, plus de difficultés que je ne m'y attendais. La composition d'une prairie offre, en général, tant de variations à de faibles distances, que l'indication des espèces dominantes n'est pas toujours certaine, aussi ne doit-on considérer ces listes que comme des approximations.

» J'ai pris autant de soins que j'ai pu pour éviter les causes d'inexactitude dont je parle, en visitant une grande surface de terrain pour chaque liste, encore n'oserai-je assurer qu'elles sont exemptes d'erreurs. »

« Les prairies artificielles sont formées principalement ici, comme partout, de la Luzerne, *Medicago sativa*; du Trèfle, *Trifolium pratense*; du Sainfoin ou Esparcette, *Onobrychis sativa*, pour les prairies d'une certaine durée, puis comme fourrage annuel, de la Minette, *Medicago lupulina*; des Vesces d'hiver et d'été; de la Jarosse, *Lathyrus cicera*; du Pois de brebis ou pois carré, *Lathyrus sativus*; du Sarrasin, *Polygonum fagopyrum*. Ces plantes font toutes partie des cultures de nos terrains calcaires. Sur les bords de la Saône, on cultive aussi le Trèfle incarnat, et quelquefois, mais très rarement, la Spergule *Spergula arvensis*. Chez quelques agriculteurs, on voit le Maïz pour fourrage, dont on obtient de très-bons résultats. On commence aussi à introduire l'Orge bulbeuse, *Hordeum bulbosum*, Desf., que j'ai proposée, il y a quelques années, comme fournissant un fourrage précoce et assez abondant; enfin on voit aussi le Seigle multicaule, ou le Seigle ordinaire, traité comme lui, faire partie des cultures pour fourrages. Les Ray-Grass de tout pays ont complétement échoué en Bourgogne; les essais à leur égard ont presque tous été infructueux. »

N° 16. PLANTES DES COTEAUX CALCAIRES DÉNUDÉS ET ARIDES, PATURAGES SECS.

Relevé fait sur le coteau de Sainte-Anne, près Dijon.

Sesleria cærulea, *Carex humilis* (ces deux plantes en mars et avril, plus ou moins abondantes); *Bromus erectus*, *Kœleria cristata*, *Kœleria setacea*, Pers.; *Festuca duriuscula*, *Festuca glauca*, *Bromus pinnatus*, *Phleum pratense*, *Phleum alpinum*, *Coronilla minima*, *Genista prostrata*, *Thymus serpillum*, *Teucrium chamœdrys*, *Teucrium montanum*, *Inula montana*, *Salvia pratensis*, *Helianhemum apenninum*, *Helianthemum canum*, *Hieracium pilosella*, *Asperula gallioides*, *Melica ciliata*, *Anthyllis vulneraria, Avena elatior*, dans les buissons et le long des chemins; *Poa alpina*, lieux inondés pendant l'hiver, peu commun; *Scutellaria alpina, Centhranthus angustifolius;* ces deux dernières plantes sont communes dans quelques localités seulement.

N° 17. PRÉS DE MAGNY-SUR-TILLE (3 lieues de Dijon).

Ces prés, inondés autrefois par la rivière la Tille, sont aujourd'hui arrosés au moyen de fossés et de canaux. Terrain calcaire très-perméable, léger, mélangé de débris de petites coquilles vivantes. Couche végétale de 30 à 45 centimètres d'épaisseur, reposant sur un sable grossier d'alluvion. Ces prés sont envahis dans la saison des grandes eaux seulement.

Festuca pratensis, Bromus racemosus, Briza media, Poa pratensis, Poa trivialis, Rhinanthus glabra, Leucanthemum vulgare, Centaurea jacea, Anthoxanthum odoratum, Phleum pratense (ne se développe qu'imparfaitement dans les années sèches; il domine dans quelques localités); *Colchicum autumnale, Lotus corniculatus, Agrostis vulgaris, Trifolium hybridum, Avena elatior, Prunella vulgaris, Dactylis glomerata, Lolium perenne, Senecio jacobœa, Utricularia vulgaris, Cirsium tuberosum, Molinia cœrulea, Peucedanum silaus, Valeriana dioica* (ces six dernières dans les lieux plus humides), *Gallium verum, Ranunculus repens, Ranunculus acris, Carex hirta, Carum carvi.*

N° 18. PLANTES OBSERVÉES DANS LES PATURAGES DE MAGNY-SUR-TILLE.

Le terrain de ces pâturages est de-même nature que celui des prés ; leur superficie est de 400 hectares.

Obs. Le beurre de Magny-sur-Tille jouit à Dijon d'une grande réputation ; il se vend pour la table ordinairement au poids de 125 grammes. Le prix en est constamment plus élevé que celui des autres localités. Sa saveur très-agréable, particulière, a quelque chose de celle de la noisette. On attribue la qualité supérieure qui distingue ce beurre à celle des pâturages, ainsi qu'au mode de préparation, qui consiste surtout à employer de la crème fraîche.

Centaurea jacea, Léontodon autumnale, Leontodon hirtum, Potentilla anserina, Lotus corniculatus, Festuca ovina (1)? *Aira . . . .? Plantago major, Ranunculus repens, Arenaria glabra.*

N° 19. PRÉS DES TERRAINS ARGILO-SILICEUX, COMPACTES, DE LA FERME DU FRÉTOY, COMMUNE DE REMILLY-SUR-TILLE.

Ces prés ne sont jamais inondés.

Agrostis vulgaris, Aira flexuosa, Anthoxanthum odoratum, Cynosurus cristatus, Scorzonera plantaginea, Centaurea jacea,

---

(1) Les graminées sont difficiles à reconnaître dans un pâturage perpétuellement fréquenté par le bétail, il est même peu facile de constater les espèces appartenant à d'autres ordres. C'est ce qui explique la brièveté de cette liste.

Leucanthemum vulgare, Rhinanthus glabra, Trifolium filiforme, Trifolium medium, Trifolium repens, Trifolium ochroleucum, Lotus corniculatus, Betonica officinalis, Holcus lanatus, Bromus racemosus, Briza media, Festuca pratensis, Prunella vulgaris, Ranunculus repens, Ranunculus acris, Pedicularis sylvatica. Lieux humides, *Juncus conglomeratus, Juncus effusus, Juncus lampocarpus, Caltha palustris, Orchis maculata, Peucedanum silaus, Carex hirta, Carex distans.*

N° 20. Prés des bords de la Saône.

Relevé fait à Pontailler-sur-Saône.

Ces prairies, d'une grande étendue, sont périodiquement inondées lors des débordements de la rivière, particulièrement en hiver. Terrain d'alluvion argilo-siliceux, plus ou moins compacte.

Holcus lanatus, Dactylis glomerata, Lolium perenne, Cynosurus cristatus, Centaurea jacea (domine dans certaines localités), *Leucanthemum vulgare, Rhinanthus glabra, Lotus corniculatus, Gallium verum, Prunella vulgaris, Briza media, Poa pratensis, Poa trivialis, Salvia pratensis, Orchis maculata, Agrostis vulgaris, Anthoxanthum odoratum, Festuca pratensis, Trifolium repens, Trifolium filiforme, Phleum pratense, Alopecurus pratensis, Colchicum autumnale, Bromus racemosus, Ranunculus acris, Ranunculus repens, Carum carvi.*

N° 21 Prés des bords de la rivière la Bèze.

Continuellement inondés, le foin qu'ils produisent est d'un beau vert, mais dur, sans odeur, de mauvaise qualité.—Relevé fait à Drambon.

Carex vulpina, Carex distycha, Carex riparia, Carex ampullacea, Carex vesicaria, Arundo phragmites, Poa aquatica, Aira cæspitosa.

La composition de ces prés indique assez que ce sont de véritables marais, dans lesquels cependant l'eau ne s'élève pas au-dessus du sol. On vient de faire un canal dans le but de les assainir.

N° 22. Prés de M. Collenot, aux Fourneaux près de Saulieu.

Fond de granit, voisin d'un banc de calcaire; contenance d'un hectare environ; médiocrement humide.— Relevé fait par M. Lombard, principal du collége de Saulieu. (D'après la *Flore du Centre.*)

Poa trivialis, Agrostis vulgaris, Anthoxanthum odoratum, Lolium perenne, Bromus racemosus, Holcus lanatus, Cynosurus cristatus, Alopecurus pratensis, Trifolium procumbens, Ranunculus flammula, Ranunculus acris, Chrysanthemum leucanthemum, Centaurea jacea, Avena flavescens, Trifolium repens, Glyceria fluitans, Festuca ovina, Hordeum pratense, Alopecurus utriculatus, Trifolium pratense, Lolium multiflorum, Festuca heterophylla, Aira cæspitosa, Festuca duriuscula, Carex ovalis, Carex hirta, Cirsium anglicum, Agrostis canina, Cardamine pratensis, Lychnis flos cuculi, Luzula multiflora, Briza media, Carex panicea, Scorzonera plantaginea, Myosotis cæspitosa, Rhinanthus glabra, Rumex acetosa, Vicia pratensis, Gallium palustre, Prunella vulgaris, Valeriana dioica, Cerastium vulgatum, Carex cæspitosa, Juncus conglomeratus, Hypochœris radicata, Caltha palustris, OEnanthe pimpinellifolia, Tragopogon pratense, Carex pallescens, Juncus lampocarpus, Orchis maculata, Crepis biennis, Lotus corniculatus, Vicia cracca.

Espèces autour des haies. *Chœrophyllum temulum, Arrhenaterum elatius, Herachleum sphondylium, Dactylis glomerata, Bromus sterilis, Triticum repens, Urtica dioica, Stachys sylvatica, Gallium cruciatum, Gallium aparine, Vicia sepium, Lychnis diurna, Stellaria graminea, Carex vesicaria, Malva moschata, Cirsium arvense.*

Prairies de la Normandie.

J'ai visité plusieurs fois les prairies de cette partie de la France, mais toujours à des époques de l'année où il m'était impossible d'en faire l'analyse; j'ai eu recours alors à M. E. Duboc, du Havre, botaniste aussi zélé qu'instruit et obligeant; je ne puis mieux faire que de transcrire littéralement les renseignements qu'il a eu la bonté de m'adresser :

« Je commence par les grandes prairies situées dans les environs du Hoc, près l'embouchure de la Lizarde, vers Harfleur, à l'extrémité de la vaste plaine qui s'étend depuis le Havre, en longeant la mer, et qui est limitée par les coteaux d'Ingouville et de Graville; elle a une demi-lieue environ de largeur. Je me suis attaché principalement à cette portion de la plaine comme devant remplir davantage votre but, le reste n'offrant que quelques prairies isolées de peu d'importance au milieu de terrains consacrés à la culture des céréales.

» Ces grandes prairies, très-voisines de la mer, sont séparées les unes des autres par des chaussées au bas desquelles sont des fossés ou criques remplis d'eau saumâtre, et en grande partie de plantes maritimes. Le terrain est de nature vaseuse ou d'alluvion. »

N° 23. Première prairie.

Plantes les plus communes et formant la base de la prairie. *Poa trivialis, Hordeum secalinum, Cynosurus cristatus.*—Plantes accessoires, mais assez communes. *Dactylis glomerata, Avena lanata, Avena elatior, Avena flavescens, Alopecurus bulbosus* (dominant surtout dans les endroits bas où l'eau séjourne), *Lolium perenne, Bromus mollis, Festuca rubra* (cette espèce, et particulièrement la variété *Festuca maritima,* est très-abondante dans de grands espaces, près des galets de la mer et surtout dans les vases du Hoc et d'Harfleur), *Festuca duriuscula*, *Trifolium pratense*, *Trifolium repens*, *Ranunculus philonotis* (principalement dans les endroits bas où l'eau séjourne), *Potentilla anserina* (abondante dans les mêmes endroits). — Plantes accidentelles. *Briza media*, *Phleum pratense* et variété *nodosum*, *Bellis perennis*, *Crepis biennis*, *Crepis virens*, *Thrincia hirta*, *Ranunculus acris*, *Ranunculus repens*, *Lotus corniculatus*, *Trifolium maritimum*, *Cirsium lanceolatum, acaule, arvense, Plantago lanceolata, Daucus carota, Cerastium vulgatum, Medicago lupulina, Centaurea nigra, Eryngium campestre, Ononis spinosa, Carex glauca, vulpina* (endroits marécageux), *Sonchus oleraceus, asper, Geranium dissectum, Hypochœris radicata*.

N° 24. Deuxième prairie contigue a la première.

Même composition, mais les plantes suivantes y dominent:
Dactylis glomerata (base), *Cynosurus cristatus, Ranunculus acris* et *philonotis* (abondantes). De plus : *Medicago maculata, Trifolium filiforme*.

N° 25. Troisième prairie contigue aux deux autres.

Même composition, mais s'éloignant de la mer.

Plantes dominantes. *Dactylis glomerata* (base), *Bromus mollis, Poa trivialis, Hordeum secalinum, Avena elatior, lanata, flavescens*. Le *Crepis biennis*, plus abondant.— J'y ai remarqué de plus en plantes accidentelles : *Tragopogon porrifolium, Rhinanthus crista galli, Chrysanthemum leucanthemum, Rumex crispus*.

N° 26. Quatrième prairie.

S'éloignant davantage de la mer et située dans les environs du canal Vauban.

Espèces dominantes. *Avena lanata, Hordeum secalinum, Trifolium maritimum, Trifolium pratense, Trifolium parisiense, Trifolium filiforme.*— Espèces essentielles. *Cynosurus cristatus, Bromus mollis, Dactylis glomerata, Lolium perenne, Poa trivialis, Carex divisa, Ranunculus acris, philonotis.*—Espèces accessoires et accidentelles. *Rumex crispus, Ononis spinosa, Inula dysenterica; Helminthia echioides, Plantago lanceolata, Hypochœris radicata*, etc.

N° 27. Cinquième prairie.

Entre le canal Vauban et la route royale.—Terrain tourbeux.

Obs. La route royale est bornée au nord par le coteau qui forme la limite de la plaine.

Espèces dominantes. *Lolium perenne, Cynosurus cristatus, Hordeum secalinum, Trifolium filiforme, Trifolium parisiense, repens, Medicago maculata.* — Espèces essentielles. *Dactylis glomerata, Poa pratensis, Avena lanata, Avena elatior, Bromus mollis, Briza media, Trifolium pratense.*—Espèces accessoires et accidentelles. *Rhinanthus crista galli, Rumex crispus, Ranunculus acris, Geranium dissectum, Prunella vulgaris, Centaurea nigra, Heracleum sphondylium, Crepis biennis, Crepis virens.*

N° 28. PRAIRIE PRÈS DU CANAL VAUBAN.

Dans quelques autres petites prairies de la même plaine, vers le Havre et le long du canal Vauban, à terrain marécageux, tourbeux, outre les diverses Graminées, les Trèfles, etc., décrits ci-dessus, j'ai remarqué les plantes suivantes :

Festuca pratensis, Huds.; *F. elatior*, très-communs dans quelques prairies; *Ranunculus flammula, Thalictrum flavum, Cirsium anglicum, Scorzonera humilis, Leontodon taraxacum, Tragopogon pratense, Carex panicea, flava, pilulifera, distans, riparia, paludosa, kochiana, cæspitosa, intermedia, pulicaris, Orchis laxiflora, morio, Mentha aquatica, Scirpus palustris, Anagallis tenella, Medicago sativa.* Et dans les terrains au bord de la mer, en nature de prairie : *Juncus bulbosus, Carex divisa* (ces deux plantes couvrant souvent des espaces assez grands), *Scirpus maritimus, Triglochin maritimum, Glaux maritima, Plantago maritima, graminea, Poa maritima* et variété *distans, Rottbolla incurvata, Trifolium fragiferum, Polypogon monspeliense, Arenaria rubra, maxima, media, Chenopodium maritimum,* etc.

Obs. L'*Anthoxanthum odoratum* ne se trouve dans aucune des prairies ci-dessus décrites.

N° 29. PRAIRIE DE L'INTÉRIEUR, SITUÉE DANS LA VALLÉE DE ROUELLES, A 8 KILOMÈTRES DU HAVRE.

Terrain tourbeux.

Obs. Nous n'avons dans l'arrondissement du Havre aucune grande prairie comme dans le Calvados; celles de nos vallées sont très-circonscrites et sont à peu près composées comme celle dont la description suit :

Espèces dominantes. *Avena lanata, Anthoxanthum odoratum, Festuca elatior, Cynosurus cristatus, Bromus mollis, racemosus, Trifolium filiforme.*— Espèces essentielles. *Dactylis glomerata, Poa trivialis, Agrostis stolonifera, Trifolium pratense, Juncus, acutiflorus, lampocarpus, Ranunculus acris, repens.*—Espèces accessoires et accidentelles. *Carex ovalis, flava, cæspitosa, intermedia, riparia, kochiana, stellata; Trifolium parisiense, Cerastium vulgatum, Juncus bufonius, effusus; Scirpus setaceus, palustris; Lychnis flos cuculi, Galium uliginosum, Equisetum palustre, Orchis laxiflora, latifolia, Plantago lanceolata, Rumex acetosa, Glyceria fluitans, Calamagrostis colorata (Phalaris arundinacea), Brunella vulgaris, Polygonum persicaria, Bellis perennis, Spiræa ulmaria, Lysimachia nummularia, Cirsium pratense, Inula dysenterica, Euphrasia odontites, Myosotis cæs-*

pilosa, Schultz ; *Cardamine pratensis, Ranunculus flammula.*
— Plantes observées dans d'autres prairies de l'intérieur : *Hydrocotyle vulgaris, Stellaria aquatica, media, Eriophorum polystachion, Pedicularis palustris, Carex ampullacea.*

Prairies de Maine-et-Loire.

C'est encore à un de mes collègues que j'ai eu recours pour avoir l'analyse des prairies des environs d'Angers. M. Boreau, professeur de botanique de la ville et auteur d'une excellente *Flore du centre de la France,* a pris la peine de recueillir les listes que je donne ici, et qui sont aussi complètes que possible. Je le prie, ainsi que les autres personnes qui m'ont aidé dans ce travail, de recevoir mes remerciments.

Les plantes sont désignées sous les noms adoptés par M. Boreau dans sa *Flore.*

PLANTES COMPOSANT LES PRAIRIES NATURELLES DES ENVIRONS D'ANGERS.

N° 30. PRÉ ÉLEVÉ, OCCUPANT LE FOND D'UN VALLON, TRAVERSÉ PAR UN PETIT RUISSEAU.

Terrain calcaire.

Ranunculus acris, L., *Ranunculus repens,* L., *Ranunculus bulbosus,* L., *Tragopogon pratense,* L., *Rhinanthus glabra,* L., *Chrysanthemum leucanthemum,* L., *Medicago lupulina,* L., *Medicago maculata,* All., *Geranium molle,* L., *Geranium dissectum,* L., *Geranium rotundifolium,* L., *Phleum pratense,* L., *Alopecurus pratensis,* L., *Poa pratensis,* L., *Poa annua,* L., *Anthoxanthum odoratum,* L., *Centaurea pratensis,* Thuil., *Trifolium repens,* L., *Trifolium pratense,* L., *Trifolium procumbens,* L., *Tordylium anthriscus,* L., *Conium maculatum,* L., *Ficaria ranunculoides,* M., *Prunella vulgaris,* L., *Lotus corniculatus,* L., *Cardamine pratensis,* L., *Barbarea vulgaris,* Br., *Inula dysenterica,* L., *Epilobium tetragonum,* L., *Bellis perennis,* L., *Sonchus oleraceus,* L., *Fritillaria, meleagris,* L., *Orchis ustulata,* L., *Orchis laxiflora,* Ram., *Polygonum aviculare,* L., *Lysimachia nummularia,* L., *Arum italicum,* Mill., *Agrostis canina,* L., *Avena elatior,* L., *Dactylis glomerata,* L. *Lycopus europœus,* L., *Poa bulbosa,* L., *Poa trivialis,* L., *Briza media,* L., *Ajuga reptans,* L., *Papaver dubium,* L., *Veronica serpillifolia,* L., *Rumex acetosa,* L., *Rumex crispus,* L., *Linaria striata,* DC., *Lathyrus pratensis,* L., *Scrophularia aquatica,* L., *Carex muricata,* L., *Carex divulsa,* Good., *Euphrasia officinalis,* L., *Holcus mollis,* L., *Mentha arvensis* L., *Mentha pulegium,* L., *Plantago lanceolata,* L., *Plantago major,* L., *Veronica chamœdrys,* L., *Cynosurus cristatus,* L., *Glyceria fluitans,* Br., *Symphytum officinale,* L., *Crepis virens,* L., *Daucus carotta,* L., *Bromus mollis,* L., *Lolium perenne,* L., *Juncus effu-*

sus, L., *Juncus lampocarpus*, Erhart., *Senecio jacobæa*, L , *Achillæa millefolium*, L., *Valeriana officinalis*, L., *OEnanthe peucedanifolia*, Poll., *Silene inflata*, Sm., *Chœrophyllum temulum*, L., *Lychnis flos cuculi*, L., *Genista anglica*, L., *Potentilla reptans*, L., *Vicia cracca*, L., *Cirsium palustre*, L., *Hypochœris radicata*, L., *Thymus serpillum*, L., *Taraxacum officinale*, *Myosotis intermedia*, Ehr., *Cichorium intybus*, L., *Barkhausia taraxacifolia*, DC.

N° 31. PRÉS DES BORDS DE LA MAINE.

Alluvion limoneuse.

Sium latifolium, L., *Phalaris arundinacea*, L., *Rumex crispus*, L., *Scirpus maritimus*, L., *Stachys palustris*, L., *Lithrum salicaria*, L., *Lisymachia vulgaris*, L., *Spiræa ulmaria*, L., *Poa aquatica*, L., *Butomus umbellatus*, L., *OEnanthe crocota*, L., *OEnanthe fistulosa*. L., *OEnanthe peucedanifolia*, Poll., *Teucrium scordium*, L., *Phellandrium aquaticum*, L., *Scirpus palustris*, L., *Myosotis palustris*, *Vicia cracca*, L., *Mentha aquatica*, L., *Nasturtium amphibium*, Br., *Nasturtium sylvestre*, Br., *Inula britannica*, L., *Ptarmica vulgaris*, DC., *Lotus uliginosus*, Sck., *Rumex hydrolapathum*, Sm., *Thalictrum flavum*, L., *Silaus pratensis*, Bess., *Bidens tripartita*, L., *Gratiola officinalis*, L., *Hippuris vulgaris*, L., *Veronica beccabunga*, L., *Carex stricta*, Good., *Juncus bulbosus*, L, *Galeopsis tetrahit*, L., *Carex vulpina*, L., *Carex intermedia*, Huds., *Carex acuta*, L., *Orchis latifolia*, L., *Orchis laxiflora*, Lam., *Alisma plantago*, L., *Sagittaria sagittæfolia*, L., *Polygonum hydropiper*, L., *Polygonum persicaria*, L., *Polygonum amphibium*, L., *Limosella aquatica*, L., *Convolvulus sepium*, L., *Gnaphalium uliginosum*, L., *Eupatorium cannabinum*, L., *Mentha rotundifolia*, L., *Senecio aquaticus*, Huds., *Stellaria graminea*, L., *Epilobium hirsutum*, L., *Galium palustre*, L, *Ranunculus aquatilis*, L., *Ranunculus flammula*, L., *Alopecurus fulvus*, Sm., *Alopecurus geniculatus*, L., *Equisetum palustre*, L. — Plus la plupart des espèces citées pour le premier pré.

N° 32. ASSOCIATION DES PRÉS TOURBEUX DE BEAUCOUZÉ

PRÈS ANGERS

Pedicularis palustris, *Carex pulicaris*, *Carex paniculata*, *Carex hornschuchiana*, *Scirpus multicaulis*, *Carex panicea*, *Carex intermedia*; *Eriophorum latifolium*, *Eriophorum angustifolium*, *Menianthes trifoliata*, *Caltha palustris*, *Euphrasia officinalis*, *Orchis conopsea*, *Orchis maculata*, *Anagallis tenella*, *Glyceria airoides*, *Holcus lanatus*, *Scorzonera plantaginea*, *Iris pseudo-acorus*, *Tormentilla erecta*, *Trifolium ochroleucum*, L, *Lotus uliginosus*, *Lobelia urens*, *Scutellaria galericulata*, *Linum catharticum*, *Epipactis palustris*, *Drosera rotundifolia*, *Scirpus sylvaticus*, *Genista anglica*.

Prairies du nord de la France.

Les prairies que l'on rencontre dans tout le nord de la France, depuis Paris jusqu'au fond de la Belgique, se ressemblent beaucoup, et présentent à peu près les mêmes espèces; je les ai analysées souvent, et je vais rapporter seulement une partie des documents que j'ai recueillis sur leur composition.

N° 33. PRAIRIE DES ENVIRONS DE COMPIÈGNE, NON LOIN DES BORDS DE L'OISE (1824).

Espèces dominantes *Poa pratensis, Avena elatior, Rhinanthus crista galli.* — Espèces essentielles. *Trifolium agrarium, Chrysanthemum leucanthemum, Senecio jacobœa, Holcus mollis, Festuca elatior.* — Espèces accessoires. *Heracleum sphondilium, Bromus giganteus, Dactylis glomerata, Ranunculus repens.* — Espèces accidentelles. *Linaria vulgaris, Carex panicea, Plantago lanceolata,* etc., etc.

N° 34. PRAIRIE DES ENVIRONS DE COMPIÈGNE, NON LOIN DES BORDS DE L'OISE.

Même sol, même prairie que la précédente, deux années après (1826).

Espèces dominantes. *Festuca elatior, Dactylis glomerata.* — Espèces essentielles. *Bromus giganteus, Holcus mollis, Poa pratensis, Avena elatior, Trifolium agrarium.* — Espèces accessoires. *Trifolium pratense, Heracleum sphondilium, Campanula glomerata, Ranunculus repens, Rhinanthus crista galli.* — Espèces accidentelles. *Carex panicea, Plantago lanceolata, Prunella vulgaris, Galium verum, Orchis conopsea, Hypochœris radicata, Medicago lupulina, Agrostis rubra, Lolium perenne,* etc.

N° 35. PRÈS DE MAROILLES PRÈS LANDRECIES (NORD.—1826).

Situés dans la vallée large et peu profonde de la Sambre, vallée bornée d'un côté par la grande route d'Avesnes, et de l'autre par la forêt de Mort Mal. Sol argileux gras et humide.

Espèces dominantes *Agrostis rubra, Alopecurus pratensis.* — Espèces essentielles. *Holcus mollis, Poa pratensis, Festuca elatior, Festuca rubra, Agrostis vulgaris, Anthoxanthum odoratum, Avena elatior, Avena pubescens.* — Espèces accessoires. *Dactylis glomerata, Trifolium pratense, Avena flavescens, Trifolium repens, Lolium tenue, Phalaris arundinacea, Cynosurus cristatus, Phleum pratense, Briza media, Heracleum sphondilium.* — Espèces accidentelles. *Medicago lupulina, Hypochœris radicata, Centaurea nigra, Orchis morio, Orchis conopsea, Prunella vulgaris, Crepis biennis, Chrysanthemum leucanthemum, Rhinanthus crista galli, Lotus corniculatus,* etc.

N° 36. LES MÊMES PRÉS EN 1817.

Espèces dominantes. *Poa pratensis, Avena elatior, Phleum pratense.* — Espèces essentielles. *Alopecurus pratensis, Dactylis glomerata, Agrostis rubra, Agrostis vulgaris, Trifolium pratense, Lolium perenne, Phalaris arundinacea, Rumex acetosa, Holcus mollis.* — Espèces accessoires. *Trifolium repens, Briza media, Lolium tenue, Bromus mollis, Heracleum sphondilium, Cynosurus cristatus, Lotus corniculatus,* — Espèces accidentelles. *Carex vulpina, Orchis conopsea, Orchis latifolia, Centaurea nigra, Rhinanthus crista galli, Chrysanthemum leucanthemum, Crepis biennis, Taraxacum dens leonis, Tragopogon pratense, Juncus articulatus,* etc.

N° 37. PRAIRIES PRÈS SOLRE-LE-CHATEAU (NORD).

Sol argileux, gras, éloigné de toute rivière ou ruisseau.

Espèces dominantes. *Alopecurus pratensis, Festuca elatior,* — Espèces essentielles. *Anthoxanthum odoratum, Agrostis rubra, Holcus mollis, Cynosurus cristatus, Lolium perenne, Trifolium repens.* — Espèces accessoires. *Medicago lupulina, Trifolium pratense, Dactylis glomerata, Lotus corniculatus.* — Espèces accidentelles. *Plantago media, Hypochœris radicata, Chrysanthemum leucanthemum, Rumex acetosa, Myosotis palustris, Briza media, Ranunculus acris,* etc.

N° 38. PRAIRIE PRÈS D'AVESNES (NORD).

Sol argileux, gras.

Espèces dominantes. *Phleum pratense, Alopecurus pratensis, Trifolium pratense.* — Espèces essentielles. *Dactylis glomerata, Festuca inermis, Festuca ovina, Agrostis rubra.* — Espèces accessoires. *Anthoxanthum odoratum, Trifolium repens, Lotus corniculatus, Ranunculus acris.* — Espèces accidentelles. *Cirsium palustre, Linum catharticum, Myosotis palustris, Ranunculus acris, Ranunculus repens,* etc.

N° 39. PRAIRIE PRÈS SOLRE-LE-CHATEAU (NORD).

Sol graveleux, sec.

Espèce dominante. *Trifolium repens.* — Espèce essentielle. *Festuca ovina.* — Espèces accidentelles. *Kœleria setacea, Rumex acetosella, Linaria vulgaris, Thrincia hirta,* etc.

N° 40. PRAIRIE DE LA FORÊT DES ARDENNES SUR LE PENCHANT D'UNE COLLINE.

Sol sablonneux, sec et pierreux.

Espèce dominante. *Mousses (Hypnum, Polytrichium).* — Espèces essentielles. *Lichens (Cornicularia, Bœomices), Pteris aqui-*

lina, *Genista scoparia*, *Agrostis canina*, *Hieracium pilosella.*
—Espèces accidentelles. *Lycoperdum bovista*, *Agaricus cantha-*
rellus, etc.

N° 41. PRAIRIE PRÈS SOLRE-LE-CHATEAU (NORD).

Sol sec, maigre et sablonneux.

Espèce dominante. *Agrostis vulgaris.* — Espèces essentielles.
Danthonia decumbens, *Malva sylvestris*, *Rumex acetosella.* —
Espèces accessoires. *Trifolium filiforme*, *Carduus arvensis.* —
Espèces accidentelless. *Gnaphalium dioicum*, *Festuca ovina*,
Hieracium pilosella.

N° 42. PRAIRIE DES ENVIRONS D'AVESNES.

Sol argileux, humide, parfois inondé.

Espèces dominantes. *Phalaris arundinacea*, *Poa fluitans.* —
Espèces essentielles. *Alopecurus pratensis*, *Alopecurus genicu-*
latus, *Potentilla anserina*, *OEnanthe fistulosa*, *Rumex pratensis*,
Trifolium pratense. Espèces accessoires. *Lathyrus pratensis*,
Lotus corniculatus. — Espèces accidentelles. *Carex vulpina*,
Juncus articulatus, *Alisma plantago*, etc.

N° 43. PRAIRIE DE GENTILLY PRÈS PARIS.

Sol humide, un peu tourbeux.

Espèces dominantes. *Festuca elatior.* — Espèces essentielles.
Poa pratensis, *Trifolium pratense*, *Avena elatior*, *Bromus pin-*
natus. — Espèces accessoires. *Bromus mollis*, *Dactylis glome-*
rata, *Rumex acetosa*, *Ranunculus repens.*—Espèces accidentelles. *Rhinanthus crista galli*, *Plantago lanceolata. Rumex*
crispus, *Lychnis dissecta*, *Caltha palustris*, *Cerastium vulga-*
tum, *Bellis perennis.*

N° 44. PRAIRIE DE GENTILLY PRÈS PARIS.

Même sol que la précédente.

Espèces dominantes. *Avena elatior*, *Phalaris arundinacea.*
—Espèces essentielles. *Dactylis glomerata*, *Thalictrum flavum*,
Trifolium pratense.—Espèces accessoires. *Rumex crispus*, *Poa*
pratensis, *Holcus mollis*, *Cynosurus cristatus*, *Agrostis vulga-*
ris, *Phleum pratense*, *Anthoxanthum odoratum*, *Lotus corni-*
culatus.—Espèces accidentelles. *Lychnis dissecta*, *Myosotis*
palustris, *Carex palustris*, *Juncus palustris*, *Lysimachia num-*
mularia, *Rhinanthus crista galli*, *Hypochœris radicata*, *Hera-*
cleum sphondilium.

N° 45. PRAIRIE DE GENTILLY PRÈS PARIS.

Même sol que les précédentes.

Espèce dominante. *Thalictrum flavum.* — Espèce essentielle. *Phalaris arundinacea.* — Espèces accessoires. *Galium*

mollugo , Trifolium pratense , Taraxacum dens leonis. — Espèces accidentelles. *Rumex crispus , Trifolium repens , Lotus corniculatus , Ranunculus repens , etc.*

N° 46. Prairies de la Salpêtrière.

Nota. Ce numéro et les suivants sont des carrés de gazon soumis aux mêmes influences, semés en même temps et depuis très-long-temps en gazon ordinaire (*Lolium perenne*), et qui depuis lors ont entièrement changé de nature de plantes. Presque tous diffèrent par les espèces qui les couvrent. Tous, jusqu'au n° 61 , sont situés à Paris, dans l'intérieur de la Salpêtrière, où j'ai résidé plusieurs années comme pharmacien des hôpitaux civils de Paris, et où j'ai recueilli ces observations. Le sol est le même partout, sablonneux et léger plutôt qu'argileux, sec et riche, mais ne recevant aucun engrais.

Espèce dominante. *Bromus pratensis* — Espèces essentielles. *Dactylis glomerata , Poa pratensis , Festuca elatior , Avena elatior , Trifolium pratense , Bromus erectus , Festuca ovina* — Espèces accessoires. *Lolium perenne , Hordeum murinum, Triticum repens , Hedisarum onobrychis , Medicago lupulina , Medicago sativa , Lotus corniculatus , Poterium sanguisorba.* —Espèces accidentelles. *Chrysanthemum leucanthemum, Plantago media, Plantago lanceolata , Centaurea pratensis , Salvia pratensis , Reseda lutea, Sysimbrium sophia, Lychnis dioica, Arenaria serpillifolia , Veronica agrestis , Veronica arvensis , Tragopogon pratense , Ranunculus bulbosus , Senecio jacobœa , Rumex crispus, Taraxacum dens leonis, Silene inflata, Linaria vulgaris, etc.*

N° 47,

Espèce dominante. *Festuca elatior.* — Espèces essentielles. *Poa pratensis , Dactylis glomerata, Avena elatior , Trifolium repens , Bromus pratensis .* — Le reste sensiblement le même qu'au numéro 46.

N° 48.

Espèce dominante. *Dactylis glomerata.* —Espèces essentielles. *Trifolium repens , Avena elatior , Bromus pratensis , Poterium sanguisorba , Festuca elatior.* — Le reste sensiblement le même qu'au numéro 46.

N° 49.

Espèces dominantes. *Bromus pratensis , Dactylis glomerata.* —Espèces essentielles. *Avena elatior , Trifolium repens , Festuca elatior , Bromus erectus , Lolium perenne , etc.* — Le reste sensiblement le même qu'au numéro 46.

N° 50.

Espèce dominante. *Avena elatior.* — Espèces essentielles *Fes-*

tuca elatior , Bromus pratensis , Poa pratensis , Bromus erec tus , Trifolium pratense , Poterium sanguisorba. — Le reste sensiblement le même qu'au numéro 46.

N° 51.

Espèce dominante. *Galium mollugo.* — Espèce essentielle. *Rumex acetosa.* — Espèces accessoires. *Salvia pratensis , Lychnis dioica , Chrysanthemum leucanthemum , Senecio jacobœa , Avena elatior , Centaurea pratensis.* — Espèces accidentelles. *Galium verum , Dactylis glomerata , Daucus carotta , Silene inflata , Linaria vulgaris , Plantago lanceolata.*

N° 52.

Espèces dominantes. *Galium mollugo , Galium verum.* — Espèces essentielles. *Rumex acetosa , Senecio jacobœa.* — Espèces accidentelles. *Rumex crispus, Lychnis dioica , Centaurea pratensis , Salvia pratensis , Festuca elatior , Avena elatior , Dactylis glomerata.*

N° 53.

Espèces dominantes. *Galium mollugo , Rumex acetosa.* — Espèces essentielles. *Chrysanthemum leucanthemum , Galium verum.* — Espèces accidentelles. *Tragopogon pratense , Bromus pratensis , Avena elatior, Dactylis glomerata , Barkausia taraxacifolia,* etc.

N° 54.

Espèces dominantes. *Rumex acetosa , Galium album.* — Espèces essentielles. *Avena elatior, Salvia pratensis.* — Espèces accessoires. *Chrysanthemum leucanthemum , Trifolium pratense.* — Espèces accidentelles. *Plantago media , Rumex crispus , Lotus corniculatus , Lolium perenne , Cynosurus cristatus , Senecio jacobœa,* etc.

N° 55.

Espèces dominantes. *Bromus pratensis , Bromus erectus.* — Espèces essentielles. *Medicago lupulina , Chrysanthemum leucanthemum.* — Espèce accidentelle. *Centaurea pratensis.*

N° 56.

Espèce dominante *Bromus pratensis.* — Espèces essentielles. *Bromus erectus , Dactylis glomerata , Chrysanthemum leucanthemum , Trifolium pratense , Salvia pratensis.* — Espèces accidentelles. *Barkausia taraxacifolia , Hypochœris radicata , Centaurea pratensis , Silene inflata , Medicago lupulina , Geranium cicutarium.*

N° 57.

Espèces dominantes. *Bromus pratensis*, — Espèces essentielles. *Galium mollugo*, *Medicago lupulina*, *Chrysanthemum leucanthemum*, *Avena elatior*, *Triticum repens*. — Mêmes espèces accidentelles que dans les carrés précédents.

N° 58.

Espèce dominante. *Lolium perenne*. — Espèce essentielle. *Hordeum murinum*,—Espèces accidentelles. *Echium vulgare*, *Reseda lutea*, *Trifolium pratense*, *Barkausia taraxacifolia*, *Medicago sativa*, *Thlaspi bursa pastoris*, *Chrysanthemum leucanthemum*.

N° 59.

Espèce dominante. *Hordeum murinum*. — Espèces essentielles. *Lolium perenne*, *Dactylis glomerata*, *Bromus tectorum*. — Espèces accidentelles. *Veronica agrestis*, *Trifolium pratense*, *Medicago lupulina*.

N° 60.

Espèce dominante. *Barkausia taraxacifolia*. —Espèces essentielles. *Lolium perenne*, *Hordeum murinum*, *Trifolium pratense*, *Medicago sativa*. — Mêmes espèces accessoires et accidentelles que dans les carrés précédents.

N° 61.

Espèce dominante *Trifolium pratense*. — Espèces essentielles. *Medicago sativa*, *Lolium perenne*, *Dactylis glomerata*. — Espèces accidentelles. *Barkausia fœtida*, *Medicago lupulina*, *Malva rotundifolia*, *Bromus mollis*, etc.

N° 62. Prairie de la queue de l'étang de Ville-d'Avray près Paris

Sol humide et tourbeux.

Espèces dominantes. *Equisetum limosum*, *Alopecurus geniculatus*, *Carex gracilis*, *Carex vesicaria*, *Poa pratensis*. — Espèces accessoires. *Holcus mollis*, *Trifolium pratense*, *Phalaris arundinacea*, *Scirpus palustris*, *Bromus mollis*, *Chrysanthemum leucanthemum*, *Lolium perenne*, *Lychnis flos cuculi*, *Rhinanthus crista galli*, *Potentilla anserina*. — Espèces accidentelles. *Poa fluitans*, *Menianthes trifoliata*, *Briza media*, *Barkausia taraxacifolia*, *Linum catharticum*, *Dactylis glomerata*, *Medicago lupulina*, *Ranunculus acris*, *Ranunculus bulbosus*, *Polygala vulgaris*, *Daucus carotta*, *Achillea ptarmica*, *Scirpus palustris*, *Geranium dissectum*, *Epilobium hirsutum*, *Ranunculus aquatilis*, *Veronica anagallis*, *Geranium columbinum*, *Phellandrium aquaticum*, *Ranunculus sceleratus*, *Rumex crispus*, *Sysimbrium amphibium*.

N° 63. PRAIRIE DES ENVIRONS DE SOLRE-LE-CHATEAU.

Sol sablonneux, riche en humus.

Espèces dominantes. *Dactylis glomerata*, *Bromus erectus*. — Espèces essentielles. *Trifolium agrarium*, *Avena flavescens*, *Holcus mollis*, *Agrostis canina*, *Anthoxanthum odoratum* — Espèces accessoires. *Festuca ovina*, *Poa angustifolia*, *Briza media*, *Euphrasia officinalis*, *Medicago falcata*. — Espèces accidentelles. *Cynosurus cristatus*, *Achillea millefolium*, *Centaurea jacea*, *Pimpinella saxifraga*, etc,

N° 64. PRAIRIE DES ARDENNES.

Sol sablonneux, assez riche en humus.

Espèces dominantes. *Medicago lupulina*, *Agrostis vulgaris*. — Espèces essentielles. *Dactylis glomerata*, *Festuca ovina*, *Poa pratensis*, *Trifolium ochroleucum*. — Espèces accessoires. *Briza media*, *Hordeum secalinum*, *Onobrychis sativa*, *Rhinanthus crista galli*, *Thesium linophyllum*. — Espèces accidentelles. *Lotus corniculatus*, *Cynosurus cristatus*, *Lolium perenne*, *Plantago lanceolata*, *Thrincia hirta*, *Galium verum*, *Silene inflata*, *Helianthemum vulgare*, *Ranunculus bulbosus*, etc.

N° 65. PRAIRIE DES ARDENNES.

Sol sec, sablonneux, 250 mètres d'élévation.

Espèce dominante. *Trifolium montanum*. — Espèces essentielles. *Anthyllis vulneraria*, *Genista tinctoria*, *Poterium sanguisorba*, *Genista sagittalis*. — Espèces accessoires. *Koeleria setacea*, *Poa angustifolia*. — Espèces accidentelles. *Polygala vulgaris*, *Hieracium pilosella*, *Hypericum dubium*, *Gnaphalium dioicum*, *Pteris aquilina*, *Luzula campestris*, *Lycopodium clavatum*.

N° 66. PELOUSE DES ENVIRONS DE SAINT-HUBERT (ARDENNES).

Sol sec, fréquemment battu par le passage des bestiaux.

Espèces dominantes. *Polygonum aviculare*, *Poa annua*. — Espèces accidentelles. *Eringium campestre*, *Koeleria setacea*, *Cichorium intybus*, etc.

N° 67. PELOUSE SÈCHE PRÈS SOLRE-LE-CHATEAU (NORD).

Erica vulgaris, *Carex ericetorum*, *Agrostis vulgaris*, *Festuca ovina*, *Genista scoparia*, *Juniperus vulgaris*, *Linum catharticum*, *Nardus stricta*, *Hypnum triquetrum*, *Lychnis dissecta*, *Euphrasia officinalis*, *Tormentilla erecta*, *Pimpinella saxifraga*, *Leontodon autummale*, *Scabiosa succisa*, *Calcitrapa solstitialis*, *Lycopodium clavatum*, *Agaricus colubrinus*, et plusieurs autres champignons, etc.

Prairies des bords de la Méditerranée.

Les prairies naturelles sont rares dans le Midi, et on ne les rencontre que dans les lieux qui peuvent être arrosés. Les plantes qui les composent sont à peu près les mêmes que celles des autres prairies de la France ; cependant on voit quelques espèces méridionales ou maritimes qui viennent s'y mélanger. Je ne citerai que deux analyses, pour ne pas grossir inutilement ce volume.

N° 68. Prairie du golfe de la Napoule près de Cannes (Var).

Anthoxanthum odoratum, Lolium perenne, Bromus tectorum, Bromus mollis, Poa stricta (plantes fondamentales des prairies de Grasse et du département du Var), *Silene quinque vulnera, Holcus lanatus, Salvia pratensis, Salvia verbenacea, Pteroteca nemausensis, Taraxacum dens leonis, Sherardia arvensis, Plantago lanceolata, Rumex bucephalophorus, Poa bulbosa vivipara, Hordeum murinum, Poa annua, Medicago sativa, Medicago lupulina, Avena fatua, Calepina corvini, OEnanthe pimpinelloides, Ranunculus acris, Ranunculus repens, Diplotaxis erucoides, Veronica filiformis, Lotus corniculatus, Veronica arvensis, Myosotis arvensis, Geranium dissectum, Alsine media* (très-abondant), *Geranium ciconium, Vaillantia cruciata, Crepis taurinensis,* qui remplace le *Barkausia taraxacifolia.*

N° 69. Prairie très-rapprochée de la Méditerranée, entre Cannes et Antibes.

Trifolium resupinatum (très-abondant), *Festuca stipoides, Cerastium vulgatum, Anthoxanthum odoratum, Narcissus tazetta* (très-commun). *Alopecurus arvensis, Bellis perennis, Carex provincialis, Poa bulbosa, Holcus lanatus* (très-abondant), *Veronica serpillifolia, etc.*

Il est assez curieux de rencontrer dans ces prés un assez grand nombre de plantes qui sous d'autres climats se trouvent constamment dans les champs, les vignes et les moissons, et qui là vivent au milieu des prairies.

Prairies des Alpes et des environs de Grenoble.

La note que je donne ici sur les prairies des Alpes a été rédigée sur les lieux mêmes par un de mes élèves, M. Martial Lamotte, jeune botaniste instruit et plein de zèle, qui prépare en ce moment des *fascicules* de plantes fourragères qui pourront, je l'espère, compléter ma *Flore des prairies,* en donnant la facilité de reconnaître par comparaison toutes les plantes dont on aura besoin de savoir le nom.

N° 70. Prairies de Vizille (17 mai 1842).

La petite plaine de Vizille, arrosée par la Romanche, n'offre rien de particulier dans la végétation de ses prairies. Le terrain est sablonneux et peu profond, cependant, dans certains points, la végétation est très-active. Les principales prairies naturelles sont formées en partie de Graminées : l'*Avena elatior, Dactylis glomerata, Bromus racemosus, mollis et pratensis*, quelques *Festuca, Poa pratensis*, avec les *Trifolium pratense, Medicago sativa, Hedisarum onobrychis*, forment la majeure partie des prairies. Il y a près du château quelques endroits qui ne sont exclusivement formés que de ces plantes ; dans les localités plus sablonneuses, les Graminées diminuent et sont remplacées par les *Ranunculus acris* et *repens, Salvia pratensis, Anthyllis vulneraria* (cette dernière plante est quelquefois très-abondante), *Trifolium procumbens, Medicago minima*, qui s'élève jusqu'à un pied. Les Composées et les Ombellifères sont rares dans ces le prairies ; *Tragopogon pratense, Barkausia taraxacifolia, Taraxacum dens leonis, Heracleum sphondilium, Seseli annuum*, sont à peu près les seules plantes de ces deux familles, et encore sont-elles assez rares ; cependant, dans les prairies sablonneuses, le *Barkausia taraxacifolia* est assez abondant. D'après le rapport de quelques cultivateurs, les prairies où dominent les Graminées sont les meilleures, et le fourrage se vend beaucoup mieux. Le lait ainsi que le beurre de Vizille n'a rien de particulier et diffère peu de celui des autres localités des environs de Grenoble.

N° 71. Prairies des coteaux.

En s'élevant un peu sur les coteaux de Vizille, la végétation est plus variée, les Graminées sont moins abondantes, le Trèfle, la Luzerne et le Sainfoin sont en plus grande quantité : *Salvia pratensis, Galium mollugo, Scabiosa arvensis, Aquilegia vulgaris, Ranunculus acris* et *bulbosus* (assez abondants), *Anthoxanthum odoratum* (en assez grande quantité ; il parfume le foin et le fait préférer à celui de la plaine), *Rumex acetosa, Rhinanthus crista galli*. On trouve çà et là le *Colchicum autumnale, Narcissus poeticus, Ornithogalum umbellatum, Orchis mascula, latifolia et morio*. Mais ces dernières plantes périssant avant la coupe des foins, doivent peu influer sur leur qualité. Le *Plantago lanceolata* est en très-grande quantité, et se trouve aussi abondant dans toutes les prairies des environs de Grenoble. Les Ombellifères et Composées sont encore plus rares dans ces prairies que dans celles de la plaine de Vizille.

N° 72. Plaine et Coteaux de Grenoble.

Les prairies des environs de Grenoble diffèrent peu de celles de la France centrale ; je n'y ai jamais trouvé de plantes particulières. Les pelouses des coteaux sont plus garnies en Composées que celles de la plaine, et l'on y trouve beaucoup moins de Graminées et de Cypéracées ; le *Plantago lanceolata* est très-abondant dans toutes ces prairies, ainsi que le *Buphthalmum salicifolium*, tandis qu'ils sont très-rares dans la plaine. Au printemps, les Orchidées couvrent toutes les prairies des coteaux, les *Orchis mas-*

cula, morio, militaris, ustulata, fusca, canopsea; les *Ophris antropophora, arachnites, aranifera, myoides,* etc.; mais ces plantes périssent toutes avant la coupe des foins. Le *Trifolium montanum* est beaucoup plus commun que le *pratense,* qui domine dans la plaine.

· J'avais vu peu d'Ombellifères dans ces prairies avant le fauchage, ainsi que dans celles de Vizille, ce qui m'avait fait croire qu'elles y étaient fort rares; mais au mois d'août, avant la seconde coupe, les Ombellifères étaient beaucoup plus abondantes : l'*Heracleum sphondilium, Pimpinella magna, Seseli annuum, Pastinaca sativa, Ligusticum silaus* (très-commun), *Ægopodium podagraria* couvraient toutes les prairies. Les Composées, assez rares dans les prairies découvertes, étaient beaucoup plus communes dans celles abritées du vent, quoique dans la même localité.

Les marais de Gières et de Grenoble ne sont couverts que de l'*Arundo phragmites, Typha minima, latifolia* et *angustifolia;* quelques *Carex,* plantes employées pour litière. Elles ne sont nullement bonnes à la nourriture des bestiaux.

Nº 73 LISTE DES PLANTES DE LA PRAIRIE DU LAUTARET.

PLANTES DES ENDROITS SECS.

Anemone alpina, Ranunculus pyreneus, Trifolium alpestre, Trifolium pratense, Trifolium montanum, Trifolium alpinum, Trifolium badium, Trifolium spadiceum, Phaca astragalina, Oxytropis montana, Oxytropis campestris, Potentilla grandiflora, Potentilla aurea, Potentilla intermedia, Potentilla multifida, Potentilla rupestris, Potentilla nivea, Meum athamantha, Buplevrum ranunculoides, Galium boreale, Aster alpinus, Artemisia tanacetifolia, Centaurea phrygia, Centaurea uniflora, Carduus carlinæfolius, Leontodon taraxacum, Leontodon squammosum, Hypochœris maculata, Taraxacum dens leonis, Hieracium pilosella, Hieracium angustifolium, Hieracium aureum, Hieracium cymosum, Hieracium villosum, Hieracium alpinum, Hieracium blattarioides, Phyteuma scorzoneræfolia, Phyteuma betonicæfolia, Campanula barbata, Veronica bellidioides, Veronica spicata, Veronica Allionii, Betonica hirsuta, Salix retusa, Salix serpillifolia, Luzula pediformis, Luzula sudetica, Carex sempervirens, Agrostis alpina, Agrostis rupestris, Phleum alpinum, Avena setacea, Avena distichophylla, Avena versicolor, Avena montana, Festuca duriuscula, Festuca violacea, Festuca ovina, Festuca pumila, Kœleria valesiaca, Kœleria setacea, Poa alpina, Poa distichophylla.

PLANTES DES ENDROITS HUMIDES, LE LONG DES RUISSEAUX.

Anemone narcissiflora, Ranunculus aconitifolius, Sysimbrium tanacetifolium, Geranium aconitifolium, Vicia sylvatica, Orobus luteus, Potentilla tormentilla, Sanguisorba officinalis, Chœrophyllum aureum, Heracleum sphondilium, Astrantia major,

*Astrantia, minor, Centaurea montana, Cirsium antarcticum,
Cirsium heterophyllum, Taraxacum dens leonis, Hieracium paludosum, Phyteuma Michelii, Phyteuma Hallerii, Gentiana
punctata, Cerinthe minor, Myosotis alpestris, Pedicularis incarnata, Pedicularis gyroflexa, Pedicularis verticillata, Pedicularis tuberosa, Bartsia alpina, Primula farinosa, Polygonum
viviparum, Alnus viridis, Salix hastata, Salix reticulata* (arbrisseaux très-petits, presque toujours mangés par les moutons),
*Salix cana, Salix glauca, Salix mirsinites, Salix arbuscula,
Carex atrata, Carex paniculata, Carex stellata, Carex ovalis,
Carex cæspitosa, Molinia cærulea, Aira cæspitosa, Aira flexuosa, Poa nemoralis, Poa pratensis.*

Il est probable que, outre les plantes notées dans cette liste, il
doit venir, au Lautaret, la majeure partie des plantes communes sur les montagnes alpines, qui étaient déjà passées lors de
mon voyage dans cette belle localité, ou que je n'ai pas recherchées
à cause de leur abondance, et bien d'autres encore, qui peut-être
n'étaient pas développées.

Les plantes qui viennent dans les endroits humides, le long
des ruisseaux, sont moins nombreuses en espèces, mais beaucoup plus communes que les plantes des lieux secs. Le *Vicia sylvatica*, l'*Orobus luteus* couvrent dans certains endroits tous les
bords des ruisseaux et des sources, et c'est à peine si l'on voit çà
et là quelques *Carex* ou quelques plantes de l'*Astrantia major* et du *Cirsium antarcticum*, se faire jour au travers de leurs
longues tiges.

Il serait difficile de dire quelle est la plante qui domine dans les
endroits secs de la prairie ; les plantes notées ci-dessus s'y rencontrent toutes en aussi grande abondance les unes que les
autres ; aucune d'elles ne s'élève beaucoup et ne gêne la végétation des autres plantes qui croissent autour d'elle.

J'ai noté sur une liste séparée les plantes qui se trouvent accidentellement ou qui n'habitent qu'un endroit déterminé de la
prairie ; certaines années cependant plusieurs plantes que j'ai
notées rares s'y trouvent en grande abondance.

Je n'ai pu observer la végétation des grandes plaines qui servent de pâturages aux moutons ; je crois cependant que les *Festuca* dominent partout, et surtout les *Festuca ovina* et *pumila*.
Toutes les prairies situées entre les sapins et les glaciers diffèrent
peu de celles du Lautaret, mais sont moins riches en espèces.
J'ai retrouvé au Lautaret toutes les espèces que j'avais trouvées
à Chamchaude, Charousse, Revel et Premol, et même celles de
la Grande-Chartreuse, quoique moins élevées que ces dernières
localités.

Les prairies situées dans la région des sapins et au-dessous,
diffèrent peu des prairies du Mont-Dore et d'Auvergne ; j'y ai
retrouvé les mêmes plantes, sauf quelques-unes particulières à
la localité.

eriehiumcapitaum, Cara Scopoli.

Lieux humides.

Aquilegia alpina, Brassica Richerii, Cardamine bellidifolia, Phaca alpina, Epilobium dodonei, Pleurospermum austriacum, Imperatoria ostruthium, Valeriana tripteris, Cacalia alpina, Cacalia petasites, Arnica scorpioides, Chrysanthemum alpinum, Sonchus alpinus, Swertia perennis, Gentiana asclepiadea, Gentiana alpina, Gentiana verna, Gentiana bavarica, Gentiana nivalis, Pedicularis comosa, Veronica alpina, Pinguicula grandiflora, Saldanella alpina, Orchis globosa, Veratrum album, Tofieldia palustris, Juncus filiformis, Juncus alpinus, Juncus triglumis, Schœnus ferrugineus, Schœnus compressus, Scirpus cœspitosus, Eriophorum capitatum, Carex Scopolii.

Lieux secs.

Thalictrum fœtidum, Thalictrum minus, Anemone vernalis, Aconitum anthora, Erysimum lanceolatum, Sysimbrium acutangulum, Biscutella coronopifolia, Viola cenisia, Viola calcarata, Dianthus glacialis, Lychnis flos Jovis, Hypericum dubium, Hypericum fimbriatum, Ononis cenisia, Astragalus onobrychis, Alchimilla hybrida, Sempervivum montanum, Laserpitium gallicum, Scabiosa lucida, Gnaphalium leontopodium, Achillea millefolium, Hieracium Allionii, Hieracium Wildenovii, Hieracium aurantiacum, Hieracium prenanthoides, Hieracium lanatum, Hieracium grandiflorum, Campanula spicata, Campanula thyrsoidea, Linaria supina, Linaria genistæfolia, Pedicularis rostrata, Veronica fruticulosa, Dracocephalum ruyschianum, Plantago montana, Plantago lanceolata, Orchis nigra, Orchis viridis, Orchis albida, Asphodelus ramosus, Czachia liliastrum, Allium, sphærocephalum, Allium schœnoprasum, Allium victoriale, Luzula spadicea, Luzula parviflora, Luzula spicata, Luzula lutea, Kobresia scirpina, Carex cœrulea, Carex alba, Alopecurus Gerardi, Festuca rubra, Festuca amethystina, Festuca nigrescens, Festuca pumila, Festuca fusca, Festuca spadicea, Poa laxa, Botrychium lunaria.

N° 74. Prairies de la Lombardie.

La Lombardie, dont le sol est presque entièrement formé des débris que les torrents arrachent à la chaîne des Alpes et charrient dans la plaine, offre des prairies qui jouissent à juste titre d'une grande réputation. Les principales espèces qui les composent sont les suivantes, d'après Zappa :

Phalaris arundinacea, Poa trivialis, Poa annua, Trifolium repens, Trifolium pratense, Plantago lanceolata, Lolium perenne, Rumex acetosa, Rumex acetosella, Anthoxanthum odoratum, Cichorium intybus, Cynosurus cristatus, Leontodon hispidum, Leontodon taraxacum, Lotus corniculatus, Medicago lupulina,

Medicago falcata, *Medicago sativa*, *Plantago major*, *Polygonum aviculare*.

A ces plantes, que l'on considère comme très-bonnes, Zappa ajoute les suivantes, qui se rencontrent dans les mêmes prairies, et parmi lesquelles on en reconnaîtra facilement qui possèdent aussi d'excellentes qualités.

Achillea millefolium, *Agrimonia eupatoria*, *Ajuga reptans*, *Ajuga pyramidalis*, *Alopecurus arvensis*; *Anthemis cotula*, *Bellis perennis*, *Bromus secalinus*, *Carex acuta*, *Campanula speculum*, *Campanula rapunculus*, *Cardamine pratensis*, *Cerastium vulgatum*, *Centaurea pratensis*, *Chrysanthemum leucanthemum*, *Convolvulus arvensis*, *Coronilla varia*, *Primula veris*, *Dactylis glomerata*, *Daucus carotta*, *Ervum hirsutum*, *Festuca bromoïdes*, *Geranium columbinum*, *Geum urbanum*, *Glecoma hederacea*, *Hordeum murinum*, *Hypericum perforatum*, *Lamium album*, *Lamium purpureum*, *Lapsana vulgaris*, *Lithospermum officinale*, *Lychnis dioica*, *Lysimachia nummularia*, *Matricaria parthenium*, *Melica nutans*, *Panicum viride*, *Triticum repens*, *Papaver rhœas*, *Phleum pratense*, *Sanguisorba officinalis*, *Poa bulbosa*, *Briza media*, *Potentilla reptans*, *Potentilla argentea*, *Ranunculus acris*, *Ranunculus repens*, *Ranunculus bulbosus*, *Rumex acutus*, *Rumex crispus*, *Saponaria officinalis*, *Senecio jacobœa*, *Sherardia arvensis*, *Symphytum officinale*, *Thlaspi bursa pastoris*, *Spirœa aruncus*, *Melilotus officinalis*, *Veronica arvensis*, *Veronica teucrium*, *Vicia sativa*.

Il est chose très-remarquable dans cette nomenclature, c'est qu'il ne s'y trouve pas une seule plante qui ne se rencontre également dans nos prairies du centre et du nord de la France.

PRAIRIES DE L'ANGLETERRE ET DE L'ECOSSE.

Les prairies des Iles-Britanniques ressemblent beaucoup à celles du nord de la France et de la Belgique. On y trouve d'excellentes plantes fourragères, dont le développement, favorisé par l'humidité naturelle au climat, devient quelquefois excessif. On trouvera dans l'ouvrage de Marshal des listes très-complètes de toutes les plantes fourragères de cette contrée, et l'on reconnaîtra bientôt que les espèces qui dominent en France, comme en Angleterre, dans les meilleures prairies, appartiennent à la famille des Graminées, des Légumineuses, des Ombellifères ou des Composées.

N° 75.

La fameuse prairie de Salisbury, le seul exemple que nous voulions citer, contient entre autres plantes :

Poa trivialis, *Triticum repens*, *Agrostis alba* (tous trois très-communs), *Alopecurus pratensis*, *Ranunculus acris*, *Peucedanum silaus*, *Avena elatior*, etc.

Nous ne pousserons pas plus loin ces détails de composition ou d'associations naturelles des plantes pour former les prairies.

Ces exemples déjà nombreux suffisent pour donner une idée de la variété infinie qui existe dans les mélanges que la nature emploie pour utiliser tous les terrains et offrir une pâture permanente aux espèces herbivores qu'elle a créées.

CHAPITRE II.

DE L'ALTERNANCE OU ASSOLEMENT NATUREL DANS LES PRAIRIES PERMANENTES.

On connaît des prairies permanentes qui durent indéfiniment, et plusieurs d'entre elles existent certainement depuis plusieurs siècles, en donnant des produits dont la quantité ne varie pas sensiblement. Ainsi, il existe, dans les pays de montagnes, des pâturages qui, de temps immémorial, sont affectés à la dépaissance des bestiaux, sans que jamais ils aient cessé de produire. Si, au contraire, nous ensemençons un terrain de plantes fourragères, nous obtenons d'abord de bonnes récoltes, puis au bout de quelques années elles diminuent, et deviendraient nulles si on persistait à vouloir les maintenir. Ces différences tiennent en grande partie à un phénomène bien connu, mais qui n'est pas assez apprécié des agriculteurs : c'est l'*alternance*. La composition des prairies naturelles est continuellement modifiée par l'alternance, qui agit, d'ailleurs, sur toutes les plantes qui vivent en société. Cette cause peut changer totalement la nature d'un pré en quelques années. Depuis long-temps, on avait remarqué que les plantes sociales, quand elles venaient à disparaître du lieu où elles avaient vécu, étaient remplacées par des espèces différentes, et l'on avait constaté ce phénomène dans les bois, dont l'essence tend continuellement à changer, à tel point, qu'un bois de hêtre, par exemple, peut être remplacé par des bouleaux, ceux-ci par des coudriers, ceux-ci par d'autres, et ainsi de suite, de telle sorte qu'au bout de quelques siècles la nature de la forêt, ou son essence, a changé plusieurs fois.

J'ai recueilli, en 1819, des notions assez précises sur l'alternance des plantes herbacées dans la forêt des Ardennes. A peine le taillis était-il abattu, que le sol se couvrait de *Digitalis purpurea, Solidago virga aurea, Epilobium spicatum*, etc., dont on n'observait aucune trace sous l'ombre des plantes ligneuses. Une année s'écoulait à peine que ces végétaux avaient disparu, et tout l'espace compris entre les buissons naissants était couvert de *Galeopsis tetrahit* et d'*Aira flexuosa*. Les genêts et les ronces envahissaient ensuite le sol, jusqu'à ce qu'enfin un taillis différent par l'essence de celui qui avait été abattu vint faire disparaître toutes ces plantes étrangères à la localité. Sous l'abri des arbres, croissaient alors des espèces qui cherchent les endroits ombragés, telles que le *Primula elatior*, *Scilla nutans*, *Luzula pilosa*, *Asperula odorata*, *Monotropa hypopitis*, etc. Il y avait donc, dans le développement successif de tous ces végétaux, un phénomène d'alternance ou un assolement naturel, puisque ces plantes venaient occuper le sol les unes après les autres, comme dans une succession de culture méditée par un habile agronome.

Mais c'est dans les prairies, et surtout dans celles qui ne sont soumises ni à l'irrigation ni à l'action des engrais, que l'on remarque le mieux les phénomènes d'alternance. Les plantes d'une prairie changent presque tous les ans, sinon dans les espèces mêmes, au moins dans leurs proportions.

L'alternance est tellement dans la nature, qu'elle a amené de suite l'agriculteur aux assolements, qui ne sont autre chose que l'alternance artificielle. Le sol se plaît à varier ses productions, comme l'animal à varier sa nourriture; l'un de ces principes est la conséquence de l'autre.

Si la variété de nourriture contribue beaucoup à la prospérité de tous les animaux domestiques, cette même variété, en produisant sur le sol le phénomène d'alternance, contribue également à son entretien et à sa bonification.

Déjà les Romains connaissaient parfaitement cette grande loi de la nature, puisque Virgile dit, dans ses *Géorgiques*, liv. 1 :

> *Sic quoque mutatis requiescunt fœtibus arva.*
> La terre ainsi repose en changeant de richesses.
> Delille.

Pour qu'un pré dure long-temps, il faut donc qu'il soit formé d'un grand nombre de plantes; aussi ceux que l'on sème atteignent rarement la longue durée de ceux qui se forment naturellement. C'est uniquement parce qu'ils contiennent un nombre d'espèces bien moins grand, et que les phénomènes d'alternance ne peuvent pas s'y présenter dans tout leur développement.

Lorsqu'on abandonne une terre à elle-même une première année, il s'y forme ordinairement une sorte de prairie composée de plantes toutes particulières: ainsi les *Sherardia arvensis*, *Veronica hederacea*, etc., y paraissent au printemps; le *Viola tricolor*, le *Linaria vulgaris* leur succèdent, puis les *Galeopsis*, les *Euphrasia*, etc. Il s'établit déjà, en une seule année, une rotation de plantes spontanées, et si l'année suivante le sol n'est pas labouré, d'autres espèces viennent se mélanger aux premières; les Graminées, à racines vivaces, qui avaient à peine paru la première année, prennent bientôt le dessus, puis il s'y mêle des Légumineuses, et ainsi de suite. Chaque année cette association se complique, et enfin c'est une prairie qui s'est formée.

Quand une ou plusieurs espèces ont épuisé le sol sur lequel elles ont vécu, elles se reposent, et sans périr pour cela, elles semblent disparaître sous les autres, qui prennent un accroissement plus grand, jusqu'à ce qu'elles restent elles-mêmes dans une sorte d'inaction. Tous les ans une portion des plantes qui composent les prairies, sommeille à son tour, et produit ainsi ce phénomène d'alternance qui est dû à plusieurs causes.

La principale, sans doute, réside dans la nécessité où se trouve chaque végétal d'absorber, par ses racines, tout autour de lui, jusqu'à ce que ce sol ne contienne plus la matière qu'il cherche à s'approprier. Les engrais, les irrigations, et souvent même un long espace de temps, peuvent replacer la plante dans sa première condition et lui rendre sa première végétation.

Quand, sur une prairie épuisée, l'engrais que l'on répand produit une récolte plus ou moins abondante, c'est qu'il rend au sol des principes que certaines plantes avaient déjà consommés, et dès lors elles se reveillent pour végéter de nouveau; puis au bout de quelque temps, elles disparaissent encore, sans périr pour cela, et le sol renferme ainsi une multitude de racines et de germes qui attendent leur tour et des circonstances favorables pour se développer.

Une autre cause, secondaire peut-être, mais qui a aussi une très-grande influence, c'est l'action du climat, c'est-à-dire l'action atmosphérique. Si un pré est composé d'espèces très-nombreuses, les unes préfèreront la chaleur au froid, d'autres la fraîcheur à la sécheresse; telle qui résistera aux inondations ou à la submersion, périra au contraire par l'intensité du froid ou du soleil, en sorte que chaque année certaines espèces auront des chances de développement qui n'existeront pas pour les autres. Il me serait facile de citer un grand nombre d'exemples, mais chacun pourra se convaincre de ce que j'avance, en tenant une note exacte de la composition et proportion d'une prairie pendant plusieurs années de suite. On verra que les plantes dominantes ou essentielles auront changé de proportion, et que certaines espèces se seront substituées à d'autres.

Je pourrais citer, à l'appui de ce que je viens d'avancer, un certain nombre d'exemples; mais à la rigueur je pourrais me contenter d'un seul : je veux parler des parcelles de prairies dont l'analyse est donnée sous les numéros 46 à 61. Il est pris dans l'intérieur même de Paris, à l'hospice de la Salpétrière, dont les cours très-étendues renferment, entre autres pelouses, seize carrés de gazon soumis aux mêmes influences, également entourés de bâtiments, ne recevant jamais d'engrais, et fauchés avant que les plantes qui les composent aient eu le temps de répandre leurs graines. Ces gazons ont été semés très-anciennement en Ray-Grass ordinaire ou *Lolium perenne* (Ivraie vivace), et peuvent être maintenant considérés comme des prairies naturelles. Malgré cela, il n'y en a pas trois ou quatre qui offrent la même espèce de plante comme partie constituante dominante. Dans l'un, c'est le *Dactylis glomerata*; dans l'autre, le *Festuca elatior* ou l'*Avena elatior*, le *Bromus pratensis*, le *Trifolium pratense*, le *Rumex acetosa*, le *Galium mollugo*; dans un autre, encore le *Galium mollugo* contient une quantité égale de *Galium verum*, tandis qu'on n'en observe pas dans le carré voisin.

Comme partie constituante essentielle, dans la plupart des carrés, c'est une des plantes qui est dominante dans un autre carré, quelquefois même il y en a deux ou trois, et dans le nombre il s'en trouve parfois qui ne se rencontrent pas dans les autres carrés ; ainsi , dans l'un , le *Senecio jacobœa* ; dans l'autre , le *Tragopogon pratense* , le *Barkausia taraxacifolia* , l'*Hypochœris radicata* , le *Salvia pratensis* , etc. Quant aux parties constituantes , accessoires et accidentelles , elles sont également variables, mais moins cependant, et consistent, en général, en *Lychnis dioïca* , *Centaurea jacea* , *Silene inflata* , *Poterium sanguisorba* , etc. La plupart de ces petits gazons changent chaque année de partie dominante , surtout ceux pour lesquels ce sont des Graminées ; ceux qui ont le Caille-lait blanc et jaune durent plusieurs années , mais finissent aussi par se laisser envahir par l'*Avena elatior* , le *Dactylis glomerata* , le *Medicago lupulina.* , etc., qui n'y forment cependant que des parties accessoires ou accidentelles , tandis que d'autres, où les *Galium mollugo* et *verum* formaient seulement une partie accidentelle , et se trouvaient çà et là en très-petite quantité , perdent les Graminées , leur *Trifolium pratense* , sont envahies par les *Galium*, qui , au bout d'un certain nombre d'années , les quittent pour laisser revenir les plantes qu'elles ont chassées.

On peut encore observer un exemple de ces curieux phénomènes d'alternance dans les prairies de Gentilly , près Paris (n⁰ˢ 43 à 45), où les Graminées et le *Trifolium pratense* sont toujours les parties constituantes dominantes , mais presque jamais les mêmes pour chaque année. La prairie que j'ai observée à Compiègne , sur le bord de l'Oise (n⁰ˢ 33 et 34), les prés qui se trouvent dans les vallées des Ardennes , ceux qui constituent les beaux pâturages de la Flandre, nous offrent les mêmes phénomènes.

Ces derniers , à la vérité , sont soumis à des engrais , mais je ne parle ici que de ceux qui reçoivent toujours les mêmes engrais , de ceux dans lesquels on laisse paître les bestiaux toute l'année, et qui par conséquent obtiennent tous les ans la même quantité et la même nature d'engrais.

L'espèce des bestiaux influe aussi non seulement par la nature de ses excréments sur les plantes des prairies, dont certaines espèces croissent de suite en très-grande proportion, si l'on fait parquer les bœufs , ou d'autres , quand ce sont des moutons , etc. ; mais outre cette cause , ces animaux ne mangent pas les mêmes végétaux. Telle espèce est dédaignée par les bœufs et mangée par les chevaux; telle autre, négligée par ceux-ci, est une espèce avidement recherchée par d'autres , et ainsi de suite. Il en résulte que si des bœufs sont toute l'année dans une prairie, les végétaux qu'ils ne mangeront pas pourront fleurir et fructifier, et leurs graines répandues augmenteront tous les ans la quantité de leur fourrage. C'est ainsi que pullulent dans les prairies certaines Composées que ces animaux ne mangent jamais , ce qui fait dire souvent aux gens de la campagne que telle espèce d'animal mise au pâturage engendre telle ou telle autre plante par ses excréments , tandis qu'il les laisse seulement fructifier sans les brouter , et facilite ainsi leur dissémination.

Un fait assez curieux , qui a déjà du reste été remarqué , c'est l'existence dans les prairies d'un certain nombre de plantes annuelles qui paraissent devenir vivaces et qui s'y montrent ainsi très-long-temps. On pourrait croire que leurs graines, en se ressemant tous les ans, reproduisent ainsi de nouvelles plantes qui remplacent les individus dont ils proviennent, et souvent, en effet, ce semis naturel a lieu ; mais quand on fauche les plantes avant leur fructification, ce ne peut plus être par le moyen des graines qu'elles se perpétuent. C'est alors seulement qu'elles deviennent vivaces ; car on sait très-bien qu'en empêchant artificiellement une plante de fructifier, on prolonge sa vie quelquefois très-long-temps. Ces plantes annuelles, continuellement fauchées, repoussent du pied comme les plantes vivaces, jusqu'à ce qu'elles rencontrent une occasion de mûrir leurs graines, et alors elles périssent et sont remplacées. Ce phénomène est si bien connu en physiologie végétale, que de Candolle a proposé de remplacer les expressions *plante annuelle*, par celles de *plante monocarpienne*, c'est-à-dire qui ne peut fructifier qu'une seule fois.

Je ne poursuivrai pas plus loin ces considérations sur l'alternance, mais il était nécessaire de les apprécier avant de commencer le chapitre suivant.

CHAPITRE III.

DE LA NATURE ET DES DIVERSES QUALITÉS DU SOL.

Le sol est formé par la destruction séculaire des masses de rochers qui existent à sa surface, et que les eaux étendent plus ou moins également.

Quoique la terre, qui sert de support et de nourrice aux végétaux, contienne une grande variété d'éléments ou de principes que l'analyse peut y découvrir, un petit nombre seulement en forment la base essentielle ou la partie prédominante.

Si la silice ou le sable domine, le sol est *sablonneux*.

Si c'est l'alumine ou l'argile, le terrain est *argileux*.

Il est nécessairement *calcaire* lorsque le carbonate de chaux en forme la base.

La nature du sol est souvent très-difficile à reconnaître, et quoique le plus souvent elle influe sur sa fertilité, elle éprouve un grand nombre de modifications qui tiennent à des causes très-différentes.

Ces différents sols peuvent d'abord se mélanger en proportions très-variables, et le mélange est en général plus favorable à la végétation que chacun des deux composants pris isolément; aussi le terrain volcanique, qui est généralement composé d'éléments très-divers, est un des plus fertiles que l'on connaisse.

La matière organique qui, lorsqu'elle est presque pure, prend le nom d'*humus* ou de *terreau*, et qui est le résultat de la décomposition des végétaux, ne peut pas être considérée comme formant un terrain à elle seule, mais elle se mêle aux trois sols de nature différente dont nous venons de parler, et les fertilise d'autant plus qu'elle y entre en quantité plus grande.

Indépendamment de la nature du sol, on doit observer s'il est meuble ou compacte. Cet état tient ordinairement à la division plus ou moins grande des matières qui le composent. Si, par exemple, la terre est composée de fragments visibles et séparables, quelle que soit leur nature, le sol sera *meuble*, à moins que ces fragments ne soient trop gros; mais si elle est formée par des particules extrêmement fines, que les eaux peuvent entraîner et déposer en couches denses, le sol sera compacte.

Les terrains meubles sont souvent sablonneux, et les compactes ont presque toujours l'argile pour base; mais dans ces derniers, il serait souvent impossible à tout autre qu'à un chimiste de distinguer si la base est siliceuse ou alumineuse, c'est à-dire si le terrain est de nature sablonneuse ou argileuse.

On admet encore ici le mélange des parties grossières du terrain avec les parties fines, et de ce mélange en proportions différentes, résultent toutes les modifications que l'on observe dans l'adhérence du sol.

Un terrain d'une nature quelconque, léger ou compacte, pauvre ou riche en humus, serait encore infertile sans la présence de l'eau. Si celle-ci s'infiltre ou s'évapore promptement, le terrain est sec; si au contraire rien ne favorise son écoulement et qu'elle séjourne à la surface, le terrain est marécageux. Entre cet état et le précédent, se trouvent toutes les nuances possibles d'humidité.

L'écoulement ou la stagnation des eaux, qui rendent les terrains secs ou humides, tient à plusieurs causes, qu'il est ordinairement plus facile de reconnaître que de détruire.

L'évaporation est prompte si le sol est exposé au grand soleil, au midi et au levant, plutôt qu'au nord et au couchant, si une couleur sombre lui permet de s'échauffer plus qu'un autre, si une situation en pente favorise l'écoulement du liquide, si son peu d'adhérence et sa nature sablonneuse permettent à l'eau de s'infiltrer promptement, et enfin s'il contient peu d'humus, d'engrais ou de sels deliquescents, matières qui retiennent toute l'humidité à un degré plus ou moins marqué.

Toutes ces causes opposées rendent le sol humide. L'ombrage de grands arbres ou de plantes à larges feuilles, une situation horizontale à la base d'un terrain incliné, la compacité et la nature argileuse du sol et l'abondance de sels et de matières végétales, concourent ensemble et isolément à rendre les terrains humides.

Enfin il est encore une considération indépendante de toutes les autres, c'est la profondeur du terrain, considération qui influe singulièrement sur la culture, et qu'il n'est pas toujours facile de déterminer, à cause des variations qu'elle éprouve à de très-petites distances.

La profondeur du sol tient à la présence ou à l'absence de roches dures ou tendres, qui s'étendent sous la terre cultivable à des profondeurs variables. Ainsi, il existe des contrées où l'on ne peut trouver la base du sol, tandis que dans d'autres les roches saillantes à la surface ne l'indiquent que trop pour l'agriculteur.

Classification des terrains ou du sol des prairies.

1° D'après leur nature minérale, ils peuvent être *sablonneux*, *argileux*, *calcaires*.

2° D'après le degré de finesse ou de division de leurs parties, les trois divisions peuvent offrir des terrains *meubles*, *compactes*.

3° D'après la position, l'inclinaison, l'exposition, l'ombrage, etc., ils peuvent être *secs*, *frais*, *humides*, *marécageux*.

4° D'après la quantité de matières organiques interposées entre les parties minérales, ils peuvent être *riches*, *arides*.

5° D'après la profondeur de la couche végétale ils peuvent être *superficiels*, *profonds*.

On conçoit facilement la variété presque illimitée que peuvent offrir les différents terrains, quand on réfléchit que les conditions diverses que nous venons d'énoncer, peuvent se réunir deux à deux, trois à trois, et ainsi de suite, et produire ainsi cette multitude de sols divers qui font de l'agriculture une science toute pratique et toute locale, car il est rare que, soumises à des conditions et à des influences si variables, deux terres ou deux prairies présentent absolument les mêmes éléments de succès ou d'insuccès. Ainsi, la combinaison du terrain sablonneux et sec avec une grande quantité de matière organique végétale, constituera le *sol de bruyère*, tandis que si le même terrain est marécageux, ce sera nécessairement un *sol tourbeux*. Si une couche de très-bonne terre, réunissant toutes les conditions voulues pour le développement des plantes, ne présente que quelques centimètres d'épaisseur et repose sur un roc imperméable, il est bien certain que plusieurs espèces ne pourront y végéter, tandis que d'autres, à racines traçantes, pourront s'en contenter.

Nous engageons les personnes qui désireraient des renseignements plus étendus sur les divers caractères du sol, à consulter un excellent mémoire que vient de publier M. Girardin, professeur de chimie industrielle à Rouen, auquel l'agriculture est déjà redevable de si importants travaux.

CHAPITRE IV.

DU CHOIX DES PLANTES FOURRAGÈRES QUI CONVIENNENT PLUS
SPÉCIALEMENT AUX DIFFÉRENTES ESPÈCES DE SOLS.

Avant de donner des listes des fourrages appropriés aux diverses espèces de terrains, nous devons d'abord tenir compte de quelques considérations très-importantes, relatives à la formation des prairies. Nous aurons donc à examiner brièvement : *l'action des phénomènes d'alternance, la hauteur des tiges, la longueur des racines, la durée des plantes et leur précocité, la qualité des plantes et leur quantité ou rendement, la prédilection des bestiaux, et la qualité nutritive des espèces.*

1° Des phénomènes d'alternance, de la hauteur des tiges et de la profondeur des racines.

Un pré naturel est toujours composé d'un grand nombre de plantes essentiellement différentes. Quoique, dans les bonnes prairies, deux familles dominent ordinairement, les Graminées et les Légumineuses, les prés en admettent une foule d'autres ; mais en supposant même que ces deux groupes seulement soient appelés à former un gazon, nous remarquerons néanmoins qu'un très-grand nombre d'espèces concourent encore à sa composition. Il existe, comme nous l'avons déjà indiqué, un fort curieux phénomène d'alternance ou d'assolement qui se produit dans les prairies, seul, sans le secours de l'homme, et souvent sans qu'il s'en aperçoive (1). Le cultivateur qui, chaque année, récolte le foin d'un pré, ne s'inquiète pas ordinairement de la nature des plantes qui le produisent ; mais si son attention se portait sur ce point, il reconnaîtrait que, dans l'espace de 20 à 25 ans, son pré aurait changé plusieurs fois de nature, que chaque année, sans exception, il y aurait eu une différence notable dans les espèces qui se sont le mieux développées ; enfin qu'à telle espèce dominante une année, une autre aurait tout-à-coup ou graduellement succédé, qui bientôt aurait été remplacée par une autre, en sorte qu'au bout de 20 à 25 ans, les mêmes plantes auraient reparu à peu près dans le même ordre. Il est tout simple, quand on y réfléchit, de comprendre qu'une plante qui a vécu largement dans un terrain et qui l'a épuisé des substances dont elle se nourrissait, lutte quelque temps contre celle

(1) Ce phénomène a été étudié très-soigneusement et décrit pour la première fois avec détails dans un mémoire très-remarquable lu à l'Institut, en 1824, par M. Dureau de la Malle, et inséré en entier dans les *Annales des Sciences naturelles*, t. V.

qu'elle étouffait par sa vigueur, et qu'enfin elle cède aux autres le terrain qu'elle leur disputait. Quand ces dernières, momentanément envahissantes, auront régné à leur tour, d'autres leur succéderont et ainsi de suite, jusqu'à ce que le sol, reposé ou ayant reconquis, par l'atmosphère ou d'une manière quelconque, les matières qu'il avait perdues, redevienne propre encore à recommencer sa série et à nous offrir l'exemple de cet assolement naturel à longs termes.

·Dans les prairies, indépendamment de cette loi d'alternance, dont les résultats si positifs et si curieux ont été copiés dans toutes les bonnes cultures, sous le nom d'*assolement*, les circonstances atmosphériques ont encore une action positive. Nous l'avons déjà dit, mais l'alternance a une telle influence sur les prés, qu'on nous permettra cette répétition. Les plantes nombreuses qui composent une prairie ont toutes des goûts différents pour la sécheresse et l'humidité, et les années n'étant jamais exactement semblables pour l'agriculteur, le développement de telle ou telle espèce suivra nécessairement cette dissemblance des saisons : l'année humide favorisera la croissance d'une plante qui se serait à peine montrée dans la sécheresse, et l'action prolongée du soleil fera végéter les racines engourdies d'une espèce qui aurait disparu sous la végétation luxuriante de ses voisines. Je parle ici des prairies naturelles et des pelouses non cultivées ; car si l'homme veut soumettre une prairie à un entretien convenable, il pourra, lui aussi, par des irrigations, suppléer aux inégalités des saisons ; il pourra, par des engrais rationnellement appliqués, nourrir des plantes qui, dans l'ordre naturel, eussent attendu peut-être un grand nombre d'années pour reparaître avec vigueur sur leur tapis de verdure. Malgré cela, les phénomènes d'alternance auront lieu.

Ainsi, quoique le Trèfle, la Luzerne, le Sainfoin et quelques autres espèces soient presque toujours, et avec raison, semés seuls, sans mélange, l'homme, malgré tous ses soins, ne peut prolonger leur durée au-delà d'un certain nombre d'années déterminées pour chaque espèce, tandis que les prés des vallées et les pelouses des montagnes sont éternels. Il est donc indispensable, si l'on veut établir une prairie permanente, d'y réunir un très-grand nombre d'espèces, et surtout de plantes appartenant à des genres différents, et mieux encore à des familles éloignées les unes des autres dans la série végétale. C'est pour cette raison sans doute que les Graminées et les Légumineuses s'associent si bien entre elles et donnent, en réalité, de si beaux résultats dans les prairies permanentes. Ces deux familles doivent toujours former la base de ces prairies.

Mais il est encore une autre considération qui milite en faveur de l'association d'un grand nombre de plantes, c'est la réunion de racines et de tiges de grandeur et de direction inégales, pour que le sol soit partout occupé à ses divers niveaux. Que l'on fasse quelques observations de ce genre sur les racines, et l'on sera réellement étonné de leur admirable arrangement dans l'intérieur du sol. Que l'on coupe, dans quelques prairies naturelles,, des bandes de gazon, en laissant au-dessous de l'herbe une couche de terre assez épaisse pour que l'on soit certain d'avoir enlevé toutes les racines ; qu'on lave avec soin cette bande de gazon, de manière à enlever la terre, en renouvelant souvent le liquide et sans déranger la ligne supérieure , où les plantes se touchent par leur collet, on arrivera à des observations extrêmement curieuses. Cette ligne supérieure , qui touche la surface du sol va devenir le 0 ou le niveau d'une échelle ascendante et descendante des plus utiles à examiner. Au-dessus , à des hauteurs différentes, viennent successivement s'arrêter les tiges d'un grand nombre de plantes fourragères, offrant comme au point de contact de la portion défrichée d'une forêt avec celle qui ne l'est pas, une haute futaie, des arbres moins élevés , un taillis qui se développe sous leur ombrage, des arbrisseaux protégés par les taillis, de grandes plantes vivaces qui croissent sous les arbrisseaux, d'autres plus petites qui rampent sur le sol, enfin des mousses et des champignons couchés et presque collés à la surface. De même, dans les prairies, les hautes Graminées, les grandes Légumineuses, les plantes moins élevées, les Tréfles rampants et les Graminées traçantes, établissent plusieurs couches superposées de fourrage, et forcent ainsi le sol à nourrir un plus grand nombre de plantes, en les étageant comme les plantes dans une serre et les arbres dans les forêts.

Au-dessous de cette ligne, les racines offrent exactement les mêmes dispositions, sans qu'il y ait pour cela le moindre rapport entre leur étendue et celle des tiges ; car souvent les plantes les plus élevées correspondent aux racines les plus petites ; mais on est surpris de voir la quantité de racines logées dans un si petit espace. On ne se lasse pas d'admirer les formes , les divisions, la consistance, la direction diverse de toutes ces racines. Les unes, indéfiniment divisées, restent à la surface du sol et s'y étalent ; d'autres, moins chevelues, forment de petites touffes qui ne s'éloignent pas de la base de la tige. Il en est qui , peu rameuses, descendent tout-à-coup, sans s'inquiéter, de la surface, tandis que d'autres envoient de longues ramifications qui s'étendent dans tous les sens, dans toutes les directions. Toutes sont indépendantes les unes des autres, toutes sont occupées à puiser leur nourriture sur le même sol. Elles vivent en égoïstes, ne s'inquiètent pas des autres, qui souvent les gênent et luttent avec elles : sous le sol, comme sur la terre, la raison du plus fort est souvent la meilleure. Que l'agriculteur s'arrête un instant sur un spectacle aussi intéressant pour lui, et qu'il réfléchisse un peu sur les fonctions physiologiques que remplissent tous ces organes que la terre cache à nos yeux , et cette seule inspection vaudra mieux pour lui que l'étude botanique et agricole de toutes ces plantes. Il reconnaîtra clairement que celle dont les racines très-divisées ne quittent pas la surface du sol, sera plus sensible à la sécheresse et à la chaleur que celle qui va profondément pénétrer un sol inaccessible aux rayons du soleil. Il verra que la plante dont les racines sont courtes et réunies à la base de là tige, ne pourra vivre que des sucs nourriciers qui sont tout auprès d'elle et que celle qui peut envoyer au loin de longues ramifications trouvera plus facilement à s'alimenter, et résistera sans doute plus long-temps. Enfin il reconnaîtra que, pour obtenir une bonne prairie, dont la permanence soit bien assurée, il faudra tâcher d'étager les racines comme les tiges, pour utiliser toutes les zones de terrain et pour parer à toutes les éventualités des saisons et du climat.

Nous terminerons ce paragraphe par une observation qui a aussi une certaine importance, et qui se lie à la question de la hauteur inégale des tiges dans un pré.

Une prairie horizontale a-t-elle une valeur égale à une prairie en pente, ramenée à sa base horizontale par la méthode de cultellation? Il ne peut guère y avoir d'avantages pour une forêt, par exemple, pour des vignes, parce que la situation verticale des plantes ne leur permet pas de prendre plus de développement sur une pente que sur un terrain horizontal; mais pour une prairie, un terrain inégal, c'est-à-dire très-sensiblement inégal, doit nécessairement produire plus que sa base, car si la prairie est bien faite, on ne verra le sol nulle part, et une foule de végétaux, pour lesquels la perpendicularité n'est pas une condition indispensable, occuperont les parties basses et augmenteront la masse du fourrage. Il est donc utile, dans ce cas, de s'assurer de la présence de plantes traçantes, telles que l'*Agrostis stolonifera*, des Trèfles, des Luzernes à fleurs jaunes, etc. Quand la pente est très-irrégulière, elle nuit plus qu'elle ne rapporte, par les difficultés qu'elle présente à l'irrigation, au fauchage, etc.

2° *De la durée des plantes fourragères et de leur précocité*

Il y a ici deux questions très-différentes; l'une tient au développement plus ou moins printanier des espèces, et l'autre à leur longévité.

En ce qui touche la première, on réunira, autant que possible, pour les semis des prairies destinées à faucher, des plantes qui fleurissent, ou du moins se développent à des époques peu éloignées, pour assurer une bonne fenaison et un foin sec de bonne qualité; mais on ne poussera pas cette précaution à l'exagération, comme on le trouve recommandé dans quelques livres, car il importe peu qu'il y ait une différence de 8 à 10 jours dans la floraison des diverses espèces, c'est-à-dire qu'elles retardent ou avancent de cinq jours sur la moyenne. Et d'ailleurs, si une plante est fauchée avant d'être en fleur, on peut être assuré que le regain compensera au moins ce que l'on perd en la fauchant quelques jours plus tôt; car chaque espèce semble avoir son contingent de végétation à fournir dans l'année, et la production de la fleur, et surtout de la graine, s'oppose très-positivement au développement d'un très-grand nombre de feuilles.

Si, pour le semis d'une prairie purement destinée à être fauchée, on doit choisir, autant que possible, des plantes d'époque de végétation analogue, on n'a plus besoin de s'astreindre à cette règle, si l'on veut obtenir seulement des pâturages; il est nécessaire, au contraire, quand on cherche ce résultat, d'avoir des espèces de précocités différentes, afin qu'aux différentes époques les troupeaux rencontrent des jeunes pousses et des plantes en plein développement. Ajoutez à cela que les animaux mangent davantage, et se portent mieux quand leur nourriture est variée, et vous arriverez à ce résultat, qu'une prairie permanente doit être composée d'un bon nombre d'espèces, et que ce qui convient au sol arrange aussi parfaitement les bestiaux.

La précocité, considérée d'une manière générale, est cependant un avantage dans la plupart des cultures, et notamment dans le choix des plantes qui doivent composer une prairie, car ce qui est récolté de bonne heure est pour ainsi dire tout bénéfice, puisque les prairies poussent et produisent ordinairement jusqu'aux premières gelées de novembre et quelquefois de décembre. Une première coupe, fauchée dès le printemps, assure un ou deux regains, tandis que si cette première coupe, fournie par des espèces tardives, ne peut être récoltée que très-tard, on ne peut espérer qu'une seconde coupe, malgré la vigueur des plantes, dont les gelées viennent arrêter l'élan de végétation, en les forçant au repos.

Si nous abordons la seconde question, nous trouverons qu'il y a une très-grande différence entre la durée de diverses espèces de plantes fourragères. Les unes parcourent, en une année, toutes les phases de leur végétation; d'autres mettent deux ans pour compléter leur développement, tandis que d'autres peuvent vivre pendant 15 et 20 ans. Celles dont l'existence se prolonge si long-temps se développent aussi plus lentement que celles qui parcourent en deux ou trois ans le cercle de leur végétation; ainsi, le Trèfle ne donne son produit principal que la seconde année, le Sainfoin la troisième, la Luzerne la quatrième, bien que cependant cette dernière plante ait déjà donné de très-beaux résultats la troisième, et quelquefois la seconde année, mais il est rare qu'elle atteigne son maximum avant trois ans.

Pour qu'une prairie devienne permanente, il semblerait essentiel au premier abord d'y semer seulement des espèces très-vivaces et de longue durée, mais il suffit de réfléchir un instant, et surtout d'observer ce qui se passe dans la nature pour être convaincu que cela n'est nullement nécessaire. En effet, une plante vivace n'est autre chose qu'une plante qui se reproduit aussi facilement, et quelquefois plus facilement par ses racines que par ses graines; ce n'est pas la racine qui a produit les pousses d'une année qui donne celles des années suivantes, ou du moins rarement la même racine produit les pousses pendant plus de deux à trois ans. De nouveaux germes, qui se développent au collet des vieilles racines, remplacent successivement les vieilles souches, qui pourrissent et se détruisent. La durée d'une plante vivace serait donc indéfinie ; et en effet, ce qui arrête le développement d'une plante, ce qui cause le dégarnissement d'une prairie composée d'une ou d'un petit nombre d'espèces , ce n'est pas l'existence limitée de telle ou telle plante, mais l'épuisement plus ou moins rapide du sol par ses racines. C'est la loi des assolements que cette plante nous indique , et si telle espèce parait durer plus long-temps qu'une autre, c'est qu'elle épuise moins vite le terrain , ou bien que les racines , plus longues ou plus traçantes , peuvent aller plus loin chercher leur nourriture. Il est donc inutile de chercher à associer des plantes d'égale durée quand on veut faire une prairie permanente. Celles qui les premières auront épuisé le sol environnant conserveront leurs germes radicaux dans l'inaction , jusqu'à ce qu'après un temps donné le sol reposé autour d'elles leur permette de se développer encore , et de recommencer une nouvelle période d'existence.

3° *Du rendement des plantes , de leurs qualités nutritives et de la prédilection des bestiaux.*

La question du rendement est très-importante , mais difficile à préciser dans ses détails. Ainsi, on trouve parmi les Graminées, comme parmi les autres plantes , des espèces qui produisent peu et d'autres dont les fanes abondantes donnent une ample récolte de fourrage. Cette quantité dépend très-souvent, il est vrai , de la nature du sol et de la rusticité de la plante , car on voit parfois des herbes très-faibles et très-chétives dans certaines circonstances prendre tout d'un coup une grande vigueur, quand le sol et la localité leur conviennent. Mais malgré ces causes accessoires il reste prouvé que certaines plantes produisent plus que d'autres , en donnant à chacune le terrain qui lui convient le mieux ; ainsi personne ne contestera que la Luzerne donne beaucoup de fourrage , et que la Spergule en produit très-peu

L'abondance ou la quantité de feuilles produite par une espèce se développe quelquefois en hauteur et quelquefois en largeur. Il y a des plantes à tiges droites, verticales et feuillées , et des espèces gazonnantes à feuilles ramassées et horizontales. Les premières sont préférables pour les prés à faucher, les secondes pour les pacages

Il peut être bon d'avoir un grand nombre de plantes pour les prairies naturelles , mais pour semer seules, il faut se borner à celles qui réussissent le mieux et qui donnent les plus grands produits. C'est ainsi, par exemple , que le *Coronilla varia* , que l'on pourrait cultiver avec succès sur les terrains secs et calcaires, est avantageusement remplacé par le Sainfoin. Le *Crepis biennis* donnerait un fourrage abondant et du goût de tous les animaux, mangé vert, mais la Chicorée amère aime le même terrain , donne plus de feuilles et dure plus long-temps. Il n'y a véritablement nécessité d'augmenter le nombre de nos plantes fourragères de ce genre qu'en utilisant des espèces qui produisent beaucoup , qui conviennent mieux aux bestiaux, qui s'accommodent de terrains inutiles pour d'autres cultures , et qui présentent enfin un avantage réel.

Généralement *la qualité vaut mieux que la quantité* , et cette maxime se trouve aussi vraie en économie rurale que partout ailleurs. Aussi a-t-on recherché quelles étaient les plantes fourragères les meilleures et les plus nutritives , et l'on trouve dans plusieurs ouvrages d'agriculture l'analyse d'un assez grand nombre de plantes , rangées par ordre de propriétés nutritives. Si ce classement avait été fait par des cultivateurs et par des économistes et basé sur des faits bien clairement et bien positivement établis , ce serait certainement un des plus beaux résultats obtenus depuis long-temps. Si, comme M. de Dombasle l'a essayé, sans terminer ses expériences , on avait pesé des animaux , et que comparativement on eût essayé un nombre déterminé d'aliments à poids égal , et que des pesées successives aient pu démontrer la valeur nutritive relative de chaque espèce ; si on avait pu répéter ces expériences sur les différentes espèces d'animaux , sur ceux soumis à l'engrais et sur les femelles nourrices ; si on avait pu comparer les quantités et la qualité de leur lait ; si enfin on avait tenu compte exactement de leur état de santé , presque toujours indiqué par les variations de leur poids , on aurait alors des données suffisantes pour établir des tables de valeur nutritive pour les différentes espèces fourragères. Mais loin de là, on a discuté la valeur nutritive de tel ou tel autre principe que l'on a trouvé dans les plantes, ou l'on s'est contenté d'indiquer la quantité des parties solubles ou d'extrait contenues dans chaque plante, et l'on a assis sur cette donnée fautive des tables comparatives, comme si l'on connaissait l'action de l'estomac des animaux et de leur suc gastrique sur les substances ingérées, comme si les matières insolubles dans l'eau n'étaient pas souvent digérées plus ou moins promptement. Il suffit d'ailleurs de remarquer que des animaux nourris uniquement avec une substance alimentaire, quoique placée au premier rang par les chimistes , maigrissent à vue d'œil ou deviennent malades, si l'on ne change pas leur régime, si on n'ajoute pas à cette nourriture des doses variées de végétaux divers , quoique bien éloignés dans leurs tableaux pour leurs qualités nutritives. C'est donc la variété qui nourrit les animaux et entretient leur santé, et tout ce que les chimistes ont fait à cet égard, et notamment les expériences de J. Sainclair en Angleterre et celles de Springel en Allemagne , ne signifient absolument rien, si ce n'est qu'elles ont fait perdre du temps à des hommes de mérite qui auraient pu mieux l'employer.

Il ne faudrait pas conclure, de mon peu de confiance dans le genre de travail que je viens de citer , que je place toutes les plantes fourragères sur la même ligne, sous le rapport nutritif. Ce serait une grave erreur de ma part; mais je crois que l'expérience, qui a déjà indiqué un grand nombre de plantes comme supérieures aux autres, est le seul guide que l'on puisse suivre dans cette recherche , et que la réunion de plusieurs plantes peut donner un mélange plus nutritif que chaque espèce isolée, parce que la nutrition des animaux, comme la nôtre, ne dépend pas de la partie soluble des substances que nous ingérons, mais de l'intensité d'action que l'estomac peut exercer sur ces matières, intensité qui peut varier à chaque instant, selon l'état de cet organe et selon le degré d'excitation qui lui est imprimé par les matières, plus ou moins sapides qui sont présentées à la mastication.

On ne réfléchit jamais que les animaux, comme les hommes, mangent davantage quand leur table est bien servie. En variant leurs mets, c'est-à-dire en multipliant les différentes espèces de nourritures, on est sûr d'obtenir de grands avantages, surtout pour les bêtes à l'engrais. Le changement excite leur appétit, et dans les prés naturels ils trouvent une variété qui leur plaît, par le mélange de plantes très-diverses, appartenant à des familles distinctes, et chez lesquelles le parfum et la saveur offrent une multitude de nuances.

On ne peut donc rien dire de positif sur la prédilection ou le goût des bestiaux. Il est bien certain que telle espèce plaît à tous et que telle autre leur déplaît; mais il en est des animaux domestiques comme de l'homme, dont les goûts diffèrent selon les individus. Ainsi, l'on voit souvent, en Suisse, les troupeaux de vaches manger l'Alchimille des Alpes, tandis qu'ils négligent complétement cette plante dans les pâturages du Mont-Dore. Un animal refusera une plante que vous lui présenterez, et il la mangera quelques instants après en la broutant lui même. Enfin le degré d'appétit est encore une chose qu'il faut observer, en sorte qu'il est très-difficile d'avoir des données positives sur ce sujet. On ne peut du moins les généraliser, car l'habitude que contractent les animaux de diverses contrées de se nourrir de plantes communes dans la localité dont ils sont originaires, les rend quelquefois difficiles pour des espèces que d'autres races recherchent avec avidité. C'est ainsi qu'au rapport de Davy, les moutons de quelques cantons méridionaux de l'Angleterre mangent avec plaisir le *Cynosurus cristatus*, L. (cette plante est dominante dans le gazon qui couvre quelques endroits du parc de Woburn, où ces animaux paissent de préférence), tandis qu'ils négligent ceux où croissent l'*Agrostis capillaris*, L.; l'*Agrostis pumila*, *Festuca ovina*, *Festuca duriuscula*. Les moutons du pays de Galles montrent des goûts tout opposés, et recherchent les plantes dont il vient d'être question, et touchent à peine au *Cynosurus*. Ils préfèrent surtout à toute autre l'*Agrostis capillaris*, et, chose remarquable, c'est que ceux mêmes qui sont nés à Woburn et ont été élevés dans le parc, montrent constamment de la prédilection pour les plantes qui croissent naturellement dans les montagnes des contrées dont ils sont originaires. Le voisinage des meilleures Graminées ne peut triompher de ce penchant.

Il y a une très-grande différence dans la manière dont les bestiaux choisissent les plantes dans une prairie.

J'ai souvent observé des vaches qui passaient la nuit à l'étable, et qui le matin sortaient au milieu de vastes pelouses, où deux cents espèces plus ou moins fourragères étaient à leur disposition. Elles mangeaient de suite avec avidité et presque indistinctement ; bientôt après elles arrachaient quelques poignées d'herbes, puis s'éloignaient un peu, mangeaient encore et avançaient toujours, et enfin, quand leur premier appétit était satisfait, elles choisissaient çà et là certaines espèces qui étaient plus à leur convenance, devenaient, comme nous, d'autant plus difficiles qu'elles avaient moins faim, et faisaient d'autant plus d'exercice en mangeant qu'elles avaient moins d'appétit. Elles agissent toujours ainsi, à moins qu'on ne les mette tout-à-coup dans une localité inconnue, qu'elles cherchent presque toujours à connaître avant de se mettre à manger.

En général les bestiaux préfèrent les Légumineuses et les Graminées aux autres plantes, en exceptant toutefois quelques espèces de la famille des Ombellifères, comme les carottes. On regarde ces plantes comme très-nutritives, et l'on sait que les fourrages le sont d'autant plus qu'ils croissent dans des lieux plus découverts et plus élevés. Le foin des prairies basses et humides, l'herbe que l'on recueille dans les lieux ombragés, sont moins profitables aux animaux. Quant aux plantes qui augmentent la qualité du lait et sa quantité, l'expérience a prouvé que ce ne sont pas toujours celles qui nourrissent le plus, quoique souvent cependant ces espèces réunissent ces deux avantages.

Ce n'est donc pas en recherchant la partie dissoluble d'aliments que l'on peut parvenir à connaître leur pouvoir nutritif, mais plutôt comme l'a fait, dans ces dernières années, M. Boussingault, en étudiant leur composition chimique élémentaire Comme il résulte d'expériences positives et très-remarquables faites par M. Magendie, que les aliments contiennent tous de l'azote, et que les matières qui n'en renferment pas ne peuvent seules alimenter un animal, on devait conclure que les substances les plus azotées seraient aussi celles qui seraient les plus nutritives. C'est ce qui a déterminé M. Boussingault à s'occuper d'un long et minutieux travail d'analyse, dans lequel il a déterminé les quantités proportionnelles d'azote contenues dans chaque matière ; et en prenant pour base le pouvoir nutritif du foin ordinaire exprimé par le nombre 100, il a déduit l'équivalent nutritif de chacune des plantes ou parties de plante qui entrent le plus ordinairement dans l'alimentation des bestiaux et même de l'homme. Ce serait donc, d'après ce savant, la partie azotée ou les principes animalisés des plantes qui nourriraient le mieux les animaux, ce qui déjà viendrait à l'appui de l'opinion de plusieurs savants, qui pensent que les principes immédiats que l'on rencontre dans les animaux, proviennent originairement des végétaux dont ils se nourrissent, et ne subissent que de modifications et non des transformations, en un mot que les matières animales ne se forment pas de toutes pièces dans les viscères des animaux.

Le tableau suivant, publié par M. Boussingault, est le résultat de toutes ses expériences, et indique, à la fois, la proportion d'eau contenue dans une quantité donnée de matière, le dosage de l'azote, et d'après cette base, l'équivalent nutritif ou le nombre de parties nécessaires pour remplacer 100 de foin ordinaire. On voit par là que 612 parties de Navet nourrissent seulement comme 100 de foin, c'est-à-dire que leur valeur nutritive est six fois moindre, tandis que 21 parties de tourteau de Colza équivalent à 100 de foin et à 612 de Navet, en basant toujours leur valeur sur la proportion d'azote qui s'y trouve contenue.

Pour mettre les agriculteurs à même d'apprécier le degré de rigueur de sa méthode, M. Boussingault a placé, dans une des colonnes de son tableau, les équivalents pratiques, qui résultent des observations d'agronomes distingués, et il est arrivé à des chiffres souvent si rapprochés des leurs, qu'il est impossible de savoir si c'est la théorie qui est en défaut ou la pratique qui a manqué de moyens rigoureux d'appréciation.

SUBSTANCES.	Eau perdue pendant la dessiccation à 100°.	Azote dans la substance desséchée.	Azote dans la substance non desséchée.	Équivalents théoriques.	Équivalents pratiques.	AUTEURS QUI ONT DONNÉ DES ÉQUIVALENTS PRATIQUES
Foin ordinaire........	0,112	0,0118	0,0104	100	100	Thaër.
Trèfle rouge coupé en fleurs.............	0,166	0,0217	0,0176	60	90	
Trèfle vert..........	»	»	0,0050	208	»	
Luzerne............:	0,166	0,0166	0,0138	75	90	Thaër.
Luzerne verte.......	»	»	0,0030	347	»	
Fane de vesces séchées	0,110	0,0157	0,0141	74	83	Thaër.
Paille de froment....	0,193	0,0030	0,0020	520	400	
— de seigle......	0,122	0,0020	0,0017	611	400	Thaër.
— d'avoine	0,210	0,0036	0,0019	547	400	
— d'orge	0,110	0,0026	0,0020	520	400	
Pommes de terre.....	0,923	0,0180	0,0037	281	200	Thaër.
Topinambour........	0,755	0,0220	0,0042	248	205	Block.
Choux pommés......	0,923	0,0370	0,0028	371	429	Thaër.
Carotte............	0,876	0,0240	0,0030	347	319	Thaër, 300 ; Midleton, 338.
Betterave	0,905	0,0270	0,0026	400	397	Einhoff, Thaër, Schwatz.
Navet..............	0,918	0,0220	0,0017	612	607	Einhoff, Thaër, Midleton, Mu
Fèverolles.........	0,079	0,0550	0,0511	20	»	
Pois jaunes.........	0,167	0,0408	0,0340	31	30	Block.
Haricots blancs......	0,050	0,0430	0,0408	25	»	
Lentilles...........	0,090	0,0440	0,0400	26	»	
Vesces.............	0,146	0,0513	0,0437	24	»	
Tourteaux de colza...	0,105	0,0550	0,0492	21	»	
Maïs	0,180	0,0200	0,0164	63	59	
Sarrasin	0,125	0,0240	0,0210	50	»	
Froment...........	0,105	0,0238	0,0213	49	27	Block.
Seigle	0,110	0,0229	0,0204	51	33	Block.
Orge	0,132	0,0202	0,0176	59	54	Einhoff, Block.
Avoine.............	0,124	0,0222	0,0192	54	61	Einhoff, Block.
Farine de froment....	0,125	0,0260	0,0227	46	»	
Farine d'orge........	0,130	0,0220	0,0190	55	»	

Le travail de M. Boussingault, dont nous venons de reproduire les résultats, démontre que les matières azotées sont essentiellement nutritives ; mais il ne faut pas perdre de vue que la variété dans les aliments est un des meilleurs moyens de développer les facultés digestives, et qu'un même aliment, quelque azoté qu'il soit, est insuffisant pour nourrir pendant long-temps.

Dans ces derniers temps, une autre question a été vivement discutée par des chimistes d'un haut mérite. Les uns prétendent que les matières grasses sont toutes formées dans les plantes, et qu'elles arrivent modifiées, peut-être, dans les tissus des animaux qui les broutent, ou en émulsion dans le lait des femelles. D'autres disent, au contraire, que les animaux forment les graisses et le lait de toutes pièces, c'est-à-dire, en décomposant certains principes immédiats des végétaux pour en créer de nouveaux.

MM. Boussingault, Dumas et Payen soutiennent la première thèse ; M. Liebig défend la seconde, et la lutte est aujourd'hui assez sérieusement engagée pour que l'économie rurale en obtienne de précieux renseignements. Nous nous contenterons de résumer leurs travaux. D'après MM. Dumas, Boussingault et Payen, « on peut affirmer, en se fondant sur l'expérience universelle des agriculteurs, que le foin consommé par une vache laitière contient un peu plus de matière grasse que le lait qu'elle fournit. Rien n'autorise à regarder cet animal comme capable de produire la matière grasse de son lait, et tout porte à penser qu'il la prend toute faite dans ses aliments.

» On pourrait craindre quelque erreur toutefois, en comparant ainsi du foin pris au hasard et des rendements en lait observés au hasard aussi, encore bien que ce soient des moyennes. Mieux vaut sans doute une expérience directe, donnant la proportion de beurre constatée par l'analyse, relativement à la matière grasse du foin mangé par la vache, et analysé lui-même avec soin

» Cette expérience a été faite, et elle l'a été par M. Boussingault, avec de tels soins et sur une telle échelle, qu'elle convaincra les agriculteurs, nous en sommes persuadés.

» L'expérience a duré un an. Elle a porté sur sept vaches laitières de la race de Schwytz. Le lait a été mesuré avec soin aux deux traites de chaque jour.

» Les sept vaches ont fourni 17576 litres de lait d'une densité moyenne de 1,035. D'après cela, on peut estimer le poids du lait à 18191 kilogrammes.

» Des analyses plusieurs fois répétées, et dont les résultats ont peu varié, ont indiqué dans le lait 3,7 pour 100 de beurre complètement privé d'eau.

» D'où il suit que les sept vaches ont fourni, dans l'année, 673 kilogrammes de beurre.

» Pendant ce temps, elles ont mangé chacune 15 kilogrammes de foin, regain et trèfle par vingt-quatre heures, c'est-à-dire, en tout, 38325 kilogrammes pendant l'année, pour les sept vaches.

» Or, si l'on admet que le foin contienne seulement 1,8 de matière grasse pour 100, on trouve que les 38325 kilogrammes en représentent 689.

» Si l'on suppose que la proportion moyenne s'élève à 2 pour 100, on trouve en tout 766 kilogrammes.

» En tenant compte de l'emploi du trèfle, plus riche encore, on voit que cette dernière quantité serait même de beaucoup dépassée.

» Or, le beurre obtenu ne s'élève qu'à 673 kilogrammes.

» Ainsi, pour produire une quantité de beurre qui s'élève à 67 kilogrammes, par exemple, une vache mange une quantité de foin qui renferme au moins 69 kilogrammes, et probablement 76 kilogrammes de matière grasse, ou même davantage.

» La conclusion qui nous semble la plus naturelle à tirer de cette expérience, c'est que la vache extrait de ses aliments presque toute la matière grasse qu'ils renferment, et qu'elle convertit cette matière grasse en beurre.

» Peut-être, pourrait-on, à volonté, mais toujours dans certaines limites, faire varier la proportion de beurre dans le lait, et sa nature aussi. Pour le prouver, par exemple, ne suffirait-il pas de rappeler que le beurre des vaches d'une même localité peut varier à tel point, selon qu'elles mangent des fourrages verts ou bien qu'elles sont nourries avec des aliments secs, que le beurre des Vosges renferme, par exemple, 66 de margarine pour 100 d'oléine, en été, et jusqu'à 186 de margarine pour 100 d'oléine en hiver. Dans le premier cas, les vaches paissent à la montagne; dans le second, elles mangent des fourrages secs à l'étable.

» Mais on aimera mieux, sans doute, trouver ici une expérience directe à cet égard et qui nous paraît concluante : si l'on remplace la moitié de la ration de foin d'une vache par une quantité équivalente de tourteau de navette encore riche en huile, les vaches se maintiennent dans une bonne condition, mais le lait fournit un beurre plus fluide, et ce beurre possède, à un point intolérable, la saveur propre à l'huile de navette.

» Qu'opposer à cette expérience de l'un de nous, et comment n'en pas conclure que la matière grasse des aliments passe dans le lait, peu ou point altérée, pour en former le beurre?

» Qu'un agriculteur intelligent, guidé par des études chimiques convenables, s'empare de ces idées, et il parviendra bientôt, nous n'en doutons pas, à modifier la quantité et la saveur de ses produits à volonté, par des modifications sagement conduites dans la nature des aliments fournis à ses troupeaux.

» Ce que nous avons dit plus haut de l'expérience faite, par l'un de nous sur sept vaches, est-il applicable à la généralité des cas? Nous n'hésitons pas à l'affirmer.

» Il résulte, en effet, de tous les renseignements, qu'en faisant manger 100 kilogrammes de foin, trèfle et regain secs, et à plus forte raison leur équivalent en vert, par des vaches, on obtient, en moyenne, 42 litres de lait.

» On trouve également en moyenne que 28 litres de lait renferment et fournissent 1 kilogramme de beurre.

» D'où il suit que les 100 kilogrammes de foin sec fourniraient 1 kil. 50 de beurre.

» Or, l'analyse indique dans le foin sec une quantité de matière grasse qui s'élève au moins à 1 kil. 875 ou 2 pour 100, par conséquent une quantité supérieure à celle que le lait qui en provient renferme, et capable de représenter en même temps celle qui se trouve dans les excréments de l'animal.

» Un agronome qui a fait de cet objet une étude attentive, présente les résultats d'une autre façon ; c'est M. Riedesel, qui, séparant l'aliment de la vache en deux parties, distingue la ration d'entretien de celle qui servirait à la formation du lait.

» D'après lui, une vache pesant 600 kilogrammes exigerait 10 kilogrammes de foin sec pour sa ration d'entretien. A ce régime, elle ne pourrait donc produire du lait sans maigrir.

» Mais à chaque kilogramme de foin qu'elle mange par-delà les 10 kilogrammes d'entretien, elle fournit 1 litre de lait ; de telle façon qu'en mangeant 20 kilogrammes de foin, une telle vache pourrait fournir 10 litres de lait.

» Ces résultats s'accordent avec nos propres renseignements ; mais ils exigent une autre interprétation.

» Ainsi, l'on aurait tort d'admettre, selon nous, qu'une vache puisse extraire 10 litres de lait de 10 kilogrammes de foin sec.

» Cela nous paraît impossible, par la raison que 10 litres de lait contiennent 0 kil. 370 de beurre, et que 10 kilogrammes de foin sec ne renferment que 0 kil. 187 de matière grasse.

» Aussi, n'est-ce pas ainsi que les choses se passent. Quand une vache mange seulement 10 kilogrammes de foin sec, elle consomme tous les produits qu'elle peut en extraire, qu'ils soient azotés, gras ou sucrés. Mais, vient-on à lui fournir 20 kilogrammes de foin sec, elle y trouvera des produits sucrés ou des produits analogues en quantité plus que suffisante à sa ration journalière, et rien ne l'empêchera de mettre en réserve, sous forme de lait, une portion de ces produits sucrés, une portion des matières azotées et la presque totalité de la matière grasse.

» On sait au surplus que, dès que la vache engraisse, sa ration restant la même, le lait diminue en proportion de l'accroissement de poids de l'animal, et dans un rapport que nous allons bientôt préciser.

» Comme tous les animaux, la vache a besoin de produire par jour une quantité donnée de chaleur, et elle la développe certainement au moyen des produits solubles que son sang renferme, avant d'attaquer les produits insolubles, tels que les corps gras neutres que le chyle y verse sans cesse.

» Ainsi, à la faible ration de 10 kilogrammes, une vache consomme tout ce qu'elle absorbe ; vient-elle à manger 20 kilogrammes, elle fait un triage, consommant certains produits, réservant les autres, et dès lors elle trouve les 0 kil. 370 de beurre que son lait renferme, dans le foin qu'elle a reçu, et où l'analyse indique en effet au moins 0 kil. 370 et même 0 kil. 400 de matière grasse.

» Si nous essayons de passer maintenant aux phénomènes de l'engraissement des animaux, nous allons retrouver une application tellement exacte des principes que nous avons posés, que s'il reste quelques circonstances à éclaircir, nous espérons qu'elles ne tarderont point à l'être par les agriculteurs, qui s'empresseront de se livrer aux expériences nécessaires pour contrôler des vues qui ont tant d'intérêt pour eux.

» En partant des nombres résultant des expériences de M. Riedesel, qui s'accordent du reste, en quelques points, avec les renseignements que nous avons pu nous procurer par nous-mêmes, on arrive aux résultats suivants :

» D'après M. Riedesel, on trouverait qu'un bœuf pesant 600 kilogrammes conserve son poids, quand il mange 10 kilogrammes de foin sec par jour. A l'engrais, le même bœuf exigerait, pour la nourriture complète, 20 kilogrammes de foin sec par jour, et il pourrait gagner 1 kilogramme en poids sous l'influence d'un tel régime.

» Tout en considérant les expériences de M Riedesel comme présentant des résultats trop favorables, comme donnant le maximum du pouvoir nutritif du foin ou de ses équivalents, nous admettons, avec cet agriculteur, que 10 kilogrammes de foin peuvent produire environ 10 litres de lait, ou bien à peu près 1 kilogramme de bœuf ; reste à savoir ce que c'est que 1 kilogr. d'augmentation dans le poids d'un bœuf.

» Or, voici comment on peut concevoir que ce kilogramme se dédouble. En admettant que la matière grasse du foin soit fixée par l'animal, de même qu'elle passe dans le lait de la vache, on trouve que le bœuf a reçu 0 k. 370 de graisse environ. Reste donc 0 k. 630 de viande humide, qui doit renfermer 0 k. 160 de viande sèche.

» D'où il suit que le bœuf qui s'engraisse, en supposant même qu'il puisse fixer dans ses tissus toute la substance grasse du foin qu'il mange, ne retire pourtant de sa nourriture que la moitié, au plus, de la matière azotée qui en serait extraite par la vache sous forme de lait, et qu'il perd la totalité du produit alimentaire que la vache convertit en sucre de lait.

» Il n'est même pas nécessaire de recourir à cette discussion pour montrer à quel point la différence est grande entre la vache et le bœuf, sous le point de vue du parti qu'ils tirent, au profit de l'homme, de l'aliment qu'ils ont reçu. En effet, dans cet exemple, que nous empruntons à M. Riedesel, pour fixer les idées, la vache qui a consommé, au delà de sa ration d'entretien, 10 kilogrammes de foin, fournit 10 litres de lait, qui représentent 1 k., 4 de matière sèche, tandis que le bœuf n'a augmenté que de 1 kilogramme avec la même alimentation, et dans ce kilogramme la part de l'eau, fixée dans les tissus de l'animal, doit certainement figurer pour la moitié ; d'où il suit qu'il y aurait exagération à supposer que le bœuf eût fixé 0 k., 500 de matière sèche en se nourrissant avec l'aliment qui en a fourni 1 k., 400 au lait de la vache.

» La vache laitière retire donc, au profit de l'homme, du même pâturage, une quantité de matière alimentaire qui peut dépasser le double de celle qu'en extrairait un bœuf à l'engrais. On voit donc que tout ce qui tend à établir le commerce du lait sur des bases propres à inspirer la confiance et à la mériter, serait digne au plus haut degré de l'attention d'une administration intelligente. D'où il suivrait encore que l'introduction plus générale des fruitières suisses et des fromageries serait un des services les plus essentiels à rendre à notre agriculture, du moins dans les localités où la consommation directe de la totalité du lait par les hommes ne serait pas possible.

» Voyons toutefois si ces vues s'accordent avec l'expérience générale, et examinons si les relations que nous avons admises entre la sécrétion du lait et l'engraissement sont confirmées par la pratique.

» Voici une note que nous devons à l'obligeance de M. Yvart; elle donne le résumé d'une longue suite de faits :

« La sécrétion du lait, dit cet habile vétérinaire, semble alter-
» ner avec celle de la graisse.

» Quand une vache laitière engraisse, la lactation diminue.
» Les races les meilleures restent long-temps maigres après le
» vêlage. Dans certaines races anglaises, dont le tissu cellulaire
» graisseux est très-développé (par exemple, la race de Durham),
» la quantité peut être considérable après le vêlage; mais les
» bêtes ne tardent pas à engraisser : la sécrétion du lait ne dure
» pas aussi long-temps que dans les vaches de Hollande ou de
» Flandre.

» Les truies anglaises, qui forment beaucoup plus de graisse
» que les truies de race française, sont rarement aussi bonnes
» nourrices, c'est-à-dire donnent moins de lait. »

» Si l'on admet qu'il existe une telle balance entre la formation du lait et celle de la graisse, on est bien près d'admettre aussi que les aliments gras, indispensables à la production du lait, ne le sont pas moins à la production de la graisse des animaux.

» Y a-t-il des circonstances dans lesquelles on aurait engraissé des animaux avec des aliments dépourvus de graisse?

» Nous avouons n'avoir pas rencontré un seul fait qui nous ait paru propre à faire soupçonner qu'il en fût ainsi.

» Un agriculteur fort habile a essayé, par exemple, l'effet des pommes de terre pour l'engraissement des porcs, et il n'a pu parvenir à les engraisser au moyen de cette alimentation qu'en ajoutant des tourteaux de cretons qui renferment, comme on sait, une quantité considérable encore de matière grasse.

» D'un autre côté, nous avons fait sur des porcs des expériences qui semblent tout-à-fait concluantes, et desquelles il résulte que tandis que deux porcs du Hamsphire, qui avaient mangé 30 kilogrammes de gluten et 14 kilogrammes de fécule, n'avaient gagné que 8 kilogrammes, deux autres animaux de même race, de même âge et de même poids, qui dans le même temps avaient mangé 45 kilogrammes de chair cuite de têtes de mouton, contenant 12 à 15 pour 100 de graisse, avaient gagné 16 kilogrammes. Cependant, à en juger par l'analyse élémentaire, ces nourritures étaient équivalentes. La première en effet représentait : gluten sec, 12 kilogrammes; plus, fécule, 14 kilogrammes. La deuxième contenait : viande sèche, 9 k. 5, et graisse, 7 kilogrammes. Ainsi donc, les quantités de carbone et d'azote étaient même un peu plus fortes dans l'aliment végétal; mais ces deux rations différaient notablement en ce sens, que la nourriture animale renfermait une quantité de graisse équivalente à ce que l'autre contenait en fécule.

» Dans un second essai, quatre porcs, nourris avec des pommes de terre cuites, des carottes et un peu de seigle, avaient gagné 83 k., 5 seulement, tandis que, mis au régime de la viande de têtes de mouton cuites, quatre autres porcs, de même âge et dans les mêmes conditions, avaient gagné 103 kilogrammes.

» Nous avons dû même être très-frappés de cette circonstance, que l'augmentation du poids d'un animal qui engraisse, étant considérée comme se représentant par 50 pour 100 d'eau, 33,3 de graisse et 16,6 de matière azotée, on arrive à cette conséquence, que la majeure partie de la graisse se fixe dans le tissu de l'animal.

» Ainsi, les premiers porcs avaient mangé 6 k., 7 de graisse et en avaient gagné 5 k., 2; les quatre derniers avaient mangé 8 k., 4 de graisse et en avaient acquis 6 k., 7.

» Nous ne terminerons pas cet exposé sans rappeler les expériences remarquables par lesquelles notre confrère M. Magendie a si bien établi que le chyle des animaux nourris d'aliments gras est lui-même très-riche en matière grasse, et que, sous l'influence d'une alimentation riche en graisse, les animaux présentent cette affection du foie qu'on désigne sous le nom de *foie gras*. Ces faits ont été d'un grand poids dans la discussion qui nous a conduits aux opinions que nous venons d'exprimer.

» En résumé, nous trouvons par l'expérience que le foin renferme plus de matière grasse que le lait qu'il sert à former; qu'il en est de même des autres régimes auxquels on soumet les vaches ou les ânesses;

» Que les tourteaux de graines oléagineuses augmentent la production du beurre, mais parfois le rendent plus liquide et peuvent lui donner le goût d'huile de graines, lorsque cet aliment entre en trop forte quantité dans la ration;

» Que le maïz jouit d'un pouvoir engraissant déterminé par l'huile abondante qu'il renferme;

» Qu'il existe la plus parfaite analogie entre la production du lait et l'engraissement des animaux, ainsi que l'avaient pressenti les éleveurs;

» Que le bœuf à l'engrais utilise pourtant moins de matière grasse ou azotée que la vache laitière; que celle-ci, sous le rapport économique, mérite de beaucoup la préférence, s'il s'agit de transformer un pâturage en produits utiles à l'homme;

» Que la pomme de terre, la betterave, la carotte, n'engraissent qu'autant qu'on les associe à des produits renfermant des corps gras, comme les pailles, les graines des céréales, le son et les tourteaux de graines oléagineuses;

» Qu'à poids égal, le gluten mêlé de fécule, et la viande riche en graisse, produisent un engraissement qui, pour le porc, diffère dans le rapport de 1 à 2.

» Tous ces résultats s'accordent si complétement avec l'opinion qui voit dans les matières grasses des corps qui passent du canal digestif dans le chyle, de là dans le sang, dans le lait ou les tissus, qu'il nous serait difficile d'exprimer sur quel fait se fonderait la pensée qui voudrait considérer les matières grasses comme capables de se former de toutes pièces dans les animaux. »

M. Liebig objecte qu'ayant été conduit à examiner les excréments d'une vache qui avait été nourrie depuis long-temps de foin et de pommes de terre, il trouva, à son grand étonnement, « que ces excréments renfermaient, à très-peu de chose près, toute la matière grasse ou cireuse contenue dans leurs aliments.

» La vache qui consomme journellement 15 kilogrammes de pommes de terre et 7 1/2 kilogrammes de foin, y reçoit 126 grammes de matières solubles dans l'éther; cela fait en *six jours* 756 grammes. Les excréments fournissent en six jours 748gr,56.

» Mais, d'après les belles expériences de M. Boussingault *(Annales de Chimie et de Physique*, t. LXXI, p. 75), qui sont parfaitement d'accord avec les résultats journaliers de nos établissements ruraux, une vache nourrie de pommes de terre et de foin dans la ration indiquée, fournit, en six jours. 64 lit., 92 de lait, qui renferme 3116 grammes de beurre (d'après l'analyse de M. Boussingault).

» Il est donc absolument impossible que les 3116 grammes de beurre dans le lait de la vache puissent provenir de 756 grammes de matière cireuse contenue dans les aliments, puisque les excréments de la vache renferment une quantité de matière soluble dans l'éther égale à celle qui a été consommée. »

M. Magendie, auquel la science est redevable de travaux si importants, s'est occupé aussi de cette importante question que nous avons cru devoir indiquer seulement dans notre travail sur les plantes fourragères, en renvoyant les personnes qui voudraient plus de détails sur ce sujets aux comptes rendus de l'Académie des sciences, année 1843. « En résumé, dit M. Magendie, il est très-heureux pour la physiologie, que des chimistes aussi habiles que MM. Liebig, Dumas, Boussingault et Payen, s'occupent de semblables recherches, il n'en peut résulter que de grands avantages pour cette science : mais il ne faut pas vouloir aller trop vite. Sans doute il est important de savoir que les végétaux contiennent des matières qui ont de l'analogie, voire même de la ressemblance, avec les éléments organiques des animaux ; mais de là à démontrer que ce sont ces matières végétales qui forment exclusivement les tissus des animaux, il y a une grande distance, qui ne pourra être franchie que par des expériences nombreuses et directes. Je ne doute pas que les savants chimistes que je viens de nommer ne les exécutent avec succès ; mais elles n'existent point aujourd'hui, et par conséquent la question de la nutrition des animaux reste encore ce qu'elle est depuis long-temps, l'un des points les plus obscurs de la science. Espérons que les travaux de nos honorables confrères ne tarderont pas à l'éclairer ! »

4° *Mélanges de plantes fourragères les plus convenables pour les différents sols.*

En donnant ici un assez bon nombre de formules d'associations pour semis, je n'ai pas l'intention de laisser croire que tous ces mélanges ont été essayés, mais je dirai une chose très-vraie, c'est que je les ai observés presque tous, formant spontanément d'excellentes prairies et que rien n'empêche de les créer soi-même en se procurant les graines des mêmes plantes pour produire les mêmes associations. Cette création aurait même un avantage sur les prairies naturelles, c'est d'en éloigner les plantes inutiles ou nuisibles qui existent toujours en proportions diverses dans ces prairies et dont les noms, comme on doit bien le penser, ont été soigneusement exclus de nos listes. On peut donc y avoir toute confiance, puisque ce sont de simples copies de la nature. Mon but, en donnant ces listes, a été non seulement d'indiquer les meilleurs mélanges, mais encore de guider aussi dans l'achat des prairies et de l'estimation de leur valeur, car la nature du foin entre pour beaucoup dans une évaluation de ce genre.

Il ne faudrait pas cependant supposer qu'un pré ensemencé seulement de bonnes plantes n'en offrira jamais d'autres. Celles qui peuvent s'accommoder de son terrain s'y développeront par la suite, mais plus lentement et en moindre quantité que si elles y eussent été semées.

1° *Mélange pour les terrains sablonneux.*

Ces terrains sont généralement secs, et peuvent rarement être recouverts de plantes à faucher ; ils conviennent principalement pour des pacages. Si cependant ils peuvent être soumis à l'irrigation, ils deviennent très-fertiles et donnent du foin en abondance.

Mélange pour un sol de sable sec et non susceptible d'irrigation.

Trifolium repens (Trèfle blanc).
Poterium sanguisorba (Pimprenelle).
Achillea millefolium (Millefeuille).
Lotus corniculatus (Lotier corniculé).
Sesleria cœrulea (Seslérie bleue).
Agrostis vulgaris (Agrostis commun).

Ce mélange n'est propre qu'au pâturage, et principalement destiné aux bêtes à laine.

Mélange pour un sol sablonneux, moins sec que le précédent.

Trifolium repens (Trèfle blanc).
Medicago lupulina (Lupuline).
Dactylis glomerata (Dactyle pelotonné).
Cynosurus cristatus (Cretelle des prés).

Ce mélange donne souvent une très-belle coupe dans les années humides. Il convient à tous les bestiaux.

Mélange pour les terrains sablonneux frais , mais non arrosés.

Trifolium elegans (Trèfle élégant).
Trifolium alpestre (Trèfle des Alpes).
Anthoxanthum odoratum (Flouve odorante).
Agrostis stolonifera (Agrostis stolonifère ou Fiorin).
Agrostis vulgaris (Agrostis commun).
Holcus lanatus (Houque laineuse).
Bromus pratensis (Brome des prés).
· *Cynosurus cristatus* (Cretelle des prés).
Avena pratensis (Avoine des prés).
Plantago lanceolata (Plantain lancéolé).
Alchimilla vulgaris (Alchimille commune).

Je cite ce mélange, que j'ai rencontré accidentellement, formant une excellente prairie à faucher, sur des sables un peu frais. Je crois cependant que l'on pourrait supprimer, avec avantage, l'*Agrostis stolonifera*, plante très-envahissante, en se contentant d'un peu d'*Agrostis vulgaris*. Je suis aussi très-convaincu que le simple mélange de *Trifolium elegans* et de *Cynosurus cristatus* produirait une bonne herbe à faucher.

Mélange de Graminées propres aux terrains sablonneux et secs.

Agrostis vulgaris (Agrostis commun).
Festuca ovina (Fétuque des moutons).
Aira flexuosa (Canche flexueuse).
Phleum alpinum (Phléole des Alpes).
Festuca rubra (Fétuque rouge).
Festuca duriuscula (Fétuque duriuscule).
Luzula campestris (Luzule des champs).
Ne convient que comme pâturage.

Mélange de plantes convenant aux terres de bruyère et pouvant remplacer les champs de bruyère que l'on rencontre dans les montagnes.

Poa sudetica (Paturin de Suède).
Avena versicolor (Avoine versicolore).
Leontodon squammosum (Pissenlit écailleux).
Centaurea montana (Bleuet de montagne).
Scabiosa sylvatica (Scabieuse des bois).
Ligusticum meum (Meum de montagne).
Vicia orobus (Vesce orobe).

Ce mélange, que l'on pourrait compliquer davantage, peut donner une belle coupe dans les années humides.

Mélange pour les terrains sablonneux très-élevés , c'est-à-dire situés dans les montagnes.

Trifolium cæspitosum (Trèfle en gazon).
Trifolium montanum (Trèfle de montagne).

Genista pilosa (Genêt soyeux).

Polygala vulgaris (Polygala commun).

Ligusticum meum (Meum de montagne).

Silene inflata (Silène enflé).

Genista tinctoria (Genêt des teinturiers).

Ces plantes ne conviennent absolument qu'au pâturage des moutons. Quand on les sème sur des terrains élevés, elles sont bientôt mélangées de diverses espèces de *Festuca* et d'autres Graminées, qui profitent des intervalles assez nombreux qu'elles laissent entre elles. On ne peut jamais compter sur des pelouses bien unies dans les lieux arides.

Mélange de Légumineuses pour un sol sablonneux un peu aride.

Trifolium repens (Trèfle blanc).

Trifolium ochroleucum (Trèfle ochroleuque)

Anthyllis vulneraria (Anthyllide vulnéraire).

Trifolium hybridum (Trèfle hybride).

Trifolium procumbens (Trèfle jaune).

Lotus corniculatus (Lotier corniculé).

Ornithopus perpusillus (Ornithope petit).

Ce mélange, qui convient à tous les animaux, peut se faucher dans les années pluvieuses, et il donne ensuite un pâturage abondant. Il résiste à la sécheresse, et se compose de Légumineuses, dont les époques de développement sont très-différentes, en sorte que pendant toute l'année le pâturage peut s'effectuer.

Mélange pour un terrain sablonneux, frais et un peu ombragé.

Agrostis effusa (Millet étalé).

Melica nutans (Melique penchée).

Poa angustifolia (Paturin à feuilles étroites).

Poa nemoralis (Paturin des bois).

Trifolium medium (Trèfle moyen).

Orobus niger (Orobe noir).

Ce mélange peut végéter sous de hautes futaies, dans les clairières des bois, et surtout sur leurs lisières. Il donne une coupe abondante, qui produit un excellent fourrage vert ou un bon pâturage, principalement pour les chevaux, car pour les vaches, et en général pour toutes les femelles laitières, les plantes qui croissent à l'ombre ne conviennent pas.

Mélange pour un terrain sablonneux, frais et ameubli par des débris volcaniques.

Dactylis glomerata (Dactyle pelotonné).

Poa sudetica (Paturin de Suède).

Bromus pratensis (Brome des prés).

Avena flavescens (Avenette).

Avena pratensis (Avoine des prés).

Plantago lanceolata (Plantain lancéolé).

Scabiosa sylvatica (Scabieuse des bois).

Trifolium repens (Trèfle blanc).
Trifolium pratense (Trèfle rouge).
Trifolium Molineri (Trèfle de Molineri).
Medicago lupulina (Lupuline).
Lotus corniculatus (Lotier corniculé).
Vicia sepium (Vesce des buissons).

Ce mélange donne un excellent fourrage, très-abondant et bien fourni à sa base par les Trèfles et la Lupuline, tandis que les Scabieuses et les Graminées, entremêlées du *Vicia sepium*, lui donnent une bonne élévation. Ce mélange, arrosé, donne deux ou trois coupes.

Mélange pour un sol sablonneux susceptible d'irrigation.

Ce genre de terrain convient admirablement à une foule de plantes. Il permet à leurs racines de se développer facilement, et il absorbe l'eau promptement, sans la laisser séjourner. Aussi un grand nombre de mélanges peuvent s'adapter à des terrains de cette nature. Tous peuvent être fauchés et produisent abondamment.

Phleum pratense (Thymoty).
Agrostis vulgaris (Agrostis commun).
Holcus lanatus (Houque laineuse).
Poa trivialis (Paturin commun).
Trifolium repens (Trèfle blanc).
Medicago maculata (Luzerne tachée).
Lathyrus pratensis (Gesse des prés).

Mélange pour le même sol, mais plus fertile.

Phleum pratense (Thymoty).
Poa trivialis (Paturin commun).
Festuca elatior (Fétuque élevée).
Lolium perenne (Ivraie vivace ou Ray-Grass).
Avena pubescens (Avoine pubescente).
Vicia sepium (Vesce des haies).
Lotus corniculatus (Lotier corniculé).
Trifolium pratense (Trèfle rouge).

Foin excellent pour toute espèce de bétail, et surtout pour les bêtes à cornes.

Mélange pour un terrain sablonneux arrosé par de l'eau salée ou placé sur les bords de la mer.

Triglochin maritimum (Troscart maritime).
Alopecurus bulbosus (Vulpin bulbeux).
Poa maritima (Paturin maritime).
Poa littoralis (Paturin des rivages).
Juncus bothnicus (Jonc de Bothnie).
Atriplex patula (Arroche étalée).
Atriplex rosea (Arroche rose).
Plantago maritima (Plantain maritime).

Trifolium fragiferum (Trèfle fraisier).
Medicago maritima (Luzerne maritime).
Lotus maritimus (Lotier maritime).

Ces plantes ne peuvent donner d'herbe à faucher, mais elles composent un excellent pâturage, qui végète de bonne heure et dure long-temps. Malheureusement il est presque impossible de le conserver exempt de mauvaises espèces qui viennent s'y mélanger et y croissent spontanément.

2° *Mélanges pour les terrains calcaires.*

Une grande partie des plantes qui peuvent former des prairies sèches et non arrosées, sur des sols sablonneux, peuvent croître aussi sur les sols calcaires. Il en est cependant quelques-unes qui sont spécialement destinées à ce genre de terrain et qui s'y développent vigoureusement : ce sont, en général, des Légumineuses ; mais si le terrain calcaire peut être soumis à l'irrigation, les Graminées y végètent comme les autres espèces, et les associations qui couvrent ce terrain ressemblent beaucoup à celles que peuvent fournir les autres espèces de sols.

Mélange pour un sol calcaire sec et non arrosable.

Pimpinella saxifraga (Boucage saxifrage).
Medicago lupulina (Lupuline).
Scabiosa columbaria (Scabieuse colombaire).
Achillea millefolium (Millefeuille).
Sanguisorba officinalis (Pimprenelle).
Coronilla varia (Coronille variée).
Silene inflata (Silène enflé).

On peut essayer d'ajouter à ce mélange quelques graines de *Dactylis glomerata* et de *Festuca ovina*, et l'on peut ainsi parvenir, sur des terrains calcaires, crayeux et improductifs, à obtenir un peu de pâture pour des bestiaux, notamment pour les moutons, mais il ne faut pas compter y voir jamais ces beaux tapis de verdure où les plantes se disputent le sol. Ici, au contraire, on les verra toujours chercher à s'isoler et à former des touffes dures et circonscrites. Ces sortes de terrains donnent cependant une pâture très-substantielle.

Mélange pour un terrain calcaire moins sec que le précédent ou plutôt moins stérile.

Bromus pratensis (Brome des prés).
Hedisarum onobrychis (Sainfoin ou Esparcette).
Dactylis glomerata (Dactyle pelotonné).
Medicago lupulina (Lupuline).
Trifolium repens (Trèfle blanc).

Dans les années humides, ce mélange donne quelquefois une coupe, mais toujours un bon pâturage.

Mélange pour les terrains de calcaire marneux, non arrosés.

Hedysarum onobrychis (Sainfoin ou Esparcette).
Avena elatior (Fromental).
Dactylis glomerata (Dactyle pelotonné).
Trifolium repens (Trèfle blanc).
Trifolium procumbens (Trèfle jaune).

Ce mélange se fauche très-bien et convient à tous les bestiaux. On peut encore lui associer la Pimprenelle, mais le Sainfoin est sans contredit la meilleure plante des terrains calcaires, où elle peut durer plusieurs années, surtout en lui associant quelques Graminées vivaces de bonne nature; car, ordinairement, si on n'y mêle pas quelques-unes de ces plantes, on voit, au bout de quelques années, les pieds de Sainfoin dégarnis et autour d'eux une grande quantité de ces *Bromus sterilis* et *tectorum*, qui abondent dans ces terrains et nuisent au foin par leurs longues arêtes acérées.

Mélange pour un terrain calcaire frais.

Trifolium pratense (Trèfle rouge).
Trifolium repens (Trèfle blanc).
Trifolium procumbens (Trèfle jaune).

Ces trois Trèfles donnent un excellent fourrage, qui dure deux à trois ans. Si l'on veut rendre la prairie permanente, il faut y joindre les graines suivantes, que l'on peut ne répandre sur le sol qu'à la fin de la seconde année.

Poa trivialis (Paturin commun).
Bromus pratensis (Brome des prés).
Lolium perenne (Ray-Grass ordinaire).

Si l'on a la possibilité de répandre un peu d'engrais sur une prairie de cette nature, on lui donne une longue durée.

Mélange pour un terrain calcaire frais et humide, mais non arrosé.

Trifolium alpestre (Trèfle des Alpes).
Trifolium repens (Trèfle blanc).
Plantago lanceolata (Plantain lancéolé).
Poterium sanguisorba (Pimprenelle).

Cette combinaison donne de bons résultats dans des terrains divers. Elle a été essayée à plusieurs reprises en Angleterre, et notamment par M. W. Cock d'Holkham, a très-bien réussi et donné d'excellentes prairies. Ce mélange avait été semé avec de l'Orge.

Mélange pour un terrain calcaire susceptible d'irrigation.

Bromus pratensis (Brome des prés).
Dactylis glomerata (Dactyle pelotonné).
Avena elatior (Avoine élevée, Fromental).
Lolium perenne (Ivraie vivace ou Ray-Grass).

Poa trivialis (Paturin commun).
Poa pratensis (Paturin des prés).
Poa angustifolia (Paturin à feuilles étroites).
Medicago maculata (Luzerne tachée).
Trifolium pratense (Trèfle des prés).
Trifolium fragiferum (Trèfle fraisier).

Ce mélange donne deux coupes, un second regain, et persiste long-temps sur le sol.

3° *Mélange pour des terrains argileux.*

Les terrains seulement argileux sont rares, et du reste presque improductifs ; nous ne voulons donc parler ici que de ceux dans lesquels l'argile domine d'une manière évidente, mais qui sont encore susceptibles de produire de la végétation.

Mélange pour un sol argileux sec.

Lolium perenne (Ivraie vivace, variété découverte par Bailly).
Achillea millefolium (Millefeuille).
Lotus corniculatus (Lotier corniculé).
Dactylis glomerata (Dactyle pelotonné).
Orobus tuberosus (Orobe tubéreux).
Trifolium maritimum (Trèfle maritime).

Les terrains secs, très-argileux, sont peut-être les plus improductifs de tous. Ils ne peuvent fournir que de l'herbe à pâturer et en très-petite quantité.

Mélange pour un terrain argileux moins sec que le précédent.

Poa trivialis (Paturin commun).
Cynosurus cristatus (Cretelle).
Trifolium medium (Trèfle moyen).
Festuca elatior (Fétuque élevée).
Lathyrus pratensis (Gesse des prés).

Si le sol est fumé, ce mélange donne souvent une très-bonne coupe, dont l'herbe se fane très-facilement.

Mélange pour un sol argileux, frais, mais non arrosé.

Cichorium intybus (Chicorée sauvage).
Crepis biennis (Crepide bisannuelle).
Polygonum bistorta (Bistorte).
Symphytum officinale (Grande Consoude).
Heracleum sphondylium (la Berce).
Peucedanum parisiense (Peucédan des prés).
Alchimilla vulgaris (Alchimille commune).
Trifolium pratense (Trèfle rouge).

Cette association, à laquelle les Graminées sont étrangères, est composée de plantes à longues racines, susceptibles de résister à des sécheresses prolongées. Il y a peu de mélanges qui produisent autant d'herbe. Il est bien entendu que c'est à l'état frais seulement qu'il doit être employé, Les regains se succèdent avec une grande rapidité, et il y aurait d'ailleurs de l'inconvénient à laisser monter ces plantes, dont la plupart ont des tiges très-dures. Cette herbe convient spécialement aux bêtes à cornes, soit aux vaches laitières, soit aux animaux à l'engrais.

Mélange pour un sol argileux, humide ou susceptible d'irrigation.

> *Phleum pratense* (Thymoty).
> *Alopecurus pratensis* (Vulpin des prés).
> *Poa trivialis* (Paturin commun).
> *Festuca pratensis* (Fétuque des prés).
> *Festuca elatior* (Fétuque élevée).
> *Peucedanum officinale* (Peucédan officinal).
> *Medicago maculata* (Luzerne tachée).
> *Trifolium pratense* (Trèfle rouge).
> *Lathyrus pratensis* (Gesse des prés).
> *Vicia sepium* (Vesce des haies).

Ces excellentes plantes donnent une herbe épaisse, bien fournie, succulente, susceptible d'être fauchée deux fois et de donner encore un bon pâturage. Le foin sec est excellent pour tous les bestiaux, mais surtout pour les chevaux et les bêtes à cornes.

4° *Mélanges pour les terres franches ou mélangées,* Loam des Anglais.

On place dans cette catégorie toutes les terres qui ne sont ni calcaires, ni sablonneuses, ni argileuses, mais qui participent à la fois de ces trois caractères. Ainsi, le sable pur est trop meuble, l'argile trop dure, le calcaire trop sec et trop aride, tandis que les terres sont d'autant meilleures qu'elles renferment en plus justes proportions ces trois sols particuliers, qui, improductifs dans leur état de pureté, donnent, par leur mélange, les terrains les plus fertiles. Presque toutes les plantes fourragères croissent indistinctement sur ces sols privilégiés, pour lesquels nous allons indiquer plusieurs mélanges, divisés en deux classes. Ceux qui sont destinés aux pâturages et affectés aux terrains secs, et ceux qui peuvent être fauchés, et spécialement destinés aux sols humides.

A. *Mélanges pour pâturage.*

Premier mélange.

Avena flavescens (Avenette).
Anthoxanthum odoratum (Flouve odorante).
Aira flexuosa (Canche flexueuse).
Phleum alpinum (Phléole des Alpes).
Cynosurus cristatus (Cretelle des prés).
Festuca rubra (Fétuque rouge).

Trifolium procumbens (Trèfle jaune).
Medicago lupulina (Luzerne lupuline).

Second mélange.

Avena pratensis (Avoine des prés).
Festuca ovina (Fétuque des brebis).
Festuca heterophylla (Fetuque hétérophylle).
Poa angustifolia (Paturin à feuilles étroites).
Phalaris phleoides (Phalaris phléole).
Trifolium repens (Trèfle blanc).
Plantago lanceolata (Plantain lancéolé).
Centaurea jacea (Jacée des prés).
Anthyllis vulneraria (Anthyllide vulnéraire).

Troisième mélange.

Dactylis glomerata (Dactyle pelotonné).
Festuca glauca (Fétuque glauque).
Festuca duriuscula (Fétuque duriuscule).
Poa cœsia (Paturin bleuâtre).
Poa Alpina (Paturin des Alpes).
Agrostis vulgaris (Agrostis commun).
Ornithopus perpusillus (Ornithope petit).
Trifolium alpestre (Trèfle des Basses-Alpes).
Vicia cracca (Vesce multiflore).
Hedisarum onobrychis (Sainfoin).

On peut employer séparément chacun de ces mélanges ou les réunir, si l'on veut, en un seul, ou bien les superposer, c'est-à-dire les semer l'un sur l'autre, à trois ou quatre années de distance. Malheureusement il arrive toujours, dans les terrains secs, que les plantes se divisent en touffes isolées et circonscrites, et laissent entre elles des intervalles qui permettent à des plantes étrangères d'envahir le terrain et de nuire au pâturage.

B. *Mélanges pour faucher.*

Premier mélange.

Alopecurus pratensis (Vulpin des prés).
Trifolium pratense (Trèfle rouge).
Medicago lupulina (Lupuline).
Festuca pratensis (Fétuque des prés).
Trifolium repens (Trèfle blanc).
Agrostis vulgaris (Agrostis commun).
Poa trivialis (Paturin commun).
Lolium perenne (Ivraie ou Ray-Grass).

Second mélange.

Phleum pratense (Thymoty ou Phléole).
Festuca elatior (Fétuque élevée).
Poa pratensis (Paturin des prés).
Agrostis alba (Agrostis blanc).

Trifolium repens (Trèfle blanc).
Trifolium elegans (Trèfle élégant).
Medicago maculata (Luzerne tachée).
Vicia sepium (Vesce des haies).
Pimpinella magna (Grande Boucage).

Troisième mélange.

Vicia cracca (Vesce multiflore).
Lathyrus pratensis (Gesse des prés).
Alchimilla vulgaris (Alchimille commune).
Trifolium hybridum (Trèfle hybride).
Trifolium procumbens (Trèfle jaune).
Lotus corniculatus (Lotier corniculé).
Dactylis glomerata (Dactyle pelotonné).
Avena elatior (Avoine élevée).
Trifolium repens (Trèfle blanc)

Il y a quelques plantes qui forment réellement la base de toutes les prairies. Ainsi, chaque fois que, dans un terrain quelconque, on pourra obtenir le *Phleum pratense* ou Thymoty, l'*Alopecurus pratensis* ou Vulpin des prés, le *Trifolium pratense* ou Trèfle rouge ordinaire, le *Trifolium repens* ou Trèfle blanc, l'*Hedisarum onobrychis* ou Sainfoin, le *Poa trivialis* ou Paturin commun, il faudra toujours mélanger une certaine quantité de leurs graines à celles des autres plantes dont on voudra ensemencer son terrain.

On voit, du reste, que les associations que l'on peut faire, même avec d'excellentes plantes, sont indéfinies. Souvent même deux plantes seulement suffisent, surtout si l'on ne veut conserver la prairie que peu de temps. C'est ainsi que l'on a essayé de mélanger deux légumineuses ensemble dans la formation des prairies temporaires, et ce mélange paraît devoir amener de très-bons résultats. La Luzerne, jointe au Sainfoin à deux coupes; le Trèfle, associé à la Luzerne; l'Ivraie ou Ray-Grass ordinaire, et non celui d'Italie, mêlé au Trèfle rouge, comme cela se pratique souvent en Angleterre, ont donné de bons produits. On conçoit, en effet, que l'année puisse être convenable pour une de ces plantes et l'être moins pour l'autre, qui alors attend son tour; mais l'avantage le plus grand qui paraisse résulter de cette pratique, c'est la production plus prompte du fourrage, surtout quand on associe deux espèces à croissance inégale, comme par exemple le Trèfle et la Luzerne. Le Trèfle paraît et produit le premier, et cède bientôt la place à la Luzerne, qui, s'étant fortifiée les deux premières années, produit alors en abondance, et chasse pour ainsi dire le Trèfle du sol qu'elle partageait avec lui. Une plus longue expérience a besoin toutefois de constater les avantages réels de cette pratique dans des contrées différentes.

Les prairies nommées *Marcites*, dans le Milanais, sont semées du mélange suivant, pour un hectare :

Avena elatior (Fromental)....... 25 kilogr. de graines.
Lolium perenne (Ray-Grass).... 5 kilogr —
Trifolium pratense (Trèfle rouge). 15 kilogr. —

On cultive quelquefois en Angleterre un simple mélange
d'*Alopecurus pratensis* (Vulpin des prés),
et *Trifolium repens* (Trèfle blanc);
et ce mélange dure long-temps et peut se faucher de bonne
heure.

Le mélange de *Trifolium repens* (Trèfle blanc), 6 parties;
Trifolium alpestre (Trèfle des Alpes), 3 parties;
Trifolium pratense (Trèfle rouge), 2 parties;
Poa trivialis (Paturin commun), 3 parties;
essayé en Angleterre par M. Clayton, lui a donné d'excellents
résultats.

M. de Dombasle a indiqué, comme formant le mélange le plus
convenable pour les terres de Roville, et pour un hectare :

Lolium perenne (Ray-Grass)........	25 kilog.
Trifolium repens (Trèfle blanc).....	5 kilog.
Medicago lupulina (Lupuline)......	5 kilog.
Trifolium pratense (Trèfle ordinaire)	2 kilog. 500 gr.

Ces graines sont semées chacune à part, mais sur le même
terrain, et elles sont couvertes par le hersage.

Quelques essais faits par lui sur le *Dactylis glomerata* lui
font présumer que cette plante pourra entrer avec beaucoup
d'avantage dans ce mélange et y remplacer une portion du
Ray-Grass. *(Ann. de Roville.)*

On trouve aussi dans l'ouvrage de David Low des mélanges
destinés à former des prairies. Ils ont beaucoup de rapports avec
ceux que nous avons donnés nous-mêmes, d'après nos observations ou nos expériences.

Mélange pour rester en prairie une année.

Lolium perenne (Ray-Grass).........	7 kilog.	701 gr.
Phleum pratense (Thymoty).........	1	859
Trifolium pratense (Trèfle rouge)....	3	624
Trifolium repens (Trèfle blanc).......	»	966
	13 kilog.	590 gr.

Mélange pour durer plusieurs années.

Alopecurus pratensis (Vulpin des prés)	1 kilog.	700 gr.
Phleum pratense (Thymoty).........	»	226
Dactylis glomerata (Dactyle pelotonné).	2	263
Festuca pratensis (Fétuque des prés)..	»	906
Poa trivialis (Paturin commun),......	»	340
Lolium perenne (Ray-Grass).........	5	436
Trifolium pratense (Trèfle rouge),.....	»	906
Trifolium repens (Trèfle blanc),......	2	718
Vicia sepium, *cracca* (Vesce des haies et multiflore)................	»	906
	13 kilog.	403 gr.

C'est sans doute à l'*acre* qu'il faut rapporter les quantités de graines indiquées dans ces deux mélanges, car elles seraient évidemment trop faibles pour l'hectare ; elles le sont déjà même pour la mesure anglaise. On ne voit pas non plus pourquoi une de ces compositions de prairie est annoncée comme ne devant durer qu'une année, tandis que l'autre est pérenne, tout en renfermant à peu près les mêmes espèces.

5° *Mélanges destinés aux lieux marécageux ou aux marais desséchés.*

Premier mélange. — Sol très-humide, baigné.

Festuca fluitans (Fétuque flottante).
Phleum nodosum (Thymoty).
Lathyrus palustris (Gesse des marais).
Lathyrus pratensis (Gesse des prés).
Aira aquatica (Canche aquatique).
Calamagrostis colorata (Phalaris roseau).

Second mélange. — Sol moins humide.

Festuca elatior (Fétuque élevée).
Avena elatior (Fromental).
Lolium perenne (Ivraie vivace ou Ray-Grass).
Alopecurus pratensis (Vulpin des prés).
Trifolium fragiferum (Trèfle fraisier).
Medicago maculata (Luzerne tachée).

Troisième mélange. — Sol tourbeux.

Phleum pratense (Thymoty).
Alopecurus geniculatus (Vulpin genouillé).
Peucedanum officinale (Peucédan officinal).
Lotus uliginosus (Lotier uligineux).

Ces divers mélanges peuvent aussi être réunis pour n'en former qu'un seul plus compliqué. Le dernier est peut-être celui que l'on doit préférer, quand le terrain le permet.

Quatrième mélange. — Sol inondé.

Poa aquatica (Paturin aquatique).
Spiræa ulmaria (Spirée ulmaire ou Reine des prés).
Lythrum salicaria (Salicaire).
Epilobium hirsutum (Epilobe velu.)
Sonchus palustris (Laiteron des marais).
Senecio paludosus (Seneçon des marais).

Ce mélange de très-grandes plantes ne peut croître que dans un sol presque toujours inondé. Il produit beaucoup. On doit le faucher de bonne heure, car il durcit très-vite et doit être consommé en vert, la plupart des plantes qui le composent se desséchant très-mal.

6° *Mélange propre à semer sur des défrichements riches en humus, pour les convertir en prairies.*

Phleum pratense (Thymoty).
Poa sudetica (Paturin de Suède).
Trifolium medium (Trèfle intermédiaire).
Trifolium repens (Trèfle rampant).

Le produit de ce mélange est énorme sur cette espèce de terrain. Le *Thymoty* est la plante fourragère la plus productive dans cette circonstance. On peut employer la graine d'Amérique, qui est moins chère et qui donne d'excellents résultats.

7° *Mélange destiné à retenir les sables mouvants et à produire en même temps de l'herbe aux bestiaux.*

Carex arenaria (Carex des sables).
Paspalum dactylon (Paspale pied de poule).
Triticum repens (Chiendent).
Elymus arenarius (Elyme des sables).
Medicago maritima (Luzerne maritime).

Les racines de ces plantes s'entrelacent si bien, que le vent ne peut plus chasser les sables, ou que l'eau ne parvient plus à les entraîner. La grande difficulté est d'établir le semis et de le maintenir jusqu'à ce que les plantes aient acquis une certaine force.

8° *Mélange destiné à la pâture des oiseaux.*

Dans les fermes où l'on élève beaucoup d'oiseaux de basse-cour, il serait utile d'avoir à sa disposition une petite portion de terrain, couvert de verdure, où ils puissent aller librement. Le mélange à parties égales de

Polygonum aviculare (Centinode),
Poa annua (Paturin annuel),

est celui qui convient le mieux, par la faculté que possèdent les deux plantes qui le forment de repousser continuellement, de végéter dans toutes les saisons, d'être insensibles au parcours des oies, des canards, etc., et de fournir continuellement des graines dont la volaille est très-friande. C'est d'ailleurs la végétation ordinaire des cours, des bords des chemins et des lieux fréquentés par l'homme et les animaux.

9° *Prairies ligneuses.*

Je n'ai plus que quelques mots à dire sur des mélanges de plantes ligneuses, propres à donner de la nourriture aux animaux. On s'est demandé quelquefois si l'on ne pourrait pas cultiver certaines espèces arborescentes, comme des plantes vivaces, et les faucher comme des prairies. On a surtout proposé ce moyen pour le mûrier destiné à la nourriture des vers à soie.

Je ne sais pas jusqu'à quel point un pré de plantes ligneuses pourrait rapporter, en le fauchant comme une prairie ordinaire ; mais je suis convaincu que la plupart des terrains secs, des pacages, par exemple, donneraient d'abondantes feuillées, bien supérieures en quantité aux maigres plantes herbacées qui les couvrent ou que l'on peut y semer, si l'on y plantait des arbres à bon feuillage, soit seuls, soit mélangés, de manière à obtenir des souches qui, taillées chaque année, donneraient en abondance de jeunes pousses qu'une sécheresse prolongée ne saurait détruire, comme elle arrête la végétation des plantes des prairies.

On trouverait, sous ce rapport, de grandes ressources dans les diverses espèces de Genêts, de Cytises, dans les Saules, la Luzerne arborescente, l'Ajonc, le Noisetier, les Peupliers, les Robiniers, les Frênes, etc., et une foule d'autres végétaux dont il a été question dans la *Flore*, à leur article spécial.

CHAPITRE V.

DU SEMIS DES PLANTES FOURRAGÈRES.

Nous connaissons maintenant les espèces qui doivent être préférées comme plantes fourragères, nous avons des notions sur leur valeur, leur durée, leur précocité et sur le degré de prédilection que les animaux ont pour chacune d'elles ; examinons maintenant les meilleurs moyens d'arriver à la création d'une prairie, quelle que soit sa destination, quelles que soient les plantes qui la composent.

Choix des graines. — Le premier point est de se procurer des graines. Autant que possible, il faut éviter de semer les balayures de greniers que l'on recueille ou que l'on achète, et qui, pour quelques bonnes plantes qu'elles renferment, contiennent une multitude d'espèces dont le moindre défaut est d'être tout-à-fait inutiles, et une énorme quantité de graines qui, n'ayant pas mûri, ne peuvent germer ou donnent des individus grêles et maladifs que le premier froid détruit et que la moindre sécheresse anéantit sans ressource. Quand on songe que l'établissement d'une prairie permanente doit durer pendant un très-grand nombre d'années ; on voit bientôt que la faible dépense occasionnée pour se procurer de bonnes graines, distribuée sur un grand nombre d'années, est vingt fois restituée par la plus grande quantité et surtout la meilleure qualité du fourrage que l'on obtient. Il faut donc acheter ses graines ou les faire soi-même. Quand ce sont des graines usitées habituellement en agriculture, on peut se les procurer chez les horticulteurs marchands ; et nous devons maintenant leur rendre cette justice, que la plupart d'entre eux livrent de très-bonnes graines que l'on peut semer avec toute sécurité ; et.

plus la consommation de ce genre de graines augmentera, moins on sera exposé aux chances de non succès qui résultent quelquefois de la mauvaise qualité de la graine. Il ne faut pas s'attendre cependant à trouver chez les marchands de graines fourragères celles de toutes les plantes que j'indique dans cette *Flore des Prairies* ; un grand nombre de ces plantes n'ont jamais été cultivées, d'autres ne l'ont été que comme essais, et jusqu'à ce qu'une plante ait acquis quelque célébrité agricole bien ou mal méritée, sa graine ne se trouve pas dans le commerce. Il faut donc la récolter soi-même, et rien n'est plus facile que de choisir une localité où la plante que l'on désire se trouve dominante, et d'en recueillir séparément la graine quand elle est mûre. Cette même graine, semée dans un bon terrain, donne bientôt une nouvelle récolte, et l'on peut ainsi, au bout de quelques années, obtenir une assez grande quantité de semence pour couvrir un espace étendu ; et si vos essais réussissent, presque toujours vous pouvez aussi vendre une assez bonne quantité de graines pour vous indemniser de vos frais, car les graines des plantes, bonnes ou mauvaises, nouvellement prônées, sont toujours chères, jusqu'à ce qu'un usage étendu et la concurrence les aient ramenées à la valeur réelle que réclament les soins de culture, de récolte, et le bénéfice du commerçant.

Si l'on achète des graines, il faut les choisir pesantes, sans odeur de moisi, propres autant que possible, et aussi nouvelles qu'on le peut. Il y a du reste un moyen préliminaire de s'assurer de leur bonne qualité, au moins pour les Graminées et les Légumineuses, qui lèvent très-vite : c'est d'en mettre une pincée sur un peu de terre douce et humectée que l'on maintient à une température de 20 à 30 degrés centigrades, et au bout de quelques jours on voit si les graines ont perdu ou conservé leur faculté germinatrice. Quand on a de grands espaces à semer, il est toujours prudent d'essayer les graines de cette manière. Une plaque de coton humectée avec de l'eau tiède, placée dans une soucoupe maintenue à une température moyenne et sur laquelle on répand une pincée de graines, suffit ordinairement pour cet objet.

Nous croyons être utile aux personnes qui n'ont pas de relations établies pour l'achat des graines, en leur indiquant l'adresse d'une maison qui s'occupe consciencieusement de ce commerce ; elle est dirigée par M. Bréon, ancien directeur des jardins de botanique et de naturalisation de l'île Bourbon (quai de la Mégisserie, n° 70, à Paris) ; mais comme je l'ai dit plus haut, il y a maintenant en ce genre, non seulement à Paris, mais en province, des commerçants probes et instruits auxquels on peut s'adresser aussi en toute confiance ; et si je cite la maison Bréon, c'est parce que je suis en relation d'affaires avec elle, que sa loyauté m'est personnellement connue, et que c'est M. Bréon qui m'a communiqué le tableau ci-joint que je crois utile de joindre à ce chapitre.

Tableau du prix moyen des graines de plantes fourragères et de la quantité moyenne de kilog. à employer pour lessemis, et par hectare·

NOMS DES PLANTES.

1° Graminées.	Quantité de kilo. pour un hectare.	Prix moyen du kilogramme.
Agrostis vulgaris (Agrostis commun)...............	6	2 »
—— stolonifera (Fiorin , Agrostis stolonifère)...	6	2 »
—— canina (Agrostis des chiens)...............	5	2 50
—— herd-grass (Herd-Grass ou Red-top-grass).	5	3 »
Avena elatior (Avoine élevée, Ray-Grass de France ou Fromental)·...............................	120	75
Bromus pratensis (Brome des prés)...............	50	2 »
—— mollis (Brome mou)...................	50	2 50
—— secalinus (Brome seiglin)...............	50	3 »
—— arvensis (Brome des champs)............	60	2 50
Aira flexuosa (Canche flexueuse)...................	60	2 »
aquatica (Canche aquatique)...............	50	2 50
Cynosurus cristatus (Cretelle, Cynosure crêtée).....	40	2 50
Dactylis glomerata (Dactyle pelotonné)..........	50	4 »
Festuca pratensis (Fétuque des prés)..............	70	2 50
—— elatior (Fétuque élevée).................	50	2 50
—— ovina (Fétuque des moutons).............	40	2 »
—— tenuifolia (Fétuque à feuilles menues).....	50	3 »
—— heterophylla (Fétuque héterophylle).......	50	3 »
—— fluitans (Fétuque flottante)...............	35	4 »
Phleum pratense (Thymothy, fléau des prés)......	10	2 50
Anthoxanthum odoratum (Flouve odorante)··········	30	4 »
Holcus lanatus (Houque laineuse).................	30	2 »
—— mollis (Houque molle)...................	30	3 »
Lolium perenne (Ivraie, Ray-grass).......... 100 à 125		» 80
—— rubrum (Ivraie rouge)...................	100	1 50
—— italicum (Ivraie ou Ray-Grass-d'Italie).....	80	1 20
Poa pratensis (Paturin des prés)..................	25	3 3
— trivialis (Paturin commun)...................	25	2 50
— palustris (Paturin des marais)................	25	3 »
— aquatica (Paturin aquatique).................	25	4 »
— nemoralis (Paturin des bois).................	18	4 »
— Bishop-grass (Herbe de la baie d'Hudson)......	18	6 »
— annua (Paturin annuel)......................	20	3 »
Calamagrostis colorata (Phalaris roseau)..........	10 variab.	
Alopecurus pratensis (Vulpin des prés)...........	25	4 »
agrestis (Vulpin des champs)..........	30	3 »
geniculatus (Vulpin genouillé).........	20	4 »

2° *Légumineuses*.

(Les prix sont sujets à de très grandes variations)

Ulex europœus (Jonc marin, Genêt épineux)........ 15 kil.
Trigonella fœnum græcum (Fenugrec)............ 5 kil.
Ervum ervilia (Ers ervillier).................... 60 à 70 k.
Faba vulgaris (Féverolle petite).................. 3 hectol.
Galega officinalis (Galega ou Rue de chèvre)...... 25 kil.
Genista scôparia (Genêt commun).............. 15 kil.
Lathyrus sativus (Gesse cultivée, Jarosse, Lentille
  d'Espagne, Gessette)............................. 2 hectol.
——— *hirsutus* (Gesse velue).................. 2 hectol.
Ervum sativum (Lentille d'été et d'hiver)......... 15 décal.
Lotus corniculatus (Lotier corniculé).............. 10 kil.
—— *uliginosus* (Lotier velu).................. 10 kil.
Lupinus albus (Lupin blanc)..................... 15 décal.
Medicago sativa (Luzerne du pays)............... 25 kil.
——— (Luzerne de Provence)............ 20 kil.
Melilotus sativa (Mélilot ordinaire)............... 15 kil.
—— *alba* (Mélilot de Sibérie) .... 15 kil.
Onobrychis sativa (Sainfoin ordinaire)............ 5 hectol
—— —— (Variété à deux coupes)........... 5 hectol.
Trifolium pratense (Trèfle rouge ordinaire)........ 20 kil.
—— *repens* (blanc de Hollande, fin Houssy).... 10 kil.
—— *incarnatum* (farouche).................. 20 kil,
—— *procumbens* (Trèfle jaune)............... 10 kil.
—— *pratense* (Trèfle rouge d'Argovie) .... 20 kil.
—— *hybridum* (Trèfle hybride)............ 10 kil.
—— *Molineri* (Trèfle de Molineri)............ 20 kil.
Vicia sativa (Vesce de printemps et d'hiver)....... 3 hectol.
—— *monanthos* (Vesce à une fleur, ou Jarosse d'Auvergne)................................... 3 hectol
Medicago lupulina (Lupuline, Minette dorée)...... 20 kil.

3° *Autres que Graminées et Légumineuses*.

Betteraves diverses............................ 5 kil.
Carottes diverses............................. 4 kil.
Chicorée sauvage............................ 15 kil.
——— à café............................ 15 kil.
Choux divers............................... 4 kil.
Chou colza................................. 5 kil.
Jacée des prés *(Centaurea jacea)*................. 15 kil.
Moutarde noire.............................. ⎫
—— blanche............................. ⎬ 10 kil.
—— des Pyrénées....................... ⎭
Millefeuille *(Achillea millefolium)*............... 8 kil.
Navets divers... .... 4.

Navette d'été............ .... }
——— d'hiver............................... } 4 à 5 kil.
Pastel *(Isatis tinctoria)*............................ 12 à 15 kil.
Panais long *(Pastinaca sativa)*................... 10 kil.
——— rond................................ 10 kil.
Pimprenelle grande *(Sanguisorba officinalis)*....... 30 kil.
Spergule *(Spergula arvensis)*..................... 10 kil.

Les personnes qui voudront essayer les mélanges que j'ai indiqués plus haut feront bien de demander séparément chacune des graines dont ils se composent, ou bien encore ils pourront indiquer à leurs correspondants la nature de leur terrain, son étendue, son exposition et ses divers caractères, afin que celui-ci puisse établir lui-même le mélange le plus convenable et dans les proportions voulues selon la nature du sol. M. Bréçon prépare ainsi des mélanges de Graminées pour l'ensemencement des prairies à raison de 8 fr. l'hectolitre. Il en faut ordinairement 12 à 15 hectolitres par hectare, mais en lui laissant le soin et le choix de ces mélanges faits selon les principes énoncés dans ce traité, il est bien entendu que le propriétaire doit lui transmettre toutes les données nécessaires pour la connaissance du sol.

Il est bien difficile d'indiquer au juste la quantité de graine nécessaire pour un espace donné de terrain, et quoique nous ayons souvent précisé une proportion, au moins pour les plantes que l'on cultive le plus généralement, on ne doit regarder notre indication que comme une moyenne qu'il y a plus d'avantage à dépasser qu'à ne pas atteindre, car si les plantes perdent un peu de vigueur étant semées trop épais, elles donnent d'un autre côté un fourrage plus fin, et de meilleure qualité, et s'opposent par voie d'étouffement au développement des espèces nuisibles qui pourraient accidentellement venir s'y mêler. Cela est surtout vrai quand on n'en sème qu'une seule espèce comme le Trèfle, le Sainfoin, etc., ou une Graminée également seule comme l'Ivraie ou le Fromental, etc. Mais quand le semis est destiné à former une prairie permanente, et qu'on veut y introduire les mélanges dont nous avons plus haut discuté les avantages, il faut semer plus clair, afin que chaque espèce trouve de l'espace pour se développer et surtout pour étendre ses racines, car une seule graine d'une plante à racines traçantes ou à rejets rampants peut en très-peu de temps couvrir un grand espace; et comme il y a toujours inégalité de développement dans les différentes espèces, il en résulte que les plantes les plus précoces dans leur germination et ensuite dans leur végétation, nuiraient beaucoup au développement des autres. Cette circonstance arrive toujours, quoi qu'on fasse, mais elle offre moins d'inconvénients en semant clair. Si cependant on s'apercevait que le semis est réellement trop clair, à la seconde année, on laisserait fleurir et fructifier les plantes qui se sèmeraient d'elles mêmes en suffisante quantité.

Le volume des graines doit nécessairement être pris en considération dans les quantités que l'on doit faire entrer dans les mélanges, ainsi que l'étendue que chaque tige prend ordinairement autour d'elle pour son développement.

W Pitt a calculé qu'une partie de graine de Trèfle blanc *(Trifolium repens)*, équivalait à

2 1/2 de Trèfle rouge. | Ces quantités, en supposant les grai-
10 1/2 de Pimprenelle. | nes également bonnes, doivent donner
38 de Sainfoin. | un nombre égal de plantes.

Soins préliminaires, préparation du sol.

Si l'on veut convertir un champ ou un terrain quelconque en prairie permanente, de quelque nature qu'elle soit, le premier soin est de nettoyer convenablement la terre et de la purger de toute mauvaise herbe qui viendrait se mélanger aux plantes fourragères ; et l'on peut arriver à ce résultat par des labours, des hersages, mais plutôt par des cultures sarclées.

Si c'est une prairie que l'on détruit parce qu'elle renfermait un grand nombre de plantes nuisibles que l'on veut remplacer par de meilleures espèces, il faut laisser, entre la destruction de l'une et l'établissement de l'autre, un intervalle assez grand pour que les germes et les racines des plantes qui la formaient aient pu disparaître, en grande partie du moins ; et l'on conçoit que le genre de culture à laquelle on soumet le sol dans cette circonstance, a une très-grande influence sur la destruction plus ou moins complète des mauvaises plantes et de leurs germes.

Plus le terrain sera ameubli, mieux il sera fumé avec des engrais consommés, plus grandes seront les chances de succès ; les récoltes précédentes doivent être telles que le terrain soit amené par elles à cet état de division et de fertilité.

Il est essentiel aussi que le sol, après son ameublissement et sa préparation au moyen de labours et de hersages, soit aussi exactement roulé pour en détruire les mottes. Cette précaution est d'autant plus nécessaire que souvent les graines très-fines des Graminées disparaissent entre des mottes, et se trouvent ensuite si bien enterrées qu'elles ne peuvent plus germer et sont perdues. Le nombre des labours peut varier ; mais si le sol n'est pas naturellement meuble, il est indispensable d'en faire un avant l'hiver. L'ameublissement et le nettoiement du sol sont deux choses tellement essentielles, que l'on ne craint pas, en Angleterre, d'y employer près de deux années, comme on peut en juger par le passage suivant que A. Young dit devoir au colonel Saint-Léger :

« On écobue l'ancien pâturage ; on y fait deux récoltes de raves que l'on a soin de bien biner à la houe et que l'on fait manger sur place par des moutons. La seconde doit être mangée vers le commencement de février. On donne ensuite un labour, et on laisse reposer la terre jusqu'à la fin de mars, après quoi on herse une fois ou deux, s'il le faut. On donne encore un labour, on sème et on herse de nouveau pour couvrir. On sème avec de l'Orge un mélange de Trèfle blanc, Trèfle rouge et diverses Graminées. La première année, on fait paître l'herbe ; elle offre une très bonne pâture dès le commencement d'avril, et donne pendant toute l'année une grande quantité de nourriture. »

On voit par cette description que la terre doit être parfaitement ameublie et purgée des mauvaises herbes, et que l'on peut ainsi substituer un excellent gazon à des plantes plus ou moins nuisibles. Cette méthode, étant employée dans l'est de l'Angleterre, pourrait subir en France de légères modifications.

Du semis proprement dit et de la plante protectrice.

Quand la terre a été bien ameublie, on sème à la volée, en ayant soin de faire plusieurs mélanges de semences, c'est-à-dire de réunir toutes celles qui sont du même poids et à peu près du même volume, afin de pouvoir les semer à diverses reprises, car si l'on agissait autrement, les graines les plus légères seraient les premières semées et le fond du sac ne contiendrait que les plus grosses que le tassement aurait amenées dans le point le plus bas. Il faut, s'il est nécessaire, semer deux et trois fois en recouvrement. Il est rare qu'il soit nécessaire de dépasser ce nombre.

Afin d'ombrager les jeunes plants, il faut, si la chose est possible, semer les graines de plantes fourragères avec des céréales, le Seigle ou le Froment en automne, l'Avoine ou l'Orge au printemps; mais quoique le même champ renfermé les deux récoltes, il faut se garder de mélanger ces graines : la céréale doit être semée la première, puis recouverte à la herse. Si cependant ce sont de grosses graines de Légumineuses qu'on lui associe, il faut aussi les recouvrir de la même manière, car les oiseaux n'en laisseraient aucune; mais si ce sont de petites graines de Graminées, il est indispensable de les répandre à la volée et très-également sur le premier semis, soit immédiatement après qu'il est fait ou quelques jours après; et comme il ne faut pas que ces graines soient beaucoup recouvertes, et qu'elles seraient trop fortement enterrées par la herse, le rouleau suffit ordinairement pour les bien appliquer à la surface du sol, et la première pluie les fait germer.

Il est toujours utile d'associer ainsi une plante annuelle au semis des espèces qui doivent ensuite couvrir le sol pendant plusieurs années; car, indépendamment de l'ombrage et de l'abri que cette plante annuelle offre au jeune plant, elle donne immédiatement une récolte dont le produit dédommage du temps perdu, en attendant le développement des espèces vivaces. Il est bon cependant de semer un peu clair la plante protectrice, et à cet effet, on peut se contenter d'employer les deux tiers de la semence.

Quand on a semé une prairie avec de l'Avoine, la meilleure méthode pour lui assurer du succès est de faucher l'Avoine en fleur et de la sécher pour fourrage. Les jeunes plantes, débarrassées de bonne heure de l'ombre qui les avait protégées, se développent mieux et plus vite, et sont plus fortes pour résister à l'hiver. Il ne faudrait pas cependant faucher l'Avoine avant sa fleur, car elle pourrait, dans une année humide, repousser encore du pied.

L'emploi du Sarrazin offre, sous ce rapport, un assez grand avantage, surtout pour les semis de Légumineuses, comme le Trèfle, la Luzerne, le Sainfoin; les tiges serrées et les feuilles nombreuses du Blé noir ombragent les jeunes plantes et entretiennent une humidité constante sous leur feuillage. D'un autre côté, le Sarrazin ne restant que fort peu de temps sur le sol, les jeunes plantes ont le temps de se fortifier après sa récolte. C'est sans contredit le meilleur moyen d'établir une prairie. La seule précaution à prendre est de ne pas donner trop d'engrais, afin de s'opposer au couchage ou versage du Sarrazin, qui, dans ce cas, étouffe et détruit les jeunes plantes qu'il protégeait auparavant. Si, malgré la précaution prise, un tel accident avait lieu, le fauchage du Sarrazin est le seul moyen d'y remédier.

L'Epeautre, *Triticum spelta*, que l'on cultive en grand dans le Nord, est encore une espèce qui réussit très-bien, comme plante protectrice. C'est celle que l'on préfère en Suisse, et l'on a remarqué que l'herbe semée avec lui se développait mieux que celle dont la semence avait été associée au froment.

Dans quelques pays, quand on veut former un pré, on commence par en faire une trèflière ou une luzernière, sur laquelle on sème ensuite un mélange de plantes fourragères, après avoir profité, pendant une ou plusieurs années, de la première plante semée, qui reste pour former le fond de la prairie. Cette méthode n'est pas toujours avantageuse.

Quelle que soit celle que l'on emploie, il faut choisir un temps disposé à la pluie, et éviter avec autant de soin de semer dans la poussière que dans un sol délayé par l'eau. Le vent, comme le savent tous ceux qui ont semé des graines un peu fines, est un très-grand obstacle à l'égalité de leur dispersion.

Epoque du semis.

L'automne et le printemps sont les deux saisons les plus convenables pour le semis des prairies, en se rapprochant autant que possible des mois de septembre et de mars, avec cette différence cependant, que si l'on sème en automne, il vaut mieux que la semence soit confiée à la terre plus tôt que plus tard; et si l'on sème au printemps, plus tard que plus tôt. Le semis d'automne est certainement préférable en ce que les plantes ont le temps de se fortifier, surtout par les racines; qu'étant plus fortes elles supportent plus facilement la sécheresse possible de l'été suivant, et enfin en ce qu'on gagne presque une année. Je n'hésite donc pas à considérer les semis d'automne comme bien préférables à ceux du printemps. Il y a cependant un grand nombre d'exceptions à cette règle, et dans aucune science il n'y a plus d'exceptions qu'en agriculture, car tout dépend du climat, du sol, de la situation. Quand les plantes que l'on veut semer sont sensibles au froid dans leur jeunesse, le semis

d'automne ne peut avoir lieu. On voit déjà par là que telle espèce qui prospèrera très-bien par un semis d'automne opéré
dans le midi de la France, devra au contraire être semée au
printemps dans les départements du nord, tandis que cette
saison, trop voisine des chaleurs et de la sécheresse de l'été,
serait évidemment contraire dans les contrées méridionales.
Dans les montagnes, où la neige peut couvrir la terre pendant
tout l'hiver, le froid est moins à craindre ; mais quelle que soit
la localité, si la terre est légère et susceptible de se soulever
par la gelée, les semis du printemps doivent être préférés. On
ne peut donc que donner des moyennes en agriculture. Tous ceux
qui ont pratiqué reconnaissent bientôt l'inutilité et l'impossibilité d'appliquer à tous les lieux, à tous les climats, à tous
les pays ces règles générales que l'on trouve souvent si sa-
vamment posées dans quelques ouvrages d'agriculture. Si, comme
cela arrive quelquefois, on sème seules les graines de prés,
sans plante abritante, il est préférable de semer à l'automne,
mais de bonne heure, au commencement de septembre, si on
le peut, afin que les plantes puissent s'enraciner avant l'hiver.
Il arrive souvent alors, que dès l'année suivante, on obtient une
récolte.

Quand le mélange destiné à former une prairie est semé en
automne avec du seigle, il est bon de n'en répandre, à cette
époque, que la moitié et de garder l'autre portion pour la semer au printemps sur le seigle vert, que l'on herse ensuite. Il
est rare qu'un semis fait de cette manière ne réussisse pas
complétement.

Enfin il arrive quelquefois que, par des circonstances qu'il est
impossible de prévoir, un semis manque en partie, mais qu'il
reste cependant des espaces assez grands couverts de jeunes
plantes. Quand il n'y a pas nécessité absolue de semer de
nouveau, on peut presque toujours opérer un semis partiel sur
les points découverts, en passant le râteau s'ils sont peu étendus, la herse dans le cas contraire, en répandant sur le sol à
la volée le même mélange de graines que l'on a employé. Cette
pratique devient quelquefois nécessaire au printemps pour des
semis d'automne, que le froid ou les pluies ont en partie détruits, ou bien à l'automne pour regarnir quelques semis de
printemps, que la chaleur a desséchés, ou enfin pour couvrir
les espaces vides par l'arrachement et le sarclage des grandes
plantes nuisibles.

Enfin, quelques semis partiels deviennent aussi nécessaires
pour regarnir des prairies mal entretenues, peu ou point fumées,
et sur lesquelles des espaces vides viennent indiquer la négli-
gence du cultivateur ou l'épuisement du sol.

CHAPITRE VI.

DE L'ENTRETIEN DES PRAIRIES.

Il est assez singulier que les prairies, qui sont très-souvent la portion du domaine qui rapporte le plus, soient précisément celle dont on s'occupe le moins. Il n'y a aucun doute que si les prairies étaient rationnellement établies et convenablement entretenues, elles donneraient des produits bien supérieurs à ceux qu'elles offrent naturellement. Au premier abord, il semble que la plupart des pâturages n'ont besoin d'aucune espèce de culture ; presque tous cependant exigent quelques soins que nous allons indiquer brièvement.

La gelée agit sur certaines prairies dont le terrain est meuble, en soulevant la terre et l'herbe qui la recouvre, les racines se trouvent ébranlées, quelquefois brisées ou détruites. Le rouleau, passé au printemps sur la pelouse, raffermit les racines et égalise le sol.

Le printemps est encore la saison d'étendre les taupinières à la surface de la prairie, d'enlever tout ce qui, en couvrant l'herbe, l'empêche de se développer. Les précautions sont même portées si loin dans quelques contrées du centre de la France, que l'on balaie les prés pour ôter les feuilles mortes qui gênent le développement des jeunes pousses. Quant aux pierres, on peut les enlever à l'automne, en hiver ou au printemps ; l'opération se fait facilement tant que l'herbe est courte, mais elle est indispensable pour que la faux ne vienne pas se briser contre elles, et il faut la renouveler souvent dans les prairies exposées aux alluvions et aux torrents des montagnes.

La dispersion de la fiente des bestiaux doit être faite plutôt à l'entrée de l'hiver qu'au printemps et avec beaucoup de soin, car les bestiaux ne mangent jamais l'herbe qui provient des espaces qui étaient couverts d'excréments ; ils redoutent tellement toutes ces émanations animales, qu'ils reconnaissent même les lieux où ils se sont couchés pendant la nuit, et ce n'est que quelques jours après qu'ils mangent l'herbe qu'ils ont touchée de leur corps.

C'est au contraire au printemps que doit avoir lieu le *déprimage ;* dès le mois de mars, les prairies semées de l'année précédente peuvent être broutées par les moutons.

Outre l'engrais qu'ils y répandent, ils forcent les Graminées, toujours munies de germes nombreux au collet de la racine, à taller et à pousser ensuite avec plus de vigueur, comme les haies d'Aubépine que l'on coupe au pied pour les faire pousser davantage. Ce déprimage ou dépaissance de la première herbe n'a dans la plupart des cas aucun inconvénient, mais il ne faut pas qu'il se prolonge trop long-temps. Quoique blâmée par plusieurs agronomes, c'est une opération des plus favorables au développement des plantes fourragères et surtout aux Graminées. Voici du reste à cet égard l'opinion d'un homme aussi consciencieux qu'éclairé par sa pratique : « Le bétail, de quelque espèce que ce soit, ne doit jamais entrer dans les jeunes prés pendant l'automne et l'hiver qui suivent la semaille, à moins que les herbes ne soient déjà très-fortes et bien enracinées ; mais dès le mois de mars suivant, il est très-utile de les faire brouter ras par les moutons. Rien ne contribue davantage à épaissir l'herbe pour les années suivantes, en la faisant taller. C'est un des soins les plus importants dans la formation des prairies composées de Graminées. Les brebis et les agneaux y trouvent d'ailleurs une ressource très-précieuse dans cette saison.» *(Mathieu de Dombasle, Bon cultivateur,* 1840, p. 100.)

L'entretien des prairies nécessite encore plusieurs opérations plus importantes que celles dont nous venons de parler ; ce sont *les irrigations, les dessèchements, la destruction des plantes et des animaux nuisibles,* la dispersion des engrais ; et enfin la *destruction de la prairie,* quand cela devient nécessaire. Nous allons examiner les prairies sous ces différents points de vue, et nous terminerons notre travail par quelques considérations sur le fauchage et la fenaison, qui formeront un dernier chapitre.

Irrigation et dessèchement des prairies.

Il ne peut entrer dans le plan de notre ouvrage de décrire les dispositions diverses des rigoles d'irrigation ; nous nous contenterons de rappeler quelques principes parfaitement connus de tous ceux qui arrosent les prés, c'est de prendre l'eau au point le plus élevé possible et de la distribuer aussi également que le terrain le permet, et ensuite de lui donner un écoulement. L'eau qui couvre la prairie doit être assez abondante pour baigner complètement le pied des plantes, et lors même qu'elle s'élèverait de manière à les couvrir totalement pendant quelques jours, pourvu qu'elle ne ravine pas, il n'en résulterait aucun inconvénient.

Les sols très-perméables, sablonneux ou calcaires, et surtout ceux qui sont composés de débris organiques, sont ceux qui obtiennent les meilleurs résultats de l'irrigation.

Les irrigations ont pour but principal de fournir aux plantes des prairies un arrosement plus ou moins abondant pendant les chaleurs de l'été, et sous ce rapport, c'est aux Graminées qu'elles conviennent le mieux, car la plupart de ces plantes ont des racines peu profondes qui résistent difficilement à la sécheresse et qui profitent de l'eau qui leur est versée par les irrigations ; aussi c'est dans les prés arrosés que les Graminées acquièrent tout leur développement. Mais indépendamment de l'arrosage produit par les irrigations, on ne peut nier que les eaux qui coulent pendant long-temps sur les prairies n'y laissent diverses matières qui favorisent le développement des plantes fourragères ou n'en enlèvent d'autres qui leur nuisent. Quand les eaux sont limoneuses, leur dépôt peut être très-utile à la prairie, mais aussitôt que les plantes sont en pleine végétation, il faut cesser d'arroser, car le foin serait couvert d'un enduit pulvérulent qui nuirait beaucoup à sa qualité.

Nous allons du reste étudier, sous ces divers points de vue, *la nature de l'eau*, la *durée des irrigations*, *l'époque la plus convenable pour les faire*, et voir ensuite si l'on a quelques notions sur *leur théorie*.

Nature de l'eau. — La composition de l'eau doit avoir nécessairement une assez grande influence sur le développement de l'herbe des prairies ; mais en général on remarque des différences très-marquées, quoique l'on emploie pour arroser les prés presque toutes les eaux que l'on a à sa disposition. Il en est qui sont tout-à-fait impropres à la végétation, telles sont les eaux minérales ferrugineuses et magnésiennes ; celles qui sortent des glaciers et qui sont trop froides, comme celles qui s'échappent des sources très-élevées dans les montagnes, sont moins bonnes que les eaux de rivières ou de sources ordinaires, et ont besoin de parcourir un assez long trajet avant d'être utilement employées.

Les eaux minérales, à l'exception de celles que nous venons de citer, sont ordinairement très-bonnes pour les irrigations, et l'on a des exemples nombreux de prés arrosés d'eaux chaudes et minérales qui produisent plus que ceux des mêmes terrains qui reçoivent de l'eau ordinaire. C'est un fait facile à vérifier, au Mont-Dore, où l'eau de la Dordogne, mélangée d'eau minérale, est préférée à celle des ruisseaux voisins, et surtout à Chaudes-Aigues, où l'eau minérale produit une magnifique végétation dans les prairies qu'elle arrose. Toutes les eaux alcalines et gazeuses sont préférables aux eaux de source et de rivière.

Quand c'est l'eau d'une source qui arrose, sa température, souvent plus élevée que celle de l'air en hiver et au commencement du printemps, favorise le développement de l'herbe, et si elle s'épanche sur un plan très-incliné, la rapidité de sa marche lui permet de garder sa température sur un plus grand espace, et l'herbe se développe sur une plus grande étendue ; pendant l'hiver même il y a presque toujours de l'herbe verte sur le bord des sources.

Les eaux, quoique très-pures, favorisent beaucoup la végétation des Graminées, car on voit tous les prés des pays de montagne arrosés par des eaux presque distillées. Celle de Royat, en Auvergne, qui s'épanche sur tous les beaux prés de la vallée, contient à peine neuf centigrammes par litre de matières salines. Dans bien des cas, et surtout dans les prés tourbeux, marécageux ou riches en limon, l'eau pure vaut mieux que celle qui charrie des matières étrangères ; il semble que dans ce cas l'eau doive enlever quelque principe aux prés au lieu d'y rien déposer. Plus souvent les eaux courantes amènent sur les prairies une certaine quantité de terre limoneuse qui contribue à leur fertilité par son extrême division, lors même qu'elle ne contiendrait pas de matière organique, ce qui est impossible. Ce limon est toujours un excellent engrais, à tel point que, dans quelques contrées comme le Jura et l'Auvergne, on creuse çà et là le long des chemins de petites fosses qui retiennent l'eau bourbeuse et où le dépôt s'opère tranquillement. Il s'y forme, en un temps plus ou moins long, suivant l'abondance des pluies, plusieurs couches régulièrement stratifiées de sable, de limon, de gravier, de feuilles de vigne et de débris organiques. De temps en temps on les vide, et l'on étend sur les prairies ce mélange très-divisé, qui active toujours beaucoup la végétation.

Dans tous les cas, on doit empêcher l'arrivée de l'eau limoneuse aussitôt que l'herbe est assez grande pour conserver sur ses tiges ou sur ses feuilles une matière qui serait nuisible au foin.

Durée des irrigations.—La plupart des plantes qui composent les prairies peuvent rester sous l'eau très-long-temps sans en souffrir pendant leur état de repos. Aussi les irrigations submergeantes peuvent être très-utiles en hiver, quand on peut amener sur les prairies une quantité d'eau telle, que la glace qui s'y forme pendant la gelée reste séparée du sol par une couche d'eau de 5 à 10 centimètres, mais non courante.

On regarde comme l'indice le plus sûr que l'on doit retirer l'eau d'un pré l'époque où paraît une écume blanche et légère que l'on remarque au point où l'eau fait une petite chute ou se joint à une autre rigole. Il y a cependant des eaux qui ne donnent jamais cette espèce d'écume, et d'autres qui, déjà chargées de matières organiques quand elles arrivent sur la prairie, écument dès les premiers jours.

Les irrigations prolongées ont encore l'inconvénient de favoriser le développement d'un grand nombre de Joncées et de Cypéracées, plantes sinon nuisibles, au moins bien inférieures en qualité aux Graminées dont elles occupent la place. Il y a d'ailleurs des prairies grasses et naturellement fertiles qu'une irrigation trop prolongée est loin d'améliorer, car elle appauvrirait le pré en lavant le sol et emportant les parties solubles.

Epoques des irrigations.— On donne les premières irrigations avant l'hiver; on peut les prolonger alors dix à quinze jours, et c'est l'époque où la trop grande quantité d'eau est le moins à craindre

En hiver, on peut aussi arroser de temps en temps pendant quelques jours, mais il est à craindre que la gelée ne vienne saisir les plantes quand le sol est encore très-humide. Le mieux, dans cette circonstance, est d'y remettre l'eau immédiatement et assez abondamment pour inonder. On parvient ainsi à entretenir à la surface du pré une température ordinairement supérieure à celle de l'atmosphère.

L'époque la plus favorable est le printemps, et l'irrigation doit durer plus ou moins long-temps. Si l'eau est vaseuse, il faut l'arrêter dès que l'herbe commence à bien pousser, afin de ne pas la couvrir de limon; si l'eau est limpide et très-pure, comme celle qui provient des sources des pays de montagne, et surtout comme celle qui s'échappe de la partie inférieure des coulées volcaniques, on peut la laisser plus long-temps sur la prairie, et attendre même que les plantes commencent à fleurir.

Après la récolte des foins, les irrigations favorisent singulièrement la pousse des regains, et l'on ne doit pas perdre de temps pour remettre l'eau sur les prés.

Quand les prés sont trop exposés à l'action du soleil, il faut quelquefois éviter de les arroser en plein jour, parce que les rayons solaires, rassemblés par une multitude de gouttes d'eau éparses sur les feuilles mouillées, se comportent comme s'ils traversaient une multitude de petites lentilles et brûlent les feuilles. Quand les plantes sont assez grandes pour que leur ombre empêche l'eau d'être exposée au soleil, cet inconvénient n'a plus lieu. Ce n'est guère du reste que dans le midi de la France que ces observations peuvent recevoir leur application. Il est donc préférable, au moins dans les contrées méridionales, de n'arroser que la nuit.

Quand il y a de la neige et qu'il pleut tout le jour, ne pas arroser ; quand la neige fond, ne pas arroser non plus, et quand on a atteint les mois de mars et d'avril et qu'il pleut le soir, il faut encore suspendre l'arrosement. Une rosée abondante peut aussi très-souvent remplacer l'irrigation, et si celle-ci se change en gelée blanche par l'abaissement de température, il faut donner l'eau en abondance pour éviter l'action directe du soleil sur ces milliers de cristaux de glace qui font l'effet de lentilles et brûlent les feuilles.

Théorie des irrigations.—Comme nous l'avons déjà remarqué, l'eau des irrigations n'agit pas toujours de la même manière, et la vraie théorie devient très-difficile à démêler au milieu de tant de causes et de circonstances diverses. Il en est de même partout. En agriculture, il n'y a pas de règle générale, pas de théorie qui puisse expliquer tous les faits d'une même série.

Quand on réfléchit que les plantes qui forment les prairies contiennent souvent 60 à 75 pour cent d'eau, qu'un hectare qui produit 12000 kilog. d'herbe perd par conséquent 9000 kilog. d'eau qu'il a dû absorber avant de les perdre, on conçoit déjà l'utilité des irrigations, surtout dans les années sèches et pendant les chaleurs, qui favorisent la végétation des prés arrosés, tandis qu'elles nuisent à ceux qui sont privés d'eau.

D'après Liébig, ce serait par l'oxygène de l'eau que la végétation serait activée. « Si, dit-il, les irrigations annuelles des prairies produisent un effet également favorable pour la culture des plantes fourragères, c'est que l'eau des ruisseaux est chargée d'oxygène ; en se renouvelant incessamment et en pénétrant toutes les parties du sol, elle effectue d'une manière rapide et complète la pourriture des excréments qui y sont accumulés. L'eau seule, ne contenant pas d'oxygène en dissolution, ne produit pas cet effet ; car si cela était, il faudrait que les prairies couvertes d'eau stagnante fussent les plus fertiles, ce qui est démenti par l'expérience.

« Il ne s'agit pas , dans l'irrigation des prairies , de les laisser couvertes, pendant quelques mois, d'eau qui n'ait point d'écoulement et qui les transforme ainsi en marais ; mais le but qu'on s'y propose consiste à amener de l'oxygène aux racines des plantes fourragères. La quantité d'eau nécessaire à cet effet n'est que très-faible, et il suffit que la prairie soit couverte d'une nappe très-mince qui se renouvelle constamment.»

Il est certain que les eaux très-pures produisent des effet merveilleux, mais on ne peut contester non plus l'action de celles qui contiennent des matières en dissolution ou en suspension. Certaines eaux minérales agissent à la fois et par leurs sels et par leur température, tandis que les eaux qui ont lavé des grands chemins ou qui charrient des débris organiques, sont un véritable engrais pour les terrains qui reçoivent leurs dépôts. La preuve est évidente : des pays entiers comme le Bengale, le delta du Nil, la Limagne d'Auvergne, ont été entièrement créés par des dépôts limoneux, et sont restés les contrées les plus fertiles du monde.

Dessèchement des prairies. — Le dessèchement des prairies marécageuses se réduit à deux cas très-simples : ou l'on peut profiter d'une pente pour faciliter l'écoulement des eaux, ou bien on ne le peut pas.

Dans le premier cas, des fossés remplis de pierres ; des canaux de dessèchement et d'épuisement, sur la construction desquels nous ne pouvons entrer dans un ouvrage de cette nature, sont des moyens naturellement indiqués et presque toujours suffisants.

Dans le second cas, ils seraient inutiles, et alors deux autres moyens se présentent : creuser dans le point le plus bas pour y ramener les eaux et faire ainsi un étang ou une mare en noyant une partie de la prairie pour sauver l'autre ; ou bien, comme il arrive souvent qu'un sous-sol argileux et complétement imperméable est la cause de la stagnation, que souvent aussi ce sous-sol peut reposer sur une couche entièrement perméable, essayer d'établir des puisards creusés jusqu'à cette couche perméable ou communiquant avec elle par un trou de sonde, en ayant soin de faire les trous assez larges près de la surface et de les emplir de pierrailles pour que l'eau puisse s'y infiltrer. Cette opération, inverse, par le résultat, des puits artésiens, réussit quelquefois très-bien dans les prairies marécageuses, mais non tourbeuses.

Dans ces dernières prairies , les eaux s'écoulent difficilement On les recueille quelquefois dans une série de fossés parallèles , où elles s'établissent de niveau. Toute la couche de terre qui est au-dessus se trouve ainsi égouttée , mais elle garde toujours une assez grande quantité de liquide pour que les plantes puissent être considérées comme perpétuellement arrosées.

Destruction des animaux et des plantes nuisibles aux prairies.

Animaux nuisibles. — Les taupes, les fourmis et les larves de plusieurs insectes sont à peu près les seuls animaux nuisibles aux prairies. Les moyens employés pour leur destruction sont parfaitement connus, quoique souvent insuffisants. Non seulement il faut attaquer l'animal, mais aussi ses travaux et ses constructions; il faut agir à la fois contre les taupes et sur les taupinières que l'on doit étendre. C'est dans le mois de mars qu'il convient de faire ce travail, qui répand sur le sol la terre fraîche et meuble que les taupes amènent de l'intérieur. Dans les grandes exploitations, on opère avec un grand cadre de bois armé de deux lames de fer et que l'on appelle un *étaupinoir*. Ce sont alors des chevaux ou des bœufs qui le traînent.

Les fourmis produisent souvent dans les prairies des monticules d'autant plus difficiles à détruire que l'on sait avec quelle activité et quelle persévérance elles reconstruisent ce qu'on leur a détruit. Pour niveler la prairie, il faut, à la fin de l'automne, diviser avec une bêche, la fourmilière en quatre parties; ensuite avec le même outil enlever le gazon des quatre quartiers, de l'épaisseur de deux décimètres, laissant bien entières ces plaques presque triangulaires, et se contentant de les relever sur les gazons voisins. Cela fait, on excave le corps même de la fourmilière, coupant et répandant la terre sur les parties voisines, et laissant un creux à la place où elle était, afin que les eaux qui s'y rassembleront l'hiver puissent la détruire complètement. Après cela, au printemps, on remplit l'excavation et on remet le gazon à sa place, en sorte qu'on a de la peine à reconnaître la place que la fourmilière occupait. *(Marshal,* t. 2, p. 487.)

Plantes nuisibles. — Les végétaux qui nuisent aux prairies sont bien plus nombreux que les animaux, et l'agriculteur a aussi à sa disposition plusieurs moyens pour les détruire, tels que les *sarclages,* le *dessèchement du sol, son irrigation,* les *coupes précoces de l'herbe,* la *fumure,* le *changement de culture,* l'*emploi des engrais salins.*

Sarclage. — Le sarclage est la méthode la plus longue, la plus sûre, et souvent la seule praticable; c'est généralement la plus coûteuse, cependant il est indispensable, dans l'établissement d'une prairie permanente, de sarcler soigneusement, pendant deux ou trois ans; et par le mot Sarclage nous entendons la destruction des plantes nuisibles qui peuvent se glisser dans un semis et dont les germes restaient enfermés dans l'intérieur du sol. Ce n'est pas l'année même du semis que le sarclage est le plus nécessaire, et en outre il est très-difficile, parce que l'on reconnaît difficilement les bonnes et les mauvaises espèces.

Le sarclage peut s'opérer en arrachant les plantes avec toutes leurs racines, en les coupant entre deux terres quand elles sont annuelles ou bisannuelles comme la Berce brancursine *(Heracleum sphondilium)*.

Le *Bidens cernua* et plusieurs autres plantes qui croissent dans la vase, peuvent être arrachés avec un râteau de fer et mis en tas pour former du terreau, mais il faut avoir soin de les arracher bien avant la maturité des graines.

Les Patiences *(Rumex)* doivent être arrachées à la main comme beaucoup d'autres plantes un peu grandes; et si cette opération a été trop retardée et que les plantes soient en graines, il faut alors la faire le matin à la rosée, afin d'éviter la chute des graines.

Le sarclage doit être répété assez souvent dans la plupart des prairies, car il y a des plantes dont les graines, transportées par les vents et par les eaux, viennent chaque année repeupler les prés. Ceci est surtout applicable aux prairies situées sur le bord des rivières dont les débordements aménent tous les ans une grande quantité de plantes nuisibles.

On ne doit souffrir dans les prairies aucune espèce de Buissons qui, outre l'inconvénient d'accrocher les bestiaux et de tenir une place inutile, ont encore celui de leur offrir au printemps de jeunes pousses remplies de tannin, et très-nuisibles à leur santé.

Il y a un moyen certain, quoique très-simple, de connaître les plantes qui nuisent aux prairies, c'est de les parcourir quand on vient d'en retirer les bestiaux. On aperçoit çà et là des touffes de plantes parfaitement intactes qu'ils ont dédaignées et qu'il convient de faire arracher de suite à la pioche. Si l'on avait la précaution de répandre immédiatement sur la terre remuée par l'arrachement de chaque touffe une petite pincée d'un mélange de bonnes graines fourragères, ou d'une seule que l'on voudrait multiplier dans les prairies, on trouverait alors le double avantage de remplacer les mauvaises espèces par de très-bonnes plantes fourragères. Il est vrai que souvent une plante négligée par un animal est broutée par un autre; mais si d'abord, dans une prairie dont on veut connaître les mauvaises plantes par le procédé fort peu savant que j'indique, on introduit des chevaux, ils laisseront certainement des plantes que les bêtes à cornes, qui leur succéderont, mangeront avec plaisir; et si l'on fait succéder à celles-ci un troupeau de moutons, on peut être assuré que les plantes qui résisteront à cette triple épreuve méritent d'être impitoyablement arrachées.

Desséchement du sol. — Dans les prairies marécageuses, où se développent en abondance des joncs et des roseaux, et quelques autres grandes plantes qui nuisent au développement des Graminées et des Légumineuses, on obtient presque toujours un bon résultat en coupant les plantes à la fin du printemps, les laissant sécher et les brûlant, si c'est possible, sur le lieu même de leur développement. Les cendres brûlent leurs racines, et il est rare, dans un pré comme dans une forêt incendiée, que des végétaux de même espèce remplacent ceux qui ont été détruits; mais le procédé le plus sûr, dans cette circonstance, est de détruire la cause première, en desséchant le sol comme nous l'avons indiqué, chose qui n'est pas toujours possible.

Irrigations — Certaines plantes sont complétement détruites par les irrigations. Les Bruyères, par exemple, sont bientôt anéanties par l'arrivée et le séjour de l'eau, qui développe, au contraire, sur le sol des espèces très-fourragères, dont on n'y soupçonnait pas l'existence.

Coupe précoce de l'herbe. — Comme la plupart des espèces nuisibles sont mangées sans inconvénient pendant qu'elles sont jeunes, on peut en détruire un grand nombre en les laissant brouter de bonne heure par les animaux, qui les épointent et arrêtent quelquefois leur croissance. Les chèvres sont dans ce cas les animaux à préférer. On peut également les faucher, et dans l'un et l'autre cas on évite la dissémination des graines. C'est un moyen que l'on emploie pour s'opposer à l'envahissement de la Cuscute.

Pour la destruction radicale de ce fléau des luzernières il suffit de couper fréquemment et très-bas la Luzerne pendant sa végétation, en commençant aussitôt qu'on s'aperçoit de la première Cuscute, et sans permettre que la Luzerne prenne jamais plus de 4 à 5 centimètres de hauteur. Comme la Cuscute est une plante annuelle et ne peut végéter et fructifier qu'en s'implantant sur les tiges de Luzerne, on l'empêche à la fois par ce moyen de nuire aux plantes sur lesquelles elle n'a pas le temps d'exercer son action, et de produire des semences par lesquelles elle puisse se propager ; l'année suivante, il ne reste plus de trace de sa présence. On atteindrait le même but en faisant pâturer la Luzerne par des bêtes à laine, depuis le printemps jusqu'à l'automne. Ce remède, employé à Roville par M. de Dombasle, lui a permis de se débarrasser de son ennemi. Il a été beaucoup moins heureux dans l'application de divers moyens pour extirper de ses luzernières le Rizoctone (*Rizoctonia medicaginis*), cryptogame souterrain qui détruit la Luzerne et cause de grands ravages dans les champs de cette plante fourragère.

Fumure. — Le fumier répandu sur un pré, en changeant l'intensité de développement de certaines espèces, produit souvent d'excellents résultats en anéantissant de mauvaises plantes qui sont étouffées par de bonnes espèces.

Changement de culture. — La transformation d'une prairie en terre labourée ou en champ cultivé est le meilleur moyen d'y détruire les mauvaises espèces, mais ce moyen n'est pas toujours possible. Nous y reviendrons en parlant de la rupture des prés.

Emploi des engrais salins. — Il y a souvent grand avantage à répandre des engrais salins sur l'herbe des prairies, comme moyen d'élimination pour certaines espèces ; nous nous en occuperons dans le paragraphe suivant. Le tannin paraît avoir une action spéciale sur la Cuscute, comme semble le prouver le fait suivant :

« M. Devèze de Chabriol avait environ un demi-hectare de prairie envahie par la Cuscute depuis plusieurs années, au point d'occuper la cinquième partie du sol. Après avoir employé tous les moyens connus pour la détruire, le défrichement même, il n'avait obtenu aucun résultat. Il pensa alors que l'écobuage était sa seule ressource. Cependant un heureux hasard lui fit abandonner cette opération. Quelques tombereaux de vieux tan de chêne étaient dans son jardin. Dans la pensée qu'il pourrait être utile à son brûlement de gazon, il le fit répandre sur l'endroit où était la Cuscute. Il couvrit 5 à 6 ares d'une épaisseur d'un à deux centimètres en mars. L'écobuage ne put avoir lieu pendant ce printemps; l'herbe poussa avec activité, mais la Cuscute avait disparu. Cet effet était-il dû à l'acide gallique du tannin? c'est ce que M. Devèze ne peut pas pas expliquer; car la Cuscute croit sur la Bruyère, et la Bruyère contient du tannin. Aujourd'hui il y a six ans que le premier essai a été fait, et il n'a pas trouvé un seul pied de Cuscute dans son terrain, et il l'a conservé en prairie. »

Des Engrais.

On donne le nom d'*Engrais* à toutes les matières qui peuvent agir d'une manière salutaire sur les végétaux. On peut en quelque sorte les comparer aux aliments que prennent les animaux.

On peut partager en trois groupes les matières dont les agriculteurs se servent pour augmenter la végétation, et obtenir une récolte plus abondante. Ces matières diverses agissent au moins de trois manières différentes :

1° *Les engrais*. Ils agissent comme principes nutritifs, pénètrent dans l'intérieur des végétaux, y subissent une assimilation, et contribuent ainsi directement à l'accroissement; c'est en quelque sorte de la matière organique que l'on divise dans le sol, afin que les racines des plantes la rencontrent, s'en emparent, et la conduisent dans l'intérieur du végétal dont elle augmente le poids. Les engrais proprement dits doivent donc appartenir au règne organique, et le plus souvent ce sont des débris de végétaux dans un état de décomposition plus ou moins avancée, mêlés avec des excréments ou des débris d'animaux; des plantes fraîches, des animaux morts, enfouis sur-le-champ, forment encore des engrais puissants; leur action, par conséquent, est chimique et physiologique.

2° *Les amendements* n'agissent plus de la même manière; ils ne sont pas absorbés, et n'augmentent pas sensiblement le poids des végétaux, seulement ils divisent le sol, l'ameublissent, ou le rendent plus compact, selon leur nature et la sienne, et le préparent à recevoir les racines des plantes qui n'auraient pu s'y étendre auparavant. Ils rendent aussi le sol plus ou moins perméable à l'eau de la pluie ou à l'humidité de l'atmosphère, lui communiquent quelquefois une couleur différente qui favorise l'absorption de la chaleur solaire, ou qui, dans certains cas, la diminue Enfin, ils changent l'état d'un terrain en permettant aux plantes de s'y développer, et de chercher ensuite les engrais qu'on y a joints ou qui s'y trouvaient naturellement disséminés. Les amendemens sont en général de nature minérale; tels sont les sables, les graviers, les cendres lessivées, etc. Quelquefois ils appartiennent aussi à la classe précédente et à celle qui suit; mais alors leur action se complique, et ils agissent de plusieurs manières. Exemple, le seigle enfoui vert, qui, par la longueur de sa paille, divise le terrain, l'ameublit et agit comme amendement; bientôt il se décompose et produit l'effet des engrais. Les amendements proprement dits agissent donc mécaniquement.

3° *Les stimulants*. Ils n'ont pas d'action sur le sol, et ils en exercent une puissante sur les plantes; ce sont principalement des substances salines, plus ou moins solubles dans l'eau; ils appartiennent encore au règne minéral. On les emploie en si petite quantité, qu'ils ne peuvent agir ni comme engrais ni comme amendemens. Il faut donc qu'ils disposent d'une manière quelconque les tissus végétaux à absorber d'autres principes, à se nourrir en quelque sorte davantage; leur action est donc entièrement physiologique. Quoique leurs effets soient des plus remarquables, on ignore leur manière d'agir.

Il arrive presque toujours que les matières employées pour favoriser la végétation, ont à la fois plusieurs modes d'action, et deviennent par conséquent plus actives. C'est ainsi que la plupart des fumiers proprement dits présentent souvent trois manières d'agir, 1° comme engrais, par la matière organique qu'ils contiennent; 2° comme amendement, par la paille non décomposée et par leur consistance; 3° comme stimulants, par les sels qu'ils renferment.

Nous ne décrirons pas la nature ni le mode d'emploi de cette multitude d'engrais; nous dirons seulement que presque tous peuvent bonifier les prairies, qu'il faut les répandre le plus également possible sur leur surface. Une chose essentielle à observer est de ne jamais employer d'engrais mal consommés, qui recouvrent les jeunes pousses, les font jaunir et retardent le développement des feuilles tout en leur donnant une saveur qui répugne aux bestiaux. Aussi, les engrais liquides ou pulvérulents sont ceux qui conviennent le plus spécialement; ils se répandent mieux et pénètrent immédiatement la terre dans laquelle s'étendent les racines chevelues des Graminées. La marne, le sable, les cendres, les eaux bourbeuses, la poudrette, la fiente de tous les oiseaux, la chaux ou le plâtre, et même la terre végétale, sont autant de substances éminemment fertilisantes, quand on les applique à propos à l'automne ou au printemps. C'est dans cette dernière saison qu'il convient mieux d'employer les engrais liquides; les autres gagnent, au contraire, à être semés en automne, à moins que, placés sur des plans très-inclinés, on ne craigne que les eaux de lavage ne les entraînent pendant l'hiver chez les voisins.

Quand on peut disposer d'un courant d'eau pour l'irrigation d'une prairie, il y a avantage à creuser un fossé au point où l'eau entre sur le pré et d'où elle s'échappe pour se diviser et arroser. On emplit cette fosse de fumier consommé, de débris d'animaux, etc., qui finissent de se décomposer lentement et que l'eau entraîne peu à peu dans un état de division extrême.

Il vaut mieux, dans les prairies, renouveler souvent les engrais que d'en mettre à la fois de trop grandes quantités. C'est surtout en ce sens que les engrais liquides sont encore très-utiles : c'est qu'on peut les étendre autant que l'on veut et les diviser très-également.

Il est inutile de dire que si les terrains sont en pente c'est sur la partie supérieure qu'il faut principalement étendre l'engrais, puisque les pluies l'entraînent constamment vers les parties basses. Il y a même des prairies assez heureusement situées pour être entretenues en bon état par les fumures des prairies voisines qui les dominent sur plusieurs points.

Quelques agriculteurs, et notamment Arthur Young, pensent qu'il faut fumer les prairies immédiatement après la coupe des foins ; mais cette méthode ne peut être adoptée que si l'on a à sa disposition des fumiers liquides, que l'on emploie très-étendus. L'eau pure de source ou de ruisseau agit même déjà très-bien dans cette circonstance, surtout dans le centre et le midi de la France ; mais quant aux engrais solides, la fin de l'automne ou la fin de l'hiver sont les deux saisons qui semblent les plus favorables à leur emploi.

Les cendres agissent d'une manière si évidente sur les prairies, qu'on devrait chercher à en augmenter la quantité, chose d'autant plus facile que les plantes herbacées en donnent plus et de plus riches que les plantes ligneuses. Ainsi, en brûlant les Chardons et les Orties, qui foisonnent sur les berges des chemins et sur le bord des champs, ou en y ajoutant les grandes plantes à détruire dans les prairies, on obtiendrait ainsi une certaine quantité de cendres qui augmenterait de beaucoup la production du foin et contribuerait à détruire une foule de mauvaises plantes qui abondent dans les prairies.

Les eaux de fumier sont l'engrais qu'il importe le plus de recueillir et de répandre très-étendu sur les prairies. Si l'on fait attention que, dans le corps des animaux herbivores tous les sels solubles se trouvent dans les urines, et que la partie inerte ou le résidu des aliments reste dans les excréments on concevra sans peine la grande différence qui existe entre l'activité des urines et celle des excréments. Dans les carnivores, la différence est moins grande ; mais quels que soient les animaux qui donnent le fumier, ce dernier, lavé par les pluies, perd une grande partie de ses principes, qui doivent être recueillis avec soin.

Le plâtre est la substance la plus usitée pour l'amendement des prairies. C'est en mars et avril qu'il convient de l'appliquer aux Légumineuses, telles que le Trèfle rouge et blanc, la Luzerne, la Lupuline, le Sainfoin, les Vesces d'hiver. La dose ordinaire de plâtre est de deux hectolitres par hectare. Le plâtre crû ou cuit ou les plâtras conviennent également, pourvu qu'ils soient suffisamment pulvérisés. Mais si l'on emploie, comme cela a lieu dans la Limagne d'Auvergne, des plâtres très-impurs, mélangés de marne et d'oxyde de fer, on conçoit qu'il faut en augmenter la quantité proportionnellement à son degré d'impureté. On attend, pour le répandre, que la terre soit humide, ou plutôt que les feuilles des plantes le soient assez pour en retenir une légère couche pulvérulente. Quelques agronomes conseillent de partager en deux parties la quantité de plâtre que l'on doit répandre, d'en semer une moitié avec la graine et l'autre sur les feuilles, quand la plante est développée. On a tenté aussi, avec succès, de remplacer le plâtre par de l'acide sulfurique ou huile de vitriol très-étendu d'eau, qui, par sa combinaison avec le carbonate de chaux des terres calcarifères, produit du plâtre qui reste dans le sol dans un état de division extrême, et de l'acide carbonique qui se dégage lentement à mesure que la réaction s'opère. Le prix élevé de l'acide sulfurique s'oppose à ce qu'on emploie souvent ce moyen comme amendement, mais je suis convaincu qu'il serait très-économique près des fabriques d'acides, où l'on pourrait obtenir à bon marché des acides impurs et non concentrés qui réussiraient parfaitement. C'est fabriquer le plâtre dans l'intérieur du sol au lieu de le répandre à sa surface. Il est essentiel cependant, avant de faire cette opération, de voir si la terre fait effervescence avec ce même acide étendu, ce qui revient à savoir si elle contient du carbonate de chaux.

Le plâtre, dans certaines terres, n'a aucune action, principalement sur celles qui en contiennent naturellement; mais en général il améliore toujours la récolte suivante, lors même que ses effets auraient été nuls sur les plantes fourragères.

Le sulfate de fer ou *vitriol vert* est encore une matière fréquemment employée sur les prairies, non à l'état de pureté, mais sous le nom de *cendres noires* ou *lignites pyriteux*, si répandus dans les départements septentrionaux de la France. On étend ces lignites sur les prairies, dont ils activent singulièrement la végétation, et dont ils détruisent les espèces nuisibles. J'ai fait, il y a quelques années, de nombreux essais pour déterminer l'action de cette substance, en plongeant dans une solution de sulfate de fer la plupart des plantes qui s'associent pour former les pelouses.

Les différentes espèces de mousses qui croissent dans les prés, et qui sont au nombre de trente environ *(hypnum, nekera, leskea*, etc.), ont été plongées dans ce liquide, et exposées au soleil; au bout de deux heures, elles étaient noircies, et hors d'état de pouvoir végéter; plongées de nouveau, et exposées au soleil, puis à la pluie, elles ont fini par se décomposer entièrement, et donner lieu, lorsqu'elles étaient en quantité suffisante, à une matière noirâtre analogue à du terreau, dont elle présentait tous les caractères. Or, comme le erreau n'est autre chose que de la matière végétale très-riche en carbone, on peut très-bien concevoir sa formation, en se rappelant la propriété que possède l'acide sulfurique de charbonner les matières végétales avec lesquelles il se trouve en contact. Le sulfate de fer, en se décomposant, peut en proluire plus qu'il n'en faut pour opérer cette transformation des mousses en terreau.

Les Lichens, qui croissent sur la terre dans les endroits arides, et qui dénotent des prairies plus mauvaises encore que celles lont le sol est couvert de mousses, furent également plongés lans ce liquide et exposés au soleil. Leur force végétative fut létruite en peu de temps ; quelques-uns cependant, tels que le *Bœomices ericetorum*, et autres lichens lépreux, ne furent jamais convertis en terreau, comme les mousses, malgré les immersions réitérées dans le liquide. Mais comme ces plantes sont presque entièrement formées d'oxalate de chaux, comme l'a prouvé M. Braconnot, et que ce sel est indécomposable par l'acide sulfurique, on conçoit facilement que cet acide puisse les détruire, mais non les attaquer après leur mort.

Les Champignons, tels que Vesseloups, Clavaires, Agarics, etc., et les Fougères, qui croissent ordinairement dans les prés couverts de mousse, plongés dans le liquide, et exposés au soleil, furent noircis en très-peu de temps.

Les Prêles, vulgairement nommées Queues de cheval, également communes dans les prés humides et dans les prairies sèches, n'éprouvèrent aucune atteinte de la part de cette dissolution. Je continuai mes expériences sur les plantes monocotylédones qui composent les prairies, et qui sont les plus nombreuses, puisqu'elles contiennent toutes les Graminées, les Cypéracées, les Joncs, et les Orchidées, etc.

Aucune Graminée ne fut atteinte, et la même chose eut lieu pour les Cypéracées.

Les Joncs et les Orchidées le furent la plupart.

Les plantes dicotylédonées que je soumis à la même expérience, et parmi lesquelles je citerai le Caille-lait jaune, la Lysimaque, la Nummulaire, les Plantains, la Cuscute et un grand nombre de plantes de la famille des Composées, furent détruites, tandis que toutes celles de la famille des Légumineuses, telles que les différentes espèces de Trèfle, de Luzerne, de Gesse, de Vesce. etc., n'éprouvèrent aucune altération de la part de ce liquide. La Renouée centinode m'offrit le même résultat.

Je m'aperçus facilement, dans le cours de mes expériences, que toutes les plantes qui pouvaient être mouillées par la dissolution, étaient décomposées, et qu'au contraire toutes celles qui avaient résisté étaient retirées sèches du liquide dans lequel je les plongeais.

Je dus nécessairement en chercher la cause dans l'organisation même des plantes que je soumettais à mes essais, et je reconnus que toutes celles dont les surfaces offraient l'aspect que les botanistes désignent sous le nom de *glauque*, aspect

d'un vert bleuâtre, dû tantôt à l'entrecroisement d'une
de petits poils couchés, tantôt à une poussière bleuâtre
posée de grains résineux répandus sur les feuilles, et qui
l'un et l'autre cas, les empêche d'être mouillées par des l'
aqueux, étaient celles qui résistaient à l'action de l'aci
furique.

Dans ce nombre, se trouvent les Graminées et les
neuses, à peu près les seules plantes que l'on doive ch
conserver dans les prairies, puisque toutes les autres son
sibles, ou pour le moins inutiles.

Tel fut l'effet produit sur les différentes plantes sou
mes expériences; ce qui explique comment le sulfate d
employé en grand dans le Nord, charbonne les mousses et
foule de plantes qui croissent inutilement dans les prai
ces contrées. L'action de ce sel ou de sa dissolution fini
détruire toutes les plantes qui peuvent être mouillées par
Les Légumineuses et les Graminées font exception, comme
l'avons vu, et il n'est personne qui, en voyant la rosée
les prés, n'ait pu s'apercevoir que les herbes ne sont pas tou
mouillées également. Les Graminées et les Légumineuses, tou
les plantes enfin qui offrent des surfaces glauques, sont cou
vertes de rosée sous forme de gouttelettes qui ne font que glisse
sur elles, tandis que toutes celles qui ne présentent pa
aspect sont entièrement mouillées, comme si on les eût p
gées dans l'eau.

Tels sont les effets directs que produit le sulfate de fer
les végétaux, soit arrachés, soit adhérents au sol; mais ce
a ensuite une action indirecte très-marquée, et qui favo
d'une manière admirable l'accroissement des Légumineuses
le développement des Trèfles, qui souvent prennent le de
dans des prés où ils existaient à peine, et où ils étaient cac
par la mousse.

Cet effet est encore dû à l'action du sulfate de fer, dont
réaction directe est cependant nuisible à un grand nombre
végétaux; mais à peine la dissolution a-t-elle touché le so
qu'elle est décomposée par les matières calcaires qui s'y tr
vent contenues, et il y a production de plâtre, qui, com
on le sait, agit de la manière la plus favorable sur les Lé
mineuses fourragères. Tout concourt donc à faire du sulfate
fer un des engrais salins les plus efficaces dans la produc
des plantes fourragères. Il est essentiel, il est vrai, que le s
contienne de la chaux; c'est ce qui a presque toujours lie
dans le département du Nord et dans la Belgique, dont le sol
végétal repose en partie sur la grande *formation des calcaires*
de transition, qui commence en France auprès de Valenciennes et d'Avesnes, et qui, traversant la Belgique et une partie
de la Prusse, va rejoindre les montagnes primitives du Harz,
c'est ce qui explique aussi pourquoi le sulfate de fer n'agit pa
toujours d'une manière favorable. En Belgique, la pratique a
devancé la théorie, et l'on a soin, pour les terrains qui ne son

pas calcaires, de faire une année d'avance des mélanges de pyrites ou de lignites pyriteux avec de la chaux vive qui se transforme en plâtre.

De nombreuses expériences, consignées dans un mémoire que l'Académie royale du Gard a bien voulu récompenser d'une médaille d'or, m'ont prouvé que les stimulants ou engrais salins convenaient spécialement aux prairies en forçant les plantes à vivre principalement aux dépens de l'atmosphère et en favorisant surtout le développement de leurs feuilles.

Rompre les prés.

Quand une prairie n'est pas arrosée et ne peut pas l'être, et quelquefois même aussi quand elle est susceptible d'irrigation, il est souvent avantageux de la rompre et de la cultiver en céréales ou en plantes d'autre nature, sauf à la reconstituer plus tard en prairie, après l'accomplissement d'un assolement plus ou moins long.

Cette méthode est toujours avantageuse en ce que le sol, fatigué depuis long-temps de donner les mêmes récoltes, est parfaitement disposé à changer de produits, et l'on gagne au changement. Lorsque ensuite on ressème la prairie, on a l'avantage d'avoir pu nettoyer le terrain complètement par des cultures sarclées et de pouvoir l'ensemencer avec des plantes fourragères de très-bonne qualité et appropriées au sol qui doit les nourrir ; mais comme le sol d'une prairie rompue est ordinairement très-fertile, il faut le ménager soigneusement au lieu de l'épuiser, comme le font ordinairement les fermiers auxquels les propriétaires permettent inconsidérément, dans leurs baux, de rompre à volonté une certaine quantité de prairie.

L'écobuage est aussi une méthode mise en pratique pour rompre les friches et les prairies. Elle donne ordinairement de très-bons résultats par son action mécanique sur le sol, par la destruction des mauvaises herbes et les engrais salins qu'elle procure ; mais le sol fertile qui en résulte a besoin du plus grand ménagement pour continuer à produire.

Quand on a rompu une prairie, il faut l'ensemencer la première année avec des plantes qui puissent réussir sur un seul labour, comme le Lin, les Fèves, les Pommes de terre, le Colza, l'Avoine, autrement le second labour ramène à la surface, même en le croisant, les gazons que le premier a enterrés.

Quant à la seconde année, une récolte sarclée est indispensable, car souvent des herbes des prés repoussent, et bientôt envahiraient le terrain.

La troisième année, on peut semer la prairie ; mais si le terrain est fertile, il vaut mieux reculer encore cette époque, et dans tous les cas même on peut l'éloigner en fumant, ce qui est préférable.

Voici, du reste, quelques rotations d'assolements sur les prés rompus ; nous les empruntons à M. de Dombasle :

1re année, Pommes de terre.
2e   —   Navets.
3e   —   Orge ou Avoine, avec graines de pré.

Ou bien :

1re année, Pommes de terre.
2e   —   Pommes de terre.
3e   —   Orge ou Avoine, avec graines de pré.

Ou ,

1re année, Avoine.
2e   —   Pommes de terre.
3e   —   Orge avec graines de pré.

Ou ,

1re année, Pommes de terre.
2e   —   Navets.
3e   —   Orge ou Avoine.
4e   —   Pommes de terre fumées.
5e   —   Orge avec graines de pré.

Ou ,

1re année, Avoine.
2e   —   Pommes de terre fumées.
3e   —   Orge avec Trèfle.
4e   —   Trèfle.
5e   —   Seigle ou Blé.
6e   —   Pommes de terre ou Navets fumés
7°   —   Orge ou Avoine, avec graines de pré.

Dans un sol plus fertile et de consistance moyenne, on peut faire :
1re année, Lin ou Colza.
2r   —   Pommes de terre, Navets ou Betteraves
3e   —   Carottes.
4e   —   Orge ou Avoine, avec graines de pré.

Ou ,

1re année, Avoine.
2e   —   Betteraves.
3e   —   Gros blé barbu.
4e   —   Fèves binées.
5e   —   Blé avec graines de pré.

Ou,

1re année , Lin.
2e   —   Colza en ligne biné soigneusement.
3e   —   Blé barbu.
4e   —   Fèves binées.
5e   —   Blé avec graines de pré.

Ou bien encore ,

1re année , Lin ou Colza.
2e   —   Pommes de terre , Navets ou Betteraves.
3e   —   Orge ou Avoine.
4e   —   Trèfle.
5e   —   Blé.
6e   —   Pommes de terre ou Navets fumés
7e   —   Orge avec graines de pré.

Ou ,

1re année Avoine.
2e   —   Pommes de terre , Navets ou Betteraves.
3e   —   Fèves binées.
4e   —   Blé avec graines de pré.

Dans un sol très-riche, frais et profond, sur un gazon très-ancien , on peut faire le cours suivant :

1re année, Lin, Fèves ou Colza.
2e   —   Choux , Betteraves ou Rutabagas
3e   —   Orge.
4e   —   Trèfle.
5e   —   Blé.
6e   —   Vesces ou Fèves.
7e   —   Blé.
8e   —   Betteraves fumées.
9e   —   Orge ou Avoine.

« Par des assolements de ce genre , on peut tirer , pendant quelques années, d'un pré rompu un produit double , dans beaucoup de circonstances , de celui qu'on aurait pu en tirer en nature de pré. Le dernier cours que j'ai indiqué est , entre autres , le plus lucratif auquel on puisse prétendre dans la culture champêtre , et cependant beaucoup de vieux prés rompus peuvent le supporter sans un grand épuisement. En général, on doit déterminer le nombre et l'espèce de récoltes qu'on peut tirer d'un terrain de cette espèce, d'après l'épaisseur de la couche de gazon qu'on a renversée ; ce gazon forme un engrais très-puissant, plus ou moins durable , selon sa masse et aussi sa nature et celle de la terre. C'est un trésor dont il faut jouir, mais dont on ne doit pas abuser. Si on laisse arriver le moment de l'épuisement, on a tué la poule aux œufs d'or ; il ne reste plus qu'un terrain qu'on ne peut plus mettre en pré ni cultiver avec profit à la charrue, car un terrain pauvre ou épuisé paie bien rarement les frais de culture. »

Quand on veut faire succéder du blé à une prairie semée il faut éviter de former cette prairie avec des Graminées, qui sont de la même famille que le blé, et dont l'organisation est trop voisine : ce sont les Légumineuses qui, dans ce cas, doivent occuper la place. Ces deux familles alternent parfaitement ensemble.

M. Nivière, à la ferme-école de la Saulsaie, a adopté un assolement de dix ans. Le Ray-Grass d'Italie y serait fauché la deuxième et la troisième année, et pâturé la quatrième. La cinquième année, Vesce ; la sixième, blé et Trèfle incarnat ; la septième, Pommes de terre fumées et Trèfle incarnat enfoui en partie ; la huitième, Avoine ; la neuvième, Trèfle ; la dixième, blé.

Ces assolements sont parfaitement appropriés aux diverses espèces de terrains et peuvent occuper le sol très-utilement entre l'époque où un pré est rompu et celle où l'on veut le reconstituer ; cependant il n'est pas toujours possible de s'y astreindre avec exactitude, car l'agriculture pratique est une science toute différente de l'agriculture des livres, et ce qui est reconnu bon n'est pas toujours faisable, parce qu'une foule de circonstances, dépendantes des saisons, de la température, des influences atmosphériques, du prix des denrées, etc., viennent déranger une rotation de culture méditée d'avance et excellente par elle-même. Il n'est pas un praticien qui n'ait fait cette remarque et qui n'ait été contrarié dans ses projets.

CHAPITRE VII.

DE LA FENAISON.

La fenaison est l'ensemble des opérations au moyen desquelles on transforme l'herbe verte en foin sec, en enlevant par la chaleur de l'atmosphère la majeure partie de l'eau qu'elle renferme à l'état frais. L'herbe desséchée prend le nom de *foin*, quand elle provient d'une première coupe, et de *regain* quand elle est fournie par des coupes subséquentes. Ainsi, il peut y avoir un premier et un second regain, si l'on fauche trois fois. — Les deux opérations nécessaires à la confection du foin sont le *fauchage* et le *fanage*. Nous dirons ensuite quelques mots du *rendement des herbes*, du *caractère* et de la *valeur du foin*, de sa *conservation*, et nous terminerons par la *récolte des feuilles* et la *clôture des prés.*

Fauchage. — En général on fauche trop tard, et l'on attend pour cela que le foin soit mûr, c'est-à-dire que ses fleurs soient flétries et que les graines soient presque mûres, tandis qu'il faudrait faucher quand les plantes sont en pleine fleur. Ce moment est assez difficile à saisir, parce que les plantes nombreuses d'une prairie ne s'épanouissent pas toutes en même temps, mais en prenant la floraison moyenne des Graminées qui, dans la zone moyenne de la France, a lieu du 10 au 15 juin, on est à peu près certain de ne pas se tromper. Fauché à cette époque, le foin conserve sa belle couleur et sa bonne odeur, il n'offre pas ces tiges jaunes et desséchées que l'on remarque dans le foin coupé après la Saint-Jean. On n'y trouve pas ces bâtons durs des grandes plantes vivaces, parce que leurs tiges n'ont pu acquérir encore leur tissu ligneux, et ce que l'on gagne surtout, c'est une quantité assez considérable d'un regain précoce, qui permet le pâturage et parfois une seconde coupe après lui. En fauchant dans la première quinzaine de juin, on a l'espoir, dans presque toute la France, excepté dans le Midi, d'avoir encore de ces pluies douces qui terminent le printemps et qui n'arrivent jamais qu'accidentellement dans le mois de juillet. Le regain alors est assuré dans le premier cas et bien compromis dans le second. Tous ces motifs doivent faire préférer la récolte du foin plus tôt que plus tard. On objecte, il est vrai, que l'herbe fauchée de bonne heure se dessèche plus difficilement et qu'elle perd davantage en séchant; mais on ne fait pas attention que ce qu'elle ne perd pas par la dessiccation elle l'a perdu sur pied en mûrissant, que les semences se détachent, tombent sur le sol et sont perdues, et que les plantes auxquelles on permet de nouer leurs graines sont bien plus épuisantes que celles qui produisent seulement du feuillage et des fleurs. Les plantes sont elles-mêmes épuisées par la production des graines, et l'on permet ainsi aux plantes nuisibles de répandre leurs semences et de se multiplier dans les prés.

Il est un fait que les agriculteurs praticiens ont très-bien remarqué, c'est le peu de temps qui s'écoule entre la floraison et la maturité des graines dans la famille des Graminées. Ces plantes, qui nous paraissent en fleur pendant plusieurs jours, ne doivent cette apparence qu'à la multitude de fleurs qu'elles nous offrent dans leurs épis et dans leurs panicules, dont l'épanouissement se succède sans interruption; mais la fleur épanouie le premier jour a déjà ses graines formées dès le second, et la maturité marche à grands pas. Il est donc essentiel de faucher quand la première moitié des fleurs est épanouie, car si l'on attend les dernières, déjà plusieurs graines sont mûres, les feuilles flétries et les chaumes desséchés.

On doit faucher le plus près possible de terre : on gagne du foin et on facilite la pousse du regain. C'est surtout dans les pays de montagnes, où l'herbe est courte et savoureuse, que l'on trouve cette maxime mise en pratique, et dans aucune contrée je n'ai vu tondre les prés avec autant de perfection que dans les. montagnes de l'Ardèche.

Fanage. — La dessiccation de l'herbe ordinaire n'offre pas de difficultés, mais il n'en est pas de même de celle du Trèfle, de la Luzerne, du Sainfoin et de la plupart des Légumineuses, dont les feuilles se détachent très-facilement. Il faut éviter, pendant la fenaison, d'y toucher trop souvent, et attendre le matin ou le soir pour le retourner et le changer quand la rosée a répandu une moiteur qui empêche les feuilles de se briser et de se séparer de la tige. Cette dernière, qui reste verte assez. long-temps, suffit presque toujours pour rendre hygrométrique-ment un peu d'humidité aux feuilles, dès que le soleil ne vient. plus les frapper. C'est avec la fourche, et le moins possible au râteau, que les Légumineuses doivent être remuées. En Alle-magne, on sèche souvent le Trèfle sur des perches soutenues par des piquets, et cette méthode, qui semble, au premier abord, exiger une grande perte de temps, ne laisse pas que d'être avantageuse en ce qu'elle soustrait le Trèfle à l'influence de l'humidité du sol et qu'il se dessèche seul en quelques jours.

La dessiccation s'achève facilement en petits tas, que l'on a. soin de ne pas presser pour que l'air puisse y circuler un peu et emporter le reste de l'humidité.

L'essentiel, pour le fanage, est d'avoir du beau temps. Rien. alors n'est plus facile; les Graminées ou l'herbe des prairies permanentes se fane toutours plus facilement que les Légumi-neuses semées en prairies artificielles ou temporaires. Ces der-nières perdent facilement leurs feuilles et noircissent souvent. Il faut les traiter avec plus de ménagement et les remuer prin-cipalement le matin, avant que le soleil ne les ait rendues cas-santes. Quand le foin est presque fané et que le temps le permet, il faut le soustraire à l'influence d'un soleil trop vif, en faisant les andains plus gros et laissant achever la dessiccation un peu plus lentement. Il faut aussi lui laisser la plus petite surface possible exposée à la rosée du matin, dont les gouttes, bientôt traversées par les rayons du soleil, le décolorent toujours.

Le regain est toujours plus difficile à faner que le foin, parce qu'il est plus aqueux, et souvent aussi parce que la température est moins élevée. Aussi, il exige plus de travail et de main-d'œuvre. Dans quelques points de l'Allemagne, on le met en meules à demi fané, et aussitôt que la fermentation est établie. et la température élevée, on disperse les meules et l'on obtient ainsi, par une plus prompte dessiccation, un regain brun que les bestiaux mangent volontiers.

La méthode qui donne les meilleurs résultats dans le fanage de l'herbe, est celle employée par le baron Crud, et qu'il décrit ainsi dans son remarquable ouvrage sur l'*Economie théorique et pratique de l'agriculture.*

« Eparpiller l'herbe après qu'elle a été fauchée, afin qu'elle s'essuie et se fane. Le soir, avant la chute de la rosée, la retourner de manière que la partie qui a reçu l'action du soleil, et qui serait altérée par l'humidité de la nuit, se trouve placée dessous, tandis que celle qui est demeurée encore verte et qui peut, sans inconvénient, recevoir la rosée, se trouve du côté supérieur.

» Le jour suivant, celle-ci fane à son tour, et vers le soir on met alors cette récolte en tas de 50 à 100 kilog., qu'on presse légèrement afin d'en accélérer la fermentation.

» Ordinairement, au bout de 12 à 15 heures, ces tas prennent de la chaleur ; l'humidité récélée dans les tiges des plantes commence à en sortir. Lorsque le calorique est assez développé pour qu'on puisse à peine laisser la main dans le tas ; il faut les ouvrir et étendre le fourrage ; si celui-ci reçoit, pendant deux ou trois heures l'action du soleil, il est sec ou peu s'en faut ; il est rare alors qu'il ne soit pas déjà en état d'être tassé sans risque qu'il se gâte ou qu'il prenne feu.

» Lorsque le temps menace de pluie, cette méthode doit subir des modifications ; il faut alors interrompre ces opérations et mettre le foin en monceaux, afin qu'il soit protégé contre l'humidité, autant que cela est possible, et préservé de détériorations. »

De la quantité du foin, ou rendement des prairies.—Les bonnes prairies arrosées produisent, terme moyen, 60 à 70 quintaux de foin par hectare ; ce sont des prés à deux et trois coupes.

Les prairies qui sont bonnes, mais non arrosées, et qui cependant peuvent être fauchées deux fois, produisent de 30 à 40 quintaux par hectare.

Les prairies non arrosées, sur lesquelles on ne peut faucher qu'une fois, produisent de 15 à 20 quintaux par hectare.

Si elles ne pouvaient produire cette quantité, il faudrait, dans les circonstances ordinaires, renoncer à les faucher ; mais comme en agriculture il n'y a aucune règle sans exception, il existe des localités où l'on fauche des prairies moins productives encore, et dans les pays de montagne on voit souvent de pauvres habitants promener la faux sur des pelouses élevées et bien peu productives, pour récolter sur de grands espaces quelques quintaux de foin savoureux dont le vent enlève quelquefois la moitié.

On doit en général considérer comme une très-bonne récolte 5,000 kilogr. par hectare.

D'après Schwertz, un hectare de prairie donne, terme moyen, 13,300 kilogr. d'herbe fauchée qui, par la dessiccation, se réduisent à 2,793.

D'après Thaër, un hectare de terre suffisamment bonne, prise entre les meilleures et les très-médiocres, doit donner 3,200 kilog. de foin sec en deux coupes.

M. de Villèle père a trouvé, par des expériences plusieurs fois répétées, les résultats suivants :

	Par hectare quint. métriques.	Reste en séchant par quintal métrique.	Laisse en débris.
Fane de seigle.......	44	37 1/2	
d'orge.........	42	32	
de froment.....	38	35 3/4	
d'avoine.......	36	33 1/2	
maïz..........	41	24 3/4	
3 coupes de luzerne...	76	27 1/2	0,08
2 coupes de trèfle.....	63	22 1/2	0,10
1 coupe de sainfoin....	41	30	0,10
Farouche............	41	23	»»
Vesces noires........	43	37 1/2	0,06
Foin................	29	38	0,07
Crêtes de maïz........	7	24	»»

En général, la perte moyenne à la dessiccation est de 75 pour cent.

Des caractères et de la valeur du foin.—On reconnaît la bonne qualité du foin à son odeur, qui doit être celle du Mélilot ou de l'*Anthoxanthum odoratum*, à un degré plus ou moins fort ; à sa couleur, qui n'est pas précisément le vert du foin nouveau, mais ce vert tirant un peu sur le fauve, et enfin à ses tiges flexibles et fines garnies de feuilles nombreuses.

Après ces caractères généraux, le foin sera d'autant meilleur qu'il contiendra moins de plantes inutiles ou nuisibles, qu'il renfermera davantage de Graminées, de Légumineuses ou d'autres plantes reconnues bonnes à la nourriture des bestiaux. L'analyse sera donc pour le foin, comme pour la prairie, le meilleur mode d'appréciation.

Quand le foin est cassant, rempli de poussière ; quand il a une saveur âcre ou terreuse, une odeur désagréable et vaseuse ; quand il est moisi ou échauffé, il faut le rejeter, comme lorsqu'il provient de prairies fortement ou trop récemment engraissées.

Il est bien reconnu que si les prés élevés donnent moins d'herbe que ceux qui sont bas et humides, la qualité du fourrage est bien supérieure, et les animaux que l'on y engraisse s'y portent mieux et offrent une chair plus savoureuse.

Le regain ou la seconde coupe des prés, convient mieux pour les femelles qui donnent du lait que pour l'engrais. Il est préférable, quand on veut pousser à la graisse, de donner de bon foin, surtout celui des prés élevés, après avoir commencé de pousser les animaux avec des plantes fraîches qui les affaiblissent un peu et les disposent à l'engrais. Le regain des Légumineuses, quand elles en donnent, diffère beaucoup moins du foin de la première coupe que celui des Graminées.

Pour que le foin acquière toutes ses qualités, il faut qu'il soit rentré, non pas cassant, comme cela a lieu quelquefois, mais qu'il conserve dans l'intérieur des chaumes ou des tiges une certaine moiteur qui, lorsqu'il est tassé, se répand dans toute la masse et le rend flexible. Il éprouve alors une légère fermentation qui souvent lui fait perdre sa belle couleur verte, et il acquiert une saveur qui plaît beaucoup aux animaux. Il ne faudrait pas cependant exagérer ce principe et rentrer son foin encore humide, mais une dessiccation complète, non seulement n'est pas nécessaire, elle est nuisible.

Ce que nous venons de dire du foin ne peut s'appliquer au regain, car il s'échauffe bien plus facilement que le foin ; il faut donc le rentrer bien sec, ce qui est plus difficile que pour le foin, car la saison est plus avancée et l'herbe contient plus d'eau ; c'est en poussant plus loin la fermentation que l'on obtient le foin brun usité en Allemagne, et considéré comme supérieur au foin ordinaire pour les bêtes à l'engrais. On le prépare en formant des meules avec du foin à demi desséché qui, fortement tassé, acquiert une couleur foncée et s'échauffe tellement qu'il se transforme en une masse solide que l'on coupe par tranches. La meule s'affaisse au bout de quelque temps et perd une certaine quantité d'eau, et le foin dur et compacte ressemble à de la tourbe.

Les Anglais sont très-partisans d'une méthode presque inconnue en France : c'est de laisser le regain sur pied à l'automne au lieu de le faucher. Il procure- ainsi, dès les premiers jours du printemps, une nourriture fraîche aux bestiaux que l'on y envoie paître. Les gelées flétrissent bien le regain, mais dès le mois de mars il a repris un beau développement ainsi que sa belle couleur verte.

Cette méthode, essayée par quelques agriculteurs français, a donné de mauvais résultats Mais je pense, d'après quelques essais que j'ai tentés moi-même et qui ont parfaitement réussi, qu'elle n'est applicable qu'à des Graminées très-précoces et surtout au Ray-grass ordinaire, sur lequel j'avais essayé cette méthode.

En 1800, Arthur Young recommandait déjà cette pratique, que l'expérience le forçait d'adopter, malgré la théorie contraire qu'il s'en était formée. Voici du reste ce qu'il disait à cet égard (*Ann. d'agriculture*, t. 2) : « Dans le midi de la principauté de Galles, il y a un usage très-singulier qu'on nomme Fogging Grassland. Il consiste à retirer le bétail d'un pâturage qu'on veut conserver pour le printemps suivant, ou à ne pas faucher un pré après le mois de juin, et d'y laisser l'herbe jusqu'à la même époque. Je ne crois pas que cette pratique fût connue avant que le Conseil d'agriculture l'eût publiée. Si le lecteur se rappelle les détails que j'ai donnés dans les *Annales* sur les provisions d'hiver et de printemps pour nourrir le bétail, il verra que dans le Suffolk on compte beaucoup sur le regain qu'on ne fauche pas, et que l'on laisse pour le printemps suivant ; j'ai éprouvé tout l'avantage de cette pratique. Ce moyen n'est pas douteux ; et un pâturage conservé de cette manière fournit au bétail une nourriture si abondante et d'une qualité si bonne, que je me serais trouvé dans un grand embarras si je n'avais pas eu cette ressource pour mon bétail nombreux.

» Il y a plusieurs années que lord de Weluctans en Suffolk suivait une méthode que j'ai souvent entendu désapprouver par des fermiers ; elle consistait à garder pour l'hiver une récolte entière de pâturages sans la faucher. Je l'ai vu laisser sur pied une herbe qui lui aurait donné des tonnes de foin si elle avait été fauchée en juillet. J'étais bien éloigné d'approuver une pareille pratique, et n'écoutant que la théorie, j'insistais sur un abus que je regardais comme d'autant plus nuisible que les plantes qui ont donné leurs semences ne sont plus que de la paille. Si vous voulez, me répondit-il, que ce ne soit que de la paille ; quant à moi, je trouve que cette paille, mêlée avec les jeunes pousses, vaut mieux que le foin. J'ordonnai une fois à mon homme d'affaires de conserver de cette manière une portion de pâturage ; mais ayant peu de confiance dans cet essai, il profita de mon absence pour y mettre le bétail à la fin d'août ou au commencement de septembre. A présent, il paraît que cet usage est commun dans le midi de la principauté de Galles. Le détail que nous en avons est très-curieux.— Sur les prés hauts, si secs qu'après une pluie le pied du bétail n'y laisse point de traces, et qui produisent spontanément du Trèfle blanc et une bonne herbe, l'usage est d'en garder quelques acres sans les faire paitre. Au commencement de mai, on en ferme l'entrée au bétail, on arrache l'Oseille sauvage et les Chardons. Au mois de décembre, on y met le bétail de toute espèce, qui y trouve un pâturage excellent, et on ne lui donne ni foin ni paille. Le beurre des vaches est aussi bon à cette époque qu'en tout autre temps de l'année ; la gelée adoucit l'herbe et la neige ne lui cause aucun dommage : tant qu'elle couvre la terre, on donne au bétail du fourrage sec ; au printemps il trouve un pâturage abondant et bon qu'il pait avec avidité. La mousse disparaît sans qu'il faille recourir à la charrue ou aux engrais. Chaque année ce pâturage s'améliore, et un bon acre ne nourrit pas plus de bétail ni mieux qu'un acre de pâturage conservé de cette manière. Le terrain s'améliore par les semences des plantes, et le pâturage devient plus abondant. Il paraît que cette pratique est en usage dans l'ouest du duché d'York ; mais ce n'est qu'au commencement de juillet qu'on met les pâturages en réserve.»

Nous terminerons ce paragraphe par le tableau comparatif de la valeur nutritive des foins ordinaires et de bonne qualité, et des divers fourrages particuliers, sans donner toutefois une confiance sans réserve aux résultats.

Foin de bonne qualité provenant d'une prairie permanente équivaut à......................	100
Foin de Trèfle, Luzerne, Sainfoin..........	95
Fanes de Légumineuses dont les graines ont mûri, telles que Pois et Gesses............	130
Paille d'Orge.............................	150
— d'Avoine.............................	190
— de Froment.........................	500
— de Seigle...........................	660
Pommes de terre crues....................	200
———— cuites...................	170
Carottes................................	260

Navets, Rutabagas, Turneps................ 450
Betterages............................... 460
Choux................................... 600
Raves communes......................... 525
(GROGNIER.)

Conservation du foin.— On conserve le foin en meules ou en grenier, mais nous ne saurions trop recommander de le botteler sur le pré avant de l'emmagasiner. Cette opération a une foule d'avantages qui ne peuvent être appréciés que par ceux qui ont pratiqué; ils y trouveront économie de temps pour le chargement des voitures, pour l'arrangement dans les greniers, pour la distribution aux bestiaux; le vent ne peut plus le disperser sur les prés, etc. Il paraît que le foin rentré sous le chaume se conserve beaucoup mieux que celui qui est emmagasiné sous des toits de tuile ou d'ardoise.

Le foin se conserve aussi très-bien en meules, dans lesquelles il est complétement inutile de ménager des courants d'air, qui ne pourraient dans tous les cas se trouver en contact qu'avec une petite portion du foin. Il faut au contraire empêcher autant que possible l'air de pénétrer dans les meules en tassant le foin fortement. On place ensuite un toit en paille qui recouvre exactement. Il est essentiel, par exemple, que le foin soit parfaitement sec.

Récolte et conservation des feuilles d'arbre.

John Symonds rapporte qu'en Italie les feuilles des arbres sont la principale nourriture du bétail pendant l'hiver, et l'on conçoit que cette méthode ait trouvé beaucoup de partisans dans un pays où, les prairies étant très-rares, le bétail doit nécessairement souffrir pendant l'hiver. Aussi, au lieu de mettre des échalas aux vignes pour leur servir d'appui et les tenir plus basses, afin que le raisin reçoive plus de chaleur par la reverbération, et mûrisse plus parfaitement et plus tôt, on les accole à des arbres dans beaucoup d'endroits, non seulement pour se procurer par ce moyen du bois de chauffage, mais aussi pour avoir des feuilles à recueillir pour la nourriture du bétail. Il faut beaucoup de soin pour conserver les feuilles des arbres dans leur fraîcheur. On les cueille à la fin de septembre ou au commencement d'octobre, à l'heure la plus chaude de la journée; on les étend en plein air pendant trois à quatre heures, ensuite on les met dans des tonneaux en les pressant autant qu'il est possible, et on les couvre entièrement avec du sable. Lorsqu'on en prend pour le donner au bétail, il faut aussitôt les recouvrir afin qu'elles ne soient pas exposées à l'air; par ce moyen on les conserve fraîches et vertes pendant tout l'hiver.

Dans d'autres endroits de l'Italie, les paysans les enterrent dans des trous faits exprès, les couvrant de paille, sur laquelle ils mettent ensuite du sable ou de la terre grasse. Ce moyen est aussi bon que le précédent. Dans le Véronnais, ils ont une autre méthode : on ouvre une fosse large et profonde ; après l'avoir remplie à moitié de feuilles, on y met une couche de sarments de Vignes verts de 6 décimètres environ d'épaisseur, ensuite une autre couche de feuilles de la même épaisseur, et une autre de sarments, et ainsi de suite alternativement, jusqu'à ce que la fosse soit pleine ; alors on la bouche pour garantir les feuilles du contact de l'air extérieur. Par cette méthode, non seulement les feuilles ne s'échauffent pas, mais elles s'imprègnent du suc de ce feuillage de vigne à l'état frais, qui leur donne une qualité qui est infiniment du goût des bestiaux, aussi bien de la race bovine que des bêtes à laine. Cette nourriture est très-propre à l'engraissement. Cet usage s'est continué en Italie depuis les Romains jusqu'à l'époque actuelle, et du temps de Virgile, le *frondator* était chargé de la cueillette pour la nourriture des bestiaux.

> *Hinc altá sub rupe canet frondator ad auras.*
>
> (VIRG., ecl. V.)

Aux environs de Lyon, où l'on conserve beaucoup de feuilles d'arbre pour la nourriture des bestiaux, c'est vers le milieu de septembre que l'on fait la récolte.

Tantôt on fait tomber les feuiles avec une perche, tantôt, et c'est le plus souvent, on les cueille avec les rameaux et les branches, et cette opération bien faite tourne au profit de l'arbre.

On choisit un jour chaud et sec ; on étend les branches et les feuilles par terre, et il suffit de quelques heures pour flétrir et sécher les feuilles ; on les rentre avant la nuit, de crainte de la rosée, fort commune en automne.

Si l'on a coupé les rameaux, il faudra les laisser étendus sous le hangar, deux ou trois jours avant de les lier en fagots, nommés *feuillards*.

Ceux-ci seront tenus dans un lieu sec et aéré ; ils s'altèrent néanmoins plus difficilement, je ne dis pas que le foin, mais même que la paille.

On les donne tels qu'on les a coupés ; les animaux broutent avec les feuilles les rameaux, les branches minces, écorçant les autres ; ce qui reste est pour le chauffage.

D'après M. Grognier, on conserve pour la nourriture des chèvres du Mont-d'Or, près Lyon, une très-grande quantité de feuilles dont la majeure partie est fournie par les vignes et cueillie après vendange. On les jette à cet effet dans des fosses blétonnées, situées pour l'ordinaire dans le cellier ou sous un hangar, et toujours dans un lieu couvert. Ces fosses ont quelquefois des dimensions considérables, pouvant contenir plus de vingt mètres cubes. Ceux qui élèvent beaucoup de chèvres ont plusieurs fosses, et ceux qui n'en ont qu'un petit nombre conservent leurs feuilles dans des tonneaux défoncés, où les feuilles sont foulées et pressées avec la plus grande force. Vingt individus descendent dans les citernes blétonnées, et trépignent sans cesse, tandis qu'on y jette cette provision d'hiver ; on y verse de l'eau en petite quantité , et lorsque la fosse est remplie , on la couvre de planches sur lesquelles on place des pierres énormes. Au bout d'environ deux mois, on découvre la fosse pour en tirer les feuilles, qui alors ont contracté un goût acide comme du petit lait aigri sans aucune apparence de putridité ; leur texture a conservé son intégrité ; leur couleur est d'un vert plus foncé que quand elles étaient fraîches ; elles sont fortement agglutinées entre elles ; l'eau qui surnage est roussâtre, d'une odeur désagréable , d'une saveur acide ; les chèvres la boivent avec plaisir.

Clôture des prairies ou des haies.

Il y a toujours économie à enclore une prairie ; c'est le seul moyen d'en avoir l'entière possession , de s'opposer à la vaine pâture et de pouvoir y laisser des animaux en liberté.

Les haies, quand elles sont assez grandes , forment un abri de la plus grande utilité pour le bétail ; il leur sert également contre le vent, la pluie et le soleil. Elles augmentent le produit de la prairie en s'opposant au passage des hommes et des animaux qui parcourent les champs voisins , et entretiennent dans les prairies qu'elles enclosent une humidité salutaire aux plantes fourragères. L'été, les prés fermés par de bonnes haies sont moins chauds ; l'hiver, ils sont moins froids.

Nous regardons comme bien préférables aux autres les haies qu'on laisse croître jusqu'à une assez grande hauteur, et que l'on compose d'arbres divers entremêlés dont les uns, comme le Charme, l'Orme, l'Erable, le Frêne, atteignent une assez grande élévation , entre lesquels peuvent se développer facilement l'Aubépine , le Houx, le Noisetier, le Nerprun , et dont les moindres vides peuvent être bouchés par le Groseillier épineux , le Jonc marin , le Prunellier épineux. Ces haies occupent une certaine étendue, mais aussi elles produisent, au bout d'un certain nombre d'années , des coupes régulières , comme le taillis d'une forêt bien réglée. Elles donnent de l'ombre en été , peuvent produire de la feuillée pour l'hiver, et donnent aussi, quand au bout d'un siècle on les détruit, une quantité de bois proportionnée à leur âge et à leur conservation. On taille toujours ces haies à la même hauteur, à deux ou trois mètres, et chaque arbre forme bientôt une tête d'où partent de jeunes pousses vigoureuses, comme celles des Saules dans les praires. On fait souvent aussi des haies entièrement composées d'Aubépine. Ce sont certainement les plus impénétrables , quand elles sont bien taillées et bien entretenues, mais elles ne rapportent aucun produit. On a essayé avec succès les doubles haies d'Aubépine et de Sureau. Ce dernier, qui vient facilement de bouture et que les bestiaux ne mangent pas , se plante en dehors ; il croît très-vite et protège l'Aubépine que l'on sème ou dont on transporte de jeunes pieds.

Les arbres, distribués avec discernement dans les prairies , et surtout les arbres à fruits convenablement espacés, les transforment en magnifiques vergers dont les produits deviennent plus considérables par la récolte des fruits, sans que l'herbe en souffre sensiblement. J'ai vu plusieurs fois, dans la Flandre et dans les Ardennes, ainsi que dans la Belgique, des prairies qui donnaient en même temps du foin, des fruits et des fagots de gros bois, qui ont toujours une valeur très-élevée. On peut être certain que de telles prairies, nues et ouvertes, n'eussent pas rapporté moitié. Si le climat ou la nature du sol ne permettent pas le développement des arbres fruitiers, il faut au moins laisser croître dans la prairie quelques arbres forestiers isolés, sous lesquels les bestiaux puissent trouver de l'ombre ou un abri contre le vent, la pluie ou la grêle.

FIN

Clermont-Ferr., imprim. de PÉROL.